醬油醸造業と地域の工業化

髙梨兵左衛門家の研究

公益財団法人髙梨本家（上花輪歴史館）——監修
井奥成彦・中西　聡——編著

慶應義塾大学出版会

巻頭言

本書は下総國東葛飾郡上花輪村（現千葉県野田市上花輪）に永く居住し、初期には農業そして一七世紀後半からは醬油の醸造業を営んでいた髙梨兵左衛門家を中心に北総地域に於ける産業発達の過程を論じたものである。

歴史には正史と裏面史があり裏面史には個人的な事実が多く含まれるが本書では両者をものの見事に融合させ髙梨家の醬油醸造を多面的に論じている。この様なアプローチは醬油醸造業では比較的新しく過去四、五〇年迄にしか遡れない。

歴史的には室町地代には既に「醬油屋」という言葉が有るくらい古い産業であるにも拘らずこの様な状況であるのは製品が調味料という地味な性格のものであり、昔は各々の家で自家用の醬油を醸造していたという規模の問題もあったと思われる。しかし現在は醬油が世界中で愛用されている事は周知の通りである。

時期的に見ても醬油が世界で使用されだした頃と醬油醸造業史の論文が多く発表された時期が重なるのを見ても規模や話題性が重要であると思われる。

本書は前述の通り髙梨兵左衛門家に伝わる約三万点に及ぶ古文書（慶安三（一六五〇）年〜）を解読し、その内容を中心として関連する諸論文を参考に記述されている。従って本書の隅々に迄生きた歴史が詰め込まれている事をご理解いただきたいと思う。

本書の編集に当り指導的な立場でチームを纏めて下さった井奥成彦氏、中西聡氏を始めプロジェクトチームの一員として各章を執筆して下さった石井寿美世氏、石崎亜美氏、谷本雅之氏、天野雅敏氏、花井俊介氏、前田廉孝氏、桜井由幾氏、岩淵令治氏、そして三〇年前より資料を整理し上花輪歴史館設立の基礎を作り本書に於いても生きた歴史をそれぞれ執筆した髙梨節子氏及び森典子氏、地図等を作成した豊田美佐子氏等多くの方々の努力の結晶であり、心から感謝申し上げると共に本書が地域産業振興の研究に聊かなりとも貢献出来れば望外の喜びである。

二〇一六年三月

髙梨本家三十代当主　髙梨兵左衛門

目　次

第Ⅱ部　高梨家と関東の地域経済

凡例

1 原史料の表題は形態の如何にかかわらず「 」で示し、活字資料の引用は原文のままに、原史料の引用では基本的に原文に即しつつ必要に応じて句読点を補って記したが、難しい旧字体は、新かな遣いや新字体に改めた。

2 出所の表記にあたって、公刊書と雑誌の書名・誌名は『 』で、これらに収録された論文・史料等の表題は「 」で示し、いずれも適宜新字体に改めた。なお、本書で利用した千葉県野田市の髙梨兵左衛門家文書(髙梨本家文書)、髙梨奥文書、髙梨周蔵家文書、そして旧糠田村河野権兵衛家文書は、いずれも公益財団法人髙梨本家 上花輪歴史館所蔵であり、本文・注・表の出所での所蔵場所の表記は省略した。引用の際は、表題などとともに髙梨本家文書などと記し、連続して類似の帳簿を引用した場合などを除き、各章ごとに初出の際に原則として史料番号を付した。

3 商家の表記は、近世期は屋号のあったものは屋号で示し、適宜姓を付した。また近代期は原則として姓で示した。なお、屋号・姓名については、現在も人名でよく用いられる旧字体を除き、新字体に改めた。

4 年代の表記は、西暦で行い、原則として元号ごとに各節・項で初出の場合のみ和暦を括弧書きで付した。なお旧暦が使用されていた一八七二(明治五)年までの西暦は、和暦の年期間にそのままあてはめて変換したため、月によっては西暦年表記が実際より前後にずれたままの場合がある。また旧暦使用期の月日は、和暦の月日をそのまま示した。

5 地域区分については、基本的に近世期は旧国名、近代期は府県名で本文中は統一し、府県区分の変化が激しかった明治前期および関東地方は適宜その両方を使い分けた。なお、東京は、近世期は江戸、近代期は東京で、大阪は、近世期は大坂、近代期は大阪でそれぞれ表記を統一し、その他の地名については現在使われている字体表記に改めた。

6 本文・注において算用数字で章・節番号を表記した場合は、本書の章・節を示す。

7 本書の「髙梨家」はいずれも「髙梨兵左衛門家(髙梨本家)」を示す。髙梨分家については、髙梨仁三郎家、近江屋仁三郎店、髙梨孝右衛門家のように、区別がつくように記した。

地図　1916 年頃の千葉県北部周辺図

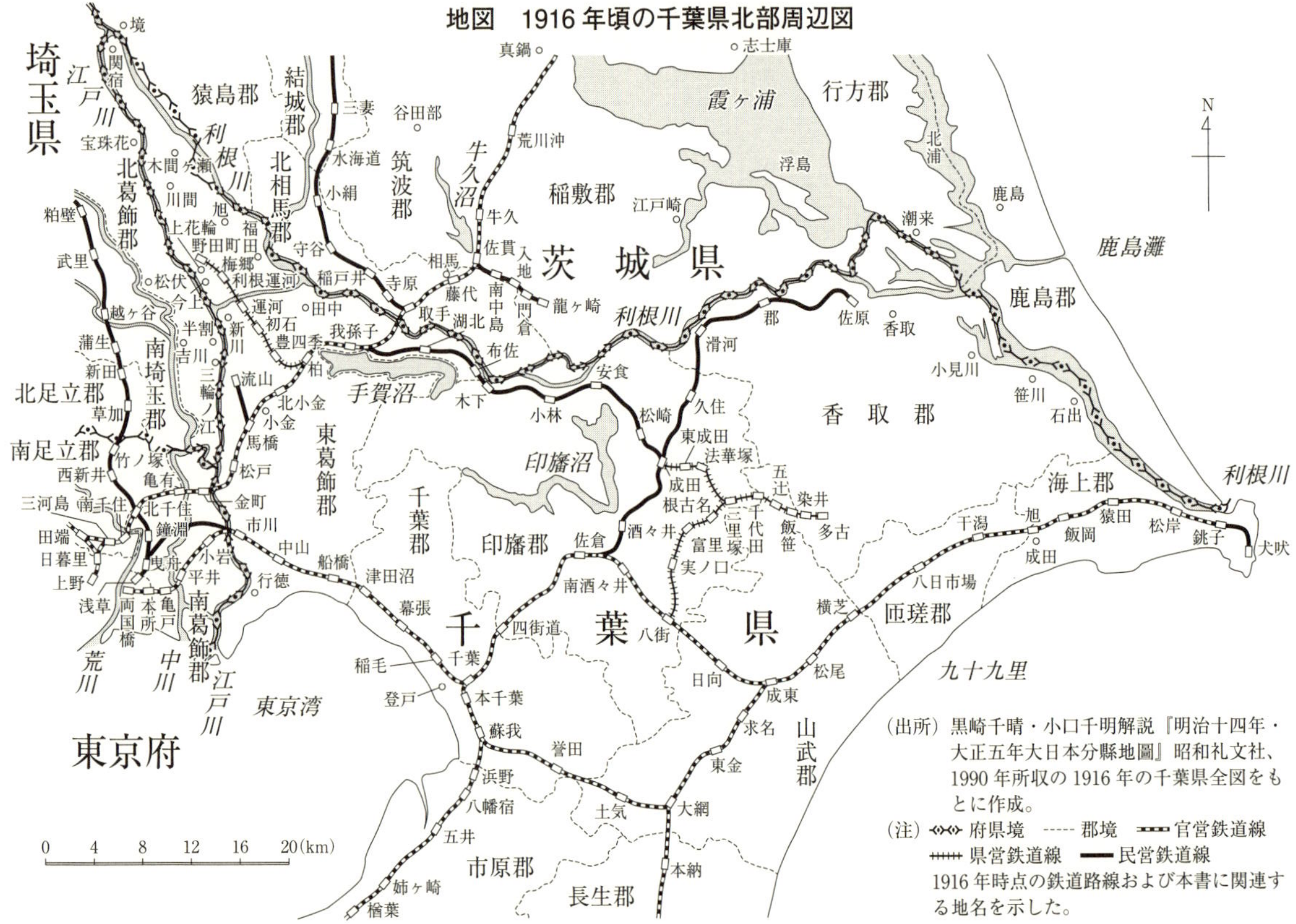

(出所) 黒崎千晴・小口千明解説『明治十四年・大正五年大日本分縣地圖』昭和礼文社、1990 年所収の 1916 年の千葉県全図をもとに作成。

(注) 府県境　郡境　官営鉄道線　県営鉄道線　民営鉄道線
1916 年時点の鉄道路線および本書に関連する地名を示した。

髙梨家 略系図

算用数字の
○は髙梨兵左衛門家の代主を
（　）は各家の代主を示す。
例えば髙梨兵左衛門家は
18代～29代が表記されている。

婚姻は ══
養子は ┅┅┅

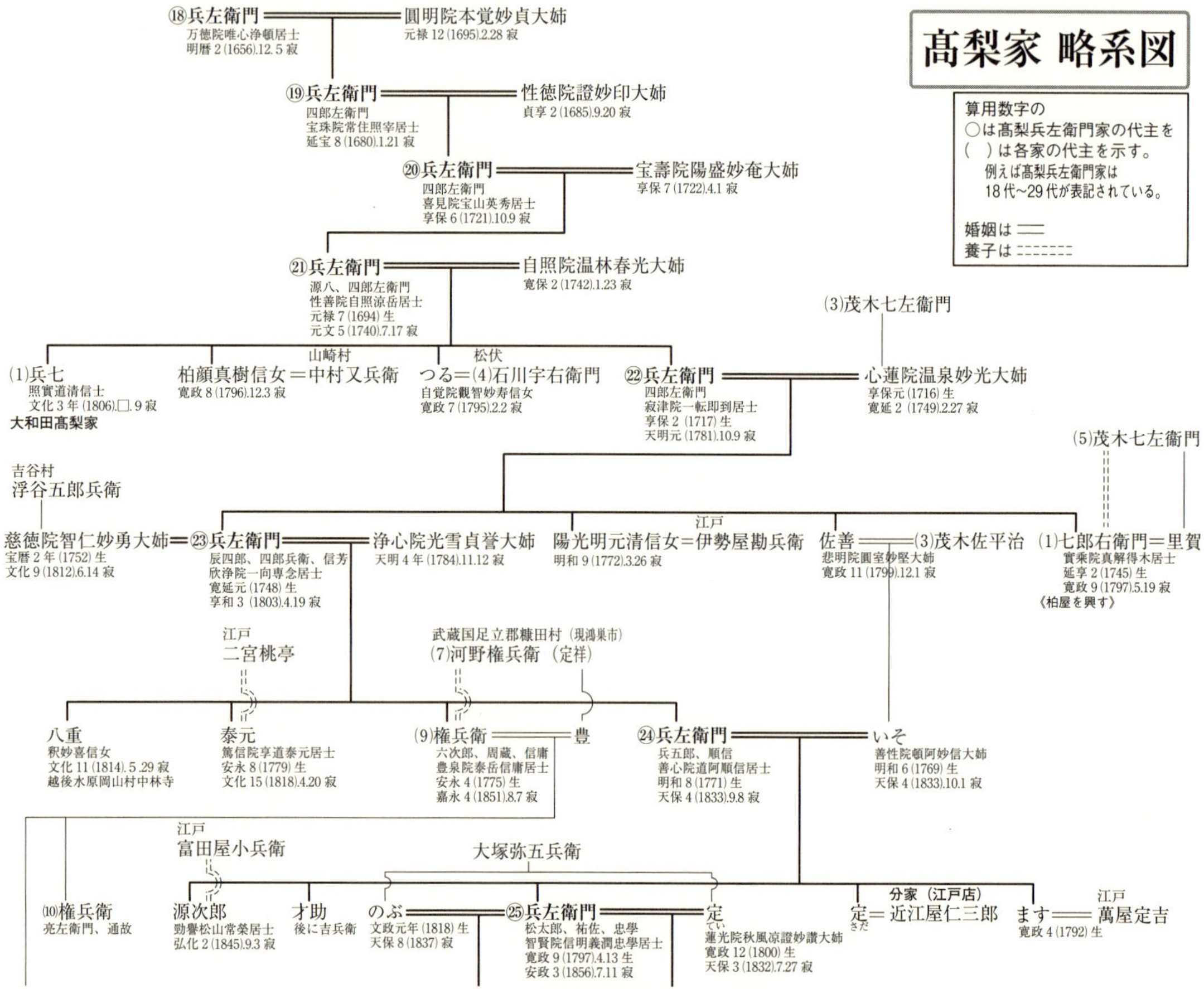

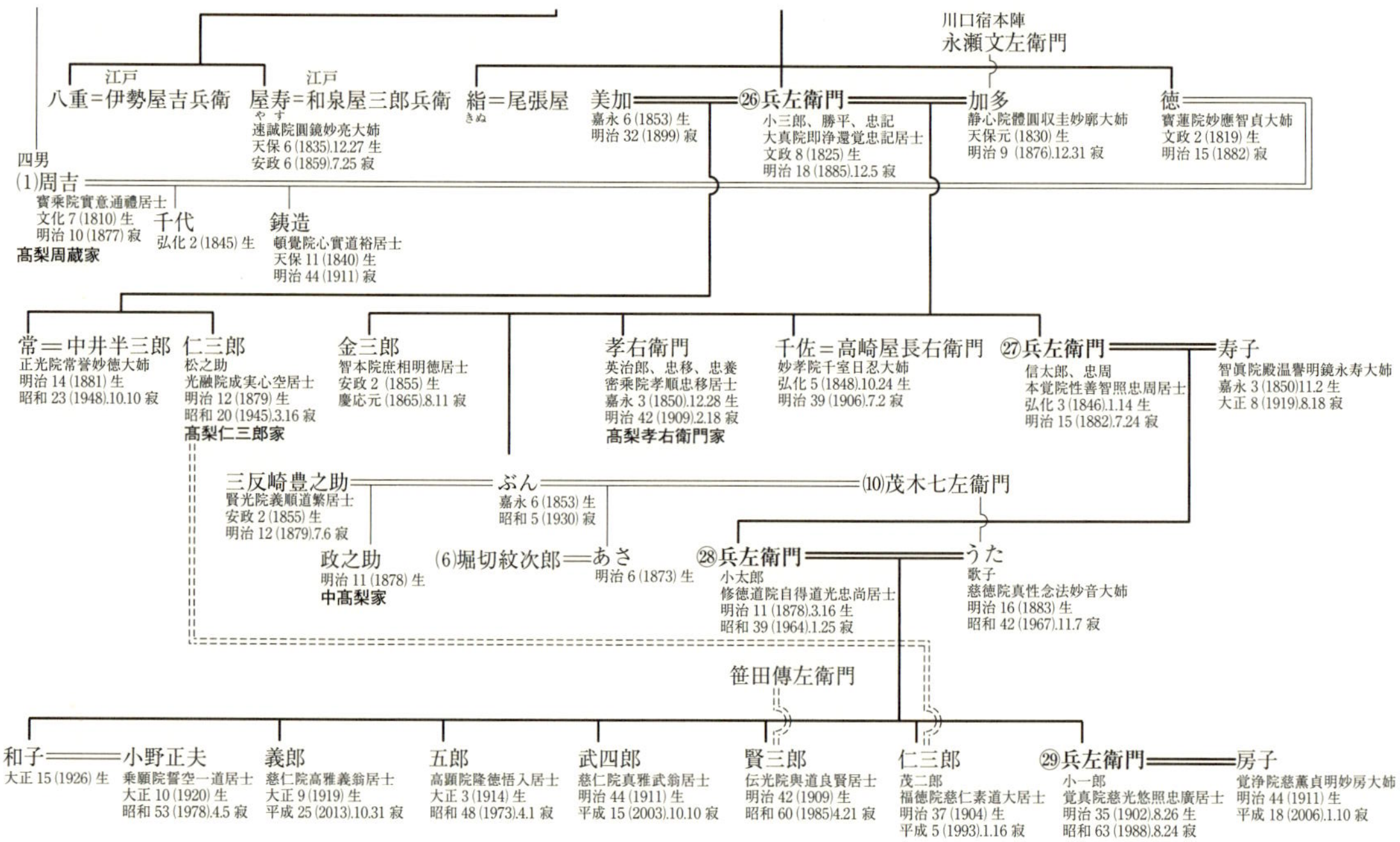
川口宿本陣
永瀬文左衛門
江戸
八重＝伊勢屋吉兵衛
江戸
屋寿《やす》＝和泉屋三郎兵衛
速誠院圓鏡妙亮大姉
天保 6 (1835).12.27 生
安政 6 (1859).7.25 寂
絹《きぬ》＝尾張屋
美加
嘉永 6 (1853) 生
明治 32 (1899) 寂
㉖兵左衛門
小三郎、勝平、忠記
大真院即浄還覚忠記居士
文政 8 (1825) 生
明治 18 (1885).12.5 寂
加多
静心院體圓収圭妙廓大姉
天保元 (1830) 生
明治 9 (1876).12.31 寂
徳
寳蓮院妙應智貞大姉
文政 2 (1819) 生
明治 15 (1882) 寂
四男
(1)周吉
寳乗院實意通禮居士
文化 7 (1810) 生
明治 10 (1877) 寂
高梨周蔵家
千代
弘化 2 (1845) 生
銕造
頓覺院心實道裕居士
天保 11 (1840) 生
明治 44 (1911) 寂
常＝中井半三郎
正光院常誉妙徳大姉
明治 14 (1881) 生
昭和 23 (1948).10.10 寂
仁三郎
松之助
光融院成実心空居士
明治 12 (1879) 生
昭和 20 (1945).3.16 寂
高梨仁三郎家
金三郎
智本院庶相明徳居士
安政 2 (1855) 生
慶応元 (1865).8.11 寂
孝右衛門
英治郎、忠移、忠養
密乗院孝順忠移居士
嘉永 3 (1850).12.28 生
明治 42 (1909).2.18 寂
高梨孝右衛門家
千佐＝高崎屋長右衛門
妙孝院千室日忍大姉
弘化 5 (1848).10.24 生
明治 39 (1906).7.2 寂
㉗兵左衛門
信太郎、忠周
本覚院性善智照忠周居士
弘化 3 (1846).1.14 生
明治 15 (1882).7.24 寂
寿子
智眞院殿温譽明鏡永寿大姉
嘉永 3 (1850).11.2 生
大正 8 (1919).8.18 寂
三反崎豊之助
賢光院義順道繁居士
安政 2 (1855) 生
明治 12 (1879).7.6 寂
ぶん
嘉永 6 (1853) 生
昭和 5 (1930) 寂
⑽茂木七左衛門
政之助
明治 11 (1878) 生
中高梨家
(6)堀切紋次郎＝あさ
明治 6 (1873) 生
㉘兵左衛門
小太郎
修徳道院自得道光忠尚居士
明治 11 (1878).3.16 生
昭和 39 (1964).1.25 寂
うた
歌子
慈徳院真性念法妙音大姉
明治 16 (1883) 生
昭和 42 (1967).11.7 寂
笹田傳左衛門
和子＝小野正夫
大正 15 (1926) 生
乗願院誓空一道居士
大正 10 (1920) 生
昭和 53 (1978).4.5 寂
義郎
慈仁院高雅義翁居士
大正 9 (1919) 生
平成 25 (2013).10.31 寂
五郎
高顕院降徳悟入居士
大正 3 (1914) 生
昭和 48 (1973).4.1 寂
武四郎
慈仁院真雅武翁居士
明治 44 (1911) 生
平成 15 (2003).10.10 寂
賢三郎
伝光院興道良賢居士
明治 42 (1909) 生
昭和 60 (1985).4.21 寂
仁三郎
茂二郎
福徳院慈仁素道大居士
明治 37 (1904) 生
平成 5 (1993).1.16 寂
㉙兵左衛門
小一郎
覚真院慈光悠照忠廣居士
明治 35 (1902).8.26 生
昭和 63 (1988).8.24 寂
房子
覚浄院慈薫貞明妙房大姉
明治 44 (1911) 生
平成 18 (2006).1.10 寂

資料1　野田町蔵図

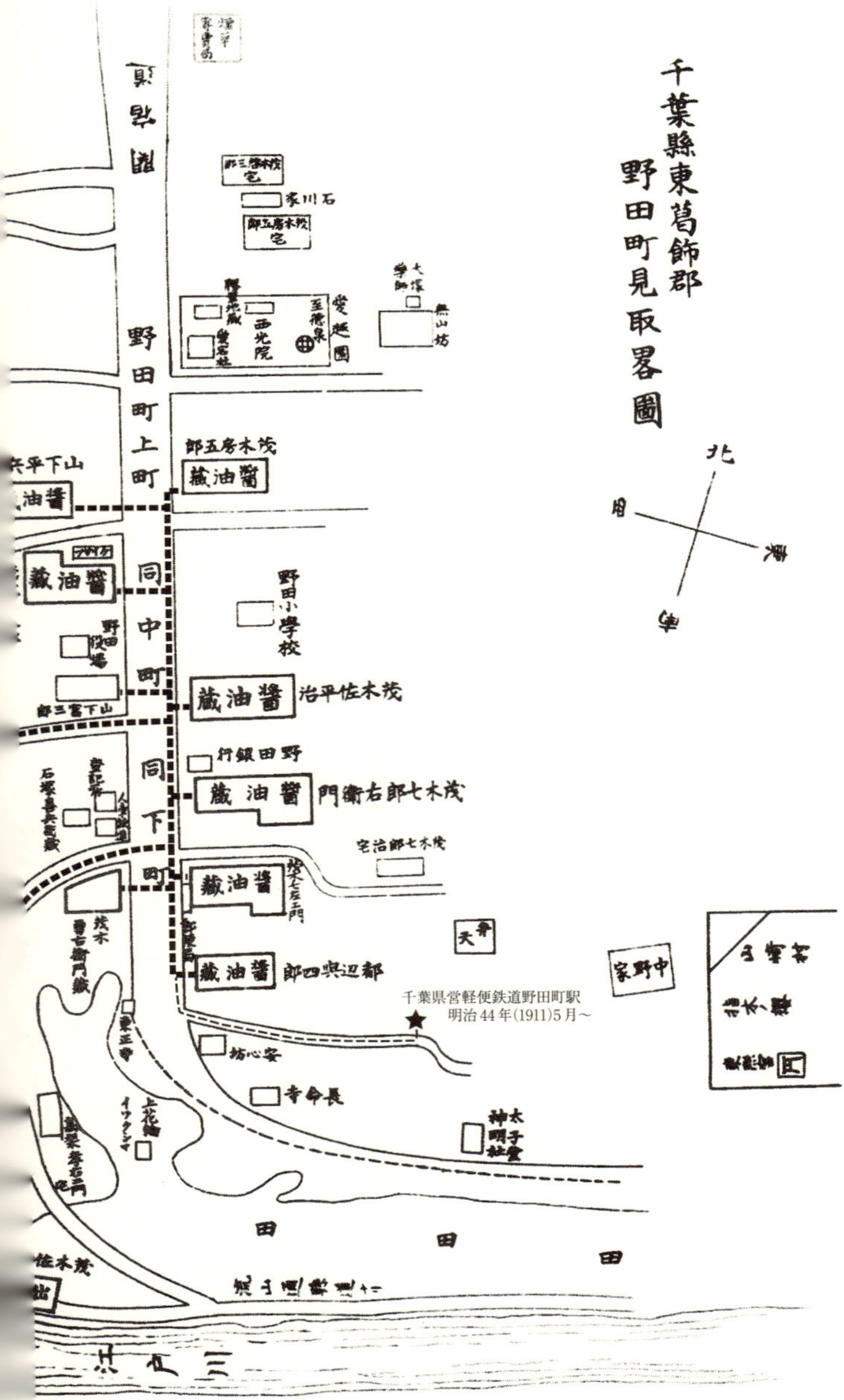
千葉縣東葛飾郡
野田町見取畧圖
北
野田町上町
同中町
同下町
茂木房五郎
醬油蔵
山下平兵
茂木佐平治
茂木七郎右衛門
野田銀行
野田小學校
野田役場
山下富三郎
茂木七郎治宅
堀辺與四郎
中野家
安心坊
長命寺
太子堂明神社
茂木佐
石川家
西光院
至徳泉
愛廷園
無山坊
千葉県営軽便鉄道野田町駅
明治44年(1911)5月〜
田
田
田

野田町醤油蔵地図

『野田盛況史』(山口頼定著／明治 38 年(1905)刊)より転記した地図に、『野田人車鉄道線路平面図』・『野田人車鉄道』・柏屋文書・髙梨本家文書をもとに、人車鉄道路(明治 33 年(1900)開通・大正 14(1925)閉業)・髙梨周蔵蔵・茂木勇右衛門蔵などを加筆した。

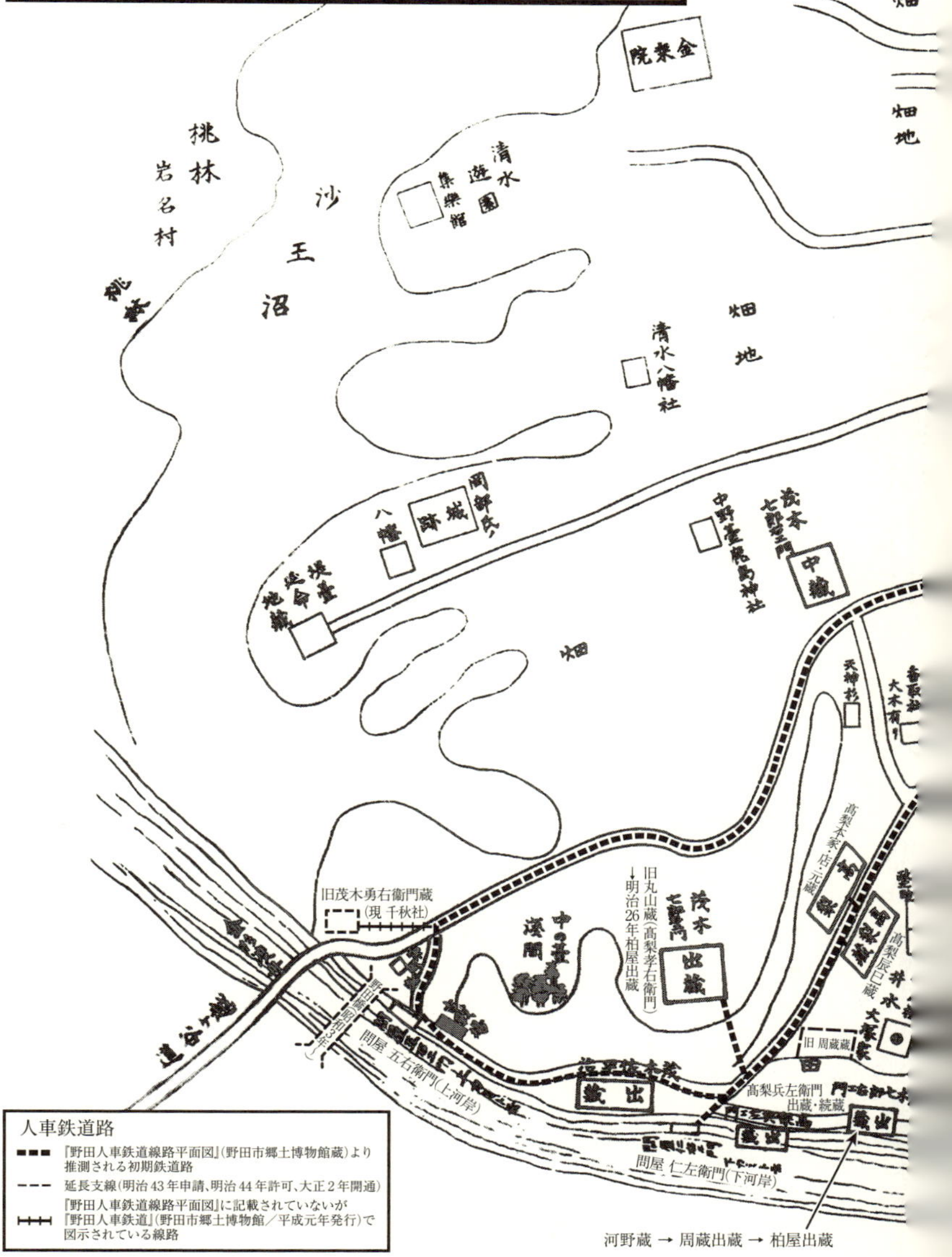

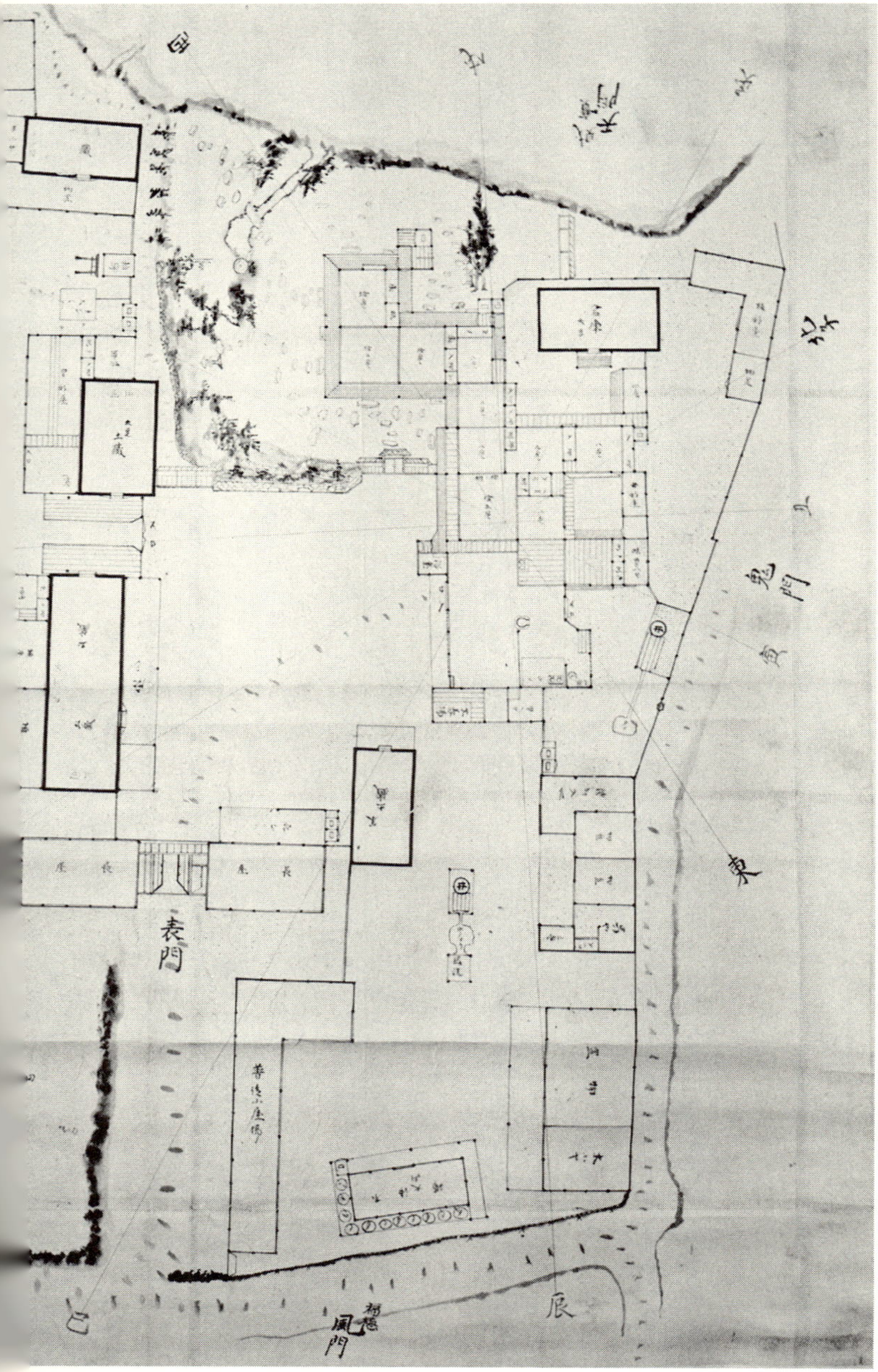

資料2　高梨家屋敷絵図　文政一〇（一八二七）年（上花輪歴史館蔵）

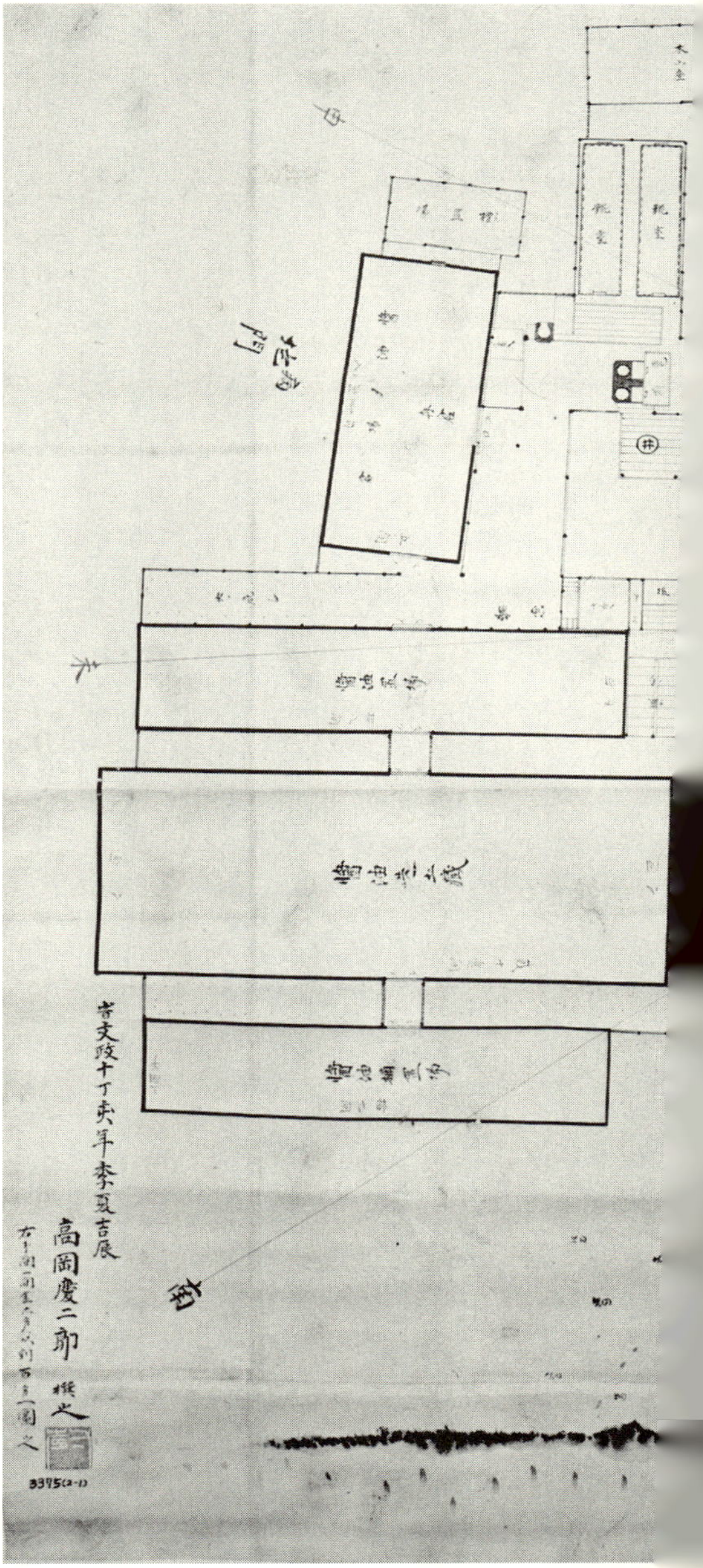
文政十丁亥年季夏吉辰
高岡慶二郎
3375(2-1)

資料3　髙梨家江戸・東京向け出荷商標（一七七五～一八七三年）（髙梨本家文書より）

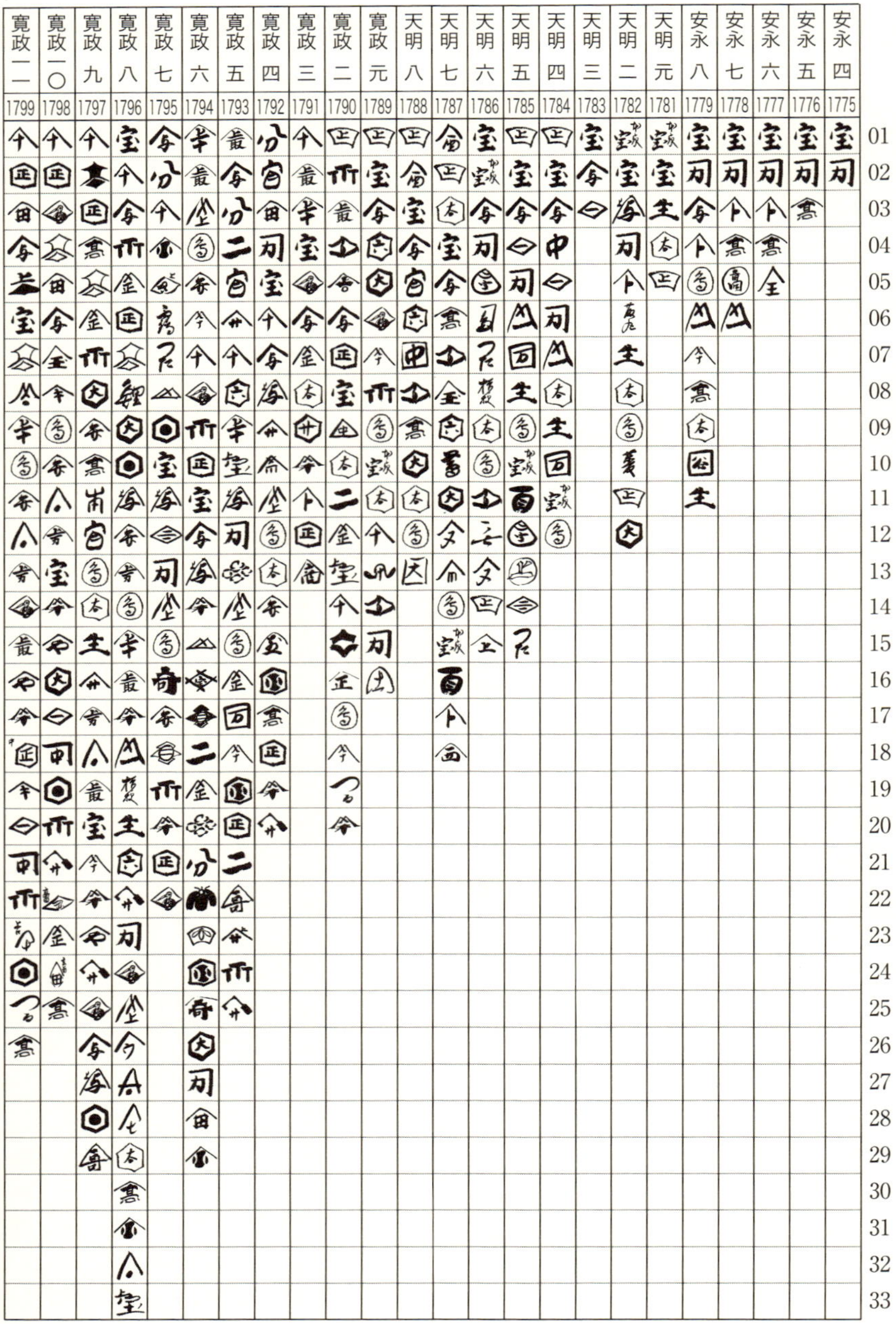

文政一一	文政九	文政八	文政七	文政六	文政三	文化一三	文化一二	文化一〇	文化九	文化七	文化五	文化四	文化元	享和三	享和二	享和元	寛政一二
1828	1826	1825	1824	1823	1820	1816	1815	1813	1812	1810	1808	1807	1804	1803	1802	1801	1800

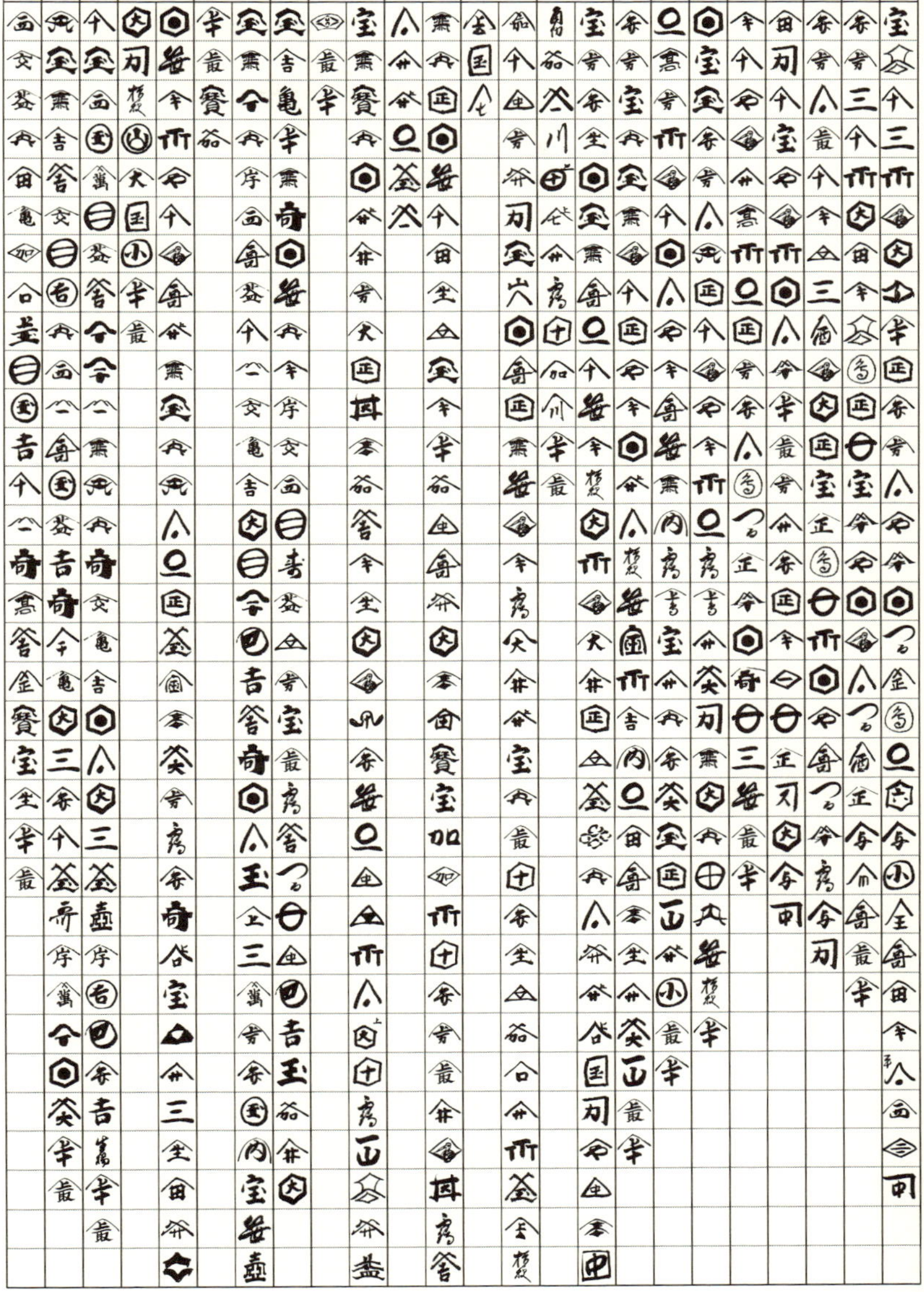

嘉永二	弘化四	弘化三	弘化二	弘化元	天保一四	天保一三	天保一二	天保一一	天保一〇	天保九	天保八	天保七	天保四	天保二	文政一二
1849	1847	1846	1845	1844	1843	1842	1841	1840	1839	1838	1837	1836	1833	1831	1829

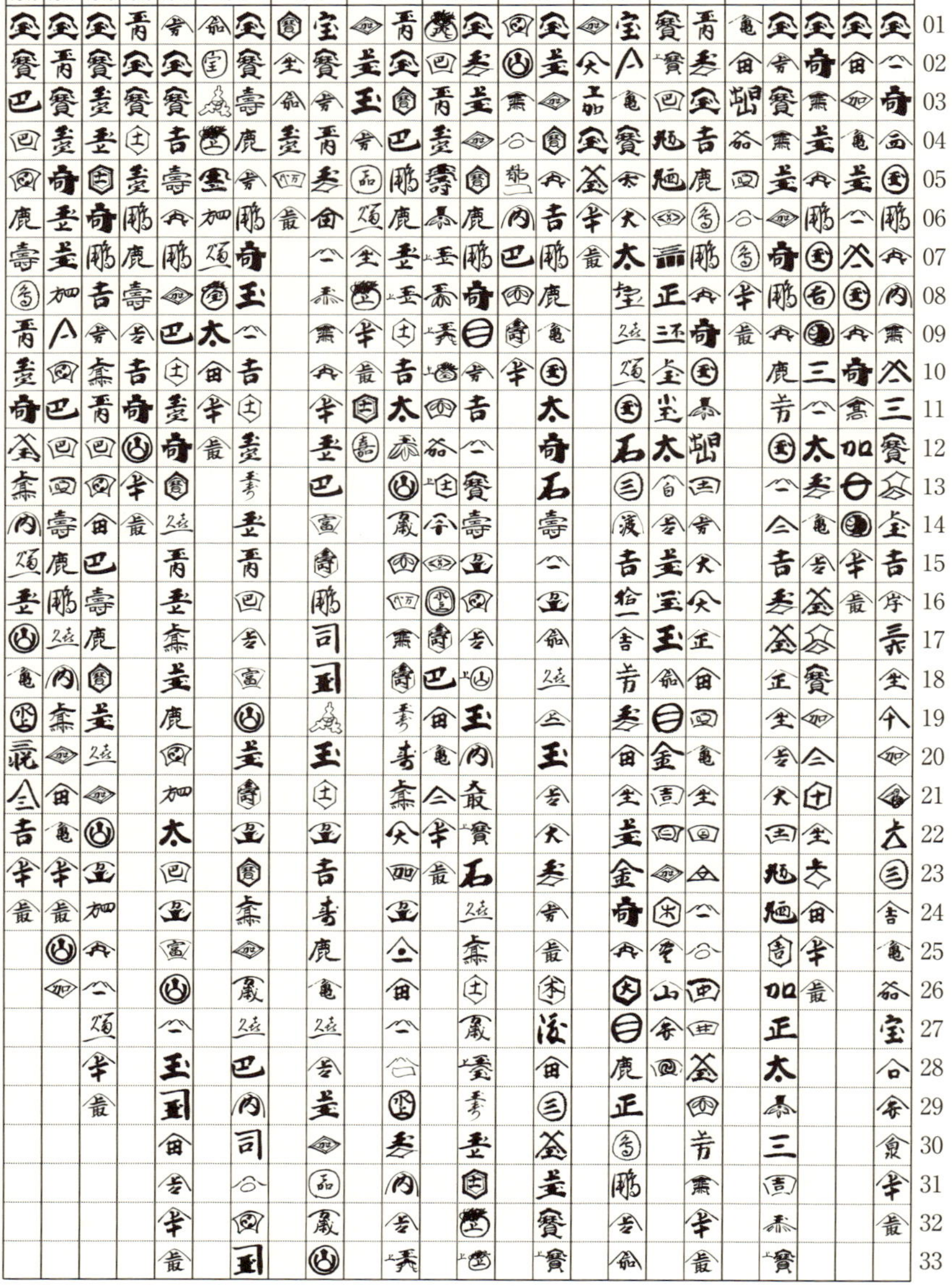

明治六	明治五	明治四	明治三	明治二	明治元	慶応三	慶応二	慶応元	元治元	文久三	文久二	文久元	万延元	安政六	安政五	安政四	安政三	安政二	安政元	嘉永六	嘉永五	嘉永四	嘉永三
1873	1872	1871	1870	1619	1868	1867	1866	1865	1864	1863	1862	1861	1860	1859	1858	1857	1856	1855	1854	1853	1852	1851	1850

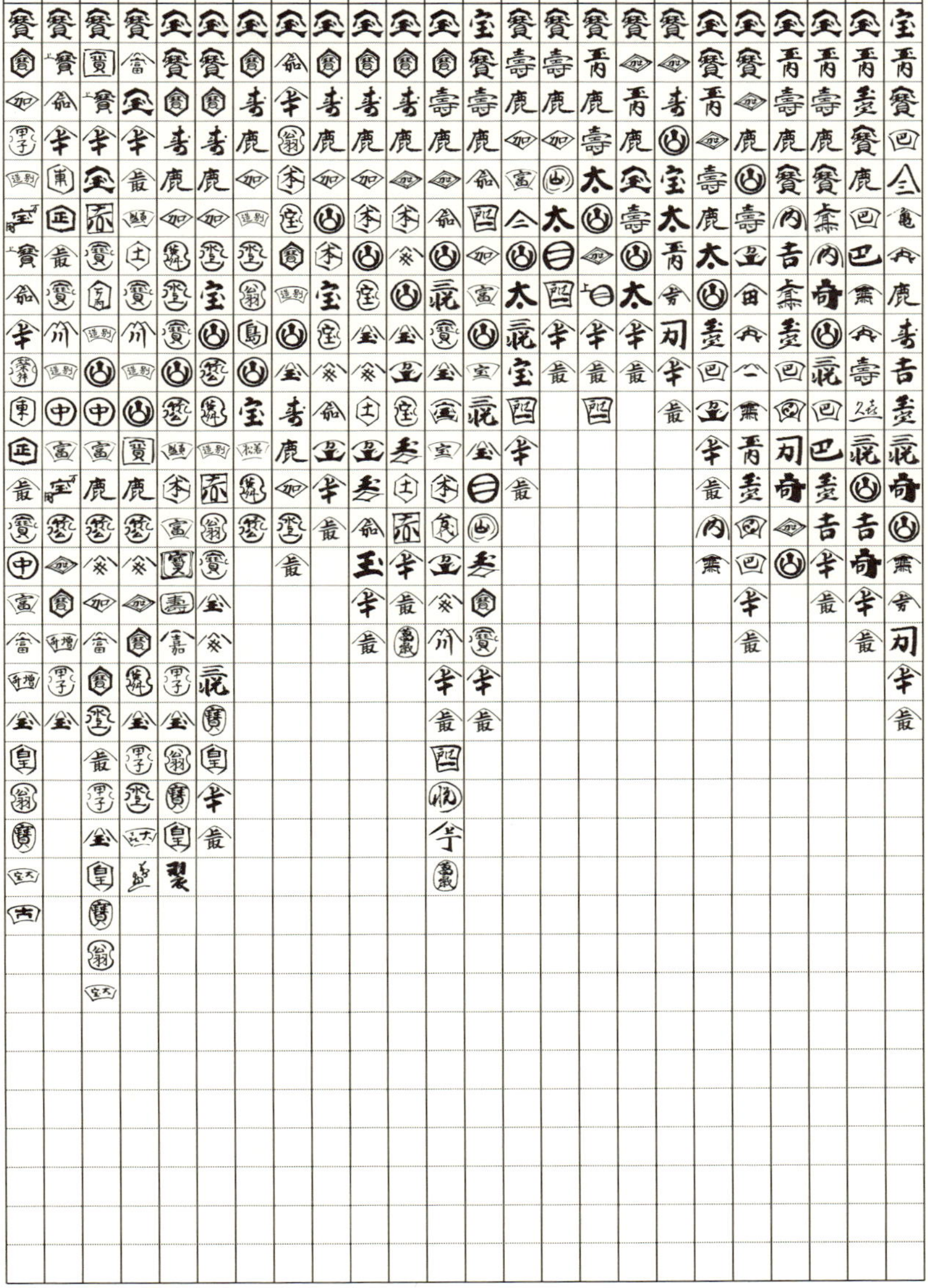

序章　近代日本資本主義と醤油醸造業

井奥　成彦
髙梨　節子
中西　聡

第1節　醤油醸造業史の研究史と本書の課題

本節では特に醤油醸造業史研究の視角から研究史の整理を行うとともに、本書の課題を述べることにする。本書の課題は、千葉県野田(1)という日本最大の醤油産地の最有力醤油醸造家(2)の一つであり地方資産家ないし事業家(3)であった髙梨兵左衛門家が、地域の工業化をいかに推し進め、地域の経済や社会にいかに貢献し、関東市場といかなる関わりを持ったかを明らかにすることである。対象時期は、同家の史料が数多く見られるようになるほぼ一九世紀初頭から、同家が同地の他の有力醤油醸造業者たちと合同して野田醤油株式会社を創立する一九一七（大正六）年を経て、一九二〇年代に至るまでの一〇〇年余である。

醬油醸造業史の研究は、かつては同じ醸造業である酒造業史の研究に比べて、さほど盛んではなかった。在来産業である醸造業が近代日本においても数量的に大きな位置を占めていたことは古くから指摘されていたが[4]、数量の多い酒造業で代表されてしまい[5]、醬油醸造業にはなかなか目は向けられなかった[6]。しかし、一九七〇年代から八〇年代にかけて、長谷川彰[7]、篠田壽夫[8]、林玲子[9]、油井宏子[10]、中山正太郎[11]、長妻廣至[12]、鈴木ゆり子らによって主に東は銚子のヤマサ、ヒゲタ（一九一四年までの田中玄蕃家単独経営期）、西は龍野、小豆島といった大産地の醸造家を対象としてそれぞれの関心から研究論文が発表されるようになると、醬油醸造業史の研究は盛り上がりを見せ始め、一九九〇（平成二）年に林玲子を中心とするグループにより『醬油醸造業史の研究』[14]が刊行された。この書は銚子の大メーカーであるヤマサ醬油株式会社（以下ヤマサ）[15]に残る史料を七人の共同研究者がそれぞれの問題関心から鋭角的に分析したものので、必ずしも体系的なものではなかったが、近世のヤマサの製品販売、雇用労働、原料調達、取引に用いられた為替手形、近代のヤマサの経営、大醸造家間のカルテル、醬油醸造業と農村との関係などの論点が各自の切り口で論じられた。この書は日本第二の醬油産地の大醸造家の経営実態を近世から近代を通して論じた、醬油醸造業史研究史上の画期的な論集であった。

同じ醸造製品でも醬油は酒とは用途も性質も違う。また、酒造業が西日本で成長したという側面が強いのに対して、醬油醸造業は、特に近世後期以降東日本でめざましく成長したという側面がある。生活史的にも、食文化史的にも、産業史的にも、醬油醸造業史は研究者の関心を惹く要素を持った分野であろう。『醬油醸造業史の研究』刊行をきっかけとして、一九九一年、そうした関心を持った東西の研究者を林が中心となって組織して「醬油醸造業史研究会」を立ち上げ、以後は同研究会のメンバーがこの分野をリードしていくことになる。そして醬油醸造業史研究は、従来の一部の大産地を対象とした研究から地域的広がりを見せ始め、一九九四年には神戸大学で開催された社会経済史学会全国大会において同研究会メンバーが「日本の工業化と在来産業―醬油醸造業史の地域比較―」と題するパネルディスカッションを行った。さらに一九九九年には同研究会のメンバーによる論文集『東と西の醬油史』[16]が刊行された。この論集では、主として銚子や龍野に準ずる醬油産地や大産地の中小規模の醸造家が取り上げられ、江戸近郊農村江古田村の醸造家を取り上げた落合功[17]、大正・昭和期野田の中規模醸造家キノエネ醬油を取り上げた林玲子[18]、大正・昭和期の真壁の小規模醸造家を取り上げた花井俊介[19]、龍野藩の塩と醬油醸造元との関係を論じた山下恭[20]、近代の愛知県の醬油醸造業の発展を取り上げた篠田壽夫[21]、近代福岡の中規模醸造家松村家を取り上げた井奥成彦[22]、明治期の小豆島の醬油醸造業の発展を捉えた天野雅敏[23]らの研究が収められており、醬油醸造業史研究が多様に展開するようになったことを実感させられる。

そのほかにも、一九九〇年代以降、大川裕嗣[24]、山下恭[25]、中山正太郎[26]、鈴木ゆり子[27]、西向宏介[28]、桜井由幾[29]、渡邊嘉之[30]、林玲子[31]、谷本雅之[32]、増田宏[33]、井奥成彦[34]らによって各地の事例研究がなされ、九三年には長谷川彰が、それまでに発表した論文をもとにして、西日本最大の醬油産地龍野の近世における斯業の存在形態を論じた『近世特産物流通史論』[35]を著した。これにより、銚子と龍野という東西の代表的醬油産地を対象としたまとまった研究書が世に出されたことになる。

二〇〇〇年代に入って、醬油醸造業史研究はやや下火になった感があるが、二〇〇九年には中野茂夫『企業城下町の都市計画』[36]が刊行され、近年のまとまった研究として、東海地方の肥料商兼醬油醸造業者萬三商店の共同研究を行った中西聡・井奥成彦編著『近代日本の地方事業家―萬三商店小栗家と地域の工業化―』が挙げられよう。ここでは近代以降家業としての醬油醸造業を継承、発展させていく地方事業家としての醬油醸造家像が示された。この研究は、谷本雅之が濱口家（ヤマサ）や関口家の研究で示してきた地方資産家としての醬油醸造業者研究の流れにも対応しており、本研究もまた、そういった流れにも位置づけられる側面がある。

以上のように、一九九〇年代以降醬油醸造業史研究はめざましい進展を見せてきており、そういった中で特に日本第二の醤油産地銚子と西日本第一の醤油産地龍野に関してまとまった研究書が刊行されて、東西二本の柱ができたごとくであるが、日本最大の醤油産地野田に関しては、これまでどの程度の研究が行われてきたのであろうか。野田の醤油醸造業に関しては、野田醤油株式会社ないしキッコーマン株式会社の社史、[37] 荒居英次の前掲論文（注(6)参照）、小川浩による製樽業の研究、[38] 市山盛雄の啓蒙書、[39] M. Fruin による野田醤油株式会社の研究、[40] 田中則雄による海外との関係に関する研究、[41] 林玲子によるキノエネ醤油の研究、[42] 山下恭による赤穂塩と野田の醤油醸造業の関連に関する研究[43]などがあるが、いずれも一つの醸造家の大量の史料群に正面から取り組んだものではない。

このように、野田の醤油醸造業史に関する研究はいずれも貴重なものではあるが、大醸造家に関するまとまった研究がないのが現状である。その原因として、史料が散逸したり、公開されてこなかったことが挙げられるが、幸い我々は二〇〇九（平成二一）年、髙梨兵左衛門家から、その所有する三万点に及ぶ醤油醸造関係史料の閲覧を許され、以後その調査を重ねて、本書成立に至ったのである。髙梨家の経営規模などについては各章で触れられるが、先にも述べたように、数ある野田の醤油醸造家の中でも最有力の醸造家の一つで、幕末の一八六三（文久三）年時点で、造石高六六七二石で野田の造醤油仲間内で三位、[44] 八七（明治二〇）年には七七五一石で、野田醤油醸造組合内で一位（おそらく全国でも一位）、その後造石高一位の座は茂木七郎右衛門に譲るが、一九〇四年には一万石を、一六（大正五）年には二万石を超えている。[45] ことに明治中期までは日本最大級の醤油醸造家であったと言っても過言ではない。そのような醸造家に残る大量の帳簿を初めとする史料群の共同研究に正面から取り組み、多角的、総合的に同家を分析した本書は、醤油醸造業史研究史上画期的な成果となるであろう。[46]

また本書は、石井寛治・中西聡編『産業化と商家経営』[47]、中西聡・井奥成彦編著『近代日本の地方事業家』という、地方資産家の共同研究の流れを汲んでいるという側面もある。前者では大阪府貝塚の米穀肥料商廣海家を取り上げ、企業勃興期に商業利潤を株式投資に振り向けるようになってから間もなく、株式投資で得た利潤をさらに株式に投資する、すなわち株式投資が株式投資を生むというようなパターンを確認したもので、同家を投資家的性格の強い地方資産家の例と位置づけた。後者では、肥料商業と醤油醸造業という実業を軸とし、有価証券投資についても地域志向性の強い投資行動を取るといった、全く違ったタイプの地方資産家像を示した。それらの例に対して、本書で取り上げる髙梨兵左衛門家の場合はどうであろうか。結論を先取りすれば、同家の場合は地主経営や有価証券投資もするが、あくまでも醤油醸造業という本業を大きな柱とし、その他の要素はそこへ向けて収斂させる、もしくは安定した利益を確保するためのものであった。例えば地主経営は醤油原料や燃料の確保のためといった性格を持ち、有価証券投資は大企業として経営が安定した後の会社への投資や、地縁や業種つながりで関係の中小会社へ出資するという地域志向的なものであった。その意味で、髙梨兵左衛門家は一業専心的な地方事業家的資産家であったと言えるのではなかろうか。そして、同家は野田の地域社会への寄付活動を行い、他家とともに野田人車鉄道、野田商誘銀行、野田病院設立に貢献するなど、地域の経済、社会に貢献しているのである。

本節の最後に、本書の構成に触れておこう。まず序章第2節で髙梨兵左衛門家の歴史を紹介し、第3節で髙梨兵左衛門家の資産規模、野田地域の経済の概観を行った。いずれも本論を論ずる上での基礎的な事項である。

本論に入って、第Ⅰ部では髙梨家の醤油醸造そのものを取り上げた。まず第1章では、髙梨兵左衛門家に残る家訓をもとにして、同家がどのような意識で家業に取り組んでいたかを探った。第2章では、近世における同家の醤油生産と販売の特質を、印（商標）をキー概念として明らかにした。第3章では、同家の生産活動の中で重要なポイントとなる雇用労働の調達・管理の問題を、一九〇〇年代を中心に検討した。第4章では、髙梨兵左衛門家の経営と収支を、史料上の制約から一九〇〇年代から一九一七年までについて取り上げた。第5章では、複数あった髙梨兵左衛門家の蔵にそれぞれの役割を持たせ、品質の違う醤油をうまく作り分けていた実態が明らかにされる。最後に第6章では、明治中期以降の同家の発展の要因の一つを原料調達戦略に求めた。明治中期以降の同家の生産の伸びはめざましいものがあるが、第3~6章はまさにその渦中の時期を扱った論考である。また、第1・2章からは、そこに至る前提を窺い知ることができるであろう。

第Ⅱ部では髙梨兵左衛門家と、周辺地域から関東の広い範囲にわたるまでの地域の経済との関わりに関する論考を配している。まず第7章では、大醸造家であるがゆえに生じる製樽や袋刺しといった労働需要が、さして生産力の高くない同家周辺地域にとってどのような意味を持ったのかが考察される。第8章では、髙梨兵左衛門家が江戸でつくった問屋近江屋仁三郎店の成立とその後を描いている。江戸地廻りの生産者が問屋を江戸へ出すということは販売戦略上よくあることで、時代は違うがヤマサが江戸に開いた廣屋吉右衛門店も元はと言えばそういった存在であった。第9章は前章を承けて、近代の髙梨兵左衛門家と近江屋仁三郎店との関係を、東京の醤油市場、特にその中での問屋とは別組織の東京醤油会社を意識しつつ検討したものである。第10章は、髙梨兵左衛門家と江戸（東京）の問屋高崎屋との関係を検討するとともに、江戸（東京）醤油市場における問屋から小売までの醤油流通を取り上げた。そして第11章は、近代において重要な意味を持った髙梨兵左衛門家の地方販売の実態を、時代を追って検討したもので、在来産業が近代産業と共生したメカニズムの一端が明らかにされる。さらに第12章では、近代の髙梨兵左衛門家の資産運用の実態と、そのことが野田地域の工業化にどのような意味を持ったのかが検討される。

以上各章の考察結果を踏まえ、冒頭に述べた本書の課題である、日本最大の醤油産地の最有力醤油醸造家の一つであり地方資産家ないし事業家であった髙梨兵左衛門家が地域の工業化をいかに推し進め、地域の経済や社会にいかに貢献し、関東市場といかなる関わりを持ったかについて終章で総括し、醤油醸造業史研究、資産家研究の中に位置づける。

第2節　髙梨兵左衛門家の歴史

（1）史料について

本節の記述は一次史料に基づいている。野田市桜台に、代々髙梨壱岐守が宮司を務めた八五一（仁寿元）年創建の桜木神社があり、ここには髙梨本家の元は姉弟であると書かれた由緒書がある。髙梨本家にも同じ由緒書が残されているが、明白な事実を求め、檀那寺である野田清水村金乗院の過去帳に見られる戒名、髙梨本家上花輪歴史館に隣接する上花輪観音堂墓地の墓碑や墓の配列から被葬者を判定し、併せて文書史料を用いるなどの作業を行った。金乗院から戒名をいただいたということはその人の実在を示すことになるが、過去帳に「花輪村四郎左衛門江戸に死す」という記述があり、そのことによって祖先としての四郎左衛門の存在を知ることができ、他の文書の理解が一気に進むことになった。また、髙梨家には家系図はあるが、そこに書かれていることは断定できることばかりではない。そこで、二四代兵左衛門の墓碑文も参照することとしたのである。

墓地はおよそ二二坪で、墓石の配列は正面に一八代の墓があり、代順に整然と配置されている。その中で目を引いたのが、二四代兵左衛門順信の墓碑文であった。二四代の戒名は「善心院道阿順信居士」である。墓碑には「髙梨順信墓碣銘　男谷燕斎孝撰並書　天保五年九月孝子忠學拝立」とあり、文面は漢文で次のように記されている。

翁諱順信　称兵左衛門　下総國葛飾郡野田郷上花輪邨之里正　父曰信芳　母浮谷氏　其先出於相模守親忠　親忠有子三人　長治二年移乎今之郷　以髙梨為氏　子孫遂為農　自親忠至順信凡二十有四世　系緒厳綿家資豊穣　為郷之豪族乎　順信為人質直謙和　倹而勤業　能賑貧困人　莫不愛重　云々

これにより先祖は武家であったこと、先祖の親忠に子供が三人いたこと、名前は兵左衛門と上花輪村四郎左衛門であると判断した。

二五代写筆の系譜によると、「藤原姓　為源氏　髙梨本国信濃　紋五三桐　丸一文字　石畳　髙梨者信濃国之地而以住テ其地号髙梨氏為」とあり、当家の衣服や道具にこれらの紋が付いている。宝暦期の印鑑は㊟印である。

そして寺の過去帳には四郎左衛門の一一名の家族の戒名が記されていた。過去帳を読むうちに、髙梨家では二〇代より二五代まで必ず男子が出生しており、当主、倅、孫が揃っていたことがわかった。このことは、世襲が求められた時代に仕事や家政を維持発展させるためには重要なことで、幸運と言える。二〇代喜見院宝山英秀居士が死去したときには倅は二七歳、孫は五歳であった。二一代性善院死去のときには倅二三歳、孫八歳であった。二二代寂津院死去のとき倅四〇歳、孫一〇歳、二三代欣浄院死去のときには倅二四歳、孫五歳、二四代善心院死去のときには倅三五歳、孫九歳、二五代智賢院死去のときには倅三二歳、孫一〇歳であった。二六代大真院の倅（二七代）は一八八二（明治一五）年に三六歳で死去し、孫は七歳であったが長男継続は途切れたため、大真院は家政維持の「約定書」を作成する。(48)

しかし男子のみが重視されたわけではなく、女子でも過去帳には戒名と必ず嫁ぎ先が記載されている。子供の木札位牌は御厨子に納められ、番頭と婆やの位牌も仏壇に納められている。夫人が若くして亡くなった場合には、血脈を重んじ家名を残すために新家を作っている。結婚による家の繁栄を願い、近世初期には野田町や近村と、後の時代には近郷の現埼玉県に属する地域の住人とも、また江戸町人とも縁組みをし、醬油業発展のために精力を注いでいる。また檀那寺以外の寺や一向宗への厚い信仰心を抱き、結果的に広い範囲の人々とのつながりを得て、そのことが醬油業発展につながったことと思われる。一歳で生母と死別した二三代が一向宗に深く帰依したのは、同宗が国家宗教ではなく民衆を救う宗教であったからだと考える。

（2）草創期の髙梨家醤油醸造業

髙梨家で醤油を造り始めたのは一六六一（寛文元）年、一九代のときと言われるが、なぜ上花輪村で醤油造りを始めたのか。幕府の本拠地である江戸の購買力が巨大であったこと、江戸への距離が四〇キロメートル弱で江戸川筋の利便性があったこと、大量販売ができると同時に原料集荷も容易なことなどが挙げられるが、より積極的な理由としては、上花輪村、堤根新田、中根新田、花井新田は幕府領で御鷹場、野馬生産の場であって農地は少なく、御鷹の餌取仕事や野馬堀の整備や川筋維持に関する仕事等の費用負担が多大で村人の負担が大きかったこと、水は天水のみで畑作は大豆と荏胡麻、米は陸稲と、農作には非常に厳しい農村地帯であったことなどが挙げられる。幕府は増収のために税の種類を増やしたり、開墾等勧農を勧め、努力をするが、年貢収入は増えず、幕府側も困惑するほどの土地であった。しかし、林地は醤油造りに必要な燃料、薪を提供でき、幕府自体も税収改善を考えたはずである。そういった状況を打開するため、髙梨家では上花輪村の枝村である堤根新田、中根新田の土地拡大に努める。そして明和期には醤油造りをしていたことを明確に示す史料が存在しており、一七七二（明和九）年、幕府の調査に答えて醤油造り二〇石の願いを出している(49)。一七七三（安永二）年には幕府から醤油醸造営業の承認を得て、七五年の江戸への出荷時には受け入れた問屋は四軒あった。一方で、厚い信仰心を持って地元の神社仏閣を率先して建てている。

醸造用の水はついては、河川水は使用せず井戸水で十分間に合った。そのことは幕府へ提出した上納醤油の作り方に関する文書にも書かれている。上花輪歴史館の駐車場は元蔵跡だが、今でも大井戸跡は気抜き穴として見ることができる。江戸への販売は江戸川水運を利用し、江戸小網町まで半日で運ぶことができた。幕藩制下では農村で農業以外のことを行うのは認められにくいと思われるが、野田のような町場では、農村よりは工業を興すことが容易だったのではないかと考えられる。髙梨家は醤油業発展のために野田町の住人である茂木七左衛門家と縁組みし、次いで同家の新家作りに協力したのだと考えられる。

二二代は出荷に当たり醤油名、すなわち印を作った。まずは一九代の戒名から一文字戴き、宝印としたのである。元蔵に豊穣の神様、稲荷神社を建て、その社名を宝集稲荷《ほうしゅういなり》と名付けた。その他の印も髙梨の名に因んだもので、入高印というものもあり、また一七八四（天明四）年にできた○鳥印は、「小鳥遊」と書いてタカナシという読みがある（小鳥が遊ぶのは鷹がいないからであるということでそのような読みになっていると思われる）ことから作られたと考えられる。本家というものは一般的に屋号はなかったが、宝印が作られて以降、屋号のように「宝髙梨」と言われようになった。二二代五六歳のとき、一七七五年一月に、先にも触れたように三年余もかかって造られた醤油を初めて江戸へ出荷したが、そのとき受入問屋は四軒であった。取扱問屋は塩問屋仲間の徳島屋市郎右衛門（赤穂）、かた屋庄兵衛（斎田）、醤油問屋仲間の山本清兵衛と増屋の四軒であった。翌年には取扱問屋は一〇軒に増え、一万四〇五二樽を扱っている。これは、以前から江戸と関係があった証拠である。そのうち四〇〇樽については「柏屋分」の書入れが「醤油出し帳」に見える。[50] また一七八七年の「醤油送帳」（髙梨本家文書5AAH5）には江戸問屋金奈屋伊兵衛に茂木七左衛門家の醤油印「くし形」六一樽を七月九日に送った記載があり、髙梨家は茂木七左衛門家の江戸への販売に協力していた。

二三代のとき、一七八三年、髙梨家では今上村に出蔵を建てて醸造量を増やすとともに、川沿いの蔵からの出荷ということで、運搬がより容易《たやす》くなった。その後、醤油販売はより積極的方法で行ってゆく。それは信仰を通し、檀那寺の宗派だけではなく他の宗派を通じても顧客を増やすことだった。

続いて二四代のとき、婚姻関係を中心に江戸での人脈を拡げつつ、醤油も新印、後に上納醤油となる〈上十〉印を一七九一（寛政三）年に造り出す。帳簿も元蔵、出蔵と分けられ、新規に明確な帳簿付けが行われるようになる。

〈上十〉印は以降、高梨醤油の主力商品として大正期まで販売される。二四代は醤油醸造のますますの発展と無事を願って、醸造蔵の掟として「出蔵条目」二一カ条を作成した[51]。

醤油への思いは、一八〇一（享和元）年に一〇〇両の持参金を持って糠田村（現鴻巣市）河野家の養子となった二四代の弟信康も本家と同じで、結婚一〇年後に長年の懸案であった糠田村の水害対策を完成させ、村のことは河野分家に依頼し、一八一三（文化一〇）年に今上村で新たに蔵を建て醤油造りを始める。生活向上の方法として醤油業を重視していたのであろう。以降、高梨家はこの仕事を大切に、醤油造りの分家を各代に一家立てる等の規則書を残し、子孫に示すことになる。

醤油醸造によって豊かになった村と幕府は飢饉に備え、郷倉制度を作った。常に一〇〇〇石の穀物を蓄え、五〇〇石を先入先出方式ですぐ対応できるように定めた。天明期以降最大の飢饉が一八三二～三八（天保三～九）年にかけて起き、関東・東北地方一帯の被害は甚大であったが、醤油醸造家は一体となってこの飢饉を救うことができた。醤油醸造の発展を見て、幕府のもとで社会貢献をしたところ、家の格が上がり三人扶持になったので、二五代は家を維持永続させることを願い、新たに規則を書き残した（本書第1章参照）。

以下、墓石や過去帳、その他の史料から、比較的事蹟のよくわかる一八代の時代から順に、高梨家の代々当主と家や村、それに醤油醸造業の状況を見ていこう。

(3)　一八代兵左衛門（－一六五六年）

一八代の生年はわからないが、一六五六（明暦二）年一二月五日没、戒名は万徳院唯心浄頓居士である。過去帳によれば、妻の戒名は圓明院本覚妙貞大姉で、一六九九（元禄一二）年二月二八日没となっている。墓はない。過去帳には心月院遍智妙光大尼の戒名も見え、一六九一年九月一九日没とあるが、この人がどういう人かはわからない。一八代については、その土地所持がわかる。慶安三（一六五〇）年七月「下総國葛飾郡庄内領花輪村之水帳名寄帳」（髙梨本家文書5BEA3）によると、花輪村は上・中・下田合わせて二七町五畝五歩、上・中・下・下下畑合わせて二〇町七畝一五歩で、村最大の高持は与次右衛門であった。その所持反別は、田合わせて四町二反二畝八歩、畑・屋敷合わせて三町三反六畝七歩、うち屋敷は三畝二九歩であった。四郎左衛門（一八代兵左衛門）の所持地は中田三反九畝一九歩、下田八反三畝一二歩で、田合わせて一町二反三畝一歩、上畑九畝二四歩、中畑七畝一四歩、下畑五反二畝歩、屋敷一畝一八歩で、すべて合わせて一町九反三畝二八歩で、田の所持反別は村で五番目、畑は八番目だった。なお村内の軒数は二七軒、うち二軒は寺であった。

（4）一九代兵左衛門（ー一六八〇年）

墓石と過去帳によれば、一九代の生年はわからないが、一六八〇（延宝八）年正月二一日没、戒名は寳珠院常住照宰居士である。先に触れたように、この戒名の中の「宝」の文字が、後々髙梨家が「宝髙梨」と命名される元となった。一九代兵左衛門（四郎左衛門）の墓は夫婦で一基であり、夫人の戒名は性徳院現証妙印大姉、一六八五（貞享二）年九月二〇日没である。

なお延宝元年「南条金左衛門検地　下総國葛飾郡庄内領中根新田」（髙梨本家文書5DEA6）によると、同年の中根新田の田畑は合せて九九町五反六畝二九歩、うち畑九五町四畝一三歩、屋敷地三町一畝一五歩、家数一四軒（うち二軒は寺院）で、四郎左衛門（髙梨家）の所持地が五反六畝二二歩ある。同年「下総國葛飾郡庄内領堤根新田」（髙梨本家文書5CEA3）によると、田畑合わせて六五町九畝二一歩、うち畑が六四町四反三歩、屋敷地一町九反五畝三歩、家数九軒（うち一軒は寺院）であった。このときまだ髙梨家の所持地はない。後々髙梨家が少なからぬ土地を所有することになる村であるが、この頃はまだ田がなく、生産力の低い村であった。延宝七年一一月九日「未年堤根新田御年貢可納割付之事」(高梨本家文書5CFA126)によると、同新田に下下田六反九畝一八歩が存在しており、うち六反二畝一八歩は年貢の対象外となっているが、残りの七畝歩に七升の年貢がかけられている。一反につきわずか一斗の割合であるが、田の年貢が発生しているのである。

(5)二〇代兵左衛門(―一七二二年)

墓石と過去帳によれば、二〇代も生年はわからないが、一七二一(享保六)年一〇月九日没、戒名は喜見院宝山英秀居士である。このとき倅は二七歳、孫は五歳であった。四郎左衛門の別名を持ち、過去帳には「江戸にて死す」とある。墓石表には「施主兵左衛門」とあり、この一基と並んで夫人の墓があり、戒名「寳寿院陽盛妙奄大姉」と記されている。一七二二年四月朔日没である。二〇代のときの土地所有については、宝永四(一七〇七)年亥八月「花輪村午年新御検地五人組銘持高之覚」(高梨本家文書5BEA51)に名主兵左衛門の持高一八石九斗八升八合が記されている。なおこのときの高持は七〇軒、うち二軒は寺院であった。一七〇七年一月には、当家のすぐ近くにあり後々上花輪地区で維持、管理することになる香取大明神が、神祇官より御免許を受けている[52]。また一七一〇年五月一一日に堤根新田に菅原神社が再建されたとき、再建願主として髙梨兵左衛門の名が本殿棟札に記載されている[53]。

(6)二一代兵左衛門(一六九四―一七四〇)

墓石と過去帳によれば、二一代は一六九四(元禄七)年生まれで、一七四〇(元文五)年七月一七日、四六歳で亡くなっている。戒名は性善院自照凉岳居士である。やはり別に四郎左衛門の名を持ち、幼い頃は源八を名乗っていた。亡くなったとき、倅は二三歳であった。夫人の戒名は自照院温林春光大姉で、一七四二(寛保二)年正月二三日に亡くなっている。二一代は一七三〇(享保一五)年一一月二七日、諸帳面を受け取り、中根新田の名主役を兵太夫から引き継いでいる[54]。しかし、一七三五年一二月には年貢割付状、取立状など中根新田名主書類一切を上花輪村伊左衛門に渡し、中根新田の名主を退役している[55]。この頃当家では名主役は受けたり退いたりで、常に務めていたわけではなかった。元文四年三月「未年下総國葛飾郡庄内領上花輪村五人組帳」（髙梨本家文書5BDB27）には「名主兵左衛門」の名が記されており、また名主になっていたことがわかる。亡くなる直前の年であるが、この年には密告制、五人組からはずれ者が出れば名主組頭は咎められること、名主は何事にも証文を取り交わすべきこと、諸役経費の帳面を作ること、年貢皆済以前に他所へ米を出すのは禁止であることなどを内容とする七〇カ条の厳しい改革令が幕府から出され、それに対する請書が提出されている[56]。

信仰面では、一七三一年、観音堂を敷地内に建立している[57]。また、一七三七年には上花輪村及び周辺村の農民八六名を西国巡礼の旅に送り出しているが、そのときの餞別集金額は金にして四両余であった[58]。こうしたことはその後もたびたび行われているが、この後の当主もこのようなことには熱心である。

(7) 二二代兵左衛門（一七一七―八一）

墓石と過去帳によれば、二二代は一七一七（享保二）年生まれで、八一（天明元）年一〇月九日に六四歳で没している。戒名は寂津院一轉即到居士である。やはり別名四郎左衛門を名乗っていた。亡くなったとき、倅三三歳、孫一〇歳であった。二二代の墓の横に夫人の墓が一基あり、戒名は心蓮院温泉妙光大姉で、一七四九（寛延二）年二月二七日に三三歳で没している。夫人は茂木七左衛門家の娘で、二男二女をもうけた。夫人が若くして亡くなったので、後妻がいて、その戒名は淨心院光雪貞誉大姉、一七八四年一一月二二日に亡くなっている。墓一基は実娘の墓の隣に立つ。後妻の子は、一人は戒名般若院鏡誉英歓大姉で一七五九（宝暦九）年二月二〇日没、もう一人は戒名月輪院蓮池妙涼大姉で、五九年七月一〇日没、子供二人は一基に収まっている。二二代の妹つるの戒名は自覚院観智妙寿信女で、一七九五（寛政七）年二月二日没、松伏村四代石川宇右衛門の妻になった人である。弟兵七の戒名は照心實道清信士で、一八〇六（文化三）年没、近郷で唯一湧水池のある大和田村へ分家した人である。もう一人の妹の戒名は柏顔真樹信女、一七九六年一二月三日に没している。山崎村又兵衛の妻になった人である。二一代はこのように男子は分家させ、女子は近郷の家に嫁がせて足下を固めた。土地所有の面では、寛延元年一二月「（堤根新田名寄帳）」（髙梨本家文書5CEB7）から、同新田での髙梨家の土地所有がかなり進んでいることがわかる。同新田田畑屋敷合六七町四畝二七歩、高三六一石九斗七升五合のうち、兵左衛門名で田畑屋敷合一二町四反七畝二三歩、四郎左衛門名で畑屋敷合二町四反二畝二歩あった。前者は三左衛門分と弥五右衛門分が移動してきたもの、後者は才兵衛分が移動してきたものである。なおこのとき、新田には田は下下田しかなく、その石盛はわずか五斗、あとは畑と屋敷ばかりであった。畑の等級は最高でも中畑で、その石盛は七斗であった。

また宝暦五年「下総國葛飾郡庄内領中根新田宗門人別改帳」（髙梨本家文書5DDA3）によれば、四郎左衛門は中根新田名主となっており、そのときの持高は四七石九升五合である。このとき家数合二七軒、うち一五軒が本百姓で、六軒が屋守百姓、すなわち土地管理を行う小作人で、年貢は払わない存在である。髙梨家でも惣右衛門という四七歳の者を屋守として置いている。中根新田に家守が六軒もあるのは、野馬と御鷹場の管理をする幕府役人の仕事をこなすために通常以上の大変さがあるからである(59)。その他水呑が五軒あり、人数合一一一人となっている。一七五七年に、四郎左衛門は堤根新田の名主となった。宝暦八年「下総國葛飾郡庄内領中根新田宗門人別改帳」（髙梨本家文書5DDA1）によると、名主四郎左衛門の所持地は依然として四七石九升五合、相変わらず惣右衛門を屋守として置いている。なおこのときの家数は二八軒、人数合せて一一三人であった。全員の檀那寺が清水村金乗院末同国同郡桜台村報恩寺で、新田作りには寺が関わっていたようである。ちなみに史料は紙質、字体、印鑑の奇麗さ、いずれの点においても良好で、誤字もない。名主四郎左衛門の書類は安心して見ていられる。名主を続けられたわけである。宝暦一二年堤根新田の「御年貢割帳」（高梨本家文書5CFA37）によれば、四郎左衛門所持地は中畑四町七反一畝二八歩、下畑九町六反二畝八歩、下下畑一町六反四畝二八歩、屋敷五反五畝一八歩で、口永を含めて〆永三貫一〇六文五分となっている。一七六六（明和三）年には自宅門長屋の改修を行っている。[60] 棟札より、大工は川藤村山口武兵衛二三歳と二三代四郎兵衛一九歳であったことがわかっている。同年の「中根新田宗門人別書上帳」（高梨本家文書5DDA2）によれば、高五五八石五斗三升、うち上花輪四郎左衛門所持高は四七石九升五合、屋守惣右衛門で、状況に変わりない。人数合一一四人、家数二五軒、名主は四郎左衛門であった。

ところで、二二代のときの醤油醸造について、次のような史料がある。[61]

乍恐以書付奉申上候

醤油造り高五五石　下総國葛飾郡上花輪村　四郎左衛門

右は醤油造り高書面の通り相違なく御座候、酒酢造り油絞り水車木立川岸一向に御座無く候、

右はお尋ねに付申上候

明和九年辰十一月　　上花輪村　名主嘉兵衛

宮村孫左衛門様御役所

乍恐以書付進奉願上候

醤油　但し造り高二十石

右は醤油造り高の儀お尋ねに付、書面の石数奉書上候相違無く御座候、以上

明和九年辰十一月　　醤油造

百姓　四郎左衛門
与頭　仁左衛門
名主　嘉右衛門
宮村孫左衛門様　御役所

同じ年月で造石高が異なっているのは、後者が幕府の改めの機会に高梨家が醤油造りの増石を願い出たためと考えられる。しかし翌一七七三（安永二）年に五石の造石高が認められた。その後、先にも述べたように、一七七五年正月二日には醤油二印（**宝**（以下、〈宝〉）、**⌐カ**（以下、〈かねカ〉）の江戸への出荷が始まっている。[62]〈宝〉印は寶珠院（一九代）の「宝」の文字を戴いたもので、屋号「宝高梨」の誕生である。またこの年、高梨家の稲荷社、宝集稲荷が誕生している。翌一七七六年一月、〈宝〉、〈かねカ〉に加え、高梨の名にちなんだ〈入高〉印（∧高）が初出荷となっている。[63]この年の江戸への出荷量は〆一万四〇五二樽（一〇〇〇石余）、取扱問屋は一〇軒であった。一七七七年には五印一万五八八八樽を一五軒の取扱店に、七八年には八印二万六九九八樽を一〇軒の取扱店に、七九年には一二印二万二七五六樽を一二軒の取扱店に送っている。

信仰面では、二二代は一七三九（元文四）年九月、善光寺ほか寺院参拝に出かけ、[64]五四年一二月には観音堂を建立している。[65]このとき大工延べ七五七人、木挽延べ一四三人が関わっており、勧地受取〆三四両二分と八一七文、払方〆四九両三分と一貫二〇文、うち大工に一〇両一分と七〇〇文、木挽に二両二分支払っている。一七六〇年一一月には鳥居を建立しており、大工一八人半に代一貫八五〇文、木挽五人に代五〇〇文、植木二本に金二両、敷石二枚に金一両二分と三五二文、この船賃に三一六文支払っている。[66]一七七五年二月には観音堂を修復し、金二両一分と九貫九〇二文（釘酒代、縄代人足代）かかっている。[67]一七八一年四月には堤根新田名主四郎左衛門が、畑屋敷合四反四畝二〇歩を上花輪村観音堂地面とし、それと下畑一反歩を上花輪村兵五郎(四郎左衛門の息子)に譲り、兵五郎が観音堂を維持管理することになった(68)。このように、二二代も信仰に熱心であった。

(8) 二三代兵左衛門(一七四八―一八〇三)

墓石及び過去帳によれば、二三代は一七四八(寛延元)年生まれ、一八〇三(享和三)年四月一九日、五五歳で没している。戒名は欣浄院一向専念居士である。二二代の末子で、幼名を辰四郎、また四郎兵衛を名乗り、諱を信芳と言った。二三代が亡くなったとき、長男は三二歳、孫は五歳であった。夫人は戒名を慈徳院智仁妙勇大姉といい、一八一二(文化九)年六月一四日、四二歳で亡くなっている。夫婦で一基である。夫人は吉谷村浮谷家五郎兵衛の娘で、一八〇六年、年中行事の料理仕方、材料の年間必要量、配布先や注意事項を記した帳面「年中行事献立書」(髙梨本家文書5JGA10)を作成している。二三代の兄、長男の戒名は實乗院真解得木居士で、一七九七(寛政九)年五月一九日に亡くなっているが、四〇石を持参して茂木本家の娘里賀と結婚して新家を立て、茂木七郎右衛門を名乗って屋号「柏屋」ができた。二三代にはそのほか姉が三人おり、そのうち佐善は戒名を悲明院圓室妙堅大姉といい、一七九九年一二月一日没、三代茂木佐平治の妻であった。二人目の姉は戒名を陽光明元信女といい、一七七二(明和九)年三月二六日没、江戸伊勢屋勘兵衛の妻であった。三人目の姉は戒名を如幻童女といい、一七四一(寛保元)年六月二七日に亡くなっている。母心蓮院二五歳のときの娘であったが、早世であった。二二代は現埼玉県域から嫁をとり、娘は江戸商家と野田の茂木佐平治家へ嫁がせ、世間を広めると同時に地元を固めた。

二三代の頃には土地所有もかなり拡大している。天明二年二月「葛飾郡庄内領堤根新田高帳」(髙梨本家文書5CEC1)によれば、名主四郎左衛門の持高は七五五石六斗二升九合、一七八七(天明七)年には九〇石六斗九合となっている(69)。そういった中で、一七九四年には支配所村々の水損困窮に対し、領主に金三〇両を上納している。当地域が困窮していたことは、一八〇〇年正月に、花井新田・中根新田・堤根新田から道中奉行へ出された「乍恐以書付奉願上候」（高梨本家文書5CFF18）の中で、もともと林畑が多かった上、三五、六年前から日光社参の助郷を仰せつけられて難儀困窮し、潰れ百姓ができていると訴えていることからも窺える。こういった状況の中で、高梨家が大規模に醤油醸造業を展開するようになっていくことは、地域を救済するという意味合いを持ったという側面もあろう。

醤油醸造の関係では、一七八八年九月、今上村組頭地主文七から金一八両で田畑合二反一畝六歩を譲り請け[70]、同年一一月には文七より川岸田地を二四両で譲り請け[71]、九〇年に「金銭出入帳」（高梨本家文書5AID1）を作成して金銭の出入を帳面づけしての管理を始めた。また一七九一年八月一日、出蔵（高梨六太郎）で新印（以下、〈上十〉）を造り、江戸へ出荷した。これは後々当家の代表的な印となり、一八二九（文政一二）年には幕府御用醤油になっている[72]。以下、二三代のときの江戸への醤油出荷数量を記す。一七八二年、一一印二万二一五五樽を九軒に、八七年、一一印二万六四六五樽を一九軒に、九〇年、一九印二万九八三樽を二二軒に、九三年、二一印二万四六一八樽を一五軒に、一八〇一（享和元）年、二五印四万三四七樽を一八軒に、〇二年、一八印三万四四四六樽を二四軒に送った。

信仰、宗教の面でのこの代の特筆すべきことを述べる。天明二年「堤根新田宗門人別書上五人組」（高梨本家文書5CDA4）によれば、四郎左衛門が名主になっており、以下六四人はすべて下総国葛飾郡清水村金乗院末同国同郡桜台村真言宗報恩寺の檀徒であった。また一七八四年には西念寺より太子尊像が上花輪村長命寺へ遷座され、それに対して「貴寺方へ年貢、修復費、参拝金子を差し上げる」との礼状が一八〇四（文化元）年四月に出されている（「為取替申一札之事」高梨本家文書5JNA3）。それに先立つ一七八八年二月、四郎左衛門が代表になって、太子堂の鳥居修復に寄付をしている[73]。太子堂は一七九八年にも再建されており、そのときにも高梨兵左衛門、四郎左衛門が願主となって、金七五両二分を寄付している[74]。太子堂に関してはそのほか一八〇一年、〇六年、〇八年にも細工代等を寄付している。太子堂は職人、商人の信仰対象として賑わい、長命寺も栄えるとともに、醤油販売にも役立ったと考えられる。また、一七九〇年から一八〇〇年にかけて、「浄土真宗御法相続の為」二三代が門徒総代として水戸磐船願入寺へ寄進を行っている。

そして一八〇三年四月一九日、二三代の葬儀の際には、[75] 近郷の一九寺院、坊五カ所（一向宗）、村の八六人、江戸その他五六人から計金三二両一分と銭五九貫七〇〇文が寄せられ、出金としては布施白米代その他に金四一両二分と銀七匁八分三厘、「豆腐油揚輿之外酒代」に金二〇両二分と銀一一匁九分七厘、家内下男下女に銭七貫一〇〇文（金にして一両と三匁八分）、その他修業人へは銭一貫文、道心房へは一人宛銭二〇〇文で計六〇〇〇貫を遣わしている。また水戸磐船一向宗への信仰厚く、金一〇〇〇疋と御礼五〇〇疋を差し上げている。施主は倅の兵五郎で、参列者は江戸小網町野田屋、柏屋、深川六間堀亀や、江戸伊勢や伊兵衛、本所一つ目内田伊左衛門、江戸万屋惣八、大坂屋藤兵衛、江戸二宮桃亭、江戸山本喜兵衛、江戸富沢町源右衛門、流山門次郎等問屋と親戚らであった。

(9) 二四代兵左衛門（一七七一―一八三三）

墓石及び過去帳によれば、二四代は一七七一（明和八）年生まれで、一八三三（天保四）年九月八日に六二歳で亡くなっている。戒名は善心院道阿順信居士である。二三代の長男で、幼名は兵五郎、諱は順心であった。二四代が亡くなったとき、倅三五歳、孫九歳であった。夫人の名はいそで、一七六九年三代茂木佐平治の長女として生まれ、一八三三年六四歳で亡くなった。戒名は善性院頓阿妙信大姉である。

二四代の弟信庸は一七七五（安永四）年生まれで、六次郎、周蔵とも言った。一八〇一（享和元）年一〇月、二六歳のとき、金一〇〇両を持参し河野権兵衛家の養子になった。河野権兵衛は武州足立郡糠田村の長百姓で、南北朝以降守護大名として活動した名族である。[76] 古くは越智氏と称した。一六六九（寛文九）年には飯塚伊兵衛代官所より名字永々・帯刀一代御免を仰せつけられている。明和期には百姓一揆取静御褒美帯刀御免を仰せつけられ、一七八二

（天明二）年と八三年の飢饉に際しては、飢えた人たちのためにと金二〇〇両を寄付している。一八二五（文政八）年には糠田村土地改良として荒地の起返しを行い、排水堀割を設置し、窮民救済を行った。年代は前後するが、それに先立つ一八一三年より醤油醸造を江戸川沿いにて行い、二〇年正月には河野蔵「条目之事」（髙梨本家文書5FPB11）を作成、杜氏、頭、若者衆中に醤油造りの心得を説いている。そして一八三〇年より醤油五〇樽を両御丸様へ献納している。九代河野権兵衛となった信庸は一八五一（嘉永四）年八月七日に七六歳で亡くなった。戒名は豊泉院泰岳信庸居士である。二四代のもう一人の弟は一七七九年生まれで、名を泰元といい、江戸の二宮桃亭の婿養子となったが[77]、一八一八年四月二〇日、三八歳で亡くなった。戒名は篤信院亨道泰元居士である。篤信院の死後、髙梨兵左衛門は金乗院へ金一〇両を寄進し、先祖を一同にして大位牌を造り、本堂に納めた。二宮桃亭は一七五一（宝暦元）年安芸国に生まれ、江戸で吉益東庭の門下となり、漢方医となって、大勢の弟子が入門し繁栄した。また、余芸の堆金に優れ、有名であった。交遊が広く、狩野素川や幕臣と親しくした。一八二〇年、髙梨兵左衛門家にて「七十歳の賀」を催している。一八二九年一一月没、七七歳であった。二四代には姉か妹が一人いた。八重といい、生年が不明なので姉か妹かはわからないが、一八一四年五月二九日に亡くなっている。戒名は釈妙喜信女、越後で亡くなり、寺は越後水原岡山村中林寺である。

一八一二年六月一五日には二三代夫人の葬式が行われている。「葬式人別帳」（髙梨本家文書5JEA26、5JEA27）によると、参列者は浮谷五郎兵衛、河野権兵衛、若松町二宮泰元、髙梨兵蔵、髙梨孫七、茂木七左衛門、同苗佐平次、同苗七郎右衛門、甲田次郎兵衛、石川宇右衛門、吉谷村平井次郎左衛門、川崎大道寺伊兵衛、大塚弥五兵衛、桜台髙梨壱岐守、山崎中村亦兵衛、弥助、流山（秋元三左衛門、相模屋紋次郎、林有慶）、富沢町富田屋、小伝馬町万屋、横山町伊勢屋半兵衛、小阿み町（野田屋、山本新蔵、野田屋源次郎）、半割村甚左衛門、納戸村七郎兵衛、番匠免村相模屋浅右衛門、増森村中村、奉目村髙梨、柳沢村高沢、内川村岡田、今上五人、桐ヶ作、野田町（五人と樽屋幸八）、本蔵、

出蔵、出蔵支配人、野田飯田市郎兵衛であった。葬列は整然とし、葬列図中では孫の松太郎の名前が輿に続き書かれている。「布施諸品控払出帳」（髙梨本家文書5JEA15）によると、一向宗式が見られる。「三日法事と後七日法事」も含め、たいへん立派な葬儀となっているが、その際、必ず「先例に依って」の文言があり、端々に村役人への配慮が窺える。そういったところは、村掟などに見られるこの時代の社会の精神に通底するものがある。

ところで、二四代のときの土地所持については、享和三年一二月「葛飾郡堤根新田高帳」（髙梨本家文書5CEC3）によれば、高一四〇石一斗三升五合とある。ちなみに七郎右衛門（柏屋）は高六〇石七斗八升となっている。二四代のときの醬油醸造については、文化九年「申御年貢可納割付之事　上花輪村」（髙梨本家文書5BFA86）によると、醬油造り冥加永三〇〇文、此造高一五石とされ、一七七三年に五石、七八年に五石、一八〇六年に五石と順次醬油造高が加増された結果であるが(78)、これはあくまでも「公式」の造石高である。二四代の頃の醬油江戸送りは、一八〇三年、二五印三万八六七八樽半を二六軒へ（髙梨本家文書5AAA138）、〇八年、一五印四万四一三四樽を二〇軒へ（同5AAA160）、一三年、四四印五万六一三二樽を三二軒へ（同5AAA156）、一五年、四〇印四万一八二樽を二七軒へ（同5AAA165）、二〇年、三三印四万三四九八樽を二七軒へ（同5AAA137）、二八年、二三印五万二〇八二樽を二一軒へ（5AAA134）、三一年、一八印五万三四二六樽を二四軒へ（5AAA133）送っている。一八一八年正月には「条目之事」（髙梨本家文書5AKL10）が髙梨出蔵の隠居、杜氏、頭、惣若衆中に対して制定された。これは二四代順信三六歳の時点で、醬油醸造も軌道に乗り、醬油蔵の安泰と繁栄を願い、醬油造りのあり方を明文化したものである。詳しくは第1章に譲るが、二一条からなり、基本は道徳で、醬油製造についての具体的な指摘は少なく、実利的な視点から書かれている。この条目が、元蔵、出蔵・続蔵、辰巳蔵の三つの蔵の規範となった。

一八二七年には醬油酢問屋株、地廻り酒問屋株を小網町山本清太郎店より譲り受け、翌年には幕府からの製法の問い合わせに答えて次のような文書を提出した(79)。

上納醤油製方之覚

一　大豆　五斗
一　小麦　五斗
一　塩　五斗
一　水　一石

右は穀一石之仕込方分量に御座候、尤も水の儀は先祖より屋敷内に有之候井戸置て清水にて性合も宜しく御座候ニ付、右を相用候羽二重にて弐遍漉しに仕り候

一　塩之儀は播州赤穂より出候上塩買入置、尤も半年程も差置候て苦塩を抜き、右一石之水を能く焚立て候、上塩五斗入れ、程よくさまし置、羽二重弐重袋にて漉し之、右大豆小麦麴に仕候品を仕込み方え、尤も夏之間は一日に二度、冬は壱度づつ日々かき廻し候て其の時々蓋を致し置候事

一　大豆之儀は上州本場にて相唱候場所にて極上品相撰買入、再応撰立仕、洗上げ候て釜へ入れ、一日程焚き、小麦の引き割と能くかき交ぜ候て、麴に相仕立申候

一　小麦之儀は相州本場にて相唱候場所にて是又極上品相撰び買入、前同様撰び立て、能洗い候て干上げ、焚き釜にて炒り、石臼にて挽割り、大豆掻交ぜ、麴に相仕申し候

右之通仕、六尺桶え仕込置、前書之通り掻廻し、凡そ弐拾ヶ月程相立ち揚舟仕、釜にて程能火を入れ、能さまし、猶又羽二重弐重漉しに仕、樽詰に仕候、尤も右仕込み方並び取扱い之儀、服穢等々合仕候儀に御座候

前書之通奉書上候処相違無御座候　　以上

塩は播州赤穂産、大豆は上州産、小麦は相州産を用い、それぞれの処理のしかたが詳細に記されている。二〇カ月熟成させ、絞る際には羽二重の袋を用いることなどが注目点であろう。この年には上花輪村屋敷内の醤油元蔵を増築、庭の背後の自然の崖を改修し、堀割を造っている。一八二八年一一月には年々無代上納を仕りたい旨幕府に申し出、許可を得ている。翌年九月二七日正暁出舟、本丸に醤油三〇樽、西丸に醤油二〇樽を上納した(80)。

信仰面では、二三代の時代の一七九九年から一八〇六年までの八年間、太子堂再建費用を奉納している。これには願主兵左衛門のほか江戸問屋が大勢加わり、計金二七一両と銀一匁三分が集まった(81)。一八〇三年一二月には水戸磐船へ御供をしている。この頃磐船信仰が盛んになっており、惣同行中一四一人は谷津、桐ヶ作、木間ヶ瀬、長沢、境、幸手、水海道、柳沢、岩井、関宿、野田町、江戸こいわい、千住、日本橋、深川から参加し、惣〆金三三両二分と銭一〇六文が納められた。上花輪から唯一参加した兵左衛門は金一五両を納めている(82)。一八〇七年一二月、太子様御仏供向に甲田次郎兵衛一〇両、茂木佐平治五両、大塚弥五兵衛五両、二四代の母が二両を寄付している(83)。また一八二〇年一二月には甲田次郎兵衛が願主になって「阿弥陀堂再建集金預り金三十両」の願書（髙梨本家文書 5JNA11）が髙梨兵左衛門と長命寺宛に出されているが、髙梨家と長命寺の両方に願書の提出があるのは髙梨家が同寺を庇護していたことを示している。

二四代は一八二六年一〇月には水戸磐船願入寺の下総門徒総代になっている。一八二七年六月七日には奥川筋見分のためにおよそ六一日間の名刹詣り、名所見物、川筋の様子見に出かけている。同行者は七左衛門、仁左衛門、萬兵衛、清兵衛であった。この際の入用は三三両二分であり、八重の菩提のため五〇〇疋、甥に小遣いとして一〇〇疋を渡している(84)。さらに一八二九年四月には黄檗山宝蔵院一切経印房水戸妙源寺宛に蔵経一九二〇巻と銀二貫八六五匁五分を寄進している(85)。このように、二四代のときも信仰には熱心であった。なお、文政一三年三月「上花輪村宗旨人別御改書上帳」（髙梨本家文書 5BDA13）によれば、上花輪村民の檀那寺は京都醍醐寺三宝院末の金乗院、真言宗東福寺、桜台村真言宗報恩寺、浄土真宗明淨寺、武州江戸浅草報恩寺、山崎村浄土真宗明淨寺、修験道武州葛飾郡小渕村不動院下教王院、上花輪村長命寺、日蓮宗本覚寺と多岐にわたっており、中根新田や堤根新田が真言宗金乗院と同宗報恩寺だけであったのとは好対照をなしている。それら新田と比べて村としての歴史が古いことや、経済的に豊かであったことが関連していると思われる。

最後に、一八三三年九月に二四代が亡くなった際の、男谷燕斎の悔み文を紹介する(86)。長い史料なので要約するが、二四代がいささかも贅沢することなく、貧しい人同様の粗飯、粗食を貫いていたこと、人徳を全うした人であったことが記されており、二四代の人柄が窺える。

(10) 二五代兵左衛門（一七九八－一八五六）

墓石と過去帳によれば、二五代は一七九七（寛政九）年七月生まれで、諱は忠學、初めは松太郎、惟忠とも称した。一八四七（弘化四）年に五〇歳で隠居、祐佐と改名し、五六（安政三）年七月一一日、五九歳で亡くなった。戒名は智賢院信明義潤忠学居士である。亡くなったとき倅三〇歳、孫一〇歳であった。墓石側面に昌平学校教官安積信撰文の「髙梨翁墓碣銘」があり、一八五七年五月雪城沢俊卿書丹、孝子忠記立石である。夫人の定《てい》は大塚弥五兵衛娘で一八〇〇年生まれ、三二（天保三）年七月二七日に三三歳で亡くなっている。戒名は蓮光院秋風凉證妙讃大姉である。姉のますは一七九二年生まれで一八〇九（文化六）年没、江戸の萬屋定吉の妻であった。もう一人の姉の定《さだ》は一八一三年一一月一五日生まれで、分家近江屋仁三郎の妻であった。弟は、一人は才助と言い、後に吉兵衛と改名した。生没年などはわからない。もう一人は幼名を源治郎と言い、江戸富田屋小兵衛の養子となった。一八四五年九月三日没で、戒名は勁譽松山常栄居士である。そのほか女子がいて、きぬと言ったが、詳細はわからない。二五代のときの江戸への醤油出荷に関するデータを挙げておくと、例えば一八三八年、四四印六万九三三四樽を二二軒の取扱店へ送っている（高梨本家文書5AAA162）。

二五代のときの村況を知る史料として天保九年「上花輪村明細書上帳」（高梨本家文書5BCB1）がある。それによると、高四〇四石二斗六升八合、反別五五町一反二畝九歩で、醤油造り三軒より永三〇〇文を冥加永として上納、家数七七軒、男二二三人、女二〇六人、農業の間男は縄をない女は布木綿をより稼ぐ、百姓林草刈場もなく田の畔で草刈り取り秣に用いる、漁猟場無し、お城米津出し今上村河岸で船積み右河岸まで道程三町、それより江戸浅草御蔵まで川路一三里などとある。二五代の時代には天保の飢饉が襲った。天保期以前にも飢饉はあり、名主の仕事としての飢饉助成は一七九四年、一八一九（文政二）年、三〇年にすでに施行されている(87)。一八三三年、異常な作物不作が起こった。その後村々から高梨家に救いの求めがあり、一八三四年三月、二五代は名主として施行する許可を幕府から得るために一五カ村の了解を得て願書を代官所へ申請する(88)。一五カ村とは、上花輪村、今上村、桜台村、山崎村、花井新田、中野臺村、野田町、堤台村、清水村、堤根新田、中根新田、横内村、寳目新田、鶴嶋新田、柳沢新田で、代官所支配地以外の他領の村も含まれていた。その後の細かな動きは省くが、一八三七年二月一五日に幕府が施行を行う以前に高梨家では粥の施行などを行ったほか、大金を合力したり無利息貸与するなどしており、こうした合力活動に対して三七年七月には水野越前守の指図で、羽倉外記役所において金二〇〇疋の褒美を与えられ、三八年六月には苗字帯刀を許され、永世姓を称するよう命ぜられている。一八四二年四月に建てられた、現在霊神様社の後ろに立つ「高梨氏救し記」の石碑には、納戸頭兼勘定吟味役羽倉外記用九により、救済した人は五〇〇〇人、飢饉に費やしたお金や穀物はおよそ二〇〇〇両などと記され、飢饉のとき、人を助けるのは富豪の常であるけれども高梨氏のように三代相継いで財を傾けて社会事業を行い、遠い絶海の孤島まで救済の手を差し伸べたものは少ないと絶賛されている。

二五代は分家を立てた。高梨周蔵家醤油蔵のため土地替地を取得し、行之内に醤油蔵を建てた。弘化二年一二月

「取極申替地証文之事」（髙梨本家文書5JAF25）によると、合一反九畝二一歩（高一石九斗一升四合）が仁左衛門から髙梨兵左衛門に渡っている。同年同月「相渡申田地証文之事」（髙梨本家文書5JAF26）によると、字行之内の上畑二畝二五歩が代金三両で上花輪村万五郎から髙梨兵左衛門に渡っている。また、弘化三年「取極申替地証文之事」（髙梨本家文書5JAF28）によると、字行之内合一反四畝二八歩と馬場下合一反九畝二五歩が仁左衛門と髙梨兵左衛門との間で替地されている。さらに同年閏五月「取極申替地証文之事」（髙梨本家文書5JAF27）によれば、下畑一畝四歩が仁左衛門から髙梨兵左衛門に渡っている。また二五代は、甥の純次郎が地主として立ち行かれるように図った。一八四三年一二月には東葛西領東小松川村熊蔵に金一三〇両を貸し、田畑七町六反九畝一三歩を質地に取っている。[89]証文の宛先には「純次郎後見髙梨」とある。また弘化三年一〇月「相渡申質流地証文之事」（髙梨本家文書5JAH51）によると、髙梨兵左衛門は叔父（糠田村河野権兵衛）や従兄（二宮泰純）を証人にたて、武州葛西領伊勢屋村純次郎から金二〇〇両で質地を譲り受けている。また、嘉永七年一二月「入置申地守請負証文之事」（髙梨本家文書5JAH53）によると、伊勢屋新田合二町九反六畝九歩に地守名主平左衛門をおく契約を結んでいる。

二五代のときには家訓ないし規則類が多く作られている。いずれも詳しくは第1章に譲るが、天保一三年「規則」、弘化二年「忠學家訓」「法度定」「隠居規則」の三則である。それと、隠居規則は一八四七年にも作られている。醤油醸造については名文化されたので、二五代は家政のための規約を作成したのである。一八四七年の隠居規則（髙梨本家文書5JGB4）は二五代が隠居して祐佐と改名し、倅小三郎が襲名したときのものである。第1章では取り上げられていないので、ここで掲げておこう。

（覚）

今般自分儀隠居願御役所へ差上、御聞済相成、依って其処許家名相続の承大切に可被成候、

御先祖様より追々御丹誠忘却致す間敷、且つ周吉後見に相定候間、万事相談之上一巳之竿简にては取斗申す間敷候

一 其許幼年之時母死去致、姉之養育にて成長いたし候間、一方ならぬ事は相心得、自分死去後は周吉夫婦親と思い睦まじく致すべし、おかたも同様相心得申すべき事

一 女之申す事取用申す間敷事

弘化四年六月　祐佐　兵左衛門殿

(11) 二六代兵左衛門 (一八二五–八五)

墓石と過去帳によれば、二六代は一八二五(文政八)年七月六日生まれ、幼名を小三郎といい、諱は忠記であった。一八四四(天保一五)年一一月一一日に結婚、そのとき二一歳、妻かたは一五歳であった。一八七三(明治六)年九月に隠居、当主を信太郎に譲り、隠居名を勝平とした。かたは一八七六年一二月三一日、四七歳で亡くなり、戒名は静心院體圓収圭妙廓大姉である。二六代は一八八五年一二月五日、六一歳で亡くなった。戒名は大真院即淨還覚忠記居士である。姉の一人は一八一八年に生まれているが、すぐに亡くなっている。戒名は釈妙喜信女である。もう一人の姉の徳は一八一九年一〇月生まれ、そのとき母は二〇歳であった。一八三四(天保五)年四月三日、一六歳で九代目河野権兵衛信庸の四男周吉と結婚、高梨周蔵家を興している。夫の諱は通礼、一八七七年六月二〇日、六八歳で亡くなった。戒名は寳乗院實意通礼居士である。徳は一八八二年八月二〇日、六三歳で亡くなった。戒名は寶蓮院妙應智貞大姉である。二六代には兄がいて、幼名を兵次郎といったが、この人も早く一八二三年一二月一日に亡くなった。戒名は道香童子である。二六代には妹もいた。絹は尾張屋に嫁いだが、生没年などはわからない。やすは蓮光院の妹で二五代の後妻であったのぶの娘で、和泉屋三郎兵衛(干鰯鮮魚問屋)に嫁すが、一八五三(嘉永六)年に離縁した。

一八五九年七月二五日没、戒名は速誠院円鏡妙亮大姉である。二六代の妹として、のぶの娘がもう一人いて、八重といった。この人は江戸の伊勢屋吉兵衛に嫁したが、一八五六年一二月離縁、二宮惺軒の治療を受けたが、六五（元治二）年一月死去した。なお蓮光院は姑（いそ）より一年早く死去した。そのため忠学（二五代）は女子を大切にしたのである。二六代のときの醤油江戸送りのデータを少し挙げておくと、一八五〇年、二三印五万七五一二樽を一六軒の取扱店に（髙梨本家文書5AAA80）、五六（安政三）年、一一印五万九八五八樽を一八軒に送っている（髙梨本家文書5AAA84）。

二六代は二五代の意を継いで、髙梨周蔵家の分家を立てた。徳と周蔵の長男錬造に、一八五〇年、五一年、五三年に屋敷田畑合一七町二反七畝二〇歩（山崎村地面、上花輪村地面）を譲っている[90]。慶応元年「屋敷絵図面」（髙梨本家文書5HHA34・35）によると、髙梨周蔵、錬造屋敷醤油蔵合三七二一坪で、これは本家兵左衛門屋敷と醤油元蔵合三四七一坪よりも広い。

二六代は次男栄治郎を分家させた。栄治郎は一八六四年、一四歳で分家し、孝右衛門と名乗り醤油蔵主人となったのである[91]。丸山蔵の誕生である。一方、河野家では、一八六三（文久三）年に「為取替申実意証文之事」（髙梨本家文書5FPA14）を作っている。これは一八五一年八月七日、河野信庸が死去したのに伴って河野家三兄弟が取り決めを行ったもので、

一　長男亮左衛門は権兵衛の家督を相続する
一　四男周吉の子錬造は周吉の跡目を相続する
一　娘伊久は親父様よりの御扶助地所家作、醤油造高二〇〇〇石分の株手当を戴く

となっている。奥書には河野権兵衛、高梨兵左衛門、小池三太夫、嶋根喜兵衛、大塚信三郎が名を連ねている。当時の相続では一般的に、保証人は母方の里等の血縁者であった。

そして二六代は、一二代将軍家慶時代の一八四八年に、小金原御鹿狩り用船橋を建設した(92)。江戸川沿いの松戸・金町間に船橋を懸けたのである。船橋は長さ七四間（一三五メートル）、幅三間、（五・五メートル）、舟数二二艘、船繋杭周囲五尺（一八〇センチ）、碇七〇～八〇挺、この重さ二四～九〇貫、檜綱の寅杭周囲七尺ぐらい、塵除け杭周囲五尺ぐらい、綱長さ七〇～八〇間、杭間九〇間（一六四メートル）というものであり、資材費等二三三両一分、永一六七文を上納した。檜綱一八本、棕櫚縄四〇〇、藁縄五九筋。この工事は一八四八年四月一日に始め、翌年三月一八日に御通行となった。一一カ月間の工事であった。獲物猪一二九匹、兎一〇〇羽、鹿二八匹、狸九匹、雉子三羽が得られた。人足には酒、赤飯を配った。この事業は、二五代隠居により家督を継いだ二六代の初仕事であった。

一八六二年正月、二六代は「常々窮民を労り、米金等相施し貯穀に引替候上、籾五百石相納め、嘉永元申年小金御鹿狩りの節御船橋諸式の内え無代上納いたし、同年違作に付き難儀致し候者へ米六百俵余り、金百七十一両相施し候上、御年貢相納め兼ねる者共へは手当いたし遣わし、其の外道普請等入用までも夫々出金致し、且つ又今般御本丸御普請ご入用の内へ金二百両上納致し候上、非常日備として籾八百俵、稗三百俵差出し囲置き候段、寄持之儀に付き(93)」、御褒美として孫代まで帯刀を許されている。また、長州征伐の際には、「御進発御用途の内え願候通　上納申し候に付、為御褒美居屋敷高九石余り御年貢孫代迄免除、其の身一生の内三人扶持」を与えられている(94)。さらに、一八六七（慶応三）年一二月二四日には、「其の方儀、御軍費の内え上納金の儀願いの通被仰せ付、為御褒美其の身より五代帯刀、一時皆上納に付別段銀三枚被下」ている(95)。幕府から顕彰され、身分が上がることで格式張って、行事等をすることになる。後に述べる金三郎の葬儀などはその典型である。

幕末争乱に関連して、次のような事件があった。一八六八（慶応四）年五月一二日の、幕臣総房三州鎮静方の一人、信太歌之助の、上花輪と野田来訪に始まる騒動である。信太は、幕府方への協力を要請し、武器弾薬を髙梨へ預け置いた。髙梨ではこの内実を七月一四日に官軍方へ訴えたところ、七月一九日付で佐平次、栄左衛門（柏屋）、兵左衛門、髙梨鋳造の四名は町預け謹慎の処分となった。農事のほかは他出せず、御用の節は村人が付き添うことを村役人は誓約した。[96]八月一日、御支配小笠原甫三郎役所より呼び出しにつき出府すると、その留守中、当地紀尾井坂井伊掃部頭中屋敷に宿陣の隊長森鋳次郎ほか三〇人ほどが一一日朝九時頃兵左衛門宅に来て、支配役所より預かっている鉄砲を差し出すよう要求したが、召使の喜助が主人出府中でわかりかねると言ったところ、喜助、鋳造、召使平次郎、組頭新兵衛になわを掛け詰問し、他の鉄砲預り主の名前を聞き出し、鉄砲を持参することを命令した。兵左衛門と鋳造の二人の土蔵家内すべてを詮索し、武具、鉄砲、脇差その他品々を持ち帰り、今上村河岸より舟積みした。[97]「辰八月十四日　乍恐以書付奉嘆願候」（髙梨奥文書5BCI20）によると、武具預り人は五カ村、五名であった。上花輪村役人総代孫平、小網町三丁目久蔵地借仁三郎、店支配人喜六煩いにつき代重兵衛が斥候隊御役人衆中に宛てた「辰八月十七日嘆願書」（髙梨奥文書5BCI14）によると、武具鉄砲の中には四季打鉄砲も含まれていた等いろいろな訴えの後、一八六八（明治元）年九月二七日に赦免されるが、結局一七〇〇両の金子を支払うことになった。

騒然とした幕末の状況を、番頭が筆記した慶応四辰年正月「髙梨家日記」（髙梨本家文書5AKA27）から紹介する（現代語訳）。一月・二月は穏やかで安穏としていたが、

三月一〇日　薄曇　大沢町より飛脚。新撰組およそ三〇〇人ばかり大沢に来て宿代金作する。
松伏石川民部殿は金子三〇〇両用立て、幸手宿に持参する様子。

四月三日　曇り　今夕七つ頃官軍三〇〇人ばかり流山村へ来て大砲四カ所ばかり着ける。
（番頭は商売で行き来している）

四日　　　　　野田町へ浪人者詣り、騒ぎになる。
五日　小雨　　野田町へ浪人一七人参る。江戸より国元へ引込みの者七、八〇人、今上へあがる。
八日　薄曇　　御代官様より白米御用の趣申しまいる。
一七、八日　　幕府側の金作要求あり。
二〇日　　　　岩井宿に七、八〇〇人止宿、官軍勢三〇〇〇人も乗り込んで少々戦い、一先ず石下宿に逃れる。合戦風説あり。
二一日　　　　昨日の岩井合戦江戸方八三人即死。手負い人数わからず。官軍方二人即死。手負い四一人、町方在方人足のうち二人即死。手負い方双方定まらず。
二二日　小雨　今日中静にて軍勢の噂一切聞かず。近仁重兵衛来て泊る。
五月一二日　雨降通　大夘吉殿来る。信太歌之助殿野田町茂木七止宿。名主文左衛門殿、清水村五右衛門外一人召捕りになる。
一三日　　　　大旦那様茂木七左衛門へ御用向きにつきご出張。
六月八日　　　信太様御家来新宅御止まりにつき、旦那様ご出張遊ばす。
九日　薄曇　　朝六つ時頃信太様御家来門前へお立寄り、それより一〇人にて御送り申し上げた（髙梨としてはやはり徳川方に親しい）。
八月六日　曇追々晴　四つ頃快晴　官軍方、長命寺へ二人泊。
八月一一日　　今日五ツ半頃官軍（清水一角様同役）森銕次郎様と申す方同勢三〇人ばかり来、お預り鉄砲四〇挺外に武道具残らず取り上げ、喜助ほか新兵衛殿縄付きにて引き立てになり、平治郎同断新宅も（鋏造）残らず改め、武道具取り上げ、六右衛門も同断河岸より乗船にて流山へ出立、伊左衛門、今上八左衛門、孝三郎が嘆願致したが、何も言わず江戸へ出ていった。流山宿にてもやはり承内致し、武器残らず取り上げになり、二人縄付になったという風聞である。

このような騒々しい中でも、自分の仕事をきちんと行うゆとりはあったようである。

(12)　二七代兵左衛門（一八四六－八二）

墓石と過去帳によれば、二七代は一八四六（弘化三）年一月一四日生まれ、幼名を信太郎、諱を忠周といった。一八七四（明治七）年に結婚、八二年七月二四日、三六歳で没、戒名は本覚院性善智昭忠周居士である。夫人寿は古河土井家出生で、一八五〇（嘉永三）年一一月二日生まれ、一九一九（大正八）年八月一八日に亡くなった。戒名は智真院殿温誉明鏡永寿大姉である。姉の千佐は一八四八年一〇月二四日生まれで、江戸の問屋高崎屋長右衛門方に嫁いだ。一九〇六年七月二日、五九歳で亡くなり、戒名は妙光院千室日忍大姉である。

弟孝右衛門は一八五〇年一二月二八日生まれ、幼名を英次郎といった。分家して高梨孝右衛門家となった。一九〇九年二月二八日、五九歳で没、戒名は蜜乗院孝順忠移居士である。妹の文《ぶん》は一八五三年一〇月二八日生まれ、分家を為し、通称「ご普請場さん」と呼ばれた。一九三〇（昭和五）年一〇月一六日没、七八歳であった。戒名を智光院文舫妙道大姉という。その夫は一八五五（安政二）年一二月二九日生まれ、通称豊之助といい、七九年二三歳の若さで亡くなっている。戒名は賢光院義順道繁居士である。文の下に女子（三女）がいたが、一八五四年三月一六日没、戒名は花顔清香童女である。さらにその下に弟（三男）金三郎がいて、一八五五年生まれ、七歳祝の子供錦絵一四〇枚

表序-1　1879年7月時点高梨兵左衛門家所有地面積・地価

場所	田	畑	宅地	林地	その他	合計
千葉県東葛飾郡上花輪村	9町3反 3,126円	4町8反7畝 436円	2町3反4畝 514円	13町4反5畝	荒地（8畝） 池（7畝） 墓地（1畝）	29町9反8畝 4,076円
千葉県東葛飾郡中根新田	5反7畝 188円	6町7反8畝 411円	2反9畝 50円	33町1反5畝		40町7反9畝 649円
千葉県東葛飾郡堤根新田		2町1反5畝 124円	2反 31円	27町3反8畝	藪地（0畝）	29町7反4畝 155円
千葉県東葛飾郡今上村	9反4畝 195円	5反4畝 19円	1町3反6畝 278円		荒地（2畝）	2町8反3畝 492円
東京府南葛飾郡伊勢屋村	14町7反8畝 7,805円	2反5畝 49円	3反4畝 100円		萱野（1反8畝） 池（2畝）　4円	15町5反7畝 7,958円
東京府南葛飾郡前野村	4町3反 2,469円	1町4畝 205円				5町3反4畝 2,674円
東京府第一大区六小区通3丁目8番地			163坪 1,925円			163坪 1,925円
東京府第一大区六小区通3丁目10番地			182坪 2,152円			182坪 2,152円
東京府第一大区五小区本小田原町12番地			113坪 848円			113坪 848円
東京府第一大区十二小区馬喰町3丁目10番地			168坪 1,510円			168坪 1,510円
東京府第五大区五小区浅草並木町7番地			72坪 552円			72坪 552円
合計	29町8反9畝 13,782円	15町6反2畝 1,245円	4町5反3畝 974円 697坪 6,986円	73町9反9畝	荒地・池・墓地・藪地・茅野（3反7畝）	124町4反2畝 16,001円 697坪 6,986円

（出所）明治12年7月「地価合計帳」（高梨本家文書別置史料）より作成。
（注）各欄の上段は土地面積で下段が地価を示す。面積は、歩の単位で15歩以上を切り上げ、15歩未満を切り捨てて示した。坪の場合は、合の単位を四捨五入して示した。地価は、10銭の桁を四捨五入して示した。

が現存している。残念ながら一八六五（慶応元）年八月一一日、一〇歳で亡くなった。輿に乗り天蓋を戴き、獅子役に守られた葬儀であった。戒名は智本院庶相明徳居士である。また、隠居勝平（二六代）の子松之助が一八七九年一月一二日に生まれており、後に江戸店近仁を継ぎ仁三郎と称するが、病を得て部屋住みとなり、一九四五年三月一六日、六八歳で亡くなった。戒名は光融院成實心空居士である。また、隠居勝平には一八八一年生まれの娘常がおり、江戸問屋中井半三郎の妻となった。一九四八年一〇月一〇日、六九歳で没、戒名は正光院常誉妙徳大姉である。

二七代の頃の土地所有について見てみよう。表序－1によると、東京・地方（地元）合わせて、合計地価が二万三〇〇〇円に及んでおり、表序－1の出所資料によると地租は、田が約三四五円、畑が約三一円、宅地のうち農村部が約二四円で都市部が約一七五円であった。この史料は、一八七七年に地租の率が地価の三％から二・五％に変更されたのに伴って作成されたものと思われる。

ところで、髙梨家には当主教育に関わる史料が残っている。「萬備忘」（髙梨本家文書5JJA21）と題するいわば当主手控は「他見堅無用」とされており、金利計算法、種々の形の土地面積の計算法、醤油升売りの場合必要な代金計算法、醤油原材料の大豆・小麦・真木の代金、米相場、俵まわしのこと、玄米を白米にするといくら目減りするか、この蔵に俵が何俵入るか、材木売り買い歩割りのこと、徳利型に入る量の計算法、醢の仕込、麦醢仕込、白味噌仕込、みりんの造り方、酒仕込、醤油槽釘控、大桶、火入桶、艘梁、松杉垂木の挽き賃や一人でどのぐらい削れるか、石工手間、瓦、たが、大桶・樽・麴ふた一〇〇枚の木挽手間、諸職人手間控、焼印値段控、運賃控、明樽のことなどが記されている。髙梨家にとって必要な実務に役立つことを記している。また髙梨家には和装本が二〇〇〇冊以上残っているが、黄表紙は一冊もなく、歴史系では『十八史略』、『皇朝史略』、『武徳大成記』、『漢書評林』、『史記評』、『孝子伝』、『元明韃靼史』、『世説』、『朝鮮名君記』、『三河風土記』等六七四冊、ほかに、『易経』、『荘子』、『老子』、『小学』、四書五経、『庭訓往来』等、当時の名主階級の教育のための本ばかりである。

さて、二七代は一八八二年に満三六歳の若さで亡くなったが、後継ぎとなるべき子はまだ四歳で、ほかに子はいなかった。家の滅亡の危機にあったとさえ言える。そこで、そのときまだ存命であった隠居の髙梨勝平（二六代）は一八八五年九月六日、将来を案じて遺言を作った。「本家、丸山家合併規則下書」（髙梨本家文書5AKL17）と題する史料には、孝右衛門を総後見人と定め家の経営を任せ、一切の口出しを差し止め任せる、期間は一八八五年九月より一九〇二年一二月までの一七年四カ月を想定、後見人在職中は兵左衛門、孝右衛門両家の財産共通のこと、動産・不動産の進退の権はすべて後見人の専行に任せるという内容であった。結局後見人は醤油業よりも土地管理を選び、醤油醸造をやめることになるが、ともかくも髙梨家はこのことにより、ピンチを切り抜けたのであった。

(13) 二八代兵左衛門 (一八七八－一九六四)

過去帳によれば、二八代は一八七八(明治一一)年三月一六日生まれ、幼名小太郎、諱を忠尚といった。一九六四(昭和三九)年一月二五日、八七歳で亡くなっている。戒名は修徳院自得道光忠尚居士である。墓碑文によると、「五才にして父を喪い母に生別、叔母婦んの撫育により長ず、資性温良篤実、敬神崇祖の念厚く、然るも内に毅然たる信念を持つ、又幼くして家督を継承、長じて第十世茂木七左衛門長女歌子と結婚、家庭の和楽、家業の興隆に精励、その間六男一女を挙ぐ、大正六年、時勢の進運を洞察し一族と合同、野田醤油株式会社を設立し、よく創業の困難を克服す、爾来営業面を担当し、昭和三年野田系醤油問屋五店を糾合し、合資会社小網商店を創設、亀甲萬醤油販売上重要なる其の礎を確立せり、昭和二一年取締役を辞任、晩年悠悠高臥、八十七才の天寿を全うし、社葬の礼を享く、真に髙梨中興の祖なり」とのことである。夫人の歌子は一八八三年、茂木本家の長女として生まれ、一八九八年結婚、一九〇二年から二六年の間に六男一女に恵まれた。一九六七年一一月七日、八五歳で亡くなった。戒名は慈徳院真性念法妙音大姉である。一八八七年、二八代はまだ九歳の頃なので実際には後見人が経営していた時代であるが、野田醤油醸造組合が結成されている。同年正月の定例会において、前年度の仕込実績により積立金の比準を決めた。なお後見役の孝右衛門や周造蔵の銕造は、のちに醸造業の仕事の負担に耐えきれず、自らの醤油造りを諦めた。

一八九一年三月一八日、周蔵から兵左衛門に宛てて次のような史料が出されている。(98)

依頼約定証　　高梨周蔵印　代書人柴田應吉

拙者儀、旧来醬油製造営業まかり在、宝山印之儀、商標登録願済みにて、広く販売致居候処、目下営業上ノ都合に寄出荷方差閊居に付、右印ノ醬油出荷方暫時様え御依頼申入居処、速に御聞済被成下、双方共熟談相整候処確実ヵ也、然る上者商標登録は勿論、他日異議故障等聊無之居候、尤後日拙者営業の都合により出荷相成候節は、右商標御返脚可被下候、周蔵依頼約定証人置候処如件

東葛飾郡大字上花輪村　高梨周蔵印　代書

同郡同所　高梨兵左衛門殿

商標登録は商標の独立を意味し、譲渡売買の対象となっていた。

一八九三年七月二九日、高梨周造の倅銕造が柏屋へ醬油蔵を売り渡した。金額は不明である。父周蔵は一八七七年、六八歳で死去しており、銕造は家督襲名はしていなかったが、周造印を使い書類は完成している。「周造蔵建物醬油蔵之図」（原図茂木七郎右衛門家所蔵）には次のような設備が記載されている。

下総國葛飾郡野田町大字上花輪字行ノ内五百三十二番地

第一号　一　木造瓦屋根二階本家　一棟

建坪八十四坪六合二夕　内二階二十三坪七合五夕

造作畳建具一式有形ノ儘

第二号　一　木造瓦葺本家　一棟

図序-1　髙梨周造家蔵屋敷図

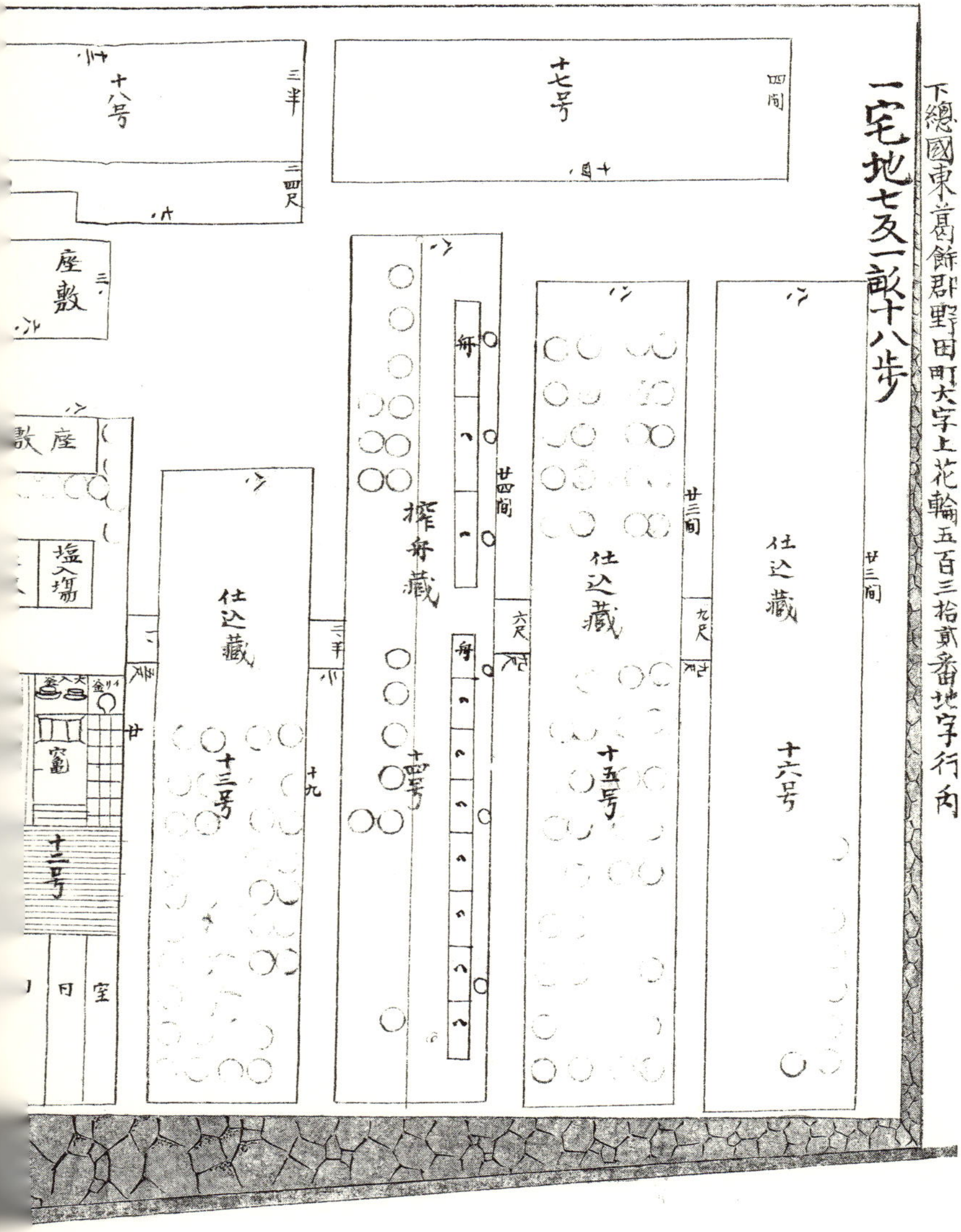

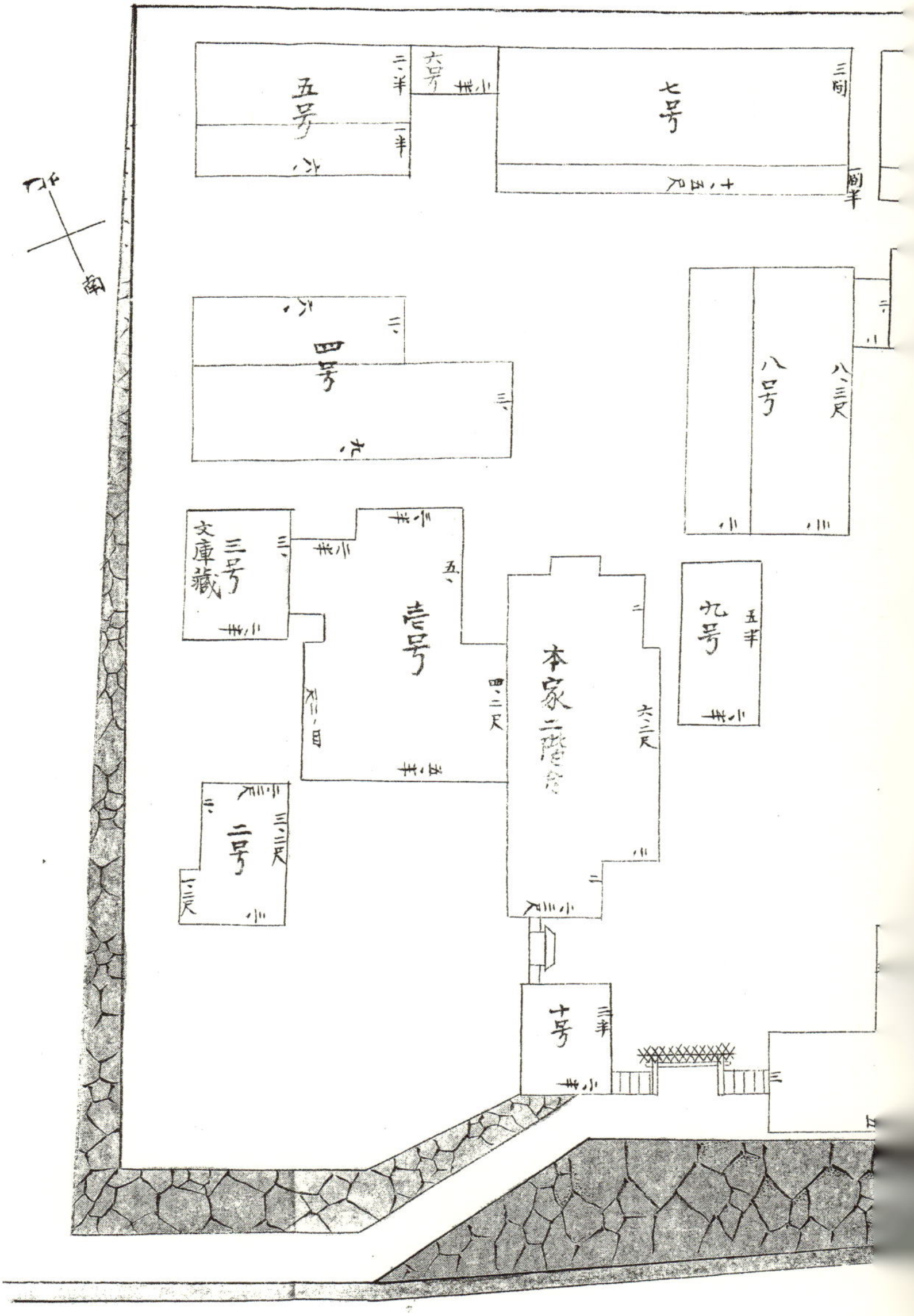

（出所）茂木七郎右衛門家所蔵

坪数九坪六合六夕　造作畳建具一式有形ノ儘
第三号　一　文庫蔵瓦屋根葺二階家　一棟
坪数七坪五合　外二階七坪五合　造作有形ノ儘
第四号　一　土蔵瓦葺二階家　一棟
建坪二十七坪　外二階二十七坪　張出十二坪
第五号　一　土蔵瓦葺平家　一棟　建坪十五坪　外張出九坪
第六号　一　木造瓦葺平家　一棟　建坪二坪九合一夕
第七号　一　土蔵瓦葺平家　一棟　建坪三十二坪四合九夕　外張出十二坪五合
第八号　一　土蔵瓦葺平家　一棟　建坪二十一坪　外張出十七坪
第九号　一　木造瓦葺平家　一棟　建坪十三坪七合五夕
第十号　一　木造瓦葺平家　一棟　建坪七坪五合
第十一号　一　木造瓦葺平家　一棟　建坪十五坪
第十二号　一　土蔵瓦葺平家　一棟　建坪百六十四坪　外張出四坪
第十三号　一　土蔵瓦葺平家　一棟　建坪百五十二坪　外張出八合三夕
第十四号　一　土蔵瓦葺平家　一棟　建坪百九十二坪　外張出五坪
第十五号　一　土蔵瓦葺平家　一棟　建坪百八十四坪　外張出一坪五合
第十六号　一　土蔵瓦葺平家　一棟　建坪百八十四坪　外張出二坪二合五夕
第十七号　一　土蔵瓦葺平家　一棟　建坪五十六坪
第十八号　一　右同　一棟　建坪四十二坪　外張出二十五坪九合二夕

第十九号　一　木造瓦葺平家　一棟　建坪二十坪
惣坪数千三百五十四坪五合九夕　但　畳建具造作一式有形ノ儘
一八尺桶　百四本　一四尺五尺桶　三十二本　一搾船　拾壱艘
一麹蓋　八千枚　一古嚢　五千枚
此の外醤油醸造器械一式有形ノ儘
一延石及び樹木有形ノ儘
一宅地石垣有形ノ儘
一新大釜　一古大釜五個　一煎釜三個
右取調之処相違之無事也　但し別紙建物図面添

この屋敷蔵地面は一八四五（弘化二）年から五三（嘉永六）年にかけて、今上の仁左衛門と兵左衛門が土地を交換したり、上花輪村万五郎の土地を三両で譲ってもらい、字行之内に周造の醤油蔵のために用意したものであった。

一八八七年一月二五日、髙梨家では造石税金一二三一円二六銭を支払っている。一八八八年八月二五日には支払い商標登録料金一〇円を払い、八九年一月には登録願四通（〈上一〉（⌂）、〈分銅栄升〉（栄升）、〈分銅万宝〉（万宝）、〈地紙大明〉（大明））を出している。[99] 一八九〇年一月一八日には、髙梨孝右衛門醤油製造業商標登録証に、〈分銅鳳凰〉（鳳凰）を登録している。明治三三年九月「証明書」（髙梨本家蔵）によると、孝右衛門は営業の全部と商標を兵左衛門へ譲り渡しているが、これ以前に工場と地面は売り払っている。商標の登録制度により、商標と醤油蔵とは分離していることがわかる。孝右衛門蔵の醤油は江戸近江屋仁三郎商店で販売に努めたため、数は減らしながらも売れていたが、本家を維持管理することはできず、一八九三年一二月二八日、孝右衛門は自分の土地、家屋、醸造蔵のすべてを手放し、醤油醸造業をやめた。地所売り渡し代金一九〇〇円、建物売り渡し代金八〇〇〇円で茂木七郎右衛門に売られている。[100] 前年に夫人ゆきが三八歳で死去していた。

二八代が経営に携わるようになったとき、髙梨家には元蔵、出蔵・続蔵、辰巳蔵の都合三蔵が残っていた。二八代が妻に語ったように、仕込桶はカンカンと鳴っていた。コンコンと鳴らせたいと自身、販売に尽力し、関西地方やイカの沖漬けで有名な北海道に進出、帝国貿易会社を通じ、朝鮮の釜山や京城の店にも販路を広げた。

髙梨家では、安永期以降明治末まで独特の醤油の売り方をしていた。本論でも触れられるが、出蔵では主な印〈上十〉と（以下、〈上取〉）等の印を造り、別に元蔵では五〇を超える印を造り、問屋に一印ずつ依頼し、専門に売ってもらっていた。当然、一軒当たりの販売量は少なく、また運賃もかかり、手間とともに出費のかさむものであった。しかしこの販売方法は一八八七年以降にはより徹底し、出蔵では〈上十〉、〈上取〉のみ造り、東京にて販売した。また一一軒の問屋にまとめて注文してもらい、運送回数を減らすことで運送費の節約もしている。明治以降は農村経済が発展したため、食のレベルが上がり、醤油の需要が増えたのである。元蔵では旧来の販売方式により次々と新印を造り続け、地方にのみ販売している。販売量は年により東京売りに匹敵するほどであるが（例えば一九〇二年元蔵の地方売り上げは四万八九九八樽で、東京販売の五万三九五四樽に迫っている）[101]、その手間は非常なものであった。しかし実績を上げ、長野、埼玉、群馬、近県に六〇軒以上の取扱店を通し、一樽、半樽売り等、要求に応えた細かい商売をした。大正期の野田醤油株式会社設立後に髙梨家が販売担当になる理由はここにあったと考えられる。

ここで、政府主催の博覧会へ出品参加、受賞の状況を挙げてみよう。

一八七七（明治一〇）年　第一回内国勧業博覧会　紋花賞
一八七八（明治一一）年　愛知県名古屋博覧会　記念メダル

一八八一（明治一四）年	第二回内国勧業博覧会	有功賞
一八八九（明治二二）年	パリ万国博覧会	記念メダル
一八九〇（明治二三）年	第三回内国勧業博覧会	有功賞
一八九三（明治二六）年	世界コロンブス博覧会	記念メダル
一九〇三（明治三六）年	第五回内国勧業博覧会	二等賞
一九〇七（明治四〇）年	東京勧業博覧会	一等賞
一九〇八（明治四一）年	農商務省府県連合共進会	二等賞
一九一〇（明治四三）年	万国衛生博覧会	記念メダル
一九一四（大正三）年	東京大正博覧会	受賞金杯
一九一四（大正三）年	第二回貿易品且黎産品共進会	金賞
不明		二等賞銀杯

一九一二年時点での高梨家の有効登録商標は以下の通りである。

【続用新規登録日】	【登録番号】	【商標】	【満了日】
一九〇〇年六月二六日	二三九	〈ジガミ盛〉	一九二〇年　六月
同右	四四一一八	〈上十〉	一九三一年一一月
同右	二四一	〈ベタ宝〉	一九二〇年　六月
同右	二四二	〈寳〉	一九二〇年　六月

同年　六月二七日	四四一一七	〈上取〉	一九三一年一一月
一九〇〇年一二月五日	一五一七二	〈亀甲白王〉	一九二〇年一二月
一九一二年三月二〇日	五一三五一	〈カネコ〉	一九三二年　三月
一九一二年		〈分銅翁〉、〈大十〉、〈ひき高〉	

以上、一〇商標が髙梨醤油の印となった。

一九一五年頃、茂木七左衛門、茂木房五郎、髙梨兵左衛門で一族の合同について話し合われた。一九一七年九月に茂木七左衛門と髙梨兵左衛門がそれを再開し、茂木佐平治を誘い、工業化されてきた醤油醸造業界と一族の将来につき真剣な話し合いを行った。各蔵の自社商標から一つに絞り込むことにつき混乱はあったが、譲り合いの末、無事商標が決定し、合同が実現した。一九一七年一二月七日、資本金七〇〇万円の野田醤油株式会社が設立された。

(14) 二九代兵左衛門（一九〇二－八八）

二九代は一九〇二（明治三五）年九月二五日生まれ、幼名を小一郎、諱を忠廣といった。一九八八（昭和六三）年八月二四日、八五歳で没、戒名は覚真院慈光悠照忠廣居士である。墓碑文によれば、二九代は開成中学校、新潟高等学校を経て、一九二七年京都帝国大学を卒業、同年渡欧、英国剣橋大学に学び、三〇年帰国後野田醤油株式会社に入社、爾来主として営業を担当、国内の販路拡大に尽力した。傍ら一九五七年米国桑港市にK.I.Iを設立、キッコーマン国際化の基礎を築いた。また一方、戦災を受けたマルカン酢の復興、小網商店の再建、東京コカコーラの設立に助力した。一九七四年、副社長にてキッコーマンを退社後、千秋社社長として新事業開発に尽くした。また郷土を愛しんで野田町青年団長、野田市消防団長として四〇余年にわたり地域社会に貢献した。一九八八年、関係四社の合同葬の礼を享けた。夫人は埼玉県上尾市須田卓治の次女で、一九三二年に結婚し、三男三女に恵まれた。二〇〇六（平成一八）年一月一〇日、九五歳で没、戒名は覚浄院慈薫貞明妙房大姉である。

次弟仁三郎は兄小一郎と弟五郎とともに東京飲料株式会社（のち東京コカコーラボトリング株式会社）を設立、一九五六年一一月一二日に設立登記した[102]。事務所は（株）小網商店内に置いたが、一九五七年港区芝浦に本社を建てて移った。コカコーラの原料を輸入し営業するためには、The Coca Cola Export Corporation と契約する必要があり、一九五七年三月一日午後一二時にアメリカンクラブでボトラーズアグリーメントがなされたが、日付けは二月一五日付であった。このボトラーズアグリーメントとは「瓶詰め契約」のことで、アメリカでは一八九九年に他の相手とも契約時に使われていた。当時の副社長マクミランにより、営業テリトリーは東京地区と決定された。業務としてはコカコーラ原液の輸入手続き、C.C.E.C. の資産譲り受け等があり、一九五七年上半期分二万ドルを投じ、製品約一〇万ケース分に相当する量を一二月一一日手続き完了しえた。軍納用品は約八万ケース分を翌年一月に手配した。軍用品については大蔵省と輸入税、物品税の交渉をし、税額が決められた。工場機械設備品一切と自動車等の譲り受け資産総額は八〇〇〇万円であった。一九五七年三月二四日の営業開始は軍用販売開始であり、民間用発売は同年五月八日からであった。社長には髙梨仁三郎が就任し、髙梨五郎が常務となり、二人が専任した。

第３節　髙梨兵左衛門家の資産規模と野田地域経済の概観

（１）髙梨兵左衛門家の資産規模

前節で、髙梨家の歴代当主に沿ってその歴史が概観されたので、本節では、まず近代期の髙梨兵左衛門家の資産規模を確認する。髙梨家文書には、資産状況を概括する史料が残されていないため、土地・工場・有価証券などを組み

表序–2　明治期高梨兵左衛門家東京所有地公課・貸地料

金額の単位：円

場所	面積	1894 年		1905・06 年	
		公課	貸地料	公課	貸地料
日本橋区通 3 丁目 8 番地	167 坪	92.3	26.6	437.9	65.0
日本橋区通 3 丁目 10 番地	186 坪	102.5	28.9	489.4	69.1
日本橋区小田原町 12 番地	113 坪	43.4	13.4	193.0	31.5
日本橋区馬喰町 3 丁目 10 番地	168 坪	55.2	32.1	343.5	67.2
浅草区並木町 7 番地	72 坪	24.7	10.8		
合計	705 坪	318.0	111.8	1,463.8	232.9

（出所）明治 27 年「所有地台帳」（髙梨本家文書別置史料）より作成。
（注）面積は坪未満を四捨五入、金額はいずれも小数点第 2 位を四捨五入。公課は地租と地方税の合計。貸地料は 1 カ月分。1895・96 年欄の日本橋区通 3 丁目の貸地料は、1905 年 5 月、日本橋区小田原町の貸地料は、1906 年 1 月、日本橋区馬喰町の貸地料は、1905 年 7 月時点を示す。

合わせて、その資産規模を推定する必要がある。まず、土地については、その所有規模が明確に判明するのは、前節でも紹介された一八七九（明治一二）年七月の「地価合計帳」であり、表序－1に戻ると、髙梨家は、明治期に野田町に編入された上花輪村に所在し、そこでは、九町四反の田、四町九反の畑、二町三反の宅地、一三町五反の林地などを所持していた。林地の所持の多さが目につくが、これは醸造経営に必要な燃料の薪を調達するためと考えられ、上花輪村周辺に位置する中根新田・堤根新田でも広範な林地を所有した。その一方、東京府にも耕地・宅地を所有しており、南葛飾郡に主に田を所有するとともに、東京都心の第一大区に比較的多くの宅地を所有していた。この時期の多くの地主と異なり、広範な林地と東京都心の宅地を所有していた点に髙梨家の土地所有の特徴があり、地価合計額は、二九町八反九畝の田が約一万三七八二円、一五町六反二畝の畑が約一二四五円、四町五反三畝と六九七坪の宅地が約七九六〇円、そして林地には地価が設定されていなかった。

土地所有面積では田や林が多かったが、髙梨家が東京都心に宅地を所有したことが、その後の資産増大に貢献する。東京は明治期に人口が急増し、大都市化したが[103]、それに伴って地価が急騰したと考えられ、地租も急増した。表序－2を見よう。髙梨家は東京都心でも中心の日本橋区に主に宅地を所有していたが、その地租と地租割の地方税などを合わせた公課は、一八九四年から一九〇六年の一〇年あまりで五倍近くに増大した。高梨家は、この宅地を貸し付けて貸地料を取得したが、公課の急増に合わせてこの貸地料も倍増させた。公課の増加率ほどには、貸地料を増大しえていないため、収益率は減少したものの、この貸地料は一カ月当たりなので、これが順調に入れば、一八九四年時点で貸地収入から公課を引いて、約一〇〇〇円の粗収入があったのに対し、一九〇六年時点で約一三〇〇円の粗収入があったと考えられる。貸地経営で収益が急増したわけではないが、東京都心の高地価の場所に土地を所持したことは、後に銀行から融資を受ける際の担保として有利に働いたと思われる。

これらの東京都心の宅地は、高梨家は第二次世界大戦後まで所持し続けたと考えられ、一九四六（昭和二一）年初めの財産目録によると、日本橋区に約四七二坪、浅草区に約五二坪の宅地を所持していた(104)。むろん同年に野田町にも約一五万九七三坪の宅地を所持していたが、坪当たりの宅地の単価は、野田町が一〇円と評価されたのに対し、日本橋区・浅草区は一〇〇円と評価され、東京都心での宅地所持は資産として大きな意味を持ったと言える。一九四六年初頭に高梨家は、野田町や東京府前野町などを中心に約一八町六反の田を所持していたが、野田町の田の地価が反当たり五〇〇円に対して、前野町の田の地価が反当たり一五〇〇円と評価されており、田でも千葉県内と東京府内では地価にかなりの差があった。また、山林（林地）には反当たりの地価二〇〇円に、立木の価格を反当たり五〇〇円として上乗せして評価しており、野田町近郊の梅郷村や旭村を中心に高梨家は一九四六年でも約一〇〇町歩の林地を所持していたが、それらの反当たりの価格は野田町の田の反当たりの価格を上回っていた。高梨家は、醬油醸造経営を野田醬油株式会社に移譲した後も、広範な林地を所持し続け、それが高梨家の重要な資産であり続けた。

次に、高梨家の醬油工場の資産額を評価する。表序－3を見よう。野田醬油醸造組合が結成された一八八七年時点の醬油仕込石数では、高梨家が茂木一族の各家を上回っていたが、前節で触れたように九三年に高梨周造家が醬油蔵を茂木七郎右衛門家に売却したことで、それ以降茂木七郎右衛門家の醸造量が急増し、一九〇〇年時点では、茂木七

表序-3　髙梨家・茂木一族の醤油醸造経営規模

氏名	1887年	1900年				1902年	1916年
	仕込石数（石）	蔵数（棟）	資本（円）	店員（人）	蔵人（人）	仕込石数（石）	仕込石数（石）
髙梨兵左衛門	7,751	4	223,129	15	83	8,800	22,287
茂木七郎右衛門	6,718	6	428,666	17	185	22,453	45,896
茂木佐平治	4,355	3	235,233	12	83	12,828	38,342
茂木七左衛門	2,834	2	153,941	9	53	8,031	17,130
茂木房五郎	1,814	2	202,816	8	94	8,221	15,067
茂木勇右衛門	950	1	47,320	9	23	2,110	5,446
計	24,422	18	1,291,105	70	521	62,443	144,168
野田組合計	32,840					74,423	163,592

氏名	1917年						野田醤油持株数（株）
	蔵数（棟）	工場面積（坪）	仕込能力（石）	固定資本（円）	流動資本（円）	資本合計（円）	
髙梨兵左衛門	3	5,473	30,177	315,453	832,008	1,147,461	9,900
茂木七郎右衛門	4	10,918	56,287	554,127	1,702,508	2,256,635	18,900
茂木佐平治	4	11,049	56,950	640,890	1,481,087	2,121,977	19,900
茂木七左衛門	2	4,323	23,156	251,743	671,668	923,411	8,400
茂木房五郎	3	3,476	18,421	177,350	502,194	679,544	5,000
茂木勇右衛門	1	1,708	7,216	72,528	198,311	270,839	500
茂木啓三郎	1	1,465	6,461	64,151	136,269	200,420	1,400
堀切紋次郎	1	1,448	6,800	42,461	63,473	105,934	1,010
計	19	38,556	205,468	2,118,703	5,587,518	7,706,221	65,010
野田組合計					野田醤油株式会社計		70,000

（出所）加藤隆「醸造（醤油）財閥」（渋谷隆一・加藤隆・岡田和喜編『地方財閥の展開と銀行』日本評論社、1989年）269-273頁より作成。

（注）1917年の仕込能力・固定・流動資本は、野田醤油株式会社設立時の評価額。野田醤油設立時の株価は1株100円で資本金700万円。野田醤油持株数は、1917年の設立時点。野田組合計は、野田醤油醸造組合加盟醸造蔵の合計。1916・17年の茂木勇右衛門の欄は、同家と石川仁平治家の合同経営。石川仁平治の野田醤油設立時の持株数は400株。店員・蔵人は出所文献ではそれぞれ従業員・労働者とされていたがより実態に近い表現に改めた。

郎右衛門家が野田では蔵を六つ所有する最大の醤油醸造家となった。一方、茂木佐平治家は、一八八〇年代の東京醤油会社設立に対する東京醤油問屋の反発で、八〇年代は仕込石数が急減していたが（本書第9章を参照）、九〇年代に設備拡張を行い、一九〇〇年時点では髙梨家を上回る醸造設備を所有するに至った。それに対し、髙梨家は、前節のように一八八五年から一九〇二年まで当主が幼かったため、分家孝右衛門に後見を頼み、この間孝右衛門が積極的に経営拡大を行わなかったため、仕込石数はほとんど増えずに、茂木房五郎家・茂木七左衞門家にも仕込石数で並ばれることとなった。その後、高梨家当主が成人して自ら経営を担うようになると、積極的に醸造規模を拡大させ、一九一六（大正五）年時点では、茂木七郎右衛門家・茂木佐平治家には及ばないものの、それに次ぐ地位を確立させ、一七年の野田醤油株式会社設立時の評価では、約三万石の醸造設備とされた。

そして、各蔵の醸造設備・諸味などの現物出資で野田醤油株式会社が設立された際に、こうした資本の評価額に応じて株式が交付された。ちなみに、野田醤油株式会社を構成した主要八家の資本評価額合計は約七七〇万円であったが（表序－3）、これを六七〇万円の評価に圧縮した上に、茂木佐平治家にキッコーマンのブランド使用料を三〇万円加算した合計七〇〇万円で野田醤油株式会社は設立された。[105]株価は一株一〇〇円で七万株発行され、高梨家は一族で一万三二七株を受け取ったので（本書第4章）、結果的に高梨家の醤油醸造設備・諸味などは約一〇〇万円と評価されたこととなる。一九一六年時点の資産家番付で、高梨家の資産額は一〇〇万円と評価されており、[106]野田醤油株式会社設立時の高梨家醸造設備の評価額とほぼ同じであった。なお、資産家番付での高梨家の資産額は、その後一九二八年時点では六〇〇万円に急増する。[107]これは、野田醤油株式会社の増資や野田商誘銀行の増資に応じて高梨家が追加出資をして、その有価証券所有額を増やしたことが大きいと考えられる。後述するように野田醤油株式会社からの配当金がかなり高額で、それをもとに二〇年代に高梨家は有価証券投資を急増させた。それは他の野田醤油醸造家にもある程度当てはまり、一九一六年時点の千葉県の有力資産家の中で、野田醤油株式会社に参加した高梨家や茂木一族が資産額を急増させたのに対し、それ以外の有力資産家は資産額を彼らほど増大させることはできなかった（後掲表序－7を参照）。その意味では、野田醤油会社設立は、経営面で大きな成功を収めたと言える。

その点を、収支状況で確認する。高梨家の醸造経営の純益は、一九〇二年以降判明するが、〇二年は二万二五五二円で、一九〇〇年代後半から増大し、一〇年代前半には約五万円前後となった（本書第5章表5－13を参照）。一九一七年に野田醬油株式会社として合同してしばらくは無配であったが、一九年から配当金を受け取り、二〇年代初頭は、髙梨家は野田醬油株式会社から年間五万円の配当を受け取った（本書第12章表12－5を参照）。それに加えて、一九二三年からは比較的多額の役員報酬も受け取っており（本書第12章表12－2を参照）、二五年に野田醬油株式会社が増資した後は、同社から年間約一〇万円の配当を受け取ることになり、その意味では、醬油醸造業からの収入が、自営工場からの直接収入から会社配当金を通しての収入へと変質したが、家業を会社化したことが成功につながり、醬油醸造業からの収入は格段に増大したと言える。こうして、髙梨家は、醬油醸造業を一貫した基盤として、有力資産家として成長した。

さて、野田醬油株式会社が一九二五年に増資した際に、新株を引き受ける持株会社として、髙梨家や茂木一族が合名会社千秋社を設立する。[108]その資本金は一二〇〇万円で、髙梨家の出資額は一七八万円であった。この時点の髙梨本家の有価証券所有額を推定すると、野田醬油株式会社株が二万三〇〇〇株（一株五〇円で合計一一五万円）、野田商誘銀行株が三五〇〇株（一株五〇円で合計一七万五〇〇〇円）、および合名会社千秋社への出資金一七八万円を合計すると三一〇万五〇〇〇円となった。そして本書第12章表12－3・4より髙梨本店および髙梨「東京勘定方」による、野田醬油・野田商誘銀行・千秋社以外の諸会社の株式・公社債の売買差引の一九二五年までの累計は、約五二万円の買入れとなったので、それを三一〇万五〇〇〇円に加えて、髙梨家の二五年時点の有価証券所有額合計は、出資額ベースで三六〇万円程度になったと推測できる。

そして家業の会社化により、髙梨家の収入基盤は配当収入となる。表序－4を見よう。一九二七年までは、髙梨家の本家（奥勘定）・野田本店・東京勘定方でそれぞれ「金銭出入帳」が作成され、それに土地関係は含まれていなかったため、髙梨家全体の収支を把握することは困難であったが、二八年に帳簿体系が改められ、同年より「元帳」が作成されることで、家全体の収支が体系的に把握されることとなった。その背景には、このときに髙梨家の東京出店であった高梨仁三郎店が閉店し、有力な東京の酒・醤油酢問屋が合同して設立した卸売会社の「小網商店」に高梨仁三郎店の業務が吸収されたことがあろう[109]。なお野田醤油株式会社設立後の一九一九年度も高梨家全体の収支が判明するが、それは本書第4章で触れる（表4－11）。

表序－4によると、一九二〇年代末に高梨家は約一二～一四万円の配当収入を得て、土地収入や貸金収入をかなり上回った。ただし、この大部分が野田醤油株式会社の配当金および高梨家と茂木一族の資産管理会社として設立された千秋社からの配当金で[110]、野田醤油会社役員としての報酬も合わせると、醤油醸造業からの収入がかなりの比重を占めていた。また、土地収入では東京府の貸地料が大きな比重を占めるようになり、田畑の小作料収入は比較的少なく、林地からの立木・薪などを販売したり、醤油醸造原料の大豆・小麦などをおそらく野田醤油会社へ販売した収入などもあった。支出では、通常の支出では税金が多く、特別の支出として株式買入や払込代や臨時工事費などが多かった。支出内容からは、一九二〇年代末に若当主（高梨小一郎）が留学のために外国に行っていたことがわかり、そこで若当主が得た人脈をもとに野田醤油会社はヨーロッパとアメリカ合衆国で醤油を販売する足がかりを得たと思われる[111]。また閉店した際に本家からの借入金が残っていた高梨仁三郎家は、本家に毎年借入金を返済していたことも判明する。一九二八年は、多額の株式の買入と払込を行ったため、全体として収支は支出超過となったが、これは資産となる支出であり、翌年以降の配当金につながる。ただし、翌年の配当金が前年より減っており、一九二九年からの昭和恐慌の影響が若干見られる。ただし、翌年には配当金は再び増大しており、昭和恐慌が醤油醸造業へ与えた影響はあまりなかったと考えられる。そのため、一九三〇年に高梨家は建家を新築し、その工事費に約七万七〇〇〇円を支出した。それでも、全体としてこの年の収支は、約四万円の収入超過であり、高梨家が安定した収入源を確立していたことを物語る。

表序-4　1928～30年高梨兵左衛門家収支

単位：円

項目	1928年	1929年	1930年
入の部			
配当金	127,209	116,102	139,004
野田町・近村貸地料	2,737	2,986	4,086
東京府及その他貸地料	13,295	9,262	10,260
田畑小作代納	1,304	1,382	995
立木マキソダ売上	1,950	3,171	1,285
大豆・小麦・米売上	1,647	3,398	2,032
貸金戻り及利息	32,428	10,490	45,640
公債社債返還及利息	291	462	270
諸会社報酬及その他	8,700	15,500	11,500
雑収入	430	124	672
小計	189,991	162,877	215,744
出の部			
納税	30,061	25,093	29,344
奥費用	5,781	5,126	5,989
交際費	11,746	6,582	3,026
主人交際費	6,676	6,554	5,670
通信費	148	105	288
教育費	3,233	3,006	3,602
雇人給料その他	2,393	2,421	2,253
家屋修繕及庭手入費	1,782	3,545	2,567
山林代採及植林費用	1,055	1,229	992
雑費	8,577	10,661	5,321*
被服費	1,550	1,741	1,914
諸口貸借	750		12,910
小計	73,752	66,063	73,876
差引	116,239	96,814	141,868
特別項目			
入の部			
高梨仁三郎口座	8,521	33,527	16,243
小計	8,521	33,527	16,243
出の部			
保険料	9,100	8,824	15,286
高梨政之助他補助	6,704	3,972	
株式買入及払込	87,750	29,024	17,500
石垣・土蔵・新築工事費	2,592	6,254	76,923
若主人洋行費	8,434	14,114	5,553
貸金	21,100		
小作取立その他	550	13,029	
小計	136,230	75,219	115,262
差引	△127,709	△41,690	△99,019
総差引	△11,470	55,124	42,849

（出所）昭和3～5年「元帳」（高梨本家文書別置史料）より作成。

（注）原資料では、出入が各項目ごとに挙げられたのみであったが、それを内容から判断して、通常の収支と特別の収支に分けて、合計の収支を計算した。差引欄の無印は収入、△印は支出。

＊衛生費74円を含む。

(2) 千葉県の工業化の特徴

それでは次に、野田醤油醸造業を取り巻く野田地域経済を概観する。最初に、千葉県の工業化の特徴を押さえたい。明治前期の主要工業製品として、醸造品と衣料品が挙げられるが[112]、千葉県はその中でも醸造品の生産額が圧倒的地位を占めていた。表序－5を見よう。一九〇〇（明治三三）年の『千葉県統計書』では、主要工産品として、織物・酒類・醤油が挙げられたが、特に醤油産額は工産物の大部分を占め、二〇（大正九）年時点でも県全体の工産物価額約六万六〇〇〇円の半分近くに上る約三万一〇〇〇円が醤油産額であった。まさに醤油醸造県と言える。同じ醸造産物の酒類の生産も一九〇〇年時点では醤油産額の半分以上は上げており、酒類の醸造も千葉県では盛んであったが、一〇年代に酒類の生産額の伸びが三倍程度に留まったのに対し、醤油産額の生産額の伸びは四倍以上となり、この間に、野田醤油株式会社が設立されたこともあり、千葉県の醸造業の中での醤油醸造の比重は圧倒的となった。なお、千葉県の酒類の醸造は、後述するように味醂醸造が中心であり、調味料の醸造としては、醤油醸造と味醂醸造は共通しており、両者を兼営している醸造家も少なからず千葉県には存在した。

一方、農業では米作が中心であったが、醤油醸造の原料となる小麦と大豆も千葉県の主要農産物であった。ただし、醸造産額の増大に比べると、麦・大豆の産額はそれほど増えていない、後述するように同じ千葉県の中で郡によってその動向は若干異なるが、醤油醸造の成長に県内の麦・大豆

表序－5　千葉県農業・工業生産額の内訳

単位：千円

年	1900年	1910年	1920年	1930年
農産物				
米産額	16,488	18,831	113,101	38,921
麦産額	3,853	4,347	14,998	5,761
大豆産額	1,428	1,157	3,009	1,157
その他とも計			161,597	69,196
工産物				
織物産額	227	500	4,806	4,309
酒類産額	2,264	3,167	11,121	7,313
醤油産額	4,071	7,051	30,793	24,539
その他とも計			65,995	64,853

（出所）各年度『千葉県統計書』より作成。
（注）1900・10年は農産物・工産物総額は不明。

図序–2　主要醤油醸造県醤油生産量の推移

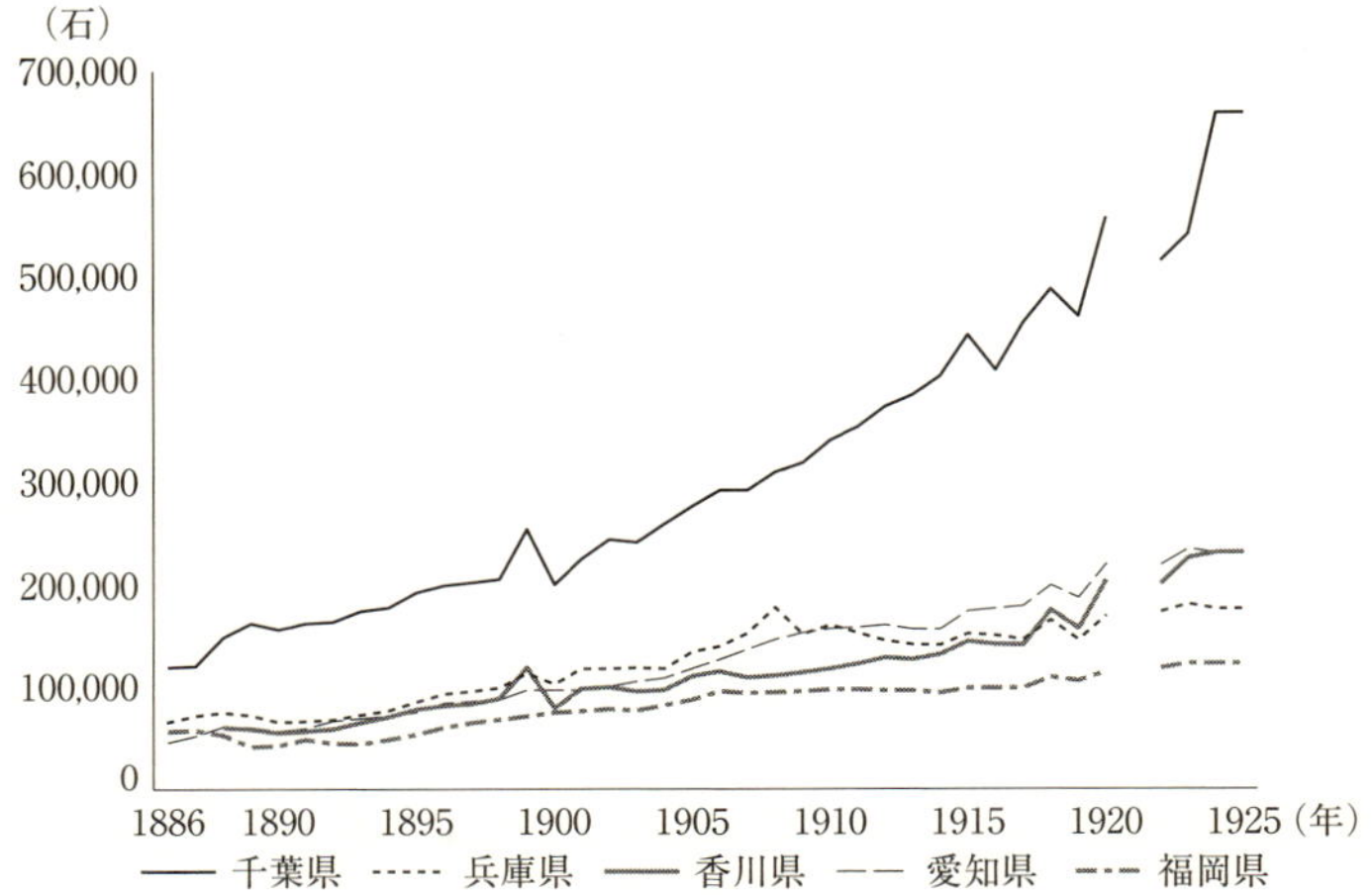

（出所）各年度『日本帝国統計年鑑』より作成。

の生産量が追いつかず、二〇世紀に入ると、醤油醸造原料の小麦と大豆は海外も含めてかなり県外から調達されるようになったと考えられる。こうした醤油醸造の製造拡大の結果、千葉県は日本全体でも突出した醤油醸造県となった。図序－2を見よう。明治前期から千葉県は日本を代表する醤油醸造県であったが、明治期を通してその伸びは、他の主要醤油醸造府県を上回り、特に一九〇〇年代後半～一〇年代前半に他の主要醤油醸造府県の生産高の伸びがやや停滞したのに対し、千葉県の生産高の伸びは急激で、一〇年代前半に日本全体の中で突出した醤油醸造県となった。

その後、千葉県では主要産地の野田の醤油醸造家が合同して一九一七年に野田醤油株式会社を設立し、同社が醤油醸造業界で圧倒的な巨大メーカーへと成長したが、野田醤油株式会社設立以前から千葉県がすでに突出した醤油醸造県になっており、野田を中心とする千葉県の醤油醸造家が、野田醤油株式会社設立以前から個々の自家醸造の段階で機械化や工場の大規模化を進めていたことがわかる。本書では、野田醤油株式会社設立以前の、野田醤油醸造家としての高梨家を主に取り上げるが、上記の意味で、地域の工業化との関連で高梨家を取り上げる重要

表序-6　千葉県主要郡別米・小麦・大豆・醤油生産量

単位：石

年	米							
1880	県合計	813,682	香取	144,936	印旛	68,880	東葛飾	59,571
1890		1,532,649	香取	240,716	市原	125,486	望陀	121,033
1900		1,431,669	香取	258,897	印旛	163,743	君津	156,705
1910		1,349,498	香取	174,842	山武	167,829	君津	164,665
1920		2,452,997	香取	367,806	君津	309,230	山武	267,650
1930		2,338,513	香取	351,776	君津	297,541	印旛	262,383

年	小麦							
1880	県合計	66,199	東葛飾	12,765	印旛	9,978	千葉	8,366
1890		55,884	印旛	8,442	東葛飾	8,274	香取	4,837
1900		29,185	安房	8,588	君津	4,733	東葛飾	4,029
1910		188,552	東葛飾	53,314	千葉	34,077	印旛	32,254
1920		248,560	東葛飾	69,010	印旛	47,883	香取	19,811
1930		201,730	東葛飾	57,367	印旛	38,465	千葉	26,064

年	大豆							
1880	県合計	100,765	香取	13,422	印旛	11,501	東葛飾	10,927
1890		173,255	香取	19,250	印旛	15,245	市原	13,982
1900		171,082	東葛飾	34,539	香取	29,716	印旛	21,114
1910		134,914	印旛	23,248	香取	16,403	山武	15,152
1920		166,086	印旛	24,890	東葛飾	20,706	香取	18,192
1930		89,736	印旛	12,787	長生	11,972	市原	9,811

年	醤油								清酒	
1890	県合計	117,184	東葛飾	43,563	海上	19,639	周准	7,233	県合計	56,682
1900		205,469	東葛飾	96,290	海上	39,652	香取	14,275		67,827
1910		319,079	東葛飾	166,272	海上	70,821	君津	23,326		58,608
1920		459,899	東葛飾	272,593	海上	92,079	君津	23,879		86,262
1930		784,623	東葛飾	407,797	海上	193,504	君津	30,934		59,236

（出所）各年度『千葉県統計書』より作成。
（注）米、小麦、大豆、醤油についてそれぞれ主要3郡について生産量を示し、参考までに千葉県全体の清酒生産量を醤油の右欄に示した。

な意義があると考えられる。

このように千葉県の醤油醸造業の発展は、特定の産地の成長に引っ張られた側面が大きかった。表序－6を見よう。この表では、千葉県の主要農産物の米・小麦・大豆と主要工産物の醤油を主要郡別に上位三郡について示した。近代期を通して千葉県内では東葛飾郡が醤油の主要醸造産地であり、それに海上郡が続いた。県全体の醤油醸造量が一八九〇年から一九三〇（昭和五）年にかけて約七倍であったのに対し、東葛飾郡・海上郡の醤油醸造量は約一〇倍になっており、千葉県内でもこの両郡の醤油醸造に占める地位は高まった。東葛飾郡の中では野田が、そして海上郡の中では銚子が主要醤油醸造産地であり、これら二つの産地が千葉県の醤油醸造の成長を牽引していたと言える。

こうした醤油醸造の成長を支える原料調達では、東葛飾郡の醤油醸造の成長に合わせて東葛飾郡の小麦の生産量が一九〇〇年代に急増しており、この間は東葛飾郡の醤油醸造の原料小麦は県内からもかなり調達されていたと思われる。実際高梨家も、一八九〇年代〜一九一〇年代は原料小麦を主に地廻りから調達していた（本書第6章）。それに対して、大豆生産は県全体でも東葛飾郡でも、一八八〇年代に増大したものの、それ以降は停滞ないしは減少傾向にあり、醤油原料としての大豆はかなり早い段階から県外から調達されていた（本書第6章）。その結果、千葉県の農業は全体として米作中心に留まり、工産物としての醤油と農産物としての米が千葉県の二大産品となったと言える。その米は県内の清酒醸造にも用いられたと思われ、表序-6の右端に示したように、千葉県では清酒醸造も醤油に比べれば少ないとはいえ、一八九〇年時点では、千葉県内の清酒醸造量は醤油醸造量の約半分を占めた。それが、醤油醸造量のその後の急増で、清酒醸造との差が広がり、一九三〇年時点では千葉県内の清酒醸造量は醤油醸造量の一〇分の一以下になった。

このような醤油醸造中心の千葉県の産業構成は、千葉県の有力資産家の分布に大きな影響を与えた。表序-7を見よう。資産額・所有耕地面積などより千葉県の有力資産家を一覧したが、上位には醤油醸造家・酒類（味醂）醸造家が並んだ。有力醤油醸造家の分布を一九〇九年頃の国税納付額から見ると、野田が多かったもののそれ以外の流山・船橋・佐原・銚子など各地に分布しており、野田のみに集中していたわけではなかったが、二〇年代になって野田の醤油醸造産地としての地位が高まると、千葉県の有力資産家の多くを野田の醤油醸造家が占めるようになり、例えば、二八年頃の推定資産額によれば、県内第一位の茂木七郎右衛門家の約二五〇〇万円を皮切りに、茂木佐平治家の約七〇〇万円、髙梨兵左衛門家の約六〇〇〇万円、茂木七左衛門家の約三五〇〇万円と、銚子の濱口儀兵衛家の約七〇〇〇万円を除けば、最上位はいずれも野田の醬油醸造家が占めた。

ただし、その一方で、千葉県全体に広く醬油・味醂の醸造産地が広がっていたことにも注目したい。表序－7に見られるように、千葉県では商家よりも醸造家が資産家の中で圧倒的地位を占めており、それが東葛飾郡・海上郡のみでなく、君津郡（飯野）・香取郡（佐原・笹川）・印旛郡（成田・佐倉）・山武郡（東金）など広く分布していた。千葉県域は近世期から有力な醸造産地として伝統があり、こうした醸造産地の裾野の広がりが近代まで連続していたことが、千葉県を突出した醬油醸造県に押し上げた要因でもあった。

（3）東葛飾郡の産業構成と会社設立

本書で取り上げる野田は東葛飾郡に含まれたので、続いて東葛飾郡の経済状況を確認する。まず東葛飾郡における交通網の整備を概観する。東葛飾郡は千葉県内でも東京寄りに位置しており、比較的早くから交通網の整備が行われた。鉄道開通以前は、東葛飾郡の物流は河川輸送が中心であり、東葛飾郡の東京寄りの郡境を縦断するように江戸川が流れ、江戸川の舟運が重要であった。そのため、東葛飾郡では、江戸川沿いに野田・流山・松戸・市川・船橋などの醸造産地が形成され、それらに町場が成立することとなった。野田は東葛飾郡の中では江戸川の上流域に位置し、醸造産品は江戸川を経由して主に江戸に輸送され、また江戸川は利根川から分岐していたため、醬油醸造原料の大豆や小麦は、北関東から利根川から江戸川を経由した舟運で野田に運ばれたと考えられる[113]。

こうした輸送路は鉄道の開通とともに次第に変容する。原料品の輸移入は本書第6章に譲り、ここでは醬油製品の移出路の変容を簡単におさえる。江戸川中流域への最初の鉄道の開通は、上野から松戸を経由して水戸から仙台に至る日本鉄道海岸線であった[114]。一八九六（明治二九）年の日本鉄道海岸線開通時には、東葛飾郡内で松戸・柏・我孫子

表序–7　つづき

氏名	郡	町村	職業	1898年頃所有地価	1909年頃国税納付	1916年頃資産額	1921年頃国税納付	1924年所有耕地	1928年頃資産額	1933年頃資産額
平山大吉	香取	佐原	種物乾物商		526		916			70万円
土井治兵衛	印旛	佐倉	酒類醸造		519		794	61町歩		
茂木啓三郎	東葛飾	野田	醬油醸造		467		956		70万円	70万円
後藤舗太郎→晋一朗	東葛飾	富勢	村長、郡会議員		466		1,229		80万円	70万円
上代平左衛門→斉	山武	白里			465			61町歩		
紅谷四郎平→茂三郎	千葉	千葉	銀行役員		401	70万円	231			200万円
蕨眞一郎→倫治	山武	睦岡			384		469			80万円
飯高総兵衛→源吉郎→賢吉	山武	豊海		11,100	383		559	62町歩		
板橋治	東葛飾	大柏			379		931	52町歩		
中村勝五郎	東葛飾	中山	味噌醸造		378		487			50万円
鳥海弥惣治郎	市原	平三			360		1,098	50町歩		
浮谷権兵衛	東葛飾	市川			329		380			70万円
江副廉蔵→養蔵	印旛	遠山			311			80町歩		
成毛七郎兵衛→登美子	香取	豊里			309			58町歩		
岩瀬為吉	海上	銚子	県会議員		295	60万円	34	121町歩		
市原宗一郎	山武	横芝			285		200	51町歩		
石井元吉→武治	東葛飾	中山			269		276	55町歩		
海老原卓爾→文彦	印旛	本郷	県会議員		230		2,558	152町歩	80万円	70万円
鶴岡縫之助	印旛	酒々井			229		252	59町歩		
大里庄治郎	海上	銚子	肥料砂糖荒物商		188		1,237			50万円
五十嵐善次郎→善兵衛	香取	笹川	町会議員		181		1,603	82町歩		
宮本明雄	香取	神代	村長		157		1,240	52町歩		
山村新治郎	香取	佐原	米穀肥料商、町会議員		152		1,409			50万円
西村辰三→繁	印旛	八街	農林学園校長		146		2,597	471町歩	150万円	
高木善助	香取	佐原	石油諸油商		82		398			50万円
三橋彌	東葛飾	鎌ヶ谷	貴族院議員		43		515	93町歩		50万円
小川忠示	山武	日向	村会議員		28		306	141町歩		
茂木佐平治	東葛飾	野田	醬油醸造			150万円	1,055		700万円	900万円
堀田正倫→直恒	印旛	佐倉		12,766		125万円		119町歩		
岩崎重次郎	海上	銚子	醬油醸造			85万円	1,327			
徳川武定	東葛飾	松戸	華族			80万円				
濱口儀兵衛	海上	銚子	醬油醸造、貴族院議員				19,256		700万円	600万円
市原弥三郎	夷隅	長者					5,280			
入江胖	印旛	佐倉					4,119			
秋元三左衛門	東葛飾	流山	味醂醸造				2,684			
萩原甲太郎	香取	佐原	銀行業				941	51町歩		
西村隆輔	東葛飾	八栄					599	117町歩		
本多貞次郎	東葛飾	市川	鉄道会社社長				490		70万円	70万円
磯野市郎兵衛→敬	夷隅	総野		19,952			461	51町歩		
大久保一朗	東葛飾	風早	官吏				332	57町歩		
岩井力三郎	印旛	六合					68	55町歩		

（出所）渋谷隆一編『都道府県別資産家地主総覧』千葉編1・2、日本図書センター、1988年、石井寛治「昭和初期の大資産家名簿」（『地方金融史研究』第46号、2015年）、渋谷隆一編『大正昭和日本全国資産家・地主資料集成』第1巻、柏書房、1885年より作成。

（注）1909年頃の国税納付額が1,500円以上もしくは1921年頃の国税納付額が2,500円以上のもの、および1916年頃・28年頃・33年頃の資産家番付に挙げられたもの、および1924年の50町歩以上の大地主名簿に挙げられたものについて、表に示した項目について判明した範囲で示した。職業欄も出所資料による。氏名欄の→は推定の代替わりを示す。

表序-7　千葉県有力資産家一覧

地価・国税納付の単位：円

氏名	郡	町村	職業	1898年頃所有地価	1909年頃国税納付	1916年頃資産額	1921年頃国税納付	1924年所有耕地	1928年頃資産額	1933年頃資産額
茂木七郎右衛門→順三郎	東葛飾	野田	醤油醸造	12,775	18,905	300万円	6,643	263町歩	2,500万円	3,000万円
高梨兵左衛門	東葛飾	野田	醤油醸造		7,037	100万円	887		600万円	500万円
高澤金兵衛→吉之助	君津	久留里	金貸業、町長		5,409	75万円	4,248	55町歩	130万円	130万円
茂木房五郎	東葛飾	野田	醤油醸造		4,488	55万円	480	52町歩	70万円	200万円
堀切紋次郎	東葛飾	流山	味醂醸造		4,472	80万円	753		80万円	
茂木七左衛門	東葛飾	野田	醤油醸造		4,470	65万円	641		350万円	500万円
鳥海才平	君津	飯野	醤油醸造		3,566	55万円		55町歩	80万円	80万円
遠藤君蔵	東葛飾	船橋	土木請負		3,514					
菅井与左衛門	香取	佐原	醤油醸造	45,293	3,210	65万円	5,653	90町歩	80万円	70万円
田中玄蕃	海上	本銚子	醤油醸造		2,857					
川奈部佐五右衛門	東葛飾	船橋	醤油醸造	14,362	2,630		2,300	82町歩		70万円
大塚源五右衛門→篤三	印旛	成田	酒類醸造		2,376		697		90万円	90万円
馬場善兵衛	香取	佐原	酒類醸造		2,331	50万円	2,269		90万円	90万円
山下平兵衛	東葛飾	野田	醤油醸造		2,288		7,675		90万円	100万円
莇吉五郎→半蔵	印旛	酒々井		23,976	1,673		1,679	141町歩		
千葉弥一郎→弥次馬→弥惣治	長生	鶴枝	医師	16,501	1,650	50万円	207	84町歩		
長谷川利左衛門	印旛	成田	呉服太物商	23,161	1,639	吉野伝治（千葉市、鉄道技師）			150万円	150万円
岡田稲蔵	市原	海上		10,565	1,536	大久保ゆう（八街）		75町歩		
吉岡七郎兵衛	印旛	中郷	村会議員	29,599	1,412		2,002	101町歩	70万円	70万円
斎藤甚助→万寿雄	夷隅	西畑	村長、県会議員	10,364	1,384		3,195	70町歩	90万円	80万円
藤平量三郎	君津	久留里	町長、県会議員		1,338		2,195		80万円	80万円
佐久間帯刀	君津	中郷	村長		1,319		2,034	66町歩		
多田庄兵衛	香取	笹川	醤油醸造	15,856	1,317		2,626	55町歩		50万円
榎本正夫→次郎右衛門	東葛飾	布佐	金貸業		1,210		1,598	114町歩		50万円
吉田甚左衛門	東葛飾	田中	醤油醸造	10,614	1,208	65万円	4,497	258町歩	100万円	100万円
須藤福松→シゲ	君津	馬来田			1,184		2,549	72町歩		
石橋五郎左衛門→謹二→毅	香取	本大須賀	銀行業、貴族院議員	22,539	1,170	50万円	4,680	166町歩		100万円
濱口吉兵衛	海上	銚子	醤油醸造		1,077		175		200万円	200万円
向後積善	香取	東條	村長	16,562	1,017		1,764	58町歩		
篠田儀右衛門→有徳	印旛	宗像		13,503	963		1,339	64町歩	70万円	70万円
小森半助	香取	佐原	質商、町会議員	12,459	955		1,711	84町歩		50万円
三木牧蔵	市原	姉崎	荒物商		931		1,426			50万円
五十嵐愼一郎	香取	多古			893		2,273	59町歩		
丸方→基	夷隅	東	東村農会長	20,543	842		3,953			
篠原蔵司	山武	東金	醤油醸造	16,874	830		2,519	67町歩		
鴇田友七→政春	市原	菊間		13,109	812		2,051	84町歩		50万円
中野長兵衛	東葛飾	野田	醤油醸造		782		2,334		80万円	70万円
桑田民太郎→良信	市原	東海		11,961	782		1,146	72町歩		
福岡藤八→卯之助	東葛飾	松戸	薪炭問屋		764	55万円	623			
飯沼喜一郎	印旛	酒々井	酒類醸造		747		422	51町歩		
大川源五右衛門	印旛	臼井	呉服太物商		705		655		70万円	70万円
小藤田清	君津	楢葉	郡会議員		684		1,864	97町歩		
吉田安太郎→智三	香取	神代			676			92町歩		
中村初太郎→芳郎	市原	菊間		11,173	654			68町歩		
三枝茂治	山武	日向	村会議員		646		850	67町歩		
鳥海又四郎→信寿→又一郎	市原	平三			644		166	84町歩		
永井益夫→博	安房	吉尾		15,043	643		822		70万円	60万円
高橋喜惣治(徴一)	長生	鶴枝	郡会議員	14,020	625		1,105	55町歩		
近藤多喜司	千葉	二宮		10,991	602		630	51町歩		
菅澤重雄	香取	久賀	衆議院議員	11,102	588		1,130	95町歩		
須田信夫	市原	海上			560		1,628	53町歩		

に駅が設置され、この沿線の醸造地帯では製品を鉄道で東京へ輸送する経路が開かれた。ただし、日本鉄道海岸線で醤油を積み出すようになったのは、茨城県内の土浦などの産地であり、東葛飾郡の産地では依然として舟運で専ら東京へ運ばれていた。例えば、一九〇〇年度に日本鉄道海岸線の貨物到着駅であった隅田川駅に四二〇トンの醤油の着送があったが、松戸駅・柏駅からの醤油の発送は、それぞれ三二トン・六八トンにすぎず、土浦駅・高浜駅からそれぞれ二七五トン・三一〇トンの醤油の発送があった。[115] 一九〇五年度でも、隅田川駅に一九三一トンの醤油の着送があり、鉄道での醤油輸送が拡大したが、松戸駅・柏駅からの醤油の発送は、それぞれ三一トン・一二九トンにすぎず、土浦駅・高浜駅・石浜駅からそれぞれ三三八トン・五〇六トン・六四五トンの醤油の発送があった。[116] 日本鉄道海岸線の開通は、東葛飾郡の醤油の物流に大きな変化をもたらさなかった。

一方、江戸川下流域の市川・船橋地域には、一八九四年に総武鉄道が開通し、東葛飾郡内に、開通時に市川・船橋に駅が設置された。[117] 総武鉄道の開通が千葉県の醸造産地に与えた影響については井奥成彦の研究があり、銚子のような有力産地では総武鉄道経由で東京などへ送り出す経路に変化したものの、君津郡の中小醸造家は、むしろ従来の舟運を利用した旧来の流通ルートを維持することで、その販路を確保し続けたことが明らかにされた。[118] 市川・船橋の醤油醸造家にとっても、総武鉄道の開通は醤油輸送路の変化はあまりもたらさなかったと思われ、一九〇一年度に総武鉄道の貨物到着駅の本所に七九五〇トンの醤油の着送があったが、市川駅から醤油の発送はなく、船橋駅からも二トンの発送しかなかった。[119] 同年度に銚子からは三九二一トンの醤油の発送があったので、銚子産地では、醤油輸送の舟運から鉄道への転換が急速に進んだと考えられるが、東葛飾郡の醤油醸造家にとって総武鉄道や日本鉄道海岸線の開通はそれほど大きな影響は与えなかった。

そのため、野田ではむしろ江戸川舟運と接続する形で一九〇〇年に野田人車鉄道が開業した。[120] 野田人車鉄道は、各醸造場と江戸川沿いの上河岸・下河岸を結び、高梨家も出資をするとともにそれを恒常的に利用して、河岸まで醤油を運び、舟運で東京などへ出荷した。そして、一九一一年に官営鉄道常磐線（旧日本鉄道海岸線）の柏駅と野田を結ぶ千葉県営軽便鉄道が開通すると、その終着駅の野田町駅と野田人車鉄道が接続し、一一年を契機に次第に醤油の積み出しが舟運から鉄道輸送へ転換することとなったと考えられる(121)。なお、柏―野田町間の軽便鉄道は、一九二三（大正一二）年に柏から船橋まで延長して民間鉄道の北総鉄道となる(122)。東葛飾郡を南北に結び、それぞれ官営鉄道常磐線と官営鉄道総武線（旧総武鉄道線）と接続することで、東葛飾郡の鉄道網は大きく整備された。実際、一九二六（昭和元）年には野田人車鉄道は廃止されており、二〇年代には野田からの醤油はほぼすべて鉄道で行われることとなったと考えられる。

さて、東葛飾郡の地域経済の状況を有力商工業者の分布から確認することにしたい。表序－8を見よう。千葉県の有力資産家の最上位を野田の醤油醸造家が占めていたように、東葛飾郡でも野田の醤油醸造家の経営規模は圧倒的であった。営業税額で見て上位層のほとんどが醤油醸造・酒類醸造の醸造家で、ここでの酒類は味醂がほとんどで堀切紋次郎家のように味醂醸造を主としつつも、醤油醸造も兼営する大規模な醸造家も存在していた。東葛飾郡では、野田・流山が主要な醸造産地で、船橋・松戸・行徳も有力な産地であった。醸造業以外では、比較的大きな呉服太物商が松戸・船橋などの町場に所在していたが、醸造品を扱う商人はあまり見られない。東葛飾郡の醸造家は自ら東京などの集散地に輸送してそこでの問屋商人に販売しており、地元には大きな醤油・酒類問屋はあまり存在していなかった。むしろ、一九一三年時点では、米穀商・肥料商で比較的規模の大きな商人が登場しており、北関東地域への人造肥料の普及を表しているように思われる。いずれにしても、東葛飾郡の経済は、醤油・味醂・清酒からなる多様な醸造業が支えていたと言えよう。

これらを基盤として、東葛飾郡でも一九〇〇年代以降次第に会社が設立されるようになる。表序－9を見よう。東葛飾郡の企業勃興は、東京近郊にしては比較的遅く、一九〇〇年前後から始まったが、一八九〇年代後半に銀行がい

表序-8　東葛飾郡有力商工業者一覧

単位：円

氏名	所在	職業	1898年頃		氏名	所在	職業	1913年頃	
			営業税	所得税				営業税	所得税
茂木七郎右衛門	野田	醬油醸造	689	688	→			5,002	13,402
茂木佐平治	野田	醬油醸造	477	278	→			5,444	9,338
高梨兵左衛門	野田	醬油醸造	422	202	→			2,608	4,798
堀切紋次郎	流山	酒類醸造 醬油醸造	325	89	→			1,539	2,322
秋元三左衛門	流山	酒類醸造	307	220	→			503	521
茂木房五郎	野田	醬油醸造	296	133	→			1,825	2,364
茂木七左衛門	野田	醬油醸造	259	128	→			2,039	2,921
山下平兵衛	野田	醬油醸造	238	67	→			902	1,057
川奈部佐五右衛門	船橋	醬油醸造 金銭貸付	199	268	→			861	1,470
都邊与四郎	野田	醬油醸造	107	26	→			235	128
茂木勇右衛門	野田	醬油醸造	102	19	→（野田醬油合資）			729	
茂木利平	野田	醬油醸造	96	36	茂木啓三郎	行徳・野田	醬油醸造	674	538
清水佐太郎	流山	呉服太物商	95	7	岡田耕平	中山	酒類醸造	491	729
山下富三郎	野田	醬油醸造	71	19	→			307	172
浅見惣吉	流山	醬油醸造	70	34	茂木七郎治	野田	肥料商	471	514
秋元藤之助	流山	酒類醸造	64	4	田中喜兵衛	市川	醬油醸造	448	350
安川林蔵	行徳	洋傘製造	59	9	高橋寅蔵	松戸	呉服太物商	354	15
石井清助	松戸	醬油醸造	54	10	関根金兵衛	船橋	米穀肥料商 酒類商	339*	221
中村小三郎	松戸	呉服太物商	54	5	→			80	33
石塚喜兵衛	野田	清酒醸造	51	7	秋元平八	流山	醬油醸造	309	144
竹内満知	松戸	酒類醸造	49	23	→（清兵衛）			49	13
杉崎くめ	野田	清酒醸造	47	4	→（邦三郎）			126	35
中山澤次郎	松戸	呉服太物商	42	18	→			125	102
小倉保兵衛	加村	醬油醸造 穀物問屋	42	8	→	流山		63	32
杉崎善太郎	野田	清酒醸造	40	3	大川角蔵	馬橋	米穀肥料商	283	171
森田文兵衛	船橋	呉服太物商	38	7	清田惣七	中山	肥料商	266	127
高橋庄助	松戸	醬油醸造	37	7	→（庄吉）			207	256
遠藤君蔵	船橋	土木請負業	36	5	→			4,022	6,279
寺田豊松	流山	清酒醸造	36	5	松本芳太郎	船橋	荒物商	261	439
羽生亀太郎	松戸	呉服太物商	34	7	→			128	69
渡邉仁兵衛	松戸	酒類醸造	33	9	→			161	165
大野治右衛門	船橋	醬油醸造 砂糖紙商	31	8	山田直作	我孫子	酒類醸造	218	146
古坂喜左衛門	加村	呉服太物商	31	4	→			67	
岩崎粂蔵	行徳	酒類問屋	31	4	山口千代松	船橋	落花生商	203	137
中島萬次郎	行徳	穀物商	30	40	田中長兵衛	市川	雑貨商	203	

（出所）渋谷隆一編『都道府県別資産家地主総覧』千葉編2、日本図書センター、1988年より作成。

（注）「日本全国商工人名録」で、1898年頃の営業税額が30円以上、1913年頃の営業税額が200円以上の商工業者を示し、1898年頃の営業税額が30円以上のものは、1913年頃の営業税・所得税額も示した。職業欄は出所資料による。氏名欄の→は左に同じことを示し、括弧内は推定の代替わりを示す。

* 米穀肥料商と酒類商の営業税額の合計。

表序-9　東葛飾郡株式会社一覧

資本金の単位：万円

1909年				1918年			
会社名	住所	創業年	資本金	会社名	住所	創業年	資本金
利根運河	新川	1889	40.0	野田醬油	野田	1917	700.0
松戸農商銀行	松戸	1896	11.3	野田電気	野田	1911	60.0
船橋商業銀行	船橋	1898	7.5	利根運河	新川	1889	40.0
野田商誘銀行	野田	1900	6.3	万上味淋	流山	1917	35.0
流山銀行	流山	1899	5.0	船橋商業銀行	船橋	1898	25.0
中山協和銀行	葛飾	1895	4.5	松戸農商銀行	松戸	1896	11.3
東葛飾委托倉庫	馬橋	1900	3.8	東葛銀行	松戸	1900	11.3
東葛人車鉄道	中山	1907	2.5	野田商誘銀行	野田	1900	10.0
野田人車鉄道	野田	1900	2.3	中山協和銀行	葛飾	1895	7.0
北総醬油醸造	明	1900	1.5	流山軽便鉄道	流山	1913	7.0
松戸植物	明	1907	1.3	東葛人車鉄道	中山	1907	5.6
				流山銀行	流山	1899	5.0
				船橋鉄道	船橋	1914	4.0
				船橋倉庫	船橋	1913	2.5
				野田人車鉄道	野田	1900	2.3

1926年			
会社名	住所	創業年	資本金
野田醬油	野田	1924	2,625.0
野田商誘銀行	野田	1900	150.0
帝国酒造	市川	1918	75.0
東京毛布	市川	1918	60.0
北総鉄道	船橋	1922	45.0
利根運河	新川	1889	40.0
東葛銀行	松戸	1900	40.0
関東酒造	市川	1919	37.5
松戸農商銀行	松戸	1896	27.0
中山協和銀行	葛飾	1895	20.0
野田運輸	野田	1924	20.0
日工	船橋	1924	16.0
野田金山醬油	野田	1925	15.0
東亜製氷	船橋	1923	10.0
船橋倉庫	船橋	1913	2.5
野田町共立運送	野田	1925	2.5

(出所) 由井常彦・浅野俊光編『日本全国諸会社役員録』第13巻、柏書房、1989年、大正7・15年度『日本全国諸会社役員録』商業興信所、より作成。

(注) 合名・合資会社は除いた。資本金欄はいずれも払込資本金額で小数点第2位を四捨五入した。

くつか設立された。なお、一八八九年に利根運河会社が広く社会的資金を集めて設立されたが、それに続いて会社設立が生ずることはなく、九〇年代の商法の成立とその改正によって、会社設立が容易になったことで、九〇年代後半に銀行が設立された。[123] 野田でも一九〇〇年に有力醸造家の出資で野田商誘銀行が設立され、この時点で東葛飾郡に松戸農商銀行・船橋商業銀行・野田商誘銀行・流山銀行・中山協和銀行と、主要な醸造産地であった松戸・船橋・野田・流山などでいずれも銀行が設立された。ただし、その規模は一九〇九年時点の払込資本金額を見ても、最も大きい松戸農商銀行でも一一万三〇〇〇円にすぎず、千葉県を代表する有力資産家が存在した野田でも、野田商誘銀行の同年の払込資本金額は六万三〇〇〇円にすぎなかった。実際、野田の醬油醸造家は設備投資を主に自己資金で進めており、野田商誘銀行からは、納税の際に一時的に融資を受ける程度に留まっていた（本書第12章を参照）。

その意味では、東葛飾郡の企業勃興は一九〇九年時点でもいまだ低調であったと言えるが、一七年の野田醬油株式会社の設立がその状況を大きく変えることとなった。野田では、一九一一年の柏―野田町間の軽便鉄道の開業を機に町の近代化が図られることとなり、まず一一年に野田電気株式会社が設立され、一四年には野田醬油醸造組合が野田病院を設立した。[124] そして一九一七年に野田の有力醬油醸造家が大合同して、野田醬油株式会社を設立したのである。会社設立の資本金として、各醸造家の工場・設備の現物出資で行われ、その評価額にあたる払込資本金額は一九一八年時点で七〇〇万円となり、千葉県でそれまでに例のない巨大企業が野田に誕生した。[125] 野田醬油株式会社に現物出資をした醸造家は、その出資評価額に応じて株式を取得し、以後その配当収入が各醸造家の大きな収入となった。野田商誘銀行も野田醬油会社に対して、設備投資資金ではないものの短期の営業資金の融資をする必要が生じ、経営規模を拡大するために盛んに増資を始めた（本書第12章を参照）。

野田醬油株式会社からの配当収入で資金的に余裕のあった野田の醸造家らは、野田商誘銀行の増資にも応じて野田商誘銀行の資本金額が急増するとともに、野田の醸造家の野田商誘銀行株の所有額も急増する。野田醬油会社株と野田商誘銀行株の配当で資金が潤沢になった醸造家は、醸造設備は野田醤油会社に移譲したため、その資金を自家醸造ではなく、株式投資へ向けて運用し、一九一〇年代末から二〇年代前半に野田では急激な株式投資ブームが生じた。むろん野田醤油会社も設備資金確保のための増資を行ったため、野田の資産家（旧醸造家）はその増資に応じたが、それ以外の東葛飾郡の銀行・諸会社も軒並みに払込資本金額を増加させた。その結果、表序－9に戻ると、一九二六年時点では、野田商誘銀行の払込資本金額が一五〇万円に急増して千葉県を代表する銀行となり、市川で新たな会社が設立されるとともに、柏―野田町間の軽便鉄道の船橋への路線に伴い民間鉄道として船橋を本社に北総鉄道が設立され、野田でも野田運輸会社が設立された。

こうして、一九一七年の野田醤油株式会社の設立は、野田のみでなく東葛飾郡全体の企業勃興を誘発することとなり、野田地域経済は大きく様変わりした。表序－10を見よう。野田は近世期から関東地域を代表する醤油醸造産地であったが、近代に入り各醸造家の新蔵の増設が進み、本書で取り上げる高梨兵左衛門家も一八七二年に辰巳蔵を新築した。一八七四年時点の野田地域の醤油醸造家の経営[126]規模を免許鑑札の元石数から見ると、茂木佐

表序－10　野田醸造業界関連年表（近代期）

年	項目
1872	高梨家辰巳蔵新築
1881	東京醤油会社設立
1887	野田醤油醸造組合成立
1889	東京醤油会社解散
1890	一府六県醸造家・東京醤油問屋組合聯合会成立
1890	利根運河開通
1900	野田商誘銀行設立
1900	野田人車鉄道株式会社設立（江戸川と各醸造場連絡）
1904	野田醤油試験所設立
1905	朝鮮仁川に日本醤油株式会社設立（野田の醸造家による）
1911	県営軽便鉄道開通（野田―柏間）
1911	合資会社野田運送店設立
1911	野田電気株式会社設立
1914	野田病院設立
1917	野田醤油株式会社・万上味淋株式会社設立
1920	野田船業株式会社設立
1920	野田運輸合資会社設立
1922	北総鉄道株式会社設立→県営軽便鉄道払い下げ
1923	日本醤油会社の満洲出張所がほまれ味噌株式会社として独立
1924	野田船業と野田運輸が合併して野田運輸株式会社設立
1925	合名会社千秋社設立（髙梨・茂木・中野・石川・堀切家）
1926	ほまれ味噌会社を野田醤油会社が買収
1930	野田運送店を野田運輸会社が合併

（出所）『野田醤油株式会社二十年史』（社史で見る日本のモノづくり、第3巻）ゆまに書房、2003年より作成。

平治家九〇〇〇石、髙梨兵左衛門家七八〇〇石、茂木七郎右衛門家六〇〇〇石、髙梨周造家四〇〇〇石、山下平兵衛家二五〇〇石、茂木七左衛門家二一〇〇石、髙梨孝右衛門家・茂木房五郎家・茂木利平家の三家がそれぞれ一八〇〇石となっており、それ以外の家はいずれも一〇〇〇石以下であった。茂木一族と髙梨一族が勢力を二分していたことがわかる。もっとも茂木一族と髙梨一族の間でも濃密な姻戚関係にあり（本書巻頭髙梨家略系図を参照）、野田の醤油醸造産地は同族による産地形成とも言える。

そして野田の醤油醸造家らは、一八八七年に野田醤油醸造組合を結成すると、組合として積極的に醤油醸造業の近代化を進めていく[127]。実際この年に野田の有力醸造家の茂木七郎右衛門家は、醤油醸造業界ではおそらく初めてとなる化学試験場を邸内に設けて技術開発に努めていた。組合では、こうした技術革新を産地として支援し、その技術を組合員が共有したのが野田産地の特徴と言える。技術のみでなく、組合は醤油価格の協定、原料品相場の決定、出荷統制、雇人・職人の賃金統制などさまざまな取決めを行い、産地内での自由競争を排して産地としてまとまって成長する方向を示した。それに伴い野田町の人口も、一八九〇年代は六〇〇〇人台のままそれほど増えなかったものの、野田の醤油醸造家の経営規模が急速に拡大する一九〇〇年代から急増し、一九〇〇年代末に九〇〇〇人前後となり、一〇年代には一万人を超えるようになった[128]。

また、流通面では、町の東側を走る利根川と西側を走る江戸川に挟まれた野田町では、利根川と江戸川は陸路で結んでいたが、より効率的に連結する手段として運河による連結構想が出され、一八八九年に利根運河会社が設立された[129]。そして翌一八九〇年に利根運河が開通し、野田町の利根川沿岸と江戸川沿岸が運河で結ばれ、茨城県方面から鬼怒川舟運で運ばれた物資が、陸揚げされることなく利根運河を通って江戸川へ運ばれ、江戸川を経由して東京湾へ運ばれた。この江戸川岸までの輸送に重要な役割を果たしたのが、一九〇〇年の野田人車鉄道株式会社の設立で、野田醤油醸造組合がそれを主導して各醸造場と江戸川岸を人車鉄道で結び[130]、同年に組合は野田商誘銀行も設立した。その意味で、一九〇〇年は野田醬油醸造業の近代化が本格的に始まる端緒となった。

もっとも、醸造技術の近代化の面では、一九〇四年に開設された野田醬油試験所の意義が大きく、その後野田産地では醸造技術の近代化・機械化が急速に進んだ[131]。例えば、仕込み工程では、圧搾機の改良が茂木房五郎家・茂木佐平治家・髙梨兵左衛門家の蔵でそれぞれ進められたが、一九〇七年頃より野田式水圧搾機が野田醬油醸造組合員に普及する。原料小麦の処理でも、一九〇六年頃よりローラーミルで小麦を割砕するようになり、原料大豆の処理でも一一年頃より加圧蒸熟罐を使用しての加水洗浄が行われるに至った。その場合、それぞれの技術開発は各蔵で別個に行われたものが、組合を通して野田産地として共有され、野田の各蔵に普及したことが野田産地の競争力となった。

販路の開拓でも、日清戦争の勝利で朝鮮半島が日本の大きな市場になったことを受けて、野田の醸造家らが共同出資で一九〇五年に日本醬油株式会社を設立して朝鮮仁川に工場を建設した[132]。こうした野田醬油醸造組合に結集した野田の醸造家らの共同歩調をとる姿勢が、一九一七年の野田醬油株式会社の設立の伏線となっていた。

野田醬油株式会社設立後の動きを簡単に押さえたい。生産面での会社化が野田醬油会社により行われたため、それ以後は輸送面の会社化が進展する[133]。一九一一年の軽便鉄道開通に合わせて合資会社野田運送店が設立されたが、二〇年にはそれとは別に野田運輸合資会社が設立され、同年には、舟運の会社化も進められ、野田船業株式会社も設立された。野田運輸合資会社と野田船業株式会社は一九二四年に合併して野田運輸株式会社となり、表序－8にあるように野田運輸は二六年時点で払込資本金二〇万円となり、東葛飾郡の代表的運輸会社となった。そして一九三〇年には野田運送店も野田運輸に合併され、運輸面の整備が完了する。野田の醬油醸造家らが設立した朝鮮の日本醬油株式会社はその後満洲に進出するが、その満洲出張所は一九二三年にほまれ味噌株式会社として独立し、それを二六年に野田醬油会社が合併することで、野田醬油は満洲へも進出することとなった。

野田醬油会社は、一九二〇年代には関西に巨大工場を建設して西日本への進出も果たしており、朝鮮・満洲も合わせて日本帝国全域へ進出する大企業へと成長することとなった。それとともに野田醤油会社に参加した旧醸造家への配当は膨大になり、野田醤油会社の株式の管理も重要となる。野田醤油会社参加の醸造家は、野田醤油会社株を自由に売買できないよう制約を課し、それらを管理するための会社として前述のように合名会社千秋社を一九二五年に設立する。こうして野田地域は、醤油醸造業を中核とし、その製造を行う野田醤油会社を中心に、金融業務を行う野田商誘銀行、運輸業務を行う野田運輸会社を持つ工業地域として一九二〇年代以降は展開することとなった。

もっとも野田地域には周辺に農村部が広がっており、農村関連の諸産業も展開している。例えば、前述の東葛飾郡の有力商工業者の中に、一九一〇年代になると東葛飾郡では人造肥料の普及を背景に有力な肥料商が登場する。千葉県で人造肥料を販売する販売人は一九〇〇年代に人造肥料販売業千葉県組合を結成するが[134]、その中で大日本人造肥料株式会社と特約を結んだ販売人は、一三年に特約千葉県組合規約を結んで共同歩調をとり、その中に野田の肥料商茂木七郎治家が含まれた。茂木七郎治らは、肥料の製造販売も目指して一九一八年に国産肥料合資会社を設立し、一九年にはその本社を野田に置いた[135]。もっとも同社は肥料製造・販売を実際に行ったものの経営が軌道に乗らず、一九二一年には会社を清算した。野田地域では、人造肥料も普及したが、その一方で一九二〇年代も伝統的な魚肥が使われており、近代化一辺倒ではなかったことにも留意しておきたい。

注

(1) 本節で言う「野田」とは、近世以来の野田町に上花輪、今上などを加えた醤油産地としての野田地域を指す。

(2) 野田の醤油醸造家の中では、髙梨兵左衛門家のほか、茂木七郎右衛門家、茂木佐平治家が最有力層を構成しており、時期により造石高最大の家は異なるが、例えば幕末から明治初年の関東醤油番付の類では、常に髙梨兵左衛門が東の大関という最高位に位置している（『野田醬油株式会社二十年史』野田醬油株式会社、一九四〇年、二六－二七頁など）。また、一八八七年時点での野田醬油醸造組合内では、髙梨兵左衛門が七七五一石で一位であった（『野田醬油醸造組合沿革史』（稿本）所収「野田醬油醸造組合仕込元石表」。

（3）ここでの「地方資産家」、「地方事業家」といった概念については、中西聡・井奥成彦編著『近代日本の地方事業家―萬三商店小栗家と地域の工業化―』日本経済評論社、二〇一五年を参照。

（4）山口和雄『明治前期経済の分析』東京大学出版会、一九五六年、古島敏雄「諸産業発展の地域性」（地方史研究協議会編『日本産業史大系』第一巻「総論編」東京大学出版会、一九六一年）。

（5）酒造業史の研究は、古くは柚木重三『灘酒経済史研究』（象山閣、一九四〇年）、戦後では柚木學『近世灘酒経済史』（ミネルヴァ書房、一九六五年）が代表的なものであり、その他藤原隆男が一九七〇年代以来の自己の研究を中心としてまとめた『近代日本酒造業史』（ミネルヴァ書房、一九九九年）など枚挙に暇がない。

（6）地方史的観点からの古い研究として、荒居英次「銚子・野田の醬油醸造」（地方史研究協議会編『日本産業史大系』第四巻「関東地方編」東京大学出版会、一九五九年）、同「醬油」（古島敏雄編『産業史』Ⅱ、山川出版社、一九六五年）、安藤精一「湯浅の醬油」（地方史研究協議会編『日本産業史大系』第六巻「近畿地方編」東京大学出版会、一九六〇年）があるが、いずれも概括的である。

（7）長谷川彰「近世における特産物の成立と中央市場」（『社会経済史学』第三八巻第四号、一九七二年）、同「近世中期における播州龍野・円尾家の経営構造」（『経済経営論集』（桃山学院大学）第一六巻第一号、一九七四年）、同「近世中期物価の地域比較についての一考察」（同前、第一七巻第二号、一九七五年）、同「幕末期の龍野醬油業」（同前、第二〇巻第一号、一九七八年）、「幕末期における醬油価格の動向」（同前、第二〇巻第三号、一九七九年）、同「幕末期における物価変動の地域比較」（同前、第二一巻第二・三号、一九七九年）、同「近世における龍野醬油業の成立と発展」（『兵庫史学』第六九号、一九七九年）、同「幕末期醬油醸造業における雇用労働と賃金」（『経済経営論集』（桃山学院大学）第二五巻第二・三号、一九八三年）、同「幕末期における醬油醸造経営」（同前、第二七巻第二号、一九八五年）、同「近世後期における地方特産物の流通構造」（神木哲男・松浦昭編『近代移行期における経済発展』同文舘出版、一九八七年)。
(8) 篠田壽夫「銚子造醬油仲間の研究」(『地方史研究』第一二九号、一九七四年)。
(9) 林玲子「江戸地廻り経済圏と為替手形」(『茨城県史研究』第三七号、一九七七年)、同「醸造町銚子の発展」(『歴史公論』第七九号、一九八二年)、同「江戸醬油問屋の成立過程」(『流通経済大学創立二十周年記念論文集』一九八五年)、同「銚子醬油醸造業の市場構造」(山口和雄・石井寛治編『近代日本の商品流通』東京大学出版会、一九八六年)。
(10) 油井宏子「銚子醬油醸造業における雇用労働」(『論集きんせい』第四号、一九八〇年)、同「醬油」(『講座・日本技術の社会史』第一巻「農業・農産加工」日本評論社、一九八七年)。
(11) 中山正太郎「龍野醬油醸造業円尾家の雇用労働について」(『研究紀要(明石工業高等専門学校)』第二三号、一九八一年)、同「醬油醸造業における雇用労働」(同前、第二四号、一九八二年)、同「明治前期における醬油醸造家の日雇人帳」(同前、第二五号、一九八三年)、同「醬油醸造業の経営構造」(『瀬戸内海地域史研究』第一輯、一九八七年)、同「醬油醸造業における生産と労働」(有元正雄編『近世瀬戸内農村の研究』渓水社、一九八八年)、同「醬油醸造家の経営収支」(『研究紀要(明石工業高等専門学校)』第三〇号、一九八八年)。
(12) 長妻廣至「銚子醬油醸造業をめぐる流通過程」(『千葉史学』第四号、一九八四年)。
(13) 鈴木ゆり子「幕末期江戸近郊農村における醬油醸造」(『幕末の農民群像』横浜開港資料館、一九八八年)。
(14) 林玲子編『醬油醸造業史の研究』吉川弘文館、一九九〇年。
(15) 現在のヤマサ醬油株式会社は、近世から濱口家の個人商店「濱口儀兵衛商店」で、一時期合名会社になった後、一九二八(昭和三)年から株式会社化して社名を「ヤマサ醬油株式会社」としているが、本書では便宜的に、一貫して「ヤマサ醬油」または「ヤマサ」と呼ぶこととする。
(16) 林玲子・天野雅敏編『東と西の醬油史』吉川弘文館、一九九九年。
(17) 落合功「江戸近郊における醬油醸造業」(同右)。
(18) 林玲子「野田・キノエネ醬油の経営」(同右)。
(19) 花井俊介「転換期の在来産業経営」(同右)。

(20)　山下恭「龍野藩網干新在家浜と醤油造元」(同右)。
(21)　篠田壽夫「愛知県における醤油醸造業の発展とその特質」(同右)。
(22)　井奥成彦「近代における地方醤油醸造業の展開と市場」(同右)。
(23)　天野雅敏「後発醤油産地の発展過程」(同右)。
(24)　大川裕嗣「在来産業の近代化と労使関係の再編」(一)・(二)(『社会科学研究』第四二巻第六号・第四三巻第二号、一九九一年)。
(25)　山下恭「近世後期における赤穂塩の流通について」(柴田一還暦記念論文集『幕藩制下の領主と民衆』柴田一先生還暦記念事業会、一九九一年)。
(26)　中山正太郎「醤油樽印について」(『研究紀要(明石工業高等専門学校)』第三四号、一九九二年)。
(27)　鈴木ゆり子「関東における醤油醸造業の展開」(高村直助・吉田伸之編『商人と流通―近世から近代へ―』山川出版社、一九九二年)。
(28)　西向宏介「幕末期の龍野醤油業と中央市場」(有元正雄先生退官記念論文集刊行会編『近世近代の社会と民衆』清文堂出版、一九九三年)。
(29)　桜井由幾「醤油醸造業における空樽の流通について」(桶樽研究会編『日本および諸外国における桶・樽の歴史的総合研究』生活史研究所、一九九四年)。
(30)　渡邊嘉之「中規模醤油醸造家の経営動向」(『野田市史研究』第五号、一九九四年)、同「中規模醤油醸造家の商品輸送と販売」(『交通史研究』第三三号、一九九四年)。
(31)　林玲子「銚子醤油醸造業と利根水運」(山本弘文編『近代交通成立史の研究』法政大学出版局、一九九四年)。
(32)　谷本雅之「関口八兵衛・直太郎」(竹内常善・阿部武司・沢井実編『近代日本における企業家の諸系譜』大阪大学出版会、一九九六年)。
(33)　増田宏「深川における醤油醸造業」(『江東ふるさと歴史研究』東京都江東区教育委員会、一九九七年)。
(34)　井奥成彦「鉄道の開通と醤油醸造家の動向」(中西聡・中村尚史編著『商品流通の近代史』日本経済評論社、二〇〇三年）。
(35) 長谷川彰『近世特産物流通史論―龍野醬油と幕藩制市場―』柏書房、一九九三年。
(36) 中野茂夫『企業城下町の都市計画―野田・倉敷・日立の企業戦略―』筑波大学出版会、二〇〇九年。
(37) 市山盛雄編『野田醬油株式会社二十年史』野田醬油株式会社、一九四〇年、後に社史で見る日本のモノづくり第三巻として復刻、復刻版ゆまに書房、二〇〇三年、野田醬油株式会社社史編纂室編『野田醬油株式会社三十五年史』野田醬油株式会社、一九五五年、『キッコーマン株式会社八十年史』キッコーマン株式会社、二〇〇〇年。
(38) 小川浩『野田の樽職人』崙書房、一九七九年、同「醸造業と製樽業」（前掲桶樽研究会編『日本および諸外国における桶・樽の歴史的総合研究』）。
(39) 市山盛雄『野田の醬油史』崙書房、一九八〇年。
(40) M. Fruin, *Kikkoman: Company, Clan and Community*, Harvard University Press, 1983.
(41) 田中則雄「コンプラ醬油瓶と東葛地方の醬油」（流山市立博物館友の会『におどり』第九号、一九九〇年）、同「明治期野田の醬油と東京醬油会社の『醬油輸出意見書』について」（『野田市史研究』創刊号、一九九〇年）、同「明治・大正期における本邦醬油の海外市場開拓と中国市場及び中国醬油の調査について」（同前、第二号、一九九一年）、同「東アジア、東南アジアの醬油と中国醬油」（『南島史学』第三七号、一九九一年）、同「小豆島醬油と野田」（『野田市史研究』第三号、一九九二年）、同「大正期、醬油醸造業界の状況と野田醬油株式会社設立の背景について」（同前、第五号、一九九四年）、同「昭和初期、醬油醸造業界の問題点と自家用醬油の問題」（同前、第六号、一九九五年）、同「キッコーマンの満州進出と満州における醬油事情について」（同前、第七号、一九九六年）、同「東南アジアの醬油と日本醬油の東南アジア輸出及びキッコーマンの南方進出について」（同前、第八号、一九九七年）。これらはのちに『醬油から世界を見る』（ろん書房、一九九九年）として一書にまとめられた。
(42) 林玲子「野田キノエネの醬油樽」（前掲桶樽研究会編『日本および諸外国における桶・樽の歴史的総合研究』）、同「大正・昭和初期のキノエネ醬油」（『野田市史研究』第五号、一九九四年）。
(43) 山下恭「近世後期における赤穂塩の流通と野田醬油」（『野田市史研究』第五号、一九九四年）。

(44) 前掲『野田醤油株式会社二十年史』三四頁

(45) 「野田醤油醸造組合仕込元石表」（前掲『野田醤油醸造組合沿革史』）。

(46) なお本書に先駆けて、我々の共同研究の中から前田廉孝「明治・大正期における食品製造業者の輸移入原料調達」（『経営史学』第四七巻第二号、二〇一二年）、石崎亜美「近世の醤油取引と印」（『経営史学』第五〇巻第三号、二〇一五年）といった、若手による優れた研究が出されている。これらは本書収載論文のもととなっている。

(47) 石井寛治・中西聡編『産業化と商家経営―米穀肥料商廣海家の近世・近代―』名古屋大学出版会、二〇〇六年。

(48) 「約定書」髙梨本家文書5AKL17。これについては後述。

(49) 明和九年「乍恐以書付奉申上候」髙梨本家文書5AGG1。

(50) 安永四年「醤油出し帳」髙梨本家文書5AAL5。

(51) 「出蔵条目」髙梨本家文書5AKL10。

(52) 「香取神社」髙梨本家文書5BLA6。

(53) 「堤根新田」故髙梨晃氏所蔵。

(54) 「相渡申証文之事」髙梨本家文書5DEF4-1。

(55) 「受取之事」髙梨本家文書5BBK13。

(56) 「差上申一札之事」髙梨本家文書5BBP3。

(57) 「観音堂建立」髙梨本家文書5BLB6。

(58) 元文元年「西国はなむけ覚帳」髙梨本家文書5JEA28。

(59) 宝暦一三年二月「御廻状写帳」中根新田家守豊蔵、髙梨本家文書5DDA3。

(60) 「門長屋改修」髙梨本家文書5HBA8。

(61) 明和九年「乍恐以書付奉申上候」「乍恐以書付進奉願上候」髙梨本家文書5AGG1・2。

(62) 安永四年「かねカ醤油送分帳」髙梨本家文書5AAL5。

(63) 安永五年「醤油送分帳」髙梨本家文書5AAH158。

(64)「往来手形之事」高梨本家文書5JNH34。
(65)「観音堂建立」高梨本家文書5BLB5。
(66)「御鳥居建立諸入用」高梨本家文書5BLB5。
(67)「観音堂修復」高梨本家文書5BLB7。
(68)「相定申一札の事」「譲渡申田地証文之事」高梨本家文書5BLB1。
(69)寛政六年四月「覚」高梨本家文書5ZBB85。
(70)「相渡申譲証文の事」高梨本家文書5JAF8。
(71)「覚」高梨本家文書5JAF30。
(72)「御用醤油関係資料」高梨奥文書5AZA99。
(73)「鳥居修復代寄付証文」高梨本家文書5JNA21。
(74)寛政一〇年九月より一一年三月「覚」高梨本家文書5JNA19。
(75)以下の記述は、「悔覚帳」高梨本家文書5ZCB34を参照した。
(76)以下の記述は、糠田村河野権兵衛家文書5ZED7を参照した。
(77)以下の記述は、桃亭文書、上花輪歴史館蔵を参照した。
(78)文化六年「巳御年貢可納割付之事」高梨本家文書5BFA53。
(79)文政一一年「上納醤油製方之覚」高梨本家文書5AZA1。
(80)「初穂醤油御上納　御用手控帳」高梨奥文書5AZA14。
(81)享和三年三月一一月「太子堂再建諸奉納控帳」高梨奥文書5JNA64。
(82)「御香典覚帳」高梨本家文書5ZCB33。
(83)「覚」高梨本家文書5ZCB34。
(84)「奥川、越後道之記」高梨本家文書5JJA1。
(85)文政一二年「寄進」高梨本家文書5ZCC22。

(86)　天保四年「書簡」髙梨本家文書、燕斎筆跡集。
(87)　文政二年「飢饉助成」髙梨本家文書5ZBB22、「入置申一札之事」髙梨本家文書5ZBB32。
(88)　天保五年三月八日「乍恐以書付奉願上候」髙梨本家文書5ZBA121。
(89)　「田地質物証文之事」髙梨本家文書5JAH52。
(90)　「覚（銕造分家に付屋敷田畑譲渡書）」髙梨本家文書5FPA8。
(91)　慶応四年「身分柄書上帳」髙梨本家文書5FPA13。
(92)　「小金原御鹿狩り用船橋」髙梨本家文書5ZAA48。
(93)　「申渡」髙梨奥文書5JLA1–1。
(94)　「申し渡」髙梨奥文書5ZBC16。
(95)　「申し渡」髙梨奥文書5ZBC9。
(96)　慶応四辰年「上花輪村と野田町で戦騒動一件」髙梨奥文書5BCI18。
(97)　「辰八月十三日　訴状」髙梨奥文書5BCI17。
(98)　明治二四年「依頼約定証」髙梨本家文書5AKL19。
(99)　「商標登録願」髙梨本家文書5AKB30。
(100)　明治二六年「地所売渡之証」髙梨孝右衛門家蔵。
(101)　明治三五年「両蔵醤油送分帳」髙梨本家文書5AAA114。
(102)　東京飲料会社については、『小網のあゆみ五〇年』株式会社小網、一九八三年、一五〇–一五一、一六九–一七二頁などを参照。
(103)　東京の現住人口は、一八八四年の約九〇万人から一九〇八年の約二一九万人に急増した（中西聡編『日本経済の歴史』名古屋大学出版会、二〇一三年、一七七頁表五–四）。
(104)　昭和二一年「財産目録」（髙梨本家文書別置史料）。
(105)　前掲『野田醤油株式会社二十年史』一四二–一四九頁。

(106) 渋谷隆一編『大正昭和日本全国資産家・地主資料集成』第一巻、柏書房、一九八五年、一一頁。
(107) 石井寛治「昭和初期の大資産家名簿」(『地方金融史研究』第四六号、二〇一五年)四〇頁。
(108) 以下の記述と計算は、加藤隆「醸造(醬油)財閥」(渋谷隆一・加藤隆・岡田和喜編『地方財閥の展開と銀行』日本評論社、一九八九年)二七三-二八七頁を参照。
(109) 前掲『小網のあゆみ五〇年』を参照。
(110) 千秋社については、土屋喬雄「醬油醸造業と銀行」(『地方金融史研究』創刊号、一九六八年)、および前掲加藤隆「醸造(醬油)財閥」二八二-二九二頁を参照。
(111) 髙梨小一郎が帰国した翌年(一九三二)に野田醬油会社は、ヨーロッパおよびアメリカにおける総代表として、Arved Von Roenne 男爵を任命する契約を同男爵と交わしており、そこには野田醬油株式会社の重役のサインに連なって髙梨小一郎もサインしている(昭和六年「契約書」髙梨本家文書別置史料)。
(112) 明治七年「府県物産表」に記載された日本全国の加工品を生産額の比重で見ると、酒(一六・六%)、綿織物(九・七%)、醬油(五・七%)、生糸類(五・五%)、味噌(五・五%)の順であった(井奥成彦『一九世紀日本の商品生産と流通』日本経済評論社、二〇〇六年、四頁)。
(113) 野田市史編さん委員会編『野田市史』資料編近現代一、野田市、二〇一二年、一六四頁。
(114) 以下は、『停車場変遷大事典』国鉄・JR編Ⅱ、JTB、一九九八年、四二四-四二七頁を参照。
(115) 明治三三年度「鉄道局年報」(野田正穂・原田勝正・青木栄一編『明治期鉄道史資料』第Ⅰ集第六巻、日本経済評論社、一九八〇年)一七六、一七八頁。
(116) 明治三八年度「鉄道局年報」(同右、第一〇巻、一九八一年)一九一頁。
(117) 前掲『停車場変遷大事典』国鉄・JR編Ⅱ、六〇四-六〇五頁。
(118) 前掲井奥成彦『一九世紀日本の商品生産と流通』第六章。
(119) 明治三四年度「鉄道局年報」(前掲野田正穂・原田勝正・青木栄一編『明治期鉄道史資料』第Ⅰ集第六巻)二〇〇-二〇一頁。

(120) 野田人車鉄道については、前掲『野田市史』資料編近現代一、三四七－三五五頁を参照。
(121) 同右、三五五－三五七頁。
(122) 以下は、同右、三五五頁、および東武鉄道社史編纂室編『東武鉄道百年史』東武鉄道株式会社、一九九八年、四八三－四八九頁を参照。
(123) 商法は、三枝一雄『明治商法の成立と変遷』三省堂、一九九二年を参照。
(124) 前掲『野田醤油株式会社三十五年史』六八二－六八四頁。
(125) 同右、一三〇頁。
(126) 前掲『野田市史』資料編近現代一、一七〇－一七一頁。
(127) 以下は、前掲『野田醤油株式会社三十五年史』八五－九五頁を参照。
(128) 前掲『野田醤油株式会社二十年史』六六－六七頁。
(129) 前掲『野田市史』資料編近現代一、一六四頁。
(130) 同右、三四七－三五三頁。
(131) 前掲『野田醤油株式会社三十五年史』九一－九五頁。
(132) 前掲市山盛雄編『野田醤油株式会社二十年史』三六四－三六五頁。
(133) 同右、六五九－六六一頁。
(134) 前掲『野田市史』資料編近現代一、二二一－二二五頁。
(135) 同右、一六〇－一六一、二二六－二二九頁。

［付記］序章は、第1節を井奥成彦が、第2節を髙梨節子が、第3節を中西聡が担当した。そして、髙梨周造蔵の原図を見せていただいた茂木七郎右衛門家の皆様に感謝申し上げたい。

第Ⅰ部

髙梨家の醤油醸造

第Ⅰ部のねらい

本書第Ⅰ部では髙梨家の醬油醸造経営そのものを扱った論稿を並べ、第Ⅱ部では髙梨家の醬油醸造業と地域社会との関係を論じた論稿を配置した。

第Ⅰ部第1章ではまず、髙梨家醬油醸造経営の根幹となる経営理念の問題を取り上げた。主たる素材は近世の家訓である。商家の家訓はこれまでさまざまなかたちで取り上げられてきたが、醬油醸造家の家訓が正面から論じられたことはないのではなかろうか。同家の家訓は、醬油醸造経営や地域社会への貢献がなぜ、どのように行われたのかを理解する上で必要不可欠のものであろう。

第2章では、近世期において多種多様に存在した同家の醬油の印（商標）を、生産した醬油の品質や問屋との関係で論じている。多数の商標を持っていた醸造家はほかにもあったが、最大時年間七〇に迫るほどの商標を持っていた醸造家は他に類を見ない。同じ大醸造家である銚子のヤマサがブランドを基本的に「上」と「次」に絞っていたことと対照的である。なぜ髙梨家のブランドはこのように多数になったのか、その理由に迫る。

第3章では醬油生産に従事した雇用労働者の問題を、雇用形態、年齢、賃金、労働給源などの面から取り上げた。先行研究のヤマサの例と対比して、髙梨家の労務管理や労働給源はどのような共通点を持ち、相違点があったのだろうか。またそれらの要素はどのような変遷を辿ったのだろうか。幕末以降を対象に検討される。

ところで、髙梨家の数ある史料の中でも、経営収支をダイレクトに知ることのできる史料は意外と少ないのであるが、第4章では、二〇世紀に入ってから一九一七年の野田醬油株式会社への「大合同」に至るまでの十数年分残存している収支関係史料を分析している。短い期間ではあるが、「大合同」直前の時期だけに、この期の髙梨家の経営状況と「大合同」との関係にねらいを定めて考察されている。なおこの章は、続く第5章、第6章とも密接な関連を持つ。

第5章は、髙梨家の醬油がどのようにして生産されたのかを、各醸造蔵の特徴と機能を中心に述べたものである。大醸造家髙梨家には大きな醸造蔵が三つもあったのであるが、それらにそれぞれ役割を与えて、効率よく生産を行っていた。そういった態勢は販売戦略にどうつながって、どれだけの成果が得られたのだろうか。明治後期から「大合同」前までの時期を対象として検討される。

第Ⅰ部の最後、第6章は髙梨家が醬油生産に用いた原料についての考察である。醬油原料は生産経費の中で占める比率が他の要素（容器、人件費など）に比して圧倒的に高く、それだけに原料をどのようなポリシーで、どのような品質のものをどこから調達するのかということは重要なポイントとなる。この章では明治以降「大合同」前までの髙梨家の醬油原料の仕入先の変遷を追い、原料価格と製品価格との比較を通して経営状況を考察し、「大合同」に至る道筋を展望する。

（井奥成彦）

第1章　髙梨家の経営理念——家訓とその特質

石井寿美世

はじめに

本章の目的は、髙梨兵左衛門家（以下、髙梨家）において主に近世に作成された諸家訓の紹介を行うとともに、その特質を明らかにすることにある。ここに言う家訓とは、［1］家長やそれに準ずる者が「家」の構成員に示した教訓、［2］後世に伝えられることによって権威づけされたもの、という二つの特徴を持つこととしたい(1)。

かつて安岡重明が商家を対象とした家訓研究の方法論において指摘した通り、家訓は、それが作成されるまでの「家」・家業の発展という成果の上に、将来の「家」・家業のあり方を構想し、規定された規則である(2)。そのため、業種の動向、家業経営の推移・現況、同族・奉公人との結びつきなどと無関係に作成されるものではなく、それゆえ

「家」・家業のあるべき姿を描いただけの単なる理念的な「教訓」にとどまるものでも、おそらくない。(3)

また、こうした家訓の制定や改廃は、家政改革の一環と見ることができるとの指摘もなされてきた。(4)「家」内外の状況が変化したとき、それへの対処策を家訓として明文化することで、経営体の維持発展・世代を超えた存続が第一義であることを明示するのである。したがって全体的な傾向として、家訓が制定される契機は、家の存立の危機・隠居・分家創設・始祖の遺訓伝達といった「家」それぞれの固有の事情だけでなく、社会変動すなわちその「家」を取り巻く時代状況にも求められる。それゆえ、本章で家訓の特質を検討するに当たっては、条項の文言自体だけに注目するのではなく、可能な限り「家」の動向や社会経済的な実態などとも関連づけながら、当該期に家訓が作成された意図、そして条項の意義を解明していきたい。

ただし、早くは宮本又次が提起したように、家訓の分析を通して明らかにされるべきは、個別主体の思想ではなく、集団事象すなわち経営体としての「家」の思想である。(5)たしかに、家訓を直接的に作成した者は、家長あるいは番頭や使用人という個々の人間であっただろう。それゆえ家訓には、あくまで彼ら自身が理解した「家」・家業の像が投影されているにすぎず、また、必ずしも集団のすべての構成員が内容に承服したわけではなかったかもしれない。しかしその家訓は、「家」の構成員、家業関係者、あるいは「家」が拠って立つ地域において、少なくともそれを記した意図・意義が理解されうる内容でなければ、おそらく成立しえないであろう。したがって家訓は、単に「家」の思想であるだけでなく、その「家」を取り巻く大小さまざまな「社会」全体の意識を反映する鏡として捉えることができ、本章を通して髙梨家の社会的な立ち位置も浮かび上がってくるのではないだろうか。

とはいえ、武士以外の農民・職人・商人すなわち三民の家訓が一般的に成立するようになったと言われる一八世紀前半以降、次第にその雛形を売買する「家訓売り」が登場してくる。(6)また、家訓作りのマニュアル本も出版された。例えば一八〇七（文化四）年刊行の『渡世肝要記』には、「家法制書　大やうかくのごとく制板にかけ、折々よみ聞すべし、此外先祖の定法、又は商売向により夫々制書あるべし」との前書きに続き、家訓の雛形として次のような文言が掲げられている。(7)

史料１
家法書
一　御公儀様より被為仰出候御法度堅相守り可申事
一　御触書の趣家内不残よみ聞せ可申事
一　火之用心第一の事、一　家業出精暫くも怠るべからず
一　博奕諸勝負は勿論家業の外なる高下利潤にかゝるべからす
一　家内和合第一、聊も口論いたすべからず、一　遊芸稽古無用の事
一　先祖より相定候式法の通質素倹約相守可申事
一　分に過たる衣服着用すべからず
一　不叶用事の外、夜分は勿論昼とても他行いたすべからず
右之條々堅く相守可申候事

つまり、近世における三民の家訓は、その文言や表現に類似点が多いのである。ただし、文言などが似通っていたとしても、それを家訓として掲げようとした背景は「家」それぞれの事情・判断に基づくものであろう。また言うまでもなく、内容が大枠として一般的傾向を示していることは、何も特徴がないことを意味するものではない。家訓に表れてくるものが人の思想の一部だとすれば、どのような思想でも、一般性と個別性が多かれ少なかれ同居しうるで

表 1-1　近世における髙梨家の家訓一覧

	作成年	名称	当主	当主生没年
①	1818（文化 15）	條目之事	24 代兵左衛門（兵五郎・順信）	1771～1833
②	1842（天保 13）	規則（③の下書）	25 代兵左衛門（松太郎・忠学）	1797～1856
③	1842（天保 13）	規則	同上	同上
④	1845（弘化 2）	規則	同上	同上

（出所）「條目之事」巻子（髙梨本家文書 5AKL10）、「規則（條目下書）」（髙梨本家文書 5AKL1-11）、「規則」（髙梨本家文書 5AKL1-51）、「規則　髙梨忠学相続人への遺言（家訓、法度定、隠居規則）」（髙梨本家文書 5JGB3）より作成。

あろうし、むしろ一般性と個別性を兼ね備えていることに、髙梨家を含む家訓の歴史的意味があるように思われる。

第1節　髙梨家における四種の家訓

髙梨家の家訓は近世にのみ作られ、近代以降は作成されなかったと言われる。その近世に作られた髙梨家の家訓は四種あり、作成年・名称・作成当時の当主は表1－1の通りである。後述するように、②は①を大幅に改編したものである。ただし②は③の下書きで、いくつか表現や条項の加筆・修正が行われ、完成版の③が作られている。④は③に二カ条追加したものとなっている。

一六六一（寛文元）年から一七七六（安永五）年までは欠落している史料があるため、当該期における髙梨家の実態の把握は難しいが、当家において最初に家訓が作成されたのは、醤油醸造を開始してから一五〇年を過ぎた頃のことである。

髙梨家は、「由緒書写」によれば「本国信濃」であり、則忠（一〇八三～一一二八）のときに「下総州……葛飾郡野田ノ郷」に移った[8]。一六六一年、一九代兵左衛門（?～一六八〇）のときに醤油醸造を開始したとされ、当初は自家用・近隣販売用の農閑副業であったという。そして安永（一七七二～八一）の頃、二一代（一七一七～八一）のときに江戸への醤油販売を開始し、その後、販売量を増加させていく。また、一七八一（天明元）年、二三代（一七四八～一八〇三）のときには、野田の七家で造醤油仲間も結成された。

第2節　一八一八年「條目之事」――二四代兵左衛門（順信）

（1）作成の契機

この二三代兵左衛門は、天明の飢饉（一七八二〜八八）に際し、一七八六（天明六）年に村民の救恤を行った。これについて後に二五代兵左衛門は、「私祖父四郎左衛門代之砌、去ル天明六未年違作ニ而最寄村々之中ニ□夫食差支候ものも有之候ニ付、請方手当として夫食焚出仕」[9]、救いを求めてきた五〇〇人余りの村民が救済されたと記録している。しかし長期間にわたって救済することは難しかったため、「亡父兵左衛門（二四代兵左衛門――引用筆者）儀、若後年右様之違作有之候共、救方可成丈差支無之様」、籾の積み立てを行ったと記している。

つまり、天明の飢饉を一つのきっかけとして、高梨家は地域の中で窮民救済という社会的事業を担うことを期待される存在となり、またその役割を実際に果たしていたことがわかる。しかも一八〇一（享和元）年に家督を継いだ二四代兵左衛門は、事後的にではなく飢饉に備えて事前対策を施そうと試みており、村民の保護を自己の社会的責務と認識していた様子が窺える。

二四代の社会的事業への積極性は、例えば一八〇五（文化二）年に行われた、上花輪の長命寺太子堂に対する再建寄進にも表れている。「八職の神」として野田の醤油職人からも信仰を集めていた厩戸皇子（聖徳太子）を祀る太子堂は、室町時代の戦乱により焼失していた。この再建のために二四代が行った寄進は、一八二九（文政一二）年に高梨家が幕府御用醤油に指定される一因になったとも言われている[10]。

このように、二四代が家政を司った時期、高梨家は社会的事業、特に地域の中で村民保護という役割を担う存在であることが自他ともに認識されるようになっていた。しかし、天明の飢饉において「夫々焚出之夫食相与へ候得共、長々之儀ニ付、其後は救方差支」[11]というように、高梨家といえども長期に多額の出資を要する可能性を含んだ社会的事業を行うためには、現実問題として自家の経済的基盤を確固たるものにしておく必要があったはずである。

二四代が当主を務めた一八〇〇年代初頭の高梨家の醤油醸造業は、成長過程にありながら不安定要素も抱えていたと言えよう。第2章で詳述されるように、一九世紀を通して出荷樽数は全体として見れば伸びたと言っていい。特に一八〇〇（寛政一二）年からの約二〇年間は、四万樽前後から最高で六万樽程度にまで数を増やした成長著しい時期である。中でも、高梨家のトップブランドで最高値を保っていく〈上十〉印（　）は、一八一三年を境に高梨家において最多出荷樽数を誇るようになった。また、醤油の主な販売先は一貫して江戸で、高梨家の総出荷樽数の約八〜九割を占め、一八一三年時点で取り引きしていた江戸の問屋は三二軒にのぼる。そしてこの文化期（一八〇四〜一八）は、特定の問屋の要望に応えてその問屋のみに出荷される手印（プライベート・ブランド）が、出荷される印の半数以上を占めるようになり、顧客のニーズに応えた戦略が功を奏した時期であった。

しかしその一方で、第9章にある通り、一八一〇年、江戸の醤油問屋が「関東醤油荷物問屋仲間」を結成し、関東造醤油家に対して取引の主導権を握ろうとする動きが生じている。また、第8章で述べるように、高梨家は一八一一年に山本清太郎店の株を、一八一八年には近江屋仁三郎店の株を取得し、二軒の江戸醤油酢問屋株を持つことになったが、山本清太郎店の経営は火の車であった。江戸売りを醤油醸造業の経営的基盤としていた高梨家において、江戸の問屋を取り巻くこれらの動きは、少なからず事業に影を落としかねない不穏なものと感じられたのではないだろうか。

このように、一八一八年に高梨家の最初の家訓とされる「條目之事」が作られた契機は、当家における社会的活動および醤油醸造業の展開に関係があるように思われる。つまり、高梨家の対内的・対外的あり方を規定し、醤油醸造業に対する姿勢を確認する必要を感じたものと考えられるのである。

（2）「條目之事」

史料2

條目之事

一　従御公儀様被　仰出候御法度之旨、懸之諸勝負《ママ》、堅相守可申候事

一　父母ニ孝行、親類兄弟ト睦敷可致候事

一　仏前江朝々拝礼可致候事

一　精進日、堅相慎可申候事

一　対隠居、杜氏、頭分之者江無作法無之様可致候事

一　旁輩喧嘩口論、堅相慎可申候事

一　醤油之儀ハ、貴人高位之方ニ而も遣し候間、仕込之節より成丈心ヲ附、叮嚀ニ可致、尤穀物麁末ニ不相成様情々念ヲ入可申候事

一　壱ヶ年ニ銀弐拾匁被下義は、蔵之内禁酒褒美として被下候、尤主人より遣し候酒ハ格別之事

一　壱ヶ年ニ合壱分弐朱被下義ハ夜具手当として被下候。尤夜具無之ものハ合壱分遣し候事。

一　夜分出入之義、四ッ門限ト相心得可申候事

一　雖親類懇意之者、無沙汰ニ宿不相成、尤無拠義ならハ杜氏頭江届、一宿可為致事

一　平生広敷喰事之節無作法無之様可致事

一　五ヶ年限、夫々暇遣ニ以出世可申付事

一　対村役人、主人家、親類、近所之衆江無作法無之様可致事

一　奉公之儀ハ、主人も家来も不残家々奉公人ト相心得可申候事
一　頭、弐ばん、三ばん、杜氏ニ成替、諸事心ヲ附相働可申候事
一　釜前火煮之事
一　揚船之外袋猥ニ取扱申間敷、尤改之節、惣数不足無之様可致事
一　肩当之義ハ、銘々江壱寸宛相渡候事
一　夏ニ相成下帯相渡候間、諸味かき之節、是を相用可申候事
一　右之外、蔵之作法急度度相守、別而火之元大切ニ可致事
右之條々堅相守出情可致事
文化十五年
寅正月
高梨出蔵
隠居
杜氏
頭
惣若物中(12)

(3) 特徴

既述の通り、この「條目之事」は高梨家の最初の家訓とされている。「高梨出蔵」は、一七七二（安永元）年に造られた醸造蔵（元蔵）に続き、八二（天明二）年に増設されたものである。元蔵が高梨家のある上花輪に設けられたのに対し、出蔵は江戸川を少し下った今上に建てられた。どちらも二三代兵左衛門によって造られている。

第2章で触れられているように、近世ではこの元蔵と出蔵で醤油醸造が行われていたが、出蔵は〈上十〉印・〈上取〉印（⌃十）という高品質・高価格商品の生産を担っていた。特に〈上十〉印は、一八一三（文化一〇）年を境に高梨家における最多出荷樽数を誇るトップブランドとなった商品である。しかもこの〈上十〉印は、「條目之事」が作られた一一年後の一八二九（文政一二）年に江戸城本丸・西の丸へ納入を許可され、「幕府御両丸御用」醤油となる。

つまり「條目之事」が作成されたのは、出蔵の造る〈上十〉印が、高梨家において経済的な面でも名望獲得の面でも重要な役割を担いつつあった時期であることがわかる。〈上十〉印の主要な提供先である江戸の問屋に不安定要素も抱えていた当時にあって、その生産を請け負っていた出蔵の経営が一層重視されたのは当然のことであろう。だからこそ、「高梨出蔵」から「隠居　杜氏　頭　惣若物中」に対して出された規定が、高梨家の最初の家訓として現在に伝わってきているものと考えられる。

この「條目之事」は二一カ条から成っている。その構成は、［1］第一〜六条が通俗的道徳規範、［2］第七〜二一条が家業領域における行動規定と言える。さらに［1］は、〈1〉第一条＝公儀尊重、〈2〉第二・五・六条＝日常的な人間関係、〈3〉第三・四条＝祖先に関する規定と分けられよう。また［2］は、〈1〉第七条＝醤油醸造業の位置づけ、〈2〉第八〜一三条＝家業に関わる日常的行動規定、〈3〉第一四条〜一六条＝家業に関わる人間関係、〈4〉第一七〜二一条＝就業規則と分類できるだろう。

本章の「はじめに」で触れたように、近世には家訓の雛形が存在した。「條目之事」も、雛形の一例である史料1と比べて表面的に見れば、公儀・火元用心・家業出精・賭博禁止・和合・祖先畏敬・無用外出禁止など、類似点が多々あると言える。しかし、その内容は、例えば外袋の取り扱い、服装など醤油醸造業という家業に即した相当程度具体的なものであり、一概に一般的な家訓と同様とは言えない側面もある。

この「條目之事」からは、高梨家で認識されていた人間関係がわかる。日常生活においては先祖・父母・親類兄弟という血縁と、醸造現場の関係者という非血縁からなる人間関係が認識されている。そして、血縁では先祖・父母、非血縁では「隠居、杜氏、頭分之者」が上位に来ている様子が窺える。しかし醤油醸造という職域においては、「隠居、杜氏、頭分之者」以上の上位者として「村役人、主人家、親類、近所之衆」が捉えられているようである。日常生活の場面でも職域においても、上位者に対し「無作法無之様可致候事」という文言が繰り返されているのは、第3章で言及されているように、近世において高梨家の奉公人は比較的広域から集められており、労働者を含む「家」構成員の間に決定的な利害対立は生じないとしても、常に一致団結を見るとは限らなかったからであろう。

こうした職域における上位者の中には「村役人」「近所之衆」がおり、また第一条には「公儀」も登場する。つまり、「家」を超えた体系・秩序に対する認識が持たれていたということである。第一条において「公儀」尊重が謳われるのは、家訓としては最も典型的な形式である[13]。ただし、高梨家は代々名主を務めていたため、「村役人」だけでなく「公儀」には、政治的責務も負っていた当家にとって最後の拠り所という現実的な意味合いも込められていたであろう。

「近所之衆」が取り上げられているのは、高梨家の醤油醸造業は、それを取り巻く地域の理解なしに成り立ちえないという意識の表れと考えることができる。また、醤油醸造業を足掛かりとし、村民救恤を行う社会的事業家としても自他ともに認める存在となっていた高梨家の意識が、ここに垣間見られるのではないだろうか。

そうした社会的事業も司る存在であろう「主人」は、第一五条に「奉公之儀ハ、主人も家来も不残家々奉公人ト相心得可申候事」と記されているように、高梨家という「家」にとっては「家来」と同じく「家々奉公人」という位置づけとなり、その立場は相対的なものと認識されている。ここからは、人の思想の核となり最重要視される基軸的価値が「家」に置かれていることがわかる[14]。周知の通り、「家」を基軸的価値と捉える思想のあり方は、近世において特別なことではないが、ここには「主人」も労働者も帰属先としての「家」を重視すべき旨が明示されていると言えよう。

その「家」を支える事業である醤油醸造業に関する規定は、家業領域に言及した条項の中では冒頭に当たる第七条に据えられており、重視されていたことは間違いない。ただし、仕法の心得として「仕込之節より成丈心ヲ附、叮嚀ニ可致、尤穀物麁末ニ不相成様情々念ヲ入可申候事」とあるものの、その理由は「貴人高位之方ニ而も遣し候間」と説明されている。これは先述の通り、出蔵が生産する〈上十〉印は高値の付く高品質商品であったことと平仄が一致する。とはいえ、身分の高い者「ニ而も」という文言には、高梨家の醤油はそうした者たち以外を含む幅広い層に提供されるものであるという意識も窺える。そしてここからは、「成丈心ヲ附、叮嚀ニ可致……情々念ヲ入」れた品質の良い製品を製造し、消費者へ供給することが高梨家の社会的役割であるとの認識が読み取れるのである。現実問題として、その役割を果たすことが「家」の存続にも結びついていたからであろう。

こうした、家業に対する認識のあり方は、言い換えれば自家・自己の職分は何かという意識と言ってもいいだろうが、「條目之事」に表れたそれと、後述する一八四二（天保一三）・四五（弘化二）年の「規則」に見られる意識とではやや違いが生じている。

第3節　一八四二年「規則」——二五代兵左衛門（忠学）

(1) 作成の契機

ここでは、表1－1②③、すなわち高梨家の二つ目の家訓「規則」とその下書きを同時に扱いたい。後述するように、これは最初の家訓「條目之事」を大幅に刷新したものと言っていい。

二五代兵左衛門は、一八二九（文政一二）年頃から二四代に代わって「御用之義」などを請け負うようになっていた。[15]先述の通り、また第2章で説明があるように、この一八二九年は、髙梨家の醤油が幕府御用醤油に指定され上納許可が下りた年である。そして一八二九年以降、四〇年代に入るまで、髙梨家の総出荷樽数は堅調に増加していく。しかし、一八四〇（天保一一）年をピークに、その後五〇（嘉永三）年頃までは微減もしくは横ばいと言ってよい。また、この時期は髙梨家の印数が急増するにもかかわらず、江戸送分の樽数は減少していく。第2章でも指摘される通り、これは低価格の醤油醸造業者が増加したことと関連があるのかもしれない。また、一八四一年には株仲間解散令が出され、先述した「関東醤油荷物問屋仲間」が名実ともに無力化し、取引構造も大きく変動する。

さらに二五代当代、髙梨家の社会的地位に大きな変化をもたらす出来事が発生した。天保の飢饉（一八三三～三九）である。二三代・二四代の頃に起きた天明の飢饉の経緯から、髙梨家は救恤を行う家として村民から期待をされており、二五代自身もその自覚は強かったはずである。実際、天保の飢饉では、「穀価は平年の五倍を示したるため、その反動を受けて野田に於ける醸造家の産を傾けたるもの多く遂に四・五名は廃業するに至つた」[16]中、二五代は一八三三・三七年の二回にわたり、救済小屋を建て、病人診療を施し、米麦を配布し、村民の救恤にあたった。これを聞きつけて集まった「餓人」らは三〇〇〇人を超え、「数千ノ窮餓」が救済されたと言われる。[17]そしてこの功績が認められ、次の史料3の通り、一八三五年には「孫之代迄苗字御免」が下され、後に帯刀も許されている。

史料3

下総国葛飾郡
上花輪村
名主
兵左衛門

其方儀、常々窮民を労、村内は勿論他村迄を茂厚く世話いたし、米金等相施、其外品々寄持之致取斗候ニ付、為御褒美、孫之代迄苗字御免被　仰付之

右は大加賀守殿江伺之上明示飛驒守殿被申渡之候。右之趣可得其意以申上

天保六未年十一月九日　羽外記(18)

つまり、二五代が家業を継承した時期は、幕府御用醬油指定や「孫之代迄苗字御免」など社会的にはその地位を上昇させていきながら、経営的には停滞期・揺動期に入るという、不安定な状況にあったと考えられる。

そこで二五代は、これまでにない格を与えられた「家」に関する意識を明文化し、それとの関係で社会的地位の基盤・社会的活動の原資となっている醬油醸造業の髙梨家における位置づけを再確認しようと試みたのではないだろうか。実際、一八四二年の「規則」には、「條目之事」には出てこなかった「冥加」「永々相続」といった言葉が登場し、救恤の項目も盛り込まれ、醬油醸造業の位置づけも明確化されているのである。

(2)「規則」

史料4

規則

一　従御公儀様兼而被　仰出御法度之旨并時々御触之趣堅相守可申、且御用金助情等之儀ニ付被　仰付候ハ、其時宜ニ従ひ御国恩相并御上納可仕事

一　火之元大切ニ致し、昼夜由断なく心付可申事

一　農業之儀は本業ニ候間、朝夕無油断出精致、野廻り可致。田植麦苅、主人野良へ罷出可申。壱人耕せは拾人之食有、農は国之元と申事有之候。大切ニ心掛、子々孫々至迄、忘却致間敷事。

一　農閑醤油造之儀は安永元辰年基立、今上村出張造之義は天明二寅年基立ニ而専念様、順信様之御丹精ニ而御取立御心労之程筆紙ニ尽しかたく、只今ニ至り目出度相続いたし候は偏ニ祖先之御上法を朝夕忘却仕間敷候。

一　仕込之儀は上品相選成丈精製ニいたし、人ニ遣候而徳用第一ニ心掛候得は、自然と利益有之物と順信様被仰置候。日々両蔵見廻、穀物麁末ニ不相成様精々心懸可申事。

一　御上納醤油之儀は文政十二巳年より納来候間、仕込仕立中服穢は勿論、其外不浄之物不立寄様精々大切ニ心得、精製可致事

一　先祖より恐々御繹光（御繹光をいたし）以我等儀不存所、名字永々帯刀等　御免許以冥加至極難有奉存候。右ニ付而ハ子々孫々ニ至迄当受　御国恩忘却不仕本条之次第精々相心得永々相続可致事。

一　主人たる者ハ一家之目当ニ相成り候間、慈悲先としてかりそめニも非道我まゝのふるまい致間敷、且奉公人共行末身分相立候様正路ニ教訓可申候事

一　主人始家内一同給分ニ相定候間、衣類ハ勿論、拝詣ニ罷出候ニも右ニ而相賄可申事

一　食事之儀は、家内一同之外別段ニ菜好致間敷、所謂用事與僮僕同苦楽ニ而候。上下和合之儀第一、客来病中は格別之事。

一　常々倹約質素相守、奢侈ニ不相成様心掛（心掛可申）、私之事ニ金銀を費へからす。人之難渋をすくひ、人を引立候には金銀悋へからす。悋嗇ニ相成さるよふ心を可用事（平日可心掛事）。驕候得は、貧窮相成候事。

一　奉公人病中等用は勿論、食事も好々応し、手当可致事

一　普請之儀ハ、成丈修復致、新規之建物見合可申事
一　客来之節は一汁一菜之外用申間敷、壱人前銭百文ニ而相賄可申、無拠客来ニ而酒差出し候節ハ吸物壱通肴三種ニ限候。右之内壱品ハ野菜物ニ而取合可申、三人以下弐朱、五人以上金壱分迄と定所有合之品可相用事。
一　衣類之儀は、平生木綿麻着用、他行之節ハ木綿絹紬。仮令大礼たりとも右品ニ限候。女は少々の用捨可有之事。
一　婚礼之節ハ、親類両三人、隣家壱人、村役人壱人、調理之義ハ一汁三菜、引物鰯、吸物壱通、蜆蓋壱ツ、さかな弐品、合而三品ニ限候事
一　葬礼之義ハ、一汁二菜、酒法度之事。布施物は先例之通、年廻之節は近親類隣家一汁三菜、酒ハ為湯代、親椀壱盃ニ限候事。
一　元服、年賀、直々祝之義、右之振合ニ可准事
一　商売用、其外道中入用之義は壱日ニ弐百文、一夜泊り弐百文、合四百文、五十以上蔵人は時々見斗ニ而間駕籠之手当可有之事
一　道中用意金之義ハ、一夜泊り金壱分、遠近ニ随ひ見斗、帰宅次第、取調可申事〈※〉
一　一日小遣三百文之事。但農業商売用ニ而入用之義は格別之事。
一　主人、江戸出府上下道中入用小遣之義は、壱ヶ月金弐両ニ限候事〈※〉
一　御大名御旗本様方へ御用達金致間敷事
一　親類難渋之節は、親疎ニ随ひ身上ニ応し手当可致。勿論実意をたたし、立行候様心懸可申。但し不埒人は見斗可有之事。
一　村中難渋之物有之候ハヽ、〈合力いたし可申候。所謂※〉□急不繼富、常々心を用可申候事。

一　凶年飢歳は、近ハ二三十年、遠は四五十年ニハ有之事故、貯穀無油断、困置村内は不及申、近き村々迄助成可致。古言ニも母心與爾隣里郷党乎と有之候。用財能々心を用へき事。
一　食客之類、一切差置申間敷候。無拠義も候ハヽ、證文取、奉公人ニいたし差置可申事。
一　古證ニも蔵をおこたるハ盗を教る也、形を粧ふハ謡を教ると申事に候へは、平日共蔵其外共有之心附可申、蔵不有ニ而ハ自然、人ニ罪を作らせ候事も有之候へは、主人たる者の不行届ニ相成候。能々心得可申事。
一　相場は此事一切無用之事〈※〉
一　非常用意米、年々五百俵宛飯米之外ニ手当可致、尤二百十日後売払、損益ニ拘申間敷事
一　盛衰は時之主の勤不勤と心ニ寄候物故、大切ニ可心掛事〈※〉
右以同條之通子々孫々ニ至迄急度相守可申候　以上
　天保十三癸卯年十一月
　　髙梨兵左衛門(19)

(3) 特徴

一八四二年版「規則」は三〇カ条から成っており、二五代兵左衛門自身が主に作成したものと考えていいだろう。先述の通り、これには下書きと完成版がある。史料4のうち括弧部分は下書きの文言、※印は下書きには書かれておらず完成版で加筆されている部分である。文言の修正だけではなく条項自体も四つ追加されており、そのうち三つは広義に捉えれば倹約を謳うもの（第一九・二一・二八条）、もう一つは精勤を奨励するもの（第三〇条）と言えよう。

「規則」の特徴の一つは、先の「條目之事」とは異なり、細かな規定が列挙されていることである。その構成はおおよそ、[1] 第一〜二条＝公儀尊重を含む通俗的な道徳・行動規定、[2] 第三〜六条＝醤油醸造業の位置づけ、

［3］第七～二一条＝主人の心得を含む質素倹約などの「家」内領域における行動規定、［4］第二二～二九条＝村民救恤を含む「家」外領域に対する行動規定、［5］第三〇条＝精勤の奨励から成る。

記述の細かさは別にして、内容の大枠は「條目之事」と同様、冒頭に公儀重視の条項が置かれ、火元用心・家業出精・家内和合・祖先畏敬・質素倹約・分限などから成っており、その点では家訓の雛形である史料1とも類似していると言える。

ただ、例えば第二条の「火之元」の重視は、醬油醸造過程に不可欠な要素として挙げられた可能性もあるが、一八二一（文政四）年に火事で茂木七郎右衛門家三代当主が落命し、三四（天保五）年には野田に大火が起きていることから、他人事ではなく火災の火元として重々取り締まるべきと捉えられ、第二条という冒頭近くに置かれたことが考えられる[20]。

また、第一条に据えられた「公儀」尊重については、幕府御用醬油への指定や「孫之代迄苗字御免」が下され、いわば「公儀」のお墨付きを得たことで経済的・社会的地位の上昇が果たされたことに鑑みれば、形式的な理由だけで家訓の冒頭に置かれたとは言い切れないだろう。その一方で、第二二条には「御大名御旗本様方へ御用達金致間敷事」とある。これは、幕府御用醬油という格を与えられた以上、「公儀」という公的な存在の尊重は重要ではあるものの、「御大名御旗本様」という個別具体的な武士層へ「御用達金」を提供することは回避したかったのであろう。

当時は経営的に停滞期・揺動期に入りつつある時期であった。また、「武家ハ、取リ物ハ昔シノ通リニテ、出金ハ世ノ流行ニツレテ多クナルユヘニ、ツヂツマ合ハヌ也。是大名ハ借金多クナル理也[21]」と言われたように武家の窮乏は明らかであり、高梨家としては領主への上納金に加えて借金の踏み倒しに見舞われる事態は避けたかったであろう。この「規則」が作られた翌年には「天保の無利子年賦返済令」も出されているのである。第二二条が「家」内倹約の条項に続けて設けられているのも、こうした状況が念頭にあったと思われる。

その倹約に関しても、いわゆる天保の改革が行われていた時期であり、綱紀粛正が求められていたことの反映とも言える。ただし倹約の条項は完成版の時点で三カ条も追加されていることから、二五代が意識的に重視したことは間違いないだろう。また、経営実態としても停滞しつつある中では、経営上、理に適った規定として捉えられたものと考えられる。

いずれにしても二五代は、「家」とそれを取り巻く社会経済的な状況との関係性を認識していたことがわかる。ただし「條目之事」と異なる点として特徴的なのは、第二二条以降において、「家」を超えた存在に対する救恤の仕法が明文化されていることである。ただし、その対象は武家・親類・村民など多岐にわたっているものの、「勿論実意をたたし」（第二三条）・「用財能々心を用へき事」（第二五条）などとあるように、無闇に救済すべきものとは考えられていない。これは言い換えれば、必要と判断できれば相応の支出は厭わないことを意味し、先の倹約も決して吝嗇を指すものではないことがわかる。

こうしたことから、二五代は、「家」を超えた体系に対して適切に果たされるべき社会的責任を負っているという非常に強い意識を持っていた様子が窺える。また、そうした責任を負い、それを果たしていくことを、「家」の構成員も承知すべき「規則」、家訓であると位置づけているのである。これは、天保の飢饉において実際に村民救恤を行い、期待される社会的責任を髙梨家として果たした自負が大きかったからではないだろうか。後述するように、一八四五年版「規則」では村民救恤の条項が追加されており、社会的事業に対する意識はひとかたならぬものがあったと考えられるのである。

それゆえであろうか、「規則」には「條目之事」に比べ、「家」の頂点に立つ「主人」の心得が明記されている。下書きから追加された第二一条には、「主人、江戸出府上下道中入用小遣之義は、壱ヶ月金弐両ニ限候事」とある。ここには、「家」内における倹約という規律の前では、「主人」といえども例外として扱わないという意向が窺える。こうした「家」という存在に対する「主人」の地位の相対性は、「條目之事」からも読み取ることができた。しかし「規則」にはそれだけでなく、第三条に「農業之儀……主人野良へ罷出」、第七条には「主人たる者ハ一家之目当ニ相成り候間、慈悲先としてかりそめニも非道我ま丶のふるまい致間敷、且奉公人共行末身分相立候様正路ニ教訓可申候事」とあり、第二七条にも「人ニ罪を作らせ候事も有之候へは、主人たる者の不行届ニ相成候」と記されている。ここからは、「家」を治める立場にある「主人」は、家業を自ら牽引することを求められるだけでなく、その行動は人の価値までをも左右する非常に重いものと認識されていることがわかるだろう。

他方、「條目之事」には物品取り扱い・着衣などいわば就業規則に相当する規定があったにもかかわらず、「規則」にはそれがなくなっている。その理由は未詳だが、二五代にとって家訓は、「家」構成員の個別の行動規定を集めたものではなく、構成員全員が承知し背負うべき規範全体を提示したものであったのかもしれない。

これまで示してきた「家」内領域における行動規定、そして「家」外領域に対する行動規定は、ともに醬油醸造業という家業を重視しているからこそ設けられたものであろう。「規則」の構成が、醬油醸造業の位置づけ→「家」内領域規定→「家」外領域規定という流れになっているのも、そうした理解があったからではないだろうか。

ただし、「規則」第三条には、「農業之儀は本業ニ候」とある。「本業」は醬油醸造業ではなく「農業」だと明記されているのである。近世における高梨家の農業収入と醬油醸造業から得られる利益の比較が困難なため推測の域を出ないが、「本業」は「農業」と記した理由はいくつか考えられるだろう。その一つは、「農業之儀は本業ニ候」と意識しておくこと自体に重要性を見出している可能性である。つまり、実際には「農業」よりも醬油醸造業に「家」の基盤があるという意識を抱いているからこそ、徳川体制の根幹である農業貢租中心主義的な経済システムに対し疑念はないことを「家」の意思として敢えて明示しておきたかったのかもしれない。

あるいは、「農業」に対する近世の一般的とも言える認識が、ここに反映されている可能性がある。例えば一八三

○年代には、「田徳」すなわち田畑の生産力・生産物こそ社会の基盤であり、「農は万業の大本たる事、是に於て明了なり……農は本なり、厚くせずば有可からず、養はずば有可からず、其元を厚くし、其本を養へば、其末は自繁栄せん事疑ひなし」とするような思想が提示された[22]。作物を生産する「農業」を至宝と捉える考え方は、時代によって、商業の発達や非農業部門の生産の進展などを横目に展開されることもあるため、その時々で込められた意味合いが異なる場合もあるが、江戸時代人の文章に散見されるものである。五穀などの実物を重視する発想自体は、作物の豊凶次第で飢寒に陥る可能性のあった近世において日常的な感覚だったのであろう。

特に高梨家では二三代のときに天明の飢饉を経験し、二四代はそうした奇禍に備えて囲籾を行ってきた。そして二五代は天保の飢饉に遭っている。つまり、「農業之儀は本業」という言葉は単なる建前ではなく、高梨家が実際に経験してきた生活実感として発しているものと考えられるのである。「規則」第二五条でも「凶年飢歳」に備えて「貯穀」すなわち貯夫食に「無油断」きよう喚起が促されている。また第三条では、「田植麦苅」は「主人」の役目として規定されており、「農業」を重視する姿勢は「子々孫々至迄」伝えるべきものと定められているのである。

このように「本業」は「農業」であるのに対し、第四条には「農閑醤油造之儀」と記されている。醤油醸造業はあくまでも「農閑」の事業であるという位置づけが明示されているのである。

第2節で述べた通り、「條目之事」では、醤油醸造に尽誠精励する理由は、「貴人高位之方ニ而も遣」すものであるからと説明されていた。「規則」でも、第四条に「仕込之儀は上品相選成丈精製ニいたし、人ニ遣候而徳用第一ニ心掛候得は、自然と利益有之物と順信様被仰置候。日々両蔵見廻、穀物麁末ニ不相成様精々心懸可申事」、第五条に「御上納醤油之儀は文政十二巳年より納来候間、仕込仕立中服穢は勿論、其外不浄之物不立寄様精々大切ニ心得、精製可致事」とあり、この点はおおむね引き継がれていると言える。

そして、尽誠精励を以て作業に当たれば「自然と利益有之物」になることを説いたのは「順信様」、つまり二五代の父である二四代兵左衛門だと書かれている。第2節で述べた通り、〈上十〉印や手印の販売などによって著しい成長を達成した二四代が、事業への精励を通して「自然と利益有之物」と考えたとしても不思議ではないだろう。したがって、先に取り上げた「條目之事」の第七条「醬油之儀ハ、貴人高位之方ニ而も遣し候間、仕込之節より成丈心ヲ附、叮嚀ニ可致、尤穀物麁末ニ不相成様情々念ヲ入可申候事」には、二四代の意思が強く反映されていることがわかる。

ただし、「條目之事」において髙梨家の醬油の提供先が「貴人高位之方ニ而も遣候」と表現されていたのに対し、「規則」では「人ニ遣候而」と対象が必ずしも限定的ではなくなっている。また、「人ニ遣候而徳用第一ニ心掛」という言葉からは、消費者の需要を具体的に想定しながら「成丈精製」に努めようとしている様子が窺える。ここには、幅広い階層の需要に応じて可能な限り良い製品を供給することが髙梨家の社会的な役割である、という意識の高まりを読み取ることができよう。

また、この醬油醸造業を「安永元年」から「只今ニ至」るまで「相続」してこられたのは、「順信様之御丹精」によるところが大きいと記されている。しかしそれだけでなく、「偏ニ祖先之御上法を朝夕忘却仕間敷候」ことにもあるとしている。つまり、「祖先」と子孫、双方の努力の賜物だと認識しているのである。こうした考えは「農業」の方には表立って記載がなく、やはり醬油醸造業を家業として継承・継続してきたことへの自負が窺えよう。

こうした記述の仕方、あるいは「規則」の構成、すなわち醬油醸造業の位置づけをした上で、それを支える「家」内領域の行動規定を設け、醬油醸造業という基盤があってこそ実施しうる「家」外領域に対する行動規定がそれに続くという構成からしても、二五代そして髙梨家において基軸的価値となっていたのは「家」、具体的には家業の継承であったと言える。もちろん、家業の醬油醸造は製造業であり、消費者の理解なくしては成立しない。だからこそ「人ニ遣候而徳用第一ニ心掛」と消費者の存在を念頭に置いた上での精進を求めているのであろう。その意味では、消費者は「家」と並ぶ価値を有していたとも言えよう。いずれにしても、消費者への良品提供という社会的役割を担っている家業は、祖先から受け継いだものであると同時に、子孫に伝えていくべきものであり、永続的に代々継承されることにこそ意味があり、非常に重要視されたのである。

また、家業とともに家名も「先祖」から「子々孫々ニ至迄……永々相続可致事」として重視されていることが第六条からわかる。「名字永々帯刀等」が許された二五代当代にあってはなおさらであろう。これを与えてくれた「公儀」に「御国恩」を感じたとすれば、第一条の「公儀」尊重が単なる形式的な文言ではなかったであろうことがここから窺える。

もっとも、三民において「家」や家業の継承が非常に重視されたことは先行研究でも繰り返し指摘されてきた。また、「家」の永続の重要性が家訓に示されている事例は高梨家以外にもあり、比較的頻出の項目であったとされる(23)。例えば、遺訓ではあるが、下野国河内郡下蒲生村（現・栃木県上三川町）の名主で、二五代兵左衛門と同年代の田村仁左衛門（一七九〇～一八七七）は、「家督相続ハ、先祖より代々伝りたる家材・田畑・山林等に至迄皆預りの家材也。大切に相勤め……一品たりとも不足にならぬ様に致し、子孫へ遜るべくハ相続人の第一の勤め也(24)」と書き残している。

ただし田村とは異なり、二五代が「規則」を作成したのは「家」の頂点に立つ「主人」としてまさに行動していた時期である。幕府御用醤油の指定を受け、天保の飢饉における功績によって苗字帯刀という社会的地位を構築する反面、経営的には停滞を迎える不安定な状況にあって、高梨家における醤油醸造業の位置づけを明らかにすることで、それに基盤を置く自己の職分・自家の職分を再確認したと考えられるのである。

第4節　一八四五年「規則」——二五代兵左衛門（忠学）

（1）作成の契機

一八四二（天保一三）年に「規則」を制定した三年後の四五（弘化二）年、二五代兵左衛門は改めて「規則」を定めている。ただし、一八四二年版「規則」が一八年の「條目之事」を大きく刷新したものであったのとは違い、四五年版「規則」は四二年版に二つの条項を加筆したものとなっている。また、一八四五年版は、「規則」「法度定」「隠居規則」の三つが合わせて提示されたことに一つの特色があると言えよう。

第3章で明らかにされているように、一八五〇年代の高梨家の雇用労働は、年季奉公人と日雇人の数が拮抗していた状況から、日雇人形態に比重が置かれるようになっていく。改訂版「規則」が作成されたのはその過渡期の最初の頃と言え、雇用労働者を含めた「家」の構成員へ、家業の経緯・現況を踏まえた高梨「家」のあるべき姿を改めて提示する意図があったのではないだろうか。

また、二五代は一八四七年に隠居しており、それに向けた準備と並行して、四二年版では不足していると感じた条項を加筆したと考えられる。

（2）「規則」「法度定」「隠居規則」

史料5

規則

……

一　一家を治間、法ハ賞罰之二つ。賞とは善を賞するなり。善を賞せされは善人不進。罰とハ、惣懲むるなり。悪罰せされハ、家ハ治り不申事。

……

一　鰥寡孤独の者、親類村中近き村々ニ有之ハ憐をくはふへし。鰥とは年寄て妻のなき者。寡とは年寄て夫のなきもの。孤とは幼少ニ而両親のなき物。此四つの物ハ実ニ便なき物故、貧窮ニ候ハ、幾度も合力いたし可遣事。

……

右以同條之通子々孫々ニ至迄急度相守可申候　以上

弘化二乙巳年四月

高梨兵左衛門

忠学（花押）

法度定

一　空米相場之事

一　茶之湯之事

一　男子縮緬着用之事

一　鳴物之事

一　御大名御旗本方へ御用達金之事

右五ヶ條、先々代より法度御定御坐候。若子孫ニ至相背候者有之時は、家滅亡いたし候間、急度相守可申候。

隠居規則

一　五拾歳以上ニ相成相続人見届候ハ、表向隠居いたし、諸事見習候様致し可申。是親之慈悲也。俄ニ死去いたし候時は万事ニ差支申候。世俗申習ニ身上向渡候抔と申義、決致間敷候。尤　順信様被仰聞候御先祖様より之預り物と常ニ相心得、家之御奉公大切ニ日々世話可致。自然病身ニも候ハ、格別の事。尤隠居料、金千両一ヶ年ニ金百両宛、飯米味噌薪は勿論之事、父親死去母親斗ニ候ハ、金三百両一ヶ年三拾両宛。右之金子は親族を始郷党之困苦を救、家之後栄を心掛へし。

一　一世ニ一人宛男子ニ而分家いたさせ度候事

一　妻ニ先立、夫死去時節、当主幼年之時は分家立会、金銀は勿論諸事取斗可申候。婦人ニ而ハ家ハ作不申候。

一　後年ニ至分家是出来候ハ、、主人之手儘、金子取扱致不申様、規則相定可申候。後之心得之為記置者也。[25]

（3）特徴

史料5の一八四五年版「規則」は、四二年版に二カ条追加した三二カ条から成っている。追加された二カ条のうち、一つは第八条として、もう一つは第二六条として加筆されている。

前者は、第七条の「主人たる者ハ一家之目当ニ相成り候間、慈悲先としてかりそめニも非道我まゝのふるまい致間敷、且奉公人共行末身分相立候様正路ニ教訓可申候事」に続き、「主人」の心得を規定したものと言えよう。第七条では、主人は「一家之目当」つまり指標あるいは模範であり、「慈悲」心を重視すべきこと、そして「奉公人共」の「行末身分相立候様」、正しく「教訓」を施すべきであることが記されている。これは「一家」において教導的立場にある「主人」の内面性のあり方を規定したものと言える。

ただし、こうした「主人」の内面性に基づく啓発で奉公人たちの「行末身分相立」ようになるか否かは、「主人」の自己陶冶如何だけでなく、実際には受け手である「奉公人共」側の問題に左右される要素も大きかったであろう。

つまり、「主人」による「教訓」だけでは、現実問題としてうまくいかない面があったのではないだろうか。先述の通り、当時は雇用労働のあり方が変化していく時期である。また、一八二〇年代から六〇年代にかけて、給金を借用した後に奉公しなかったこと、盗みの科で投獄されたこと、私用などで無断外出したことなど、奉公人を巡る問題について保証人らから届いた詫状も残っている(26)。

したがって追加された第八条は、「一家之目当」となる「主人」自身の内面的陶冶が必要であることを前提とした上で、「一家を治」めるための現実的対処法を説いたものと考えることができる。その「法」として挙げられているのは「賞罰」の設定である。

このうち「賞」は人の「善」を「賞する」ことであり、そうすることで人の「善」は「進」んでいくものと考えられていることがわかる。一方「罰」は「悪」に対する「罰」であり、これなくしては「家ハ治り不申」としている。この「賞罰」は、あくまでも「一家を治」める「法」であり、「善」を向上させた「人」を構成員とする「家」に基軸的価値が置かれていると言えよう。

つまり、一八四五年版「規則」は、四二年版と比べて、現実即応的な思考が示されているのである。実際に醤油醸造業という事業を担っている「家」の「主人」である以上、二五代が現実即応的な発想を抱き、「家」構成員にもその共有を促したことは当然であろう。ただし「規則」にこれが記された事情は高梨家固有のものだとしても、現実即応的な思考自体は高梨家に特有のこととは言えず、すでに一八世紀半ば以降、思想的潮流としては強まってきた傾向でもある(27)。

この第八条が「一家を治」める「法」であったのに対し、もう一つの追加条項である第二六条には、「家」を超えた存在に対する社会的責任意識の強まりを感じることができる。第二四条・二五条には「親類難渋之節は」・「村中難渋之物有之候ハ、」とだけ言及されているのに対し、第二六条は「鰥寡孤独の者」、すなわち「年寄て妻のなき者」

「年寄て夫のなきもの」「幼少ニ而両親のなき物」たちの「貧窮」を救うべきことを明言しており、救済すべき対象についてより具体的に記述されているのである。

一八四六（弘化三）年に髙梨家の持店（直営店）となった江戸の醤油酢問屋・近江屋仁三郎店を取り上げた第8章には、五二（嘉永五）年に規定された「家訓」も掲載されている。「規則」とは作成時期も違い、また業態も異なるため安易に比較することはできないが、少なくとも近江屋の「家訓」には社会的事業に関する規定は全く設けられておらず、「規則」とは対照的であると言えよう。

第2節で述べた通り、二五代は天保の飢饉に際して救恤を実施している。一八四二年版「規則」には「凶年飢歳」への対処規定が盛り込まれており、「規則」の制定にはその経験が反映されていると考えられる。しかし、一八四五年版は、そうした主に自然災害に起因する災厄対策だけでなく、老齢化・孤児といったいわば不可抗力的に「便なき」状況となってしまった者に対しても救いの手を差し伸べるべきことが追記されたのであり、救恤の対象が拡大しているのである。

第八条は「一家」を対象とした「主人」の規定であったが、既述の通り第二九条には「人ニ罪を作らせ候事も有之候へは、主人たる者の不行届ニ相成候」と記されており、「主人」のあり方は、人の価値までをも左右する非常に重いものと認識されていることがわかる。この第二九条は「家」を超えた領域に対する規定の流れに位置していることから、「主人」は「家」外の人の価値にも責任を負っているという意識も読み取れる。先述した通り二五代は「家」に基軸的価値を置いていた。だからこそ、「家」の構成員にも認識の共有を求め、さらに、その「家」が存立基盤としている親類を含む「村々」の人々にも広く髙梨家の社会的存在意義をより認めてもらう必要があると考えていたのではないだろうか。

一八四五年には「規則」と並んで「法度定」「隠居規則」も規定されているが、これも「主人」を中心とする「家」

のあり方を明確にする意味合いが込められているのであろう。「法度定」には、「空米相場」・衣服・技芸・「御大名御旗本方への御用達金」の禁止は「先々代より法度御定」といういわば由緒を持つ規定であることが明記されている。そしてこれが「子孫ニ至」るまで守られるべきである理由は、「家」の「滅亡」を防ぐためであるとしている。つまり、ここにも「家」を基軸的価値とする思考が表れているのである。

また「隠居規則」においても、「順信様被仰聞候御先祖様より之預り物と常ニ相心得、家之御奉公大切ニ日々世話可致」と記されており、「主人」としての立場を退いた後も、「順信様被仰聞候御先祖様」からの「預り物」すなわち継承物である「家」を念頭に行動すべき指針が綴られていることがわかる。

おわりに

高梨家の「家訓」は、構成要素自体はさまざまな家訓に一般的に見られる条項が含まれるものであった。それは、「公儀」尊重に始まり、火元用心、家業出精、賭博禁止、家内和合、遊芸禁止、先祖崇拝、分限、無断外出禁止などである。しかし、そうした一般性だけでなく、社会経済的な状況・家業経営の現況・同族や奉公人との関係性といった高梨家を取り巻く環境が反映された、個別性も有するものであったことは明らかである。

高梨家最初の家訓とされる「條目之事」が一八一八（文化一五）年に二四代兵左衛門によって作られた時期、天明の飢饉を経て、当家は村民保護という社会的責務を担う存在であることが自他ともに認識されるようになっていた。一方で、そうした社会事業を経済的に支える醤油醸造業は、〈上十〉印を筆頭に著しい成長の過程にありながら、江戸の醤油酢問屋を巡る動きが事業に影を落としかねない状況でもあった。それゆえ、高梨家内外の人間関係には注意が払われるべきこと、そして当家は品質の良い商品を製造し消費者へ供給する社会的役割を負う「家」であること、といった意識をこの家訓から読み取ることができる。

一八四二（天保一三）年の「規則」は、二五代兵左衛門が作成したものである。当代、高梨家は幕府御用醬油に指定され、天保の飢饉時における救恤から苗字帯刀を許されるなど社会的にはその地位を上昇させていきながら、経営的には停滞期・揺動期に入るという、不安定な状況にあった。これを受けてであろう、「規則」では、「家」を取り巻く関係者に対する救恤が明文化されるようになった。また、「農業之儀は本業」・「農閑醬油造」と位置づけを明らかにした点も大きな特徴である。特に醬油醸造業については、先祖とその子孫双方の努力によって「相続」されてきたものであるという自負が表れている。そしてこうした家業および家名を確固たるものとし、それを継続させていく重要性が説かれているのである。つまり、高梨家では、消費者に良質の商品を提供し、かつ村民救済という社会的事業を担う永続性のある「家」に基軸的価値が置かれていることを家訓から窺うことができる。

二五代によって加筆された一八四五（弘化二）年の「規則」には、二五代の隠居を控えてであろうか、「主人」の現実即応的な行動の重要性が再確認されており、「家」を取り巻く人間関係・社会経済的状況に対する責任意識の強まりも見ることができる。この家訓からも、「家」に基軸的価値が置かれ、「家」内外の人々に高梨家の社会的存在意義をさらに認識してもらうべく努めていた様子が窺えるのである。

高梨家における家訓は本章で取り上げた下書きを含む四種とされるが、明治期にも、二七代兵左衛門（一八四六〜八二）と高梨孝右衛門（一八五〇〜一九〇九）によって「本家丸山家合併規則」という家訓に近いものが作成されている。孝右衛門は二六代（一八二五〜八五）の次男で、二六代が病臥にある中で二七代が死去したことに伴い、一八八五（明治一八）年に、幼年であった二八代（一八七八〜一九六四）の後見人となった人物である。

この「合併規則」には、「一家盛大ニ相成候ヲ旨トシ、私欲ヲ捨、一身不顧奢驕ヲ省テ、家ニ利之増ヲ専一ト致スヘキ事」、「主人ハ家之要メニシテ、上ヲ尊ヒ下ヲ愍シ、少シクモ無私シ、家之盛成ヲ不願候而ハ不相務者也。依而其家之繁昌ト不繁昌トハ、但ニ主人平常之心得ニ有ル事ナレハ、寸モ不可慢ル、寸モ不可奢ル」[28]といった規定があり、明治に入っても「家」の重要性、そしてそれを司る「主人平常之心得」の意義に対する認識が、高梨家において引き継がれていたことがわかる。

また、二七代当代、「合併規則」とは別に、「醤油造之事」「醤油造心得之事」が作成されている。[29]ここには、「諸味元附値段」「醤油元値段」「仕込方」「元附方」「醤油出来方」などに関する「心得」が記されており、いわば醤油醸造のスキルに関する規則と言えるだろう。このことと、最初の家訓「條目之事」には醤油醸造過程における注意が記されていたのに対し、それ以降は記載がなくなったことに鑑みれば、家訓は、醤油醸造に関わっている者であるか否かを問わず「家」の全構成員が承知すべき「家」のあり方を規定したものと捉えられるようになっていった様子が窺える。

ただし「合併規則」は、いくつもの下書きや修正を経ながらも、完成を見ていない。幕末から明治にかけての高梨家は、官軍による武器収奪や、その騒擾をきっかけに二七代の従兄高梨銕造（一八四〇〜一九一一）が村預けになるなど、大きな社会変動によって現実的に「家」の存続が脅かされる危機に直面した時期であった。[30]それゆえ、「家」を維持する要諦を記すべき家訓の作成には苦闘の跡が見られるのであろう。

本章で言及したように、高梨家の家訓は、雛形に即したような一般的な家訓の要素と、固有の事情に基づく要素とが共存している。ただし、例えば一般的家訓において公儀尊重を第一条に据える傾向は、薬種屋・墨屋などいわゆる商家の家訓に多く見られるものであった。[31]近江屋仁三郎店の家訓もそうであったように、そうした商家の家訓は「「公儀尊重」が頻出順位第一位であるのに対し……町内・仲間に対する規範が家法においてはそれほど考慮されていないのが注目される」[32]のである。しかし、高梨家の家訓は、公儀尊重を第一に掲げながら、「家」外領域に対する規律も多く含んでいる。そこで農家の家訓に目を転じてみると、「農家の家長が子孫を対象に……郷村の家父長的立場から教戒の内容が「家」の範囲を超えて広く郷党の教化を意図したようなものも存在する」[33]。

つまり、高梨家の家訓には、商家的な傾向と農家的な傾向、その両方が見られると言っていい。これは、一方では、「農閑」の醤油醸造業に主軸を置きつつ、農業を必ずしも建前ではなく「本業」と見なしていたことに起因していると考えられる。他方、高梨家は、近江屋仁三郎店をはじめとする江戸の問屋、すなわち商家との結びつきが非常に強かったことにも理由があるのではないだろうか。その結びつきとは、商取引に限らない。例えば、二四代は江戸の近江屋仁三郎などへ、二五代も江戸の伊勢屋吉兵衛などへ娘を嫁がせており、商売上だけでなく「家」としても商家とのつながりが強かったのである[34]。

高梨家はのちに茂木家などと合同で野田醤油株式会社（現・キッコーマン）を設立するが、茂木家では「『往年不文の家法』や「先代の遺訓」が既に存在したが、「各家悉く絶対に之を遵奉したるには非ざりしが如し」[35]」だったとされ、近代に入ってから家憲が制定されている。また、銚子のヤマサ醤油では近世においていわゆる家訓は作成されなかったとされる。家訓の構成要素だけでなく、他の醤油醸造家と比較しても、高梨家の家訓が一般性だけでなく一定の固有性を持っていたことは明らかだと言えよう。

注

（1）入江宏『近世庶民家訓の研究―「家」の経営と教育―』多賀出版、一九九六年、八頁。

（2）安岡重明「商家における家憲の成立（試論）」同志社大学人文科学研究所『社会科学』二四号、一九七八年。

（3）家訓ないし家憲と経営動向との関連については、大石嘉一郎『近代日本における地主経営の展開』御茶の水書房、一九八五年。安岡重明・藤田貞一郎・石川健次郎編『近江商人の経営遺産』同文舘出版、一九九二年。足立政男『「シニセ」の経営』広池出版、一九九三年。林薫一『近世名古屋商人の研究』名古屋大学出版会、一九九四年。安岡重明・瀬岡誠・藤田貞一郎「経営理念の近世的特徴」安岡重明・天野雅敏編『日本経営史Ⅰ』東京大学出版会、一九九五年。宮本又郎『経営史1660～1882』ミネルヴァ書房、二〇〇九年。都築晶「地方資産家における資産管理」『社会経済史学』第四六巻一号、二〇一〇年六月などを参照。家訓と倫理観との関係については、竹中靖一『心学の経済思想』雄山閣、一九四二年。宮本又次『石門心学と商人意識』雄山閣、一九四二年。中村幸彦『日本思想体系59　近世町人思想』岩波書店、一九七五年。伊藤敏雄「近代における店則・家憲と店員の活動」中西聡・井奥成彦編著『近代日本の地方事業家―萬三商店小栗家と地域の工業化―』日本経済評論社、二〇一五年などを参照。

(4) 北島正元『江戸商業と伊勢店―木綿問屋長谷川家の経営を中心として―』吉川弘文館、一九六二年。中野卓『商家同族団の研究―暖簾をめぐる家研究―』未來社、一九六四年など。

(5) 宮本又次『近世商業組織の研究』有斐閣、一九三九年。同『近世商人意識の研究―家訓及店則と日本商人道―』有斐閣、一九四一年。同『近世商業経営の研究』大八州出版社、一九四八年。

(6) 前掲『近世庶民家訓の研究』四、五〇頁。

(7) 徽堂『渡世肝要記』(一八〇七)日本経済叢書刊行会編纂『通俗経済文庫』巻三、日本経済叢書刊行会、一九一六年、一二七頁。条項の配置は原文ママ。

(8) 「高梨家由緒書写」(高梨本家文書)。

(9) 一八三四(天保五午)年五月一三日、「御尋に付乍恐以書付奉申上候(高梨兵左衛門家業績書上)」(高梨本家文書5JGD59)。

(10) 市山盛雄編纂『野田醬油株式会社二十年史』野田醬油株式会社、一九四〇年、二八―二九頁。

(11) 前掲「御尋に付乍恐以書付奉申上候(高梨兵左衛門家業績書上)」。

(12) 一八一八(文化一五)年寅五月、「條目之事」巻子(高梨本家文書5AKL10)

(13) 前掲『近世庶民家訓の研究』三三頁。

(14) 川口浩、石井寿美世、ベティーナ・グラムリヒ＝オカ、劉群芸『日本経済思想史　江戸から昭和』勁草書房、二〇一五年、六頁。

(15) 一八二八（文政一二丑）年五月一五日、「乍恐書付御届奉申上候」（高梨本家文書5JGB1）。

(16) 前掲『野田醤油株式会社二十年史』三一頁。

(17) 同右『野田醤油株式会社二十年史』一二九、一三三頁。

(18) 一八三五（天保六未）年一一月九日、「窮民を厚く世話いたし為御褒美（孫子の代迄苗字御免仰付）」（高梨本家文書5JGD11）。

(19) 一八四二（天保一三）年癸卯年一一月、「規則（條目下書）」（高梨本家文書5AKL1–11）。一八四二年癸卯年一一月、「規則」（高梨本家文書5AKL1–51）。

(20) 前掲『野田醤油株式会社二十年史』二三頁、「年表」三－四頁。

(21) 海保青陵『稽古談』（一八一三）塚谷晃弘・蔵並省自校注『日本思想大系44　本多利明・海保青陵』岩波書店、一九七〇年、二八五頁。

(22) 二宮尊徳「三才報徳金毛録」佐々井信太郎編輯委員代表『二宮尊徳全集』第一巻、二宮尊徳偉業宣揚会、一九三二年、二二－三二頁。福住正兄「二宮翁夜話」同右第三六巻、一九三一年、七六九頁。

(23) 前掲『近世庶民家訓の研究』三三頁。

(24) 田中吉茂『吉茂遺訓』（一八七三）熊代幸雄・泉雅博・長倉保・稲葉光國『日本農書全集21』農山漁村文化協会、一九八一年、二二四頁。

(25) 一八四五（弘化二）年乙巳四月、「規則　高梨忠学相続人への遺言（家訓、法度定、隠居規則）」（高梨本家文書5JGB003）。

(26) 高梨本家文書5AJE1～48。

(27) 前掲『日本経済思想史』八〇頁。

(28) 明治期、「本家、丸山家合併規則　下書（両家合併規則、主人心得之規則他）」（高梨本家文書5AKL5–17）。

(29) 一八六六（慶応二）年寅六月、「醤油造之事　諸味元附値段　醤油元値段　心得之事（高梨忠周）」（高梨本家文書

5AKL6-21)。一八六九（明治二）年、「醤油造心得之事　仕込方　元附方　醤油出来方　売徳見積　バン塩遣方　蔵入用内訳　商売向用心之事（髙梨忠周）」（髙梨本家文書 5AKL7-22)。

(30) 一八六八（慶応四）年戊辰一月「日記」（髙梨本家文書 5AKA27)。

(31) 前掲『近世庶民家訓の研究』三二一－三三三頁。

(32) 同右、三五頁。

(33) 同右、三五七頁。

(34) 髙梨家略系図および第8章参照。

(35) 米村千代「家訓の現代的意味に関する社会学的考察」『東北学院大学経済学論集』第一七七号、東北学院大学学術研究会、二〇一一年一二月、四（四二二）頁。前掲『野田醤油株式会社二十年史』一二二－一二三頁。

第2章　近世における醤油生産と取引関係

石崎　亜美

はじめに

本章の課題は、近世における髙梨家の醤油生産と取引関係の様相を、江戸向け出荷醤油の商標の検討を通して明らかにしようとするものである。

ここで「商標」という記述を用いたが、現在の商標権につながる制度・法律が確立したのは、一八八四（明治一七）年の商標条例の制定、布達以降のことであり、醤油樽につけられていたマーク・銘柄は、史料の中では「印《しるし》」という言葉で記載されている。そのため、本章でも、このマーク・銘柄を「印」という言葉で表現する。

髙梨家は安永期（一七七二～八一年）頃に、江戸への醤油の販売を開始したと思われ、その後、一貫して江戸売りを中心に、販売量を増加させていく。その販売主体となった江戸売りの醤油を見ると、髙梨家は近世後期を通じて、年に一〇種類以上の印を出荷し、天保期（一八三〇～四四年）には一年間で六六種類の印を出荷していたことが判明した。

醤油醸造業史の先行研究で、その様子が明らかとなっているヤマサ醤油の印は、近世・近代を通じて基本的に「上《じよう》」、「次《なみ》」の二種類であり、時期によっては、この二種類に「ヤマ三」、「山西」、「富士上」印などを加え、数種類の印の醤油を出荷しており(1)、他の醸造家も同様の状況であったと見られる(2)。近世・近代を通じ、髙梨家と親戚筋である茂木家以外の業者では、ヤマサ醤油も含めてこれほど多くの銘柄をつくっていた醸造家はほかに見られない(3)。すなわち、印数の多さというものが、髙梨家・茂木家の醤油生産・販売の特徴の一つと言えるのではないかとの考えにより、印の検討を通して、髙梨家の醤油生産及び、江戸問屋との取引関係について明らかにしたい。

近世の商標・印に関しては、石川道子による、近世伊丹酒の類似酒の取り締まりと対策についての研究(4)、宇佐美英機の、近江国有川家が製造する生薬の商標・商号権の保護についての研究(5)が挙げられるが、醤油の商標を主題とする研究は、管見の限り見られない。醤油の商標について言及した研究には、鈴木ゆり子による、神奈川県溝口の上田家の研究(6)、渡邊嘉之による、千葉県柏の吉田家の研究(7)があり、印の問題を考えるにあたり示唆に富んでいるが、鈴木、渡邊ともに、研究の中心課題は印の問題とは別の点にある。

髙梨家・茂木家の多ブランド化について、キッコーマン株式会社の社史では、多数の印がつくられた背景を、出荷先の「江戸問屋の要望」と説明している(8)。しかし、なぜ問屋が多数の印を求めたのか、といった点や、個別の家の状況については詳しく記述されていない。また、近代の研究ではあるが、大島朋剛による、戦前期辰馬本家の、灘酒「白鹿」銘柄への統一過程についての研究の中で、商品の多ブランド化に関わる問題が扱われており、「辰馬本家が東京問屋筋へ清酒を卸す際にも」、「問屋ごとに異なった酒銘で出荷され、明治三〇年代当時その数は一五種類以上にのぼった」[9]という、高梨家の多ブランド化に似た様子の記述が見られる。しかし、大島の研究の主題は「灘の大規模酒造家にみられた経営発展の仕組み」を明らかにすることであり、何故、問屋ごとに異なった酒銘で酒を出荷するのか、という疑問に対する答えは述べられていない。

そこで本章では、高梨家の多ブランド化の実態――各印の違いと多ブランド化の要因及び、高梨家において多ブランド化がどのような意味を持っていたのかについて検討を試みる。なお、本章で分析の対象とする印は、高梨家の販売主体が一貫して江戸売りであったことから江戸向けの印とした。

第1節　高梨家の醤油販売

(1) 江戸売りと地売り

高梨兵左衛門家は、近世において下総国上花輪村の名主を代々務めた。史料が残存していないため、詳しいことは判明しないが、醤油醸造業の開始は、一六六一(寛文元)年と伝えられ、当初は自家用・近隣への販売のための農間の副業であったと考えられる。そして安永期(一七七二～八一年)の頃に、高梨家は江戸への醤油販売を開始したと見られる[10]。高梨家、ヤマサ醤油ともに、醤油販売の帳簿の記載は、江戸を販売先とする江戸売りと、江戸以外を売り先とする地売りの二項に大きく分類されている。

高梨家の江戸売りと地売りについてであるが、高梨家が醤油醸造を始めたと伝えられる一六六一年から、江戸への販売の数量が史料上確認できる一七七六年までの史料は残存しておらず、野田周辺へ販売を行っていたことが推測されるが、その実態は判然としない。高梨家の販売樽数の変化は、醤油の送り先・印・樽数[11](地売りは金額も)を記した「醤油送分帳」から見ることができる。この「送分帳」により、一八〇〇(寛政一二)年から一八七三(明治六)

図 2-1　各年高梨家販路別出荷樽数の変化

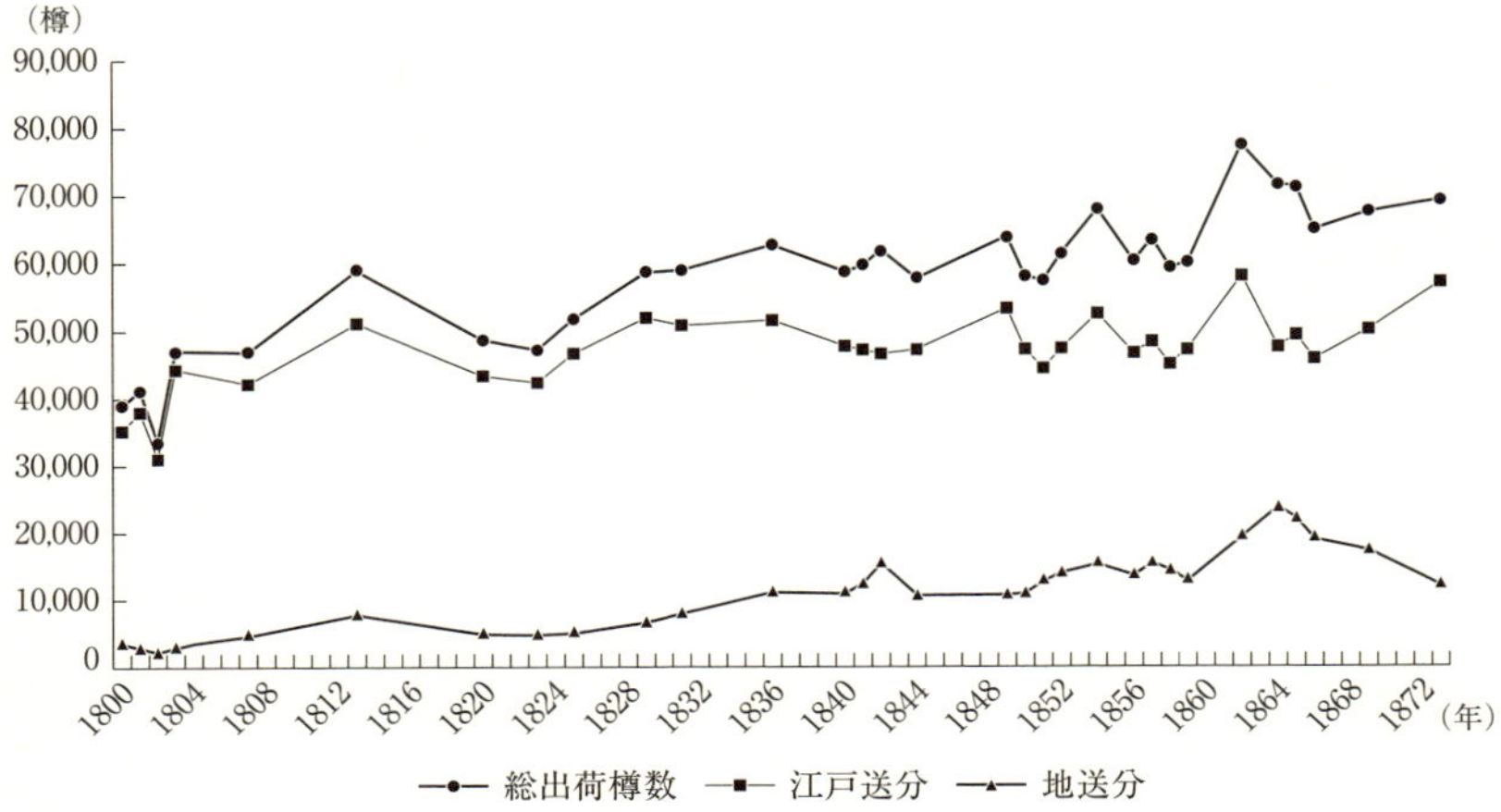

（出所）各年「醤油送分帳」（高梨本家文書）より作成。

年までの、高梨家の販路別の出荷樽数の変化を示したものが、図2－1である。

図2－1を見ると、この時期、高梨家の販売先は一貫して江戸が主である。そして、江戸売り、地売りともに徐々に販売量を増やしている。一方、ヤマサ醤油は、文化期（一八〇四～一八年）は江戸売りが主であったが、文政期（一八一八～三〇年）から地売りが増加する一方、江戸売りが減少していき、全体の販売量は三万樽前後で変わらないものの、一八三五（天保六）年に江戸売りと地売りが逆転した。その後、明治初年に再び江戸売りが主体となるまで、江戸売りは一万樽を切り停滞する。[12] 文政期よりヤマサ醤油が江戸市場から後退し、地売りを増加させた要因としては、江戸売りの不振、価格の低迷が挙げられており、さらにその要因は、関東一帯での醤油醸造業の拡大に伴う供給過剰、醸造家間の競合が一因となった問屋仲間の統制力の低下、幕府の価格統制とされている。[13]

高梨家の江戸売りと地売りを合わせた総出荷樽数は、一八〇〇年時点で、約三万九〇〇〇樽、そのうち江戸売りは約三万五〇〇〇樽であり、ヤマサ醤油の、一八〇五年の総出荷樽数約二万三〇〇〇樽、江戸売り約一万七〇〇〇樽[14]をすでに上回っている。そして、文化・文政期の髙梨家の総出荷樽数は五万～六万樽、江戸売りは四万～五万樽で推移している。天保期（一八三〇～四四年）以降は、総出荷樽数が六万樽前後、江戸売りは五万樽前後で推移している。地売りは一八〇〇年の時点で、三四〇〇樽足らずであったが、その後徐々に出荷を増加させ、四〇年代前半には、一万樽を超える。幕末の一八六〇年代には、地売りの伸びもあり、総出荷樽数が七万樽を超える年も見られた。

髙梨家では、ヤマサ醬油のように、江戸売りが減少した分、地売りが増加するといった傾向は、一八四二年頃以外見られない。逆に江戸売りが増加した一方、地売りが減少するということも、幕末から明治初期以外では見られない。髙梨家では、江戸売り・地売りどちらかの販売不振をどちらかで補う、ということはなく、一貫して江戸での販売に重きを置き、またそのことが可能であった。

(2) 江戸問屋との取引

近世期、醸造家は江戸の問屋に向けて、定期的にある程度まとまった樽数の醬油を送荷していた。はっきりとはわからないが、問屋側から事前に注文があった、あるいは醸造家と問屋による話し合いが行われたと推測される[15]。

近世期の醬油の輸送は高瀬舟による舟運であった。ヤマサ醬油の場合は、銚子から江戸への房総沖をたどる最短航路が、潮の流れが複雑で危険の多い航路のため、銚子から利根川を、江戸川との分岐点である関宿まで遡り、そこから江戸川を下り日本橋周辺の問屋へと商品を運んだ。荷揚げの利便のため、江戸の醬油問屋の多くは、日本橋の河川周辺の町に店を構えていた。銚子から日本橋までは、関宿までが上りであったため、一〇日から二〇日ほどかかったと言う[16]。一方、江戸に向かって、髙梨家は今上から江戸川の下りであったため、朝、今上の江戸川の河岸を出発すれば、早いときには夕方に日本橋の小網町に着くことができた[17]。この距離による日数の違いは、江戸売りにおいて後発の、髙梨家をはじめとする野田組が、江戸市場において販売量を伸ばした要因の一つである[18]。江戸で品薄の状態になれば、野田は直ちに出荷量を増やして対応することが可能であり、銚子から醤油が届いたときには野田の商品によって市場は満たされている、という状態であったからである。また、距離の違いは、荒天や川止めの影響にも違いを生じ、納期までに約束の数量を届けられることが多かった野田に有利であった。運賃の差も、幕府の物価抑制策の際には上乗せすることが難しく、ヤマサ醤油の江戸市場からの後退の一因となった。

江戸での醤油販売は、販売額の一定割合の手数料を問屋に支払って商品の販売を委託する、委託販売方式であった。その場合、売れ残りのリスクは醸造家が負うことになるが、高梨家と異なり、ヤマサ醤油の場合、問屋からの返品は見られない。一方、高梨家では「戻り醤油」——商品の返品が見られる。高梨家の「送分帳」を見ると、返品数は年によって数十から数百樽と差があるが、特に、一八〇〇年代と明治以降は、戻り樽が一〇〇〇樽を超えている。[19]

そして、問屋は受け取った醤油を販売し、年に二回、醸造家に支払う代金の算出を行い、債権・債務を決済する「仕切り」を行った。この仕切りでは、半年間に送られてきた樽数に、単一の仕切り値段を掛け合わせ、その金額を半年間の問屋の販売額としていた。この販売額は、実際に店頭で売られた価格の合計ではなく、価格の決定権は問屋が握っていたことになる。また、問屋は見詰金と称する内金を、ヤマサ醤油の場合、文政期（一八一八〜三〇年）には年に二回、醸造家に送付していた。[20]一方、高梨家の場合、問屋からの内金は、半年のうちに二〜四回渡されている。[21]

商品の値段は、問屋と醸造家の交渉によって決められたが、前述したように、最終的な価格の決定権は問屋側が握っていたため、「低い仕切り値段」を問屋によって「押し付けられる」ことが、醸造家側の問屋に対する不満になっていた。また、享保期（一七一六〜三六年）以降、問屋は口銭を引き揚げ、新たな諸経費の項目を追加するなど、問屋側に有利となる条件を追加し、醸造家と取引を行っていた。[22]このような事態に対抗するため、醸造家は地域ごとに結成された造醤油仲間を基に団結した。[23]このような江戸の醤油問屋と醸造元の関係は、近代期以降も継続していったとされる。[24]

図 2-2　各年高梨家江戸出荷印数・取引人数の推移

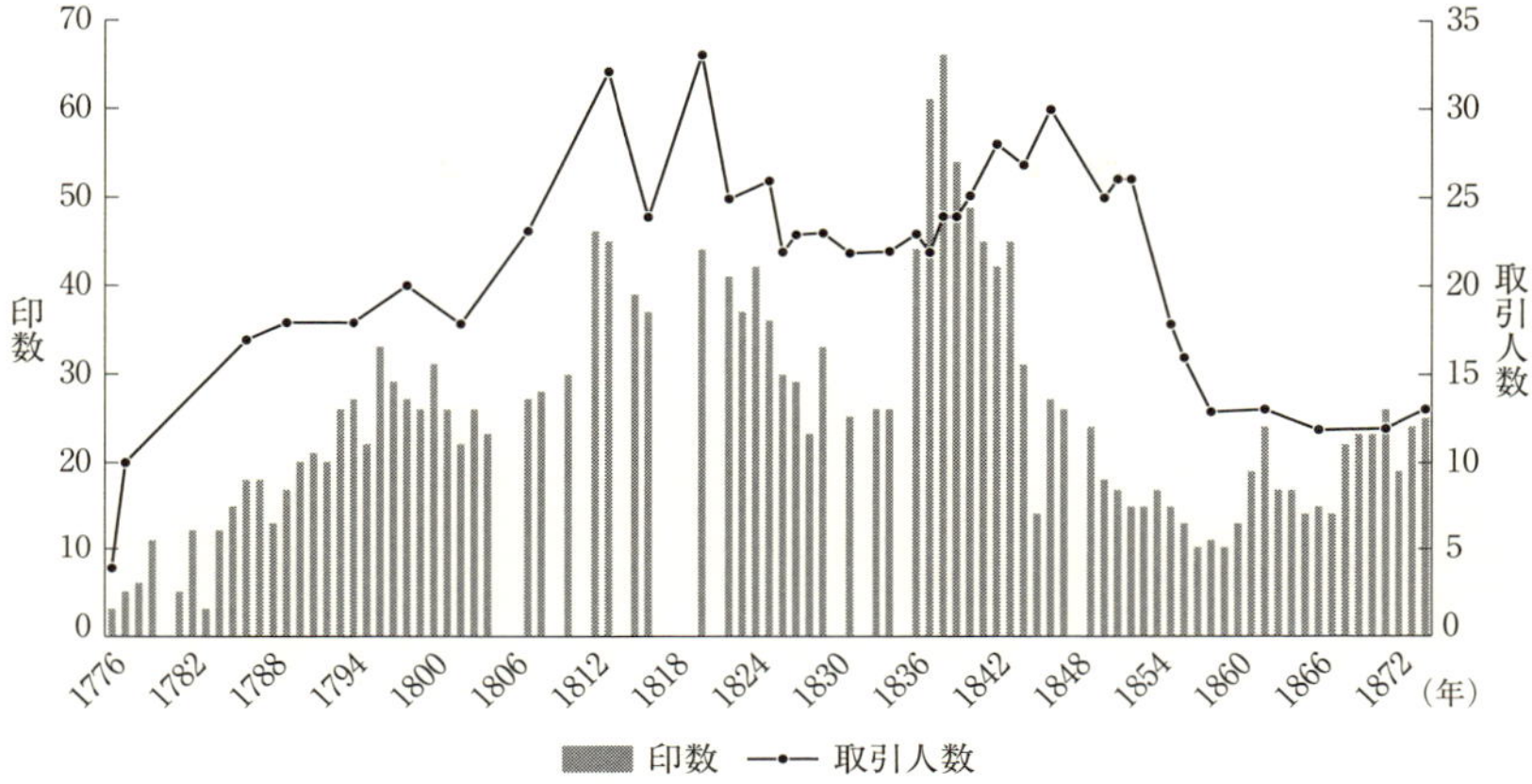

（出所）1776・77 年は「萬覚帳」（高梨本家文書）、1794～1840 年は各年「醬油積入改控帳」（高梨本家文書）より、その他の年は各年「送分帳」（高梨本家文書）より作成。

次に、高梨家と取引を行っていた江戸問屋と、問屋への出荷樽数の変化を、高梨家「送分帳」によって見るに、まず目につくのは、時期を通じた取引人数の多さである（図2－2参照）。高梨家では、近世後期を通じて、一〇軒以上の問屋に出荷を行い、一八一三（文化一〇）年には三二軒の問屋と取引を行っている。一方、ヤマサ醤油の出荷先は、最大でも一〇軒余りであり、幕末に向かうに従いさらに減少し、一八六六（慶応二）年の時点では二軒と、高梨家と大きく異なっている。[25]

出荷量の多い問屋についてであるが、一七八六（天明六）年頃から一八二五（文政八）年頃までは、内田平兵衛が出荷樽数の一番多い問屋である。しかし、内田平兵衛への出荷樽数は、全体の二〇～二五％ほどであり、ヤマサ醤油が、最多出荷先である廣屋吉右衛門へ、時期を通して五割以上出荷していたのとは異なっている。この廣屋吉右衛門家は、初代儀兵衛の兄が興した家であり、一七七〇（明和七）年の大福帳上に、江戸店（小網町店）の口座に代わって記載されている。廣屋吉右衛門家は、いつ頃からはわからないが、ヤマサ醤油の出店である小網町店を支配し、一七七〇年頃に問屋として独立したと見られる。[26]

そして、一八三九（天保一〇）年に、高梨家の最多出荷先は高崎屋長右衛門となっている。高崎屋は、一八二五年に出荷量が第二位であった山本清太郎の株を、二七年に譲り受け、江戸醤油問屋仲間に加入した問屋である[27]（本書第8章を参照）。創業は延享期（一七四四〜四七年）頃と考えられ、酒の販売を中心としていた[28]（本書第10章を参照）。一七八六年頃から一八二五年頃まで、取引量の上位に現れている山本清兵衛、山本新蔵、山本清太郎は同じ系譜の店であり、長く高梨家と取引が続いた問屋である（本書第8章を参照）。問屋株帳で、山本屋清太郎の住所は「小網町三丁目兵左衛門店」となっており、店主は「下総国上花輪村住宅」と記載されている[29]。山本屋に対して、高梨家が資金を融通するなど、山本屋は、その株を引き継いだ高崎屋とともに、高梨家と関わりの強い問屋であった。そして、一八三九年頃から取引量の上位に現れる近江屋仁三郎は、一八一三（文化一〇）年から高梨家の取引先に見られる問屋である。この近江屋の経営を任された平兵衛は仁三郎と改名し、二四代高梨兵左衛門の娘を妻に迎え（本書巻頭高梨家略系図を参照）、それに伴い高梨家の影響力が強まったと考えられる（本書第8章を参照）。

第2節　高梨家の印

（1）高梨家の印数の推移

印数の多さが特徴である高梨家であるが、時期により、その数には変化があった。印数の変化と取引人数の変化を示した図2－2を見ると、江戸売りの数量が確認できる一七七六（安永五）年以後、印数は一八一二（文化九）年・一三年の四〇種類以上まで、増減はありながら増加していく。その後一時減少し、一八二〇（文政三）年に再び四〇種類を超えた後、二〇年代後半〜三〇年代初頭に二〇〜三〇種類に減少する。一八三六（天保七）年になると、印数は急増し、三八年には六六種類を数え、ピークを迎える。その後、幕末に向かって印数は減少し、一八五七（安政

図 2-3　各年高梨家の江戸向け印別出荷樽数の変化

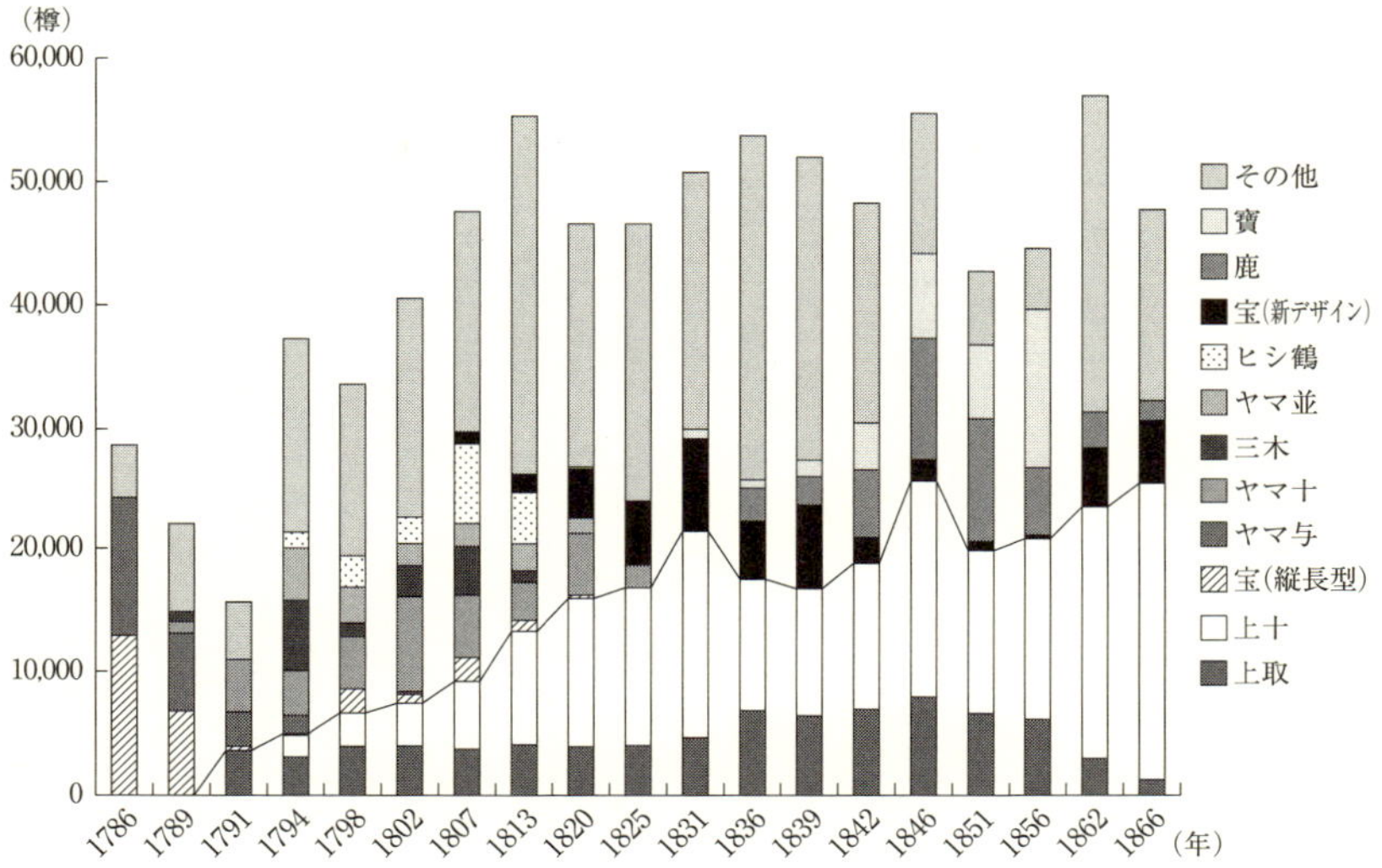

(出所)「醤油送分帳」天明5～7年、寛政1年、寛政3年、天保13年、弘化3年、嘉永4年、安政3年、文久2年、慶応2年版（高梨本家文書）;「醤油積入改控帳」寛政6年、寛政10年、享和2年、文化4年、文化10年、文政3年、文政8年、天保2年、天保7年、天保10年版（高梨本家文書）より作成。

(注) 天明6年・寛政1年は史料の一部の欠落の可能性、寛政3年は記載されていない樽数・問屋等が存在する可能性があるが、大まかな傾向を把握するため、記載。
区分線は、下側が上級品、上側が中下級品であることを示した。

四)・五九年は一〇種類となる。その後、印数は十数種類に増加し、幕末～明治初年は二〇種類前後に落ち着いている。

江戸売りの数量が最初に確認できる一七七六年の高梨家の印は宝（以下、〈宝〉）・刀（以下、〈カネカ〉）・高（以下、〈ヤマ高〉）の三種類であり、廣屋吉右衛門・山本清兵衛・坂部屋半左衛門・岡村六郎兵衛の四軒に送られている[30]。そして、翌年の印数は五種類であるが、取引問屋は一〇軒に急増している。その後、印数の増加に伴って、取引問屋の数も増加していき、一八三六～四二年の印数の急増時期以外、印数の増減と取引問屋の数の増減は、ほぼパラレルな動きを見せている。

(2) 高梨家の主な印

高梨家の印には、数年で見られなくなる印から、長く使用される印まで、さまざまなものがあり、一軒の問屋につき、一種類から複数種類の印を扱っていた。

　出荷量の多い高梨家の印は、図2－3に示したごとくである。これを見ると、一七八六（天明六）年と八九（寛政元）年は、江戸出荷開始時の印であった〈宝〉印、そして（以下、〈ヤマ与〉）印が上位を占めており、この二印はそれぞれ一〇軒を超える問屋に出荷されている。

　一七九一年になると、この二印に代わって（以下、〈ヤマ十〉）印と（以下、〈上取〉）印が上位を占める。〈ヤマ十〉印は一七八九年から見られる印で、一八二〇年代まで使用されている。一八二五（文政八）年までは出荷量の上位に入り、扱う問屋の数も七～九軒と多い方であって、この時期の高梨家の定番商品であったと考えられる。また、仕切状から、〈ヤマ十〉印は比較的低価格の印であったことがわかる[31]。一方、〈上取〉印は、（以下、〈上十〉）印とともに、他の印とは別の蔵で生産される高品質の醤油であり、一七九〇年から見られ、明治期に入っても出荷されている。一七九一～一八六二（文久二）年まで、常に出荷量の上位に現れ、値段も高価格であることから[32]、高梨家の主力商品であったことがわかる。しかし〈上取〉印の出荷先は、江戸問屋では内田平兵衛のみと言ってよい[33]。一八六六（慶応二）年に内田平兵衛との取引が見られなくなると、〈上取〉印は近江屋仁三郎に出荷され、その出荷樽数が減少している。なお、内田平兵衛との取引が見られなくなるのは、一八六五（元治二）年に内田平兵衛が店を閉めているからである[34]。

　一七九八年から出荷量の上位に見られるようになる〈上十〉印は、一八一四（文化一一）年の時点ですでに高価格の印となっており[35]、その後も高梨家の印の中で常に最高値を保っていく、高梨家のトップブランドである。この〈上十〉印は、幕府によって「最上醤油」を名乗ることを許された。高梨家では、近世期、本蔵と出蔵という二つの蔵で、醤油の醸造を行い、出蔵は、高品質の〈上十〉印と〈上取〉印を生産する蔵であった。〈上取〉印も〈上十〉印と同じ価格帯にあり、同品質の製品と見られる。また、近代（明治後期）の話ではあるが、〈上十〉印は、品質の目安となる製造の際の垂歩合が最少であり、他の印と大きく異なっている。[36] 出荷が開始されたのは、一七九一年と見られる。一八一三年以降は常に出荷樽数が最多であり、一三〜五一（嘉永四）年までは二〇軒近くに出荷し、広く問屋に売られた印でもある。なお、幕末においては全体の取引先が減少したため、〈上十〉印の出荷先も減少している。

以上の印のほかに、文化期（一八〇四〜一八）までは（以下、〈三木〉）印、（以下、〈ヤマ並〉）印、（以下、〈ヒシ鶴〉）印が出荷数の上位に位置し、髙梨家の主要な印であった。

一八二〇（文政三）年になると、出荷量の上位に再び〈宝〉印が見られるようになる。しかし、この〈宝〉印は、一七八六（天明六）年や八九（寛政元）年に見られる〈宝〉印とは微妙にデザインが異なっている。文字自体が同じため、書き方によっては見分けが難しいが、一八〇七年の「醬油積入控改帳」（江戸売りの印・問屋・樽数・野田の河岸出発日を記載）を見ると、萬屋宗八の口に〈宝〉印（縦長型）と（以下、〈宝〉《べたたから》）印（新デザイン）の両方の集計が記載されている。[37] 両印の価格を比較してみると、一八一〇年の盆前分の萬屋宗八からの仕切状で、[38]〈宝〉印（縦長型）が四・八四匁、〈宝〉印（新デザイン）が八・二二匁となっており、同じ〈宝〉印でも、異なる印であることがわかる。新しいデザインの〈宝〉印が見られるのは、この一八〇七年からであり、両印の併存が確認できるのは、二九年までである。その後は新デザインの〈宝〉印が残り、明治に入っても出荷されている。

しかし、一八〇七年に見られる〈宝〉（縦長型）の印が、一七八六・八九年の〈宝〉印の醬油と同じものであるとは言い切れない。一八〇七年から見られる〈宝〉（縦長型）印は同年に新しくつくられた下級品で、一七八六・八九年の〈宝〉印が一八〇七年からデザインを変えて売り出された可能性もあり、その詳しい検討は今後の課題である。

一八三〇年代になると、販売数と出荷先の多い印として、（以下、〈寶〉《たちたから》）印が現れ、この時期の定番商品となった。〈寶〉印は一八二八年から見られ、出荷されない年もあるが、明治初年にも出荷されている。一八三六（天保七）年からは、住吉屋利三郎にのみ出荷されている（以下、〈鹿〉）印が出荷量の上位に見られ、図2-3には記載

図 2-4　1844（天保 15）年盆前　江戸売り醤油価格の分布

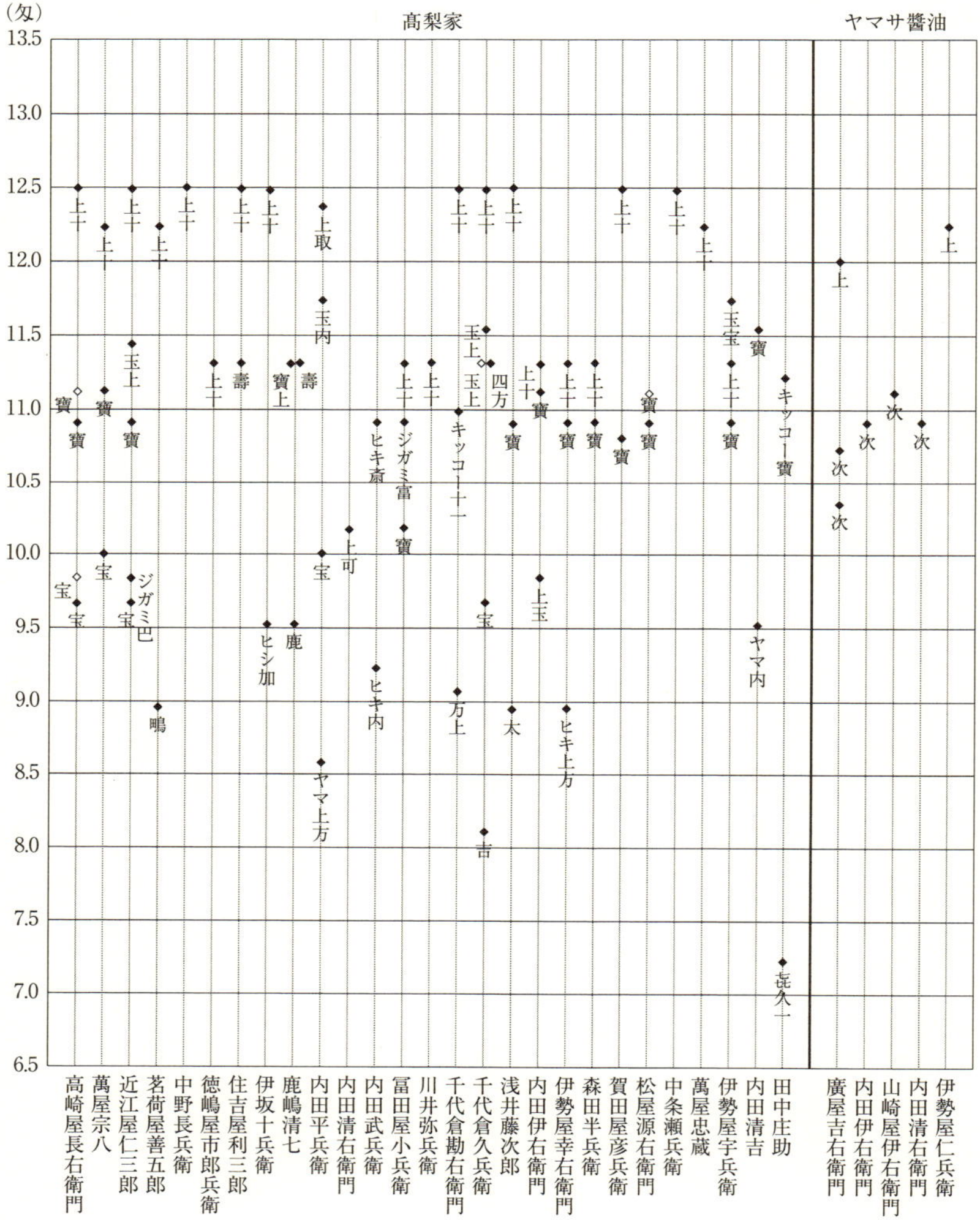

（出所）各問屋「仕切状」（高梨本家文書）；「（大福帳）」（ヤマサ醤油（株）所蔵 A128）より作成。

（注）1．図下部の人名は問屋名。

2．◇の印の値は、盆前の期間の中で、同じ問屋に出荷された同じ印のうち、後の時期に出荷した分の値段。

していないが、三九年には同じく住吉屋にのみ出荷の壽（以下、〈壽〉）印の販売が伸びている。その後、この二印は、一八四四年には鹿嶋清七専有の印となっており（しかし、住吉屋と高梨家の取引は五一年まで確認できる）、出荷量の上位に位置している。

一八四二〜五六（安政三）年まで、高梨家の醤油販売は、〈上十〉印・〈上取〉印・〈寶〉印・〈鹿〉印・〈壽〉印が主力商品であった。なお、図2−4を見ると、この時期、価格の面から、〈上十〉印・〈上取〉印は上級品、〈寶〉印と〈壽〉印は中級品、〈鹿〉印の醤油は廉価な醤油であったことがわかる。

幕末の一八六二（文久二）年になると、図2−3には記載していないが、新たに寶（以下、〈キッコー寶〉）印が出荷量の上位に見られる。一八六六（慶応二）年からは、新しく翁（以下、〈フンドウ翁〉）印が見られ、幕末期以降「フンドウ型」を使用したデザインの印が多く出荷されていくようになる。

（3）醤油の価格

高梨家の多ブランド化を考える上で、印数の多い天保期の事例を基に、醤油の価格について見ておきたい。図2−4は、一八四四（天保一五）年の盆前の高梨家の印の一樽当たりの価格と、ヤマサ醤油の印の一樽当たりの価格を比較したものである。高梨家の印の価格は高梨本家文書の仕切状より、ヤマサ醤油の印の価格は大福帳より判明した分を記載した。図2−4下部の人名は問屋名であり、同一縦線上の印は、半年間のうちに同じ問屋に出荷された印であることを示している。また、同じ半年間のうちでも、同一の印が期間、樽数により、二回以上販売額を変えて仕切りを行っている場合がある。図2−4で、高崎屋に出荷された〈寶〉印は、五八五樽分は一樽一〇・九一匁で、五樽分は、一樽一一・一一匁で仕切りが行われている。高梨家、ヤマサ醤油各印の価格は、合計販売額を銀に換算し、樽数で割って算出した[39]。金貨と銀貨の換算比率については、管見の限り、天明期（一七八一〜八九年）から幕末まで、仕

図2–5　1844年　高梨家印別江戸向け販売樽数

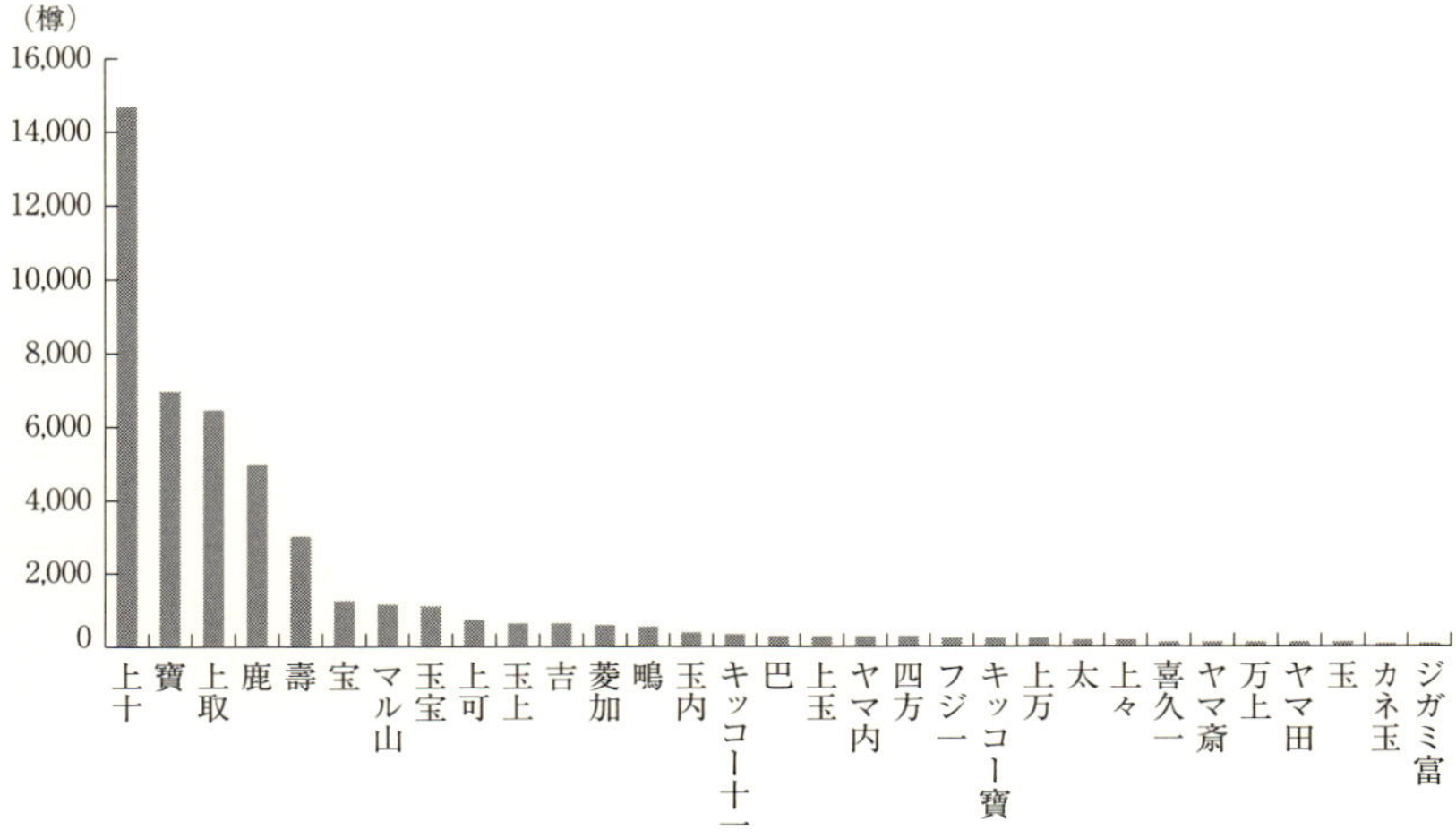

（出所）天保15年「醬油送分帳」（高梨本家文書5AAA100）より作成。

切りにおいて金一両が銀六〇匁ですべて計算されている。また、印ごとに「五樽かへ」「六樽弐分かへ」という、一両で何樽買えるかを示した記述が仕切状に見られ、これは近世の醤油の一般的な価格の表示方式であった。

図2－4を見ると、一八四四年の盆前の高梨家の醤油価格は六・五～一三・五匁である。高梨家の醤油は、一二～一二・五匁、一一匁前後、一〇匁前後、それ以下の価格帯に分かれている。〈上十〉印は問屋によっては値下げをしての販売（一一・三二匁での販売）も見られるが、一二・五匁での販売が多く、高価格の商品である。ヤマサ醤油の「上」も、一二～一二・五匁での販売であり、高梨家の「上十」と同じく高価格の商品である。そして、一〇・五～一一匁余りのヤマサの次醤油に対する高梨家の定番商品は、一一匁前後の〈寶〉印となっている。高梨家の主力商品の一つである〈宝〉印は〈寶〉印の下の九・五～一〇・五匁の価格帯に位置している。図2－4から、高梨家ではヤマサ醤油が生産していない低廉な醤油も販売し、江戸問屋との取引を行っていたことがわかる。また、各年送分帳及び仕切状から、一八四四年以外の年も、価格帯は三～五段階に分かれ、高梨家はヤマサ醤

油より低価格の印も多数販売していたことが明らかとなった。

次に、高梨家の一八四四年の各印の販売樽数を示したのが図2－5である。一八四四年の〈上十〉印の販売樽数は一万四七〇九樽であり、全体の約三割を占める。同じく高価格の〈上取〉印の販売樽数は六五〇一樽であり、〈上十〉印と合わせて江戸向け販売樽数全体の約四六％を、高価格の商品が占めていた。ヤマサ醤油の、一八四四年の上醤油の江戸向け販売樽数は四三五二樽、次醤油は二三三四樽であり、ヤマサ醤油も高価格の醤油の販売樽数が六五％と高比率であった。江戸売りと地売りを合わせての数値ではあるが、ヤマサ醤油は一七八九（寛政元）年時点で「次」が全体の販売樽数の八割以上を占めていた。しかし、その後「上」の増加が著しく、「上」と「次」の割合は半々となり、天保後期以降は、さらに「上」の割合が増していく[40]。この点について篠田壽夫は、江戸周辺に増加した低価格の醤油販売業者に、ヤマサ醤油は品質の高さを武器として対抗し、江戸売りが不振となった一八二〇年代から幕末まで、量的には後退しても「上」製品を主体に利潤を確保しようとした、としている[41]。高梨家の場合も、図2－3より徐々に高品質の〈上十〉印・〈上取〉印の出荷が増加していくことがわかり、ヤマサ醤油と同様の方針をとっていったことがわかる。また、高梨家の印数が一八四〇年代前半に急増したことも、天保期（三〇～四四年）に、低価格の醤油醸造業者が増加したことと関連があるのではないかと考えられる。

第3節　御用醤油と高梨家のブランド力

(1)〈上十〉印の名の広がり

前述のように、近世の高梨家は多数の印をもって、醤油の販売を行っていた。このような印――商標がいつ頃から商品に添付されるようになったかは明確でない。史料上確認できる最も古い商標は、一七三三（享保一八）年に出版された『江戸名物鹿子』[42]に見られる鍵屋の花火の「眉間尺」である。花咲一男は、商標の起源は「不特定の客に販売したり、行商人によって手渡しに販売される製品には、製作者・販売者は自己の製品の優秀さを認めてもらい、その優れていることを他の人に認めてもらう媒体とするためにも、その製品になんらかの印をつける必要を感じた」ことにあるとしている。[43]つまり、商標―印は数ある商品の中で、自己の商品を他者（社）の商品と差別化し、その品質を保証するものであると言える。逆に言えば、商品数が少なく、品質に大差がない状態では消費者の選択肢は限られており、商標をつけて、ことさら自己の製品をアピールする必要はなかったと言える。すなわち、享保期頃から商標が見られるようになったのも、一七世紀の生産力の向上や流通機構の整備に伴い、同一種類の商品が、多数の生産者の手で、より多くつくられるようになり、さらに、多くの人々がその商品を手に取れるようになったことによると考えられる。

そして、近世の醬油商品の流れは、基本的に醸造家→問屋→仲買・小売店→消費者であったと考えられ、江戸市場に流通する高梨家の醬油は、まず江戸問屋に出荷された。一部は御用醬油として、高梨家から直接、江戸城に一年間で数十樽が献上された。[44]震災及び戦災で江戸問屋の史料が消失し、江戸問屋から先の流通ルートを明らかにすることは難しいが、問屋からは小売店、飲食店、大名旗本の屋敷に樽単位で販売されたと考えられる。個人消費者への販売は、問屋・小売店において、酒の事例[45]のように店頭での升売り（量り売り）であったと見られる。高梨家の醬油は幕府に献上された〈上十〉印以外の印も、市場全体から見れば高品質・高価格の醬油であった。[46]そのため、高梨家の醬油は大名・旗本屋敷や当時の江戸の町で発達していた外食産業―高級料亭などで使用されたものと推測される。

それでは、多数の醬油が流通していたと見られる江戸の町で、人々は高梨家及び高梨家の印をどれほど認識していたのだろうか。一八二四（文政七）年に出版された『江戸買物独案内』[47]には、醬油に関して当時の醬油酢問屋七二軒の名前が一覧になっているのみで、醬油の印に関する情報は得られない。一方、キッコーマン株式会社の社史には以下のような記述が見られる。

野田の造家で最初にしょうゆの宣伝活動を行ったのは、髙梨兵左衛門であったとされている。野田とその周辺には親鸞聖人ゆかりの寺が多く、文化期（一八〇四～一八一八年）に入ると江戸から親鸞聖人足跡巡りの参詣者が多数集まるようになり、二四代髙梨兵左衛門は「上十丸」と名付けた舟を仕立て、これら参詣者を江戸まで送るサービスを始めた。これが髙梨家の「ジョウジュウ」印の知名度を、江戸市民の間に高めることになったといわれている。(48)

現代のようにマスメディアが発達していない時代において、髙梨家をはじめとする野田の醸造家は、近世期に流行した寺社参詣を利用し、自己の名前と印を人々に宣伝した。〈上十〉印がはじめて生産されたのは前述のように一七九一（寛政三）年のことであり、その七年後の九八年からは髙梨家の出荷樽数順位の上位に見られるようになる（図2‐3）。〈上十〉印は一八一三年から常に髙梨家の出荷樽数順位の首位に位置し、〈上十〉印の出荷の伸びの背景には、上記のような宣伝効果もあったと思われる。社史の記述の元となった史料の所在が不明のため、はっきりとはわからないが、文化・文政期（一八〇四～三〇年）より、〈上十〉印は髙梨家の醤油である、という認識が江戸の人々の間に広まっていったと見られる。

(2) 江戸城本丸・西丸台所への醤油献上

さらに、髙梨家の〈上十〉印は幕府によってその品質が保証された。一八二九（文政一二）年、〈上十〉印は江戸城本丸と西丸への納入を許される「幕府御両丸御用」醤油となった。髙梨家に残されている史料を見ると、まず、一八二八（文政一一）年一一月に代官と勘定奉行に宛てて、次のような願書が出されている。

文政十一子年十一月醬油初穂造無代上納
相願ニ付右願書之写(49)
乍恐以書附奉願上候
山田茂左衛門御代官所下総国葛飾上花輪村
名主兵左衛門奉申上候私儀数年来農業之間醬油造渡世仕
御府内は勿論外国々江も売捌相続仕偏ニ
御国恩之程冥加至極難有仕合ニ奉存候間恐入候
儀ニは御座候得共可相成御儀ニ御座候ハハ為冥加
御本丸御臺所江初造醬油三拾樽
西御丸御同所江弐拾樽宛年々無代御上納
仕度奉存候間何卒格別之以
御慈悲右願之通ニ仰付被下置候様奉願上候以上
山田茂左衛門御代官所
文政十一子年十一月　下総国葛飾郡上花輪村
名主　兵左衛門
年寄
差添人　弥五兵衛

御奉行所様

前書之通私儀是迠数年来醬油造渡世
仕候段偏
御国恩ト難有仕合ニ奉存候依而書面之通初造
醬油両
御丸江無代御上納仕度其段
御奉行所様江御願奉申上度奉存候間何卒以
御慈悲御差出被成下置候様此段幾重
御聞済之程偏ニ奉願上候以上

右

上花輪村

子十一月　　名主　兵左衛門

年寄　弥五兵衛

山田茂左衛門様

御役所

この史料から、代官である山田茂左衛門を通して勘定奉行[50]へ、本丸へ三〇樽、西丸へ二〇樽の醬油を無代で上納することを願い出ていることがわかる。[51]また、この写しである史料の元となったと見られる御奉行宛の願書には、文末に以下の記述が見られる。

御勘定
正田周平様ゟ御内意有之則直御下書被下置候ニ付
如斯願出し候

これを見ると、事前に勘定奉行所から上納の許しがあり、願書の下書きが送られていたことがわかる。髙梨家の醤油上納は、以前からの、何らかの幕府に対する働きかけによって可能となったと考えられる。髙梨節子は、髙梨家の醤油が幕府御用醤油に認められた要因として、髙梨家が、幕臣であった男谷燕斎や、上花輪村の代官と親しい関係にあったことを指摘している。二四代兵左衛門が死去した際の燕斎から二五代兵左衛門への書簡には「三十年来格別之御懇意」の記述が見られ、差出人と宛名には幼名が用いられている。また、髙梨家には燕斎書の「御本丸、西御丸御用醤油」旗の書き手本も残されている(52)。

「御用醤油関係書留め(53)」からは、その後、幕府により髙梨家の持高、家内人別、醤油造高が調べられていることがわかる。そして一八二九（文政一二）年五月に、次のように、上納の許可に対して承知する旨の請書が奉行所に対して提出されている。

文政十二丑年五月廿四日
村垣淡路守様御請書写(54)

差上申一札之事

私儀祖父代ゟ天明年中ゟ農業之間
醤油造相始メ一ヶ年冥加永百文ツツ支配
御代官江上納いたし来候処近年
手馴上醤油出来いたし下り醤油
同様ニて年々凡三千石程ツツ造込御府内
問屋江差出し売捌方も宜敷渡世
相成候間右為冥加壱ヶ年初穂上醤油
三拾樽ツツ無代上納仕度同断
西　御丸江も弐拾樽ツツ相納度奉願上
尤右上納ニ付外願筋等一切無御座尤
近年出来方も宜敷御座候間為
冥加上納之儀奉願候処追々御吟味之上
願之通被　仰渡難有承知奉畏候
尤上納方之儀は年々九月中迠ニ
追々手繰次第平川御春屋江可相納旨
被　仰渡奉畏候仍御受證文差上申処
如件

山田茂左衛門御代官所

下総国葛飾郡上花輪村
名主兵左衛門代
文政十二丑年五月廿四日　悴松太郎

御奉行所

前書被仰渡之趣之儀罷出一同
承知奉畏候依之奥書印形
奉差上候以上

差添人
年寄
弥五兵衛

そして、一八二九年九月二七日、上納醤油五〇樽を載せた舟が出発し、二日後の二九日、江戸城で消費される食糧を貯蔵する平川御春屋へ、五〇樽の醤油が納められた(55)。

その後、毎年江戸城へ高梨家の醤油は献上され、江戸の町で醤油業に携わる人々の間では、「高梨家の〈上十〉印は将軍家も使用する高品質の醤油」という認識が広まったと推測されよう。また、幕府の御用醤油に認定されたことにより、商品の輸送がスムーズに行えるというメリットもあった。江戸への輸送路である近世の江戸川は、大名諸侯の川遊びなどにより川止めが何日も続くことがあったが、高梨家は「御用」の幟を輸送舟に立てて、この川止めを通過することが可能であった。[56]

そして、幕末期の一八六四（元治元）年、高梨家の〈上十〉印は幕府により最上醤油に認定される。この時期、江戸における諸物価高騰に悩む幕府は物価引下げ命令を強行し、醤油もその対象となった。幕府は上物醤油に約三割の値下げを命じたが、いずれの醸造家にとっても、経営圧迫の大きな要因となるものであった。そこで、江戸に醤油を出荷している醸造家が協議し、幕府に対して「最上醤油」を認め、これを従来の極上の値段で売らせてほしいと陳情した。幕府は銘柄を厳選してこれを認め、〈上十〉印を含めた野田と銚子の七印を、最上醤油七印に認定した。[57]このように、高梨家の〈上十〉印は高梨家の名前とともに、幕府の権威によってもその品質の高さが江戸市中に広まっていったと考えられる。

(3)「見立番付」に見る高梨家の印

また、江戸の人々が、高梨家の醤油とその印をどのように認識していたかを窺うことができる史料に「見立番付」がある。「見立番付」は一八世紀末頃から作成されはじめた、一枚摺りの出版物であり、相撲や芝居の番付に見立て、社会のさまざまな現象をランクづけして楽しもうと作成された番付であった。摘発やクレームを回避するため、番付の情報源や版元は不明のものが多く、情報の信憑性に疑問が生じる場合もあるが、一つの価値判断を伴う情報伝達の方法であった。[58]格付けの基準は、格付けされる事物によって異なると見られ、醤油番付の基準もはっきりとはわからない。『キッコーマン株式会社八十年史』には、「江戸市場での売れ行き順位」とある。[59]

現存する醤油番付の中で最も古い年代と推定されているのは、一八三〇年代のものである。[60]この時期の番付を見ると、高梨家の〈上十〉印が、西の大関として番付の左側上段に記載されている。また、前頭として西側二段目に

「〈宝〉高梨兵左衛門」の記載が見られる。またヤマサ醤油は、「∧サ（以下、〈ヤマサ〉）廣屋儀兵衛」の記載が行司欄に見られる。番付表の中心の行司・頭取・世話人・差添・勧進元（本）は、価値判断をするにふさわしい人物の名や、誰もがそうであろうと認める事物が選ばれ、記載されているとされる(61)。行司での記載も、その印が高く評価されていることの表れであった。このように、一八三〇年代に高梨兵左衛門家及び廣屋儀兵衛家の名前とその印は高品質の醤油として江戸市中において認識されていたと考えられる。そのほかにも、「〔萬〕（以下、〈キッコー萬〉）茂木佐平治」など、野田の醸造家の印及び名前も見られる。番付表に記載されている他の醸造家の印の中には、◇鶴（以下、〈ヒシ鶴〉）印や∧・（以下、〈ヤマ点〉）印など、高梨家が出荷していた印も多く見られる。天保期（一八三〇〜四四年）には関東一帯で多数の醸造家による醤油生産が行われていたことが、この番付表から見てとれる。

さらに一八四〇年(62)、五三（嘉永六）年の番付表(63)、同じく嘉永期（四八〜五四年）の出版と推定される番付表(64)、六一（文久元）年出版の番付表に(65)、「〈上十〉高梨兵左衛門」、「〈宝〉高梨兵左衛門」、「〈寶〉高梨兵左衛門」、「〈ヤマサ〉廣屋儀兵衛」の記載が見られる。

これら醤油の見立番付表から、天保期頃より〈上十〉印、〈宝〉印、〈寶〉印は高梨兵左衛門家の醤油であるということ、またその製品が高品質及び売れ行きの良い商品であるという認識を、江戸の人々は持っていたと言えるであろう。

第4節　問屋の要望

（1）印と中味の対応関係

江戸で名の知れた〈上十〉、〈宝〉、〈寶〉印以外にも、高梨家はヤマサ醤油と異なり、近世後期を通じて年間一〇〜

六〇種類あまりの多数の印を江戸に出荷していたことは、前述の通りである。これら多数の印の違いのうち、本章第2節では印の価格差を明らかにし、各印は三~五段階ほどの価格帯に分かれることが判明した。一八四四（天保一五）年では、一二匁以上の〈上十〉印及び〈上取〉印のグループ、一一匁前後の〈寶〉印に代表されるグループ、九・五~一〇匁前後の〈宝〉印に代表されるグループ、そして九匁以下の印のグループに分けることができよう（図2-4）。すなわち、印の違いの第一は、価格―品質の差であったと考えられる。高梨家では、ヤマサ醤油が生産していない低価格帯の醤油もつくっており、その分、ヤマサ醤油より印数が多かったのである。

しかし同時に、異なる印であっても同じ値段のケースが見られる。一八一四（文化一一）年の盆後の価格では、（以下、〈カギ加〉）印と（以下、〈フジ加〉）印がともに五・二二匁である。[66] 一八二五（文政八）年の盆後では、同一の問屋―板屋与兵衛に出荷された〈カギ大〉印と（以下、〈フジ一〉）印が六・六七匁と同じ価格である。[67] この点については後述する。

それでは、価格に反映される品質の差は何によるものか。高梨家の醤油の品質の差は大きく分けて以下の三点によると考えられる。

一点目は原料である大豆・小麦・塩の質の違いである。近世の高梨家が扱った醤油原料については、まだ詳しく明らかにされていないが、高梨家において大豆は主に茨城県土浦周辺のものを、小麦は上州小麦・相州小麦を、塩は赤穂塩を使用していたと見られる。[68]

二点目は原料の混合割合の違いである。[69] 近世の醤油のつくりかたは、まず煮て蒸した大豆と、炒って臼で砕いた小麦を混ぜ、そこに種麹を植え付けて麹室に入れ、三昼夜ほど置いて麹をつくる（製麹）。この麹に塩水を加えたものを、諸味と言い、この諸味を桶に入れて攪拌し、仕込み蔵の中で一年ほどかけて熟成させた。そして、諸味から圧搾された生醤油に火入れを行い、商品とした。[70] 醤油生産では原料の比率、特に塩水の割合が品質に大きく影響し、大豆と小麦の分量に対して、塩水もしくは水を多くすれば、味は薄くなるが、より多くの醤油を絞ることができる。そのようにすれば品質は劣るが、価格を抑えた商品を販売することができたのである。逆に、塩水の割合の少ない諸味から絞られた醤油は、上等な醤油とされた。また、麹の代わりに、一度絞った諸味（醤油粕）を、もう一度塩水と混ぜて新しい諸味とし、これを絞ることによって作られる「番醤油」が、近世近代を通じて醤油醸造業では広く見られた。「番醤油」についての記述は髙梨家の帳簿にも見られ、廉価な醤油販売を行う醸造家では、二回絞られた諸味を、さらに塩水と混ぜて絞る「三番醤油」がつくられることもあった。

三点目は諸味の質の違いである。キッコーマン株式会社の社史では、髙梨・茂木一族の印数の多さと醤油製造に関して以下のように説明している。

当社には「一年諸味は香りよし、二年諸味は味よし、三年諸味は色よし」という言い伝えが残されている。一年間熟成させた諸味を搾ったしょうゆは香りがよく、二年の手間をかけたものは味がよく、三年になると色がよいという意味である。（中略）しょうゆの醸造期間は一般に一年から一年半といわれてきたが、一族の造家は二年物、三年物もつくっていたのである。これら熟成期間の異なる諸味のブレンド比率を変えることによって多彩な商品を開発することが可能であった。(71)

つまり、髙梨家の印の違いの一つは、諸味の熟成期間の違いであり、また、その熟成期間の異なる諸味をブレンドしてつくられた諸味の質の違いであったと考えられる。

髙梨家に残された、諸味の仕込み日と揚げ日を記録した「仕込帳」を見ると、仕込み期間が半年〜二年物・三年物の諸味が実際につくられていたことがわかる。多く見られる仕込み期間は、やはり、当時一般的と言われる一年〜一

表 2-1　野田の醸造家における諸味の混合割合の例

醸造者	三土用	二土用の諸味	一土用の諸味	合計
茂木七郎右衛門	5斗ないし1石	2石	5石ないし5石5斗	8石
	5斗ないし1石	1石ないし2石	6石ないし7石	8石
髙梨兵左衛門	1石	3石	4石	8石
茂木佐平治	1石	2石	5石	8石

（出所）『野田醤油株式会社三十五年史』野田醤油株式会社、1955年、468頁。

年半である。しかし、中には「卯（の年）六月一一日」に仕込んで同年「卯一一月四日」に揚げた半年仕込みの諸味や、「卯七月一日」に仕込んで翌々年「巳一一月二一日」に揚げた二年半仕込みの諸味も見られる。[72]この二年半ものの諸味の項には、「御上納」の記述があり、長期に仕込まれた諸味からつくられる醤油が、上等のものとされていた可能性が指摘できる。

また、近代の事例ではあるが、一九〇〇（明治三三）年に大蔵省主税局により作成された千葉県下の醤油業調査報告書に「野田にあっては一土用、二土用、三土用（乃至四土用）を経過した諸味を適宜の比例に混合して搾汁を行うを常とする」との記述が見られる。[73]その際ブレンドの実例として示されたのが表2－1である。髙梨家では八石分の諸味をつくるために、一対三対四の割合で、異なる熟成期間の諸味を混ぜていたのである。熟成した諸味は、諸味を絞る揚槽作業の前に諸味桶から汲み出され、待桶に移される。諸味の混合は、この待桶で行われていたのではないかと考えられる。しかし、髙梨家において、具体的にどの諸味がどれほどの割合で混合されるのか、どのような諸味から絞られた醤油がどの印になるのか、という史料は残念ながら見つかっておらず、現段階では判明していない。

以上のことから、髙梨家では、原料の違い、原料の混合割合の違い、そして諸味の熟成期間とそのブレンド割合によって、さまざまな品質の醤油を生産し、多数の印をつくっていたのである。しかし、原料と諸味のブレンドの違いのみによって、六〇種類以上もの品質―味の違う醤油が生産されるのだろうか。

髙梨家の印とその販売先を見るために用いた「送分帳」には、髙梨家の醤油の江戸への

図 2–6　1844 年 1 月　髙梨家本蔵江戸向け出荷印と樽数の集計

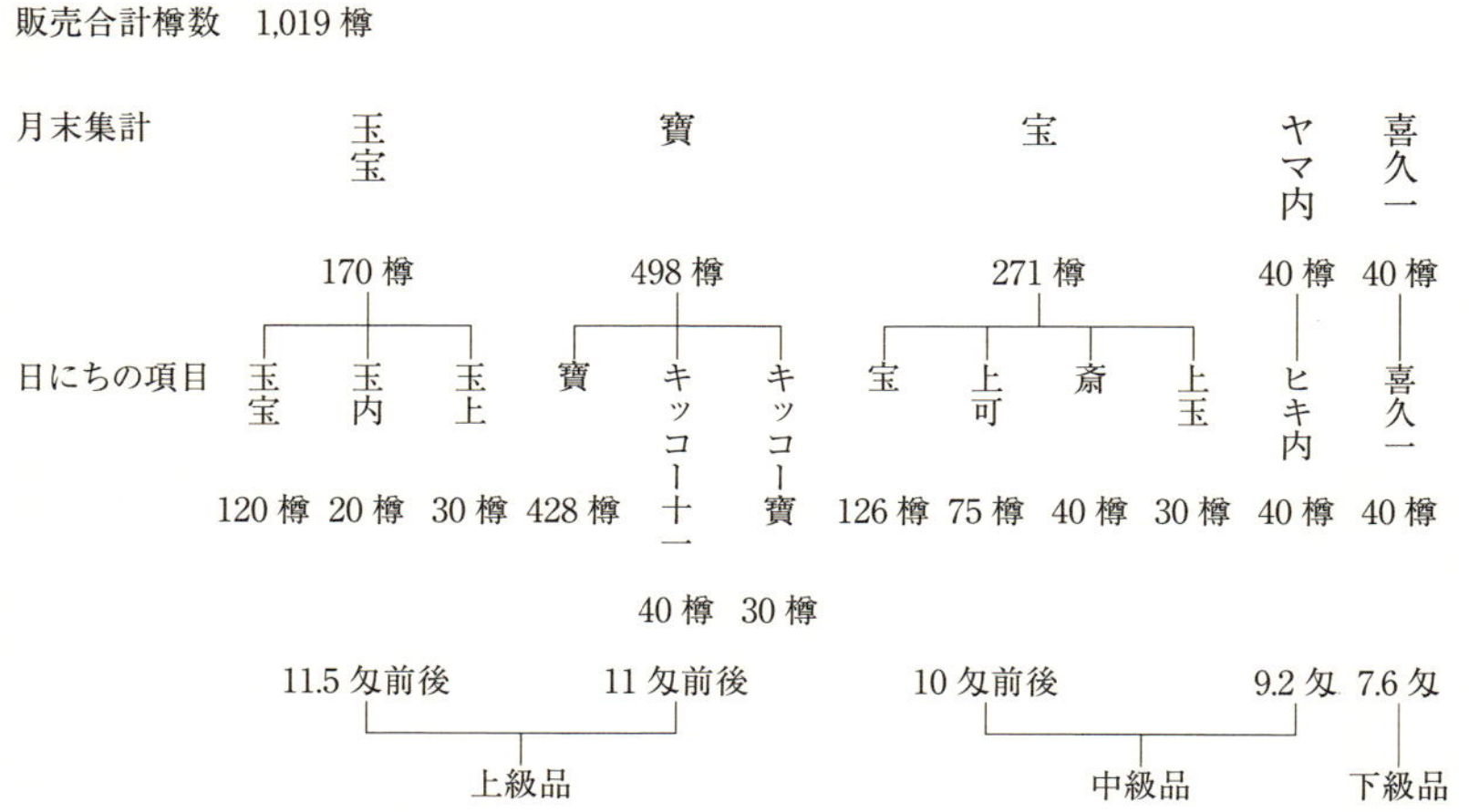

（出所）天保 15 年「醤油送分帳」（髙梨本家文書 5AAA100）より作成。

出荷日と印、樽数、出荷先問屋名が記載され、月の終わりごとに、出荷した印と樽数の集計がなされている。その月末集計を見ると、日ごとの項に記載されている印の種類よりも、少ない印の種類で集計がなされている。しかし一月分の販売樽数の合計は、日ごとの項の合計と、月末の集計とで一致するのである。具体例を挙げると、一八四四（天保一五）年の本蔵江戸送り分の一月の項では、一月の出荷合計樽数は一〇一九樽であり、月末には集計として「（以下、〈玉宝〉）一七〇樽、〈寶〉四九八樽、〈宝〉二七一樽、（以下、〈ヤマ内〉）四〇樽、（以下、〈喜久一〉）四〇樽」と記載されている。[74] 一方、日にちの項を個別に見ていくと、そこには「（以下、〈上可〉）七五樽」や「（以下、〈キッコー十一〉）四〇樽」のように月末の集計には書かれていない印が見られる。そこで、日にちの項に書かれた樽数をすべて合計してみると、月末の集計と樽数が合い、〈上可〉印や〈キッコー十一〉印も一月の販売樽として含まれていることになる。つまり、〈上可〉印や〈キッコー十一〉印は上記五種（〈玉宝〉、〈寶〉、〈宝〉、〈ヤマ内〉、〈喜久一〉）の印のいずれかに含まれて月末に集計されていることになる。

　そこで、前述の価格による印のグループ分けと、月末の印の集計のグループ分けが同じ、という仮説を立て、図2－4を手掛かりに、どの印が、どの印の集計に含まれているのかを合わせてみると、図2－6のように当てはめられた。

月末の〈玉宝〉印の集計には日にちの項の〈玉宝〉、（以下、〈玉内〉）、（以下、〈玉上〉）印が含まれ、同じく〈寶〉印の集計には〈寶〉、〈キッコー十一〉、〈キッコー寶〉印が含まれていると考えられる。さらに、月末集計の〈宝〉印には、日にちの項の〈宝〉、〈上可〉、（以下、〈斎〉）、（以下、〈上玉〉）印が含まれ、月末集計の〈ヤマ内〉印は日にちの項の（以下、〈ヒキ内〉）印[75]に、同じく〈喜久一〉印は日にちの項の〈喜久一〉印に対応すると思われる。すなわち髙梨家の印は、元となる印が存在し、そこから多数の印が派生していたと見られる。前述したごとく、価格の全く同じ印が存在していることも合わせると、髙梨家の商品には、中味・品質が同じであっても異なる印を樽に刷り、出荷しているものもあったのではないかと考えられる。

(2) 問屋の手印

ところで、髙梨・茂木一族の多ブランド化について、キッコーマン株式会社の社史では以下のような説明をしている。

> 江戸市場が成熟に向かう江戸末期からとくに顕著になったことだが、しょうゆ問屋は「自分の店だけで売り捌くブランド」の開発を造家に求めるようになり、一族の造家は積極的にこの要望に応えたのである。この種のブランドを「手印《てじるし》」と称し、今日の「プライベート・ブランド」（ＰＢ）の先駆けをなしたものといえる[76]

たしかに髙梨家の印の中には、一軒の問屋にのみ出荷される印が多く存在した。髙梨家の〈上取〉印は江戸では内田平兵衛にのみ出荷され[77]、手印の代表と言える。ほかにも〈ヤマ並〉印、〈ヤマ西〉印が同じく内田平兵衛（以下、〈鳴〉）印が茗荷屋善五郎、〈フンドウ翁〉印が近江屋仁三郎の手印と言える。手印の中には、〈マル鳥〉印が内田平兵衛から廣屋吉右衛門に、〈鹿〉印と〈壽〉印が住吉屋利三郎から鹿嶋清七に引き継がれたように、その印を専有する問屋が変わるものもあった。「送分帳」を見ると髙梨家では、文化期（一八〇四～一八年）頃から一年間に出荷される印のうち、半数以上が手印となっている。すなわち髙梨家の多ブランド化の要因の一つは、この手印の多さによるものと思われる[78]。これら手印の出荷樽数は、一九世紀初頭から一八三〇年代初頭まで、一万から一万五〇〇〇樽の間で推移し、その割合は江戸向出荷樽数の三〇％台を維持していく。印数が増加する一八三六（天保七）年には手印の出荷樽数が二万五〇〇〇樽を超え、比率が六〇％を超える。その後、嘉永期（一八四八～五四）年間まで、手印の樽数は減少するものの、比率は五〇～六〇％の状態が続く。

　また、近代の史料ではあるが、髙梨家には手印に関して書かれた小売店からの書状[79]が残されており、以下の文言が見られる。

> 尚々〈ヒキ上万〉之儀当地近清殿ニて揚ヶ居品さし合ニ相成候間〈ヒキ上万〉ノ口〈キッコー菊〉ト相改メ弊店ノ手印ニ相願度候右印拝見あしく候得は何カ良き印御考之上弊店手印ニ致し度其ノ外〈フンドウ翁〉ハ別口ニ売捌き人有之候間右印ハ当地へハ弊店ノ外御遣し無之様願上候

　この書状では、近くでほかに売っている者がいるので、〈ヒキ上万〉印を〈キッコー菊〉印に変えて、〈キッコー菊〉印を自分の店の手印にしたい、〈キッコー菊〉印がよくなければ、別の印を考えて店の印にしてほしい、という旨が記述されており、手印の要望が髙梨家の取引先からなされていたことがわかる。

また、同じく近代の史料ではあるが、別の小売店からの書状[80]には、

> 別紙封入の〈ヒキふ正〉印を〈フンドウ清水〉〈フンドウ翁〉印中味にて参拾樽御注文申上候間何卒新印として特に具合よろしき物至急御送附相成度

と、〈ヒキふ正〉印を〈フンドウ清水〉・〈フンドウ翁〉印の中味で、新しい印として送ってほしい旨が記されている。問屋・小売は髙梨家に対して、自分の店でしか買えない印――しかし中味は他の店で売っている商品と同じ場合もある醤油――の販売を求めていたのである。このことと前節で述べた印の派生を合わせてみると、問屋・小売は、印が違っていても樽の中味は同じである、ということを認識していたと考えられる。

このように、問屋が手印を要望した背景には、自分の店でしか買うことができない、という独自性を打ち出す意図があったことが判明した。しかし、なぜ、問屋は他の店で買うことができない印を求めたのか、という疑問が生じる。この点について、実証はなされていないが、渡邊が手印について「商店が自己の名称の影響力を計算してつけた」[81]と述べていることや、醤油と兼業している問屋も多い酒造業の事例[82]、髙梨家に残されている焼印の文言[83]などから、問屋の側で廉価な醤油と髙梨家の醤油をブレンドし、問屋オリジナルの印として販売していたのではないか、と推測される。

また、髙梨家が問屋の要望に応じた理由であるが、髙梨家の醤油販売は、問屋に対し、定番の印と手印の両方を出荷していたパターンが多く、髙梨家が手印をつくるメリットは、純粋に販売数の増加と販路の拡大であったのではないかと考えられる[84]。

おわりに

本章では、近世における高梨家の醤油生産と取引関係の様相を、印の検討を通して明らかにすることを目的とし、高梨家の多ブランド化の実態、及び高梨家にとって多ブランド化がどのような意味を持っていたのかについて検討の結果、以下のことが明らかとなった。

まず、高梨家の印には価格の違いがあり、トップブランドである〈上十〉印を最高値として、三～五段階ほどの価格帯に分かれることが明らかとなった。そして価格―品質の差は①原料の質の違い、②原料の混合割合の違い、③諸味の質の違いによっていたと考えられる。特に熟成期間の異なる諸味のブレンドは、多彩な商品をつくりだすことが可能であり、これら製造過程における工夫が高梨家の多ブランド化につながっていた。高梨家の醤油は、このように、製造過程の工夫によって、味・香り・色の異なる醤油が生産され、幅のある価格帯で販売された。高梨家においては、ヤマサ醤油では生産されていない低価格の醤油も生産しており、このことも、高梨家の多ブランド化の一因となっていた。

そして高梨家の印には、広く複数の問屋に売られる印と、一軒の問屋にのみ売られる印が存在することがわかった。この一軒の問屋にのみ売られる印は「手印」と呼ばれ、問屋の要望によりつくられたものであった。この問屋の要望で手印がつくられたことが、高梨家における多ブランド化の大きな要因であったと考えられる。ヤマサ醤油の取引先が数軒から一〇軒ほどであったのに対して、高梨家では一〇～三〇軒もの問屋と取引を行っており、取引人数が増加すればそれだけ手印の数も増えたのである。図2－2を見ると、高梨家の江戸向け印数と取引人数の変化は、天保後期を除いてほぼ連動した動きを見せている。

そして問屋が自己の店だけで売り捌く印――手印を要望した背景には、ほかの店では買うことができないという独自性を打ち出す、という意図があったのである。髙梨家では、問屋による手印の要望に応えて江戸での販売を行い、このことが髙梨家にとっては顧客の拡大につながり、問屋にとっては利益の増大につながったと見られる。髙梨家にとって多ブランド化は、顧客のニーズに細かく応えようとした経営姿勢の表れであり、化政・天保期に醤油醸造業者が増加する中で、他の醸造家を抑えて江戸での販売樽数を維持ないし増加させていった要因の一つと考えられる。

最後に、髙梨家に対してヤマサ醤油が多ブランド化を行わなかったことから、なぜ問屋が髙梨家には手印の出荷を求め、髙梨家は問屋の要望に応じたのかを明らかにする課題が残されている。問屋の要望に応えて多数の手印をつくるためには、一定程度の製品量が必要であり、大規模醸造家であった髙梨家ではそれが可能であった。ヤマサ醤油が多ブランド化を行わなかった理由に関しては、ヤマサ醤油が江戸売りを始めた当初、関東の醸造家が少なく、品数も少なかったこと、また、江戸向け出荷が廣屋吉右衛門に集中し、取引先の問屋数が少なかったことや、江戸売りから地売りに販売の主体を移したことと関係があるのかもしれないと推測する。(85)

髙梨家の手印の解明についてはいくつかの課題が残されているが、今後も髙梨家の経営の実態を明らかにする中で検討していきたい。

注

（1）「ヤマサ醤油株式会社」の名称で営業が行われたのは一九二八（昭和三）年からであり、近世は廣屋儀兵衛店として営業を行っていたが、本章では便宜上「ヤマサ醤油」とする。

（2）篠田壽夫「江戸地廻り経済圏とヤマサ醤油」（林玲子編『醤油醸造業史の研究』吉川弘文館、一九九〇年）六九頁、及び宝暦一二年「萬覚帳」（ヤマサ醬油（株）所蔵A49）ほかより。

（3）近世において印数が多かった事例としては、神奈川県溝口の中小醬油醸造家であった上田家の、一八五三（嘉永六）年から六七（慶応三）年の一五年間の延べ数が四三（鈴木ゆり子「幕末期江戸近郊農村における醬油醸造」（横浜近世史研究会編『幕末の農民群像―東海道と江戸湾をめぐって―』横浜開港資料館・横浜開港資料普及協会、一九八八年）六〇頁）という事例があるが、最大時一年間に六〇という髙梨家の印数には及ばず、そもそもこのような事例は乏しい。

（4）石川道子「酒銘と似寄伊丹酒」（『地域研究いたみ』第一七号、一九八八年）。

（5）宇佐美英機「近世薬舗の『商標・商号権』保護」（『滋賀大学経済学部附属史料館　研究紀要』第三〇号、一九九七年）。

（6）前掲鈴木ゆり子「幕末期江戸近郊農村における醬油醸造」。

（7）渡邊嘉之「中規模醬油醸造家の商品輸送と販売」（『交通史研究』第三三号、一九九四年）。

（8）『キッコーマン株式会社八十年史』キッコーマン株式会社、二〇〇〇年、一二三―一二四頁。

（9）大島朋剛「灘酒造家による商標の統一化と販売戦略の変化」（『経営史学』第四三巻第二号、二〇〇八年）六一頁。

（10）髙梨家の江戸販売の数量が史料上確認できるのは、一七七六（安永五）年からである（安永四年「萬覚帳」（髙梨本家文書5AAI5））。

（11）当時の関東の醬油樽の標準は一樽八升入りとされるが、髙梨家では一樽九升入りであった。

（12）井奥成彦『一九世紀日本の商品生産と流通』日本経済評論社、二〇〇六年、一四七頁。

（13）前掲篠田壽夫「江戸地廻り経済圏とヤマサ醬油」八五頁、前掲井奥成彦『一九世紀日本の商品生産と流通』一四九頁。

（14）前掲井奥成彦『一九世紀日本の商品生産と流通』一四七頁。

（15）近代ではあるが、明治以降、髙梨家には、問屋からの注文状が多数残されている。また藤原五三雄の研究によると、やはり近代の事例ではあるが、毎年五月に問屋と醸造家が会合し、大まかな価格・出荷量を決定し、その後問屋から醸造家へ商品の送荷依頼状を発送していた（藤原五三雄「産業革命期の東京醬油問屋組合」（林玲子・天野雅敏編『東と西

の醬油史』吉川弘文館、一九九九年）七五－七六頁）。
(16) 前掲『キッコーマン株式会社八十年史』四〇頁、前掲篠田壽夫「江戸地廻り経済圏とヤマサ醬油」六六頁。
(17) 一八四四（天保一五）年に髙梨家と取引のあった問屋の住所を見ると、内田平兵衛が神田佐久間町、伊勢屋宇兵衛が浅草花川戸など、神田・浅草方面の問屋が五軒、高崎屋長右衛門、近江屋仁三郎、松屋源右衛門が小網町三丁目、住吉屋利三郎ほか四軒が南新堀、萬屋宗八など一二軒が他の日本橋周辺の町の問屋である（田中康雄編『江戸商家・商人名データ総覧』各巻、柊風舎、二〇一〇年）。
(18) 前掲『キッコーマン株式会社八十年史』四〇－四一頁。
(19) 髙梨本家文書各年「醬油送分帳」より。髙梨家の戻り樽数は、江戸出荷初期の頃が多く、品質管理が整っていなかったのではないかと考えられる。
(20) 林玲子・天野雅敏編『日本の味　醬油の歴史』吉川弘文館、二〇〇五年、九二頁。
(21) 天保期から髙梨家の主要取引先となる高崎屋の仕切状では、一八四四年に半年で四回、合計五〇〇両の内金を髙梨家に渡している（天保一五年「辰春入仕切（醬油）（天保十五年盆前仕切）」（髙梨本家文書5AAB989））。
(22) 前掲篠田壽夫「江戸地廻り経済圏とヤマサ醬油」七五頁。
(23) 造り醬油仲間結成は、江戸問屋との交渉のほかに、領主層への上納金の交渉のためでもあった。林玲子の研究によれば、一七五三（宝暦三）年の銚子の造り醬油仲間結成の契機は、領主の運上金徴収を外部の商人が請け負い、醸造家を統制することを阻止したことにある、とされている（林玲子「銚子醬油醸造業の開始と展開」（前掲林玲子編『醬油醸造業史の研究』）四二一－五六頁）。
(24) ヤマサ醬油と江戸問屋との取引については前掲林玲子・天野雅敏編『日本の味　醬油の歴史』九一－九四頁によった。
(25) 前掲篠田壽夫「江戸地廻り経済圏とヤマサ醬油」六〇－六一頁、嘉永四年「大福帳」、慶応二年「大福帳」（ヤマサ醬油（株）所蔵A135、A150）。
(26) 篠田壽夫は、独立の背景として、当時、儀兵衛家と吉右衛門家は両家とも養子相続による三代目で、一族内の分業ではなくなっていたこと、江戸の醬油商人が問屋仲間として勢力を拡大していたことを挙げている（前掲篠田壽夫「江戸地廻り経済圏とヤマサ醤油」六四頁。

(27) 問屋株帳では、譲り受けの年として、一八三〇（天保元）年と記載されている（石井寛治・林玲子編『白木屋文書 問屋株帳』（るぼあ書房、一九九八年）一二一頁）。

(28) 高崎屋については、文京ふるさと歴史館編『平成六年度特別展図録 江戸の大店 高崎屋』（文京区教育委員会、一九九四年）も参照した。

(29) 前掲石井寛治・林玲子編『白木屋文書 問屋株帳』一二一頁。

(30) 安永四年「萬覚帳」（高梨本家文書 5AAI5）。

(31) 文化一二年「戊年惣目録（醤油仕切）」、文政九年「醤油仕切目録覚」（高梨本家文書 5AAC101、5AAB328）ほかより。

(32) 天保一五年「醤油仕切之事」、安政三年「醤油仕切覚」（高梨本家文書 5AAC24、5AAB948）ほかより。

(33) 〈上取〉印は地売りにも見られる。また、一七九八（寛政一〇）年、一八〇二（享和二）年、二〇（文政三）年に江戸売りの項の複数人に出荷されているが、内田屋以外の出荷先には一人当たり数樽〜十数樽ほどの送りで、これらの売り先は、江戸売りの項に記載されてはいるが、江戸の問屋ではない可能性がある。

(34) 前掲田中康雄編『江戸商家・商人名データ総覧』二巻、六〇－六一頁。

(35) 文化一一年「醤油仕切六拾目割」（高梨本家文書 5AAB484）ほかより。

(36) 前田廉孝の研究による。垂歩合とは、製成石高を原料大豆と小麦の合計量である元石で除して求めた値であり、この値がより小さな印が高品質な醤油となる（前田廉孝「明治・大正期における食品製造業者の輸移入原料調達」（『経営史学』第四七巻第二号、二〇一二年）五二頁）。

(37) 文化四年「醤油積入控改帳」（高梨本家文書 5AAJ8）、萬屋宗八の口に〈宝〉印（縦長型）盆前分四一一樽・盆後分七二樽、〈宝〉印（新デザイン）盆前分六〇樽・盆後分九六樽の記載がある。

(38) 文化七年「仕切覚（醤油）」（高梨本家文書 5AAB572）。

(39) 小数点第三位を四捨五入して、以下切り捨てにより算出。

(40) 前掲篠田壽夫「江戸地廻り経済圏とヤマサ醤油」七一頁。
(41) 同右、八六頁。
(42) 江戸座の俳人による絵入俳書。当時の市中有名店舗を画題として詠句されたものが多い。
(43) 花咲一男編『江戸の商標』岩崎美術社、一九八七年、六頁。
(44) 各年「送分帳」(髙梨本家文書)による。
(45) 酒と醤油の販売を行っていた高崎屋の絵図に、店頭での量り売りの様子が描かれている(岩淵令治「江戸の酒事情」『歴史研究の最前線』第一三巻、二〇〇一年)一九-二五頁)。
(46) 前掲鈴木ゆり子「幕末期江戸近郊農村における醤油醸造」六〇頁。
(47) 江戸の地理に不慣れな人々の買い物のため、編輯・出版された江戸の町の案内本(花咲一男編『江戸買物独案内』渡辺書店、一九七四年、三七三頁)。
(48) 前掲『キッコーマン株式会社八十年史』四九頁。
(49) 「(御用醤油関係書留め　文政一一・一二年他)」(髙梨本家文書5AZA99)。
(50) 後略の文章中に「御勘定御奉行御勝手方村垣淡路守様」の記述が見られる。(髙梨本家文書5AZA99)
(51) 前記の史料の元である史料(髙梨本家文書5AZA5)には、「御本丸御臺所江初造醤油弐拾樽ツ年々無代御上納仕度」とあり、その後のやり取りの中で、西丸への上納と、樽数の増加がなされたと考えられる。
(52) 二〇一四年三月三〇日、髙梨本家文書研究会。
(53) 髙梨本家文書5AZA99。
(54) 文政一二年丑五月二四日「差上申一札之事(本丸30樽西丸20樽初穂醤油無代上納願い一札)」(髙梨本家文書5AZA7)。
(55) 文政一二年丑九月「初穂醤油御上納御用手控」(髙梨本家文書5AZA14)。
(56) 前掲『キッコーマン株式会社八十年史』四二頁。
(57) 七印は野田の〈キッコー萬〉印、〈木白(キハク)〉印、〈上十〉印と銚子の〈ヒゲタ〉印、〈ヤマサ〉印、

〈ジガミサ〉印、〈ヤマ十〉印（前掲『キッコーマン株式会社八十年史』四二頁）。
(58) 青木美智男編『決定版 番付集成』柏書房、二〇〇九年、八頁。
(59) 前掲『キッコーマン株式会社八十年史』四五頁。
(60) 野田市郷土博物館編『醤油のしるし―江戸・明治期の広告デザイン史―』野田市郷土博物館、二〇〇〇年、一七頁。
(61) 前掲青木美智男編『決定版 番付集成』九頁。
(62) 天保一一年「関東醤油番付」（野田市郷土博物館所蔵（前掲野田市郷土博物館編『醤油のしるし』一三頁）。
(63) 嘉永六年「関東醤油番付」（野田市郷土博物館所蔵（前掲野田市郷土博物館編『醤油のしるし』一四頁）。
(64) 嘉永年間「醤油屋番付」（国文学研究資料館史料館所蔵（前掲野田市郷土博物館編『醤油のしるし』一五頁）、嘉永年間「関東醤油番付」（市山盛雄編『野田醤油株式会社二十年史』野田醤油株式会社、一九四〇年）二六頁）。
(65) 文久元年「関東造醤油屋番付」（財団法人三井文庫所蔵、前掲野田市郷土博物館編『醤油のしるし』一六頁）。
(66) 文化一二年「仕切（醤油）」、文化一一年「醤油仕切状之事」（高梨本家文書 5AAC282, 5AAB390）。
(67) 文政九年「仕切（醤油）」（高梨本家文書 5AAB591）。
(68) 「蔵入帳」、原料購入の領収証等（高梨本家文書）より。
(69) 明治二年（推定）「醤油造心得之事」（高梨本家文書 5AKL22）には、塩水の割合別に醤油のつくり方が記載されている。
(70) 吉田ゆり子「醤油醸造業における雇用労働」（前掲林玲子編『醤油醸造業史の研究』）一三四頁、前掲林玲子・天野雅敏編『日本の味 醤油の歴史』一七二－一七三頁。
(71) 前掲『キッコーマン株式会社八十年史』二四頁。
(72) 文政四年「両蔵醤油仕込帳」（高梨本家文書 5AEA1）。
(73) 前掲『キッコーマン株式会社八十年史』二四－二五頁。
(74) 天保一五年「醤油送分帳」（高梨本家文書 5AAA100）。
(75) ヤマとヒキのデザインは微妙な差であり、混同して書かれていることがあるが、ここでは原史料の表記に従った。

(76) 前掲『キッコーマン株式会社八十年史』二三―二四頁。
(77) 注33参照。
(78) 現在のPBは、拡販費、宣伝費、物流費の抑制、包装材の簡素化などによって、価格を安く設定することを可能にしているが、近世の髙梨家の醬油は、手印と定番の印で輸送の方法や宣伝の方法が異なる、手印の価格が品質の割に安く設定されている、といったことは見られない。手印は「専用の」「そこにしかない」という意味ではPBと言える。しかし、それ以外のPBの特徴を考えると、手印は現在のPBと性格を異にするものであると考えられる。
(79) 明治三七年「醬油注文書及び店印デザインにつき」（髙梨本家文書5AKF1）。差出人の住所は宇都宮。
(80) 大正三年「清水屋印醬油注文及びレーベルデザイン見本」（髙梨本家文書5AKF2）。差出人の住所は北埼玉郡加須町。
(81) 前掲渡邊嘉之「中規模醬油醸造家の商品輸送と販売」五四頁。
(82) 大島の研究において「彼らが『混成酒』と呼ぶのは、もともと問屋や小売が自らいくつかの酒をブレンドしたり割水したりしたものを（ときには自己の商標をもって）販売した酒だったからであるが、販売する側にとってみればそれは大きな収益源にもなりえた」、「蔵元の桶から樽詰してきた酒は、原酒で二〇度からある濃い酒であった。問屋にとってきき酒の正確さとブレンド技術こそが彼らの収入源の大きな部分を占めていたので、当時は、元桶の酒（つまり蔵元に取りに行く酒）への加水も敬遠されたという。（中略）つまり、品質保証を問屋が行っていたという点で、桶取引を介した問屋による酒とメーカーによる瓶詰酒とでは大きく性格が異なっていた」と記述されている（前掲大島朋剛「灘酒造家による商標の統一化と販売戦略の変化」七七―七八頁）。また、岩淵が、高崎屋の研究において、高崎屋が河岸で売れ残った酒を集めて「江戸一」というオリジナルの印をつけて売り出した事例を挙げている（岩淵令治「江戸住大商人の肖像　場末の仲買高崎屋の成長」（斎藤善之編『新しい近世史3　市場と市場社会』新人物往来社、一九九六年）一四一―一四二頁）。
(83) 髙梨家には、茨城県土浦の江戸崎屋という焼印屋からの、一八六三年の代金決算の史料が残されている（「御焼印之通」髙梨本家文書5ACR1）。これを見ると、髙梨家は「北総上花輪村無類格別仕入本家髙梨改」、〈宝〉下総上花輪本家髙梨製」、「本家髙梨改」、「下総国上花輪村髙梨兵左衛門詰」の焼印を購入していたことがわかる。そして、焼印には「髙梨改」、「髙梨製」、「髙梨兵左衛門詰」の三種類の記述が見られ、この三種類のうち「髙梨製」の記述は〈宝〉の文字とともにのみ使用されており、〈宝〉印は髙梨家で絞られ、樽詰めされたままの醤油であることを示していると思われる。そのように考えると「髙梨改」、「髙梨兵左衛門詰」の焼印は、問屋による醤油のブレンドと関連があると推測される。

(84)　一般的に現在のPBは買い取り制であり、メーカー側のメリットとして返品リスクの消滅が挙げられるが、髙梨家では手印も、定番の印とともに問屋からの返品が見られる。また、近世において、髙梨家では宣伝経費について手印と定番の印での差異は確認されず（注78）、現在のPB化によるメーカー側のメリットはあてはまらないと考えられる。また、〈上十〉印のPBと考えられる〈上取〉印について見てみると、一八二六年の〈上十〉印の出荷樽数が一万三八一六樽、〈上取〉印が四二二七樽、二七年の〈上十〉印の出荷樽数が一万四二二三樽、〈上取〉印が四九九二樽とどちらも増加しており、PBである〈上取〉印の販売増が〈上十〉印の需要減少につながっているとは言えない。

(85)　ヤマサ醤油に残されている近世期の史料は、大福帳が主体であり、他の史料は点数も少なく、印や販売戦略に言及している史料が存在していない。

［付記］本章は石崎亜美「近世の醤油取引と印―髙梨兵左衛門家を中心に―」（『経営史学』第五〇巻第三号、二〇一五年）を基に、加筆・修正を行った。なお右記論文は平成二三～二四年度嗜好品文化研究会研究助成金による研究成果の一部である。

第3章　醤油醸造業における雇用と労働

谷本　雅之

はじめに

高梨兵左衛門家の醤油醸造は、一九世紀初頭にすでに一〇〇〇石を上回る生産規模に達していたが、この規模の醤油の製造・販売を支えていたのが、経営内への雇用労働者の集積である。寛政期（一八世紀末）の時点で、被雇用者として現れる人数は、短期雇用を含めた単純合計で年間八〇名を超え、一九〇〇年頃には年間を通じて継続的に雇用される労働者数が、蔵（製造現場）・見世《みせ》（事務管理）合わせて一〇〇名前後に上っている。高梨家の醤油醸造業経営にとって、雇用労働の調達・管理は一貫して事業経営上の一つの焦点となっていた。本章が雇用労働の側面に着目する理由の一つも、その点の解明が高梨家の醤油業経営の実態把握にとって、不可欠の要素と考えるからである。

さらに醤油醸造業における雇用と労働のあり方は、日本の産業における雇用労働の歴史的な特質を考察する上で、興味深い論点を含んでいる。家族労働を基盤とする小農と「小経営」に特徴づけられる近世社会において、数十人規模を雇用する経営は、それ自体、特徴的な存在であった。たしかに、醤油醸造以外にも雇用労働の場は存在した。三井等の商家経営は数百人規模の奉公人を抱えていたことが明らかにされているし[1]、酒造経営にも醤油醸造業を上回る規模の経営体の簇生がある[2]。織物業における「マニュファクチュア」の存在も論議の対象となった[3]。しかし醤油醸造経営は、製造現場を有する点で商家経営とは異なり、年間を通じたフルタイムの雇用である点で、冬季の農家出稼ぎ労働を基軸とする酒造経営との対比が明確であった。さらにもっぱら男性労働に依拠する点で、女性労働を中心とする織物業とも大きく異なっていたのである。製造業におけるフルタイムの雇用男性労働力の集積の場であった点で、醤油醸造業は近世日本において独自の位置にあった。「産業革命」の、あるいは本格的な「工業化」の指標の一つが、工場における男性フルタイム労働の定着であったとすれば、醤油醸造業の雇用と労働のありようは、日本における産業労働力の形成の論理を探る上で、好適な対象と言えるのである。

このような問題意識を念頭に、本章は高梨家の醤油醸造経営における雇用労働の実態を示すことを課題とする。近世・近代の醤油醸造業の雇用労働に関しては、銚子（千葉県）の有力な経営（ヤマサ醤油およびヒゲタ醤油）を対象としたいくつかの論稿が、浜口儀兵衛家および田中玄蕃家の経営史料を用いて立ち入った検討を行った[4]。近畿地方の有力生産地であった播州龍野（兵庫県）についても、円尾家史料に基づいて、近世から明治初頭の雇用労働のあり方が検討されている[5]。しかし、最有力な醤油産地となった一九世紀から二〇世紀初頭の野田については、経営史料を情報源とする本格的な検討はなされてこなかった[6]。本章の直接の目的は、高梨家醤油経営の事例を加えることで、この研究史の空白を埋めることにある。

本章が依拠する史料の中心は、「醤油萬覚帳」の「給金」に関する項目である。これは雇用労働者に対する賃金支払いを管理するための口座で、個人別に雇用開始と終了の年月日、基本給や付加給付の金額、支払いのタイミングや貸借関係などが記載されている。ただし、賃金支払い対象者の属性――出身地や年齢――の記載は、必ずしも網羅的ではなく、特に明治期には年齢記載が一切見られない年次も多い。それを補う情報源として、明治中後期の「雇人原籍簿」（明治三三年、四四年、四五年）は貴重である。また、明治中期以降に残されている「飯米比較帳」も、製造現場における実際の勤務状況を知る手がかりとなる。そこで本章では、相対的に情報量の豊富な一九〇〇年代（明治三〇年代）の実態を明らかにすることに主眼を置き、そこで浮かび上がる論点のいくつかについて、紙幅の限りにおいて時期を遡っての検討を加えることとする。一八世紀末以降、高梨家雇用労働の一〇〇年を超える歴史的変化の本格的な分析は、他日を期したい。

第１節　雇用労働者の構成

(1)「年給」労働者

はじめに、高梨家の醤油醸造経営における雇用労働力の全体構成を概観しよう。明治三四（一九〇一）年「醤油萬覚帳」では、雇用労働者への支払いが、製造現場である四つの蔵（元蔵・出蔵・続蔵・辰巳蔵、ただし出蔵と続蔵は同一の建家に含まれる）と、見世、家内の計六つの口座によって管理されていた。労働報酬としては、このほかにも、桶、樽の修理・製造や建物の普請等を担う、「職人」と総称される人々への支払いがあるが、それらはこの六つの口座には含まれていない。本章では、醤油の製造・販売に直接関係する上記六口座が対象とする雇用労働者、中でも製造現場の「蔵」の関係者を主たる対象とし、「職人」については基本的に考察対象から除外した。醤油醸造業に特徴的な「職人」である桶・樽工に関しては、本書第７章を参照されたい。

表 3-1　髙梨家の雇用労働の概観：1901（明治 34）年

	年給労働者		短期雇		賃金支払額				
	計	年中に退出・採用	名前の記載	「日雇」	年給	付加給付等	短期雇賃金	計	左・割合
	（人）	（人）	（人）	（人）	（円）	（円）	（円）	（円）	（%）
元蔵	27	2	8	3	1,021.84	181.42	118.72	1,321.98	24.2
出蔵	25	2	14		980.87	160.51	90.90	1,232.28	22.5
続蔵	24	3	8	5	968.32	140.55	175.80	1,284.67	23.5
辰巳蔵	11		23		432.83	67.27	122.97	623.07	11.4
見世	13	1			731.50			731.50	13.4
家内	16(6)	1			273.66			273.66	5.0
計	116(6)	9	53	8	4,409.02	549.74	508.39	5,467.15	100.0

（出所）明治 34 年「醤油萬覚帳」（髙梨本家文書 5AAH94）より作成。
（注）人数のカッコ内は女性で内数、その他は男性。

表３－１は、六つの口座それぞれについて、記載された雇用者の人数、および労働報酬として支払われた金額をまとめたものである。支払い金額から見て、蔵の規模は元蔵、出蔵、続蔵の三つがほぼ等しく、辰巳蔵はその六割程度であった。仕入れや販売、事務管理を担当し、いわば間接部門と見られる「見世」も一三％を占めている。「家内」は、家事やその他の雑作業に携わる労働者で[7]、女性の雇用が半数近くを占める点が特徴的である。ただし「家内」と言っても、髙梨家の家政を指しているわけではない。後述のように、蔵は雇用労働者の生活の場として位置づけられている面があり、そこでの「家事」労働は製造現場の運営と密接に関わるものであった。男性家内労働者には、「焚屋」（炊事夫）[8]や「門番」が含まれていたことも確認できる。これら一六人分の「家内」給金もまた、醤油経営における間接部門への支出であった。

蔵方の口座では、まず、個人別の口が設定されている。下記は、一九〇一年の元蔵給金控に含まれている一例である。

史料１

一月十一日より

一　金　四拾参円　　　菅生村

倉持格治

一　金　弐拾九円　　一月廿六日　かし

一　金　三円　　四月一日　　かし
一　金　三円　　六月一日　　かし
一　金　三円　　八月十一日　かし
一　金　三円　　十月一日　　かし
一　金　二円　　十二月廿八日　かし
〆一　金　四拾三円　かし高

ここから、菅生村の倉持格治が、一年間の「給金」四三円の条件で、一月一一日から元蔵で働きはじめたこと、「給金」の過半に当たる二九円が早くも一月二六日に支払われ、それは経営側から雇用者への「貸金」として観念されていることがわかる。その後四月一日から一〇月一日まで、二カ月に一度各三円の支払いがあり、最後に一二月二八日に二円が支払われて、定められていた給金額と同額に達していた。この形式、内容は、他の雇用労働者の多くと共通するものであった。

次の史料2は、年次の近い一八九九年の「奉公人請証」の一事例である。[9] 手書きの文書であるが、証紙の貼付がある正式の書類である。

史料2

奉公人請証

一給金　参拾六円也　但壱ヶ年給金

茨城県猿島郡岩井村第弐百四拾四番地

清水与十郎

嘉永四年十月廿五日生

右之者此度我等証人ニ相立当明治参拾弐年一月一日ヨリ来ル明治参拾参年壱月壱日迄壱ヶ年間前書給金ニ相定メ貴殿方江御雇ニ差出シ候処実正也　給金之儀ハ本人申出次第直ニ御渡し可被下候且ツ期限中若シ此者御気入不申御暇被下候節者貴殿御指図次第執計ヘ御人用為闕申間敷候　且本人身分ニ付如何様之事件差起リ候共正人引請貴殿江御迷惑相掛ヶ申間敷候為後日請状如件

明治卅弐年八月十八日

本人　清水与十郎　印

茨城県猿島郡神大宮村神田山廿六番地

証人　羽島八右衛門　印

千葉県東葛飾郡野田町上花輪

髙梨兵左衛門殿

ここに見られるように、給金の但し書きには、三六円が一年分の金額であることが明記されている。明治三二（一八九九）年「醤油萬覚帳」（髙梨本家文書5AAH121）では、史料1と同形式で清水与十郎の給金三六円が記載されていたから、史料1の形式で記載された「給金」は、事実上、一年当たり給金を意味していると言える。以下これを「年給」と記し、この形式に則った帳簿記載の雇用労働者を、「年給」労働者と呼ぶことにする。

さて表3－1によれば、一九〇一年の年給労働者数は、中途退出者および年央での採用者を含め、一一六名であった。この年給労働者の契約給金の分布を製造現場である蔵別に示したのが表3－2－1である。四つの蔵それぞれに、年給の金額が突出する雇用労働者が一名ずつ存在した。いずれも帳簿の当該項目の冒頭に記載される人物である。元蔵については、二番目に記載された人物が、年給額は最頻値の四三円であるものの、九円の手当が付いて一番目に次

表 3-2-1　賃金分布（蔵、1901年）

「給金」額計（円）	（内訳）「年給」（円）	手当（円）	雇用者数 元蔵（人）	出蔵（人）	続蔵（人）	辰巳蔵（人）	計（人）
105	95	10			1		1
80	80		1	1			2
70	70					1	1
52	43	9	1				1
43	43		9	14	12	3	38
40	40		1	2	2	1	6
39	39					1	1
38	38		5		4		9
37	37		3	1		1	5
35	35		2	3	4		9
34	34		4	3	1	4	12
20	20			1			1
計			26	25	24	11	86

（出所）表 3-2-1～3 はいずれも明治 34 年「醤油萬覚帳」（髙梨本家文書 5AAH94）より作成。
（注）元蔵の 1 人は年半ばの採用のため除外した。

表 3-2-2　賃金分布（見世、1901年）

「給金」額計（円）	（内訳）「年給」（円）	手当（円）	見世（人）
140	120	20	1
120	100	20	1
75	60	15	1
60	60		1
50	50		2
50	40	10	1
45	42	3	1
30	30		1
25	20	5	1
18	12	6	2
計			12

（注）見世の 1 人は年半ばの採用のため除外した。

表 3-2-3　賃金分布（家内、1901年）

「給金」額計（円）	男性（人）	女性（人）
36	1	
31	1	
25	2	
23.5		1
21	1	
18.5	1	
18	2	
17	1	1
15		1
13		2
11		1
計	9	6

（注）家内男性の 1 人は年半ばの採用のため除外した。

ぐ給金水準となっていた。この立場は、表3－2－1で見る限り、元蔵にしかなかった。

『野田醤油株式会社二十年史』によれば、野田の醤油経営の「職制」として「杜氏・頭・麦炒・釜屋・隠居等」の区分があった[10]。第一番目に記載され、突出した給金額の人物が、製造全般の指示・監督を行う杜氏であったことは疑いえない。元蔵で九円の手当が支給されていた年給労働者は、おそらく「副監督」である「頭」であろう。さらに「頭」の外に「麦炒《むぎいり》」が「人廻しの役」を担い「杜氏・頭の命令を取り次ぐ連絡係」の役割を果たしていたとされるが、この高梨家の一九〇一年の事例では、年給額の差異からその担当者を判別することはできなかった。ただし後述する付加給付の項目の中に、四つの蔵それぞれで二人分の「麦煎《むぎいり》手当」の支払い記録（八月三・五円、一二月二・五円）がある。「麦炒の役をするものは選挙によるので仲間の人望がなければなれなかった」とあるから、「麦煎」は経営側の設定する年給の体系に反映する役職とはされていなかったものと思われる。

次の年給四三円が四蔵合計で該当者三八名、全体の四四％を占める給金の最頻値であり、以下、最低の二〇円まで数人単位で分布が広がっている。「蔵の労働者は仕事に対する熟練の度合に拠り本人《ほんびと》、中人、山出し等に区別」されていたとのことであるから、四三円の年給支給者が一人前の「本人」、それ以下の者が中人、山出しと呼ばれる、相対的に熟練度が低い労働者であったと言えよう。最も人数の多い「本人」が、杜氏・頭を除く賃金の上限を画していたから、蔵での階層は、底辺の厚いピラミッド型とは異なる、比較的フラットな構造をなしていたと考えられる。その上に突出した存在として君臨したのが、指揮・監督を司る杜氏であった。

一方、表3－2－2に示した見世の方は、手当を除いた年給で最高額の一二〇円から、最低の一二円まで、蔵に比べてより広い範囲での給金の分布に特徴があった。店員は「小僧・若衆・若衆頭・当番頭・隠居番頭等の差別」があったとされるから[11]、職階の幅はより広く、階層性も強かったものと思われる。また三分の二の八名の給金額は、蔵の最頻値の四三円を上回っており、見世の雇用労働者が相対的に厚遇されていたことがわかる。杜氏の給金を凌駕している二名のうち最高額の一四〇円支給対象者が、醤油醸造経営の事実上の最高管理者である「番頭」と考えられる。それを頂点に、仕入れ、営業担当の中堅がそれぞれ蔵方の最頻値を上回る五〇～六〇円の給金水準に位置づけられていた[12]。これに対して表３－２－３の家内給金は、最高で年給三六円、女性の場合はさらに低水準であった。見世、蔵、および家内の三つの職種間での、雇用労働者としての立場の相違が窺われる。

（２）短期雇用者と「西行」

見世、家内については、この年給労働者が口座に現れる労働者のすべてであったが、四つの蔵の口座では、年給者に関する個人別の口座のあとに、日並（日付順）の記載形式で、年給労働者とは名前の一致しない者への支払いの記載が続いていた。その支払い総額は四蔵全体で、賃金支払い額の一割弱を占めていた（表３－１）。「醤油萬覚帳」に名前の出ている人数は、元蔵八人、出蔵一四人、続蔵八人、辰巳蔵二三人で、元蔵での支出の内訳を、人別、支払い月別にまとめたのが表３－３である。史料３は、元蔵における七月一五日の記載事例である。

史料３

七月十五日

一　弐円五拾銭　　茂助

一　弐円五拾銭　　卯之助

一　弐円五拾銭　　安次郎

日並で名前のみ記載される労働者に対して、月の初めと半ばに支払いがなされている。複数回現れる労働者がほとんどで、一定期間、雇用は継続されているようにも見える。しかし年間を通じての雇用ではないことは明らかであった。これらの記載状況から判断して、この項目は短期雇用の労働者の支払いの管理を目的としていたと考えられる。給金は半月単位での現金支払いで、貸借関係を含んでいない。それが、年給者とは異なって労働者に関する情報の把握に注力しない理由であろう。姓を欠いた名前のみの記載に、その考え方が現れていると言える。支払いを受ける労働者数が年の後半に増大し、また一人当たりの金額も増えているのは、醤油醸造の繁忙期が通常一年の後半期であった事実と整合的である。髙梨家は、年間雇用と短期雇用の異なる二つのタイプの労働者を雇用し、作業量の変動に対応していたと言えよう。

ところで、関東の醤油醸造の現場では、短期間で蔵を移動して歩く「西行《さいぎょう》」と呼ばれる労働者の存在が知られている(13)。明治・大正期に銚子のヤマサ醤油で支配人を務めた川島豊吉によれば、西行とは「行く先々の其の蔵に寝泊りし幾日か仕事の手伝ひを成しながら、その職場の状態を見覚え、出立するときに及び幾分かの小遣銭を貰ふて立ち去る(14)」者達であり、戦間期の協調会の調査は「之（西行を指す――引用者）は遍歴者の意」で「彼等は各醸造場を数日間づゝ渡り歩き若干の報酬を得ていた(15)」とされている。では右記で述べた短期雇用者と西行の関係はどのようなものか。一九〇四年の「飯米比較帳」（髙梨本家文書 5AJQ11）では、ほぼ毎日飯米の需要者として「西行」が挙がっており、たしかに移動性の高い労働者が蔵の労働力の一角を占めていたことがわかる。しかし表3－4によれば、西行の人数と同日に雇用されていたと考えられる短期雇用者の人数では、大きな食い違いがあった(16)。特に七月までは西行の人数の方が圧倒的に多かった。また、表の両蔵人の人数は、醸造作業に携わる、西行以外の者への食事供給数を意味しているが、そこでの五〇人ないしは五三人は、当該日に雇用関係にあったと見なされる年給者数と短期雇用者数の合計値を常に下回っていた。両蔵人数は、西行を除外して考えても、十分に満たされうる人数であったから、西行は、短期雇用者とは別の人々で、経営側の雇用したこれら基幹的な労働力に臨時的に付随する存在であったと見るべきで

表 3-3　短期雇用者への賃金支払い額と支払い日（元蔵、1901 年）　（円）

1901 年	1月 10日	1月 31日	3月 15日	6月 1日	6月 15日	7月 1日	7月 15日	8月 1日	8月 11日	9月 1日	9月 15日	10月 1日	10月 15日	11月 1日	11月 15日	12月 1日	12月 15日	12月 27日
「日雇」3 名	5.35																	
岩吉		2.20																
政吉		1.80											2.50	2.50	2.50	2.50	2.50	2.50
富蔵		1.55																
茂助			1.70	1.70	1.70	1.70	2.50	2.50	2.50	2.50	2.50	2.50	2.50	2.50	2.50	2.50	2.50	2.50
卯之助							2.50	2.50	2.50	2.50	2.50	2.50	2.50	2.50				
安次郎							2.50	2.50	2.50	2.50	2.50	2.50						
徳次郎															2.50			
艶之助																2.50	2.50	2.50

（出所）明治 34 年「醤油萬覚帳」（髙梨本家文書 5AAH94）より作成。

表 3-4　出蔵・続蔵の雇用労働者と飯米供給対象者（1904 年）

1904 年 出蔵・続蔵	1月 10日	1月 27日	2月 15日	3月 1日	3月 15日	3月 28日	4月 15日	5月 1日	5月 25日	6月 1日	6月 15日	7月 1日	7月 15日	8月 1日	8月 5日	8月 14日	9月 1日	9月 15日	10月 1日	10月 15日	11月 1日	11月 15日	12月 1日	12月 15日	12月 27日	飯米供給対象の延べ人数と飯米焚き総計
当該日に雇用されている労働者（人）																										
年給者（杜氏を含む）	55	55	55	55	55	55	55	55	55	55	55	55	55	55	55	53	50	49	49	49	49	49	49	49	49	
短期雇用者	12		1								1		2	5	4	7	9	11	11	12	12	11	11	12	7	
当該日の飯米供給対象者（人）																										
杜氏・家内共	7	7	7	7	6	6	5	4	4	5	5	5	5	5	5	5	5	5	5							1,517
両蔵蔵人	50	50	53	53	53	53	53	53	53	53	53	53	53	53	53	53	53	53	53							14,799
見世	4	2	3	2	2	3	3	3	2	3	3	3	3	3	3	2	3	3	3							804
西行	10	10	8	6	23	18	10	10	15	18	18	18	18	10	10	10	10	10	10							3,555
職人	20	18	12	11	21	21	18	13	11	17	22	15	19	22	23	15	16	20	18							5,091
飯米焚き（斗）	7.0	4.7	8.0	7.3	8.8	7.2	8.0	8.9	7.0	8.5	8.5	8.0	8.5	8.0	5.8	5.4	8.0	8.3	9.5							16,962

（出所）明治 37 年「醤油萬覚帳」、明治 37 年「飯米比較帳　髙梨出蔵」（髙梨本家文書 5AAH43、5AJQ11）より作成。
（注）「飯米比較帳」の記載は 10 月 7 日までなので、総計は 1 月 1 日から 10 月 7 日までの合計。

あろう。ただしその数は、表3－4の延べ人数で、両蔵人数の二割を超えていた。それは「遍歴する労働者」が一九〇〇年代の醬油労働市場において、必ずしも例外的な存在ではなかったことを物語っている。

第2節　賃金水準と労働移動

（1）付加給付と現物給付

「醬油萬覚帳」の四つの蔵の口座では、右記の年給労働者、短期雇用者への支払いを記した「給金控」の次に、「月並・褒美」の項目が立てられ、付加的な給付が記録されていた。表3－5が、それを蔵別にまとめている。まず各蔵とも、毎月一定額の「小遣い」、および人数（おそらく年給労働者数）に三銭を乗じた「月並」の支出があった。定型的な支出であり、これがどのような意味での付加給付かは、現在のところ不明である。[17] 臨時的な支出としては、「若者酒代」「若者骨折手当」がある。若者とは年給額が「本人」や「中人」に至らない年給労働者であろう。「麦煎手当」については先に述べたように、一種の役職手当と考えられるが、同日、「小麦煎出し」と記される支出があり、そこには小麦の石数の記載もあるので、ここでは熟練を要する実際の「麦煎」作業に対する付加給付ではないかと思われる。そして金額的に最も大きいのが、一二月末に支払われている「証文給金特別手当」であった。ここで「証文」とは、史料2に挙げたような「雇人請状」を指しており、「証文給金」は本章で言うところの年給を意味していた。すなわち一九〇一（明治三四）年には、年給労働者に対してそれぞれの年給額の一一・七％が、「特別手当」として支給されていた。支払い時期が年末であったことは、中途退出を抑制するための、一種の勤続奨励給であったようにも見える。なお前述の他の付加給付金も、職階に応じて受給者には一律であった可能性が高い。付加給付は、個々人別の業績評価に対応するものとしては位置づけられていなかったと言える。

先の表3-1にあるように、付加給付の総額は年給額の一二・五％に相当した。「若者」ではない最頻値の年給四三円の年給労働者で見れば、特別手当のみの加算で年間の受給額が五〇円強となる。これに対して、明治三三（一九〇〇）年『千葉県統計書』の「職工ノ人員及賃金」の表には、「髙梨辰巳倉」「髙梨続倉」「髙梨元倉」の「職工一日一人ノ賃銭・男」が、いずれも三五銭と記載されていた。仮に一カ月の休日を二日程度、年間就業日を三四〇日とすると、年間賃金総額は一一九円となる。ちなみに日給三五銭は同表の他の諸会社・工場と比べて高いわけではない。では、この差はどのように考えればよいだろうか。

まず考慮すべきなのは、現物の給付である。先の飯米比較表によれば、一人当たりの一日の平均飯米供給量は六・五八合であった。[18] 表3-6から髙梨家の飯米用に購入した白米の単価一二・五円／石が得られるので、住み込みで三六五日分の飯米が供与されたとして計算すれば、その原価は米代だけで三〇円二銭となる。光熱費や副食費等を加味すれば、その金額はもう少し増えるだろう。

労働条件も考慮する必要がある。明治四四（一九一一）年『千葉県統計書』によれば、髙梨兵左衛門の三工場は、いずれも「一箇年間就業日数」が三一七日となっていた。また、先の「飯米比較帳」では、「両蔵人」の人数が一月は五〇人、それ以降は五三人に固定されていたが、前述のように年給労働者と短期雇用者の合計は、年の後半には五三人を上回っていた。年給労働者が、実際にそれぞれの蔵で就業し、食事もとっていた日数は、意外と少なかったのかもしれない。ちなみに、銚子のヤマサ醤油（浜口合名会社）については、同社の出勤記録によって一九一〇年前後の年給労働者の就業日数の平均が三五〇日を超えていたことが明らかにされている。[19] それは明治四四年『千葉県統計書』のヤマサ醤油の「一箇年間就業日数」三五〇日とほぼ一致していたから、同統計書が示唆している就業日数の差異は、現実的なものであった可能性は高い。すなわち、髙梨家の年間就業日数三一七日は銚子の同業他社に比しても相対的に少なく、したがって日給三五銭の年間賃金総額も、先の三四〇日とした計算値一一九円を下回る一一一円と

表 3-5　蔵人への付加給付の支払い（1901 年）

1901 年		1月	2月		3月	4月	5月	6月	7月	8月		9月	10月	11月	12月			
		31日	1日	7日	1日	1日	1日	1日	1日	1日	11日	1日	1日	1日	1日	15日	27日	28日
元蔵																		
小遣い	金額（円）	3.50			3.50	3.50	3.50	3.50	3.50	3.50		3.50	3.50	3.50	3.50		3.50	
月並み	人数	27			26	26	26	27	27	27		27	27	27	27		27	
	金額（円）	0.81			0.78	0.78	0.78	0.81	0.81	0.81		0.81	0.81	0.81	0.81		0.81	
若者酒代	金額（円）	2.00																
麦煎手当	人数										2							2
	金額（円）										3.50							2.50
小麦煎だし	金額（円）										3.20							2.36
若者骨折手当	金額（円）															10.00		
証文給金特別手当（1割1分7厘）	金額（円）																	106.23
出蔵																		
小遣い	金額（円）		3.50		3.50	3.50	3.50	3.50	3.50	3.50		3.50	3.50	3.50	3.50		3.50	
月並み	人数		24		24	24	24	24	24	24		25	25	25	25		25	
	金額（円）		0.72		0.72	0.72	0.72	0.72	0.72	0.72		0.75	0.75	0.75	0.75		0.75	
若者酒代	金額（円）																	
麦煎手当	人数										2						2	
	金額（円）										3.50						2.50	
小麦煎だし	金額（円）																2.16	
若者骨折手当	金額（円）																	
証文給金特別手当（1割1分7厘）	金額（円）																	101.67

続蔵														
小遣い	金額（円）	2.50	2.50	2.50	2.50	2.50	2.50	2.50		2.50	2.50	2.50	2.50	2.50
月並み	人数	23	23	23	23	23	23	26		26	26	26	26	26
	金額（円）	0.69	0.69	0.69	0.69	0.69	0.69	0.78		0.78	0.78	0.78	0.78	0.78
若者酒代	金額（円）													
麦煎手当	人数								2					2
	金額（円）								3.50					2.50
小麦煎だし	金額（円）													2.16
若者骨折手当	金額（円）													
証文給金特別手当（1割1分7厘）	金額（円）													93.41
辰巳蔵														
小遣い	金額（円）	1.00	1.00	1.00	1.00	1.00	1.00	1.00		1.00	1.00	1.00	1.00	1.00
月並み	人数	10	10	10	10	10	10	12		12	11	11	15	15
	金額（円）	0.30	0.30	0.30	0.30	0.30	0.30	0.36		0.36	0.33	0.33	0.45	0.45
若者酒代	金額（円）													
麦煎手当	人数								2					2
	金額（円）								3.50					2.50
小麦煎だし	金額（円）								2.80					1.44
若者骨折手当	金額（円）													
証文給金特別手当（1割1分7厘）	金額（円）													40.95

（出所）明治34年「醤油萬覚帳」（髙梨本家文書5AAH94）より作成。
（注）家内・見世では上記のような付加給の記載はない。

なるのである。

以上から、高梨家の実質的な賃金水準を測るには、「醤油萬覚帳」の年給額および付加給付金では過小評価であり、現物支給を加えることの意味が大きいことがわかった。実際、表3－6によれば、飯米用の白米購入費は蔵人の給金と付加給付額の合計を上回っていた[20]。年間の就業日数も相対的には少なかったから、一日当たり賃金との比較にはこの点の考慮も必要である。しかしそれらを勘案しても、高梨家の製造現場における年給労働者の賃金水準は、同時代の賃金率として必ずしも高い方ではなかったことは事実であった。その背後には、以下の熟練形成の深度の問題があった。

表3-6　蔵における賃金支出と飯米支出（1900年）

	賃金支出	飯米		
	（円）	（石）	（円）	（円）
元蔵	1,229.99	105.60	1,320.00	12.50
出蔵	1,167.10	179.20	2,240.00	12.50
続蔵	1,174.97			
辰巳蔵	621.24	52.40	655.00	12.50
計	4,193.31	337.20	4,215.00	12.50

（出所）明治33年「醤油萬覚帳」（高梨本家文書5AAH71）より作成。
（注）賃金には付加給付を含む。

（2）年給労働者の年齢と移動

表3－7は、一九〇〇（明治三三）年の年給労働者の年齢分布を示したものである。蔵、見世、家内いずれも、一〇歳代後半から五〇歳代まで、幅広い年齢層を含んでいた。醸造工の集積である蔵では、二〇歳代前半の青年層が最大の二三・二％を占めていたが、三〇～四〇歳代も合計で三〇％余りに達しており、中高年の労働者も少なくない。醤油醸造労働は、労働可能年齢の全般にわたって、男性労働のフルタイム就業の場であったことをまず確認しておこう。同じ工場といっても、労働力の構成が若年女性に集中した繊維産業とは、労働者のライフコースにおける位置づけは大きく異なっていたのである。

では、醤油醸造工としてのライフコースは、どのようなものであったのか。それを知る上での一つの手がかりは、賃金と年齢の関係である。図3－1－1には、先の表3－2で用いた賃金データをもとに、四つの蔵の個々の年給労

表3-7　年給労働者の年齢分布　高梨家（1900年）

	（人）							（%）						
	見世	家内	蔵・計	元蔵	出蔵	続蔵	辰巳蔵	見世	家内	蔵・計	元蔵	出蔵	続蔵	辰巳蔵
60-　歳	1	2						10.0	18.2					
55-59歳	1		3	1	2			10.0		3.7	3.7	8.7		
50-54歳	2	1	3	1	1		1	20.0	9.1	3.7	3.7	4.3		11.1
45-49歳		2	3		1	1	1		18.2	3.7		4.3	4.3	11.1
40-44歳	1		9	3	2	3	1	10.0		11.0	11.1	8.7	13.0	11.1
35-39歳			10	4		5	1			12.2	14.8		21.7	11.1
30-34歳	2	1	6	2	3		1	20.0	9.1	7.3	7.4	13.0		11.1
25-29歳			16	4	5	4	3			19.5	14.8	21.7	17.4	33.3
20-24歳	1	2	19	7	6	5	1	10.0	18.2	23.2	25.9	26.1	21.7	11.1
15-19歳	1	2	11	5	1	5		10.0	18.2	13.4	18.5	4.3	21.7	
10-14歳														
不明	1	1	2		2			10.0	9.1	2.4		8.7		
計	10	11	82	27	23	23	9	100.0	100.0	100.0	100.0	100.0	100.0	100.0

（出所）明治33年「雇人原籍簿」（高梨本家文書5AJD1）より作成。
（注）高梨家は1900年の在籍者。一部、生年不明のものは除く。

働者の賃金と年齢との関係が示されている。先に述べたように、同年の賃金分布は四三円を最頻値とし、それを上回る年給の受給者は杜氏と「頭」の五名のみであった。図3－1－1によれば、その五名はいずれも三〇歳代後半以上であったから、相対的高賃金の獲得には、経験の蓄積が必要条件となっていたことが窺われる。実際、杜氏四名に限って見れば、年齢と賃金には正の相関があったようにも見える。しかし年給労働者総体では、この五名は例外的な存在であった。年給は四三円を上限に、高年齢層でもそれを超えていない。逆に、二〇歳代前半で、すでに四三円の受給者となっている年給労働者が少なくない。たしかに、一〇歳代後半は四〇円を上回る者はおらず、その点で前述の、未経験者の「山出し」から「中人」、そして一人前の「本人」へと至る道筋の反映を、この賃金と年齢の右肩上がりの関係の中に見出すことは難しくない。しかし二〇歳代前半に一人前となった年給労働者にとって、それ以上の年給賃金の上昇は、杜氏への抜擢以外には考えにくいこととなっていた。付加給付も、先に見たように、この時期には同一の立場の労働者層については、均等な給付がなされていた。

　これに対して、図3－1－2の見世の年給労働者の場合、四〇歳代の一二〇円の受給者まで、年齢と賃金にかなり強い正の相関があるように見える。ただし五〇歳代に、比較的幅のある賃金分布が見られた

図 3-1-1　年齢別の労働報酬の分布
(1901 年、4 蔵の年給労働者、年初契約の給金＋手当)

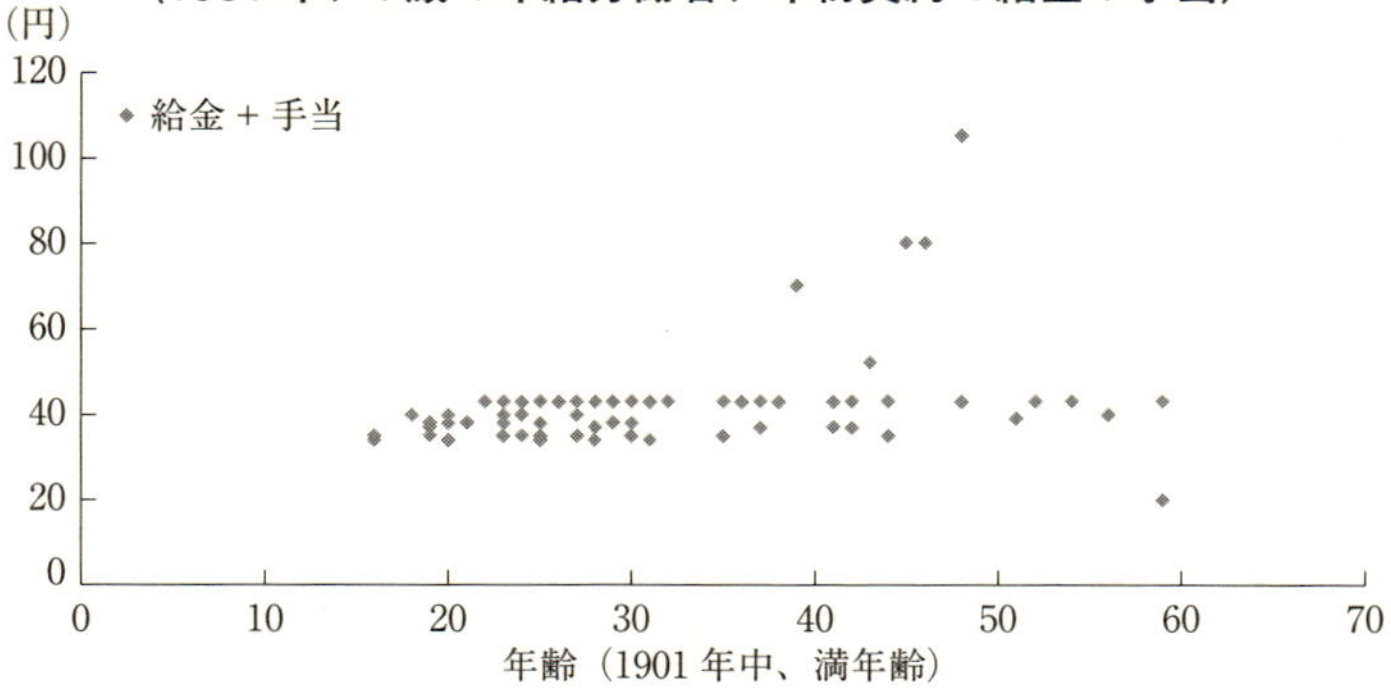

図 3-1-2　年齢別の労働報酬の分布
(1901 年、見世の年給労働者、年初契約の給金＋手当)

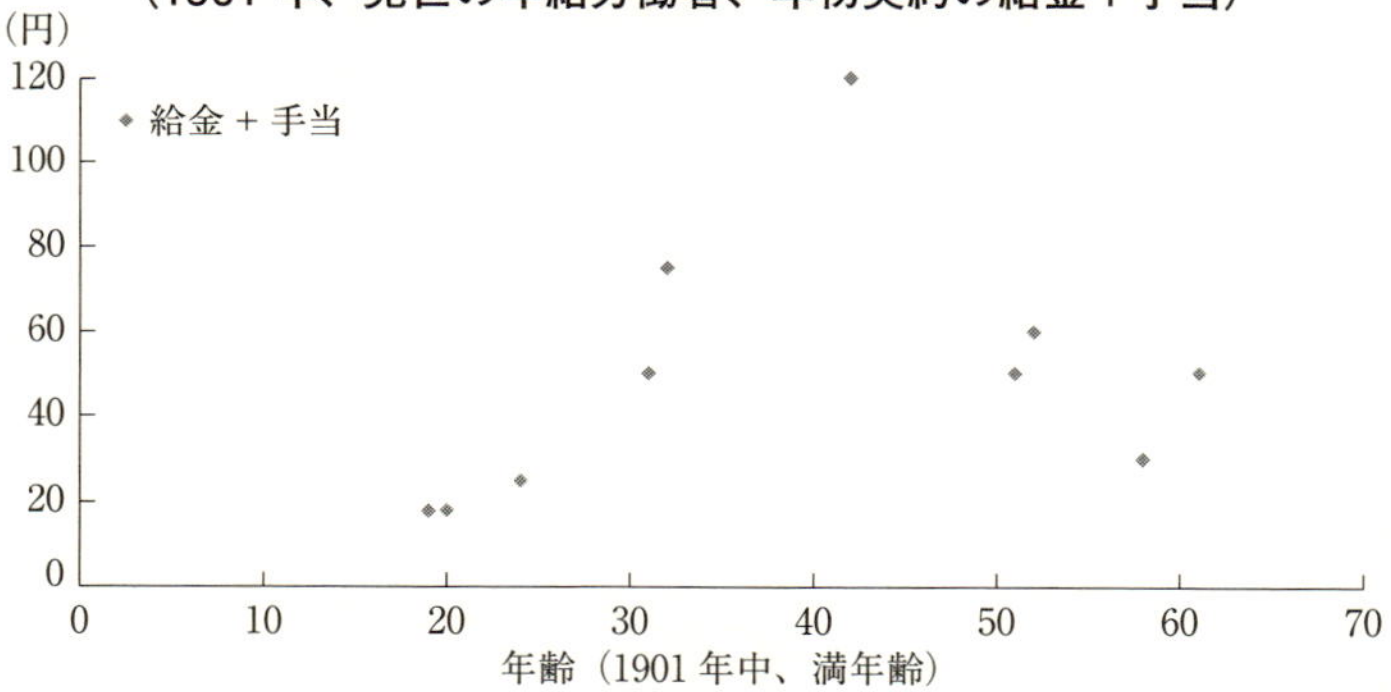

図 3-1-3　年齢別の労働報酬の分布
(1901 年、「家内」年給労働者、年初契約の給金＋手当)

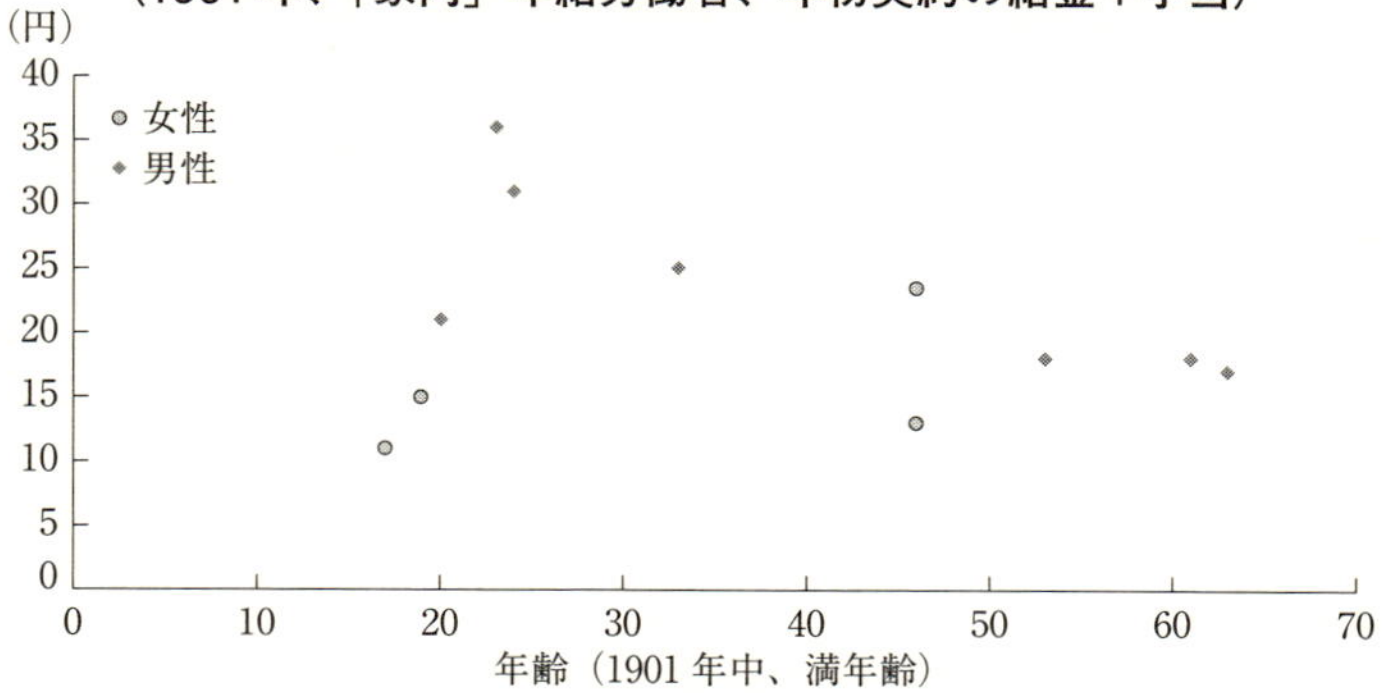

(出所) 明治 34 年「醤油萬覚帳」、明治 33 年「雇人原籍簿」(高梨本家文書 5AAH94、5AJD1)

ことにも留意しておこう。六〇円は蔵の一般労働者の上限を大きく上回っているが、その他は蔵と同レベルである。見世の内部での仕事内容のバリエーションが窺える。なお図３－１－３に見られるように、家内労働者についての賃金と年齢の相関関係は、ほとんど観察されなかった。仕事内容の多様性はさらに大きいようであり、そこに男女間の賃金水準の相違も加わっていた。

表 3-8　年給労働者の勤務の継続率

	1897 年	1898 年	1899 年	1900 年	1897 年と 1901 年の両年ともに在籍
年初の在籍数（人）	79	85	78	84	
翌年も年給労働者として現れる割合（%）					
見世の年給労働者	81.8	75.0	81.8	84.6	45.5
蔵の年給労働者	51.9	57.6	52.6	50.0	29.1
（蔵：カテゴリー別）					
杜氏・隠居	100.0	100.0	100.0	100.0	100.0
「本人」	61.5	56.8	58.8	52.8	33.3
内　30 歳未満				50.0	
30–40 歳未満				52.6	
40 歳以上				62.5	
「若者」	36.1	54.5	42.5	43.2	16.7

（出所）各年「醤油萬覚帳」（高梨本家文書 5AAH41、71、93、121）より作成。

次に、年給労働者の勤続と移動を見てみよう。ここでは、一八九七～一九〇一年の各年の「醤油萬覚帳」に現れる年給労働者名を照合し、高梨家の醸造場への出入りの状況を観察した。表３－８は、当年の帳簿に年給労働者として記載のあった者が、翌年の帳簿に現れる割合（以下、継続率と呼ぶ）を算出したものである。まず、見世と蔵で、継続率に大きな違いがあったことがわかる。見世では、八〇％前後で推移している継続率が、蔵では五〇％台に留まっていた。その結果、一八九七年の蔵人（年給労働者）の七〇％は、四年後の一九〇一年には高梨家の醸造場から姿を消していた。

蔵人の中での継続率の相違にも注目したい。四名の杜氏はいずれもこの間、継続して勤務している。それに対して、年給の上限額（＝最頻値）の支給が決まっている、一人前の醸造工＝「本人」の継続率は、五〇～六〇％程度であった。半分弱は、翌年には退出していたことになる。しかしそれでも、「若者」（「本人」相当の年給額以下の者。高年齢の者も含まれるが、ここでは便宜的にそのように呼ぶ）よりも、継続率は一〇〜二〇パーセント・ポイントほど高い（全体の継続率が低かった一八九八年を除く）。「若者」の継続率は、四〇％前後でしかないのである。また一九〇〇年の事例では、四〇歳を超えた「本人」の継続率が、それ以下よりも高くなっていたことも注目される。醸造労働への熟練の度合いとともに、年齢自体が移動性向の大小に影響していた。

以上の継続率に関する観察結果を、先の年齢と賃金との相関に関連させることで、醸造労働の性格を知る手がかりが得られる。見世と蔵、あるいは蔵の中での杜氏とそれ以外との継続率の大きな差異は、経営内での経験の蓄積が相対的高賃金の獲得につながるかどうかを反映している。一般の蔵人にとって、二〇歳代初めに達成可能な「本人」賃金が、全年齢を通じて上限となっていた。髙梨家の経営に勤め続けても、賃金は上昇せず、蔵人が継続的に髙梨家の経営に留まる積極的な理由がないことを含意している。しかし、賃金が上がらないだけでは、五〇％前後の継続率の説明としては十分ではない。実際、高年齢層の相対的に高い継続率は、移動性向に影響を与える他の要因——雇用の安定——の存在を示唆している。ではなぜ、三〇歳代までの「本人」は、移動を選択するのだろうか[21]。

しばしば指摘される要因としては、経営間の移動を熟練形成の手段とみなす、労働側に共有されていた考え方の影響がある。実際、醤油醸造工においても、「当時職工間では各地を一巡しない者は優良職工とは言へず、職工間にも羽振りがきかないといふやうな事情があった[22]」と言われる。先に触れた「西行」の慣行についても、この観点からの説明がなされる場合がある[23]。そうだとすれば、経営間の移動は、熟練形成過程にある職工により強く現れるであろう。「若者」は、経営間の移動によってより高い熟練を獲得するインセンティブを有するからである。それはたしかに、表3－8で観察された「若者」と「本人」との継続率の差異とは整合的であった。しかしながら、「本人」自体に十分に強い移動性向を、この要因によって十全に説明することは難しいだろう。すでに一人前の熟練を要する「本人」にとって、遍歴による熟練形成自体は強いインセンティブにならないからである。インセンティブを論ずるには、経営間移動が、髙梨家の一般蔵人の賃金プロファイルを上回る賃金率を獲得しうる可能性と結びついている必要がある。

可能性としては、例えば杜氏など、一般蔵人以外での採用が考えられる。もっとも髙梨家の事例で見る限り、杜氏は長期勤続者であったから、有力醸造経営に杜氏として新規に採用されることは現実的ではない。しかし、「不熟練職工のみを雇ひ置き此外来者を待って醸造」[24]する小工場が存在したと言われるから、中小経営への移動では、その可能性は否定されないだろう。他の醤油醸造経営が提供する相対的な高賃金が、移動のインセンティブになった可能性もある。また、一般醸造工の熟練の深度がそれほど深くないのであれば、他の業種への転換も視野に入ってくる。明治期の男性労働者にとって、醤油醸造工であることはライフコース上の一局面ではあるが、その全過程を占めるものではなかったのかもしれない。いずれにせよ、それらの可能性は、醤油醸造工を取り巻く、男性労働市場の全体像に関わる問題であった。別言するならば、本章で示した醤油醸造工の賃金プロファイルと移動性向は、当時の男性非農業労働市場の特質を映し出す一つの鏡であったと言える。もとより、この点を本格的に論ずることは本章の課題を超えているが、次節では、雇用労働者の調達のあり方とその給源を検討し、労働市場の実態の一端に迫りたい。

第3節　労働力の調達と給源

(1) 労働力の調達の方法

次の史料4は、一九一一（明治四四）年の雇人契約証である。

史料4[25]

雇人契約証

一　給金　**弐拾円也**　**茨城県結城郡岡田村篠山六拾弐番地平民吉太郎父**

渡邉　吾市
天保拾四年六月拾日生
自明治四拾四年壱月九日
至明治四拾五年壱月八日

右之給金ヲ以テ期限迄醤油醸造雇ニ差出左ノ条項ニ依リ契約仕候
第壱　前書給金ノ内前借トシテ金　拾　円也借用致シ残金ハ勤務中月々割合ヲ以テ本人又ハ保証人ニ御渡可被下事
第弐　業務ニ勉励シ欠勤ナキ節ハ解雇ノ時金　弐円　賞与トシテ御与被下候事
第参　期限中無怠注意勤務致可ハ勿論ナレドモ兵役等不得止事実ノ外暇乞申出ザル事
第四　病気欠勤ノ節ハ相当ノ代理人差入一日タリ共御差支無之様可致萬一不都合ノ挙動又ハ病気其他ノ為メ従業相成兼候節ハ保証人ニ於テ速ニ引取可申事
第五　前期第参第四ノ場合ニ於テ解雇候時ハ日数ニ応ジ月割ヲ以テ計算相立償還可致若シ本人不納ノ節ハ保証人弁納可致事
第六　業務繁忙其他如何ナル事情有之候トモ増給等ハ更ニ申出ザル事
右契約ノ条項ニ異議ナキヲ表スル為メ雇人保証人及紹介人連署証差入候也

明治四拾四年弐月拾七日　本人　渡邉　吾市　印
保証人　飯田　平吉　印
紹介人　神田　留吉　印

千葉県東葛飾郡野田町

高梨兵左衛門　殿

先に史料2として示した一八九九年の年給労働者の雇用契約証は、雇用される労働側が経営主の高梨兵左衛門に宛てた手書きのもので、本人とともに「証人」が署名、捺印を行っていた。それに対してこの雇人契約証は印刷物で、空欄に必要事項を書き込む形式となっている。史料4の太字の部分がそれに当たる。その内容、形式は、一九二〇年代半ばに協調会の調査や同時代の労働運動家・松岡駒吉が、野田の雇用契約の事例として紹介しているものとほぼ同一であり[26]、同様の印刷済の契約証が一九〇七（明治四〇）年にも用いられたことが確認できるので、野田における雇用契約の方式は、一七（大正六）年の野田醤油株式会社の設立を挟んで、遅くとも〇七年頃から二〇年代半ばまで、同一のものであったと言える。内容的には、先の史料2と類似の内容を、より具体的に述べている点に特徴があるが、ここでは連署人として、本人、保証人とともに紹介人が加わっていることに注目したい。しかも、この書面の紹介人・神田留吉の名前は、宛名（高梨兵左右衛門）の住所・氏名とともに、あらかじめ契約証に印刷されていた。

協調会の一九二〇年代の報告は、野田には「親分」と呼ばれる五軒の紹介業者が存在し、労働力の調達・管理に深く関与していたことを、野田における雇用関係の特質として強調している。また『野田醤油株式会社二十年史』は、「親分は一定の周旋料を造家より貰ふのみであるが蔵働人の身上の責任をも負担していたので造家に対する保証人でもあった（傍点は引用者）」とした[27]。たしかに、紹介人名がすでに契約証に印刷されていたことは、特定の紹介人が、高梨家の雇用労働者の雇い入れに関与していたことの証左であった。ただし、史料4の文面を見る限り、労働者本人の欠勤の際の代人の提供や、債務不履行に対する弁済は保証人の責任とされており、かつその保証人としては、紹介人とは別の人物が署名・捺印をしていた。また、これまでの文献は、「親分制度」を野田の伝統的な労働力の調達・管理制度とする傾向が強いが、先の史料2の契約証の文面には紹介人は現れておらず、紹介人の位置づけの差異を窺わせるものとなっている。史料4から想定される関係が、一九〇〇年代以前にも遡れるかどうかは、改めて吟味を要する問題なのである。

髙梨家に残る雇用契約関係の書類の中では、例えば一八八七年のある手書きの「雇奉公人請証」（髙梨本家文書5AJA71）に連署、捺印していた三者の肩書が、人主、証人、そして請宿であった。雇用契約が、実際に労働する本人ではなく、人主・請人を当事者として結ばれることは、近世期の雇用契約の通例とも言えるあり方であった。その点で、一八九九年の雇用契約証で本人の署名、捺印が連署の筆頭に来ていることは、八七年からの変化として捉えるべきものとなる。一方で、一八八七年の「請宿《うけやど》」は、一九〇七年の契約証では「受宿《うけやど》」として現れており、そこでは連続性は明らかであった（髙梨本家文書5AJA406）。また一九一一年の契約証の「紹介人」がこの「受宿」の呼称の変化であったことは、史料4の形式の印刷された文面に〇七年の契約証では受宿・神田留吉、一一年には紹介人・神田留吉とあったこと、また両年の間の一〇年の契約証に、受宿の記載に線が引かれ手書きで紹介人と書き換えられていたものがあったことなどから確認することができた（髙梨本家文書5AJA400、408）。

では、受宿の存在は、どこまで遡れるのだろうか。雇用契約証である「奉公人請状」では、一八六五（慶応元）年の「相定申奉公人請状之事」に、人主と請人につづいて、「世話人」の連署（名は三蔵）を見出すことができる（髙梨本家文書5AJA85）。また世話人の嘉兵衛・久左衛門が連名で髙梨家に宛てた「世話料請取帳」が、一八五九（安政六）年から六三（文久三）年の期間について残されている（髙梨本家文書5AJGI、2）。この帳簿は、個々の雇用労働者ごとに髙梨家から世話人が受け取った「世話料」を記録しており、世話人が手数料を取って髙梨家に労働者を周旋する業者であったこと、そして、遅くとも幕末の一八五〇年代には、このような紹介（口入）業者の活動が見られたことが確認できる。

ここで注目されるのが、「世話料請取帳」から垣間見られる嘉兵衛・久左衛門の周旋の内容である。一八六三年の事例では、例えば塩原（現・栃木県）の万吉が、「盆前」の正月より七月一五日まで一二・八六匁、「盆後」の七月一五日より一二月一八日まで一〇・五匁の世話料で高梨家の本（元）蔵に「世話」（周旋）されていた。銚子の市五郎のケースでは、盆前は万吉と同額、盆後は七・一匁と少ないが、雇用期間が一一月三日までとなっている。この塩原、銚子は野田から一定の距離がある地域であったが、高梨家の蔵の所在地からほど近い中野台村の要蔵でも、世話料は盆前一二・八六匁、盆後一〇・九二匁と、万吉とほぼ同額であった。一人当たりの世話料は出身地を問わず、労働契約の日数によって決められていたのである。なお万吉の「醤油萬覚帳」（高梨本家文書5AAH168）における給金は八両二分と銀一分四厘であったから、世話料は同人の場合、給金額の約四・六％に相当した。この金額が労働者本人への支払いとなる給金とは別に、高梨家から世話人に支払われていたのである。[28]

このように、「世話料請取帳」に現れている高梨家と雇用者との関係は、労働日数を基準とするもので、一年を単位とする年季契約とは異なっていた。事実、文久期（一八六一〜六四年）の高梨本蔵、高梨出蔵の二冊の「日雇人出入控帳」（高梨本家文書5AJD10、17）が残されており、「世話料請取帳」が周旋の対象としていた雇用者は、ほぼすべてこの「日雇人出入控帳」にも現れていた。また、嘉兵衛、久左衛門の肩書として「日雇宿」が用いられている事例も、日雇人に関する文書史料から確認できる（高梨本家文書5AJG3）。すなわち、嘉兵衛、久左衛門は日雇人の紹介業者として位置づけられるのであり、この点で、一八六五年の年季奉公人の請状に現れた世話人の三蔵とは立場が異なっていたと言える。また高梨本家文書に残されている近世から明治中期までの奉公人請状（証）の大部分は、人主と請人の二名の連署で、世話人が書面に連署している事例は、むしろ例外に属していた。幕末において、世話人が周旋機能を発揮していたのは主に日雇人についてであり、年季雇に関する保証機能を担ったのは、主に人主、請人であったとの想定も可能なように思われる。仮にそうであるならば、史料4に明示される年給労働者への紹介業者の関与は、明治期の後半に進展した新たな事態であったと言えよう。

表3–9　雇用形態別の蔵人数

	1823年（文政6）	1851年（嘉永4）	1864年（文久4）
杜氏・隠居	3	2	2
年給	25	48	35
日雇	25	104	188
計	53	154	225

（出所）各年「醬油萬覚帳」（高梨本家文書5AAH17、27、81）より作成。
（注）年給労働者と日雇人の判別については、本文参照。

その背景には、高梨家の雇用形態の比重の変化があった。先述のように一九〇一年の「醬油萬覚帳」では、年給者と短期雇用者は明確に口座が区別されており、短期雇用者数の四蔵合計五三名は、八七名の年給労働者を大きく下回っていた。これに対して、幕末文久期の「醬油萬覚帳」では、短期雇用者に関する別建ての記載はなく、各蔵とも、杜氏を筆頭にすべての雇用者への支払い状況が、個々人別に同じ形式で記されている。しかし子細に見れば、請人と人主の名前が付されている奉公人とそうではない奉公人の、二つのタイプが浮かび上がってくる。これを、先の「日雇人出入控帳」と照合すると、請人・人主の付されている奉公人は、この帳簿には現れないことが判明した。逆に請人・人主のない者の大部分は、「日雇人出入控帳」に記載されている。杜氏の場合も請人・人主は付されていないから、すべてをこの基準で判断することは難しいにしても、請人・人主の記載の有無で、雇用形態を判別することはおおよそ可能である。この判断基準に基づく表3–9によれば、一八六四年は明らかに日雇人の方が多かった。すなわち、明治中後期と文久期との紹介業者の位置づけの相違は、両時点での高梨家の雇用形態の相違を反映するものであった。一八五一（嘉永四）年でも日雇人の人数の方が多かったから、幕末の一八五〇～六〇年代は、高梨家の雇用労働が日雇形態に比重を置いた時代であったと言えよう。

ただし、それは日雇人から年給労働者への変化が、一貫した趨勢であったことを意味しているわけではない。一八五一年の年給労働者の人数は杜氏を含めて五〇名で、六五年の三七名を上回っている。さらに遡った一八二三（文政六）年では、年季奉公人と日雇人はほぼ拮抗した人数を示していた。近世労働史の分野では、伝統的に年季奉公の期間の短縮化、さらに日雇労働の増加を雇用関係の近代化の趨勢の反映とみなす見解があり、その見方からすれば、幕末の日雇人の増大は、労働市場の近代化の一段階として理解されることになる。また日雇人の雇用には紹介業者の関与があったから、紹介業者の存在もその趨勢の上に捉えられていた。実際、銚子のヤマサ醤油の雇用労働を検討した吉田ゆり子は、近世から明治前期にかけて雇用関係への関与が請人・人主から身元保証人・口入業者へと変化している事実を見出し、それを「人主と請人を必要とする近世的な形態からの変化」と位置づけている[29]。それに対して、一九二〇年代に野田の雇用関係を論じた前述の諸報告などは、紹介人＝「親分」とし、親分の存在を伝統的な雇用関係を象徴する現象として捉えていた[30]。紹介人が「前近代」の体現者として位置づけられてもいるのである[31]。

本章で明らかにしてきたように、「紹介人」の制度的な定着は明治中後期の事態であった可能性が高いから、それを伝統的な雇用関係の中核とする理解には留保が必要となろう。その点で紹介人の登場を新しい事態とする吉田の事実認識は野田にも当てはまるものであった。重要なのは、雇用契約の期間や、雇用の調達・管理における仲介者の機能は、一方向への単線的な変化ではなかったことである。すでに吉田ゆり子も、ヤマサ醤油の雇用労働に関して、幕末前の日雇割合の増加と明治前期の年雇への傾斜を実証している[32]。吉田はそれを、ヤマサ醤油の生産量の変動との関連で論じているが、高梨家とも共通するこの現象は、個別経営の労務政策のみならず、その背後にある醤油醸造に関わる労働市場の構造への関心を喚起するものと言えよう。その事実の中に、小農社会における男性雇用労働の歴史的な特質を理解する手がかりを探ることが、雇用労働史研究の課題として浮かび上がっているのである。

(2) 労働力の給源

では、高梨家の経営が雇い入れた奉公人、日雇、雇用労働者はどのような属性を有していたのだろうか。最後に、雇用された労働者の出身地と続柄からそれを探ってみよう。

表３－10は一九〇〇年代初頭の高梨家の年給労働者について、原籍地の地理的分布を整理したものである。高梨家

表 3-10　年給労働者の原籍地の分布（1900 年代）

		人数			現れた村の数			現れた字の数	
	蔵（人）	見世（人）	家内（人）	蔵	見世	家内	蔵	見世	家内
千葉　東葛飾	39	10	8	8	3	2	18	7	3
（内、野田市域）									
上花輪（野田町）	5								
清水（野田町）	6	2							
中ノ台（野田町）			1						
野田（野田町）	3		6						
梅郷	10	2							
福田	2	6							
川間	3		1						
旭	4								
田中	4								
七福	1								
新川	1								
茨城　北相馬	29	1	3	9	1	2	10	1	2
茨城　猿島	46	3	1	13	3	1	25	3	1
茨城　結城	46	1	8	17	1	4	26	1	6
埼玉　北葛飾	4	2	2	4	2	2	4	2	2
茨城　筑波	6		1	4		1	4		1
茨城　行方	1			1			1		
埼玉　南埼玉	1	3		1	3		1	3	
茨城　鹿島	1			1			1		
千葉　安房	1			1			1		
千葉　香取	1			1		2	1		3
群馬　邑楽	1			1			1		
長野　小県		1			1			1	
総合計	176	21	23	61	14	14	93	18	18
	人数の分布			村当たり人数			字当たり人数		
	蔵（%）	見世（%）	家内（%）	蔵（人）	見世（人）	家内（人）	蔵（人）	見世（人）	家内（人）
千葉　東葛飾	22.2	47.6	34.8	4.88	3.33	4.00	2.17	1.43	2.67
茨城　北相馬	16.5	4.8	13.0	3.22	1.00	1.50	2.90	1.00	1.50
茨城　猿島	26.1	14.3	4.3	3.54	1.00	1.00	1.84	1.00	1.00
茨城　結城	26.1	4.8	34.8	2.71	1.00	2.00	1.77	1.00	1.33
埼玉　北葛飾	2.3	9.5	8.7	1.00	1.00	1.00	1.00	1.00	1.00
茨城　筑波	3.4		4.3	1.50		1.00	1.50		1.00
茨城　行方	0.6			1.00			1.00		
埼玉　南埼玉	0.6	14.3		1.00	1.00		1.00	1.00	
茨城　鹿島	0.6			1.00			1.00		
千葉　安房	0.6			1.00			1.00		
千葉　香取	0.6			1.00			1.00		
群馬　邑楽	0.6			1.00			1.00		
長野　小県		4.8			1.00			1.00	
総合計	100.0	100.0	100.0	2.89	1.50	1.64	1.89	1.17	1.28

（出所）明治 33 年「雇人原籍簿」（高梨本家文書 5AJD1）より作成。
（注）おもに 1900～1902 年の在籍者であるが、一部それ以降の入職者も含む。

の四つの蔵と見世が操業しているのは野田地域（上花輪村、梅郷村）で、千葉県東葛飾郡の西北部に位置していた。東葛飾郡は茨城県、埼玉県と接する位置にあり、茨城県の北相馬郡、猿島郡、および埼玉県の北葛飾郡、南埼玉郡とは隣接地域であった。逆に同じ千葉県でも香取郡、海上郡、安房郡は茨城県下の隣接諸郡よりも野田地域から距離がある。表3－10は東葛飾郡との位置関係を考慮して各郡を配置し、当該地域の出身者の人数を記したものである。最も人数の多い蔵人の出身地は猿島、結城の茨城県域で、それぞれ二六％を占めていた。次の北相馬郡を加えれば、この茨城県下の三郡で全体のほぼ七割を占めていた。地元の東葛飾郡の割合は二二％であった。これに北葛飾、南埼玉も含めれば、蔵人の給源は地元の野田および隣接地域（結城郡は猿島郡に隣接）であったことがまず確認される。ただし、労働力の給源が地理的に同心円状に広がっていたわけではない。まず東葛飾の中では、野田近辺に集中しており、郡内全域への広がりは見られない。茨城県下の三郡は、東葛飾郡の北西方向に固まって所在している。すなわち髙梨家の労働力の給源は、比較的近距離の範囲に、しかし地理的には偏りを持って分布していたのである。ただし村当たり、字（旧村）当たりの人数はそれほど多くないので、特定の村や字に給源が集中していたわけではなかった。なお、見世の雇用者では野田地域の出身者が五〇％と高い割合であったことも注目される。家内労働者では野田地域と結城郡がそれぞれ三分の一を占めていた。

表3－11－1によれば、一八七七・八七年の出身地域の分布は、全体としては一九〇〇年代とそれほど違ってはいなかった。ただし東葛飾郡の比重は一〇％台と低く、また一八七七年には越後出身者の存在があった。それが幕末の状況の名残りであったことが、表3－11－2に示されている。一八六四（文久四）年では、日雇人の中に千葉県とは隣接しない地域の、旧国別の出身地の記載がある者が一八名含まれていた。日雇人の中では一割を占める人数である。また千葉県、埼玉県内であっても、先の茨城県の諸郡よりも遠隔の銚子や川越、佐倉などの地名が散見された。一八五一（嘉永四）年の場合には、伊豆出身の年給労働者の存在が特筆される。同年の「伊豆奉公人給金取調帳」（髙梨本

表 3-11-1　蔵人の出身地の変遷

（人）

県	郡	1877 年（明治 10）	1887 年（明治 20）
千葉	東葛飾	29	9
茨城	北相馬	44	20
茨城	猿島	13	17
茨城	結城	29	29
埼玉	北葛飾		1
茨城	筑波	8	4
茨城	行方郡	1	
埼玉	南埼玉	9	1
茨城	真壁	1	1
千葉	香取	6	
茨城	新治	1	
茨城	東茨城	1	
	越後	2	
	不明	18	2
		162	84

表 3-11-2　遠隔地出身の蔵人の出身地分布

（人）

	1864 年（文久 4）	1851 年（嘉永 4）
年給労働者		
伊豆		13
越後		1
日雇人		
伊豆	7	2
越後	5	5
加賀	2	1
越前	1	
甲州	1	
相模	1	
信濃	1	
越中		1
仙台		3
上州		1
銚子	4	5
佐倉	2	2
川越	2	1
塩原	1	1

	1792 年（寛政 4）
越後	1
香取郡	2
海上郡	2
銚子	3
川越	2

（出所）表 3-11-1～2 はいずれも各年「醤油萬覚帳」（高梨本家文書 5AAH27、35、61、81、100）より作成。

家文書 5AJC5）からは、伊豆奉公人はいずれも田方郡に属する八つの村の出身であること、二年期の年季契約を結んでいたこと、奉公人請状には請人、人主に加えて、名主や百姓代、組合の肩書を有する者の連署があったことがわかる。なお文政、寛政期は地名記載が乏しく、全体像は見えにくいが、一七九二（寛政四）年の場合には、少なくとも表示のような諸地域出身者の雇い入れがなされていた。

以上の断片的な情報からでも、幕末期と明治期で、労働者の給源に一定の変化が生じていたことは確認できる。変化の方向は、労働力給源の地理的な近接化であった。幕末の高梨家は、雇用労働者の一定割合を、遠隔地の出身者によって賄っていた。一九世紀半ばにその傾向は最も強まったことが想定されるが、その起点の一八世紀末においても、一九〇〇年代より奉公人の出身地の地理的分布は広域であった。ちなみに、一七九二年、一八六四年ともに有力醤油産地である銚子出身者を見出すことができるが、一九〇〇年代の年給労働者の中には皆無である。一方、銚子のヤマサ醤油の一九〇〇年代後半の労働力給源は、千葉県海上郡、中でも銚子町周辺に集中しており、やや広がりを持った日雇労働者の給源も、髙梨家の雇用労働者の出身地と地理的にはほとんど重ならなかった(33)。明治期における醤油醸造の活性化は、野田や銚子における労働需要の増大を招いたが、それは、労働給源の広域化とは逆方向に動いていた。醸造労働においては、むしろ一九世紀半ばの方が、広域にわたる労働移動が行われていた。ここでも労働需給の増大、すなわち労働市場の深化は、単線的な労働需給の広域化を伴うものではなかったことが示されている。

最後に、表3－12にまとめられた年給労働者の続柄の分布から、年給労働者の世帯内での位置を探ってみよう。まず、一〇～二〇歳代の若い層では、非跡継ぎの次三男の数が長男を大きく上回っていた。他方で、絶対数において長男が一定数を占めていたことも注目される。単独相続を慣行とする農家世帯にとって、相続者となる長男の農業からの離脱は、本来望まれない選択のはずである。では、ここでの長男は非農家を出身世帯としていたのであろうか。町場を労働給源の一つとする銚子の場合、長男の出身世帯を非農家と想定する根拠は存在した(34)。しかし髙梨家の場合、労働給源は茨城の農村部に広がっている。農家の跡継ぎであっても、ライフコース上の一時点において、醸造労働を所得獲得の手段とするケースがあったのであろうか。これらの論点に応えるためには、労働給源となる農村地域の就業構造に立ち入ることが要請さ

表3-12　年給労働者の続柄（1900年代）

	家内		蔵		見世	
	人数（人）	平均年齢（歳）	人数（人）	平均年齢（歳）	人数（人）	平均年齢（歳）
戸主	3	48.0	8	40.7		
空欄（推定戸主）	9	44.1	64	34.3	9	35.0
長男	1	18.0	29	24.6	3	19.3
次三男以下・弟・叔父	2	22.0	64	25.2	8	15.0
妹	1	23.0				
長女	6	23.8				
婿			1	29.0		
孫			2	20.0		
養子			7	36.9	1	41.0
養父	1	23.8	1	40.0		
父					1	57.0
附籍					1	30.0
計	23		176		23	

（出所）明治33年「雇人原籍簿」（髙梨本家文書5AJD1）より作成。

れている。もう一点注目されるのは、年齢の高い層では、一部に「戸主」の記載があるほかは、続柄が空欄であるケースが多かったことである。単なる記載漏れにしては数が多く、また独身者が原則として出身世帯の戸籍の中に位置づけられているとすれば、この空欄は、出身世帯の戸籍からは抜けている状況、すなわち婚姻関係を有し、事実上、「戸主」の位置にあった可能性を示唆しているのではないだろうか。仮にそうであるならば、表3－12における「記載なし（戸主）」の量的比重の大きさは、醸造工の大半が、蔵の「広敷」に寝泊まりする独身者であったとするイメージに対して、一定の修正を迫ることになる。もとより表3－12の事実のみに基づく断定は控えるべきであるが、ここでは一つの傍証として指摘しておくこととしたい。

おわりに

以上、本章では高梨本家文書所収の史料によって、野田の醤油醸造経営における雇用労働の実態について明治中後期を中心に見てきた。年給労働者の集積、幅広い年齢分布と若年者の高い移動性、二〇歳代前半以降の蔵人賃金と年齢との無相関など、本章が見出した高梨家の雇用労働の特徴は、銚子のヤマサ醤油の場合とかなりの程度共通している。幕末における日雇人の増大と明治期におけるその反転、雇用契約関係者の人主・請人から保証人・紹介人への変遷なども、ヤマサ醤油と共通して観察される事態であった。その一方で、高梨家の雇用労働の給源は、明治期にとみに野田との地理的近接化の方向を示し、銚子の醸造経営とはほとんど交錯していない。労働市場としては、両者は独立の様相を呈しており、比較的狭い範囲での労働給源の深化が、増大する需要を満たしていたのである。労務管理上の共通性と一見したところでの労働市場の独立性、そして雇用契約期間や労働給源の地理的分布における、一方向ではない、非単線的な歴史的変遷。これらの事実発見は、改めて醤油醸造業における労働市場の構造への関心を喚起している。それは、小農経営を基盤とする経済社会における、男性労働力の非農業就業の特質と、それが産み出す経済社会の動態的な変化を問うことにもつながってくる。高梨本家史料のさらなる分析によって、これらの問題へ取り組むことが次の課題である。

注

（1）近年のまとまった研究として西坂靖『三井越後屋奉公人の研究』（東京大学出版会、二〇〇六年）を挙げておく。
（2）柚木學『近世灘酒経済史』（ミネルヴァ書房、一九六五年）第三章など。
（3）織物マニュファクチュアをめぐる議論については、とりあえず谷本雅之「厳マニュ論争とプロト工業化論」（石井寛治・原朗・武田晴人編『日本経済史１　幕末維新期』東京大学出版会、二〇〇〇年）を参照。
（4）近世のヒゲタ醤油を扱った油井宏子「銚子醤油醸造業における雇用労働」（東京大学『論集きんせい』第四号、一九八〇年）が、後述の播州円尾家に関する論稿と並んで、最も早い時期に取り組まれた研究である。その後、ヤマサ醤油についての共同研究から、近世を対象とした鈴木（吉田）ゆり子「醤油醸造業における雇用労働」（林玲子編『醤油醸造業史の研究』吉川弘文館、一九九〇年）、明治・大正期に関する大川裕嗣「在来産業の近代化と労使関係の再編（一）（二）」（東京大学『社会科学研究』四二巻六号、四三巻二号、一九九一年）および谷本雅之「一九一〇年前後の男性工場労働者」（大阪商業大学商業史博物館『商業史博物館紀要』第六号、二〇〇五年）が現れた。なお、渡辺信一「小都市工業に対する地元農家経済圏の労働力補給状況」（東京大学『経済学論集』第四巻第六号、一九三四年）も、戦前期のヤマサ醤油の労働力調達を、労働移動論の観点から同社史料を用いて同時代的に論じている。
（5）中山正太郎「龍野醤油醸造業の雇用労働について」（明石工業専門学校『研究紀要』第二三号、一九八一年）、同「醤油醸造業における雇用労働」（『同右』第二四号、一九八二年）、同「明治前期における醤油醸造家の日雇人帳」（『同右』第二五号、一九八三年）、同「醤油醸造業における生産と労働」（有元正雄編『近世瀬戸内農村の研究』渓水社、一

九八八年）。長谷川彰「幕末期醤油醸造業における雇用労働と賃金」（桃山学院大学『経済経営論集』第二五巻第二・三号、一九八三年）。

（6）野田では、高梨家を含む有力醸造家八家の大合同によって、一九一七（大正六）年に野田醤油株式会社（のちのキッコーマン）が設立された。マーク・フルーインは、野田醤油設立以降を対象に、労務管理史の視角からの研究を、同社所蔵史料も利用しつつ公刊している（W. Mark Fruin, *Kikkoman: Company, Clan, and Community*, Harvard University Press, 1983）。

（7）実際、「醤油萬覚帳」には「下男」「下女」、「雇人原籍簿」には「奴僕」「婢僕」の語が見られる。

（8）「蔵働人に対して食事を準備する炊事夫を焚屋と称し広敷に専属」していたという（野田醤油株式会社編『野田醤油株式会社二十年史』一九四〇年、五九二頁）。

（9）高梨本家文書5AJA75。現在整理されている文書群には一九〇〇年代の労働契約関係の書類は少なく、この事例のほか、数点に留まる。ここでは一九〇一年に最も近い年次のものを史料2として掲げた。

（10）前掲『野田醤油株式会社二十年史』五九一頁。以下、本段落での引用は、すべて同書、同頁による。

（11）前掲『野田醤油株式会社二十年史』五八七－五八八頁。

（12）仕入れ、営業の担当者については、森典子から教示を得た。

（13）前掲大川裕嗣「在来産業の近代化と労使関係の再編（一）」四七－四八頁。

（14）川島豊吉「ヤマサ醤油に関する思ひ出話」（ヤマサ醤油株式会社文書）四頁。

（15）吉田寧「本邦醤油工業労働事情・上」（『社会政策時報』一九二五年一一月号）、一三一頁。

（16）この「飯米比較帳」は裏表紙に「高梨出蔵」とあるが、杜氏、蔵人には「両蔵」の語が付けられており、明らかに二つの蔵を対象としている。野田町上花輪に所在する元蔵、辰巳蔵に対して、出蔵は野田町梅郷にあり、かつ続蔵と同一の建家の中にあるので、ここでの飯米供給の対象は出蔵と続蔵で作業をする人々と考えられる。したがって、表3－4には出蔵・続蔵の雇用労働者数を掲げた。

（17）前述の川島豊吉の回顧で「小遣銭」の西行への支給が述べられていたが、毎月一定額が支出されるここでの「小遣い」とは、内容的に整合しない。
(18) 表3－4の一月一日から一〇月七日までの飯米焚きの総計を、飯米供給対象者の延べ人数の合計値で除した値である。一人一日当たりの飯米供給として、六合半はかなり多い印象を受けるし、表示のように、一人平均八合を上回る日も少なくない。ちなみに、明治末の茨城県下七〇町村の一人当たり主食の平均消費量は四合で、米食率は六六％との推計がある（中西僚太郎「明治末期の食料消費量」尾高煌之助・山本有造編『幕末・明治の日本経済』日本経済新聞社、一九八八年、二七三頁）。松岡駒吉は、家族を有する通勤者の中には、蔵で支給された飯米を懐に入れて自宅に持ち帰る者がいたことを指摘している（松岡駒吉『野田大労働争議』改造社、一九二八年、復刻版崙書房、一九七三年、二二一－二二三頁）。そうであるならば、飯米支給は労働者への「賄い」の域を超えていたと言えよう。
(19) 前掲谷本雅之「一九一〇年前後の男性工場労働者」一〇－一一頁。
(20) もっともこの飯米支出には、西行や諸職人へ供給される分も含まれていたから、諸職人への支払い額などを加えた労務コスト全体での飯米支出の割合は、もう少し下がることになる。
(21) 蔵人による移動の選択ではなく、雇用主による蔵人の選択的雇用とする見方もありえよう。本章ではこの時期の雇用規模は安定的で、経営からの放出の裏面では新規の採用があり、そこでは採用時から「本人」相当の給金を支払う事例が少なくなかったこと、新規の採用には一定のコストがかかることが想定されること、などを考慮し、経営側に一人前のレベルの職工を毎年半数入れ替えるインセンティブは乏しいと考えている。この点の立ち入った検証は、今後の課題である。
(22) 前掲吉田寧「本邦醬油工業労働事情・上」一三一頁。
(23) 同右文献など。これに対して、松岡駒吉は「渡り者」の「さんよう」を、失業時の相互扶助的慣行として説明している（前掲松岡駒吉『野田大労働争議』二一一頁）。
(24) 前掲吉田寧「本邦醬油工業労働事情・上」一三一頁。
(25) 髙梨本家文書 5AJA367。なお欄外にメモ書きで「見世門番」の記載がある。「醬油萬覚帳」では家内労働者の項に現れている。

(26) 前掲吉田寧「本邦醤油工業労働事情・上」一二八－一二九頁、前掲松岡駒吉『野田大労働争議』一八－一九頁。協調会（吉田寧）の調査は雛形、松岡の論稿は一九二一（大正一〇）年に野田醤油株式会社に提出されたと考えられる雇人契約書の実例を紹介している。後者に現れている紹介人は野田紹介業組合員・里見音吉であった。なお前掲大川裕嗣「在来産業の近代化と労使関係の再編（一）」六四－六五頁も、吉田寧が紹介した契約書の雛形を引用している。
(27) 前掲『野田醤油株式会社二十年史』五九二－五九三頁。
(28) 金一両＝銀六〇匁で換算。
(29) 前掲鈴木（吉田）ゆり子「醤油醸造業における雇用労働」一八四頁。
(30) 前掲『野田醤油株式会社二十年史』五九〇－五九三頁。前掲吉田寧「本邦醤油工業労働事情・上」一二八頁。
(31) 例えば前掲松岡駒吉『野田大労働争議』一七－一八頁。
(32) 前掲鈴木（吉田）ゆり子「醤油醸造業における雇用労働」。
(33) 前掲谷本雅之「一九一〇年前後の男性工場労働者」五一－一〇頁。
(34) 同右。

［付記］本章は、日本学術振興会科学研究費補助金基盤研究（B）「労働市場の近代化と人的資本形成に関する比較史的研究（研究課題／領域番号 15H03371 代表・齋藤健太郎 京都産業大学教授）」の成果の一部である。

第4章　明治後期・大正初期における醤油醸造経営とその収支

天野　雅敏

はじめに

一八八七（明治二〇）年に結成された野田醤油醸造組合に所属した醸造家の総造石高を見ると、八八年四万六一四二石、九三年四万六五一八石であったが、九八年には五万三二五二石、一九〇三年七万八七五八石、〇八年九万五五六二六石となっており、一三（大正二）年には一四万六二八三石に達していた。

明治後期の野田の主要醤油醸造家の造石高を見ると、茂木七郎右衛門家の造石高は、一八九三年一万一七二石、一九〇一年二万一五七八石、〇九年に三万一七四五石となっており、一五年には四万三〇九石に達していた。幕末に一万石を超えていた茂木佐平治家の造石高は、東京醤油問屋との確執等もあり、明治二〇年代に停滞傾向を強めていた

図4-1　野田における主要醤油醸造家の造石高の動向

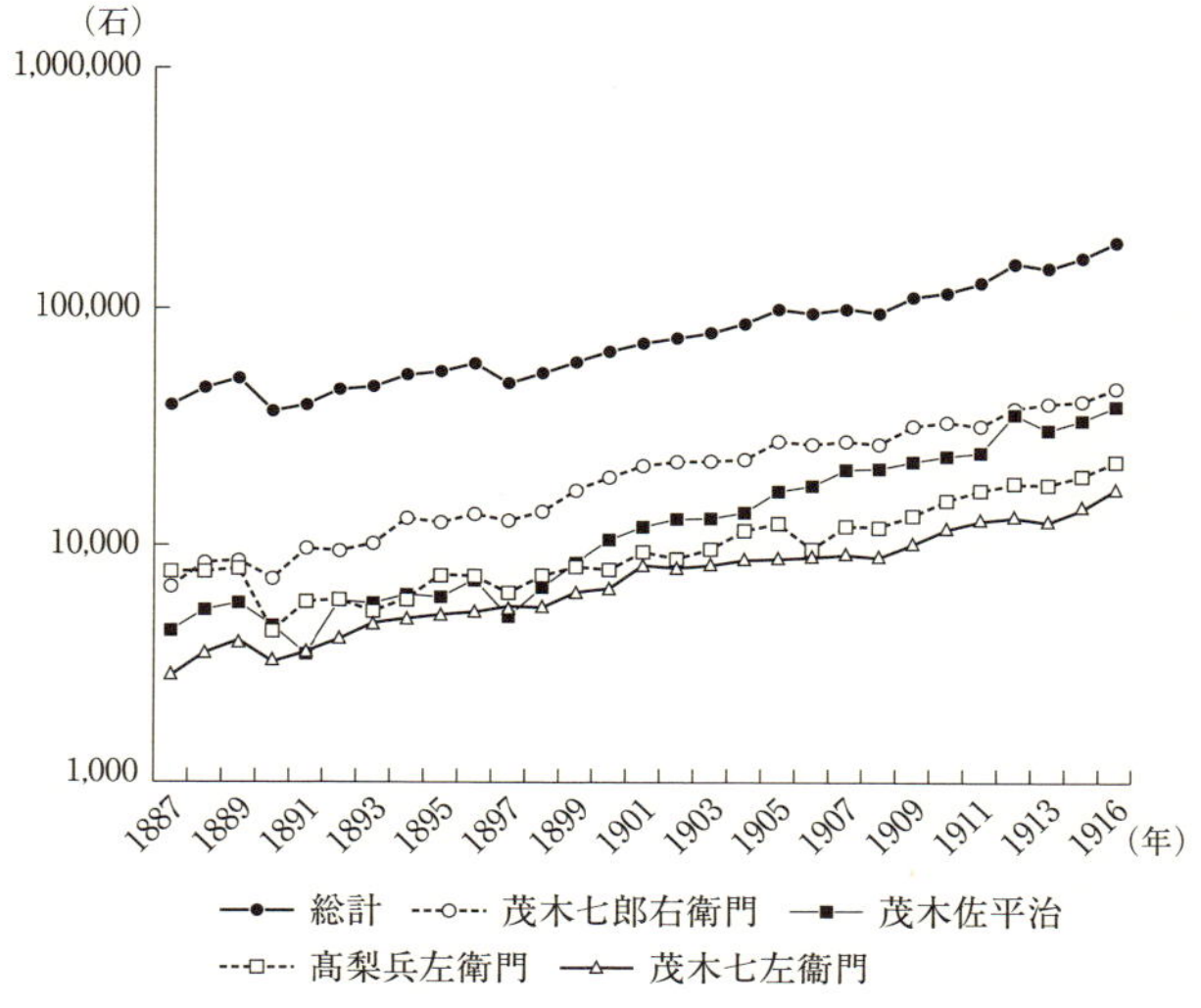

（出所）田中則雄『醤油から世界を見る―野田を中心とした東葛飾地方の対外関係史と醤油―』崙書房出版、1999年、214–215頁によって作成。

が、一九〇〇年に一万六一九石となり、〇七年に二万七五七石、一二年には三万五三八三石となっていた。高梨兵左衛門家の造石高は、一九〇四年に一万一五二九石となり、一六年には二万二二八七石となっていた。茂木七左衛門家の造石高は、一九〇九年に一万七〇石となっていた[1]。これらの野田の主要醤油醸造家の造石高の動向を図示した図4‐1によると、日清戦後から明治末・大正初期にかけて造石高の増加が顕著となっていた。

こうした野田の主要醸造家の造石高の動向をふまえ、本章では、一九〇〇年代から一九一七年の野田醤油株式会社の設立に至る時期の高梨兵左衛門家の醤油醸造業の経営と収支に焦点を絞り、醤油醸造業の決算簿の分析を試みることにする。高梨家の決算簿の「店卸帳　高梨本店」には、一九〇二年度から一七年度の醤油醸造業に関する経営成果が取りまとめられているので[2]、本章では、それに基づいて若干の検討を行うことにしよう。

一九一四年東京府主催の東京大正博覧会に高梨家は〈上十〉印（）醤油を出品し、出品目録の「醤油解説書」を作成しているので、それから、同家の醤油醸造業の沿革を窺うと、「我ガ醤油醸造業ノ開始シタルハ寛文元年一月ニシテ（今ヲ去ルコト貳百五拾有余年前）[3]、当時使用シタル仕込桶今ニ尚存ス、野田醤油ハ清酒灘ニ於ケルカ如ク賞揚セラル、ニ至リタルハ、地勢東京ニ近ク利根ノ水路運輸ノ便ヲ与ヘタルハ預テ力アリタルモ、業務熱心実地ノ経験ヲ重ネ、原料精撰ノ標準ヲ定メ製品ヲ佳良ナラシメ、殊ニ組合親密互ニ改良ヲ謀リタル等ニ依リ、醸造額明治初年ハ僅ニ四千石位ナリシモ、其後販路拡張シ海外ノ輸出モ盛ナラシメ年々増石シ、今ハ実ニ弐万五千石ニ達ス、市街ハ利根沿岸ニ接シ近年鉄道ヲ河岸ヨリ一貫セシメ、各醸造所ニ支線ヲ設ケ以テ貨物ノ運輸ニ供シ、又電話ヲ架設シ造家及ビ荷物取扱所ノ急務ヲ便ニス、尚ヲ陸ニハ県営鉄道ヲ設ケラレ水陸ノ便ナル地ナリ」と記しており、原料については、「大豆産地ハ茨城県筑波郡筑波山麓ノ産ヲ始メトシテ、北海道、満州鉄嶺産ノ良品ヲ撰ミ用ユ、小麦ハ神奈川県大磯附近ノ産ヨリ埼玉県岩槻附近、茨城県土浦附近ノ品ヲ撰ミ用ユ、塩ハ従来播州赤穂古濱ノ産ヲ用ユキタルモ近時ハ味野産ノ一二等塩ノミヲ用ユルナリ」とある。「外国輸出　未定」とするも、「米国各地、布哇、英国、独逸、露西亜、清国各地、韓国各地等」を輸出先に挙げている。[4] また、一八七七年第一回内国勧業博覧会に出品し金牌を受領して以来、国内博覧会・国際博覧会に出品を重ね、一九〇九年のシアトルのアラスカ・ユーコン太平洋博覧会や翌年のロンドンの日英博覧会では、名誉賞牌を受領している。[5] こうしたことをふまえ、次に同家の「店卸帳」の検討に入ることにしよう。

第1節　髙梨家「店卸帳」と損益の動向

一九〇二（明治三五）年度から一七（大正六）年度の髙梨家の醬油醸造業の成果計算が「店卸帳」に取りまとめられているので、ここではそのフローの成果計算について見ることにしよう。髙梨家の「店卸帳」では、同家の東京積醬油、地売醬油等からなる醬油売上高をまず算出し、それに対応する使用諸味原価の算出を行い、それらから醬油醸造業に関する営業利益と純利益とに当たるものを各々算出している。そこで、髙梨家の東京積醬油、地売醬油等からなる醤油売上高の算出過程を整理したものを表4－1とし、それに対応する使用諸味原価の算出過程を整理したものを表4－2とする。そして、醤油醸造業に関する営業利益と純利益とに当たるものを算出したものを表4－3とし、それらを次に表示することにしよう。

表4－1によると、高梨家の醤油売上高は、東京までの積送に要した運賃等の諸掛りと東京問屋口銭を控除した東

1902年度～1917年度

1906年度		1907年度		1908年度		1909年度	
樽	円	樽	円	樽	円	樽	円
88,030	213,096	97,130	253,857	95,884	227,299	103,599	265,620
	17,048		20,309		18,182		21,249
	1,630		1,928		2,013		3,862
	194,418		231,620		207,104		240,509
49,017	82,590	55,211	97,390	68,023	118,140	67,904	116,424
	2,151		1,383		2,828		2,787
	2,564		3,514		2,593		3,659
	77,876		92,493		112,719		109,978
4,915	8,129	6,940	10,346	5,661	7,849	6,606	10,999
5,662	8,456	4,915	8,129	6,940	10,346	5,661	7,849
136,300	271,967	154,366	326,329	162,628	317,325	172,448	353,637
	12,142		13,886		10,377		8,948
	4,522		3,603		-496		2,847
	288,631		343,818		327,206		365,432

1914年度		1915年度		1916年度		1917年度	
樽	円	樽	円	樽	円	樽	円
146,697	372,639	151,913	376,064	170,298	444,592	151,784	451,913
	30,547		30,837		36,457		34,318
	2,414		2,365		2,660		2,753
	339,678		342,862		405,475		414,842
96,562	178,543	103,355	175,869	110,304	186,411	89,931	194,079
	4,482		4,634		6,279		6,182
	3,585		5,029		3,810		1,526
	170,476		166,206		176,322		186,371
6,515	10,364	5,479	8,948	7,238	14,108	4,020	8,146
6,095	9,924	6,515	10,364	5,479	8,948	7,238	14,108
243,679	510,594	254,232	507,652	282,361	586,957	238,497	595,251
	18,258		13,521		11,740		19,672
	5,024		6,946		10,693		19,372
	533,876		528,119		609,390		634,295

表 4–1　高梨家醤油売上高の算出過程：

	1902年度		1903年度		1904年度		1905年度	
	樽	円	樽	円	樽	円	樽	円
東京積醤油	53,954	128,315	52,140	118,957	59,405	138,221	72,865	193,508
口銭		10,265		9,517		11,058		15,482
川岸上ケ・東京迄運賃		948		914		1,042		1,300
差引		117,102		108,526		126,121		176,726
地売醤油	57,916	88,559	52,766	82,949	79,197	127,701	73,888	137,479
口銭		1,365		1,483		2,406		4,198
懸入用・川並運賃他		1,151		1,320		1,540		2,288
差引		86,043		80,146		123,755		130,993
持越醤油	5,123	8,408	7,181	10,617	3,993	5,978	5,662	8,456
前年度持越醤油	4,255	8,005	5,423	8,408	7,181	10,617	3,993	5,978
小計	112,738	203,548	106,664	190,881	135,414	245,237	148,422	310,197
粕代		6,126		5,846		8,333		11,690
その他				1,785		3,242		4,241
計		209,674		198,512		256,812		326,128

	1910年度		1911年度		1912年度		1913年度	
	樽	円	樽	円	樽	円	樽	円
東京積醤油	94,813	250,143	112,377	291,142	119,487	316,843	137,798	357,705
口銭		20,512		23,873		25,348		29,332
運賃		1,381		1,667		2,630		2,384
差引		228,250		265,602		288,865		325,989
地売醤油	69,501	124,947	80,243	139,684	89,328	156,164	97,236	168,001
口銭		2,691		3,528		4,091		3,918
懸入用・運賃他		4,742		6,171		4,177		3,047
差引		117,514		129,985		147,896		161,036
持越醤油	6,233	10,629	5,858	9,306	7,857	13,560	6,095	9,924
前年度持越醤油	6,606	10,999	6,233	10,629	5,858	9,306	7,857	13,560
小計	163,941	345,394	192,245	394,264	210,814	441,015	233,272	483,389
粕代		10,355		15,684		16,556		16,626
その他		5,533		6,626		8,275		3,984
計		361,282		416,574		465,846		503,999

(出所)「店卸帳」(高梨本家文書、「店卸帳」については、本文の注(2)を参照。以下同じ。)によって作成。
(注) 円表示の数値は、原則として「店卸帳」に記載された数値の円以下を四捨五入したものであり、実物表示の数値も同様である。実物表示の数値の単位は樽である。

価の算出過程：1902年度～1917年度

1906年度		1907年度		1908年度		1909年度	
石（俵）	円	石（俵）	円	石（俵）	円	石（俵）	円
4,818.5	46,716	6,036.5	63,771	5,949.5	51,795	6,649	51,335
(10,329)		(13,733)		(12,982)		(15,347)	
4,818.5	43,101	6,036.5	56,943	5,949.5	55,457	6,649	69,068
(11,143)		(13,753)		(13,550)		(15,312)	
6,730	16,563	14,734	25,189	12,239	31,407	12,030	31,841
9,637	106,380	12,073	145,903	11,899	138,659	13,298	152,244
15,296	95,796	15,116	94,187	15,828	103,503	15,654	101,648
24,933	202,176	27,189	240,090	27,727	242,162	28,952	253,892
9,817	107,989	11,436	137,491	12,143	141,246	13,251	150,201
15,116	94,187	15,753	102,599	15,584	100,916	15,701	103,691

1914年度		1915年度		1916年度		1917年度	
石（俵）	円	石（俵）	円	石（俵）	円	石（俵）	円
9,494.5	96,649	9,728	86,562	11,143.5	115,894	10,677.5	138,893
(17,546)		(20,721)		(25,679)		(21,971)	
9,494.5	95,171	9,728	91,577	11,143.5	109,006	10,677.5	159,727
(20,686)		(20,392)		(23,138)		(22,115)	
18,814	40,107	19,233	41,113	21,297	46,763	19,190	47,157
18,989	231,927	19,456	219,252	22,287	271,663	21,355	345,777
23,857	199,595	24,277	194,071	24,884	191,838	26,490	199,955
42,846	431,522	43,733	413,323	47,171	463,501	47,845	545,732
18,569	237,451	18,849	221,485	20,681	263,546	17,628	284,307
24,277	194,071	24,884	191,838	26,490	199,955	30,217	261,425

京積醬油代金と地売に要した運賃・口銭・懸入用・直引等を控除した地売醬油代金とを加えて、それに期末・期首の醬油在庫の増減を勘案の上、副産物の粕代等を計上して算出している。そして、その醬油売上高に対応する使用諸味原価の算出方法は、表4－2によると、大豆、小麦、塩の当年の仕込量・仕込代金を計上し、それに期首の諸味在庫

表4-2　髙梨家醤油売上高に対応する使用諸味原

	1902年度		1903年度		1904年度		1905年度	
	石(俵)	円	石(俵)	円	石(俵)	円	石(俵)	円
大豆	4,403 (9,721)	34,731	4,810 (10,561)	40,708	5,764.5 (12,129)	53,734	6,172 (13,126)	59,156
小麦	4,403 (10,454)	32,823	4,810 (11,526)	47,397	5,764.5 (12,857)	51,957	6,172 (14,229)	64,722
塩（叺）	7,986	8,424	8,708	9,128	11,309	11,999	9,117	17,596
小計	8,806	75,978	9,620	97,233	11,529	117,690	12,344	141,474
前年度持越諸味	10,583	53,526	10,926	52,766	12,299	66,627	13,869	81,518
計	19,389	129,504	20,546	149,999	23,828	184,317	26,213	222,992
揚高	8,463	76,738	8,246	83,372	9,959	102,799	10,917	127,196
期末諸味在高	10,926	52,766	12,300	66,627	13,869	81,518	15,296	95,796

	1910年度		1911年度		1912年度		1913年度	
	石(俵)	円	石(俵)	円	石(俵)	円	石(俵)	円
大豆	7,704.5 (18,296)	68,823	8,475.5 (20,556)	77,622	9,008 (21,790)	93,296	8,959.5 (19,815)	97,994
小麦	7,704.5 (17,741)	69,151	8,475.5 (19,480)	83,620	9,008 (21,151)	104,584	8,959.5 (20,323)	96,394
塩（叺）	14,927	36,745	18,338	39,344	15,299	42,757	18,585	42,209
小計	15,409	174,719	16,951	200,586	18,016	240,637	17,919	236,597
前年度持越諸味	15,701	103,691	18,513	133,492	20,899	163,029	23,093	192,341
計	31,110	278,410	35,464	334,078	38,915	403,666	41,012	428,938
揚高	12,597	144,918	14,565	171,049	15,822	211,325	17,155	229,343
期末諸味在高	18,513	133,492	20,899	163,029	23,093	192,341	23,857	199,595

(出所)「店卸帳」(髙梨本家文書) によって作成。
(注) 1. 円表示の数値は、原則として「店卸帳」に記載された数値の円以下を四捨五入したものである。
2. 大豆、小麦の実物の数値の単位は石であり、俵表示の数値を（　）で示した。塩の実物の数値の単位は叺である。その他の実物の数値の単位は石である。

を加えたものから、当年の諸味揚高を計上したのち、翌年度用の期末諸味在庫を書き上げている。この当年諸味揚高が、当年醤油売上高に対応する使用諸味原価に当たるものと考えられる。こうして算出された当年醤油売上高と当年使用諸味原価に基づいて、醤油醸造業の営業利益と純利益に当たるものを整理・算出したものが、表4－3である。

の算出過程：1902 年度～1917 年度

1906 年度		1907 年度		1908 年度		1909 年度	
288,631		343,818		327,206		365,432	
107,989	(38.6)	137,491	(48.2)	141,246	(44.2)	150,201	(43.0)
55,008	(19.7)	66,408	(23.3)	63,435	(19.9)	68,787	(19.7)
43,453	(15.6)	50,199	(17.6)	56,340	(17.6)	59,293	(16.9)
37,273	(13.3)	43,209	(15.2)	41,853	(13.1)	36,471	(10.4)
243,723	(87.2)	297,307	(104.3)	302,874	(94.8)	314,752	(90.0)
44,908		46,511		24,332		50,680	
7,740	(2.8)	20,127	(7.1)			8,000	(2.3)
879	(0.3)	62	(—)	1,076	(0.3)	1,345	(0.4)
		3,659	(1.3)			2,000	(0.6)
						4,156	(1.2)
10,000	(3.6)	−49,935	(−17.5)	5,273	(1.7)	15,000	(4.3)
6,435	(2.3)	4,243	(1.5)	6,519	(2.0)	2,939	(0.8)
8,142	(2.9)						
2,476	(0.9)	9,500	(3.3)	3,900	(1.2)	1,420	(0.4)
35,672	(12.8)	−12,344	(−4.3)	16,768	(5.2)	34,860	(10.0)
279,395	(100.0)	284,963	(100.0)	319,642	(100.0)	349,612	(100.0)
9,236		58,855		7,564		15,820	

1914 年度		1915 年度		1916 年度		1917 年度	
533,876		528,119		609,390		634,295	
237,451	(44.7)	221,485	(44.8)	263,546	(44.9)	284,307	(45.5)
97,494	(18.3)	91,358	(18.5)	98,207	(16.7)	145,285	(23.2)
101,367	(19.1)	98,580	(20.0)	111,885	(19.0)	131,120	(21.0)
48,308	(9.1)	49,479	(10.0)	54,956	(9.4)	41,960	(6.7)
484,620	(91.2)	460,902	(93.3)	528,594	(90.0)	602,672	(96.4)
49,256		67,217		80,796		31,623	
				15,000	(2.5)		
3,138	(0.6)	3,309	(0.7)	3,833	(0.7)	3,786	(0.6)
				20,000	(3.4)		
3,995	(0.7)	4,452	(0.9)	4,127	(0.7)	5,302	(0.9)
35,000	(6.6)	20,000	(4.0)				
3,324	(0.6)	3,985	(0.8)	14,988	(2.5)	11,445	(1.8)
1,493	(0.3)	1,285	(0.3)	1,018	(0.2)	1,830	(0.3)
46,950	(8.8)	33,031	(6.7)	58,966	(10.0)	22,363	(3.6)
531,570	(100.0)	493,933	(100.0)	587,560	(100.0)	625,035	(100.0)
2,306		34,186		21,830		9,260	

表 4–3　髙梨家醬油醸造業の営業利益と純利益

	1902 年度		1903 年度		1904 年度		1905 年度	
当年醬油売上高	209,674		198,512		256,812		326,128	
当年諸味揚高	76,738	(36.5)	83,372	(41.1)	102,799	(44.6)	127,195	(45.9)
蔵入用	43,761	(20.8)	44,464	(22.0)	43,076	(18.7)	51,707	(18.6)
樽代	39,163	(18.7)	34,311	(16.9)	37,871	(16.5)	40,912	(14.8)
税金	27,460	(13.1)	23,549	(11.6)	34,966	(15.2)	38,275	(13.8)
小計	187,122	(89.1)	185,696	(91.6)	218,712	(95.0)	258,089	(93.1)
差引利益	22,552		12,816		38,100		68,039	
普請入用	11,773	(5.6)	8,515	(4.2)	2,150	(0.9)	4,881	(1.8)
無尽金	644	(0.3)	607	(0.3)			385	(0.1)
積立金			5,000	(2.5)				
生命保険料								
株取引等								
臨時入用	9,669	(4.6)			3,724	(1.6)	5,500	(2.0)
特別入用					1,250	(0.6)	1,000	(0.4)
主人特別入用	585	(0.3)	1,485	(0.7)	1,393	(0.6)		
その他	279	(0.1)	1,496	(0.7)	3,032	(1.3)	7,343	(2.6)
小計	22,950	(10.9)	17,103	(8.4)	11,549	(5.0)	19,109	(6.9)
計	210,072	(100.0)	202,799	(100.0)	230,261	(100.0)	277,198	(100.0)
差引純益	−398		−4,287		26,551		48,930	

	1910 年度		1911 年度		1912 年度		1913 年度	
当年醬油売上高	361,282		416,574		465,846		503,999	
当年諸味揚高	144,918	(42.1)	171,049	(42.0)	211,325	(45.5)	229,343	(46.1)
蔵入用	76,492	(22.2)	84,431	(20.7)	94,852	(20.4)	101,146	(20.4)
樽代	54,905	(15.9)	73,045	(18.0)	83,400	(18.0)	97,016	(19.5)
税金	33,302	(9.7)	39,213	(9.6)	41,173	(8.9)	44,854	(9.0)
小計	309,617	(89.9)	367,738	(90.3)	430,750	(92.8)	472,359	(95.0)
差引利益	51,665		48,836		35,096		31,640	
普請入用	15,000	(4.4)	23,000	(5.7)	17,000	(3.7)	7,000	(1.4)
無尽金	2,559	(0.7)	3,062	(0.8)	−175	(—)	1,543	(0.3)
積立金	2,000	(0.6)	2,000	(0.5)	2,000	(0.4)		
生命保険料	2,372	(0.7)	2,774	(0.7)	4,147	(0.9)	5,966	(1.2)
株取引等	10,000	(2.9)	5,000	(1.2)	5,000	(1.1)	5,000	(1.0)
臨時入用	1,580	(0.5)	2,159	(0.5)	2,473	(0.5)	3,571	(0.7)
特別入用								
主人特別入用								
その他	1,205	(0.3)	1,372	(0.3)	2,996	(0.6)	1,640	(0.4)
小計	34,716	(10.1)	39,367	(9.7)	33,441	(7.2)	24,720	(5.0)
計	344,333	(100.0)	407,105	(100.0)	464,191	(100.0)	497,079	(100.0)
差引純益	16,949		9,469		1,655		6,920	

(出所)「店卸帳」(髙梨本家文書) 及び表 4–1、表 4–2 によって作成。

(注) 1．実数は円表示であり、原則として「店卸帳」に記載された数値の円以下を四捨五入したものである。

2．(　) 内の数値は、構成比であり、単位は % である。

表 4-4　高梨家醤油醸造業の売上高営業利益率・売上高純利益率の推移

年度	当年醤油売上高 A	利益 B	純益 C	B／A	C／A	5カ年移動平均	
						B／A	C／A
1902	209,674	22,552	－398	10.8	－0.2		
1903	198,512	12,816	－4,287	6.5	－2.2		
1904	256,813	38,100	26,551	14.8	10.3	13.7	5.2
1905	326,128	68,039	48,930	20.9	15.0	14.3	5.8
1906	288,631	44,908	9,236	15.6	3.2	14.5	7.0
1907	343,818	46,511	58,855	13.5	17.1	14.3	8.4
1908	327,206	24,332	7,564	7.4	2.3	12.9	6.3
1909	365,432	50,680	15,820	13.9	4.3	12.2	6.1
1910	361,282	51,665	16,949	14.3	4.7	11.0	2.8
1911	416,574	48,836	9,469	11.7	2.3	10.7	2.6
1912	465,846	35,096	1,655	7.5	0.4	8.0	1.8
1913	503,999	31,640	6,920	6.3	1.4	9.5	2.2
1914	533,876	49,256	2,306	9.2	0.4	9.8	2.4
1915	528,119	67,217	34,186	12.7	6.5	9.3	2.7
1916	609,390	80,796	21,830	13.3	3.6		
1917	634,295	31,623	9,260	5.0	1.5		

（出所）表 4-3 によって作成。
（注）1．当年醤油売上高 A、利益 B、純益 C の単位は円であり、円以下は原則として四捨五入した。
2．B／A、C／A の利益率の数値の単位は、％である。

同表によると、当年使用諸味原価に蔵入用と樽代、それに造石税を加えて当年製成醤油コストを算出し、それを当年醤油売上高と比較して、営業利益に当たるものを算出している。そして、それに営業外損益・特別損益に当たるものと考えられるその他の損益を勘案して、純利益を算出している。(6)

高梨家「店卸帳」のこうした成果計算方法にひとまず則して、表４－３の当年醤油売上高と営業利益、純利益に当たるものをそれぞれ取り上げ、売上高営業利益率と売上高純利益率を算出し、試みにそれらの五カ年移動平均を計算して、表４－４を作成した。高梨家の醤油醸造業の損益の動向をまず見ることにしよう。

高梨家の醤油売上高（A）は、一九〇四年から〇五年の日露戦争期にかけて大きく伸びており、営業利益（B）、純利益（C）も急増し、売上高営業利益率（B／A）、売上高純利益率（C／A）も上昇した。これは、日露戦争による陸軍御用の下命があったことと関係するものと思われる。一九〇四年六月末に、「戦地用のエキス福神漬製造の為醤油の需要一時に増加し、順次相場の恢復を見」、〇五年に入り、「需要は倍々加わり価格また頓に騰貴し、而も本品の需要は追々その多きを加え在荷の減少をみたので」、「爾来益々活気を帯び、七月に入り相場も俄然昇騰して未曽有の高価を示すに至った」と『野田醤油醸造組合の沿革』にはある。(7)

しかし、同年八月に入り、米国ポーツマスで講和会議が開催され、九月五日に講和が成立すると、陸軍御用は皆無となり、軍需用食糧が市場に出され、醤油市況も悪化し、「暴落の不況に陥った。九月以降仝年末ニ至るも更に回復の見込なく」、一九〇六年四月五日の野田醤油醸造組合の東京醤油問屋組合に宛てた書状には、「本業成行不況の趣御通知に接し、殊に在荷益々増殖の傾向に有之容易ならざる状態に付」、「当分の内御注文無之分は断然積止可申様決議致候」とあったという。(8)表4－4によると、一九〇六年の髙梨家の醤油売上高はやや減少し、営業利益も落ちこみ、売上高営業利益率も低下していた。それに、普請入用、臨時入用、特別入用と一九〇五年一一月茂木啓三郎等を発起人とし朝鮮仁川に設立された日本醤油株式会社(9)のことを指すと見られる「韓国正油会社払込」等もあって、純利益はさらに減少し、売上高純利益率も大きく低下していた。

日露戦後のこうした反動に対して、『野田醤油醸造組合の沿革』によると、「価格低落の防止、更に積極的に相場の恢復を目指してあらゆる努力が払われ」、「仝年九月下旬に至って漸く商況も恢復の方向に向かった」とし、「四拾年以後の商況に就いては可も無く不可も無く緩慢乍ら年々一二回づつの地売値上ケの実行を継続」したとする。(10)明治四〇年代の髙梨家の醤油売上高は、表4－4によると、日露戦争期の水準に回復するも営業利益の回復はそれに追いつかず、売上高営業利益率は若干低下している。一九〇七年には純利益の増加と売上高純利益率の上昇が見られるが、それは、「日本橋参丁目地所売渡代金」「公債京釜鉄道売金」「株売渡金」等の計上によるものであった。(11)そして、大正期に入ると、表4－4の髙梨家の醤油売上高は増加傾向を辿ったが、営業利益は一九一五年、一六年を除くと明治四〇年代のそれより減少していたのであり、売上高営業利益率も低下していた。純利益と売上高純利益率の動向も同様であったと言えよう。

そこで、売上高営業利益率と売上高純利益率の趨勢にさらに接近するために、表4－4のそれらの五カ年移動平均の数値を見ておくことにしよう。売上高営業利益率は、対象とした期間では、日露戦争期からその直後あたりをピークとし、明治四〇年代に入ると低下傾向をとっており、大正期には、その低下傾向がさらに明瞭となり、一〇%を下回るようになったのである。売上高純利益率を見ると、明治三〇年代後期に上昇傾向を示していたが、明治四〇年代に入ると低下傾向をとっており、大正期にはさらに低下していた。このような髙梨家の醤油醸造業の利益率の動向を規定した要因について、次に節を変えて検討することにしよう。

第2節　醤油醸造業の利益率の動向を規定した要因

髙梨家の醤油醸造業の営業利益は、前節の表4－3の説明から明らかなように、当年使用諸味原価に蔵入用、樽代、造石税を加え当年製成醤油コストを算出し、それと当年醤油売上高とを比較して算出しているので、営業利益の導出に使用されたこれらの諸科目の動向についてまず見ることにしよう。表4－3に基づいて、当年醤油売上高、当年使用諸味原価、蔵入用、樽代、造石税をそれぞれ取り上げ、それらの金額ベースの数値と一九〇二（明治三五）年を基準とするそれらの数値の指数を算出し、この指数に関して五カ年移動平均を計算し、それらを整理したものが表4－5である。当年醤油売上高、当年使用諸味原価、蔵入用、樽代、造石税の各科目は自ずからその性格に相違があるので、それらの各科目が同じような動きを示すとは考えにくいが、そうしたことも念頭に置きつつ各科目の動向を比較検討してみることにしよう。

表4－5の当年醤油売上高と当年製成醤油コストを構成する当年使用諸味原価、蔵入用、樽代、造石税の動向を見

ると、それらの動きには差異を認めることができるであろう。当年醬油売上高の動向は前節で詳らかにしたので、それをふまえ、当年製成醬油コストを構成する各科目の動向について見ることにしよう。当年醬油製成コストを構成する当年使用諸味原価、蔵入用、樽代、造石税の動向を見ると、当年使用諸味原価の動向が蔵入用、樽代、造石税の動向と少なからず異なっていたと言えよう。当年使用諸味原価の指数は蔵入用、樽代、造石税の指数を一貫して上回っ

表 4-5　髙梨家醬油醸造業の醬油売上高・使用諸味原価（諸味揚高）・蔵入用・樽代・税金の動向

年度	当年醬油売上高			当年諸味揚高			蔵入用			樽代			税金		
	実数(円)	指数	5カ年移動平均	実数(円)	指数	5カ年移動平均	実数(円)	指数	5カ年移動平均	実数(円)	指数	5カ年移動平均	実数(円)	指数	5カ年移動平均
1902	209,674	100.0		76,738	100.0		43,761	100.0		39,163	100.0		27,460	100.0	
1903	198,512	94.7		83,372	108.6		44,464	101.6		34,311	87.6		23,549	85.8	
1904	256,813	122.5	122.1	102,799	134.0	129.8	43,077	98.4	108.8	37,871	96.7	99.9	34,966	127.3	117.6
1905	326,128	155.5	134.9	127,196	165.8	145.6	51,706	118.2	119.1	40,912	104.5	105.6	38,275	139.4	129.1
1906	288,631	137.7	147.1	107,989	140.7	160.7	55,008	125.7	127.8	43,453	111.0	116.8	37,273	135.7	142.4
1907	343,818	164.0	157.5	137,491	179.2	173.1	66,408	151.8	139.6	50,199	128.2	127.8	43,209	157.4	143.5
1908	327,206	156.1	160.9	141,246	184.1	177.7	63,435	145.0	150.9	56,340	143.9	134.9	41,853	152.4	139.9
1909	365,432	174.3	173.1	150,201	195.7	194.1	68,787	157.2	164.3	59,293	151.4	150.0	36,471	132.8	141.3
1910	361,282	172.3	186.6	144,918	188.9	213.4	76,493	174.8	177.3	54,905	140.2	167.0	33,302	121.3	139.8
1911	416,574	198.7	203.5	171,049	222.9	236.3	84,431	192.9	194.6	73,045	186.5	187.8	39,213	142.8	142.0
1912	485,846	231.7	219.5	211,325	275.4	259.1	94,852	216.8	207.7	83,400	213.0	209.2	41,173	149.9	150.7
1913	503,998	240.4	235.5	229,343	298.9	279.0	101,146	231.1	214.5	97,016	247.7	231.6	44,854	163.3	162.4
1914	533,876	254.6	253.8	237,451	309.4	303.1	97,494	222.8	220.8	101,366	258.8	251.4	48,308	175.9	173.9
1915	528,119	251.9	268.0	221,485	288.6	322.2	91,358	208.8	243.8	98,580	251.7	275.8	49,479	180.2	174.5
1916	609,389	290.6		263,546	343.4		98,207	224.4		111,885	285.7		54,956	200.1	
1917	634,294	302.5		284,307	370.5		145,285	332.0		131,119	334.8		41,960	152.8	

（出所）表4-3によって作成。

て増大していたのであり、各指数の五カ年移動平均の数値で見ても、当年使用諸味原価の数値が蔵入用、樽代、造石税の数値を上回って増加傾向を辿っていた。当年使用諸味原価の動向を見ると、日露戦争期にかけて大きく増加し、日露戦後の反動で減少するも増加に転じ、その後は、おおむね増大傾向を辿っており、五カ年移動平均の数値で見ても一貫して増大傾向をとっており、蔵入用、樽代、造石税の動向を上回って増加していたのである。こうして蔵入用、樽代、造石税の動向は当年使用諸味原価の動向を下回っていたのであり、造石税の動向は表4－5によると蔵入用、樽代の動向を下回っていた。蔵入用の動向は樽代の動向をやや上回るも類似的な動きを示していたが、大正期に入ると樽代が増加していた。

当年醤油製成コストを構成する当年使用諸味原価、蔵入用、樽代、造石税の動向を見ると、当年使用諸味原価の動向が蔵入用、樽代、造石税の動向を上回って増大しており、当年使用諸味原価の動向が醤油醸造業の営業利益の動向を主に規定した一つの要因と考えることができるであろう。そこで、この当年使用諸味原価の動向と当年醤油売上高の動向を次に見ておくことにしよう。表4－5によると、当年使用諸味原価の動向は当年醤油売上高の動向をやや上回っておおむね増大していたのであり、五カ年移動平均の数値で見ても、当年使用諸味原価の数値が、当年醤油売上高の数値を上回って増加傾向を辿っていた。当年製成醤油コストの主たる要素の当年使用諸味原価の増大傾向が当年醤油売上高の増大傾向を上回っていたのであるから、それは、営業利益と売上高営業利益率の動向に変化を生じさせることになり、前節の検討をふまえると、利益率は趨勢としては明治四〇年代以降やや低下していたと見ることができるであろう。

当年使用諸味原価の動向が醤油醸造業の営業利益の動向を主に規定した一つの要因と思われるので、既述の当年使用諸味原価の算出過程を考慮して、表4－2の当年使用諸味原価、大豆、小麦、塩の価格動向と表4－1の粕代等を除いた当年醤油売上高の価格動向を取り上げ、それぞれの単価と一九〇二年を基準とする各単価の指数を算出し、こ

表4-6　高梨家醤油醸造業の醤油売上高（除粕代等）・使用諸味原価（諸味揚高）・大豆・小麦・[illegible]

年度	当年醤油売上高（除粕代等）				5カ年	当年諸味揚高				5カ年	大豆				5カ年
	実数(樽)	金額(円)	単価(円)	指数	移動平均	実数(石)	金額(円)	単価(円)	指数	移動平均	実数(石)	金額(円)	単価(円)	指数	移動平均
1902	112,738	203,548	1.805	100.0		8,463	76,738	9.067	100.0		4,403.0	34,731	7.888	100.0	
1903	106,664	190,881	1.790	99.2		8,246	83,372	10.111	111.5		4,810.0	40,708	8.463	107.3	
1904	135,414	245,237	1.811	100.3	105.2	9,959	102,799	10.322	113.8	115.0	5,764.5	53,734	9.322	118.2	114.0
1905	148,422	310,197	2.090	115.8	108.6	10,917	127,196	11.651	128.5	121.6	6,172.0	59,156	9.585	121.5	120.8
1906	136,300	271,967	1.995	110.5	110.4	9,817	107,989	11.000	121.3	124.9	4,818.5	46,716	9.695	122.9	121.4
1907	154,366	326,329	2.114	117.1	113.0	11,436	137,491	12.023	132.6	127.1	6,036.5	63,771	10.564	133.9	117.3
1908	162,628	317,325	1.951	108.1	113.2	12,143	141,246	11.632	128.3	126.8	5,949.5	51,795	8.706	110.4	115.7
1909	172,448	353,637	2.051	113.6	113.8	13,251	150,201	11.335	125.0	128.5	6,649.0	51,335	7.721	97.9	114.3
1910	163,941	345,394	2.107	116.7	113.6	12,597	144,918	11.504	126.9	131.4	7,704.5	68,823	8.933	113.3	113.8
1911	192,245	394,264	2.051	113.6	114.9	14,565	171,049	11.744	129.5	135.2	8,475.5	77,622	9.158	116.1	119.4
1912	210,814	441,015	2.092	115.9	115.4	15,822	211,325	13.356	147.3	138.4	9,008.0	93,296	10.357	131.3	125.7
1913	233,272	483,389	2.072	114.8	114.2	17,155	229,343	13.369	147.5	139.0	8,959.5	97,994	10.937	138.7	125.6
1914	243,679	510,594	2.095	116.1	114.6	18,569	237,451	12.787	141.0	141.2	9,494.5	96,649	10.179	129.0	128.7
1915	254,232	507,652	2.000	110.8	119.1	18,849	221,485	11.750	129.6	147.3	9,728.0	86,562	8.898	112.8	135.5
1916	282,361	586,957	2.079	115.2		20,681	263,546	12.743	140.5		11,143.5	115,894	10.400	131.9	
1917	238,497	595,251	2.500	138.5		17,628	284,307	16.128	177.9		10,677.5	138,893	13.008	164.9	

年度	小麦				5カ年	塩				5カ年
	実数(石)	金額(円)	単価(円)	指数	移動平均	実数(叺)	金額(円)	単価(円)	指数	移動平均
1902	4,403.0	32,823	7.455	100.0		7,986	8,424	1.055	100.0	
1903	4,810.0	47,397	9.854	132.2		8,708	9,128	1.048	99.3	
1904	5,764.5	51,957	9.013	120.9	122.7	11,309	11,999	1.061	100.6	143.2
1905	6,172.0	64,722	10.486	140.7	128.1	9,117	17,596	1.930	182.9	155.6
1906	4,818.5	43,101	8.945	120.0	126.6	6,730	16,563	2.461	233.3	184.4
1907	6,036.5	56,943	9.433	126.5	130.3	14,734	25,189	1.710	162.1	214.5
1908	5,949.5	55,457	9.321	125.0	126.3	12,239	31,407	2.566	243.2	224.6
1909	6,649.0	69,068	10.388	139.3	128.7	12,030	31,841	2.647	250.9	218.6
1910	7,704.5	69,151	8.975	120.4	134.6	14,927	36,745	2.462	233.4	239.1
1911	8,475.5	83,620	9.866	132.3	138.4	18,338	39,344	2.145	203.3	233.6
1912	9,008.0	104,584	11.610	155.7	137.4	15,299	42,757	2.795	264.9	223.8
1913	8,959.5	96,394	10.759	144.3	138.6	18,585	42,209	2.271	215.3	217.7
1914	9,494.5	95,171	10.024	134.5	138.4	18,814	40,107	2.132	202.1	218.6
1915	9,728.0	91,577	9.414	126.3	147.4	19,233	41,113	2.138	202.7	212.2
1916	11,143.5	109,006	9.782	131.2		21,297	46,763	2.196	208.2	
1917	10,677.5	159,727	14.959	200.7		19,190	47,157	2.457	232.9	

（出所）表4-1、表4-2によって作成。

の指数に関して五カ年移動平均を計算し、それらを整理したものが表4－6である。

表4－6の粕代等を除いた当年醤油売上高と当年使用諸味原価、大豆、小麦、塩の価格動向を比較検討してみることにしよう。粕代等を除いた当年醤油売上高の価格動向と当年使用諸味原価の価格動向を比較すると、指数で見ても、その五カ年移動平均の数値で見ても、当年使用諸味原価の価格動向が粕代等を除いた当年醤油売上高の価格動向を上回っていた。当年使用諸味原価を構成する仕込原料の大豆、小麦、塩の価格動向と粕代等を除いた当年醤油売上高の価格動向を比較しても、大豆、小麦、塩の価格動向が、大豆で若干の例外があるものの、指数で見ても、その五カ年移動平均の数値で見ても、粕代等を控除した当年醤油売上高の価格動向をおおむね上回っていた。

また当年使用諸味原価の価格動向とその仕込原料の大豆、小麦、塩の価格動向を比較してみると、小麦、塩の価格動向が、塩で若干の例外があるものの、指数で見ても、その五カ年移動平均の数値で見ても、当年使用諸味原価の動向を上回っていたが、大豆の価格動向は、指数で見ると、日露戦後にかけて当年使用諸味原価の価格動向と同様な動きを示すものの、明治四〇年代以降当年使用諸味原価の価格動向を下回るようになり、五カ年移動平均の数値では、大豆の価格動向は、当年使用諸味原価の価格動向を下回っていた。大豆、小麦、塩の価格動向にはこうした差異があるものの、粕代等を控除した当年醤油売上高の価格動向と当年使用諸味原価、大豆、小麦、塩の価格動向を比較すると、当年使用諸味原価、大豆、小麦、塩の価格動向の方が上昇傾向が明瞭であり、中でも小麦、塩の価格動向の上昇が目立っていたと言えよう。

一九一四（大正三）年の東京大正博覧会の〈上十〉印醤油の出品目録の「醤油解説書」に原料に関する記述があることはすでにふれたが、一九一二年三月にも髙梨家醤油醸造業の概要を記した「説明書（醤油造りの説明）」があるので[12]、原料についてふれた個所を紹介すると、塩の産地として「英国塩、獨乙、米国、臺湾、関東、内地塩等ナリ、〈上十〉印醤油仕込ハ英国、獨乙、内地ノ一二等塩ヲ以テス」と記している。東京大正博覧会に提出された出品目録の解説書とは、やや異なった記述になっているが、「〈上十〉印醤油仕込ハ英国、獨乙、内地ノ一二等塩ヲ以テス」としたことが、塩の価格動向の騰貴につながっていたのではないであろうか。

そして、また、『野田醤油醸造組合の沿革』から小麦、大豆の価格動向を窺ってみると、「大正二年に入りその前半期は概して平穏無事であったが、六月ニ至リ新小麦の出廻リ時季に拘らず原料高価の為に醸造家もかなりの苦痛を感じ」ており、[13]野田醤油醸造組合は東京醤油問屋組合に、「兎角不振沈静の一方にして殆んど閉口仕候、然るに目下新小麦取入時季にも拘らず値合存外高価に有之昨今円に七升八合見当、大豆も御承知の如く八升二三合と言う実に近来未曽有の大高値に此先猶不安の勢にて如何とも致し方無之、醸造元の困難名状すべからざる逆境に立至り」と書き送っていた。[14]さらに一九一四年の第一次世界大戦の勃発によって、「物価の一般的騰貴を来たした事は勿論であるが、とりわけ小麦の騰貴が本業に及ぼす影響は大きかったものと考えられ」[15]、野田醤油醸造組合は同年八月十一日に、「吾等原料タルベキ小麦ノ如キハ、御承知ノ如ク製粉業ヲ合スレバ到底自国ノ産額ヲ以テ使用充ス能ハズ、輸入品ヲ以テ補充致シ来リ候処、俄然変乱ノ為輸入ハ杜絶致シ、製粉界ハ急拠自国品ノ買入ヲ極力開始致シ候結果突飛ノ暴騰ヲ来シ、特ニ大豆ノ如キ昨秋以来引続キ高値ヲ保チ仕込替ニ於テ頗ル悲境ニ陥リ加フルニ今日ノ如キ値合ニテハ如何トモ致シ難ク候」と東京醤油問屋組合に書き送っている。[16]翌年二月に入り、「小麦の暴騰を見る事」となり、[17]「原料高に依る営業の困難が斯くの如き数々の値締会合の動機」となっており、[18]「大正五年二月頃においては東京表商況再び下落への途を辿り始め」[19]、「原料高に依る営業の困難」と「原料並びに生産費等の暴騰は依然として継続」したという。[20]

粕代等を控除した当年醤油売上高の価格動向を当年使用諸味原価、大豆、小麦、塩の価格動向が上回って増加傾向を示しており、「原料高に依る営業の困難」という状況が生まれていた。当年使用諸味原価、大豆、小麦、塩の価格動向を当年醤油売上高の価格動向が下回るようになった要因には、醤油市場の動向にも検討を要すべきことがあるように思われる。そこで、次節では、高梨家の醤油の販路と醤油価格の動向について若干の検討を試みることにしよう。

第3節　醤油の販路と醤油価格の動向

高梨家醤油醸造業の概要を記した一九一二（明治四五）年三月の「説明書（醤油造りの説明）」の「醤油ノ販路」の個所を見ると、「販路広ト雖モ大ナル所ヲ上グレバ、東京ヲ始メシテ（ママ）、千葉、埼玉、群馬、栃木、長野、神奈川、山梨、静岡、茨城、北海道、其他各府県到ル所ニテ販売ス、尚ヲ外国ハ英国、米国、布哇等ニ輸出ス」とある(21)。東京市場を中心にして、関東地方の諸県やそれに隣接する諸県及び北海道に販路が広がっており、英国、米国、布哇等への輸出も見られたとするが、高梨家「店卸帳」の決算では、既述のように東京積醤油、地売醤油等から醤油売上高を算出し、それに対応する使用諸味原価を算出し、醤油醸造業の営業利益と純利益を算出しているので、販路としては、東京積醤油と地売醤油の二つの市場に集約され記載がなされている。しかし、同家の醤油醸造業の概要を記した一九一二年三月の「説明書（醤油造りの説明）」の「醤油ノ販路」の記述をふまえると、この地売醤油には、東京近辺のかなり広い市場が包摂されていたと見ることができるのではないであろうか。こうしたことにも一応留意して、ここでは、表4－1の東京積醤油と地売醤油の数値を取り上げることとし、前者については〈上十〉印と次印の数値が得られるときにはこれを併記し、もって高梨家の醤油市場の動向を見ようとしたものが表4－7である。

表4－7の高梨家の醤油市場の動向を大づかみに見ると、日露戦争以前には、東京積の販売樽数が総販売樽数の五〇％弱ほどであり、販売額では総販売額の六〇％弱ほどを占めており、地売の販売樽数は総販売樽数の五〇％強ほどであり、販売額は総販売額の四〇％強ほどであった。そして、日露戦争期に入ると、地売醤油の販売の急増に従って東京積醤油の顕著な増大が見られるようになった。日露戦争期から戦後にかけて、東京積の販売樽数は総販売樽数の六〇％を超えるようになり、販売額では総販売額の七〇％を超えていた。地売の販売はこの期に減少し、地売の販売

表4-7　髙梨家の東京積醤油・地売醤油の推移

年度	東京積醤油					
	計		〈上十〉		次	
	樽数	代金	樽数	代金	樽数	代金
1902	53,954 (48.2)	128,315 (59.2)				
1903	52,140 (49.7)	118,957 (58.9)				
1904	59,405 (42.8)	138,220 (52.0)	56,450 (40.7)		2,955 (2.1)	
1905	72,865 (49.7)	193,508 (58.5)	70,260 (47.9)		2,605 (1.8)	
1906	88,030 (64.2)	213,096 (72.1)	76,930 (56.1)	197,256 (66.7)	11,100 (8.1)	15,840 (5.4)
1907	97,130 (63.8)	253,857 (72.3)	84,359 (55.4)	234,907 (66.9)	12,771 (8.4)	18,950 (5.4)
1908	95,884 (58.5)	227,299 (65.8)	80,030 (48.8)	203,748 (59.0)	15,854 (9.7)	23,451 (6.8)
1909	103,599 (60.4)	265,620 (69.5)	93,780 (54.7)	251,475 (65.8)	9,819 (5.7)	14,145 (3.7)
1910	94,813 (57.7)	250,143 (66.7)	88,570 (53.9)	239,378 (63.8)	6,243 (3.8)	10,765 (2.9)
1911	112,377 (58.4)	291,142 (67.6)	107,826 (56.0)	284,784 (66.1)	4,551 (2.4)	6,358 (1.5)
1912	119,487 (57.2)	316,843 (67.0)	114,790 (55.0)	310,243 (65.6)	4,697 (2.2)	6,600 (1.4)
1913	137,798 (58.6)	357,705 (68.0)	133,530 (56.8)	351,395 (66.8)	4,268 (1.8)	6,310 (1.2)
1914	146,697 (60.3)	372,639 (67.6)	143,510 (59.0)	367,974 (66.8)	3,187 (1.3)	4,665 (0.8)
1915	151,913 (59.5)	376,064 (68.1)	147,920 (57.9)	369,800 (67.0)	3,993 (1.6)	6,264 (1.1)
1916	170,298 (60.7)	444,592 (70.5)	166,300 (59.3)	437,632 (69.4)	3,998 (1.4)	6,960 (1.1)
1917	151,784 (62.8)	451,913 (70.0)	141,796 (58.7)		9,988 (4.1)	

年度	地売醤油		計	
	樽数	代金	樽数	代金
1902	57,916 (51.8)	88,559 (40.8)	111,870 (100.0)	216,874 (100.0)
1903	52,766 (50.3)	82,949 (41.1)	104,906 (100.0)	201,906 (100.0)
1904	79,197 (57.2)	127,701 (48.0)	138,602 (100.0)	265,921 (100.0)
1905	73,888 (50.3)	137,479 (41.5)	146,753 (100.0)	330,987 (100.0)
1906	49,017 (35.8)	82,590 (27.9)	137,047 (100.0)	295,686 (100.0)
1907	55,211 (36.2)	97,390 (27.7)	152,341 (100.0)	351,246 (100.0)
1908	68,023 (41.5)	118,140 (34.2)	163,907 (100.0)	345,439 (100.0)
1909	67,904 (39.6)	116,424 (30.5)	171,503 (100.0)	382,044 (100.0)
1910	69,501 (42.3)	124,947 (33.3)	164,314 (100.0)	375,090 (100.0)
1911	80,243 (41.6)	139,684 (32.4)	192,620 (100.0)	430,826 (100.0)
1912	89,328 (42.8)	156,164 (33.0)	208,815 (100.0)	473,007 (100.0)
1913	97,236 (41.4)	168,000 (32.0)	235,034 (100.0)	525,705 (100.0)
1914	96,562 (39.7)	178,543 (32.4)	243,259 (100.0)	551,182 (100.0)
1915	103,355 (40.5)	175,869 (31.9)	255,268 (100.0)	551,933 (100.0)
1916	110,304 (39.3)	186,411 (29.5)	280,602 (100.0)	631,003 (100.0)
1917	89,931 (37.2)	194,079 (30.0)	241,715 (100.0)	645,992 (100.0)

（出所）表4-1及び「店卸帳」（髙梨本家文書）によって作成。
（注）1．実数の樽数の単位は樽であり、代金の単位は円である。
　　　2．（　）内の数値は、構成比であり、単位は％である。

樽数は総販売樽数の三五～三六％となり、販売額は総販売額の二七％ほどに低下していた。明治四〇年代に入ると、東京積醤油の販売樽数、販売額は停滞的となり、その販売樽数は総販売樽数の六〇％から五七～五八％となっており、販売額は総販売額の六五～六九％ほどとなっていた。地売醤油の販売はこの期にやや回復し、その販売樽数は総販売樽数の四〇％前後となり、販売額は総販売額の三〇～三四％ほどとなっていた。その後、大正期に入り第一次世界大戦期にかけて、東京積醤油の販売と地売醤油の販売がともに増加したが、東京積醤油の販売の増加の方がより顕著であったと言えよう。東京積醤油の販売樽数はこの期には総販売樽数の六〇％前後を占めるようになり、販売額では総販売額の六七～七〇％ほどを占めていた。他方、地売醤油の販売樽数は総販売樽数の四〇％を割ることもあり、その販売額は総販売額の二九～三三％ほどとなっていた。日露戦争期から戦後と、大正期に入って第一次世界大戦期にかけて、東京積醤油の増加が際立っていたのである。

東京積醤油は〈上十〉印と次印から構成されており、一九〇四年以降販売樽数が、〇六年以降販売額がわかるので、次にそれらの動向を検討しよう。表４－７によると、東京積醤油の大部分は〈上十〉印からなっていたと言ってよいが、それでも若干の変動があった。日露戦争期から戦後にかけて東京積醤油が増加したが、それは〈上十〉印の増加に次印の増加もあって見られたものである。日露戦争期の東京積醤油の販売樽数の九五％前後が〈上十〉印からなっていたが、日露戦後にはその比率が若干低下しており、次印の比率がやや上昇している。しかし、明治四〇年代の東京積醤油が停滞的となる中で、〈上十〉印の増加が見られ、明治四〇年代中葉にかけて、販売樽数でも、販売額でも、〈上十〉印の比率が上昇するとともに、次印の比率が低下した。そして、大正期に入り第一次世界大戦期にかけて、東京積醤油が著しく増加したが、それは〈上十〉印の増加によるものであったと言えよう。〈上十〉印は、この期には、東京積醤油の販売樽数の九六～九七％を、販売額の九七～九八％を占めていた。

東京積醤油と地売醤油の販売額と販売樽数の数値から一樽当たり醤油価格を計算し、醤油価格の動向について次に検討しよう。表4－8は、東京積醤油と地売醤油の単価とそれらの一九〇二年を基準とする指数を算出し、この指数に関して五カ年移動平均を計算し、それらを整理したものであり、東京積醤油については〇六年以降〈上十〉印と次印の一樽当たり醤油価格が得られるので、それらを含めて東京積醤油と地売醤油の価格動向を再度整理したものが表4－9である。表4－9の各醤油単価の指数は一九〇六年を基準としており、それらの指数の五カ年移動平均を計算して併記した。

髙梨家醤油醸造業の概要を記した一九一二年三月の「説明書（醤油造りの説明）」をここでも予め紹介しておくと、「商標名」として、「〈上十〉印（）、〈上取〉印（）、〈宝〉印（）、〈上一〉印（）、〈盛〉印（）、〈上万〉印（）」が挙げられており、それらの「壱樽ノ価格」は、「〈上十〉印弐円八拾銭、〈上取〉印弐円八拾銭、〈宝〉印弐円弐拾銭、〈上一〉印壱円五拾銭、〈盛〉印壱円参拾銭、〈上万〉印壱円拾銭」と記載されていた[22]。こうした各印の醤油価格を念頭に置いて、表4－8、表4－9を見ることにしよう。

表4－8によると、東京積醤油の一樽当たり価格は地売醤油の一樽当たり価格の一・三二六～一・五五五倍となっており、東京積醤油は〈上十〉印を中心とする主に最上醤油等からなっていたことが示されている。しかし、東京積醤油と地売醤油の各単価の一九〇二年を基準とする指数を見てみると、東京積醤油の価格の指数が地売醤油の価格の指数を下回っており、五カ年移動平均の数値で見ても、東京積醤油の価格指数は地売醤油の価格指数を下回っていた。東京積醤油の価格動向と地売醤油の価格動向を比較すると、東京積醤油の価格動向が地売醤油の価格動向より停滞的であったと考えることができるのではないであろうか。

東京積醤油の〈上十〉印と次印の価格を含めて東京積醤油と地売醤油の価格動向を比較した表4－9を見ると、一樽当たり醤油価格は、東京積醤油の〈上十〉印の価格が一番高く、それに次ぐのがおおむね地売醤油の価格であったのであり、東京積醤油の次印がそれに続いていた。東京積醤油の〈上十〉印、次印と地売醤油の各単価の一九〇六年

表 4–8　高梨家東京積醤油・地売醤油の各単価の動向

年度	東京積醤油			地売醤油			計		
	実数	指数	5カ年移動平均	実数	指数	5カ年移動平均	実数	指数	5カ年移動平均
1902	2.378	100.0		1.529	100.0		1.939	100.0	
1903	2.281	95.9		1.572	102.8		1.925	99.3	
1904	2.327	97.9	101.5	1.612	105.4	108.0	1.919	99.0	105.2
1905	2.656	111.7	103.4	1.861	121.7	111.1	2.255	116.3	108.9
1906	2.421	101.8	104.2	1.685	110.2	113.9	2.158	111.3	110.8
1907	2.614	109.9	106.2	1.764	115.4	115.3	2.306	118.9	114.0
1908	2.371	99.7	106.0	1.787	116.9	114.4	2.108	108.7	114.3
1909	2.564	107.8	107.5	1.715	112.2	115.2	2.228	114.9	115.1
1910	2.638	110.9	107.8	1.798	117.6	115.0	2.283	117.7	114.7
1911	2.591	109.0	109.7	1.741	113.9	114.2	2.237	115.4	116.0
1912	2.652	111.5	109.5	1.748	114.3	116.0	2.265	116.8	116.4
1913	2.596	109.2	108.1	1.728	113.0	114.7	2.237	115.4	115.2
1914	2.540	106.8	108.3	1.849	120.9	114.0	2.266	116.9	115.3
1915	2.476	104.1	111.0	1.702	111.3	119.4	2.162	111.5	119.5
1916	2.611	109.8		1.690	110.5		2.249	116.0	
1917	2.977	125.2		2.158	141.1		2.673	137.9	

（出所）表 4–7 によって作成。
（注）実数は、1 樽当たり醤油価格であり、単位は円である。

表 4–9　高梨家東京積醤油（品位別）・地売醤油の各単価の動向

年度	東京積醤油						地売醤油		
	〈上十〉		5カ年移動平均	次		5カ年移動平均	実数	指数	5カ年移動平均
	実数	指数		実数	指数				
1902							1.529	90.7	
1903							1.572	93.3	
1904							1.612	95.7	98.0
1905							1.861	110.4	100.8
1906	2.564	100.0		1.427	100.0		1.685	100.0	103.4
1907	2.785	108.6		1.484	104.0		1.764	104.7	104.6
1908	2.546	99.3	103.6	1.479	103.6	105.9	1.787	106.1	103.9
1909	2.682	104.6	104.2	1.441	101.0	105.5	1.715	101.8	104.5
1910	2.703	105.4	103.5	1.724	120.8	104.4	1.798	106.7	104.3
1911	2.641	103.0	104.2	1.397	97.9	104.4	1.741	103.3	103.6
1912	2.703	105.4	103.3	1.405	98.5	104.7	1.748	103.7	105.2
1913	2.632	102.7	101.7	1.478	103.6	102.5	1.728	102.6	104.1
1914	2.564	100.0	101.7	1.464	102.6	107.3	1.849	109.7	103.5
1915	2.500	97.5		1.569	110.0		1.702	101.0	108.3
1916	2.632	102.7		1.741	122.0		1.690	100.3	
1917							2.158	128.1	

（出所）表 4–7 によって作成。
（注）実数は、1 樽当たり醤油価格であり、単位は円である。

を基準とする指数を見ると、それらの間には顕著な差異が見出しにくいものの、各指数の五カ年移動平均の数値を見ると、東京積醬油の〈上十〉印の価格動向が地売醬油や東京積醬油の次印の価格動向をやや下回っていたと言えるのではないかと思われる。東京積醬油の〈上十〉印の価格動向と地売醬油、東京積醬油の次印の価格動向を比較すると、東京積醬油の〈上十〉印の価格動向の方がやや停滞的であったのであり、大正期に入ると、その価格は一層低下していた。明治四〇年代以降東京醬油市場への最上醬油の入荷量が急増し、大正期に入り、そうした動向が一層顕著になっていたことが[23]、その背景をなしていた。

前節で判明した髙梨家の「原料高に依る営業の困難」という状況に加えて、本節の検討によると、日露戦争期から戦後と大正期に入り第一次世界大戦期にかけて〈上十〉印を中心に髙梨家の東京積醬油が著しく増加したが、〈上十〉印を中心とする東京積醬油価格の動向は停滞的で、〈上十〉印の価格の低落も見られたのであって、このようなことが相俟って同家の利益率の低下傾向が惹起されていたと考えられるのである。

おわりに――野田醬油株式会社の設立と髙梨家

野田醬油株式会社の設立に参加した醸造家の経営動向を十分詳らかにしえない段階で、髙梨家の経営動向から直ちに野田醬油株式会社の設立について言及することには躊躇するが、それでも髙梨家の事例研究から知りえたこともまた少なくない。〈上十〉印を中心とする髙梨家の東京積醬油は日露戦争期から戦後と大正期に入り第一次世界大戦期にかけて著しく増加したが、〈上十〉印を中心とする東京積醬油価格の動向は停滞的であり、〈上十〉印の価格の低落も見られ、「原料高に依る営業の困難」という状況が生じており、同家の利益率は低下した。こうしたことが野田醬油株式会社の設立に参加した他の醸造家にも当てはまるのかどうかを検証する必要があるが、髙梨家の醬油醸造業を取り巻いていた経営環境は、他の醸造家の置かれていた経営環境とも一脈相通ずるところがあったのではないであろうか[24]。そして、こうした経営環境の中にあって、前掲の図4－1から窺えるような野田の大規模醤油醸造家による造石競争の激化が見られ、そうした状況を打開すべく大合同が模索されたという道筋を一つの可能性として考えうるのではないであろうか。『野田醤油醸造組合の沿革』には、「個人経営による企業の場合には、その上に如何なる統制が行われて居るとは言え、その間自然に自由競争を誘発し却って相互の破滅に陥るに至る危険がある。然も個人経営による企業が或種の限界にまで発展し切って居る場合には、この危険は一層甚しいものと言わなければならない。この種の自由競争を打破し、理想的状態において統制を遂行する為には、資本を合同し企業を統一する以外に途はないであろう。この自由競争の消滅がやがてより高き企業精神に合致し、而も大資本の運転による大企業が個人の小資本による企業に比して幾多の優越を有することは、今更言うまでもあるまい」と叙述されており[25]、そうした局面にあって、組織革新を行い、統合を進めることの必要性とその意義が明らかに認識されていた。

こうして、一族合同に向けて話し合いが持たれ、一九一七（大正六）年九月事前交渉が行われ新会社を設立することになり、同年九月二八日に茂木七郎右衛門家で発起人会を開催したものの、新会社への商標の提供のあり方をめぐって意見が割れ、さらに調整を必要とした。他の印と異なる亀甲萬印の市場における値違いを考慮して、亀甲萬印の商標料を三〇万円とすることで歩み寄りが図られ、合同が成立し、野田醤油株式会社の設立登記を見たのは一九一七年一二月七日のことであり、翌年一月一日に営業を開始した。

野田醤油株式会社の設立に参加した醸造家の蔵、敷地、醸造用品、諸味等の査定額は、固定資本金が二一一万八七〇三円、流動資本金が五五八万七五一八円で、総額七七〇万六二二一円であり、これを七七〇万円と見て、さらにそれを六七〇万円に圧縮し、亀甲萬の商標権を加えて、いずれも現物出資とし、同社の資本金は七〇〇万円とされ、一株一〇〇円として七万株を発行し、全額払込みとした。五〇〇株以上を所有する株主から役員が選ばれ、取締役社長には茂木七郎右衛門（六代、一万八九〇〇株）が、常務取締役には茂木七左衛門（一一代、八四〇〇株）と茂木佐平治（九代、一万九九〇〇株）が就任した。そして、取締役に髙梨兵左衛門（二八代、九九〇〇株）、茂木房五郎（四代、五〇〇〇株）、茂木啓三郎（初代、一四〇〇株）、茂木勇右衛門（三代、五〇〇〇株）が、監査役には中野長兵衛（初代、七〇〇株）、堀切紋次郎（六代、一〇一〇株）が就任した。[26]

髙梨家の「店卸帳」の一九一八年度の決算記録の中には、野田醤油株式会社の設立に関わる記載があるので、それを次に見ることにしよう。野田醤油株式会社の設立に参加した醸造家の各工場等の評価査定が一九一七年一一月七日から実施されたが、髙梨家の各工場等の査定結果を「店卸帳」の一八年度の決算記録の中に見出すことができたので、それを表4－10－1と表4－10－2に整理して示した。表4－10－1は、髙梨家が野田醤油株式会社に現物出資した固定資本金の明細であり、表4－10－2は、髙梨家が同社に現物出資した流動資本金の明細である。

表4－10－1によると、髙梨家の現物出資した固定資本金の総額は三一万八一五円であり、それは出蔵、辰巳蔵、元蔵の各醤油醸造場と第一四工場・第一五工場への貸地からなっており、出蔵の評価額は一一万一三三〇円であり、辰巳蔵のそれが一五万二五八一円、元蔵のそれは三万五三三七円であった。元蔵の土地代の記載がないのは借地であったためと思われる。[27]出蔵と辰巳蔵で同家の現物出資した固定資本金総額の八四・九％を占めていた。固定資本の内容に即してみると、建物代が総額の四五・七％を占めており、大桶代が二一・六％、機械器具代が一七・八％、土地代が一四・九％であった。表4－10－2によると、髙梨家の現物出資した流動資本金の総額は八三万九八七三円であり、それは諸味代、小麦代、大豆代、樽代、醤油代、地売懸金などからなっていた。諸味代が総額の六八・〇％を占めており、小麦代が一一・〇％、地売懸金が七・九％、大豆代が四・八％となっていた。

このようにして評価査定された髙梨家の野田醤油株式会社に現物出資した固定資本金総額と流動資本金総額を加算して算出された一一五万六八八円に対して、「会社ヨリ入ル」として三二二七円が控除された一一四万七四六一円が、

表 4-10-1　高梨家の野田醤油株式会社に現物出資した固定資本金の明細

	出蔵		辰巳蔵		元蔵		14 工場		15 工場		計	
土地代	11,706	(3.8)	23,109	(7.4)			6,506	(2.1)	5,061	(1.6)	46,382	(14.9)
建物代	44,457	(14.3)	80,171	(25.8)	17,511	(5.6)					142,139	(45.7)
大桶代	27,500	(8.8)	34,970	(11.3)	4,500	(1.5)					66,970	(21.6)
機械器具代	27,667	(8.9)	14,331	(4.6)	13,326	(4.3)					55,324	(17.8)
計	111,330	(35.8)	152,581	(49.1)	35,337	(11.4)	6,506	(2.1)	5,061	(1.6)	310,815	(100.0)

（出所）「店卸帳」（髙梨本家文書）によって作成。
（注）実数の単位は円であり、（　）内の数値は、高梨家の現物出資した固定資本金額を 100 とする比率で、単位は % である。

表 4-10-2　高梨家の野田醤油株式会社に現物出資した流動資本金の明細

資産	金額	
諸味代	570,927	(68.0)
小麦代	92,289	(11.0)
大豆代	40,313	(4.8)
塩代	3,367	(0.4)
樽代	11,688	(1.4)
新木代	6,200	(0.7)
醤油代	11,694	(1.4)
米代	4,034	(0.5)
雑品代	17,617	(2.1)
地売懸金	66,211	(7.9)
樽屋江貸金	7,700	(0.9)
その他	7,833	(0.9)
計	839,873	(100.0)

（出所）「店卸帳」（髙梨本家文書）によって作成。
（注）1．実数の単位は円であり、原則として円以下は四捨五入した。
　　2．（　）内の数値は、高梨家の現物出資した流動資本金額を 100 とする構成比で、単位は % である。

高梨家の野田醤油株式会社に現物出資した評価査定総額であった。(28) そして、この評価査定総額を圧縮して、一一万四七四六円を「九掛分引」として控除し、一〇三万二七一五円が「会社江出資」されていた。野田醤油株式会社は、それに対して高梨家に「百円券」で一万三二七株を交付しており、同家は「外ニ参株買受」けて、所有株式数を一万三三〇株とした。そして、これを一族に割り当て、高梨兵左衛門九九〇〇株、高梨仁三郎一三〇株、高梨政之助一〇〇株、高梨英男一〇〇株、高梨小一郎一〇〇株としていたのである。高梨兵左衛門は、創設時の野田醤油株式会社の株主総数二四名の中でも第三位の大株主となっており、同社取締役に就任した(29)。

高梨家が野田醤油株式会社の創設に参加して間もない頃の一九一九年度の同家の収入と支出の数値が「店卸帳」に記載されていたので、それを最後に紹介しておこう。表4－11によると、高梨家の一九一九年度の総収入は九万三二四一円であり、総支出が八万九四四六円であったから、三七九五円の余剰があった。収入は、諸株配当金等、東京貸地代、山林収入、野田町・梅郷村他畑金、米代金等からなっており、中でも諸株配当金等が収入総額の七二・四％を占めていた。野田醤油株式会社からの配当収入がその主要なものであったと考えられる。そして、支出の方では、諸株支払・土地買入が総額の六二・九％を占めており、臨時入用や諸税金、生命保険払込金等がそれに続いていた。高

表4−11　高梨家の1919年度の収支とその明細

収入	諸株配当金其他	67,516	(72.4)
	銀行預金利子	132	(0.1)
	無盡入金	711	(0.8)
	生命保険配当金	196	(0.2)
	東京入用会社ヨリ入ル	1,540	(1.7)
	東京貸地代	5,125	(5.5)
	野田町畑金	1,182	(1.3)
	梅郷村他畑金	1,144	(1.2)
	山林収入	2,432	(2.6)
	米代金	7,452	(8.0)
	大豆代金	143	(0.2)
	雑収入	5,615	(6.0)
	その他	53	(—)
	小計	93,241	(100.0)
支出	諸株支払・土地買入	56,246	(62.9)
	東京地代銀行江預金ス	5,125	(5.7)
	生命保険払込金	4,531	(5.1)
	無盡掛金	698	(0.8)
	諸税金	4,160	(4.6)
	小遣入用	2,781	(3.1)
	東京入用	1,016	(1.1)
	山林入用	787	(0.9)
	主人入用	750	(0.8)
	雇人給料	858	(1.0)
	普請入用	610	(0.7)
	登記入用	492	(0.6)
	臨時入用	10,094	(11.3)
	その他	1,298	(1.4)
	小計	89,446	(100.0)
差引		3,795	

(出所)「店卸帳」(高梨本家文書) によって作成。
(注) 1. 実数の単位は円であり、原則として円以下は四捨五入した。
2. (　) 内の数値の単位は％である。

梨家の収入と支出の構成は、このように大きく変化していたのである。

注

（1）以上の記述については、田中則雄『醤油から世界を見る―野田を中心とした東葛飾地方の対外関係史と醤油―』崙書房出版、一九九九年、二一四－二一五頁を参照。

（2）「店卸帳　髙梨本店」は、上花輪歴史館の整理によると、「店卸帳」（一九〇二〈明治三五〉年、髙梨本店）と記載されており、史料番号は髙梨本家文書5AGA264である。以下、同史料の表記については、「店卸帳」と記すことにする。

（3）本書第Ⅰ部第2章の石崎亜美論文によると、髙梨家は、農間副業として一六六一（寛文元）年に自家用・近隣への販売のため醤油醸造をはじめたと伝えられ、一七七〇年代の安永年間に江戸への醤油販売を開始したという。

（4）以上の記述と引用については、「醤油解説書（大正三年東京博覧会出品控）」（一九一四〈大正三〉年、髙梨本家文書5AKL5）による。

（5）以上については、同右「醤油解説書」および天野雅敏「醤油醸造業史と国際博覧会・国内博覧会」（『岡山商大論叢』第五一巻第一号、二〇一五年）五－九頁を参照。

（6）上花輪歴史館の整理により、「醤油造心得之事、仕込方、元附方、醤油出来方、売徳見積、バン塩遣方、蔵入用内訳、商売向用心之事」（一八六九〈明治二〉年髙梨本家文書5AKL22）と題された史料に所収されている「蔵入用」の項目の内訳を見ると、「蔵働人足給金」、「薪代」、「絞り袋代」、「飯米代」、「縄代」、「大口小口焼印代」、「釜損し代」、「絞り道具糀蓋其外小道具代」、「桶工手間扶持竹代」、「味噌塩もの其外日々入用」からなっていた。

（7）以上の記述と引用については、『野田醤油醸造組合の沿革』野田醤油株式会社、一九一九年、（公益財団法人塩事業センター塩業資料室所蔵、〇〇九七五〇）、四八三－四八四頁による。同上稿本の作成者と作成年は推定である。

（8）以上の記述と引用については、同右『野田醤油醸造組合の沿革』四八四－四八六頁による。

（9）日本醤油株式会社については、市山盛雄編纂『野田醤油株式会社二十年史』（野田醤油株式会社、一九四〇年）三六四－三六六頁を参照。
(10) 以上の記述と引用については、前掲『野田醤油醸造組合の沿革』四八八－四八九頁による。
(11) 前掲「店卸帳」の一九〇七年度の記載には、「定期預金分川崎銀行　日本橋通り参丁目地所売渡代金」が二万五〇〇〇円、「公債京釜鉄道売金」が一万七七三四円六〇銭、「株売渡金」が七二〇〇円計上されている。
(12) 高梨兵左衛門によるこの「説明書（醤油造りの説明）」（一九一二〈明治四五〉年、高梨本家文書5AKL13）には、「明治四十五年三月二十一日牧係員ノ依頼ニヨリ差出ス、但シ秋田税務署へ送ルトカ云ヘリ」と付記されていた。
(13) 前掲『野田醤油醸造組合の沿革』五七五頁による。
(14) 同右『野田醤油醸造組合の沿革』五七六頁による。
(15) 同右『野田醤油醸造組合の沿革』五八二頁による。
(16) 同右『野田醤油醸造組合の沿革』五八二－五八四頁による。
(17) 同右『野田醤油醸造組合の沿革』五九〇頁による。
(18) 同右『野田醤油醸造組合の沿革』五九三頁による。
(19) 同右『野田醤油醸造組合の沿革』五九六頁による。
(20) 同右『野田醤油醸造組合の沿革』五九八－五九九頁による。
(21) この高梨兵左衛門による「説明書（醤油造りの説明）」については、注（12）を参照。
(22) 同右「説明書（醤油造りの説明）」については、注（12）を参照。
(23) こうした東京醤油市場の動向については、林玲子「銚子醤油醸造業の市場構造」（山口和雄・石井寛治編『近代日本の商品流通』東京大学出版会、一九八六年）二五二－二五三頁を参照。
(24) 前掲田中則雄『醤油から世界を見る』によると、「野田の醤油醸造業者たちが、大正初期の醤油商況の沈滞、それに続く原料高、製品安に苦しんでいたころ、実際にはその間にも醤油の増石は続けられており、経営の実態は決して悪い状況とは言えなかったのであるが、野田の醸造家たちは事態を深刻に受けとめ、個人経営の限界を感じ、一族八家が合同して株式会社を設立した」（同書二五三頁）とし、こうして「旧態依然の古い経営体質が多い醤醸界の中で、野田が一歩先んじて経営の合理化、技術、設備の近代化、大資本による設備の大規模化をはかることができた」（同書二五三頁）と考えている。ヤマサ資料の報告書等を参照して、「経営の実態は決して悪い状況とは言えなかった」と見ているが、この点についてはさらなる検証に待ちたい。

(25)　前掲『野田醤油醸造組合の沿革』七四〇－七四一頁による。

(26)　以上の野田醤油株式会社の創設過程に関する記述については、前掲市山盛雄編纂『野田醤油株式会社二十年史』一四二－一四九頁、二八九－二九一頁を参照。

(27)　以上の記述については、上花輪歴史館の整理により、「固定資本調（総額、上十醤油場外倉庫本蔵）」〈大正〉、髙梨本家文書5JFA3）と題された史料に所収された「固定資本内譯」、「固却《ママ》資本調」を併せて参照。また同右市山盛雄編纂『野田醤油株式会社二十年史』三三八頁、三四五－三四六頁をも参照。

(28)　同右市山盛雄編纂『野田醤油株式会社二十年史』一四八頁によると、髙梨家の野田醤油株式会社に現物出資した固定資本金額は三一万五四五三円、流動資本金額は八三万二〇〇八円、総額一一四万七四六一円であった。この固定資本金額及び流動資本金額と表4－10－1の固定資本金額及び表4－10－2の流動資本金額との間には若干の相違があるが、表4－10－1の固定資本金額と表4－10－2の流動資本金額を加算して、調整の上算出された髙梨家の野田醤油株式会社に現物出資した評価査定総額の一一四万七四六一円には相違は見られない。

(29)　以上については、同右市山盛雄編纂『野田醤油株式会社二十年史』一四八－一四九頁、二八九－二九一頁を参照。

第5章　明治後期・大正初期における醤油生産の構造
――各蔵の特徴と機能

花井　俊介

はじめに

本章では、髙梨兵左衛門家に遺されている各蔵「醤油醸造決算」（醤油決算など名称は変動、各年次）という資料群を用いて、明治後期（一八八〇年代後半）～大正初期（一九一〇年代前半）における同家の醤油生産の構造を明らかにする。分析対象時期を明治後期以降に設定したのは、「醤油醸造決算」が当該期を中心に遺されているためである。

こうした検討作業を行うのは、第一に、同家の資料群に経営決算を示すものが十分に遺されていないためである。より正確に言えば、期末の貸借勘定はほとんど遺っておらず、収益（収支計算）も一九〇二（明治三五）～一五（大正四）年（ただし、一二・一三年は欠）のみが判明するにすぎない。各蔵「醤油醸造決算」は、「決算」といっても各蔵の収益や貸借のデータを採録してはおらず、仕込・槽掛、製成、樽詰、出荷（販売）など醤油生産に関する量的な決算を掲載したものである。しかし、同資料群に示された生産・販売の分析から同家醤油経営の数量的な成長（ないし停滞）を把握することで、醤油経営の状況を考察する一助としうるであろう。

第二の目的は、最上（最上級品）から下物（下級品）まで幅広い銘柄（印）の生産がどのように行われたのかを明らかにすることである。当該期には最上醤油生産にほぼ完全に特化していたヤマサ醤油（銚子・濱口儀兵衛家）とは対照的に[1]、髙梨兵左衛門家では最上〈上十〉印（ ）から下物〈ヒキ上万〉印（ ）（下級品）までより幅広い製品を生産していたが、これは野田の大規模醤油経営の特徴と考えられている[2]。そこで、本稿では髙梨家で稼働していた元蔵、出蔵、続蔵、辰巳蔵がいかなる分業関係を形成しつつ、多様な銘柄（印）の生産・販売を可能にしていたのかを明らかにしたい[3]。

第三に、明治後期～大正期に展開された新たな販売戦略とその下での各蔵の機能を解明することである。当該期間は大都市における最上醤油市場が大きく成長した時期として知られているが[4]、この下で髙梨兵左衛門家は東京・地方市場に対してどんな製品戦略を展開したか、またそれは各蔵にどのような機能を果たすことを要請したか、そしてこの戦略はいかなる成果を挙げたかについて考察したい。

第1節　出蔵・続蔵の生産構造

（1）仕込の動向

まず、明治後半期以降、髙梨兵左衛門家の中心的商品となる最上醤油の生産を担っていた出蔵・続蔵の動向から検討を始めたい。

出蔵と続蔵を併せて検討するのは、原史料の各年「醬油醸造決算」で、両蔵の決算は同じ責任者が担当し、両蔵の醸造結果に関する数値は一つの決算書にまとめられて（ただし、出蔵を「甲倉」、続蔵を「乙倉」と表示）、責任者が主人の高梨兵左衛門家に報告していたためである。より正確に言えば、少なくとも一八九二（明治二五）年までは、両蔵に加えて辰巳蔵の数値も、表示項目は大きく限定されていたが、同じ決算書に掲載され、同じ責任者が決算を担当していた。なお、両蔵の関係については不明な部分が多いが、決算書のタイトルには「出蔵」だけしか記載されていないにもかかわらず、続蔵の数値も掲載されているケースが多く見られた。出蔵も続蔵も髙梨兵左衛門本家（上花輪村）からやや離れた江戸川岸の今上村に位置していたが、出蔵は一七八二（天明二）年に、続蔵は一八五六（安政三）年に建設された。[5]おそらくもともとあった「出蔵」に接続するように増築された部分を「続蔵」と呼ぶようになったものと思われる。その意味で「続蔵」は「出蔵」の付属物という認識があり、それが決算書のタイトル表記に反映していたのかもしれない。

まず、表5－1で両蔵の生産（仕込）の動向を見よう。元石データ[6]の推移を見ると、一八九〇年代前半の若干の落ち込みを経て一九〇〇年代前半（明治三〇年代後半）までは（〇一年を除けば）ほぼ四〇〇〇石前後に停滞していたが、一九〇〇年代後半（明治三〇年代末）から明確な増加に転じ、一六（大正五）年には一万石近くに倍増したことがわかる。元石から推定した仕込諸味石数も同様の趨勢を辿り、一九一七年の大合同直前には一万五〇〇〇石近くに達した。この大幅な伸びは後述の東京市場における最上醬油需要の増大に対応していた。なお、醬油仕込における原料比率を見ると、大豆、小麦、食塩の比率は一対一対〇・九で、さらに元石の〇・九に当たる水が加えられた。この比率はヤマサ等の関東最上醬油メーカーとほぼ同様であった。[7]

蔵別の仕込状況（元石の数値）を追うと（同表）、まず甲倉（出蔵）、乙倉（続蔵）の醸造規模は、変動しつつもほぼ同じであった。すなわち、一九〇〇年代前半までは各々二〇〇〇石前後が仕込まれており、一九〇〇年代後半以降は

表 5-1　髙梨出蔵の生産動向（仕込）

年次	仕込高							倉別仕込高（元石）			諸味翌年持越高			
	元石計 A 石	大豆 石	小麦 石	食塩 石	汲水 石	諸味（推定）B	B／A	甲倉分 石	乙倉分 石	辰巳倉分 石	計 石	甲倉分 石	乙倉分 石	〃（辰巳）倉分 石
1888	3,892	1,946	1,946	1,751	3,503	5,568	1.43	1,820	2,072	1,661	10,250	3,831	3,943	2,476
1891	3,331	1,666	1,666	1,499	2,998	4,836	1.45	1,769	1,562	1,334	9,999	3,891	4,357	1,752
1892	2,975	1,488	1,488	1,339	2,678	4,341	1.46	1,469	1,506	621	8,722	3,566	4,097	1,059
1895	4,220	2,110	2,110	1,899	4,009	6,290	1.49	2,069	2,151	1,206	7,935	3,795	4,140	—
1896	3,813	1,942	1,942	1,747	3,689	5,643	1.48	1,954	1,929	—	8,098	3,890	4,208	—
1897	3,912	1,956	1,956	1,760	3,716	5,873	1.50	1,883	2,029	—	8,185	3,911	4,274	—
1898	3,942	1,971	1,971	1,774	3,745	5,956	1.51	1,921	2,021	—	8,337	3,980	4,357	—
1899	4,201	2,101	2,101	1,890	3,961	6,456	1.54	2,074	2,127	—	8,010	3,858	4,512	—
1900	4,293	2,147	2,147	1,938	4,078	6,589	1.53	2,067	2,226	—	8,010	3,839	4,171	—
1901	4,912	2,456	2,456	2,210	4,666	7,425	1.51	2,093	2,819	—	8,805	3,713	5,093	—
1902	4,319	2,160	2,160	1,944	4,103	6,609	1.53	1,837	2,482	—	9,080	3,857	5,223	—
1903	3,928	1,964	1,964	1,768	3,318	5,797	1.48	1,698	2,230	—	774	293	482	—
1904	4,088	2,044	2,044	1,840	3,884	5,987	1.46	1,618	2,470	—	697	271	427	—
				斤										—
1905	4,848	2,424	2,424	381,780	4,605	7,137	1.47	2,049	2,799	—	420	172	225	—
1906	4,886	2,443	2,443	418,359	4,642	7,296	1.49	2,392	2,494	—	9,855	4,532	5,364	—
1908	5,645	2,823	2,823	483,366	5,363	…	…	2,960	2,685	—	11,180	6,087	5,092	—
1909	6,000	3,000	3,000	513,761	5,700	8,732	1.46	3,286	2,714	—	10,430	5,791	4,639	—
1910	8,724	4,362	4,362	746,834	8,288	12,812	1.47	4,273	4,451	—	14,921	7,410	7,510	—
1911	8,360	4,180	4,180	668,800	7,942	12,293	1.47	4,299	4,061	—	11,961	6,193	5,768	—
1912	8,846	4,423	4,423	684,664	8,404	12,855	1.45	4,468	4,378	—	12,199	6,055	6,143	—
1913	8,800	4,400	4,400	707,449	8,360	12,778	1.45	4,567	4,223	—	12,274	6,059	6,216	—
1914	9,532	4,766	4,766	808,540	9,055	13,970	1.47	4,161	5,371	—	13,128	6,526	6,602	—
1915	9,911	4,956	4,956	805,125	9,415	14,447	1.46	4,719	5,192	—	13,730	6,379	7,351	—
1916	9,981	4,991	4,991	808,960	9,482	14,591	1.46	4,616	5,365	—	15,039	7,264	7,775	—

(出所) 各年度「醤油醸造決算表」(髙梨本家文書) より作成。 表記) —はゼロ。…は不明。
(注) 1．仕込高（諸味）の推計方法は次の通り。当該年の出蔵製成分（表 5-2）の元石と諸味の倍率を算出し、その率を仕込元石高に乗じて仕込石高を推定した。
2．1891～95 年の仕込高（元石、大豆、小麦、塩、汲水、推定諸味）の数値は出蔵

急速に拡大して続蔵では五〇〇〇石を超え、出蔵も五〇〇〇石に迫る仕込規模（元石の数値）を記録するに至った。なお、前述した「醬油醸造決算」の関係で一九〇五年までは、辰巳蔵の数値も判明するが、後述するように辰巳蔵の仕込分は熟成すると元蔵、出蔵、続蔵に諸味のまま移され、そこで圧搾・製成された後、各蔵出荷分に合算されて市場に送られた。辰巳蔵の仕込が比較的大きく変動しているのは（例えば、一八九二年仕込元石量は八八年の四割に減少）、同蔵が各蔵の生産を調整する機能（他蔵の生産に対応して伸縮）を果たしていたからであろう。もっとも、表5－1に示された一八九二年までの辰巳蔵仕込分については、出蔵、続蔵、元蔵にどの程度移出されたかに関する情報は残されていない。

（2）製成と販売の動向

出蔵（甲倉）、続蔵（乙倉）における製成と販売の動きは表5－2に示されている。同表の元石とは、その年に醬油製成に使用された諸味の元石数を指している。諸味も同様に、保有諸味のうち当該年に醬油製成に使用された石数を指す。表を見ると、一八九〇年代後半（明治三〇年代前半）以降は製成に使用された元石と諸味の量が仕込の元石や諸味の石数（前掲表5－1）を上回っているが、これは製成に使われた元石、諸味に辰巳蔵から移入された諸味およびその元石が含まれているためである。製成に使われた元石、諸味量を見ると、この一八九〇年代後半頃から増加傾向を示しており、連動して醬油製成石数も一九〇〇（明治三三）年頃から増加していった。

次に、出蔵、続蔵で製成されていた醬油の品質を垂歩合（垂口）から確認しよう（表5－2）。垂歩合とは製成石数を槽掛石数（槽＝圧搾槽）で除した数値であり、諸味一石からどの程度の醬油が製成されたかを示す。明治後期の圧搾技術では諸味の七割程度が醬油として圧搾可能であったと考えられるので、垂歩合が〇・七程度ならば、何も添加されていない諸味から搾出された生醬油そのものであり、その蔵では最も品質が高い醬油と考えることができる。表

産（製成）・出荷動向

総樽数			蔵出樽数						翌年持越高		
前年持越 樽	辰巳倉より 樽	総計 樽	総計 樽	東京出 樽	%	地廻り出 樽	%	自家用 樽	計 樽	甲倉 樽	乙倉 樽
642	—	59,673	57,730	51,670	89.5	5,906	10.2	154	1,943	864	1,079
2,980	—	51,915	48,577	42,570	87.6	5,836	12.0	171	3,337	1,625	1,712
3,337	—	49,712	47,756	40,550	84.9	7,038	14.7	168	1,965	1,095	866
2,280	—	51,114	48,788	39,675	81.3	8,936	18.3	177	2,356	1,181	1,775
2,356	—	53,311	50,530	42,780	84.7	7,572	15.0	178	2,781	1,047	1,734
2,781	—	53,674	51,013	42,990	84.3	4,844	9.5	179	261	142	159
2,661	—	51,404	49,194	42,260	85.9	6,755	13.7	179	2,214	908	1,306
2,214	—	60,992	60,184	49,650	82.5	10,354	17.2	180	808	406	402
808	—	60,476	58,786	51,115	87.0	7,491	12.7	180	1,690	497	1,193
1,690	—	64,860	61,992	53,620	86.5	8,142	13.1	189	2,868	1,341	1,527
2,868	—	65,769	62,871	53,954	85.8	8,737	13.9	180	2,898	1,437	1,461
2,898	—	63,623	59,551	52,040	87.4	7,331	12.3	180	3,725	1,753	1,973
3,725	—	72,912	71,168	56,450	79.3	14,719	20.7	180	1,724	820	924
1,744	—	79,524	76,982	67,813	88.1	8,984	11.7	180	2,542	1,100	1,442
2,542	6,769	85,006	83,168	76,930	92.5	6,058	7.3	180	1,839	790	1,049
…	…	…	92,445	80,030	86.6	12,235	13.2	180	1,551	756	795
,551	29,117	105,551	103,544	93,780	90.6	9,585	9.3	180	2,007	959	1,048
,007	27,317	102,193	99,557	88,570	89.0	10,807	10.9	180	2,636	1,280	2,356
,675	29,404	122,739	120,663	…		…		180	2,076	1,005	1,071
,076	32,322	132,833	129,282	114,790	88.8	14,492	11.2	(180)	3,551	1,742	1,809
,551	31,025	149,301	146,671	133,540	91.0	13,131	9.0	(180)	2,630	1,258	1,372
,630	37,711	160,663	158,785	143,510	90.4	15,275	9.6	(180)	1,878	957	921
878	42,250	169,105	166,367	147,920	88.9	18,447	11.1	(180)	2,738	1,323	1,415
738	38,725	182,884	179,903	166,300	92.4	13,603	7.6	(180)	2,981	1,417	1,564

によれば、両蔵（正確には辰巳蔵からの受入諸味も含めて）とも一貫して〇・七程度を維持しており、[8] 両蔵とも高梨兵左衛門家としては最も品質の高い醤油、すなわち醤油市場で最上と格付けされる製品を製成し続けていた。一九一〇年前後より垂歩合が若干上昇しているが、高梨家が自社の最高級ブランド（最上醤油）に添加物を加えることはあり

表 5-2　高梨出蔵の生

年次	元石			諸味			製成			製成／諸味			詰樽数		
	計 石	甲倉分 石	乙倉分 石	計 石	甲倉分 石	乙倉分 石	計 石	甲倉分 石	乙倉分 石	計	甲倉分	乙倉分	計 樽	甲倉分 樽	乙倉分 樽
1888	5,407	2,551	2,856	7,734	3,646	4,089	5,545	2,576	2,969	0.72	0.71	0.73	59,031	27,611	31,420
1891	4,364	2,335	2,030	6,336	3,384	2,952	4,641	2,432	2,209	0.73	0.72	0.75	48,934	25,498	23,436
1892	4,097	2,078	2,019	5,978	3,041	2,938	4,437	2,256	2,181	0.74	0.74	0.74	46,384	23,254	23,130
1895	4,294	2,054	2,240	6,400	3,081	3,319	4,611	2,286	2,325	0.72	0.74	0.70	48,864	23,874	24,990
1896	4,563	2,256	2,307	6,753	3,335	3,417	4,702	2,326	2,376	0.70	0.70	0.70	50,955	25,181	25,774
1897	4,507	2,275	2,232	6,766	3,432	3,333	4,717	2,390	2,328	0.70	0.70	0.70	50,893	25,684	25,209
1898	4,286	2,142	2,144	6,476	3,252	3,224	4,496	2,266	2,231	0.69	0.70	0.69	48,743	24,389	24,354
1899	5,103	2,521	2,582	7,842	3,878	3,964	5,408	2,686	2,721	0.69	0.69	0.69	58,778	29,025	29,753
1900	5,149	2,549	2,600	7,903	3,936	3,967	5,457	2,729	2,738	0.69	0.69	0.69	59,668	29,544	30,116
1901	5,455	2,703	2,752	8,246	4,089	4,157	5,776	2,872	2,905	0.70	0.70	0.70	63,170	31,336	31,834
1902	5,324	2,710	2,614	8,147	4,154	3,993	5,753	2,892	2,861	0.71	0.70	0.72	62,901	31,889	31,012
1903	5,317	2,605	2,712	7,846	3,809	4,037	5,486	2,686	2,800	0.70	0.71	0.69	60,725	29,691	31,03
1904	6,024	3,111	3,024	8,822	4,403	4,419	6,268	3,121	3,147	0.71	0.71	0.71	69,187	34,463	34,72
1905	6,763	3,301	3,462	9,957	4,862	5,094	7,030	3,476	3,553	0.71	0.71	0.70	77,780	38,490	39,29
1906	6,423	3,179	3,244	9,591	4,761	4,830	6,925	3,450	3,475	0.72	0.72	0.72	75,696	37,676	38,02
1908	…	…	…	…	…	…	…	…	…	…	…	…	…	…	…
1909	6,479	3,316	3,163	9,429	4,848	4,581	6,977	3,584	3,393	0.74	0.74	0.74	74,883	38,276	36,60
1910	6,358	3,278	3,087	9,337	4,832	4,505	6,916	3,555	3,361	0.74	0.74	0.75	72,869	37,582	35,28
1911	7,877	3,980	3,897	11,583	5,823	5,760	8,643	4,394	4,249	0.75	0.75	0.74	90,660	45,879	44,78
1912	8,370	4,222	4,148	12,163	6,184	5,979	9,390	…	…	0.77	…	…	98,435	…	…
1913	9,755	4,894	4,861	14,165	7,099	7,066	10,905	…	…	0.77	…	…	114,725	…	…
1914	10,133	5,063	5,070	14,851	7,406	7,445	11,578	…	…	0.78	…	…	120,322	…	…
1915	10,531	5,191	5,340	15,351	7,576	7,775	12,051	…	…	0.79	…	…	124,977	…	…
1916	11,904	5,862	6,042	17,403	8,592	8,811	14,098	…	…	0.81	…	…	141,421	…	…

（出所）各年度「醤油醸造決算表」（髙梨本家文書）より作成。　表記）…は不明。—はゼロ。甲倉は出蔵、乙倉は続蔵を
す。

（注）1．1888 年の元石は外に 311 石「丸山、本倉へ送リ」。詰樽数は外に 231 石「仕込用ヒ」と注記あり。

2．1891 年の元石は外に 745 石「本倉送り」。翌年持越「甲 1,625 樽、内、上取印 444 樽、乙 1,712 樽すべて上十印

3．1895 年の地廻りではなく「上野州輸出高」。

4．1896 年の樽年末残甲倉の「内、上取 678」。

5．1897 年甲元石の内、87 石続蔵分、341 石辰巳蔵分。同年乙元石の内、315 石辰巳蔵分。翌年持越樽数のうち
7,463 樽。

6．1899 年の甲元石の内、462 石辰巳蔵分。乙元石の内、428 石辰巳蔵分。

7．1900 年の甲元石の内、348 石辰巳蔵分、乙元石の内、376 石辰巳蔵分。

8．1901 年の甲元石の内、576 石辰巳蔵分、乙元石の内、602 石辰巳蔵分。樽年末残の甲倉の「内、上取 295」。

9．1902 年の甲元石の内、938 石タ分、31 石ツ分、乙元石の内、250 石タ分。総詰樽数のうち上取 8,882 樽。

10．1898 年の甲詰樽数のうち 251 樽は 1 斗入、乙は 300 樽が 1 斗入

11．1912 年の翌年持越樽数には自家用 180 樽を含む。

12．1913 年の翌年持越樽数には自家用 180 樽を含む。

13．1914 年の翌年持越樽数には自家用 180 樽を含む。総詰樽数の内、1,290 樽は 1 斗入。

14．1915 年の翌年持越樽数には自家用 180 樽を含む。総詰樽数の内、700 樽は 1 斗入。

15．1916 年の翌年持越樽数には自家用 180 樽を含む。総詰樽数の内、600 樽は 1 斗入。

えないので、これは最上醤油の低質化を示すのではなく、圧搾技術の改良（設備の改善）を示唆するものと考えられる。(9)

最後に出蔵、続蔵からの出荷先を蔵出樽数から見ると、ほぼ九割近くを東京市場が占め続けており、地廻り市場向けは一割程度にすぎなかった（同表）。高梨兵左衛門家の製品で東京市場で販売された最上醤油は〈上十〉印として知られていた。すなわち、出蔵、続蔵は東京市場に対する〈上十〉印の供給に著しく特化した生産活動を行っていたと考えることができる。ただし、一九〇五年以降、辰巳蔵で圧搾・製成および樽詰が開始されたが、その辰巳蔵の詰樽製品も出蔵、続蔵の製品と一括して出荷されていた。

なお、垂歩合で確認したように、出蔵、続蔵で製成される醤油はすべて最上であり、地廻り市場向け製品も最上であったと考えられる。現在のところ、両蔵から地方市場に供給された最上醤油の銘柄を確定することはできないが、一八九一・九五・九八・一九〇一年の甲倉（出蔵）持越樽数には〈上取〉（上取）という銘柄が含まれており、また一八九七年総詰樽五万三六七四樽のうち七四六三樽、一九〇二年総詰樽六万二八七一樽のうち八八八二樽を〈上取〉印が占めた（表5－2の注を参照）ことが注目される。東京市場向け最上品は圧倒的に〈上十〉印を中心としていたと想定されるので、この〈上取〉という銘柄は東京向けではなく地方市場向け最上品に使用されたと考えられる。(10)

もっとも、一九〇二年の八八八二樽という〈上取〉印の詰樽数は、ほぼ同年の地廻り輸出と合致するのに対して、一八九七年の七四六三樽という〈上取〉印詰樽数は同年の地廻り輸出約四八五〇樽を大きく上回っている。同年末の持越樽数は二六一樽にすぎないことから考えると、同年の場合、〈上取〉印が東京市場向けにも使用されたことになろう。より正確に言うと、実際の銘柄使用のあり方はもう少し複雑であったようであり、一九〇三年の高梨兵左衛門家『両蔵送分帳』を集計すると、出蔵からの地方出荷分七五一一樽のうち、六八三〇樽が〈上取〉印で、残りの六八一樽は〈上十〉印であった。このように、印の使用は市場別に完全に固定されていたわけではなく、一部に流動的な利用が見られたが、両蔵製品については東京市場向けは〈上十〉印が、おそらく地方市場向けは〈上取〉印が、それぞれ圧倒的なウェイトを占めていたと考えてよかろう。(11)

第2節　元蔵の生産構造

(1) 出荷(販売)の動向

元蔵の生産構造を分析する前に、同蔵の出荷(販売)について検討し、出蔵・続蔵と対照的な特質を確認しておきたい。表5－3には元蔵製品の出荷動向が示されている。同表のa／g(東京市場向け割合)およびd／g(地方市場向け割合)を見ると、一八九〇(明治二三)年を除いて、東京向けは一〇～二〇%、地方市場向けが八〇～九〇%であり、出蔵・続蔵とは逆に元蔵は地方市場への製品供給に著しく特化していた。製品の品質別割合(上物比率h／g、下物比率i／g)を見ると、一八九〇年代後半までは下物(下級品)が五〇～六五%程度、一九〇〇年代前半はデータを欠くが、一九〇〇年代後半には下物のウェイトはさらに高まり、七〇～九〇%を占めるようになった。すなわち、元蔵はそもそも下物の供給にウェイトを置いていたが、一九〇〇年代後半にはいっそう下物供給への特化を強めたと言えよう。しかも、出荷樽数の総計(上物h、下物i)を見ると、上物(上級品)が伸び悩んでいるのに対して、下物は二万樽前後から四万樽以上に大きく拡大していた。この拡大した下物の市場を確認すると、下物の八〇～一〇〇%が地方市場に向けられていた(下物全体に占める地方市場向けの割合i／fを参照)。すなわち、元蔵はそもそも下物の地廻り市場に対する供給に力点を置いていたが、一九〇〇年代に地方の下物市場が大きく拡大したのに対応して、元蔵はその機能的特徴(地方市場向け、下物供給)をいっそう明確化していった。この結果、一九〇〇年代後半の髙梨兵左衛門家の醤油生産体制において、元蔵は出蔵・続蔵とは全く対照的な位置づけを与えられることとなった。

表5-3　髙梨元蔵の出荷（販売）動向

年次	東京問屋売上				地売				総計					東京		地売	
	計 a	a/g	上物 b	下物 c	計 d	d/g	上物 e	下物 f	計 g	上物 h	h/g	下物 i	i/g	b/h	c/i	e/h	f/i
	樽	%	樽	樽	樽	%	樽	樽	樽	樽	%	樽	%	%	%	%	%
1890	16,470	53.7	4,688	11,782	14,199	46.3	5,662	8,537	30,669	10,350	33.7	20,319	66.3	45.3	58.0	54.7	42.0
1893	5,371	18.8	920	4,451	23,235	81.2	10,574	12,661	28,606	11,494	40.2	17,112	59.8	8.0	26.0	92.0	74.0
1894	6,095	16.4	1,560	4,535	31,028	83.6	15,130	15,899	37,123	16,690	45.0	20,434	55.0	9.3	22.2	90.7	77.8
1895	1,630	5.1	660	970	30,383	94.9	16,480	13,903	32,013	17,140	53.5	14,873	46.5	3.9	6.5	96.1	93.5
1896	2,380	7.7	780	1,600	28,487	92.3	15,107	13,381	30,867	15,887	51.5	14,981	48.5	4.9	10.7	95.1	89.3
1897	3,600	10.0	1,510	2,090	32,477	90.0	13,504	18,973	36,077	15,014	41.6	21,063	58.4	10.1	9.9	89.9	90.1
1898	2,570	6.5	770	1,800	36,778	93.5	12,486	24,292	39,318	13,226	33.6	26,092	66.4	5.8	6.9	94.4	93.1
1905	2,493	5.0	0	2,493	47,058	95.0	7,517	39,541	49,551	7,517	15.2	42,034	84.8	0.0	5.9	100.0	94.1
1906	7,900	19.9	0	7,900	31,857	80.1	2,299	29,559	39,757	2,299	5.8	37,458	94.2	0.0	21.1	100.0	78.9
1907	11,853	22.2	11,853	0	41,645	77.8	11,654	29,991	53,498	23,507	43.9	29,991	56.1	50.4	0.0	49.6	100.0
1908	3,559	7.1	700	2,859	46,509	92.9	7,981	38,528	50,068	8,681	17.3	41,387	82.7	8.1	6.9	91.9	93.1
1909	9,759	14.6	1,543	8,216	56,957	85.4	17,462	39,495	66,716	19,005	28.5	47,711	71.5	8.1	17.2	91.9	82.8
1910	6,242	10.0	1,320	4,922	56,421	90.0	17,419	39,002	62,663	18,739	29.9	43,924	70.1	7.0	11.2	93.0	88.8

（出所）各年度「醤油醸造決算表」（髙梨本家文書）より作成。　表記）点線は年次データに欠落があることを示す。

（2）生産（仕込・製成）の動向

元蔵の生産動向（仕込・製成）は表5－4に示されている。同表によれば、元蔵では通常の仕込と別製仕込という二つの方法で醤油が仕込まれていた。まず、通常の仕込における原料比率を確認すると、大豆・小麦・食塩が一対一対一で、最後に汲水から製造した煮込水を元石（大豆、小麦石数の合計）と同量加えるという方法が採用されている。

表5-4　高梨元蔵の生産動向（仕込・製成）

年次	仕込石高								別製仕込高					
	元石A 石	大豆 石	小麦 石	食塩 石	煮込水 石	（汲水） 石	諸味B 石	B/A	本製醪 石	粕 貫	食塩 石	番水 石	醴及戻醤油 石	製成石数 石
1890	507	254	254	254	507	532	786	1.55	1,617	19,736	32	595	26	1,849
1893	1,152	576	576	576	1,152	1,210	1,842	1.60	1,184	15,758	26	478	20	1,412
1894	1,971	986	986	986	1,971	2,070	3,155	1.60	1,466	19,883	33	595	12	1,969
1895	2,101	1,051	1,051	1,051	2,101	2,206	3,320	1.58	1,133	14,916	24	452	87	1,485
1896	1,762	881	881	881	1,762	1,850	2,784	1.58	1,132	14,784	23	448	124	1,432
1897	1,816	908	908	908	1,816	1,907	2,869	1.58	1,447	18,216	2,847	552	97	1,824
1898	1,694	847	847	847	1,694	1,779	2,677	1.58	1,976	24,651	38	747	147	2,456
1905	1,514	757	757	757 斤	1,665	1,741	*2,377*	1.57	番諸味 2,350	55,700	斤 *15,880*	1,763 水（石）		番製成石 3,982
1906	951	476	476	*81,089*	1,065		1,493	1.57		60,722	*23,635*	*1,518*		*1,451*
1907	2,241	1,121	1,121	*199,463*	2,465		3,518	1.57		85,460	*17,920*	*2,136*		*1,926*
1908	1,857	929	929	*172,294*	2,043		2,786	1.50		107,295	*14,320*	*2,406*		*2,244*
1909	1,902	951	951	*159,861*	1,997		2,853	1.50		81,956	*10,980*	*2,429*		*2,235*
1910	2,839	1,420	1,420	*263,929*	2,981		4,315	1.52		100,486	*22,920*	*2,319*		*1,856*

年次	諸味受払						槽掛高（汲出高）			製成高			製成／槽掛高		
	前年持越 石	査定高 石	辰巳より 石	出蔵行き	汲出高 石	残高 石	計 石	上物 石	下物 石	計 石	上物 石	下物 石	計	上物	下物
1890	23	3,019			2,872	163	2,872	1,255	1,617	2,757	908	1,849	0.96	0.72	1.14
1893	181	2,577	179		2,730	207	2,730	1,546	1,184	2,498	1,085	1,412	0.9	0.7	1.2
1894	207	2,741	860		3,680	121	3,680	2,214	1,466	3,520	1,552	1,969	0.96	0.70	1.34
1895	121	3,381	127		3,401	212	3,401	2,268	1,133	3,125	1,640	1,485	0.92	0.72	1.31
1896	212	1,983	1,350		3,319	221	3,319	2,187	1,132	2,968	1,536	1,432	0.89	0.70	1.27
1897	221	3,142	342		3,526	154	3,526	2,079	1,447	3,229	1,406	1,823	0.92	0.68	1.26
1898	154	2,906	782		3,785	34	3,785	1,809	1,976	3,784	1,328	2,456	1.00	0.73	1.24
1905	648	1,747	1,432		3,790	33	3,790 *4,440*	*928*	*3,512*	4,650	*698*	*3,982*	1.23 (*1.05*)	*0.75*	*1.13*
1906	33	2,069	999	108	2,792	195	2,792	380	2,412	2,152	*274*	*3,329*	0.77	*0.72*	*1.38*
1907	195	3,223	2,153	756	4,636	176	4,636	1,565	3,070	5,174	1,206	3,968	1.12	0.77	1.29
1908	176	2,800	2,044		4,946	87	4,946	*1,140*	*2,793*	5,489	*832*	*4,356*	1.11	*0.73*	*1.56*
1909	87	3,601	2,958		6,305	334	6,305	*2,460*	*3,791*	6,123	*1,790*	*4,784*	0.97	*0.73*	*1.26*
1910	334	3,570	2,001		5,754	151	5,744	*2,390*	*3,295*	5,573	*1,737*	*3,935*	0.97	*0.73*	*1.19*

（出所）各年度「醤油醸造決算表」（高梨本家文書）より作成。
（注）1. 1894年の受払：査定高2,741.351石。「外に860.26石辰巳倉より入る」と注記あり。 2. 1896年の別製仕込は醴ではなく戻り醤油使用。 3. 1897年の別製仕込は醴ではなく戻り醤油使用。同年の受払：査定高3,142.046石。「外に341.891石辰巳倉より入る」と注記あり。 4. 1898年の受払：査定高3,905.839石。「外に782.274石辰巳倉より入る」と注記あり。 5. 槽掛高および製成高のイタリックは推計値。若干合計とズレがある。 6. 仕込、別製仕込みのイタリックは単位その他が変更になったことを示す。 7. 空欄は実績なし。

出蔵、続蔵の〈上十〉印など最上醤油の仕込に比べると、食塩量が一〇%ほど高いが、食塩濃度は煮込水を一〇%増量することで調整されていた。また、ただの汲水ではなく、煮込んだ水を使用する点も異なっている。元石からどれだけの諸味が仕込まれているかに関する指標（B／A）を見ると、最終的には一・五倍程度になるものの、出蔵の実績（前掲表5－1のB／A）を上回り続けていた。このことは、元蔵の通常仕込が〈上十〉印などの最上醤油に品質的には若干及ばないクラスの醤油製成を念頭に置いていたことを示唆している（以下、元蔵の通常仕込を最上仕込と区別して上物仕込と呼称）。この上物仕込高の推移を諸味石数と査定石高で追うと、変動を含みつつも二〇〇〇石台後半から三〇〇〇石代前半で停滞的に推移していたことがわかる。

他方、元蔵の醤油生産を特徴づけていたのは別製仕込とされる下物の仕込であった。別製仕込とは本製醪（上物仕込で醸造された諸味）に粕（醤油の搾り粕）、食塩、番水（粕に水を加えたもの）、醴（あまざけ）、戻り醤油を加えるという仕込方法である。もっとも、仕込といっても通常の仕込とは全く異なり、熟成させる必要はないので、添加物の混合後、直ちに圧搾されて下物醤油が製成された。なお、表5－4の一九〇六（明治三九）年以降の数値は、番水の製造実績を示しているにすぎず、これに本製醪、醴、戻り醤油などを加えて製成された下物の製成石数は不明である。

同表の数値に従って、元蔵における醤油製成までのプロセスを追うと、まず、熟成した上物諸味は諸味受払欄に示されている辰巳蔵から受け入れた諸味と合わせて汲み出し（圧搾）に回された。諸味受払欄の汲出高はこの圧搾に掛けられた諸味の総量であり、したがって槽掛高の合計と合致する。槽掛は上物と下物に分けて行われているが、下物と言っても諸味自体は全く上物と同じであったことになる。下物と上物の製成法の違いは、上物の場合、この諸味が直ちに圧搾されて醤油が製成されたのに対して、下物は直ちに圧搾されなかった点である。下物の槽掛高と別製仕込の本製醪高が完全に一致していることからわかるように、下物生産ではこの槽掛用諸味に前述の粕、番水、醴、食塩などを加えて増量した別製仕込の諸味を製造し、それが圧搾された。したがって、別製仕込欄の下物製成石数は製成高の下物の実績に一致する。槽掛高を見ると、一八九〇年代前半の三〇〇〇石前後の水準から次第に増加し、明治の最終盤には六〇〇〇石前後にまで倍増した。先に見たように、仕込石高、査定石高は大きな伸びが見られなかったので、槽掛諸味高の増大は辰巳蔵から受け入れた諸味の増大に依拠していた。

他方、これと並行して製成石高も増加しており、一八九〇年代前半の二五〇〇石前後の水準から一九〇九・一〇年にはそれぞれ約六一〇〇石・約五七五〇石へと大きく増加した。製成醤油の上物、下物の石数は一九〇〇年代前半が判明しないが、一八九〇年代末までの趨勢から見ると下物の製成が増加しつつあったと言えよう。一九〇〇年代後半の槽掛、製成実績は推定値を多く含んでいるが、上物を見ると、一九〇〇年代半ばの落ち込みから回復したものの、せいぜい一八九〇年代後半の水準に復したにすぎなかったのに対し、下物は槽掛・製成石数ともに大幅に拡大を示した結果、下物製成高のウェイトが大きく高まることとなった。出荷動向（前掲表5－3）の動きでも上物の伸び悩みと地方市場向け下物の大きな増加が見られたが、その限りでは生産の動向も一致していたのである。

ただし、一九〇〇年代後半の元蔵の醤油生産で注目すべきは、同蔵での上物製成と上物仕込との関係に変化が生じたと推測される点である。一九〇六年以降の上物槽掛石数と辰巳蔵からの移入諸味石数を比較すると、ほぼ前者を後者が上回っている。このことが元蔵での上物製成が全て辰巳蔵からの移入諸味で賄われるようになったことを示すとすれば、元蔵における醤油仕込は下物生産に完全に特化したことになる。この点で注目されるのは、一九〇〇年代後半に元蔵の上物仕込における煮込水加水量が従来より五～一〇％増加したことであり（前掲表5－4）、これが仕込の低質化を意味するとすれば、元蔵の仕込が下物製成に対応するようになったことを示すと言えよう。

では、元蔵で製成された上物、下物にどの程度の品質的な格差があったのか。この点を垂歩合から確認しておこう。上物、下物の製成／槽掛高（表5－4）の数値が追えるのは一八九八（明治三一）年と一九〇〇年代後半に限定されているが、確認しうる限りでは、上物の垂歩合は〇・七前後、下物の垂歩合はやや変動が大きいが、おおむね一・二

〜一・三であった。したがって、垂歩合で見た限りでは、上物は〈上十〉など最上と同等であり、下物は番水や醴、戻り醤油などで増量された結果、諸味を二〇〜三〇％も上回る量の醤油に仕上げられていた。上物と下物を比較すると、下物では同量の諸味から上物の一・七〜一・九倍の醤油が製成されていたことになる。なお、上物、下物を合わせた合計（元蔵全体の平均垂歩合）を見ると、一八九〇年代後半は変動を含みつつも〇・九前後であったのに対し、一九〇〇年代後半には一・〇〜一・一前後（一九〇六年を除く）に高まったことがわかる。この平均垂歩合の上昇は、元蔵における地方市場向け下物生産の拡大を反映していた。

このように、明治後期に元蔵では辰巳蔵からの諸味移入を増加させながら別製仕込を拡大し、地方市場に対する下等品の供給拡大という戦略を担う蔵としての位置づけを明確にしていった。では、元蔵ではどのような印（銘柄）の醤油製品を生産（出荷）していたのであろうか。表5－5は元蔵における印別醤油生産の動向を示したものである。各印の垂歩合（製成／諸味）から品質を確認すると、〈キッコウ白王〉印（皇）と〈宝〉印（宝）は最上と同等であり、〈ジガミ盛〉印（盛）は並物ないし下物上層、〈ヒキ上万〉印は下物下層であったと考えられる。[12] ただし、すでに見たように、元蔵の上物仕込自体が品質的には最上仕込に及ばなかったため、〈キッコウ白王〉印、〈宝〉印は最上ではなく、上物（上級品）と格付られていた。[13]〈フジ高〉は一八九〇年しか生産されていないが、上物・並物の中間的品質と位置づけられよう。[14] なお、同表によれば、〈キッコウ白王〉印は一八九〇年代末〜一九〇〇年代前半の間に消滅し、上物は〈宝〉印に収斂されていくように見える。ただし、〈キッコウ白王〉印は高梨兵左衛門家の銘柄ではなかった点に注意する必要がある。〈キッコウ白王〉は、一八六四（元治元）年に高梨兵左衛門家より分家し、醤油醸造を始めた高梨孝右衛門家の銘柄（印）であり、九四年には五代茂木七郎右衛門に自らの醸造場を譲り渡す（茂木七郎右衛門家木白西蔵）など、同家の醤油経営はこの時期に困難に直面していた。そのため、高梨兵左衛門家は孝右衛門家を援助するために、醤油仕込を代行していた。〈キッコウ白王〉印の生産実績はそのことを示しているが、

表5–5　髙梨元蔵の印別生産動向

年次	〈キッコウ白王〉				〈宝〉				〈フジ高〉			
	諸味 石	製成 石	製成／諸味	樽数 樽	諸味 石	製成 石	製成／諸味	樽数 樽	諸味 石	製成 石	製成／諸味	樽数 樽
1890					1,143	845	0.740	9,393	112	97	0.867	1,078
1893	252	170	0.677	1,894	1,294	915	0.706	7,064				
1894	423	252	0.689	3,242	1,791	1,260	0.704	14,000				
1895	450	328	0.729	3,646	1,818	1,332	0.732	14,801				
1896	423	297	0.702	3,301	1,764	1,239	0.702	13,766				
1897	531	374	0.704	4,151	1,548	1,092	0.705	12,135				
1898	576	410	0.723	4,558	1,242	918	0.738	10,195				
1905					928	698	0.721	7,682				
1906					380	274	0.722	3,041				
1907					1,565	1,206	0.721	11,864				
1908					1,140	832	0.730	9,249				
1909					2,460	1,790	0.728	19,894				
1910					2,390	1,737	0.723	18,739				

年次	〈ジガミ盛〉				〈ヤマ上万〉			
	諸味 石	製成 石	製成／諸味	樽数 樽	諸味 石	製成 石	製成／諸味	樽数 樽
1890	1,312	1,378	1.051	15,314	305	521	1.707	5,783
1893	959	1,058	1.103	17,754	225	447	1.775	4,972
1894	1,141	1,285	1.126	14,280	325	683	2.103	7,592
1895	938	1,080	1.151	12,000	195	413	2.117	4,588
1896	952	1,070	1.124	11,891	180	362	2.011	4,024
1897	1,302	1,464	1.124	16,265	145	300	2.066	3,340
1898	1,806	2,094	1.159	23,368	170	362	2.127	4,018
1905	3,175	3,453	1.280	37,890	337	529	1.570	6,109
1906	2,008	2,726	1.355	30,287	404	603	1.530	6,702
1907	2,692	3,399	1.260	38,950	378	570	1.600	6,430
1908	2,302	3,338	1.410	37,088	491	1,018	2.077	11,314
1909	3,000	3,541	1.180	39,348	791	1,242	1.570	13,791
1910	2,759	3,086	1.340	34,229	536	849	1.630	9,695

（出所）各年度「醤油醸造決算表」（髙梨本家文書）より作成。 表記）点線は年次データに欠落があることを示す。
（注）空欄は実績なし。

元蔵の醤油生産における〈キッコウ白王〉のウェイトは小さかった。例えば、同表で確認しうる限りで〈キッコウ白王〉が最も多量に製造された一八九八年について、諸味使用比率を計算すると、〈キッコウ白王〉用の諸味は元蔵全体の一七・八％にすぎなかった。

そこで、〈キッコウ白王〉を除いて、元蔵で生産された高梨兵左衛門の印の生産動向を見ると（同表）、上物であった〈宝〉印の生産は一八九〇年代半ばに拡大して一四〇〇〇樽前後に到達した後、減少に転じ、一九〇〇年代末に至って二〇〇〇〇樽近くに達しているが、変動を含みつつも全体の動向は停滞的で明治後期に明確な増大傾向は窺えない。なお、〈宝〉印の垂歩合は一九〇〇年代後半に若干上昇しているが、前述したように、これも低質化ではなく、圧搾技術の改良を示唆していよう。

〈宝〉印生産の伸び悩みに対して、下物下層の〈ヒキ上万〉印および下物の〈ジガミ盛〉印の生産は一九〇〇年代後半に顕著な伸びを示した（同表）。〈ヒキ上万〉の生産は一八九〇年代の四〇〇〇樽前後から一九〇〇年代後半の一万樽台へと倍以上の増加を見せた。〈ジガミ盛〉の生産量は一八九〇年代にすでに一万五〇〇〇樽前後から二万樽前後を占め、下物の中心をなしていたが、一九〇〇年代後半にはさらに大きく増加し、四万樽近くに達した。この間に〈ヒキ上万〉も増加したとはいえ、〈ジガミ盛〉が高梨兵左衛門家の地方市場向け下物の主力商品としての地位を確立したと見てよいだろう。さらに注目されるのは〈ジガミ盛〉の垂歩合が一九〇〇年代後半に上昇している点である。これが圧搾技術の改良を示唆するものか、あるいは製成高に占める下物の割合以上に実質的な低質化が進行していたことを示すかについては現在のところ確認はできていない。しかし、同期間に〈ヒキ上万〉が逆に垂歩合を低下させ、〈ジガミ盛〉との格差が縮小していったことから考えると、垂歩合の上昇は圧搾方法の改善ではなく、〈ジガミ盛〉の品質低下を示しているように思われる。

表5-6　髙梨辰巳蔵の生産動向（仕込）

年次	仕込高						等級別仕込（元石）		諸味翌年持越高			諸味／元石	
	元石　計	大豆	小麦	食塩	汲水	諸味	上仕込	並仕込	計	上仕込	並仕込	上仕込	並仕込
	石	石	石	石	石		石	石	石	石	石		
1896	1,797	899	899	846	1,783	*2,596*	1,041	756	2,259	1,227	1,032	1.33	1.60
1897	570	285	285	275	578	*920*	206	364	1,842	687	1,156	1.55	1.65
1898	1,814	907	907	877	1,844	*2,797*	610	1,204	3,105	903	2,203	1.48	1.57
1899	1,924	962	962	944	1,931	*2,955*	360	1,564	2,954	531	2,424	1.47	1.55
1900	1,287	644	644	593	1,251	*1,935*	1,008	279	2,910	1,412	1,498	1.48	1.59
1901	2,756	1,378	1,378	1,295	2,727	*4,243*	1,668	1,088	3,884	2,502	1,382	1.50	1.60
1902	2,053	1,027	1,027	974	2,101	*3,230*	1,047	1,006	3,752	2,291	1,462	1.50	1.65
1903	4,242	2,121	2,121	2,059	記載なし	…	…	…	266	135	131	1.47	1.56
				斤									
1905	5,982	2,991	2,991	496,788	記載なし	8,922	3,129	2,853	10,066	4,528	5,537	1.42	1.57
1906	3,800	1,900	1,900	311,257	3,828	5,700	*3,800*	—	9,263	*9,263*	—	1.50	
1907	4,015	2,008	2,008	353,511	4,105	6,011	*4,015*	—	5,974	*5,974*	—	1.50	
1908	4,397	2,199	2,199	401,903	4,485	6,596	*4,397*	—	8,313	*8,313*	—	1.50	
1909	4,395	2,798	2,798	385,000	4,400	6,629	*4,395*	—	9,122	*9,122*	—	1.51	
1910	3,846	1,923	1,923	324,467	3,945	5,769	*3,846*	—	8,090	*8,090*	—	1.50	

（出所）各年度「醤油醸造決算表」（髙梨本家文書）より作成。 表記）…は不詳。—はゼロ。空欄は実績なし。

（注）1．諸味／元石（1896～1905年）は年持越諸味高とその元石についての実績。
1906年以降は仕込元石および諸味に関する実績。

2．仕込高の諸味のうちイタリックの数値（1896～1905年）は推定値。推定方法は当該年の上仕込、並仕込に関する「諸味／元石」の実績（注1）を元石ベースの等級別仕込高（上および並）に乗じて推定。

3．1906年以降の等級別仕込高と諸味翌年持越高は、仕込の「諸味／元石」の実績（注2）からすべて上仕込と推定（イタリック表示）。

第3節　辰巳蔵の生産構造

辰巳蔵の生産動向（仕込）は表5－6に示されている。一八九〇年代後半～一九一〇年（明治三〇年代前半～明治四〇年代）における辰巳蔵の生産規模を見ると、元石では一五〇〇石前後から四〇〇〇石台に、諸味では二〇〇〇石前後六〇〇〇石台へと大きな伸びを示していた。辰巳蔵は他蔵に熟成した諸味を移出していたので、辰巳蔵の生産規模の増大は、すでに見た出蔵・続蔵、元蔵での生産拡大を支えていた。

仕込のあり方を見ると、上と並の二種類の仕込方法が採られていた。両者の差異は諸味と元石の比率に表れていたが、上仕込は一・五倍弱、並仕込は一・六倍前後であり、その相違は大きくはなかった。なお、一九〇六（明治三九）年以降については上・並別のデータは得られなくなるが、蔵全体の平均値が一・五倍程度に低下しており、ほぼ上仕込に一本化されたものと思われる。

この辰巳蔵の仕込で注目されるのは、並仕込の諸味・元石比率（一・六倍程度）が元蔵における上物仕込の実績（一・六倍弱）に非常に近い点である。このことは辰巳蔵の並仕込諸味が元蔵向けに移出された可能性が高いことを示唆していよう。

続いて、辰巳蔵の移出、生産（内造）の動向を示した表5－7を見ると、少なくとも一九〇三年までは辰巳蔵では内造（製成）は行われておらず、熟成すると諸味のまま他蔵へ移出されていたことが改めて確認できる。一九〇三年以前における辰巳蔵の諸味移出の実績を見ると、約一四〇〇石から四〇〇〇石近くまでと変動幅が大きい点、また一九〇一年を除けば三〇〇〇石前後に停滞していたことがわかる。変動幅が大きい点は、他蔵の生産調整（その都度、不足分を補充）を担った辰巳蔵の機能的な特質に基づくものであろう。

表5-7　高梨辰巳蔵の生産動向（移出・内造）

年次	他蔵移出分（諸味） 計	元蔵送り	出蔵送り	続蔵送り	辰巳蔵持越	内造諸味（槽掛高） 内造	上十印	宝印	製成 計	上十印	宝印	製成／諸味 上十印	宝印
	石	石	石	石	石	石	石	石	石	石	石		
1896	2,602	1,350	1,076	—	176								
1897	1,487	527	499	461	—								
1898	1,436	782	393	261	—								
1899	3,182	1,766	737	679	—								
1900	1,811	804	520	557	—								
1901	3,396	1,586	881	928	—								
1902	3,372	1,562	1,426	324	—								
1903	3,902	1,770	1,255	878	—								
1905	4,621	1,432	1,995	1,194	…	2,668	…	…	1,962	…	…	…	…
1906	3,856	999	2,858	—	—	2,594	920	1,674	1,914	684	1,231	0.74	0.74
1907	3,852	2,153	1,698	—	—	3,332	2,542	790	2,451	1,871	580	0.74	0.73
1908	…	…	…	…	…	3,617	2,067	1,550	2,645	1,524	1,121	0.74	0.72
1909	3,255	2,958	297	—	—	3,889	3,812	146	2,836	2,729	107	0.72	0.73
1910	2,705	1,999	706	—	—	3,755	3,616	139	2,734	2,627	106	0.73	0.77

年次	詰樽数 計	上十印	宝印	蔵出樽数 総計	東京輸出 上十印	宝印	東京計	地廻り輸出 上十印	宝印	地廻計	自家用	翌年持越高（製成醤油）
	樽	樽	樽	樽	樽	樽	樽	樽	樽	樽	樽	樽
1905	21,117	…	…	20,217	—	—	—	20,140	—	—	73	900
1906	20,592	6,919	13,673	20,592	6,969	2,700	9,669	—	10,923	10,923	—	84
1907	27,461	21,088	6,373	26,122	20,699	918	21,617	—	4,505	4,505	—	118
1908	29,384	16,929	12,455	28,346	16,955	2,292	19,247	—	9,099	9,099	—	92
									亀甲宝印			
1909	31,512	30,325	1,187	30,364	29,117	1,187	30,304	—	60	60	—	103
1910	30,307	29,193	1,114	29,410	27,317	2,093	29,410	—	—	—	—	102

（出所）各年度「醤油醸造決算表」（高梨本家文書）より作成。表記）…は不詳。—はゼロ。

（注）1．原史料記載の「甲倉」は出蔵、「乙倉」は続蔵を示す。　2．1906年の翌年持越製成醤油はすべて上十印。　3．1907年の翌年持越製成醤油はすべて宝印。　4．1908年の翌年持越製成醤油はすべて宝印。　5．1909年の売上げ樽数は東京・地方の合計。　6．1910年の売上げ樽数は東京・地方の合計。

一九〇五年以降は、他蔵に対する諸味移出は続けつつも、諸味の一部を内造用とし、辰巳蔵自身で圧搾・製成を行うようになった（表5－7）。この内造＝製成の開始前後から辰巳蔵の生産規模は一挙に拡大した。一九〇〇年代前半の移出諸味の実績は多くても三〇〇〇～四〇〇〇石弱であったが、一九〇五年に内造が開始されると、移出・内造を合わせた諸味総量は一挙に七三〇〇石弱に達し、その後もほぼ七〇〇〇石台で推移するようになった。この一九〇五年における醸造規模の大幅な増大は、圧搾設備の増設と同時に蔵自体の設備拡大が行われたことも示唆していよう。

この規模拡大には生産方針の転換が伴っていた。すなわち、一九〇〇年代後半に仕込は上仕込に一本化され（前掲表5－6）、辰巳蔵は最上醤油生産に力を注ぐようになった。この点は内造＝製成された醤油の品質に明示されており、内製品の垂歩合（製成／元石）はほぼ〇・七五以内で、製成される銘柄は最上〈上十〉印と上物〈宝〉印に限定されていた（表5－7）。ただし、詰樽数では〈上十〉印が〈宝〉印を大きく上回っており、一九〇〇年代末に〈宝〉印が急減すると、〈上十〉印が圧倒的なウェイトを占めるようになった。さらに辰巳蔵から出荷された〈上十〉印の販路を確認すれば、一九〇五年を除いて全てが東京市場に向けられていた。出蔵・続蔵が東京市場での最上品需要に応える機能を担ったことはすでに述べたが、辰巳蔵で内製、出荷された〈上十〉印の樽数は全て出蔵分に算入された。すなわち、辰巳蔵の内造分は出蔵・続蔵の東京市場に対する最上醤油供給をサポートしていたのである。

なお、辰巳蔵で内造＝製成された〈宝〉印は元蔵で製成された同印と同様に、主として地方市場で最高級品として販売されていた（表5－7）。ただし、この辰巳蔵の地方市場向け〈宝〉印は一九〇〇年代終盤には消滅してしまった。このことは元蔵の印別生産分析でも見たように、地方市場向け上物（〈宝〉印）市場が停滞的で販路としての魅力を失いつつあったことを反映していよう。

第4節　醬油市場と蔵別の製品供給構造

本節では、第1～3節における蔵別生産構造の分析結果を統合し、髙梨兵左衛門家の各蔵製品がどの市場（東京市場ないし地廻り市場、上物ないし並物・下物市場）に対応していたかを明らかにすることを通じて、各蔵の髙梨兵左衛門家の醬油生産における位置づけ（戦略的な機能）について総括したい。すなわち、本稿で推定を交えて明らかにした各蔵製品の地域別、銘柄別、品質別に見た市場との対応関係がどの程度の精度で成立するかについて、その推計結果を髙梨兵左衛門家の「損益計算」に添付された販売実績の総括的数値（東京市場の〈上十〉印・次物の各販売樽数、地方市場の販売樽数）と対照することによって再確認する。

もっとも、髙梨兵左衛門家の「損益計算」が判明するのは一九〇二（明治三五）年以降であり、東京市場の最上、次物の販売樽数が判明するのは〇四年以降（後掲表5－9参照）に限られている。さらに「損益計算」に示された販売実績の総括的数値と蔵別の販売実績を対照できるのは、全ての蔵の「醬油醸造決算」の数値が揃う年度だけに限定される。それらを考慮すれば、一九〇五～一九一〇年については蔵別、市場別の出荷（販売）実績の合計を「損益計算」の総括的数値と対応させることが可能となる。

そこで、これまでの生産構造分析を踏まえ、かつ「損益計算」に総括された販売樽数にできるだけ近い数値が得られるように、蔵別・製品別の出荷（販売）実績と市場との対応を推定し、作成したのが表5－8である。なお、「損益計算」に添付された総括的な販売実績は、同表の「決算実績」欄に示されている（以下「決算実績」と呼ぶ）。

第一に、東京市場の最上醬油販売樽数に関する「決算実績」と出蔵・続蔵の東京向け〈上十〉印出荷樽数（辰巳蔵内造分を含む）はほぼ完全に一致しており、東京市場の最上醬油（〈上十〉印）は出蔵・続蔵が辰巳蔵の機能を動員し

表 5-8　高梨家各蔵製品の市場別販売状況

年度	東京市場								
	〈上十〉				次物				
	出蔵・続蔵		計	決算実績	元蔵		辰巳蔵	計	決算実績
		辰巳蔵内造分			上等（〈宝〉）	下等（〈ジガミ盛〉他）	〈宝〉		
	樽	樽	樽	樽	樽	樽	樽	樽	樽
1905	67,813	…	67,813	70,260	0	2,493	…	*2,493*	2,605
1906	76,930	6,969	76,930	76,930	0	7,900	2,700	10,600	11,100
1907	…	20,699	…	84,359	11,853	0	918	12,771	12,771
1908	80,030	16,955	80,030	80,030	700	12,859	2,292	15,851	15,854
1909	93,780	29,117	93,780	93,780	1,543	8,216	1,187	10,946	9,819
1910	88,570	27,317	88,570	88,570	1,320	4,922	…	*6,242*	6,243

年度	地廻り市場						
	最上・上物				並物	計	決算実績
	出蔵・続蔵	元蔵	辰巳蔵		元蔵		
	〈上十〉	上等（〈宝〉）	〈上十〉	〈宝〉	下等（〈ジガミ盛〉他）		
	樽	樽	樽	樽	樽	樽	樽
1905	8,984	7,517	20,140	—	39,541	76,182	73,888
1906	6,058	2,299	—	10,923	29,559	48,837	49,017
1907		11,654	—	4,505	29,991	46,150	55,211
1908	12,235	7,981	—	9,099	38,528	67,843	68,023
1909	9,585	17,462	—	60	39,495	66,601	67,904
1910	10,807	17,419	—	—	39,002	67,228	69,501

（出所）決算実績：「（明治 35 年～39 年東京醤油積総計　地売計　持越醤油　前年度より持越　決算　附立〈支出〉預り〈収入〉）」（高梨本家文書 5ANH36）
「（明治 40 年～43 年　東京醤油積総計　地売　持越醤油　附立（支出）　預り（収入））」（高梨本家文書 5ANH38）
その他：「醤油醸造決算」各年度

（注）イタリックの集計値は一部の項目が欠如。…は不明。—はゼロ。

つつ独占して供給したと言える。

第二に、東京市場の次物販売樽数に関する「決算実績」は、元蔵の東京向け上物〈宝〉印、並物・下物〈ジガミ盛〉、〈ヒキ上万〉出荷樽数および辰巳蔵〈宝〉印の東京向け出荷樽数との合計値に一致ないし非常に近い値となっており、東京市場の次物には、最上品に近い元蔵・辰巳蔵の〈宝〉印が含まれており、次物はそれらの上物と元蔵の〈ジガミ盛〉印以下の並物・下物で構成され、数量的には下物が中心を占めたと言える。

第三に、地廻り市場販売数量に関する「決算実績」は、表掲した各蔵の地方市場向け出荷量の合計と完全には一致しないが、一九〇七年を除けば非常に近い値をとる。したがって、地方市場の最上層は出蔵・続蔵の〈上取〉印（実質的には〈上十〉と同様の品質）および辰巳蔵の地方市場向け〈上十〉印が占め、その下の品質階層（次物上層）は元蔵および辰巳蔵の〈宝〉印が（ただし、辰巳蔵の〈宝〉印は急減）、次物下層（並物ないし下物）は全て元蔵の〈ジガミ盛〉印および〈ヒキ上万〉印が占めていたと推定できる。

第5節　販売戦略と生産の動向

それでは、明治後期から大正前期（大合同以前）に、高梨兵左衛門家はいかなる販売戦略をとっていたのであろうか（ただし、資料的制約から対象時期は一九〇二～一五（明治三五～大正四）年とする）。

まず、表5－9からこの間の東京市場の販売動向を追うと、販売金額でも販売樽数でもほぼ三倍に増大したことが確認できる。すなわち、販売代価は約一三万円から三八万円弱に、販売樽数は約五万樽から一五万樽以上に大幅に拡大した。〈上十〉印（最上）と次物に分けた実績が判明するのは、販売額が一九〇六年以降、販売樽数は一九〇四年以降に限られるが、金額でも樽数でも〈上十〉印が圧倒的なウェイトを占めており、しかも〇六年以降はさらに〈上

表5-9　高梨家の東京醤油売上と販売費用

年度		1902	1903	1904	1905	1906	1907	1908	1909	1910	1911	1914	1915
代金　a	円	128,315	128,957	138,221	193,508	213,096	257,460	226,803	265,620	250,143	291,412	372,640	376,064
うち〈上十〉	円	…	…	…	…	197,256	234,907	203,748	251,475	239,378	284,784	367,974	369,800
						92.6%	91.2%	89.8%	94.7%	95.7%	97.7%	98.7%	98.3%
うち　次物	円	…	…	…	…	15,840	18,950	23,451	14,145	10,765	6,358	4,665	6,264
						7.4%	7.4%	10.3%	5.3%	4.3%	2.2%	1.3%	1.7%
樽数　b	樽	53,954	52,140	59,405	72,865	88,030	97,130	95,884	103,599	94,813	112,337	146,697	151,873
うち〈上十〉	樽	…	…	56,450	70,260	76,930	84,359	80,030	93,780	88,570	107,826	143,510	147,920
				95.0%	96.4%	87.4%	86.9%	83.5%	90.5%	93.4%	96.0%	97.8%	97.4%
うち　次物	樽	…	…	2,955	2,605	11,100	12,771	15,854	9,819	6,243	4,551	3,187	3,953
				5.0%	3.6%	12.6%	13.1%	16.5%	9.5%	6.6%	4.1%	2.2%	2.6%
a/b	円／樽	2.38	2.47	2.33	2.75	2.42	2.65	2.37	2.56	2.64	2.59	2.60	2.54
〈上十〉	円／樽	…	…	…	…	2.56	2.78	2.55	2.68	2.70	2.64	2.56	2.50
次物	円／樽	…	…	…	…	1.43	1.48	1.48	1.44	1.72	1.40	1.46	1.58
口銭　c	円	10,265	9,517	11,058	15,482	17,048	20,309	18,182	21,250	20,512		30,547	30,837
c/a		8.0%	7.4%	8.0%	8.0%	8.0%	7.9%	8.0%	8.0%	8.2%	0.0%	8.2%	8.2%
運賃・艀川岸上げ　d	円	948	914	1,042	1,300	1,631	1,929	2,014	2,176	1,381		2,414	2,365
d/a		0.7%	0.7%	0.8%	0.7%	0.8%	0.7%	0.9%	0.8%	0.6%	0.0%	0.6%	0.6%
掛たおれ　e	円								1,686				
e/a									0.6%				

（出所）「（明治35年～39年東京醤油積総計　地売計　持越醤油　前年度より持越　決算　附立〈支出〉預り〈収入〉）」（高梨本家文書5ANH 36）
「（明治40年～43年　東京醤油積総計　地売　持越醤油　附立（支出）預り（収入））」（高梨本家文書5ANH38）
明治45年「東京醤油仮仕切帳」備考：各問屋別売上　東京醤油売上　地売醤油売上　持越醤油　附立（支出）預り（収入）、（高梨本家文書5ANB2）
大正4年「東京仮仕切帳」備考：各問屋別売上　東京、地売醤油売上　持越醤油　店卸　附立（支出）預り金（収入）、（高梨本家文書5ANB1）
大正5年「東京醤油仮仕切記帳」備考：各問屋別売上　東京、地売醤油売上　持越醤油　決算　附立（支出）負債、（高梨本家文書5ANB3）

（注）1．1903・1904年の「運賃・艀川岸上げ」は「運賃艀下」、「運賃枡田払」。　2．1905年「運賃・艀川岸上げ」は「運賃巴しけ」、「東京行運賃」。　3．1906年「運賃・艀川岸上げ」は「運賃巴しけ」、「枡田運ちん」。　4．1909年度の掛たおれは高長（高崎屋長右衛門）。　5．…は不詳。空欄は実績なし。

十〉のウェイトが高まった。この結果、一九一五年には次物の比率は二%程度となり、市場としてはほぼ消滅した。

続いて表5－10により同期間（一九〇二～一五年）における地売の動向を確認すると、販売価額、樽数ともに一九

表5-10　髙梨家の地売と販売費用

年度	1902	1903	1904	1905	1906	1907	1908	1909	1910	1911	1914	1915
代金　a	88,559	82,949	127,617	137,014	82,338	97,253	118,140	116,024	124,762	139,684	178,513	175,869
樽数　b	57,915	52,767	79,197	73,888	49,017	55,211	68,023	67,904	69,501	80,243	96,562	103,355
a/b	1.53	1.57	1.61	1.85	1.68	1.76	1.74	1.71	1.80	1.74	1.85	1.70
懸入用・駄賃　c	759	872	994	964	918	983	1,094	1,170	959	1,222	1,381	1,468
c/a	0.9%	1.1%	0.8%	0.7%	1.1%	1.0%	0.9%	1.0%	0.8%	0.9%	0.8%	0.8%
掛たおれ　d	—	—	—	496	1,393	1,500	1,500	2,000	3,500	4,812	2,000	3,286
d/a	—	—	—	0.4%	1.7%	1.5%	1.3%	1.7%	2.8%	3.4%	1.1%	1.9%
口銭　f	1,365	1,483	2,406	—	—	1,383	—	—	2,691	3,528	4,482	4,634
f/a	1.5%	1.8%	1.9%	—	—	1.4%	—	—	2.2%	2.5%	2.5%	2.6%
川並運賃　g	164	271	189	4,561	2,151	894	2,828	2,876	97	137	173	246
g/a	0.2%	0.3%	0.1%	3.3%	2.6%	0.9%	2.4%	2.5%	0.1%	0.1%	0.1%	0.1%
値引　e	227	177	272	—	—	—	—	—	—	…	…	…
e/a	0.3%	0.2%	0.2%	—	—	—	—	—	—	…	…	…

（出所）表5-9に同じ。
（注）1．1904年の「懸入用」には「陸軍納入入用」を含む。
2．1904年地売の「戻り醤油」金額84.196円と推計し、原資料の売上代金を微修正。
3．1906年運賃には「大樽運賃」362.859円を含む。
4．1911年の口銭は「口銭・値引」、1914・15年の口銭は「口銭・川並・値引」の数値。
5．掛倒れには発生した「掛倒れ損失金」と「掛倒れ積立金」を含む。
6．—は実績なし。…は不詳。

〇二～〇五年に増大した後、〇六・〇七年の一時的減少を挟んで再び増加に転じ、一五年には販売額も、樽数も〇二年の倍近くにまで拡大した（販売額は約約九万円から一八万円弱に、販売樽数は約六万樽から一〇万樽以上に増加）。前掲表5－8で確認したように、また、表5－10の樽当平均単価（a／b）の低さにも示されているように、地廻り市場では下級品が大きなウェイトを占めた。これらを踏まえると、地方市場の拡大は元蔵で製成された〈ジガミ盛〉を中心とする並物・下物の販売拡大が支えていたと考えられよう。

以上から明治後半期～大正前期（大合同前）に髙梨兵左衛門家がとった販売戦略をまとめれば、第一に売上金額で最大のウェイトを占めた東京市場における〈上十〉印の販売拡大に最大の力を注ぐこと、第二に地方市場における〈ジガミ盛〉を中心とした下級品の販売拡大も並行して進めることであったと言えよう。

こうした戦略が展開された背景について、一九〇二～一五年における東京・地方市場の樽当粗収益額を見ると（表5－11）、両市場とも傾向的には増加しており（東京市場は二・一円程度から二・四円前後に、地方市場は一・五円前後から一・七円前後に）、その意味で市場としてはともに魅力を高めていた。ただし、樽当粗収益の絶対額の水準と市場自体の量的な大きさを考慮すれば、最上品を中心とした東京市場の方がより魅力的な存在であったとも考えられよう。

こうした市場戦略の展開は髙梨家の醬油生産全体にいかに投影されていたのであろうか。一九一二～一五年のデータの一部に欠落が見られるが、一九〇二～一五年における髙梨兵左衛門家の醬油生産（仕込元石数、持越諸味石数、揚高）の実績を示したのが表5－12である。醬油生産量を直接反映する揚高（製成高）の合計を見ると、一貫して増加し続けており、この間に八五〇〇石程度から二五〇〇〇石弱に大きく拡大していた。すなわち、明治後期以降における市場戦略の展開は髙梨家醬油事業の成長をもたらした。他方、製成高における上物（〈上十〉・〈上取〉・〈宝〉）と並物・下物（〈ジガミ盛〉、〈ヒキ上万〉）との比率は約六対四から一九一〇年前後に七対三程度となり、一五年には八対二に近づいた。こうした比率の動きも、東京市場における最上醬油の販売拡大という当該期に髙梨家が採用した中心的

表 5-11　髙梨家の樽当醤油粗収益

単位：円

年度	1902	1903	1904	1905	1906	1907	1908	1909	1910	1911	1914	1915
東京市場	2.170	2.116	2.178	2.471	2.260	2.422	2.155	2.349	2.466	2.403	2.350	2.303
地方市場	1.486	1.519	1.563	1.773	1.589	1.675	1.657	1.620	1.691	1.620	1.765	1.608

（出所）表5-9に同じ。

表 5-12　髙梨家の醤油生産（元石）

年度	1902	1903	1904	1905	1906	1907	1908	1909	1910	1911	1912	1914	1915
今年度仕込高	8,806	9,620	11,529	12,344	9,637	12,073	11,899	13,298	15,409	16,951	…	18,989	19,456
うち　上	…	6,177	6,451	7,977	7,231	7,896	7,989	9,562	9,689	14,452	…	…	…
うち　並	…	3,443	5,077	4,367	2,406	4,177	3,985	3,806	5,750	2,499	…	…	…
前年度持越諸味	10,583	10,926	12,299	13,869	15,296	15,116	15,753	15,584	15,701	18,513	20,899	23,857	24,280
うち　上	…	7,580	8,440	8,837	9,322	9,539	10,715	10,833	11,632	12,548	16,581	…	18,855
うち　並	…	3,346	3,860	5,032	5,974	5,577	5,038	4,751	4,069	5,965	4,318	…	5,425
今年度揚高	8,463	8,246	9,959	10,917	9,817	11,436	12,143	13,251	12,597	14,565	…	18,569	24,884
うち　上	5,324	5,317	6,054	7,492	7,014	6,720	7,871	8,763	8,773	10,419	…	…	19,218
	62.9%	64.5%	60.8%	68.6%	71.4%	58.8%	64.8%	66.1%	69.6%	71.5%	…	…	77.2%
うち　並	3,139	2,929	3,905	3,425	2,803	4,716	4,272	4,488	3,854	4,146	…	…	5,666
	37.1%	35.5%	39.2%	31.4%	28.6%	41.2%	35.2%	33.9%	30.6%	28.5%	…	…	22.8%

（出所）表5-9に同じ。
（注）…は不詳。

表 5-13　高梨家における醤油醸造事業の収支（醸造関係収支）

単位：円

年度	1902年		1903年		1904年		1905年		1906年		1907年	
〈収入〉												
東京売（粗収益）	117,102	54.0%	110,311	52.1%	129,363	48.7%	180,062	54.5%	198,941	67.3%	235,223	66.3%
地売（粗収益）	86,043	39.7%	80,146	37.8%	123,755	46.6%	130,993	39.6%	77,876	26.4%	92,493	26.1%
在庫増減	402	0.2%	2,209	1.0%	−4,639	−1.7%	2,479	0.7%	−327	−0.1%	2,216	0.6%
粕売上	6,127	2.8%	5,846	2.8%	8,333	3.1%	11,690	3.5%	12,142	4.1%	13,886	3.9%
その他							905					
計	209,674	96.7%	198,512	93.7%	256,813	96.6%	326,129	98.7%	288,631	97.7%	343,818	96.9%
〈支出〉												
使用諸味原価	76,737	35.4%	83,372	39.3%	102,799	38.7%	127,196	38.5%	107,990	36.6%	137,491	38.8%
樽代	39,163	18.1%	34,311	16.2%	37,872	14.2%	40,912	12.4%	43,453	14.7%	50,199	14.2%
蔵入用	43,761	20.9%	44,464	22.4%	43,077	16.8%	51,707	15.9%	55,008	19.1%	66,408	19.3%
造石税	27,460	12.7%	23,549	11.1%	34,966	13.2%	38,275	11.6%	37,273	12.6%	43,208	12.2%
計	187,122	86.3%	185,696	87.6%	218,713	82.3%	258,089	78.1%	243,723	82.5%	297,307	83.8%
差引純益	22,552	10.4%	12,816	6.0%	38,100	14.3%	68,040	20.6%	44,908	15.2%	46,915	13.2%
醤油売上総額	216,874	100.0%	211,906	100.0%	265,838	100.0%	330,522	100.0%	295,435	100.0%	354,713	100.0%

年度	1908年		1909年		1910年		1911年		1914年		1915年	
〈収入〉												
東京売（粗収益）	206,608	59.9%	243,356	63.8%	233,784	62.4%	269,968	62.6%	344,703	62.5%	349,808	63.4%
地売（粗収益）	112,719	32.7%	109,978	28.8%	117,514	31.3%	129,985	30.2%	170,476	30.9%	166,206	30.1%
在庫増減	−2,497	−0.7%	3,151	0.8%	−371	−0.1%	−1,323	−0.3%	440	0.1%	−1,416	−0.3%
粕売上	10,377	3.0%	8,948	2.3%	10,355	2.8%	15,684	3.6%	18,257	3.3%	13,521	2.4%
その他							2,260					
計	327,206	94.9%	365,432	95.8%	361,282	96.4%	416,574	96.6%	533,876	96.9%	528,119	95.7%
〈支出〉	327,206		365,432									
使用諸味原価	141,246	40.9%	150,201	39.4%	144,918	38.7%	171,049	39.7%	237,451	43.1%	221,485	40.1%
樽代	56,340	16.3%	59,293	15.5%	54,905	14.6%	73,045	16.9%	101,367	18.4%	98,580	17.9%
蔵入用	63,435	19.4%	68,788	18.8%	76,493	21.2%	84,431	20.3%	97,494	18.3%	91,358	17.3%
造石税	41,853	12.1%	36,471	9.6%	33,302	8.9%	39,213	9.1%	48,308	8.8%	49,478	9.0%
計	302,874	87.8%	314,752	82.5%	309,617	82.6%	367,738	85.3%	484,620	87.9%	460,902	83.5%
差引純益	24,332	7.1%	50,680	13.3%	51,665	13.8%	48,836	11.3%	49,257	8.9%	67,217	12.2%
醤油売上総額	344,943	100.0%	381,644	100.0%	374,905	100.0%	431,096	100.0%	551,153	100.0%	551,933	100.0%

（出所）表 5-9 に同じ。

な生産・販売戦略の進展を反映していた。

おわりに

最後に、第5節で検討した髙梨兵左衛門家の生産・販売戦略がいったいどの程度の経営成果を挙げたのかを明らかにすることで、本章のむすびに代えたい。

表５－13には一九〇二（明治三五）年以降の髙梨家における醤油事業収支が示されている。同表で醤油事業の差引収益を確認すると、一九〇二～一五（大正四）年の醤油経営の決算はすべて黒字（ただし、一二・一三年は欠）であり、醤油売上総額に対する利益の比率（売上高利益率）は〇三・〇八・一四年を除くと、一〇～一五％ないし二〇％という高い水準にあったことがわかる。なお、一九〇三・〇八・一四年の利益率も六～九％であり、一ケタ台後半の実績を維持していた。

日清・日露戦後に野田の大規模醤油醸造家は、造石競争が次第に激化する中で、大正期に日露戦後不況が醤油市場にも波及すると、醤油価格も低迷するという苦しい経営環境の下に置かれていた[15]。この中でおおむね二ケタの利益率を維持できた点から見ると、東京市場における最上醤油の売込み拡大と地方市場での下級品の販売拡大という髙梨兵左衛門家がとった戦略は経営的には少なからざる成果を収めたと判断できよう。

注

（１）谷本雅之「銚子醤油醸造業の経営動向」三三九頁・注一二四（林玲子編著『醤油醸造業史の研究』吉川弘文館、一

九九〇年）によれば、ヤマサ醤油は一八九〇年より最上品生産に完全に特化し、再び一九〇〇年より番醤油製造を始めたが、生産量に占める割合はごくわずかにすぎなかった。

（2）　こうした野田の大規模醤油経営の特徴については本書第2章を参照。なお、同論文は、醸造家側では同一銘柄として出荷記録されていた印が、実際の出荷に際してはさらにいくつかの銘柄に分けられていたという興味深い事実を明らかにしている。その点では、本章で扱うのはあくまで醸造家の生産面から見た銘柄（印）に限定されている。

（3）　髙梨家の蔵と製品に対応関係があった点は、すでに前田廉孝「明治・大正期における食品製造業者の輸移入原料調達」（『経営史学』第四七巻第二号、二〇一三年）が指摘している。なお、「元蔵」は「本倉」、「辰巳蔵」は「巽倉」と記載される場合もあるが、本章では「元蔵」「辰巳蔵」と記述する。

（4）　林玲子「銚子醤油醸造業の市場構造」（山口和雄・石井寛治編著『近代日本の商品流通』東京大学出版会、一九八六年）を参照。

（5）「野田醤油ノ沿革ニ就テ」（山口頼定編『野田盛況史』二～十七頁、一九〇五年刊）、佐藤真編『野田の醤油経営史料集成』（野田市郷土博物館、一九八五年）に再録（二一四～二二五頁）。

（6）　仕込小麦石数と仕込大豆石数の合計値を元石と呼ぶ。

（7）　ヤマサ醤油株式会社編『ヤマサ醤油店史』一九七七年、非売品を参照。

（8）　一九〇五（明治三八）年まで辰巳蔵は圧搾設備を備えていなかったようであり、熟成した諸味はすべて出蔵など他の蔵に移出され、圧搾製成された。したがって、一九〇四年まで出蔵の垂歩合は辰巳蔵移入分を含んだ実績である。一九〇五年以降は辰巳蔵で圧搾製成するようになったが、同時に諸味での他蔵に対する移出も並行して行っていたので、垂歩合は同様に出蔵、続蔵、辰巳蔵移入分の実績を示す。

（9）　一九〇〇年代に入ると、野田では醤油醸造技術に関する科学的研究が進められるようになった。その画期的成果の一つが一九〇七（明治四〇）年に新案特許を取得した野田式水圧式圧搾機（四代茂木房五郎らが考案）であり、髙梨兵左衛門家もこの時期に圧搾設備の一部を更新した可能性があろう（更新の際に旧い設備が辰巳蔵に移設されたのかもしれない）。以上については、花井俊介「野田の醤油醸造業」（林玲子・天野雅敏編著『日本の味・醤油の歴史』吉川弘文館、二〇〇五年）を参照。

(10)『野田醬油株式会社二十年史』（野田醬油、一九四〇年）によれば、〈上取〉印は「地方一般」向けに使用された銘柄で、格付は「最上」とされている（同書四七三頁）。

(11) なお、一九〇三（明治三六）年の地方市場向け製品価格を見ると、〈上取〉印が平均二・三八円、〈上十〉印が二・五一円であった。品質差はほぼ皆無であるにもかかわらず、こうした差別的な価格設定を行ったのは、〈上十〉印のブランドイメージを維持するためであったのかもしれないが、詳細は不明である。

(12) 前掲『野田醬油株式会社二十年史』によれば、〈ジガミ盛〉印も〈ヒキ上万〉印もともに「地方一般」市場向けの「下物」と格付けられている（同書四七三、四七四頁）。ただし、「並物」「下物」の定義は（同書四六六頁）、並物が「七三割」、下物は「同割」とされており、これは生醬油と添加物の割合を指すと考えられる。だとすれば、諸味・製成比率は「並物」が約一・〇、「下物」が約一・四となるので、〈ジガミ盛〉は「並物」ないし「下物」上層、〈ヒキ上万〉は「下物」下層と位置づけられよう。

(13) 同書四七三頁によれば、〈宝〉印も〈キッコウ白王〉印もともに「上物」に格付けられている。

(14)「並物」の諸味・製成歩合を約一・〇とすれば（注12参照）、〈フジ高〉印約〇・八七という実績は〈宝〉印など「上物」（約〇・七）と「並物」の中間に位置していた。

(15) 前掲花井俊介「野田の醬油醸造業」を参照。

第6章　近代における原料調達

――交通インフラ整備の進展と原料産地の変化

前田　廉孝

はじめに

本章の課題は、明治中期以降に野田醤油醸造業がさらなる発展を遂げた一因を原料調達戦略の転換に求め、一八八七（明治二〇）～一九一七（大正六）年における髙梨家の原料調達を対象とした考察から明らかにすることである。一八世紀中葉以降に関東地方の醤油醸造業は、千葉県（下総国）の野田と銚子を中心に発展した。それらのうち野田の醸造石高は天保期に銚子を凌駕し、さらに醸造石高の差は明治中期より拡大した(1)。このような野田醤油醸造業の著しい発展を可能とした要因には、一大市場である東京（江戸）へ醤油を販売する際に銚子からは利根川と江戸川を経由しなければならなかった一方で、江戸川沿いに面した野田は「輸送上においてははるかに優越した地位にあった」(2)ことが指摘されている。しかし、史料上の制約から野田醤油醸造業を対象とした実証研究は進展してこなかったため、各醸造業者の経営拡大を可能にした諸条件と野田の醤油醸造業が銚子のそれを凌駕した要因には不明な点も多い(3)。とりわけ、野田醬油醸造業の中心的地位を占め、野田醬油株式会社に合同した各醸造業者を俎上に載せた考察は進展してこなかった(4)。そこで、本章は髙梨本家文書により同家が経営を拡大できた要因について、先行研究が「キッコーマンが成長を開始した時期(5)」と位置づけた一八八七～一九一七年における原料調達に焦点を絞ることで考察を進める。その理由は二点挙げられる。

第一は、醬油醸造業は生産費に占める原料費の割合が高い特徴を有し、髙梨家も生産費の五〇％超を原料費が占めた点である(6)。生産費の内訳を一九一七年について示すと、原料費五二・八％（大豆：二一・一％、小麦：二四・三％、食塩：七・四％）、樽・樽材料買入費三三・五％、人件費三・九％、その他九・八％であった(7)。つまり、醬油醸造業経営において原料調達は生産管理上の重要度が高かったのである。

第二は、原料の安定的確保が一九〇〇年代以降における醸造業者の経営発展にとって決定的な条件となった点である。一九〇〇年代に大規模醸造業者は、生産設備の拡充を基礎に醸造量を増加させた(8)。そして、同時期に近隣からの買入不足の補塡と価格面での有利性から輸移入原料の調達を開始したことがヤマサ醬油の事例から指摘されている(9)。その一方で、茨城県石岡町における事例から、「地理的条件」によって輸移入原料の調達開始が遅れたことは中小規模醸造業者の経営発展を妨げる一因になったと指摘されている(10)。

以上の理由から本章では髙梨家の原料調達を検討するが、その際には同時期に進展した水運・陸運における交通インフラ整備の進展との関連に留意したい。水運について野田町周辺では、一八九〇年に江戸川と利根川を結ぶ利根運河が開通した。これにより利根川流域から江戸川沿いに面した髙梨家への交通が便利になった。また陸運については、一九一一年に柏～野田町間に千葉県営鉄道野田線（現・東武野田線）が開通した。一八八〇年代後半の第一次企業勃興期には鉄道会社の設立が相次ぎ、その鉄道熱の先駆けとなった日本鉄道株式会社は、一八九六年に土浦線（現・常磐線）田端～土浦間開通に併せて野田町から約一〇キロメートル離れた位置に柏駅を設置した。そして、一九一一年に同駅から野田町駅まで野田線が開通したことで、野田町は柏駅経由で鉄道網と直結された。このように一八九〇年代以降に野田町周辺でも交通インフラの整備が進展したことから、それと原料調達の変化との関連も視野に収めるべきであろう。そこで、第一に髙梨家が調達した原料の産地、第二に産地から野田町までの輸送経路を把握するために取引先に着目する。そのために本章では、原料調達が記録された帳簿として「蔵入帳」及び「醤油萬覚帳」を利用する。これら帳簿の記載事項についても検討しておこう。

「蔵入帳」には、原料別及び蔵別に「蔵入控」として期首・期末在庫、納入、当月使用が記録されている。これらのうち納入に関しては、日付、産地・種類、俵（叺、袋）数、量（単位：石、貫、斤）、取引先の五項目が記帳されている。次に「醤油萬覚帳」のうち原料簿には、原料別に期首・期末在庫、納入、当年使用が記録されている。そして、納入に関しては、日付、価格、産地・種類、俵（叺、袋）数、量（単位：石、貫、斤）、取引先の六項目が記帳されている。ただし、産地・種類の記載は「蔵入帳」より簡略化され、輸移入品ですら「大豆」などと単純に記帳されている場合も少なくない。これら両帳簿の納入に関する記載事項を比較すると、「蔵入帳」からは蔵別に調達された原料の産地・種類が判明するが、価格は不明である。その一方で「醤油萬覚帳」からは価格が判明するが、蔵ごとの情報は不明である。そこで本章では「蔵入帳」を蔵ごとの産地・取引先の分析に、「醤油萬覚帳」を価格の分析にそれぞれ用いる。しかし、「蔵入帳」にもすべての原料の産地は記帳されていない。とりわけ、野田町周辺の穀物商から調達された原料は、「青大豆」などと種類のみ記帳されている場合が多い。これら野田町周辺穀物商から調達された産地不明原料を本章では「地廻り産」として扱い、大豆の場合には他県産と合わせて「関東地方産」に含める。これは、野田町周辺の穀物商は同地域を中心とした関東地方産原料を仕入れていたことが指摘されているためである(11)。

以下、第1節では原料の調達量及び価格をそれぞれ醤油の仕込石高及び価格と対比させることで検討する。その上で、第2～4節では髙梨家の原料調達について産地と取引先を大豆、小麦、食塩の順に考察する。その中でも、原料

図6-1　髙梨家仕込石高・原料調達量・輸移入原料比率（1887–1917年）

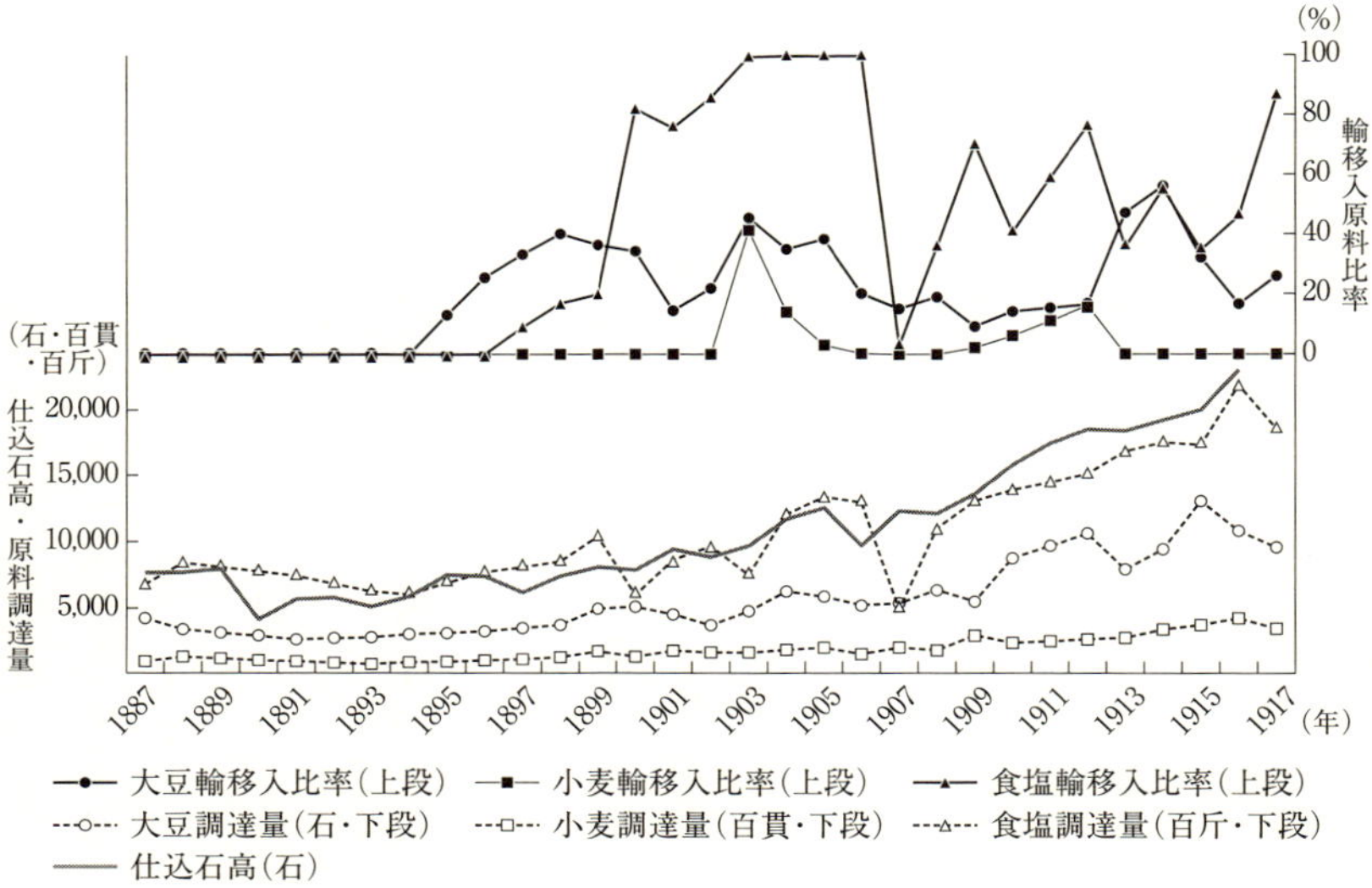

（出所）「蔵入帳」各年版（髙梨本家文書）；『野田醤油醸造組合の沿革』1919年、野田醤油株式会社（公益財団法人塩事業センター塩業資料室所蔵、009750）、巻末附録（同資料の作成者と作成年は推定）より作成。

（注）原料調達量・輸移入原料比率のうち1889・1890・1892・1895・1897・1911年は、史料が欠落しているため線形補完法により推定した。なお、1917年の仕込石高は不明である。

費に占める割合が高かった大豆と小麦に紙幅を割きたい[12]。

第1節　原料の調達量・価格

（1）調達量

図6-1には、一八八七（明治二〇）～一九一七（大正六）年における髙梨家の仕込石高及び原料調達量、調達量に占める輸移入原料の比率を示した。

図6-1より、髙梨家の一九一六年における仕込石高は一八八七年より二・九倍に増加したことが確認できよう。同時期には野田町の醤油醸造業者も揃って仕込石高を増加させ、町内最大の醸造規模を誇った茂木七郎右衛門家は六・八倍、亀甲萬印を醸造した茂木佐平治家は八・八倍となった[13]。こうした醸造規模の拡大は、一八六四（元治元）年に最上醤油の称号を得た〈上十〉印（）の醸造量増加とその東京へ向

けた出荷量増加に牽引されていた。一八九六年から一九一〇年までに〈上十〉印製成石高と東京向け醤油出荷量は四七〇二石から九五四三石へ二・〇倍と四〇六四石から一万一一八〇石へ二・八倍に増加した一方で、〈上十〉印以外の製成石高と地方向け醤油出荷量は二六七一石から四九二三石へ一・八倍と三二四五石から六〇五二石へ一・九倍に増加した[14]。つまり、高梨家は低級品醤油から最上醤油へのシフトと醸造規模拡大を同時に進めたのであった。そして、仕込石高増加に伴って原料調達量が増加し、さらに同時期より輸移入原料の調達も開始された。しかし、原料調達量の推移が継続的な増加傾向を示しながらも輸移入原料比率の変動傾向は一定せず、各原料により異なっていた。具体的に小麦は、一九一七年まで原則的に内地産品が調達された一方で、大豆は一八九〇年代後半から輸移入品が継続的に調達された[15]。また、食塩は一九〇〇〜〇六年に八割を超えた輸移入原料比率が一九〇七年に急落するなど著しい変動を示した。つまり、輸移入原料の調達開始は必ずしも内地産原料からの切替を意味せず、輸移入品と内地産品を柔軟に使い分ける原料調達戦略への転換と捉えることができよう。

それでは次に、こうした醤油の仕込石高増加と原料調達の変化が同時期に生じた要因を検討するために、醤油と醤油原料の価格推移を対比しておこう。

(2) 調達価格

本書第5章で述べられたように高梨家は、元蔵、出蔵、辰巳蔵の三つの仕込蔵を擁し、元蔵で地方向け低級品醤油を、出蔵で東京向け高級品醤油である〈上十〉印を醸造した。また、辰巳蔵は一九〇〇年代前半まで圧搾工程を擁さず、仕込んだ諸味全量を元蔵と出蔵へ送っていた。しかし、同年代後半より圧搾を開始した辰巳蔵は、一九一〇年代に東京向け高級品醤油を醸造する出蔵と同様の性格を有する仕込蔵へと変容した。

このように、高梨家は高級品と低級品双方の醤油を醸造したことから、醤油と原料の価格推移は醤油の品質ごとに

図6–2　当年使用分原料価格の推移（1887–1917年・名目価格）

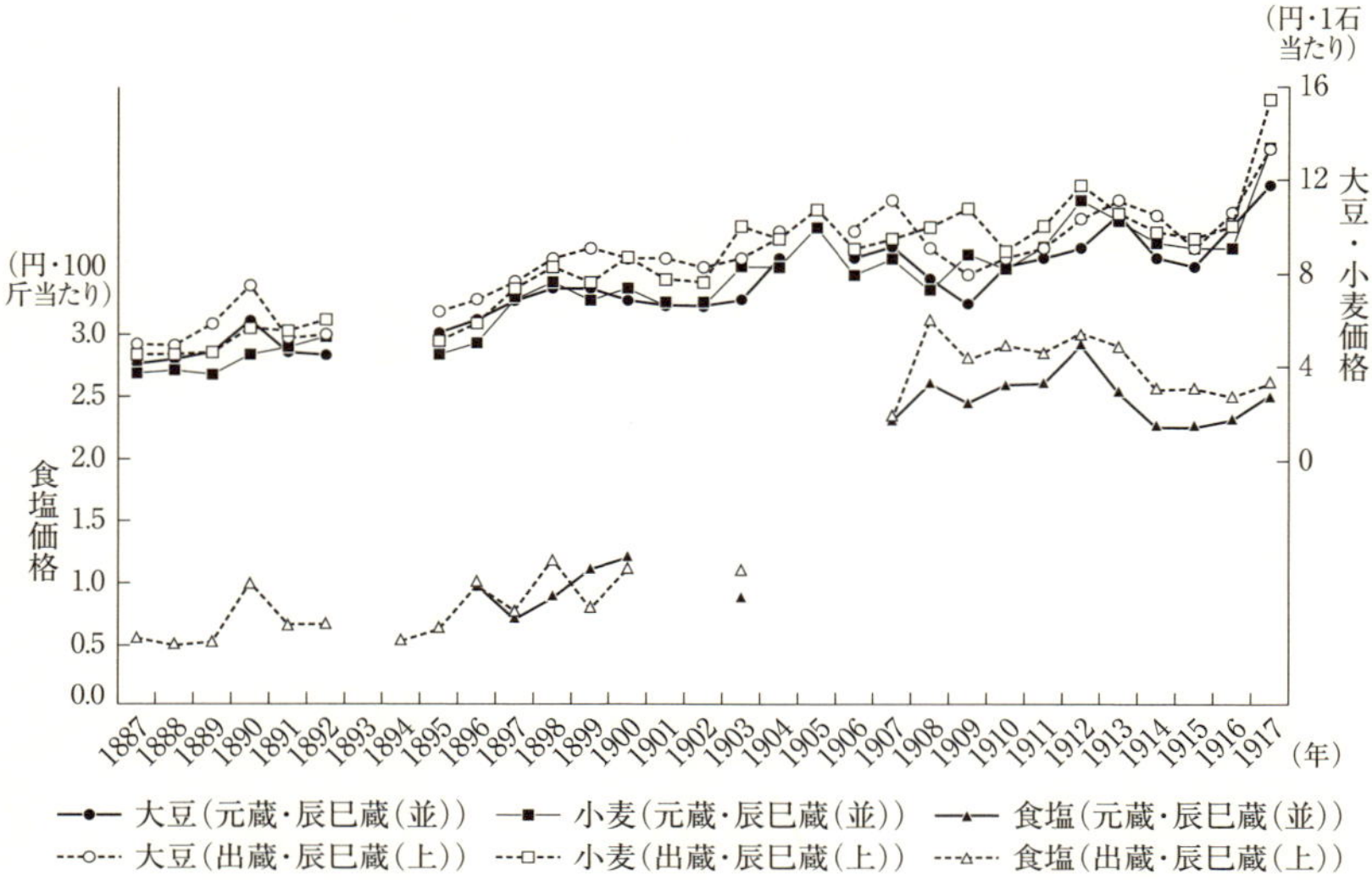

（出所）「醤油萬覚帳」各年版（高梨本家文書）より作成。
（注）1．1893年、1894年大豆・小麦価格、1905年大豆価格は史料欠落のため不明。
2．消費量が算出不能であるため、1901–02年及び1904–06年食塩価格は算出ができなかった。

検討する必要があろう。また「醤油萬覚帳」の当年使用欄にも蔵別に原料の合計使用量及び合計金額が記帳され、辰巳蔵については出蔵向け諸味の「上仕込」と元蔵向け諸味の「並仕込」に分けて記帳されていることから、高梨家自身も醤油の品質ごとに原料調達を管理しようとしていたことが理解できる。そこで、「醤油萬覚帳」の記載内容を元蔵及び辰巳蔵並仕込、出蔵及び辰巳蔵上仕込に分類した上で、合計金額を合計使用量により除すことで原料価格を求め、図6－2に示した。なお、「醤油萬覚帳」に食塩使用量が俵を単位に用いて記帳されている場合、食塩は産地によって一俵当たり重量が著しく異なったため、産地ごとの内訳が判明しなければ使用量を算出できない。そこで、複数の産地から食塩を調達したにもかかわらず使用量が俵を単位に用いて記帳されている一九〇一（明治三四）～〇二年及び〇四～〇六年は、使用量を求められないことから価格を算出しなかった。

図6－2より、大豆と小麦は一貫して出蔵・辰巳

蔵上仕込原料価格が元蔵・辰巳蔵並仕込原料価格を上回り、〈上十〉印は他印より高価な大豆と小麦を用いて醸造されていた。一方で、食塩の両価格は一八九六年まで等しく、輸移入塩調達を開始した九七年から乖離した。つまり、仕込石高の増加と輸移入原料の調達開始が実施された一八九〇年代後半からは、すべての原料が醸造する醤油の品質に応じて調達された。そこで、同時期に生じた原料調達戦略転換と生産規模拡大との関連を理解するために、原料の価格推移を醤油のそれと対比させて検討しよう。

図６－３には、醤油及び醤油原料の相対価格と実質価格を示した。同図に示した相対価格の推移から、日清戦後経営期以降において原料価格は醤油価格に対して相対的に上昇していた。さらに実質価格の推移より、醤油価格に対する原料価格の相対的上昇は、醤油価格の実質的下落によって生じていたことが確認できよう。図６－１で確認した高梨家も含む大規模醸造業者による醸造量増加は、醤油価格を下落に導いたのであった。ただし、図６－３に示した醤油価格は『東京府統計書』及び『東京市統計年表』より作成したが、同書所収のデータが明治・大正期東京の醤油市場で流通した最上、極上、上、中、並の五種類のうちいずれの醤油価格から作成されたかは不明である。そこで、図６－３には最上醤油と上醤油の価格も併記した。なお、上醤油価格は『東京経済雑誌』商況欄に一九〇一年七月まで掲載された種類別醤油価格表より作成したが、同年八月以降は不明である。

これら種類別価格を検討すると、図６－３の醤油価格は上醤油価格と似た変動傾向を示していることから、最上醤油を含まない低級品醤油の価格推移を表していると言えよう。そして、この低級品醤油価格は一八八〇年代から持続的に下落した。その一方で、最上醤油価格は一八九〇年代後半に上昇へ転じ、一九〇〇年代から徐々に下落した。このように、一八九〇年代後半より醤油価格は種類別に異なった推移を示した。一八九〇年に野田醤油醸造組合は「醤油の値段目下の景況に反し醤油の原料高[16]」と、総じて「製品安・原料高」の状況に陥っていると認識していたが、最上醤油価格が上昇に転じた一八九〇年代後半から「製品安・原料高」の状況は、とりわけ低級品醤油醸造において深

図 6–3　東京市における醤油・醤油原料の相対価格・実質価格推移（1888–1917 年（1934–36 年基準））

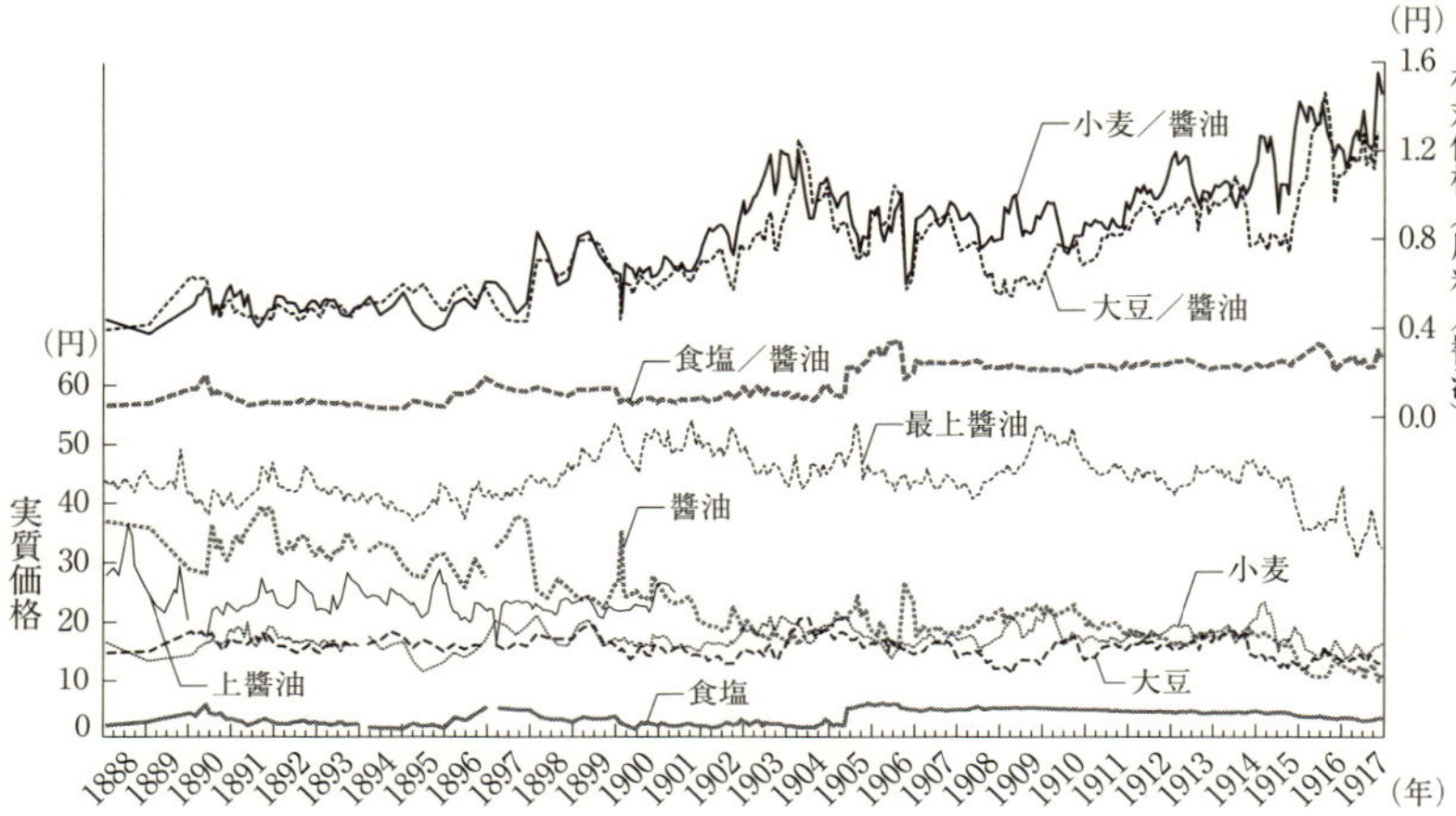

（出所）「商況」『東京経済雑誌』各週版；『東京府統計書』東京府、各年版；『東京市統計年表』東京市役所、各年版；『明治以降卸売物価指数統計』日本銀行調査局、1987 年；「東京醤油問屋組合最上醤油相場表」1931 年（「原料価格表」1931 年（ヤマサ醤油株式会社所蔵、ヤマサ文書 AS6–24））より作成。

（注）1．醤油・大豆・小麦・食塩について、原資料に記載された銘柄名が時期により異なる。そのため、本図においては銘柄名が変更された時点の前後では系列を連続させていない。また、銘柄名が同じでも原資料が異なる場合には、同様に系列を不連続としている。

2．醤油・大豆・小麦・食塩については、1888–89 年は年間平均価格、1894–99 年は 3 カ月おきに月間平均価格のみ掲載されているため、線形補完した。

3．次の単位換算を実施した。1890–99 年食塩価格：1 石 = 170 斤、1900–17 年醤油価格：1 樽 = 9 升。

4．実質価格は、醤油、最上醤油、上醤油、大豆、小麦が 1 石当たり、食塩が 100 斤当たり価格である。

刻化したと言えよう。一八九九年に野田醤油醸造業を調査した大蔵省主税局の楢林英実は「営業ノ秘訣ハ重ニ原料ノ購入ニアル」(17)と指摘したが、「製品安・原料高」の状況が生じていたことから醤油醸造業経営で原料調達戦略の重要性が増していたのであった。本書第5章が示したように、高梨家もまた一九〇〇年代前半まで製成石高の約半分を最上醤油以外が占めており、低級品醤油醸造における「製品安・原料高」への対応が必要とされた点で例外ではなかった。

以上で検討したように、高梨家が仕込石高を急速に増加させた時期には「製品安・原料高」が生じたことで経営面における原料調達の重要性が増した。こうした時期における各原料の調達について次節以降で考察

図 6-4　産地別大豆調達量・輸移入比率（元蔵・1887-1917 年）

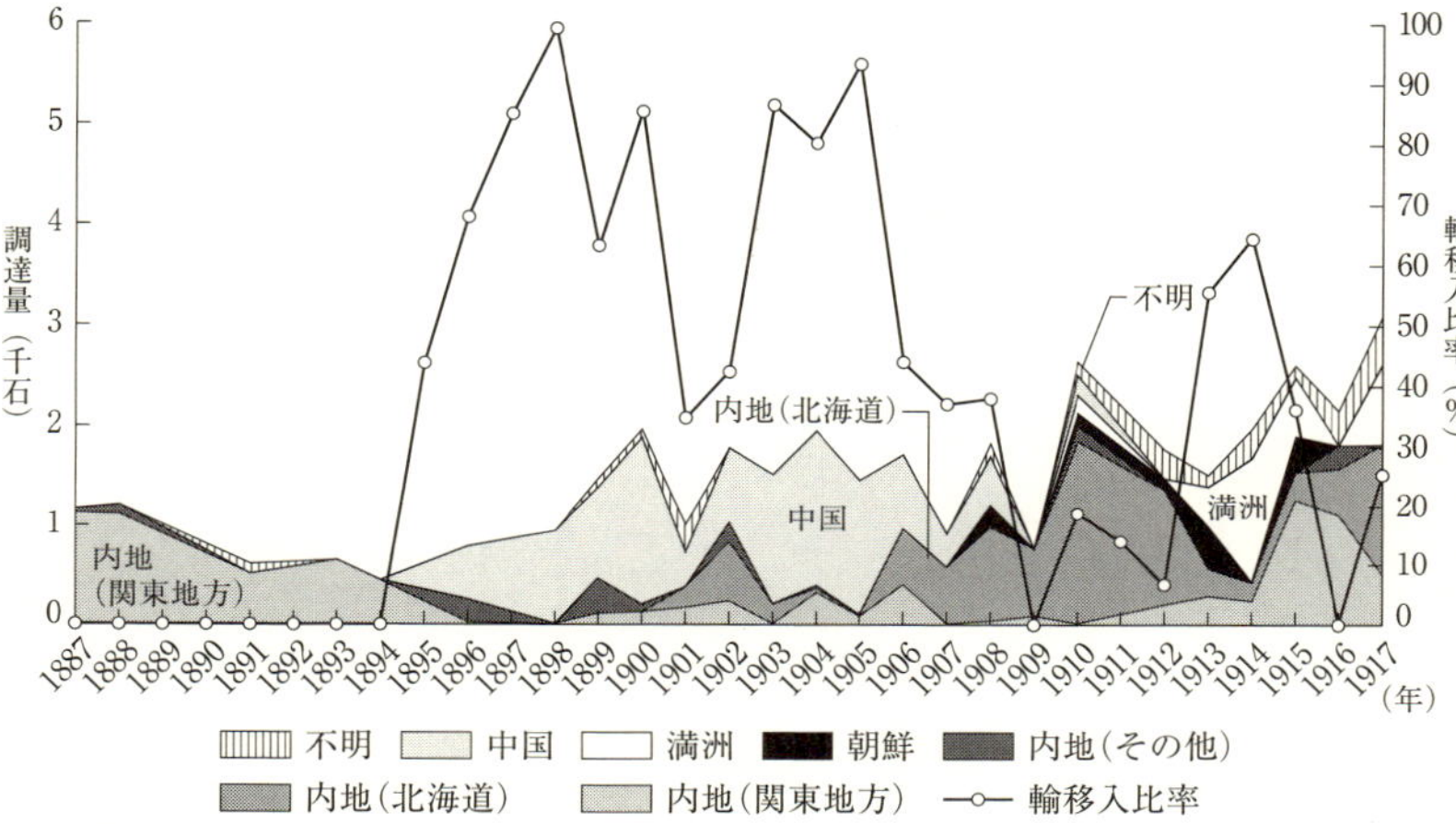

（出所）「蔵入帳」各年版（高梨本家文書）より作成。
（注）1889・1890・1892・1895・1897・1911 年は、史料が欠落しているため線形補完法により推定した。

するが、その際には元蔵と出蔵に焦点を絞る。これは、辰巳蔵が高級品醤油と低級品醤油の双方を仕込んだ一方で、元蔵と出蔵が同じ種類の醤油を仕込むことはなかったからである。そこで、元蔵と出蔵のみに焦点を絞ることで、醤油の品質に応じた原料の調達について検討しよう。

第2節　大豆の調達

(1) 原料大豆の産地

図6－4と図6－5には、元蔵と出蔵の産地別大豆調達量及び輸移入比率の推移を示した。

高梨家は、両蔵で一八九〇年代中葉まで主に関東地方産大豆を調達したが、同時期からそれ以外の内地大豆と輸移入大豆の調達を本格化した。これら海外を含む遠隔地産大豆の産地を蔵ごとに検討すると、五点を指摘できよう。第一に一八九四（明治二七）年より出蔵において関東地方産以外の内地大豆の調達量が増加したこと、第二に日清戦争後の九五年より元蔵で輸移入大豆として中国大豆を初めて調達したこと、[18]第三に一九〇〇年代より北海大豆（北海道産大豆）を盛んに

図 6-5　産地別大豆調達量・輸移入比率（出蔵・1887–1917 年）

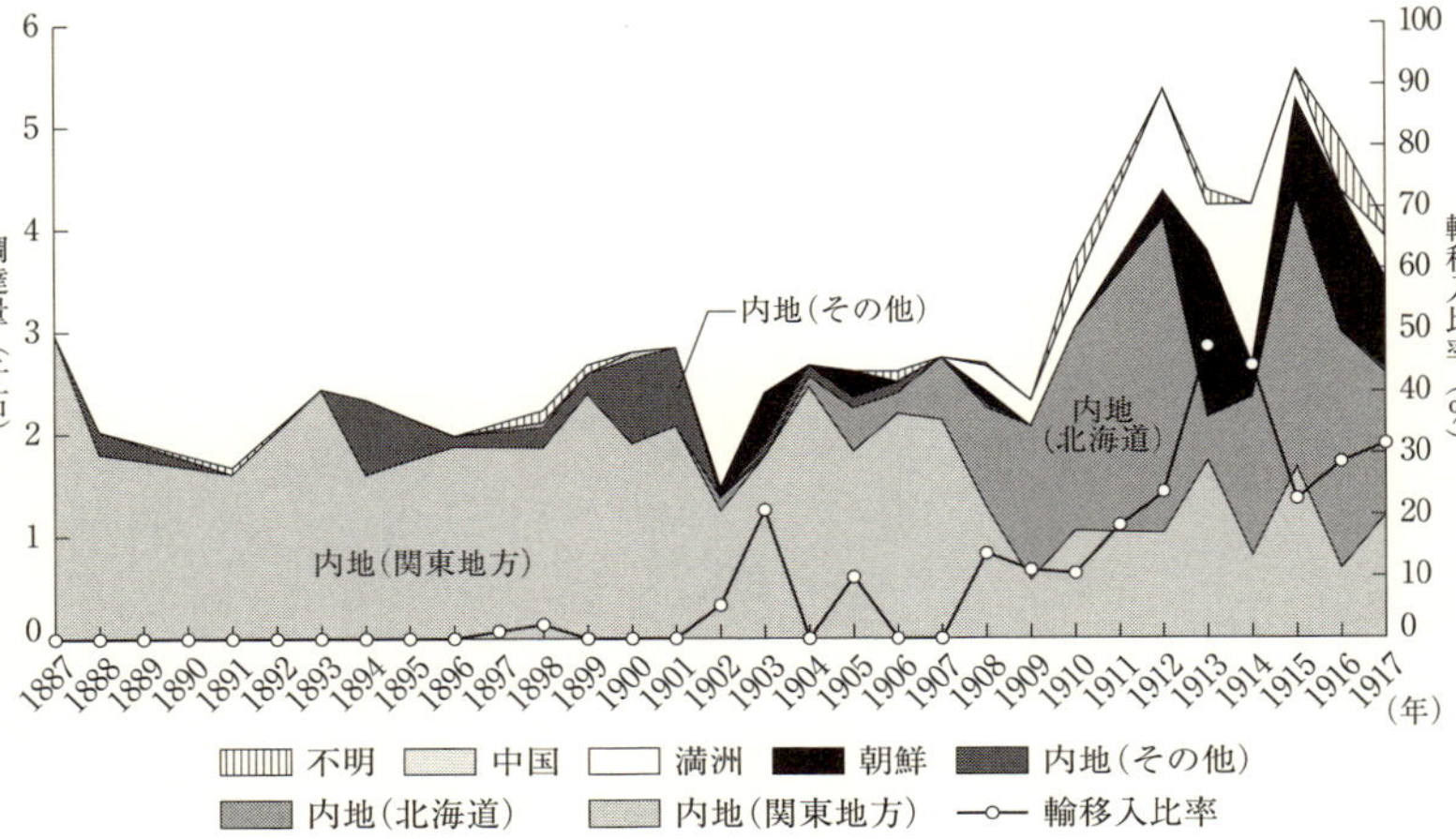

（出所）「蔵入帳」各年版（高梨本家文書）より作成。
（注）1889・1890・1892・1895・1897・1911 年は、史料が欠落しているため線形補完法により推定した。

調達したこと、第四に日露戦争後から朝鮮及び満洲大豆の調達を本格化したこと[19]、第五に輸移入比率は出蔵より元蔵で高かったことである。以下では上記五点に着目し、高梨家が原料大豆の産地を複雑に変更するとともに多様化させた目的について考察を進めたい。

野田町周辺は、国内有数の大豆生産地であった。一八八七年に隣接する埼玉県と茨城県は道府県別大豆生産量が一位と二位であり、千葉県も六位であった。その千葉県内で野田町を含む東葛飾郡は同年郡別大豆生産量が四位であり、同二位で隣郡の印旛郡と合わせた生産量は県内生産量の一七％を占めた[20]。このように周辺で豊富に産された大豆を高梨家は調達していたが、一八九〇年代中葉より関東地方外にも大豆を求めた。出蔵では一八九四年に越後大豆の調達を開始し、それは一九〇一年までにおける関東地方外からの内地大豆調達量のうち七七・六％を占めた。また、元蔵で一八九五年に調達を開始した中国大豆は、一九〇〇年代まで低級品醬油の主要原料に使用された。ただし、これら越後大豆と中国大豆の調達を高梨家が開始した動機は、それぞれ異なった。

越後大豆の調達開始は、買入不足補塡を動機とした。一八八三〜八七年から九四〜九七年までに千葉・埼玉・茨城県合計大豆生産量は九・八％増加した一方で、醤油醸造量は千葉県のみでも八八〜九六年に二一・六％増加し、髙梨家が所要量の大豆を確保することは従前より困難になりつつあった。(21) そこで髙梨家が調達を開始した越後大豆は、一八九五年出蔵・辰巳蔵上仕込用大豆平均調達価格（一石当たり）六円四五銭に対して六円六八銭と高価格であった。(22) 一方で越後大豆は、蛋白質含有率が野田町周辺産大豆三八・三％に対して三七・五％であり、従来使用された原料大豆との品質的差異が少なかった。(23) そのため、大豆の変更が醤油の品質に変化を及ぼす恐れは低かった。こうした越後大豆の産地であった新潟県の大豆生産量は、一八八七〜九四年に一一・五万石から一三・五万石へ一七・七％増加し、関東地方より生産の伸びが大きかった。(24) さらに、一八九三年には高崎〜直江津間の官営信越線全通により新潟県から東京へ向けた交通が便利となり、入手が容易になった越後大豆を髙梨家は調達したのであった。(25)

一方で、中国大豆の調達開始は生産費抑制を主たる動機とした。明治中期以降に肥料としての需要が増加した大豆は、一八九五年に八七年の約四・三倍に相当する五九万石が輸入された。こうした輸入大豆は入港地周辺で消費され、大豆粕製造用大豆は四日市港など伊勢湾・三河湾沿岸から、関東地方における醤油醸造用大豆は横浜港からそれぞれ荷揚げされていた。しかし、一八九五年横浜港大豆輸入量は合計輸入量の三・七％、関東地方大豆生産量の二・三％に相当する二・二万石にすぎなかった。(26) したがって、髙梨家が越後大豆の調達を開始する動機となった大豆需給の逼迫とは、大豆の輸入量増加を招くほどに深刻な状況ではなかったと言えよう。それにもかかわらず、髙梨家が中国大豆の調達を開始した理由は、その価格面における有利性にあった。一八九五年における髙梨家の平均調達価格（一石当たり）は、「支那大豆」五円四九銭、牛荘大豆五円一三銭と先述した内地大豆より安価であった。(27) こうした安価な中国大豆の調達による生産費抑制は、一八九〇年代から進展した低級品醤油醸造における「製品安・原料高」への対応策の一環であった。その対応策として野田醤油醸造組合は、駄賃・蔵雇人・樽屋手間賃の引下げ、東京醤油問屋組合への価格引き締めの請願、東京向け醬油の出荷制限、蔵雇人へ提供する食事の白米から麦飯への変更などに次々と着手した[28]。それらと合わせて原料費の抑制も進めるため、低級品醬油用に安価な中国大豆を調達したのであった。

このように一八九〇年代中葉より高梨家は、出蔵で買入不足補塡を目的に越後大豆を、元蔵で生産費抑制を目的に中国大豆をそれぞれ調達した。しかし、一九〇〇年代より大豆需給は逼迫の度を増し、高梨家は大豆調達戦略の再考を迫られた。関東地方の大豆生産量は、一一八万石であった一九〇三年を頂点として一七（大正六）年の七四万石へ三七％減少した。一方で、一九〇三～一七年に醬油醸造量は千葉県で一・七倍、関東地方で一・五倍に増加し、大豆粕需要も拡大した。そのため大豆輸移入量は、高梨家で朝鮮大豆の調達が本格化した一九一一年には、内地大豆生産量の約三分の二にあたる二九三万石に達した[29]。そこで、一九〇〇年代には中国大豆の調達も買入不足を補塡する目的としての性格が強くなり、また同時期から高梨家は大豆の産地をより多様化させることで所要量の確保を図った。その一環として高梨家は、一九〇〇年代に北海大豆の調達を開始した。

北海大豆の主産地であった河西支庁（一九三二年に十勝支庁へ改称）では、一八九五年の十勝農事試作場開設と九六年の殖民区画貸下解除が実施された後に大豆生産が飛躍的に拡大した[30]。一八九〇～九四年から一九〇〇～〇四年までに大豆の道内年間平均作付面積は五九五三町歩から三万八〇九二町歩へ六・四倍に、年間平均生産量は五万四八〇二石から三三万〇四七四石へ五・七倍に急増した[31]。さらに、一八九九年の釧路港開港と一九〇五年の釧路～帯広間官営釧路線（現・根室本線）開通により、十勝地域から関東地方への大豆輸送費が低減した。一九〇三年のヤマサ醬油による大豆輸送費調査によれば、釧路線開通前まで十勝地域から大豆は十勝川河口の大津港から積み出され、函館港経由で関東地方へ輸送されていた。その一石当たり輸送費は、帯広から函館港まで一円三三銭であった。一方で、釧路線開通後における帯広駅から釧路港経由横浜港までの輸送費は一円一三銭と試算された[32]。つまり、十勝地域からの大豆輸送費は釧路線開通により釧路港が利用可能となったことで低減したのであった。これにより関東地方で入手が容易になった北海大豆は、それまで髙梨家が調達していた大豆と品質的差異が少なく、また安価であった。

一九一一年におけるヤマサ醬油の分析によれば、北海大豆の蛋白質含有率は三三・七～三六・九%であり、野田町周辺産大豆及び越後大豆よりは低かったが、品質的に次位で三五%台後半の裸大豆と同程度であった[33]。また、一九〇一年における髙梨家の北海大豆調達価格は越後大豆の八円～八円三三銭より安価な六円六銭～六円五四銭であった[34]。そのため、髙梨家は「赤鞘、本種ノ如キ其生産少ク到底所要ノ半ヲ満タスニ過キ」ないことから「品質稍良好ナル」北海大豆を調達し、買入不足補塡を目的に調達する大豆の産地を新潟県から北海道へ変更した[35]。しかし、それのみでは所要量を満たせなかった髙梨家は、朝鮮及び満洲大豆の調達に踏み切った。

髙梨家は一九一〇年代に朝鮮及び満洲大豆の調達量を増加させ、それら輸移入大豆を出蔵も調達した。ただし、内地大豆の調達量そのものは減少せず、醸造量増加に伴う原料所要量の増加分が輸移入大豆により補われたと言えよう。同時期にはヤマサ醬油も「明治四十三年の頃より（略）醬油の造石も益々増産し来り茨城地方のみの大豆、小麦のみに依存することは到底困難と成りまた一面満洲大豆移入せらる、あるに及び東京深川の穀商との取引をも開始[36]」した。これら輸移入大豆と内地大豆の東京市卸売価格（一九一〇～一七年平均）を比較すると、北海大豆一一円七八銭、朝鮮（龍山）大豆一一円二九銭、満洲（鉄嶺）大豆一〇円四四銭であった[37]。つまり、第1節で先述したように、醬油醸造業経営に不利な「製品安・原料高」の状況は改善していなかったにもかかわらず、輸移入大豆より高価な内地大豆の調達が継続されたのであった。これは、輸移入大豆の品質が内地大豆より不均一であったことが、醬油醸造業では難点と判断されていたためであった。

一九〇四年に野田醬油醸造組合が設置した野田醬油醸造試験所は大豆など原料の品質分析を実施し、〇二年に東京高等工業学校応用化学科卒の水崎鉄次郎を採用したヤマサ醬油も蛋白質含有率の多寡によって大豆の品質を評価していた。そこで、両者を含む分析機関による大豆の品質分析結果を表6-1（上側）に示した。

表 6–1　原料品質分析結果（大豆・食塩）

大豆			
産地・品種名	分析者	分析年	蛋白質（%）
内地産裸大豆	野田醤油醸造試験所	1904	35.74
内地産裸大豆	野田醤油醸造試験所	1910	35.38
内地産裸大豆	ヤマサ醤油	1911	36.19
内地産赤鞘大豆	野田醤油醸造試験所	1904	39.46
内地産赤鞘大豆	野田醤油醸造試験所	1910	38.73
内地産赤鞘大豆	ヤマサ醤油	1911	39.36
牛荘大豆	野田醤油醸造試験所	1910	35.74
鉄嶺大豆	ヤマサ醤油	1911	35.48
鉄嶺大豆	満鉄中央試験所	1909–10?	38.36
鉄嶺大豆	奉天農業試験場	1909–10?	38.06
仁川大豆	野田醤油醸造試験所	1910	36.19

食塩（1902 年農商務省塩業調査所調査）					
生産地	食塩名	種類	分析結果（%）		
			NaCl	$CaSO_4$	苦汁分
兵庫県	赤穂	差塩	74.08	4.20	13.16
徳島県	本斎田	石釜製	72.07	2.05	12.09
		鉄釜製	71.92	1.95	12.92
岡山県	味野	真塩	79.29	1.13	8.42
		差塩	73.73	3.21	13.66
山口県	三田尻	鉄釜製	69.12	4.01	15.08
香川県	坂出	石釜製	67.32	4.59	16.12
台湾		上等塩	82.10	0.47	7.45
中国		天日塩	77.89	1.25	10.84
イギリス		岩塩	96.77	1.18	2.45
ドイツ		岩塩	91.55	0.61	7.51

（出所）「大豆分析表」1904 年（高梨本家文書 5ADH7）；『塩業調査所試験成績報告（松永試験場ノ部）』農商務省水産局、1904 年、510–522、533、537–538 頁；「大豆分析表・食塩分析表」1911 年（ヤマサ醤油株式会社所蔵、ヤマサ文書 AM5-83）；駒井徳三『満洲大豆論』東北帝国大学農科大学内カメラ会、1912 年、27 頁；『野田銚子醤油業調査書』宇都宮税務監督局、1912 年（作成年推定）、9 頁より作成。

（注）苦汁分には KCl、$MgCl_2$、$MgSO_4$ を含む。なお、分析結果は水分を含まないために合計が 100 とならない。

表6－1より二点指摘できよう。第一に内地大豆の蛋白質含有率は、分析機関・分析年が異なっても品種ごとにほぼ同じであった。第二に満洲大豆の蛋白質含有率は、分析年がほぼ同時期であったにもかかわらず分析機関により大きく異なった。このように満洲大豆の品質分析結果が均一性を欠いた一因は、内地大豆は品種ごとに分析された一方で、満洲大豆は産地もしくは積出港ごとに分析された点にあった。この時期の満洲で大豆は、品種ごとには集荷されず、「殆ト混合雑入ノ儘出荷」[38]された。したがって、分析結果の不均一は同名の検査試料に含まれる大豆の品種が異なったことで生じた。また、朝鮮大豆も「撰種宜シキヲ得サリシカタメ従来異品種ノ混淆甚タシク商品トシテノ声価

ヲ損スル」[39]状態であり、満洲大豆と同様に品質が不均一であった。このような均質性の欠如が難点と判断されたのは、醸造業者が製品の品質を維持するために蛋白質含有率に応じた原料投入量の調整を施していたからであった。

例えば、ヤマサ醬油は満洲大豆について「時ニ依リ内地品ヨリ蛋白質多キ事モアリ一定セザル」と指摘し、「用心ノタメ五分増ニ使用」していた[40]。そこで髙梨家についても輸移入大豆の調達開始に伴う大豆投入量の変化を、輸移入品が調達されなかった小麦の投入量に対する比率を累年比較することで示しておこう。初めに元蔵と出蔵の双方で輸移入原料を調達していなかった一八九四年以前について、「醬油萬覚帳」が欠落している九三・九四年を除外した八七〜九二年における各年の小麦仕込石高に対する大豆仕込石高の比率を蔵ごとに求める。その上で、蔵ごとの比率の間における相関係数を求めると一・〇〇であった。つまり、すべて内地産の大豆と小麦を調達していた時期における両蔵の大豆と小麦の仕込比率は同一に推移していた。しかし、元蔵で中国大豆の調達が開始された一八九五年から出蔵で朝鮮大豆の調達が開始された一九〇一年の前年である一九〇〇年までについて、上記と同様に求めた相関係数は〇・七六まで低下する[41]。すなわち、中国大豆を使用した元蔵と内地大豆を使用した出蔵とでは、小麦投入量に対する大豆投入量の比率は異なる推移を示した。したがって、髙梨家も蛋白質含有率に応じた原料投入量の調整を実施していたと言えよう。その際に同一産地から調達した原料の品質が不均一であることは、製品の品質管理を困難に陥らせる原因となり得た。そこで髙梨家は、中国大豆も含む輸移入大豆を主に低級品醬油用として調達したことから、大豆の輸移入比率は出蔵より元蔵が高かった。ただし、品質が不均一であった点において共通した輸移入大豆のうち、髙梨家は朝鮮大豆の品質を相対的に高く評価していた。その理由は、朝鮮大豆が「包装又ハ貯蔵中ノ大豆カ乾燥戻ヲナスカ如キハ絶対ニ之レナク従テ永ク保存ニ堪ユルノ特徴」[42]を有したためであった。満洲と比較して朝鮮半島は大豆収穫期に乾燥する気候に恵まれ、収穫期から出回り期にあたる九〜一二月の合計蒸発量は満洲奉天市二九一ミリに対して朝鮮慶尚北道大邱府三六七ミリであった[43]。そこで髙梨家は満洲大豆より朝鮮大豆を〈上十〉印醸造に適した原料として評価し、一九〇八〜一七年の輸移入大豆調達量に占める朝鮮大豆の割合は元蔵二九％、出蔵五二％であった[44]。

(2) 岩崎家による大豆納入

以上で検討したように、一八九〇年代後半より髙梨家は関東地方で産された大豆のみならず北海道など遠隔地と海外から大豆を調達するようになった。こうした大豆産地の変化に伴って、大豆の取引先も変化した。表6－2には、一八八七（明治二〇）〜一九一七（大正六）年における取引先別大豆調達量上位三名を示した。

表6－2より、一八九三年まで髙梨家は野田町のほか茨城県、埼玉県など近隣地域の穀物商を主な取引先としていた。ところが、越後大豆の調達を開始した一八九四年より東京の岩崎支店（岩崎清七）が継続的に一位となった。この岩崎支店は、一八九一年を除く九三年まで一位であった銭屋支店の別店であった。群馬県藤岡村で穀物商と醤油醸造業を営んだ岩崎家は、一八五五（安政二）年に茨城県古河町の銭屋支店へ穀物商としての機能を集約し、九二年には東京市深川区へ岩崎支店を設けた[45]。つまり、輸移入大豆調達開始後に納入者が分散化したヤマサ醤油とは異なり、髙梨家は大豆調達の面で岩崎家へ深く依存し、長期的な取引関係を構築していた[46]。これは、岩崎家は輸移入大豆も含む内外の大豆を網羅的に納入することが可能であったためである。表6－3には、岩崎家各店が納入した大豆の産地を、野田町の主要な穀物商であった中村善之助と石塚浪右衛門が納入した大豆の産地とともに示した。

岩崎家各店が取り扱った大豆は産地が異なり、銭屋支店は関東地方産と東北地方産を、岩崎支店は北海大豆と輸移入大豆を扱った。さらに岩崎支店は、表6－3には明示しなかったが、先述した越後大豆も納めていた[47]。このように、遠隔地で生産された大豆は主に岩崎支店が扱ったが、日本鉄道本線（現・東北本線）古河駅と渡良瀬川河岸との中間地点に立地した銭屋支店は、鉄道輸送された大豆を舟へ積み替える際に立地面での優位性を発揮できたことから東北地方産大豆を扱った。つまり、岩崎家は支店ごとに立地に応じた大豆を扱うことで、網羅的に多種の大豆を髙梨家へ

表6-2　取引先別調達量上位3名（大豆・1887-1917年）

単位：石

年	1位 取引先（所在地）	1位 調達量（割合）	2位 取引先（所在地）	2位 調達量（割合）	3位 取引先（所在地）	3位 調達量（割合）	上位3名占有率
1887	銭屋支店 （茨城県古河町）	802 （18%）	本橋長兵衛 （茨城県肘谷村）	745 （17%）	永井藤蔵 （茨城県土浦町）	498 （11%）	46%
1888	銭屋支店 （茨城県古河町）	656 （18%）	村田半次郎 （埼玉県栗橋町）	497 （14%）	小菅又右衛門 （東京市神田区）	427 （12%）	43%
1891	谷田部竹次郎 （茨城県真鍋町）	608 （21%）	森田屋 （千葉県野田町）	422 （14%）	中村善之助 （千葉県野田町）	323 （11%）	46%
1893	銭屋支店 （茨城県古河町）	968 （31%）	谷田部竹次郎 （茨城県真鍋町）	737 （24%）	中村善之助 （千葉県野田町）	421 （14%）	69%
1894	岩崎支店 （東京市深川区）	785 （24%）	山中源五郎 （千葉県木間ヶ瀬村）	511 （16%）	谷田部竹次郎 （茨城県真鍋町）	480 （15%）	54%
1896	岩崎支店 （東京市深川区）	989 （28%）	谷田部竹次郎 （茨城県真鍋町）	815 （23%）	山中源五郎 （千葉県木間ヶ瀬村）	449 （13%）	64%
1898	岩崎支店 （東京市深川区）	959 （24%）	磯野家 （東京市日本橋区）	563 （14%）	永井藤蔵 （茨城県土浦町）	470 （12%）	51%
1899	岩崎支店 （東京市深川区）	1,851 （36%）	山口四方吉 （東京市神田区）	500 （10%）	菅谷家 （茨城県志士庫村）	490 （10%）	56%
1900	岩崎支店 （東京市深川区）	2,355 （45%）	永井藤蔵 （茨城県土浦町）	1,131 （22%）	銭屋支店 （茨城県古河町）	376 （7%）	74%
1901	岩崎支店 （東京市深川区）	1,676 （36%）	永井藤蔵 （茨城県土浦町）	829 （18%）	石塚浪右衛門 （千葉県野田町）	404 （9%）	62%
1902	岩崎支店 （東京市深川区）	1,461 （37%）	中桐家 （茨城県真鍋町）	806 （21%）	銭屋支店 （茨城県古河町）	370 （9%）	67%
1903	岩崎支店 （東京市深川区）	2,298 （47%）	中桐家 （茨城県真鍋町）	748 （15%）	永井藤蔵 （茨城県土浦町）	425 （9%）	70%
1904	岩崎支店 （東京市深川区）	2,727 （43%）	桝田重吉 （千葉県野田町）	1,086 （17%）	石塚浪右衛門 （千葉県野田町）	882 （14%）	74%
1905	岩崎支店 （東京市深川区）	2,577 （43%）	中桐家 （茨城県真鍋町）	910 （15%）	石塚浪右衛門 （千葉県野田町）	624 （10%）	69%
1906	岩崎支店 （東京市深川区）	1,976 （37%）	石塚浪右衛門 （千葉県野田町）	949 （18%）	中桐家 （茨城県真鍋町）	910 （17%）	71%
1907	岩崎支店 （東京市深川区）	2,010 （37%）	中桐家 （茨城県真鍋町）	949 （17%）	石塚浪右衛門 （千葉県野田町）	633 （12%）	66%
1908	岩崎支店 （東京市深川区）	4,719 （73%）	中桐家 （茨城県真鍋町）	365 （6%）	中村善之助 （千葉県野田町）	329 （5%）	84%
1909	岩崎支店 （東京市深川区）	4,579 （81%）	石塚浪右衛門 （千葉県野田町）	257 （5%）	中桐家 （茨城県真鍋町）	185 （3%）	89%
1910	岩崎支店 （東京市深川区）	5,783 （66%）	中村善之助 （千葉県野田町）	961 （11%）	山口四方吉 （東京市神田区）	679 （8%）	85%
1912	岩崎支店 （東京市深川区）	6,839 （66%）	須賀参次郎 （東京市深川区）	1,565 （15%）	伊藤禎次郎 （千葉県八生村）	491 （5%）	85%
1913	岩崎支店 （東京市深川区）	3,665 （46%）	須賀参次郎 （東京市深川区）	1,129 （14%）	中村善之助 （千葉県野田町）	918 （12%）	72%
1914	岩崎支店 （東京市深川区）	5,463 （58%）	須賀参次郎 （東京市深川区）	1,872 （20%）	中村善之助 （千葉県野田町）	497 （5%）	84%
1915	岩崎支店 （東京市深川区）	6,280 （49%）	中村善之助 （千葉県野田町）	2,702 （21%）	須賀参次郎 （東京市深川区）	1,846 （14%）	85%
1916	岩崎支店 （東京市深川区）	5,217 （49%）	須賀参次郎 （東京市深川区）	2,211 （21%）	中村善之助 （千葉県野田町）	1,864 （17%）	87%
1917	岩崎支店 （東京市深川区）	5,099 （54%）	中村善之助 （千葉県野田町）	2,043 （22%）	銭屋支店 （茨城県古河町）	551 （6%）	81%

（出所）「蔵入帳」各年版（髙梨本家文書）より作成。
（注）1．表中の破線部分は史料の欠落により、時系列が非連続であることを示す。
2．「明治の大合併」（1889年）以後の市町村名を示した。
3．「割合」は年間調達量に占める当該取引先からの調達量の割合、「上位3名占有率」は年間調達量に占める上位3名からの合計調達量の割合を示す。

表6-3　岩崎家納入大豆の産地（1887-1917年）

単位：石

年	高梨家年間大豆調達量(A)	岩崎家合計大豆納入量(B)	(B)/(A)	岩崎支店（東京市深川区）					銭屋支店（茨城県古河町）					中村善之助（野田町）			石塚浪右衛門（野田町）
				内地			輸移入	不明	内地				輸移入	内地		輸移入	内地
				北海道	東北	その他			北海道	東北	関東	その他		東北	関東		関東
1887	4,460	802	18.0%	（1892年開店）					0	0	759	43	0	0	0	0	92
1888	3,636	656	18.0%						0	50	552	53	0	0	22	0	0
1891	2,923	116	4.0%						0	0	116	0	0	0	333	0	22
1893	3,078	968	31.5%	0	0	0	0	0	0	0	968	0	0	0	421	0	0
1894	3,271	1,258	38.5%	0	0	785	0	0	0	0	473	0	0	0	0	0	0
1896	3,498	1,268	36.3%	0	0	100	888	0	0	280	0	0	0	0	0	0	0
1898	3,927	1,055	26.9%	0	0	262	697	0	0	96	0	0	0	0	0	0	0
1899	5,091	2,121	41.7%	0	0	0	1,851	0	0	0	270	0	0	0	318	0	481
1900	5,236	2,731	52.2%	0	0	744	1,531	80	0	322	54	0	0	0	87	0	219
1901	4,702	2,070	44.0%	303	0	557	526	290	0	250	144	0	0	0	26	0	404
1902	3,926	1,832	46.7%	737	100	0	625	0	0	290	80	0	0	0	26	0	21
1903	4,929	2,411	48.9%	197	0	117	1,984	0	0	0	113	0	0	0	62	0	214
1904	6,347	2,779	43.8%	385	219	0	2,123	0	0	52	0	0	0	0	27	0	882
1905	5,969	2,772	46.4%	766	0	0	1,811	0	0	153	42	0	0	0	0	0	624
1906	5,381	2,176	40.4%	891	0	0	979	106	0	200	0	0	0	0	196	0	949
1907	5,464	2,330	42.6%	1,715	0	0	294	0	0	321	0	0	0	0	88	0	633
1908	6,436	4,952	76.9%	2,967	0	0	1,226	527	0	166	66	0	0	0	329	0	291
1909	5,641	4,650	82.4%	3,906	0	0	394	279	0	0	71	0	0	0	169	0	257
1910	8,740	6,203	71.0%	4,225	0	0	485	1,074	145	156	118	0	0	0	376	585	79
1912	10,418	6,881	66.0%	4,946	0	0	1,148	745	0	0	42	0	0	0	276	0	43
1913	7,977	4,100	51.4%	783	0	0	2,615	267	0	0	435	0	0	0	918	0	205
1914	9,351	5,875	62.8%	1,840	0	0	3,337	285	0	0	125	0	288	0	497	0	0
1915	12,745	6,605	51.8%	4,065	0	0	2,110	105	0	0	325	0	0	0	2,687	15	0
1916	10,701	5,272	49.3%	2,243	0	0	1,028	1,946	0	0	55	0	0	103	1,761	0	131
1917	9,475	5,649	59.6%	2,436	0	116	2,203	343	551	0	0	0	0	0	2,043	0	87

（出所）「蔵入帳」各年版（高梨本家文書）より作成。
（注）表中の破線部分は史料の欠落により、時系列が不連続であることを示す。

納入したのであった。その一方で中村と石塚は、一九三〇年代前半においても野田醤油株式会社専属原料商として営業を継続し、野田町内では経営規模の大きい穀物商であったが、基本的に関東地方で生産された大豆のみを納入していた[48]。そのため、遠隔地で生産された大豆は集散地である東京から調達しなければならなかった。そこで高梨家は、輸移入品も含め網羅的にさまざまな大豆の納入が可能な岩崎家と長期的取引関係を構築した。このことにより、多種の大豆を迅速に調達可能な体制が整備された。

第3節　小麦の調達

(1) 原料小麦の産地

図6－6と図6－7には、元蔵と出蔵の産地別小麦調達量の推移を示した。

両図より、図6－1からも指摘したように、小麦の場合に輸移入品は原則的に調達されなかったことが確認できる。これは、関東地方の小麦生産が一九一七（大正六）年までに一八八七（明治二〇）年の二・二倍へ着実に成長し、一方で小麦需要量の顕著な増加は製粉業における急速な設備拡充が進行した一九二〇年代以降に生じたため、一〇年代まで関東地方において小麦需給の逼迫は未だ生じていなかったからであった[49]。ただし、出蔵では一八九〇年代より内地小麦産地に変化が生じ、その結果として両蔵の小麦産地が類似するようになった。この変化は、一八九〇年代から出蔵の相州小麦（神奈川県西部産小麦）調達量が減少したことで始まった。

野田醤油醸造業では、嘉永期（一八四八～五四年）より「醤油ニ光沢ヲ与フ」[50]として相州小麦が珍重されていた[51]。この相州小麦は高価格であり、一八八七～九二年における平均調達価格は地廻り小麦より二一・六～三四・八％割高であった[52]。こうした割高な小麦の調達を継続することは、一八九〇年以降の醤油価格下落と小麦価格上昇により困難

図 6-6　産地別小麦調達量（元蔵・1887–1917 年）

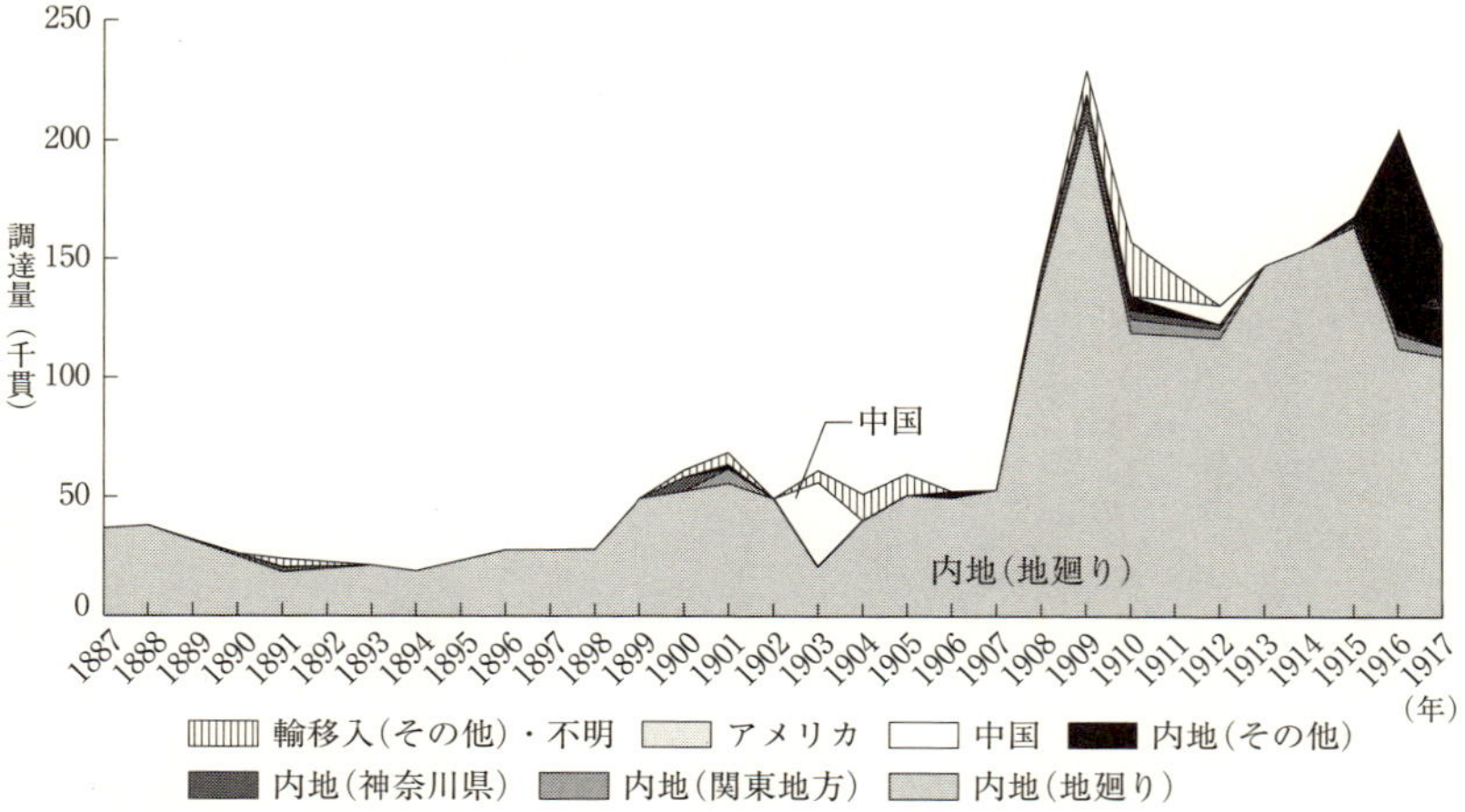

（出所）「蔵入帳」各年版（髙梨本家文書）より作成。
（注）1．1889・1890・1892・1895・1897・1911 年は、史料が欠落しているため線形補完法により推定した。
2．「内地（関東地方）」に「内地（神奈川県）」と「内地（地廻り）」は含まない。

図 6-7　産地別小麦調達量（出蔵・1887–1917 年）

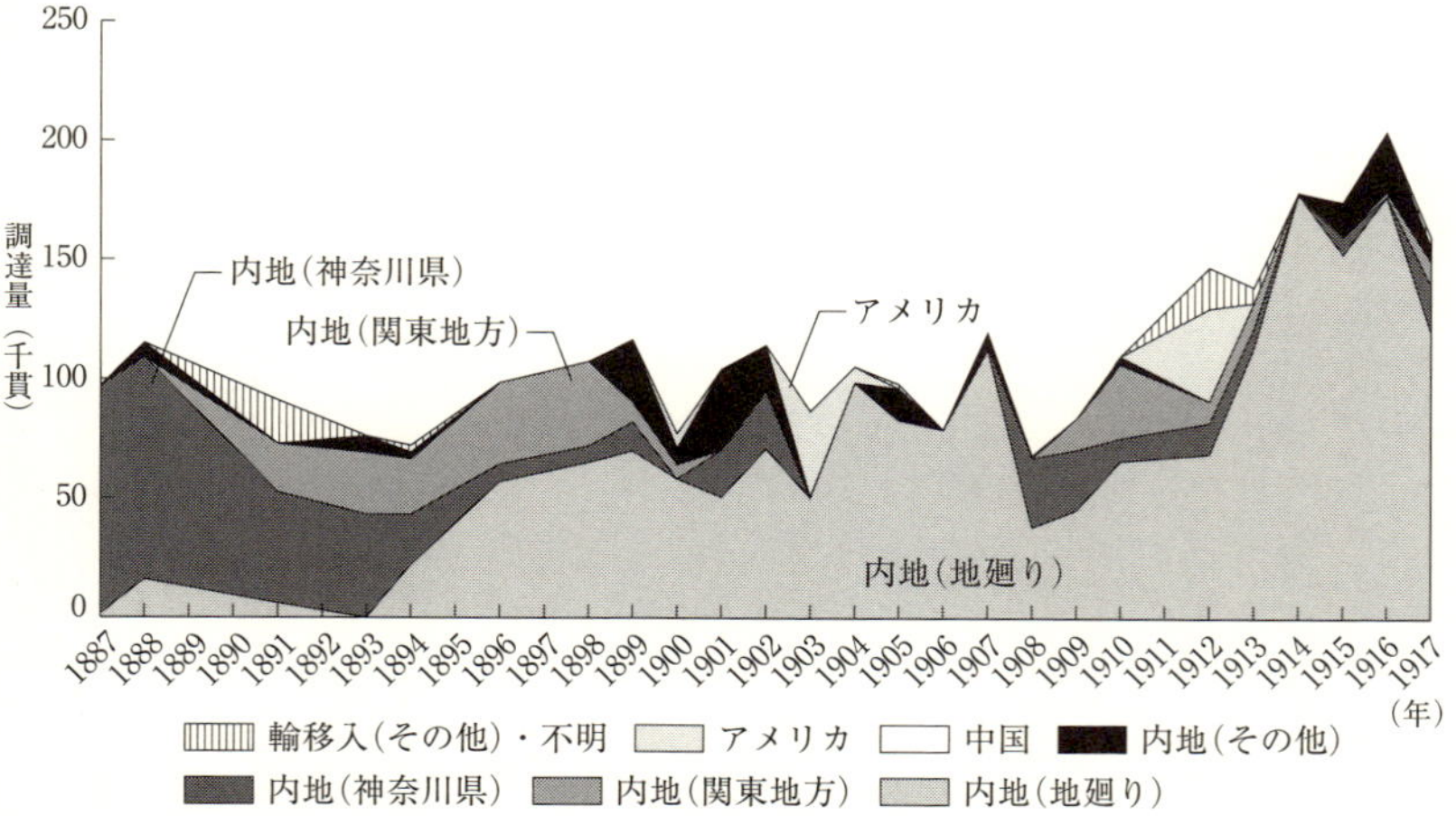

（出所）「蔵入帳」各年版（髙梨本家文書）より作成。
（注）1．1889・1890・1892・1895・1897・1911 年は、史料が欠落しているため線形補完法により推定した。
2．「内地（関東地方）」に「内地（神奈川県）」と「内地（地廻り）」は含まない。

となった。一八九〇年には、不況下で醤油価格が下落した一方で、気象条件の悪化による不作で生産量が対前年比約三割の減収となった小麦の価格は急騰した。[53] 図6－3からも醤油に対する小麦の相対価格が一八九〇年に急騰したことが確認できる。さらに、一八八九年の稲作が凶作に陥ったことで九〇年には米価も急騰し、江戸川舟運を担った河岸問屋の戸部五右衛門と桝田仁三郎は東京～野田間の運賃を二五％引き上げたために東京から仕入れていた原料の輸送費が上昇した。[54] 輸移入大豆の調達開始前であった一八九〇年に髙梨家が東京から仕入れていた原料は相州小麦と赤穂塩のみであったが、周辺に大規模製塩地が存在しない野田町で原料塩は東京経由の調達に依存せざるを得なかった。そこで髙梨家は、相州小麦の調達量減少による輸送費の削減を図り、その代用として野田町と同じ東葛飾郡内から産された船橋小麦を調達した。

図6－7に「内地（関東地方）」と示した小麦は、一九〇〇年まで九八・八％を船橋小麦が占めた。この船橋小麦は相州小麦と同等の品質を有し、一九〇四年における野田醤油醸造試験所の分析によれば澱粉含有率は、相州小麦六七・四％、船橋小麦六七・七％であった。[55] そのため、輸移入大豆の調達開始時とは異なり、仕込工程を変更する必要が生じなかった。こうした小麦の切替によって髙梨家は、出蔵における小麦調達費の低減を達成した。出蔵における輸送費を含む一貫当たり平均小麦調達費は、一八九〇年代末まで小麦産地に変化が生じなかった元蔵に対して一八八七～八八年は一九・三％高かったが、船橋小麦の調達量が増加した一八九一～九二年には一四・〇％の差へ縮小した。[56] さらに、「製品安・原料高」が進行した一八九〇年代中葉からは出蔵も地廻り小麦を盛んに調達した。

地廻り小麦は、それまで出蔵で調達していた小麦に比べて品質がやや劣った。地廻り小麦の澱粉含有率は六六・五％であり、相州小麦及び船橋小麦より〇・九～一・二％低かった。[57] ただし、内地大豆の蛋白質含有率が三〇％台ながら品種により約四％の差があったことと比較して（表6－1）、六〇％台の澱粉含有率に約一％の差が生じたにすぎなかった小麦の品質差は相対的に小さかった。つまり、大豆より小麦は均質的であり、地廻り小麦はそれまでに出蔵で調達されていた小麦との品質差が小さかったと言えよう。こうした地廻り小麦が出蔵でも多く調達され、元蔵と出蔵における平均小麦調達費の差はより縮小した。出蔵の一貫当たり平均小麦調達費は、一八九一〜九二年には元蔵に対して一四・〇％の差があったが、その差は地廻り小麦の調達量が増加した九七〜九八年に七・九％にまで縮小した。(58) 出蔵でも地廻り小麦を調達することによって髙梨家は、さらなる小麦調達費の低減を達成したのであった。そして、一八九〇年代後半から元蔵、出蔵ともに地廻り小麦を主たる原料小麦として調達するようになった。

一方で、一八九〇年代後半以降も両蔵の小麦調達には三点の相違があった。第一は、小麦の調達価格は元蔵より出蔵で一貫して高かった点である（図6－2）。両蔵ともに地廻り小麦のみを調達した一九一四年においても一貫当たり平均調達価格は、元蔵より出蔵が五・〇％高かった。この価格差は品質差に起因し、出蔵調達分と元蔵調達分の地廻り小麦澱粉含有率はそれぞれ六六・五％、六五・七％であった。(59) つまり、髙梨家は両蔵で地廻り小麦を調達したが、元蔵は出蔵より低品質かつ安価な小麦を調達することで、小麦調達費の低減を図っていた。

第二は、一時的に調達された輸入小麦の産地が異なった点である。一九〇三年は内地の小麦作が全国で大凶作に陥り、関東地方も一八九八〜一九〇二年の五カ年平均生産量五〇二一万貫に対して三八％減の三一〇二万貫となった。(60) この不作は麦類の葉がウィルスによって侵される赤渋病の蔓延に起因し、需給が逼迫したことで小麦輸入が急拡大した。(61) 一九〇二年以前の小麦輸入量のピークは一九〇〇年の三五八万貫であったが、〇三年は二〇二五万貫に達した。(62) そこで髙梨家は、不作によって生じた所要量の不足分を輸入小麦で補い、元蔵では中国小麦、出蔵ではアメリカ小麦を調達した。これらすべての輸入小麦は岩崎支店から調達され、一貫当たり価格は中国小麦九円二五銭〜九円九二銭、アメリカ小麦一〇円六九銭であった。(63) 同年の本貫小麦東京市平均卸売価格は一〇円一銭であったから、内地小麦より中国小麦は割安、アメリカ小麦は割高であった。(64) このように、緊急的に輸入小麦を使用した際にも元蔵より出蔵で高価な原料を調達する方針は一貫していた。その後もアメリカ小麦は、一九一二年に米価上昇による小麦価格高騰を警戒した製粉会社が「非常ノ勢ニテ買募」[65]ったことで小麦需給が逼迫した際に、出蔵でのみ調達された。

第三は、相州小麦が出蔵では一九一七年まで少量ながら継続的に調達された一方で、元蔵では原則的に調達されなかった点である。ただし、一九〇三〜〇六年には出蔵も相州小麦の調達を中断した[66]。同時期には、一九〇三年の大凶作のほか〇五年も不作に陥ったことで小麦価格が高水準で推移し、醤油に対する小麦の相対価格も著しく上昇した（図6－3）。そこで髙梨家は、高価な相州小麦の調達を中断することで生産費低減を図った。その後一九〇七年から相州小麦の調達は再開されたが、調達量は漸減した。その一因は、俵装の不備に求められる。一九一六年にヤマサ醤油は、相州小麦について「欠点ハ未検査ノ為メ俵ノ目方重キ事ト調製ノ不完全ナル事ナリ就中中郡ハ従来殊ニ風袋重キニ失シ」と、俵装に対する正味量が少ないことを報告している。髙梨家も多く調達した茨城県産小麦と神奈川県藤沢町周辺産小麦の四斗五升俵の正味量は、一貫四〇六匁と一貫二〇〇匁であり、相州小麦は茨城県産小麦より一俵当たりの正味量が一五％少なかった[67]。このような俵装の不備は、相対的に高水準で推移していた相州小麦価格をさらなる実質的上昇に導き、その調達量を髙梨家が漸減させる要因になった。

（2）野田町周辺穀物商による小麦納入

以上で検討したように小麦調達は、「製品安・原料高」への対応を課題とした点で大豆調達と共通しながらも、原料産地の多様化ではなく、地廻り品への依存を深めた。このような小麦調達の変化によって取引先も変化した。表6－4には、一八八七（明治二〇）〜一九一七（大正六）年における取引先別小麦調達量上位三名を示した。一八九〇年代前半に相州小麦の調達量が減少したことで、輸入小麦が調達された時期を除き、神奈川県と東京府の取引先が上位から姿を消した。その後の一八九三〜九六年には船橋小麦を納入した中嶋善次郎（行徳町（現・市川市））が二位となったが、地廻り小麦調達量の増加とともに中村善之助、山中源五郎（木間ヶ瀬村（現・野田市））、森田屋、石塚浪右衛門ら野田町周辺の穀物商が上位を占めるようになった。同時期には霞ヶ浦周辺の菅谷家（志士庫村〈現・かすみがうら市〉）と中桐家（真鍋町〈現・土浦市〉）、さらには銭屋支店との大規模な取引も増えたが、多くの年で一位は野田町の穀物商が占めた。これら野田町の穀物商は、集荷した相州小麦を髙梨家へ送荷した髙梨仁三郎、岩崎支店など東京の穀物商より経営規模が小さかった。『日本全国商工人名録』によれば一九一二年もしくは一三年における営業税納税額は、髙梨仁三郎三三四円、岩崎支店一二八四円に対して中村善之助五〇円、石塚浪右衛門六五円であった(68)。そこで、髙梨家は野田町の穀物商に対して資金を前貸しすることで原料の調達を担わせていた(69)。このような野田町の穀物商に髙梨家が小麦取引を集中させた要因は三点指摘できよう。

第一は、一八九〇年の利根運河開通が野田町の穀物商による茨城県方面からの小麦仕入を容易にした点である。関東地方で小麦は茨城県を主産地の一つとしたが、千葉県との県境を流れる利根川の流域から髙梨家が使用した江戸川沿いの今上河岸へ物資を輸送する際には、江戸川との分流地点である関宿を経由していた。この関宿付近は流砂により河床が上昇しやすく、冬季の渇水時には通航不能に陥ることもあった。ところが、今上河岸より約三キロメートル下流の新川村（現・千葉県流山市）から利根川へ利根運河が開通し、霞ヶ浦周辺など利根川流域からの物資輸送が容易になった(70)。この利根運河で利根川口から江戸川口へ最も多く輸送された物資が米麦であり、一八九三年には輸送額の三五・九％を占めた(71)。そこで、一八九〇年代後半から髙梨家は霞ヶ浦周辺の穀物商と大規模な取引を開始し、また野田町の穀物商もより広範な地域から小麦を仕入れられるようになった。

第二は、野田醬油醸造組合と野田町の穀物商との間で小麦の品質を担保する仕組みが整備された点である。野田町周辺の穀物商は「穀仲間」と称される組織を結成し、一八八五年には野田米穀商組合へ改称した。そして、同組合と野田醬油醸造組合は一九〇四年六月に、米穀商組合から選出された検査員が品質検査を実施すること、不乾燥品は穀物商が乾燥させた上で納入することを取り決めた(72)。この取り決めによって地廻り小麦の品質が担保され、野田米穀商

表6-4　取引先別調達量上位3名（小麦・1887-1917年）

単位：貫

年	1位 取引先（所在地）	1位 調達量（割合）	2位 取引先（所在地）	2位 調達量（割合）	3位 取引先（所在地）	3位 調達量（割合）	上位3名占有率
1887	秦野定七（神奈川県須馬村）	71,877（52%）	伊東熊治郎（千葉県野田町）	17,801（13%）	綿屋弥兵衛（神奈川県大磯町）	17,366（13%）	78%
1888	秦野定七（神奈川県須閒村）	53,909（33%）	村田半次郎（埼玉県栗橋町）	29,506（18%）	綿屋弥兵衛（神奈川県大磯町）	22,989（14%）	65%
1891	髙梨仁三郎（東京市日本橋区）	29,063（22%）	秦野定七（神奈川県須馬村）	22,425（17%）	綿屋清吉（神奈川県大磯町）	15,385（12%）	51%
1893	髙梨仁三郎（東京市日本橋区）	37,481（35%）	中嶋善次郎（千葉県行徳町）	20,793（19%）	中村善之助（千葉県野田町）	12,032（11%）	65%
1894	山中源五郎（千葉県木間ヶ瀬村）	30,233（25%）	中嶋善次郎（千葉県行徳町）	21,148（17%）	綿屋浦吉（神奈川県大磯町）	12,343（10%）	52%
1896	山中源五郎（千葉県木間ヶ瀬村）	37,572（28%）	中嶋善次郎（千葉県行徳町）	34,255（25%）	森田屋（千葉県野田町）	32,191（24%）	76%
1898	中嶋善次郎（千葉県行徳町）	38,187（24%）	森田屋（千葉県野田町）	34,270（22%）	山中源五郎（千葉県木間ヶ瀬村）	26,910（17%）	63%
1899	森田屋（千葉県野田町）	28,339（14%）	銭屋支店（茨城県古河町）	25,642（13%）	菅谷家（茨城県志士庫村）	23,764（12%）	39%
1900	石塚浪右衛門（千葉県野田町）	45,340（28%）	銭屋支店（茨城県古河町）	18,392（11%）	菅谷家（茨城県志士庫村）	12,928（8%）	47%
1901	石塚浪右衛門（千葉県野田町）	40,136（20%）	岩崎支店（東京市深川区）	38,650（19%）	銭屋支店（茨城県古河町）	18,530（9%）	48%
1902	石塚浪右衛門（千葉県野田町）	35,863（18%）	中桐家（茨城県真鍋町）	33,352（17%）	岩崎支店（東京市深川区）	27,153（14%）	49%
1903	岩崎支店（東京市深川区）	78,185（41%）	石塚浪右衛門（千葉県野田町）	44,965（24%）	中桐家（茨城県真鍋町）	28,504（15%）	80%
1904	石塚浪右衛門（千葉県野田町）	57,422（28%）	桝田重吉（千葉県野田町）	52,225（25%）	中桐家（茨城県真鍋町）	43,900（21%）	74%
1905	石塚浪右衛門（千葉県野田町）	70,841（31%）	銭屋支店（茨城県古河町）	37,122（16%）	岩崎支店（東京市深川区）	33,932（15%）	62%
1906	石塚浪右衛門（千葉県野田町）	71,298（39%）	中桐家（茨城県真鍋町）	28,922（16%）	伊藤禎次郎（千葉県八生村）	25,902（14%）	69%
1907	石塚浪右衛門（千葉県野田町）	92,228（41%）	伊藤禎次郎（千葉県八生村）	32,575（14%）	中桐家（茨城県真鍋町）	30,216（13%）	68%
1908	石塚浪右衛門（千葉県野田町）	84,306（39%）	中村善之助（千葉県野田町）	36,864（17%）	只見宗吉（神奈川県？）	29,215（14%）	70%
1909	石塚浪右衛門（千葉県野田町）	95,645（31%）	中村善之助（千葉県野田町）	81,645（26%）	銭屋支店（茨城県古河町）	60,356（19%）	76%
1910	中村善之助（千葉県野田町）	62,736（24%）	銭屋支店（茨城県古河町）	57,531（22%）	石塚浪右衛門（千葉県野田町）	53,666（20%）	66%
1912	岩崎支店（東京市深川区）	68,083（24%）	中村善之助（千葉県野田町）	62,156（22%）	石塚浪右衛門（千葉県野田町）	55,803（20%）	65%
1913	中村善之助（千葉県野田町）	77,056（26%）	銭屋支店（茨城県古河町）	64,906（22%）	石塚浪右衛門（千葉県野田町）	50,597（17%）	64%
1914	中村善之助（千葉県野田町）	121,686（34%）	銭屋支店（茨城県古河町）	90,310（25%）	石塚浪右衛門（千葉県野田町）	87,690（24%）	83%
1915	中村善之助（千葉県野田町）	105,576（27%）	銭屋支店（茨城県古河町）	91,678（23%）	石塚浪右衛門（千葉県野田町）	46,732（12%）	62%
1916	銭屋支店（茨城県古河町）	174,954（40%）	岩崎支店（東京市深川区）	97,646（22%）	中村善之助（千葉県野田町）	61,092（14%）	76%
1917	中村善之助（千葉県野田町）	135,063（37%）	岩崎支店（東京市深川区）	89,221（24%）	銭屋支店（茨城県古河町）	63,031（17%）	78%

（出所）「蔵入帳」各年版（髙梨本家文書）より作成。
（注）1．表中の破線部分は史料の欠落により、時系列が非連続であることを示す。
2．「明治の大合併」（1889年）以後の市町村名を示した。
3．「割合」は年間調達量に占める当該取引先からの調達量の割合、「上位3名占有率」は年間調達量に占める上位3名からの合計調達量の割合を示す。

組合に加入した穀物商と高梨家との取引関係がより強固になった。

第三は、一九〇〇年代以降の茨城県における小麦生産の拡大と一一年における野田町〜柏間の千葉県営鉄道野田線開通が野田町の穀物商による小麦の量的確保を容易にした点である。野田線は、敷設時に発行された県債二〇万円全額を野田の醸造業者が引き受け、高梨家も二万五〇〇〇円を引き受けた。これは、同線が「野田町の醤油搬出若くはその原料移入に便」することを目的としたためであり、同一軌間（レール幅）の日本鉄道海岸線（現・常磐線）から柏駅経由で野田町駅まで貨車を直通させることができた。そして、野田町駅前には髙梨家の二棟を含む一四棟の倉庫が設置され、原料の保管にも利用された[73]。ただし、野田線は原料の中では小麦のみを輸送した。一九一五年の野田町駅麦到着量六八六九トンは貨物別到着量二位であり、合計到着量の三一％を占めた。それと対照的に、野田町駅到着貨物の内訳が判明する一九一一・一五年において大豆到着量が確認できるのは一九一一年（一一二トン）のみであり、食塩は両年においてゼロであった[74]。このように原料の中で小麦の輸送にのみ野田線が盛んに利用された要因は、一九〇〇年代以降に茨城県の小麦生産が拡大した点にあった。

道府県別小麦生産量で一九〇一年より一位となった茨城県内の主たる産地は、常磐線・水戸線沿線の那珂郡、新治郡、東茨城郡であり、そこから小麦は鉄道により野田町まで輸送された[75]。やや後の時期になるが、一九二五年野田町駅小麦到着量に占める常磐線・水戸線内発送量は八五％に達していた[76]。このように鉄道輸送された茨城県産小麦は野田町の穀物商により髙梨家へも納入され、例えば「請求書」から一九一六年五月に中村善之助が髙梨家に「水戸小麦」一一〇俵を納めたことが確認できる。しかし、同年の「蔵入帳」には髙梨家が中村から産地不記載の「地廻り小麦」を調達したことは記帳されているが、「水戸小麦」を調達したことは記帳されていない[77]。「はじめに」でも述べたように、野田町の穀物商から仕入れた小麦について髙梨家は原則的に産地名を記さなかったが、それは鉄道輸送された小麦についても同様であった。このことは、図6－6・図6－7に示した「内地（地廻り）」小麦の産地が野田線開通後に「拡大」したことを意味している。高梨家の小麦調達は、産地を原則的に関東地方へ集中させていた点で遠隔地に産地を求めた大豆調達と異なったが、野田町の穀物商に取引先が集中したことは必ずしも小麦産地の野田町周辺への集中を意味せず、交通インフラ整備の進展によって野田町の穀物商が従前より関東地方内の広範な地域から小麦を調達できるようになったために生じた変化であった。

第4節　食塩の調達

図6－8と図6－9には、元蔵と出蔵の産地別食塩調達量の推移を示した。

一八九六（明治二九）年まで両蔵では内地塩のみが調達されていた。この内地塩は高梨家が天保期以前より調達していた赤穂塩であり、大豆及び小麦とは異なり、両蔵の調達価格は同一であった（図6－2）。しかし、元蔵では一八九七年に中国塩の調達が開始され、一九〇〇年以降に内地塩は原則的に調達されなくなった。また出蔵では、一九〇〇年からドイツ塩の調達が開始され、〇三～〇六年には内地塩が全く調達されなかった。ただし、一九〇〇年代中葉までの元蔵と出蔵で調達された輸移入塩の産地は異なり、元蔵では台湾塩などアジア産塩を中心に多種の食塩が調達された一方で、出蔵ではイギリス塩などヨーロッパ産塩が調達された。さらに一九〇〇年代中葉以降は、出蔵のみが内地塩調達を〇七年に再開した点が両蔵の相違点となった一方で、同時期から元蔵のみならず出蔵でも台湾塩と関東州塩の調達を開始した点が共通点となった。このように食塩調達は、大豆調達と輸移入品が継続的に納入された点で共通したが、内地産品が全く調達されなかった時期が生じた点で異なった。こうした輸移入塩調達を高梨家が開始した動機は、生産費の抑制を強く期待したことにあった。

一八九七年に不作で価格が高騰した内地塩に対して中国塩は安価であり、同年には赤穂塩一円三八銭（一〇〇斤当

図 6–8　産地別食塩調達量（元蔵・1887–1917 年）

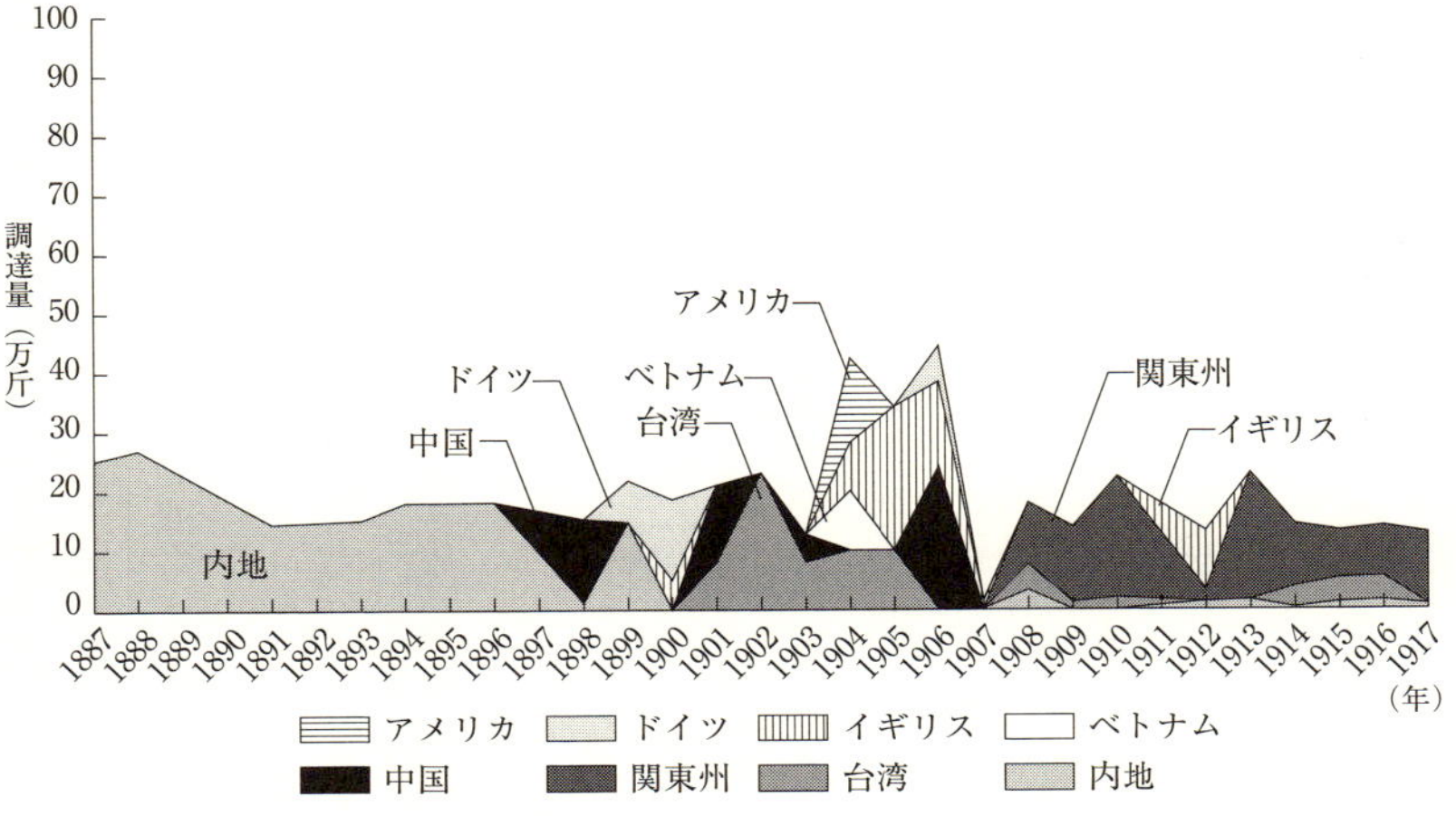

（出所）「蔵入帳」各年版（高梨本家文書）より作成。
（注）1889・1890・1892・1895・1897・1911 年は、史料が欠落しているため線形補完法により推定した。

図 6–9　産地別食塩調達量（出蔵・1887–1917 年）

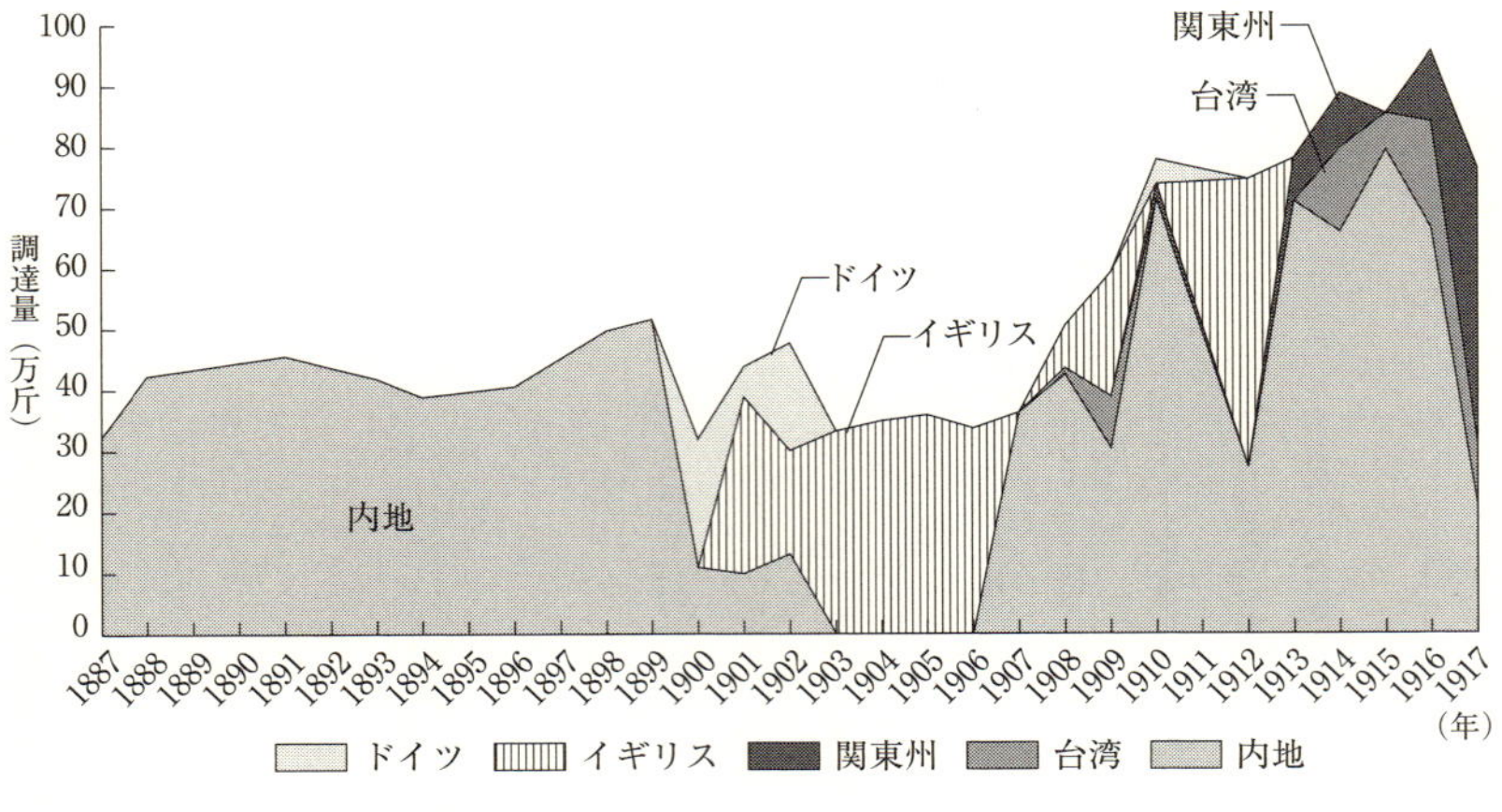

（出所）「蔵入帳」各年版（高梨本家文書）より作成。
（注）1889・1890・1892・1895・1897・1911 年は、史料が欠落しているため線形補完法により推定した。

たり価格)、中国塩八二銭であった[78]。そこで髙梨家は、価格面での有利性から生産費の抑制を期待し、中国塩の調達を開始した。しかし、内地塩価格の高騰が収束した一八九八年以降も元蔵は輸移入塩の調達を継続した（図6－3)。さらに、内地塩価格の高騰時に輸移入塩を調達しなかった出蔵も一九〇〇年からドイツ塩、〇一年からイギリス塩の調達を開始した。これらヨーロッパ産塩は内地塩より高価であり、一九〇二年には赤穂塩九七銭、ドイツ塩一円一〇銭、イギリス塩一円一一銭であった[79]。したがって、一八九〇年代後半以降も髙梨家が輸移入塩調達を継続した動機は、生産費抑制のみではなかったことになる。このように出蔵がヨーロッパ産塩の調達を開始した動機は、同時期に顕著化した内地塩の品質悪化へ対応するためであった。

一八九〇年代から内地の食塩市場では、重量の水増しを目的に苦汁、土砂などを食塩へ混入する行為が横行し、苦汁分を多量に含む劣悪な品質の食塩が多く流通するようになっていた[80]。一方で出蔵が調達を開始したヨーロッパ産塩は、苦汁含有率が赤穂塩一三・二%に対してドイツ塩七・五%、イギリス塩二・五%と低かった（表6－1)。ただし、髙梨家は高品質であったにもかかわらずヨーロッパ産塩を出蔵に先んじて元蔵で調達していた。図6－7と図6－8より元蔵と出蔵それぞれの調達開始年は、ドイツ塩が一八九九年、一九〇〇年、イギリス塩が一九〇〇年、〇一年であった。これは、内地塩と成分が異なる輸移入塩を使用する場合に、製麴へ加える食塩水の濃度を旧来と一定に保つためには原料塩投入量を調整する必要があったことから講じられた[81]。つまり、先に元蔵が低級品醬油の原料に用いることで使用法を模索し、その上で出蔵において調達を開始する手順が踏まれていた。このように出蔵の食塩調達が慎重さを極めていたことは、同蔵で一九〇〇年代までアジア産塩が調達されなかった要因にもなった。表6－1より中国塩、台湾塩などアジア産塩ですら赤穂塩より苦汁含有率は低かったことが確認できよう。それにもかかわらず一九〇〇年代まで出蔵で中国塩と台湾塩が調達されなかった原因は、それらが食品原料として品質上の欠陥を有していたことが挙げられる。

中国塩、台湾塩、関東州塩などアジア産塩は、粘土製の天日塩田から産された天日塩であり、結晶表面に泥土が付着する難点を有した。そのため、醤油醸造業で天日塩を使用した場合には仕込段階で泥土が諸味へ混入する恐れがあったことから、出蔵は一九〇〇年代まで天日塩を原則的に調達しなかった。ところが、一九一〇年代から出蔵も輸移入塩をヨーロッパ産塩からアジア産塩に切り替えた。その理由は二点挙げられる。

第一は、仕込水へ原料塩を混加する際に用いる桶に麻布または竹籠を利用した濾過装置の設置が進められたためである。(82) 第二は、一九〇〇年代後半に天日塩を海水もしくは河水で溶解・濾過し、泥土を除去した上で煎熬した再製塩の生産が盛んになったためである。(83) このように泥土混入問題が一部的に解消された後においても台湾塩と関東州塩は、内地塩より安価であった。出蔵での関東州塩調達が本格化した一九一三（大正二）年以降五カ年の平均調達価格は、内地塩二円六一銭、台湾塩二円二六銭、関東州塩二円三九銭であった。(84) そのため、台湾塩と関東州塩の調達には生産費の抑制も期待できた。

以上で検討したように、一八九七年から髙梨家は多様な産地に食塩を求め、両蔵で異なる価格の食塩を調達することで生産費の抑制と内地塩の品質悪化への対応を同時に進めた。こうした調達戦略の転換に応じて、取引先も変化した。表6－5には、一八八七～一九一七年における取引先別食塩調達量上位三名を示した。

髙梨家に赤穂塩を納入していた日本橋小網町の食塩仲買は、加入していた東京廻船食塩問屋仲買組合により組合加入問屋からの仕入を義務づけられていた。(85) しかし、東京の食塩問屋は明治期においても荷受問屋であったために自ら仕入を行いうる資金力を欠き、外商など輸移入元から自己資金で仕入れる必要があった輸移入塩を扱うことができなかった。(86) そこで髙梨家は、輸移入塩のほぼ全量をセールフレーザー商会、小栗商店など輸移入元のほか岩崎支店、臼井儀兵衛ら組合に加入していなかった新興の食塩商から調達した。その結果として輸移入品を調達した大豆の場合とは異なり、食塩の場合には納入者が分散化した。ところが、一九〇七年以降には再び旧来の食塩仲買が取引先別調達

表6-5　取引先別調達量上位3名（食塩・1887-1917年）

単位：斤

年	1位 取引先（所在地）	1位 調達量（割合）	2位 取引先（所在地）	2位 調達量（割合）	3位 取引先（所在地）	3位 調達量（割合）	上位3名占有率
1887	大村五左衛門（東京市京橋区）	196,560（28%）	藤井平助（東京市日本橋区）	165,000（24%）	鈴木茂兵衛（東京市日本橋区）	110,000（16%）	68%
1888	鈴木茂兵衛（東京市日本橋区）	240,000（28%）	藤井平助（東京市日本橋区）	200,000（24%）	島金兵衛（東京市日本橋区）	200,000（24%）	76%
1891	鈴木茂兵衛（東京市日本橋区）	370,000（49%）	遠山市郎兵衛（東京市日本橋区）	185,000（25%）	藤井平助（東京市日本橋区）	125,000（17%）	91%
1893	鈴木茂兵衛（東京市日本橋区）	255,000（40%）	浜口吉右衛門（東京市日本橋区）	155,000（24%）	遠山市郎兵衛（東京市日本橋区）	140,000（22%）	87%
1894	鈴木茂兵衛（東京市日本橋区）	500,000（81%）	遠山市郎兵衛（東京市日本橋区）	120,000（19%）	（該当無し）		100%
1896	新屋家（東京市日本橋区）	415,505（54%）	鈴木茂兵衛（東京市日本橋区）	200,000（26%）	岩井忠次郎（不明）	50,000（6%）	86%
1898	浜口吉右衛門（東京市日本橋区）	501,246（59%）	新屋家（東京市日本橋区）	113,275（13%）	井桁屋仙蔵（神奈川県横浜市）	79,743（9%）	82%
1899	新屋家（東京市日本橋区）	425,000（42%）	浜口吉右衛門（東京市日本橋区）	297,980（29%）	臼井儀兵衛（東京市深川区）	200,000（20%）	90%
1900	臼井儀兵衛（東京市深川区）	395,482（64%）	岩崎支店（東京市深川区）	110,000（18%）	浜口吉右衛門（東京市日本橋区）	100,000（16%）	99%
1901	岩崎支店（東京市深川区）	571,499（66%）	鈴木茂兵衛（東京市日本橋区）	167,500（19%）	セールフレーザー商会（神奈川県横浜市）	80,000（9%）	95%
1902	岩崎支店（東京市深川区）	526,600（55%）	セールフレーザー商会（神奈川県横浜市）	200,000（21%）	小栗商店（東京市日本橋区）	100,000（10%）	86%
1903	セールフレーザー商会（神奈川県横浜市）	550,000（73%）	岩崎支店（東京市深川区）	207,000（27%）	（該当無し）		100%
1904	セールフレーザー商会（神奈川県横浜市）	726,600（61%）	浜口吉右衛門（東京市日本橋区）	187,043（16%）	岩崎支店（東京市深川区）	170,000（14%）	92%
1905	セールフレーザー商会（神奈川県横浜市）	649,460（50%）	岩崎支店（東京市深川区）	558,600（43%）	小栗商店（東京市日本橋区）	100,000（8%）	100%
1906	岩崎支店（東京市深川区）	763,000（60%）	小栗商店（東京市日本橋区）	450,000（35%）	川宮商会（東京市深川区）	60,000（5%）	100%
1907	遠山市郎兵衛（東京市日本橋区）	188,000（36%）	槙原泰吉（岡山県赤崎村）	180,160（35%）	浜口吉右衛門（東京市日本橋区）	120,000（23%）	94%
1908	槙原泰吉（岡山県赤崎村）	439,840（41%）	西原陣三郎（岡山県味野町）	193,840（18%）	官塩販売株式会社（神奈川県横浜市）	100,000（9%）	68%
1909	岩崎支店（東京市深川区）	386,408（30%）	佐藤保孝（岡山県琴浦村）	230,000（18%）	東洋塩業株式会社（東京市日本橋区）	200,000（16%）	64%
1910	鈴木茂兵衛（東京市日本橋区）	452,000（33%）	槙原泰吉（岡山県赤崎村）	423,440（31%）	佐藤保孝（岡山県琴浦村）	234,720（17%）	82%
1912	鈴木茂兵衛（東京市日本橋区）	1,016,600（69%）	山口家（千葉県七浦村）	161,005（11%）	佐藤保孝（岡山県琴浦村）	120,000（8%）	88%
1913	佐藤保孝（岡山県琴浦村）	607,520（37%）	鈴木茂兵衛（東京市日本橋区）	528,000（32%）	山口家（千葉県七浦村）	256,050（16%）	85%
1914	遠山市郎兵衛（東京市日本橋区）	770,720（45%）	鈴木茂兵衛（東京市日本橋区）	568,500（33%）	台湾塩業株式会社（東京市日本橋区）	217,000（13%）	91%
1915	遠山市郎兵衛（東京市日本橋区）	720,000（43%）	鈴木茂兵衛（東京市日本橋区）	490,000（29%）	台湾塩業株式会社（東京市日本橋区）	240,000（14%）	86%
1916	遠山市郎兵衛（東京市日本橋区）	1,155,760（55%）	鈴木茂兵衛（東京市日本橋区）	324,000（15%）	台湾塩業株式会社（東京市日本橋区）	265,000（13%）	82%
1917	遠山市郎兵衛（東京市日本橋区）	752,000（41%）	森本商店（東京市日本橋区）	567,300（31%）	鈴木茂兵衛（東京市日本橋区）	405,000（22%）	95%

（出所）「蔵入帳」各年版（高梨本家文書）より作成。
（注）1．表中の破線部分は史料の欠落により、時系列が非連続であることを示す。
　　2．「明治の大合併」（1889年）以後の市町村名を示した。
　　3．「割合」は年間調達量に占める当該取引先からの調達量の割合、「上位3名占有率」は年間調達量に占める上位3名からの合計調達量の割合を示す。

量上位を占めた。その理由は二点挙げられる。

第一に、一九〇五年に導入された塩専売制度が粗悪な内地塩の流通を抑制したことで、高梨家が内地塩の調達を再開したためであった。塩専売制度下において大蔵省は収納時に品質鑑定を実施し、塩化ナトリウム含有率が七〇％を下回る粗悪塩は原則的に流通しなくなった。第二に、一九〇八年以降には旧来の食塩仲買らが関東州塩と台湾塩を扱うようになったためであった。旧来の食塩仲買は、一九〇八年に大日本塩業株式会社と、一六年に台湾塩業株式会社と、それぞれ関東州塩と台湾塩の特約販売契約を締結した。(87) この契約により、旧来の食塩仲買らもようやく輸移入塩の販売に進出できた。

このように、塩専売制度導入後には再び旧来の食塩仲買が高梨家の食塩調達に重要な役割を果たすようになったが、表6－5より同時期から高梨家は槙原泰吉、西原陣三郎、佐藤保孝ら岡山県の食塩商と直接取引を開始したことも確認できる。彼らは、いずれも味野塩と称される食塩を産した岡山県児島半島の食塩問屋であった。こうした児島半島の食塩問屋と高梨家は、二点の理由から直接取引を開始した。

第一は、味野塩が醤油醸造用に適した二点の特徴を備えていたからであった。一点目は、内地塩の中で塩化ナトリウム含有率が高かった点である。味野塩の塩化ナトリウム含有率は、一九〇二年まで高梨家へ納入されていた赤穂塩より五・二％も高い七九・三％であった（表6－1）。一九〇七年以降に高梨家が調達した味野塩のうち八割弱が塩化ナトリウム含有率八五～九〇％の二等塩であったから、実際には表6－1に示した味野塩よりさらに高品質な食塩が納入されていた。(88) 二点目は、水に対して難溶な硫酸カルシウムの含有率が内地塩としては最も低かった点である。味野塩の硫酸カルシウム含有率は、赤穂塩より三・一％低かった。硫酸カルシウムの溶解度は〇・二五五グラム（水一〇〇グラム当たり）と、塩化ナトリウムの溶解度三五・九グラムより大幅に低く、硫酸カルシウムを多く含む食塩は仕込水に溶解させた際に結晶が溶け残ってしまう恐れがあった。(89)

第二は、集散地である東京からの高品質塩調達には取引上のリスクを負わざるを得なかったからであった。導入当初の塩専売制度では、産地で政府から売り渡された食塩は集散・消費地まで従来通りに民間船舶が輸送していた。しかし、その輸送中に「良塩ト粗悪塩ノ区分困難」[90]となる場合があったため、高品質塩の安定的な調達は産地との直接取引に頼らざるを得なかった。そこで髙梨家は、味野塩を茂木七郎右衛門家、茂木佐平治家などと共同で調達し、産地側も納入にあたって特別な配慮を払っていた[91]。

例えば、産地問屋と髙梨家との間の連絡役を担っていた大蔵省専売局味野塩務局の染谷長次郎は、一九〇八年七月に「佐藤槙原店は既に三十日以上野田向塩として現に釜屋に貯塩しつつ有之致居約六十万斤中より三十万斤を撰定致送塩との筈に有之」[92]との書状を髙梨家宛に送付した。このように野田醤油醸造業向けの味野塩は、長期間の貯蔵による苦汁抜きを施した後に納入され、髙梨家はほぼ全量を出蔵で調達した[93]。つまり、塩専売制度導入後も出蔵は近世期以来使用してきた原料と品質的に同等以上の食塩を調達した。しかし、一九一三年一〇月に産地から消費地までの輸送費全額を政府が負担する官費回送制度が確立し、産地からの食塩輸送は専売局によって実施されるようになった。そのため、児島半島との直接取引は行われなくなったが、それ以降も髙梨家は児島半島の食塩問屋と連絡を取りつつ、東京市日本橋区の食塩仲買経由で継続的に味野塩を調達した[94]。

おわりに

一八九〇年代から生じた低級品醤油醸造における「製品安・原料高」への対処は、出荷量の約九割を東京向けが占めたヤマサ醤油とは異なり、地方向け低級品醤油も多く出荷していた髙梨家においては経営体としての対応が鋭く問われる課題であった。そこで髙梨家は、最上醤油価格が低級品醤油価格より高水準で推移したことを背景に、低級品醤油から最上醤油へのシフトを醸造規模拡大と同時に進め、また主に低級品醤油の原料については生産費抑制を目的にその産地を多様化させた。一方で、最上醤油の原料については品質を重視した調達を続けたが、その調達方針を維持しながらも醸造量増加に伴う所要量の確保と内地産原料の品質悪化への対処を目的に産地の変更を進めた。そして、これらによる原料の変更に対応するために高梨家は、野田町の醸造業者と合同で醸造試験所を設置することで原料品質の恒常的な管理が可能な体制の構築にも努めた。

以上の二面的な原料調達戦略は、高級品醤油市場における大規模醸造業者との競争と低級品醤油市場における中小規模醸造業者との競争の双方に対応する上で適合的であった。東京市場でヤマサ醤油に代表される銚子の大規模醸造業者の醤油と競合した高級品醤油については、最上醤油の品質維持と所要量の原料確保を両立する上で適合的であった。高梨家は、一八九〇年代より〈上十〉印の醸造量を増加させたことで原料所要量も増加し、最上醤油に適した原料を海外も含む遠隔地に求めた。これら遠隔地で産された醤油原料の多くは、一八八〇年代から急速に整備された鉄道を含む交通インフラによって東京へ集荷され、そこから野田町まで輸送された。したがって、遠隔地産原料の調達量を増加させることは、原料調達において東京との取引を拡大させることを意味した。つまり、醤油販売に着目した先行研究が野田の銚子に対する優越性の根拠として挙げてきた東京への地理的近接性は、一八九〇年代以降には原料調達面でも優越性として機能したのであった。さらに、東京との取引が少なかった小麦についても、利根運河と千葉県営鉄道野田線の開通は全国的な小麦産地であった茨城県南東部から野田町までの輸送を容易にした。このように、高梨家に代表される野田町の醤油醸造業者らは、従来から江戸川舟運によって結ばれていた東京との地理的近接性と新たに整備された交通インフラを原料調達面でも活用することで、大規模醸造業者間の競争に対抗していた。

一方で地方向け販売用として主に農村地域の醤油市場で中小規模醸造業者の安価な醤油と競合した低級品醤油については、原料費の抑制によって価格競争力を向上させる面で適合的であった。それは、中小規模醸造業者が高梨家など大規模醸造業者と同様に安価な輸移入原料の調達による生産費抑制を進めることは容易でなかったためである。本章で検討したように、輸移入原料の調達には集散地である東京との取引を必要とした。そこで髙梨家は、例えば大豆の場合には従来より取引関係を有した岩崎家から輸移入品を調達したが、中小規模醸造業者が同様に集散地から原料調達を開始することは困難であった。なぜなら、中小規模醸造業は地主経営の現物小作料として入手した大豆と小麦を原料に余業として営まれる場合が多かったからである。こうした醸造業者も一八八〇年代後半からは醸造量の増加を目的に原料の買入を開始したが、あくまで農家との直接取引による調達が中心であった[95]。したがって、とりわけ一九一〇年代後半においても醸造業者数の九割以上を占めた年間醸造量一〇〇〇石未満の小規模醸造業者が、新たに集散地との原料取引を開始することは容易でなかったと言えよう。そのため、大規模醸造業者は輸移入原料の調達によって醸造量の拡大と生産費の抑制をともになし得た点において、業界内でより一層の優位性を獲得するに至った。しかし、低級品醤油醸造における「製品安・原料高」への対応策としてのみならず業界内における優位性をももたらした原料調達戦略は、一九〇〇年代から徐々に限界を迎えつつあった。

低級品醤油に比べて「製品安・原料高」の状況が深刻化しなかった最上醤油の醸造量を増やしたことで髙梨家は、一九一〇年代に醸造量に占める最上醤油の割合が約八割へ上昇した[96]。そのため、低級品醤油醸造で安価な原料の調達を拡大することによって経営全体で生産費を抑制する余地はなくなりつつあった上に、最上醤油の品質を維持するためにそれまで使用していた内地産原料を充分に調達することも所要量の増加に伴って困難となりつつあった。さらに、〈上十印〉を含む最上醤油の東京入荷高が急増した一九〇〇年代後半から最上醤油価格は停滞的に推移し、一六（大正五）年からは急落した（図6－3）[97]。したがって、最上醤油の価格上昇を背景として、その品質維持と経営全体での生産費抑制を両立しようとする二面的な原料調達戦略は、一九〇〇年代以降に限界を迎えた。こうした限界は、髙梨家と同様に多種の印を醸造していた野田醤油醸造業内の他家も共通して直面していたと考えられる。一九一七年における醸造業者の合同による野田醤油株式会社設立は、最上醤油の品質維持と生産費抑制の両立が、個別経営では不可能になった時代の産物としての性格を有していた。

注

（1）荒居英次「醤油」（児玉幸多編『産業史Ⅱ』山川出版社、一九六五年）三九三頁、谷本雅之「銚子醤油醸造業の経営動向」（林玲子編『醤油醸造業史の研究』吉川弘文館、一九九〇年）二五〇頁。
（2）市山盛雄『野田の醤油史』崙書房、一九八〇年、七一頁。
（3）長谷川彰「醤油醸造業史研究の新たな動向について」（林玲子・天野雅敏編『東と西の醤油史』吉川弘文館、一九九九年）六－七頁、井奥成彦『一九世紀日本の商品生産と流通』日本経済評論社、二〇〇六年、一四五頁。
（4）野田醤油醸造業史に関する代表的な研究成果としては、市山盛雄『野田の醤油史』、M. Fruin, *Kikkoman*, Harvard University Press, Cambridge, 1983、田中則雄「大正期、醤油醸造業界の状況と野田醤油株式会社設立の背景について」（『野田市史研究』第五号、一九九四年）六七－一〇八頁、林玲子「野田・キノエネ醤油の経営」（前掲林玲子・天野雅敏編『東と西の醤油史』）九五－一二六頁、中野茂夫『企業城下町の都市計画』筑波大学出版会、二〇〇九年、一九－八八頁などが挙げられる。
（5）Fruin, *Kikkoman*, p. 4.
（6）井奥成彦「醤油原料の仕入先及び取引方法の変遷」（前掲林玲子編『醤油醸造業史の研究』）九三－九六、一二七頁。
（7）「壱号醤油萬覚帳」一九一七年（髙梨本家文書 5AAH54）。生産費に占める原料費の割合は、一八八七年から一〇年おきに五五・七％、五〇・五％、五〇・二％、五二・八％と推移した（各年度「醤油萬覚帳」（髙梨本家文書））。なお、減価償却額の費用計上が税制上で認められたのは一九一八年以降であり、「醤油萬覚帳」でもそれに類する会計処理は行われていなかったため、生産費に減価償却費は含まない。
（8）前掲谷本雅之「銚子醤油醸造業の経営動向」二四一頁。

(9) 長妻廣至「明治期銚子醤油醸造業をめぐる流通過程」(『千葉史学』第四号、一九八四年)一二〇頁、林玲子「銚子醤油醸造業の市場構造」(山口和雄・石井寛治編『近代日本の商品流通』東京大学出版会、一九八六年)二七二頁。
(10) 石岡市史編さん委員会編『石岡市史』下巻(通史編)、石岡市、一九八五年、一〇六五頁。
(11) 『野田醤油株式会社二十年史』野田醤油株式会社、一九四〇年、三七五－三七七、三八四－三八五頁。
(12) 本章の考察内容と関連した論稿としてすでに筆者は、「明治・大正期における食品製造業者の輸移入原料調達―醤油醸造業者 髙梨家(千葉県東葛飾郡野田町)を事例に」(『経営史学』第四七巻第二号、二〇一二年)四九－七五頁を執筆している。前稿と本章は重複する内容も少なくないが、前稿が輸移入原料調達に考察の焦点を絞った一方で、本章は内地産原料産地の変遷まで考察の視野に収めている点が異なる。また、髙梨家の食塩調達については、前田廉孝「一八九〇年代後半期日本における内地産品・輸移入品間の市場競合」(『西南学院大学経済学論集』第四八巻第一・二合併号、二〇一三年)八九－一一七頁も参照されたい。
(13) 『野田醤油醸造組合の沿革』野田醤油株式会社、一九一九年(公益財団法人塩事業センター塩業資料室所蔵、〇〇九七五〇)、巻末附録。同上資料の作成者と作成年は推定である。
(14) 「明治貳拾九年壱ヶ年分醤油皆造決算表 甲号製造場」一八九七年(髙梨本家文書5AGC39)、「明治二九年壱ヶ年間醤油醸造決算表 髙梨出倉」一八九七年(髙梨本家文書5AGC39)、「明治四拾四年醤油製造決算表 髙梨元倉」一九一一年(髙梨本家文書5AGC50)、「明治四十参年醤油製造決算表 髙梨出倉」一九一〇年(髙梨本家文書5AGC40)、「明治四拾参年醤油製造決算表 髙梨辰巳倉」一九一一年(髙梨本家文書5AGC49)。なお、「明治四拾四年醤油製造決算表 髙梨元倉」には、一九一〇年の醸造量が記されている。
(15) 本章において「内地」とは、日清戦争開戦時点における日本の領土を示す語として使用し、後述する北海道も「内地」に含む。
(16) 前掲『野田醤油醸造組合の沿革』六九－七〇頁。
(17) 楢林英実「千葉県下野田及銚子醤油醸造業調査復命書」一八九九年(野田市立興風図書館所蔵、一〇〇四四五三〇三)。

(18) 一八九五年の「蔵入帳」は欠落しているが、「醤油萬覚帳」より同年における中国大豆の調達開始が確認できる（明治二八年「壱番醤油萬覚帳」（髙梨本家文書5AAH39））。
(19) 本章において「満洲」とは、中国東北部のうち日本の勢力が及んだ地域を指す語として使用する。また、本章で示した中国大豆と満洲大豆について、それぞれ「蔵入帳」での産地表記は以下の通りである。中国大豆：支那、上海、九江、火車、昌国、漢口。満洲大豆：満洲、牛荘、金州、大連、哈爾浜、鉄嶺。ただし、日露戦前については牛荘大豆等も中国大豆に分類した。
(20)『明治二十年千葉県統計書』千葉県、一八八九年、六八－六九頁、『第四次農商務統計表』農商務省総務局報告課、一八九〇年、二三三－二四一頁。
(21)『農商務統計表』農商務省、各年版、梅村又次ほか『長期経済統計一三　地域経済統計』東洋経済新報社、一九八三年、一二六頁。なお、大豆生産に関する統計が欠落している一八八五・八六年は含まない。
(22) 前掲「壱番醤油萬覚帳」。
(23)「大豆分析表」一九〇四年（髙梨本家文書5ADH7）
(24) 前掲『第四次農商務統計表』二三三－二四一頁、『第十一次農商務統計表』農商務大臣官房文書課、一八九六年、三七－三九頁。
(25) これまでにも東京へ向けた北陸産品の輸送手段は、船舶から鉄道へ急速に転換したことが米穀の事例より指摘されている（大豆生田稔「東京市場をめぐる地廻米と遠国米」（老川慶喜ほか編『商品流通と東京市場』日本経済評論社、二〇〇〇年）二〇七頁）。なお、上野～高崎間は日本鉄道会社により一八八四年に全通していた。
(26)『大日本外国貿易年表』大蔵省、各年版、駒井徳三『満洲大豆論』東北帝国大学農科大学内カメラ会、一九一二年、一六二頁、坂口誠「近代日本の大豆粕市場」（『立教経済学研究』第五七巻第二号、二〇〇三年）五六－五七頁。なお、大豆輸移出量については一九一四年から統計が作成されたため、本章の考察対象期間を通じた輸移入と輸移出の比較は困難である。しかし、一九一七年においても輸移出量は六・六万斤にすぎず、輸移入量は輸移出量を一貫して上回っていたと考えられる。

(27) 前掲「壱番醤油萬覚帳」。
(28) 前掲『野田醤油醸造組合の沿革』五七－一〇五頁。
(29) 各年度『農商務統計表』、『明治四十四年大日本外国貿易年表』大蔵省、一九一二年、五〇－五一頁、「全国正油醸造統計」一九二五年（ヤマサ醤油株式会社所蔵、ヤマサ文書 A436）。
(30) 帯広市史編纂委員会編『帯広市史』帯広市役所、一九八四年、四四七－四四八頁。
(31) 『大豆其他ノ豆類ニ関スル調査』農商務省農務局、一九一九年、一八－一九頁。
(32) 「十勝農産物輸出賃金表」一九〇三年（『十勝農産物関係書類』一八九七～一九〇三年（ヤマサ文書 A961））。
(33) 前掲「大豆分析表」、「大豆分析表・食塩分析表」一九一一年（ヤマサ文書 AM5-83）。なお、裸大豆の蛋白質含有率は後掲の表6－1を参照されたい。
(34) 「壱番貳番両蔵醤油萬覚帳」一九〇一年（髙梨本家文書 5AAH94）。
(35) 『野田銚子醤油業調査書』宇都宮税務監督局、一九一二年、八－九頁。同上資料の作成年は推定である。
(36) 川島豊吉「ヤマサ醤油に関する思ひ出話」一九四七年、五九頁（ヤマサ醤油株式会社所蔵）。
(37) 前掲『大豆其他ノ豆類ニ関スル調査』六四－六五頁。
(38) 『満洲大豆及其加工品』関東都督府民政部庶務課、一九一五年、四六頁。
(39) 『朝鮮ノ大豆』朝鮮殖産銀行調査課、一九二四年、二頁。
(40) 前掲「大豆分析表・食塩分析表」。
(41) 各年度「醤油萬覚帳」（髙梨本家文書）。
(42) 前掲『朝鮮ノ大豆』九頁。
(43) 『朝鮮気象要覧』朝鮮総督府観測所、一九三三年、一四－一五頁。
(44) 各年度「蔵入帳」（髙梨本家文書）。
(45) 「岩崎清七（履歴）」作成年不明（株式会社岩崎清七商店所蔵社史編纂資料）。
(46) 前掲長妻廣至「明治期銚子醤油醸造業をめぐる流通過程」一一九頁。

(47)　各年度「蔵入帳」（髙梨本家文書）。表6‐3において越後大豆は「その他」列に含む。
(48)　『農産物販売事情に関する調査』全国米穀販売購買組合連合会、一九三七年、一六七頁。
(49)　各年度『農商務統計表』、本宮一男「両大戦間期における製粉業独占体制」（『社会経済史学』第五一巻第三号、一九八五年）三一四‐三一八頁、大豆生田稔「一九一〇～二〇年代における小麦需要の拡大と小麦輸入」（『東洋大学文学部紀要　史学科編』第三四号、二〇〇八年）一四八‐一五三頁。
(50)　前掲楫林英実「千葉県下野田及銚子醤油醸造業調査復命書」。
(51)　前掲『野田銚子醤油業調査書』一〇頁、井奥成彦「明治初期神奈川県における農業生産の地域構造」（秀村選三先生御退官記念論文集編集委員会編『西南地域の史的展開　近代編』思文閣出版、一九八八年）九三‐九四頁。
(52)　各年度「醤油萬覚帳」（髙梨本家文書）。なお、出蔵で相州小麦が盛んに調達された時期として一八八七～九二年について検討したが、一八九三年は「醤油萬覚帳」が欠落しているため検討することができない。
(53)　『第六次農商務統計表』農商務大臣官房記録課、一八九一年、二二一頁。
(54)　前掲『野田醤油醸造組合の沿革』六九‐七〇頁。
(55)　「小麦分析表」一九〇四年（髙梨本家文書 5ADH7）。
(56)　各年度「醤油萬覚帳」（髙梨本家文書）。
(57)　前掲「小麦分析表」。
(58)　各年度「醤油萬覚帳」（髙梨本家文書）。
(59)　前掲「小麦分析表」。
(60)　各年度『農商務統計表』。なお、四・五斗＝一七貫として単位換算した。
(61)　『農作物の病害』岐阜県立農事試験場、一九一一年、一〇‐一一頁。
(62)　各年度『大日本外国貿易年表』。
(63)　「壱番両蔵醤油萬覚帳」一九〇三年（髙梨本家文書 5AAH42）。
(64)　『第三回東京市統計年表』東京市役所、一九〇五年、五八一、五八五頁。

(65)　浜口合名会社「第拾参回営業報告書」一九一二年（ヤマサ文書 A1419）。
(66)　図6－7からは確認が困難だが、出蔵は一九〇七年に相州小麦を一八五九貫調達した（「蔵入帳」一九〇七年（髙梨本家文書 5ADB15））。
(67)　「相州小麦視察概況」一九一六年六月（ヤマサ文書 AT5-34）。
(68)　『日本全国商工人名録』商工社、イ八七、イ一〇四、ヌ九頁。
(69)　山中源五郎「小麦代金借用ニ付」一八九五年一〇月二〇日（髙梨本家文書 5ABK17）。
(70)　市山盛雄『野田醤油沿革史』野田醤油株式会社社員実務講習会、一九四三年、三三－三四頁（野田市立興風図書館所蔵、一〇〇四四四九六）、『キッコーマン醤油史』キッコーマン醤油株式会社、一九六八年、四二九－四三二頁。
(71)　『利根運河史』利根運河株式会社、一九三四年（国土交通省関東地方整備局利根川上流河川事務所所蔵、五〇〇七六八）、一三一－一三三頁。同上資料の作成者と作成年は推定である。
(72)　前掲『野田醤油醸造組合の沿革』二九五－二九六頁、前掲『野田醤油株式会社二十年史』三七九頁。
(73)　『野田町誌』野田尋常高等小学校、一九一八年、一七三頁、前掲『野田醤油醸造組合の沿革』六四六－六四九、六五五－六五九頁。
(74)　『明治四十四年千葉県統計書』千葉県知事官房、一九一三年、六二二－六二五頁、『大正四年千葉県統計書』第五編、千葉県知事官房、一九一七年、一八六－一八九頁。
(75)　『麦ニ関スル調査』農商務省農務局、一九一〇年、八－一三頁、『明治四十五・大正元年茨城県統計書』第三編、茨城県、一九一四年、二八－二九頁。
(76)　『麦類及小麦粉ニ関スル経済調査』鉄道省運輸局、一九二六年、二六六－二七五頁。
(77)　中村善之助商店「記（小麦請求書）」一九一六年五月三一日（髙梨本家文書 5ABK22）、「蔵入帳」一九一六年（髙梨本家文書 5ADB2）。
(78)　「両蔵壱番弐番（結束）醤油萬覚帳」一八九七年（髙梨本家文書 5AAH41）。
(79)　「壱番両蔵醤油萬覚帳」一九〇二年（髙梨本家文書 5AAH172）。

(80)　東京廻船食塩問屋仲買組合「建議」一八九八年四月（広島県立文書館所蔵、小野家文書八九〇九／一八六）、落合功「首都圏形成期における交通体系と塩輸送」（『経済科学研究』（広島修道大学）第三巻第二号、二〇〇〇年）五六－五七頁。
(81)　「全国醤油業者の大会」（『東京経済雑誌』第九七九号、一八九九年五月二〇日）一〇一三頁。
(82)　前掲『野田銚子醤油業調査書』三二一－三二三頁。
(83)　橋本今朝七編『東京再製塩業史』東京再製塩業株式会社、一九三九年、二五一頁。なお、一九〇〇年代における台湾塩利用の拡大と再製塩業の動向については、前田廉孝「日清戦後経営期の本国・植民地間における経済政策の相克」（『社会経済史学』第八一巻第二号、二〇一五年）、七四―七八頁も参照されたい。
(84)　各年度「醤油萬覚帳」（高梨本家文書）。
(85)　鶴本重美編『日本食塩販売史』全国塩元売捌人組合連合会、一九三八年、一九七頁。
(86)　前田廉孝「明治後期商品取引所における定期取引」（『歴史と経済』第二一三号、二〇一一年）三一頁。
(87)　大日本塩業株式会社「第拾壱期営業報告書」一九〇九年（日塩株式会社所蔵）、八頁、台湾塩業株式会社「書簡（台湾塩販売協定の結果、絹川商店に塩用命願い）」一九一六年五月九日（高梨本家文書5ABS58）。
(88)　各年度「蔵入帳」（高梨本家文書）。
(89)　「赤穂塩の混合物」（『大日本塩業協会会報』第三五号、一九〇〇年）三〇頁。
(90)　『塩務局技術員打合会顚末』大蔵省専売局、一九〇七年（公益財団法人塩事業センター塩業資料室所蔵、〇〇四八〇九）、三五頁。
(91)　前掲『野田醤油醸造組合の沿革』五三四－五三五頁。
(92)　染谷長次郎「書簡（塩送りにつき）」一九〇八年七月二四日（高梨本家文書5ABO14）。
(93)　各年度「蔵入帳」（高梨本家文書）。
(94)　佐藤保孝「書簡」一九一四年四月六日（高梨本家文書5ABO24）。
(95)　花井俊介「転換期の在来産業経営」（前掲林玲子・天野雅敏編『東と西の醤油史』）一五五－一五九頁。

(96)　各年度「醬油萬覚帳」（髙梨本家文書）。
(97)　前掲林玲子「銚子醬油醸造業の市場構造」二五二－二五三頁。

［付記］本章は、前田廉孝「明治・大正期における食品製造業者の輸移入原料調達―醬油醸造業者　髙梨家（千葉県東葛飾郡野田町）を事例に―」『経営史学』（経営史学会）第四七巻第二号、二〇一一年九月、四九－七五頁に大幅な加筆・修正を加えたものである。本章執筆に際して髙梨本家文書を所蔵する上花輪歴史館のほか、国土交通省関東地方整備局利根川上流河川事務所、広島県立文書館、野田市立興風図書館、公益財団法人塩事業センター、ヤマサ醬油株式会社、株式会社岩崎清七商店、日塩株式会社より所蔵史料の閲覧許可を頂いた。記して謝意を表したい。なお、本章は平成二六－二八年度科学研究費補助金・若手研究（B）（研究課題番号二六七八〇一九九）による成果の一部である。

第Ⅱ部

髙梨家と関東の地域経済

第Ⅱ部のねらい

第Ⅰ部が、髙梨家の醤油醸造そのものに焦点を合わせたのに対し、第Ⅱ部は醸造品の販売や有価証券投資などを通して、髙梨家と地域社会との関係を論ずる。その場合、髙梨家を取り巻く地域社会は、本家の所在した野田（上花輪）地域とその周辺、出店の所在した江戸（近代期は東京）との関係、そして原料調達や醸造品販売で関係を持った東京を含む関東地域と、多様な範囲が折り重なっていた。特に、近世期より髙梨家は、江戸・東京出店を通して江戸・東京とのつながりが強く、江戸・東京は、近世期は幕府が開府された場所であり、近代期は首都とされたため、江戸・東京がその周辺地域を吸引する力は非常に強力であった。つまり、江戸・東京を中核として、関東地域は強い凝集力を持っていたと言える。

髙梨家の醤油醸造も、こうした関東地域の特性に強い影響を受けており、近世期は徳川将軍家に醤油を献上することで知名度を高め、江戸・東京が日本の中でずば抜けた大消費都市であったため、江戸・東京市場が醸造品の主要な販路となった。むろん、それを強調しすぎることにも問題はあり、北関東地域が近世期から醤油原料の小麦・大豆の産地であったため、髙梨家は近世期から北関東地域との経済的つながりは強く、江戸・東京のみでなく、北関東地域も重要な醤油の販路となっていた。

こうした重層的な地域構造に対応して、第Ⅱ部では、まず第7章で髙梨家の所在村である上花輪村を取り巻く社会状況が論じられる。醤油醸造には原料調達のみでなく、製造容器の絞袋、流通容器の樽なども重要であり、その調達において、上花輪村周辺地域が大きな役割を果たすとともに、地域社会における雇用確保にもつながっていたことが指摘される。続く第8・9章は、髙梨家の江戸・東京出店であった近江屋（髙梨）仁三郎店を取り上げて、それと髙梨本店・本家との関係を論ずることで、上花輪村周辺（近代期は野田地域）と江戸・東京との関係性を解明する。実際、醸造品の販売のみでなく、近江屋（高梨）仁三郎店は、遠隔地からの原料調達、高梨家に代行しての有価証券投資、江戸・東京における高梨家の生活の場の提供などさまざまな役割を果たしていた。高梨家のみでなく、野田の茂木七郎右衛門、銚子の濱口家など江戸・東京の小網町に一族が醬油問屋を開業した醸造家は多く、千葉県域の醸造産地と江戸・東京の小網町が、「結節地域（遠隔地間の密接なつながりを一つの地域と考える地理学上の概念、終章注(15)）」とも呼べるような地域社会を形成していた。有価証券投資においても、高梨家は、小網町の醬油問屋濱口吉右衛門が会長を務める富士瓦斯紡績会社に積極的に株式投資を行い（第12章）、高梨仁三郎店も含めて小網町の醬油問屋のうち有力なものが、一九二八年に合同して醸造品の卸売会社（合資会社小網商店）を設立するなど、小網町の地縁は後々まで続いた。

一方、関東地域内での、江戸・東京とその周辺地域の関係性を論じたのが、第10・11章である。第10章では、高梨家の有力取引先である江戸（東京）酒醬油問屋の高崎屋を素材として、江戸・東京市場の広がりが明らかにされ、特に、小売商まで含めて、生産者から消費者までの醸造品の流れを解明した点に、同章の特色を読み取れる。そして第11章で、江戸・東京周辺の北関東地域が高梨家の醬油醸造経営にどのような意義を持ったかが明らかにされるとともに、第12章で、東京を含む関東地域の地域工業化を論じて第Ⅱ部のまとめとし、本書の主題である近代日本の地域工業化の論点につなげた。

（中西　聡）

第7章　髙梨家の醤油醸造業と上花輪村周辺地域
――樽・紋袋などを中心に

桜井　由幾

はじめに

現在の野田市域で展開した醤油醸造業については研究史も長く、また髙梨家の醤油醸造業自体に関しては、本書のテーマでもあるが、本章では髙梨家の経営の周辺と、髙梨家のある上花輪村の農村構造に与えた影響について、探ってみたい。

第1節　もう一つの原材料、樽

(1) 明樽のリサイクル[1]

醬油醸造業にとっては、大豆・塩・麦などとともに、流通容器である樽は重要な要素である。醬油の流通に用いられる容器はガラス瓶・金属容器さらにプラスティックなどが登場する以前は、木製、特に杉材を使った樽が用いられた。関西で醬油が流通し始めた時期には酒の空き樽がもっぱら用いられ、和歌山や小豆島などでは酒の四斗樽・二斗樽をそのまま再利用するのが一般的であり、樽の供給は酒樽を扱う問屋が兼ねていた。しかし、関東で醬油醸造が始まると、醬油樽は、小型化し、一斗樽より容量の少ない九升樽あるいは醬油樽と呼ばれる規格が主流となり、繰り返し再利用されることとなった。関東では流通経路が河川を中心とするため、小型化したという説が有力である。しかも近世期では新しい木材で作った新樽は醬油の風味を落とすとか、腐敗しやすいという言説があり、醬油の流通には、明治期に入るまでは新しい樽を使うことはほとんどなかった。その再利用の樽は、明樽と呼ばれ、醬油の出荷先から直接戻ってくる場合もあったが、中心は江戸の明樽問屋から供給されていた。江戸には、町々を回って明樽を買い集める商売と、さらにそれを集荷する商人がおり、一七五一（宝暦元）年にはいったん二〇人で明樽問屋仲間を結成することを許可されたが、酒・醬油商人などの反対で差止めになった。その後文化期（一八〇四～一八年）に十組問屋に加わり、五一軒が明樽問屋を称したが、天保の改革で解散となり、嘉永期（一八四八～五四年）の株仲間再興の際も外された。寛政期（一七八九～一八〇一年）からたびたび明樽の価格をめぐって造醬油屋と争いが起こるが、幕府公認の問屋仲間が存在した期間は長くはないため、明樽供給は江戸問屋の独占ではなかった。

（2）高梨家の樽買入状況

歴年の「醬油萬覚」から高梨家の明樽の買入状況を見ることができる。表7－1に変遷をまとめてみた。①は、一七九四（寛政六）年のものであるが、高梨家の明樽の買入が具体的に判明するのがこのあたりからである。十組問屋株帳に記載されている明樽問屋（醬油酢問屋を兼ねている場合が多い）は□印、■印は醬油酢問屋である。量的には江戸明樽問屋からのものが圧倒的であるが、注目したいのは、出蔵と元蔵の買入先の違いである。河岸に面していて舟から直接搬入可能な出蔵の買入先は江戸問屋であり、三樽で一本という単位で納入されている。これに対して内陸に位置する元蔵の買入先には、樽屋久兵衛・樽屋又七・樽屋利右衛門など樽屋を名乗る者や清水村留五郎、向畑の伊之助、中之代・流山・向畑などの周辺地域や留五郎・留次郎・幸八などの近隣の樽屋の名前が出てくる。一七九六年では粕壁新宿の樽屋藤八、村ノ軍介、村ノ孫平などが見られる。中でも供給量が多いのは野田上町の樽屋伊八で一七九四年には二〇四六樽、九六年には一八六九樽を納入している。江戸問屋と違うところは一回に数十樽多くても一〇〇樽位を何回も納入するところにある。一八二三（文政六）年の、村の磯吉樽屋幸八が上花輪村の樽屋で、樽屋伊八と丁子屋は野田町の樽屋である。岩右衛門は上花輪ではないが、ごく近隣の樽屋らしく、納入量も伊八と同じくらいに多いが、年によってバラツキがある。一八二八年を見ると一九世紀初頭頃の多様性はなくなり、樽屋幸八・樽屋伊八・樽屋岩右衛門の三人が元蔵の樽供給の中心となる。一八四三（天保一四）年で富田屋小兵衛や伊勢屋藤二郎など江戸の明樽問屋のシェアはあるが、三人の樽屋からの納入が大きく、五五（安政二）年の状況も同じである。同時に出蔵の方は買入量を増加させつつ江戸問屋からの買入のみで一貫している。一八六八（慶応四）年になると、元蔵の買入先は、猿田・吉川・三輪ノ井など近隣の地名の判明する者以外もほとんどが周辺の樽屋あるいは醸造業者となり、人数が増え、一方で一人からの買入量は減少したが、出蔵は反対に少数の江戸問屋と大口の取引をするようになった。一八七一（明治四）年も同様の傾向で、出荷者の名前が不記載で、一樽二樽ずつの小口も多い。品質も上質の仐では

表 7–1　つづき

④ 1843 年	樽数	両	分
［本蔵］			
伊勢屋藤二郎 □	23,322	45	8
近江屋仁三郎 □	30		2
河内屋佐助 □	60	1	
河野	450	8	2
竹下屋久八 □	1,176	20	
樽屋伊八	8,235	203	2
樽屋岩右衛門	7,515	185	2
樽屋幸八	952	22	1
富田屋小兵衛 □	1,239	21	2
惣〆	37,507	876	1
［出蔵］			
伊勢屋藤二郎 □	3,735	88	1
伊勢屋武兵衛 □	786	19	3
越前屋卯兵衛 □	1,353	52	1
近江屋仁三郎 ■	1,962	49	2
柏屋源兵衛	150	3	2
柏屋利助	150	3	2
釜屋小兵衛 □	18		1
河内屋佐助 □	6,810	191	
竹下屋久八 □	7,725	188	1
玉川屋源七 □	750	18	1
筑後屋弥七 □	3,639	86	1
富田屋小兵衛 □	5,769	138	1
榛原屋嘉助 □	3,837	956	2
広屋治助 □	2,100	51	
松屋源右衛門 □	516	13	1
美濃屋七兵衛 □	45	1	1
惣〆	41,602	1,057	1

(5AAH140)

⑤ 1855 年	樽数	両	分
［本蔵］			
油屋嘉左衛門 □	1,410	28	
近江屋仁三郎 ■	71	1	
高松	42	1	1
樽屋又七	144	4	
樽屋周蔵	1,485	35	1
樽屋伊八	2,529	75	3
樽屋岩右衛門	7,818	186	
惣〆	37,941	978	2
［出蔵］			
伊勢屋藤二郎 □	5,850	151	
越前屋卯兵衛 □	300	9	3
河内屋佐助 □	7,502	198	3
竹下屋久八 □	16,665	247	3
玉川屋源七 □	900	21	3
富田屋小兵衛 □	18,396	93	3
榛原屋嘉助 □	8,013	195	3
広屋治助 □	1,527	31	
惣〆	56,465	1,458	3

(5AAH25)

⑥ 1868 年	樽数	両	分	備考
［本蔵］				
桶金	234	18	2	
音右衛門	34		2	
数太郎	50	1		
勘治郎	12		1	
吉五郎	13		1	
熊吉	42	1	1	
源次郎	132	5		
庄右衛門	14		1	猿田河岸
惣右衛門	8			
樽屋岩次郎	4,439	225	3	吉川
樽孝	52	4		
樽重	108	7	3	
樽清	48	4		
樽平	732	51	1	三輪ノ井
樽又	36	3		
樽万	111	8		
樽宗	36	2	3	
樽屋伊八	13,244	589	2	
樽屋亀次郎	939	60	1	
樽屋吉右衛門	108	6	2	
樽屋善次郎	201	6	2	+
樽屋富五郎	174	8	3	
樽平	252	5	3	
樽屋又七	72	4	2	
樽杢	36	2	1	
常右衛門	8			
福寿屋	36		3	
文助	12		1	
舛田	75	1	2	
松島与兵衛	67	1	1	
松屋	34	1	1	
与右衛門	6			
惣〆	15,158	794		
［出蔵］				
伊勢屋藤二郎□	3,810	207	2	
越前屋卯兵衛□	2,991	131		
竹下屋久八□	20,271	1,077	1	
玉川屋源七□	1,650	86		
榛原屋嘉助□	1,956	120		
惣〆	44,875	2,398	2	

(5AAH84)

（308 ページへつづく）

表 7-1　高梨家両蔵樽買入一覧

①（1794 年）	樽数	両	分	② 1803 年	樽数	両	分	③ 1823 年	樽数	両	分
［本蔵］				［本蔵］				［本蔵］			
伊勢屋伊兵衛　□	2,094	34	1	越前屋卯兵衛　□	4,187	49	3	村ノ磯五郎	621	13	
伊勢屋藤二郎　□	1,032	13		植田屋　□	600	□ 4		越前屋卯兵衛　□	150	2	2
伊之助	144	1	2	内徳　□	300	5	3	河内屋佐兵衛　□	129	1	
植田屋長右衛門□	480	8	1	金屋　□	1,110	9	2	藤村利右衛門　□	879	15	3
越前屋卯兵衛　□	486	12	3	熊野屋　□	300	4	2	樽屋伊八	7,659	172	3
小坂善次郎	1,908	26	2	富田小兵衛　□	5,724	81		樽屋岩右衛門	739	15	
清水村留五郎	60	1	1	留五郎	878	17	1	樽屋幸八	7,456	156	
下野屋新助　□	4,080	47	3	留次郎	2,187	49	1	富田小兵衛　□	2,475	42	1
樽屋久兵衛	311	5	1	中之代	405	8	3	榛原嘉助　□	1,230	19	2
樽屋又七	483	9		流山□□	225	3	1	福田新兵衛　□	300	4	
樽屋利右衛門	150	2	2	榛原屋嘉助　□	3,729	74	4	村田小八　□	330	5	2
榛原屋嘉助　□	2,400	40	3	広屋治助　□	3,570	31	1	丁子屋	357	6	3
半田屋長左衛門□	2,355	38	1	松源　□	900	15		惣〆	29,791	599	
村田小八　□	600	10	1	向畑治右衛門	149	2					
矢野伝兵衛　□	1,515	17	3	向畑十三郎	483	11		［出蔵］			
山本清兵衛　□	339	6		向畑分	447	11		伊勢屋藤二郎　□	930	17	2
惣〆				矢野伝兵衛　□	4,851	73		越前屋卯兵衛　□	3,060	66	3
				大和屋　□	711	11		河内屋佐兵衛　□	3,426	76	
［出蔵］				幸八	3,338	76	1	下野屋新助　□	450	9	3
伊勢屋伊兵衛　□	2,064	42	3	惣〆	30,759	540	3	富田小兵衛　□	7,296	97	2
伊勢屋藤二郎　□	672	14	1					榛原屋嘉助　□	5,007	95	3
岩崎三□□	111	2	1	［出蔵］			1	半田屋長左衛門□	774	16	3
越前屋卯兵衛　□	954	19		植田屋　□	705	12	2	福田新兵衛　□	600	15	
小坂善次郎	741	9	2	大和屋　□	309	6		藤村利右衛門　□	300	7	2
下野屋新助　□	210	4	2	矢野　□	891	17	2	村田小八　□	1,815	39	2
樽屋利右衛門	150	3	1	広屋　□	750	15		惣〆	24,204	537	1
榛原屋嘉助　□	2,160	46		小兵衛　□	4,047	27	1				
半田屋長左衛門□	390	7	3	松屋　□	720	14	3				
村田小八　□	1,755	36	2	内徳	600	13	3				
山本清兵衛　□	450	9	3	越前屋卯兵衛　□	210	4	2				
惣〆	11,404	250	3	榛原屋嘉助　□	666	11					
				大和屋　□	108	2	2				
				惣〆	35,823	578	2				

(5AAH15)　(5AAH131)　(5AAH17)

（出所）各年「両蔵醤油萬覚」（高梨本家文書）より作成。資料番号は表末に表記。以下同じ。

表7–1　つづき

⑦ 1871年	樽数	両	分	備考
［本蔵］				
河野御蔵	105	3		
□五郎	66	3	1	吉川
□田仁左衛門	15	1		
□松	78	3	1	川野村
桶屋幸八	276	23		
□□栄次郎	13		2	
江州屋六左衛門	108	3		
樽重	48	4		
樽惣	141	11	3	
樽富	36	3		
樽屋喜右衛門	22	1		
橋本仙蔵	261	9	2	
早川助三郎	72	9	2	
彦右衛門	12		2	
富士屋文次郎	62	3	2	
堀越□右衛門	90	4	2	
舛屋仁右衛門	21		2	
松屋　□	41	1		
八木屋□之助	93	3		
与右衛門	12		1	
42口記載無	473	11	3	
惣〆	13,153	660	1	
［出蔵］				
伊勢屋清助　□	6,285	468	1	
伊勢屋藤二郎□	5,220	452	1	
内田勘治郎　□	1,155	97	2	
越前屋卯兵衛□	3,180	238	1	
近江屋仁三郎■	3,846	290	3	
柏屋金兵衛	300	25		
竹下屋久八　□	1,626	123		
富田小兵衛　□	31,650	318		
榛原屋嘉助　□	8,598	581	1	

（5AAH30）

⑧ 1883年	樽数	銭
［本蔵］		
伊兵衛	36	233
岩市	18	225
大川戸弥左衛門	20	150
太田屋彦八	144	1,366
釜屋新八	36	333
川口弥七	18	225
川孝大助	9	55
堺町勝蔵	45	500
佐源次	4	20
佐太郎	102	400
七五郎	4	60
新造	2	300
甚三	2	150
鈴木彦八	18	300
高梨安五郎	8	35
竹内義之助	78	651
樽重	240	3,317
樽善	36	80
樽屋市蔵	1,245	17,427
樽屋岩吉	150	1,010
樽屋徳太郎	1,128	13,164
樽屋松五郎	153	2,095
富八	6	450
納豆屋	168	2,645
播磨屋	201	1,906
広江喜平	15	141
堀越長右衛門	33	825
政吉	105	1,312
丸彦	54	516
弥七	16	200
横川藤兵衛	10	200
利平	2	16
無記載2口	9	70
［出蔵］		
伊勢屋清助　□	12,525	199,736
越前屋安次郎□	8,688	143,016
近江屋仁三郎■	345	5,341
大津屋佐助	10,563	166,700
柏屋利助	5,694	82,181
大国屋清兵衛□	8,325	142,197
樽屋善次郎	300	5,454
野田屋伊兵衛	1,359	13,494
榛原屋嘉助　□	1,404	23,400
惣〆	53,742	855,382

（5AAH62）

なく、単に明樽と記載され、価格も安い。近隣に売った明樽が戻ってきているのかもしれない。一八八三年ではさらにはっきりと元蔵は周辺、出蔵は江戸問屋の棲み分けが進んできている。出蔵は河岸に面しているため、江戸からの大量の船積が可能であり、比較的内陸にある元蔵は、運搬に馬が使われている節もあり、小口の量を陸路運んでこられる業者が中心であったと言えよう。

（3）種類と価格

明樽には、品質による名称が各種あった。時期によっても異なるのであるが、〈仐〉・〈仐〉帰り・上帰り・中帰り・結立・並・大〆・上〆・中〆・〆付など多様である。基本的にはリサイクルの回数が基準になると考えられるが具体的なことは不明である。表7－2はこれらの名称と、買入量と一両で買える樽数を示したものである。近世期は概して、〈仐〉が一番で、結立、〆付となっていくようである。〈仐〉は醤油の銘柄でも用いられる印で紛らわしいが、明樽の名称として銚子でも使われ、醤油樽を代表するものであった。明治期に入ると、リサイクルの回数で竹輪の色が変化するところから青と赤という分類が導入される。新しい杉材を用いた新樽が大量に製造され、リサイクル樽は改正樽となり、その中でまた等級ができるようになる。一八八三（明治一六）年を見ると、周辺地域との結びつきが強い元蔵では、近世期からの呼称の樽が残っているが、出蔵の方は新しい基準に変わっていることがわかる。明樽の価格は、近世期を通じて上昇傾向にあり、寛政期（一七八九～一八〇一年）以降、野田を含む関東の醤油醸造業者と、江戸の明樽問屋との間には、たびたび価格をめぐる交渉があった。しかし、幕末から明治初年にかけての値上がりは、一両で一〇樽台にまで上昇し、品不足もあり、醤油価格に不利が大きくなった。近世期には忌避されてきた新木の使用、さらに樽工場の設立の動機となった。

完成品の明樽のほかに、種樽という項目で、潰し樽というものを買い入れていることがわかる。その買入状況が表7－3である。潰は、明樽を分解して、樽の部品をセットにしたものである。明樽が三樽組で一本という単位であるのに対して、潰し樽は七～八樽分を一玉あるいは一箇として供給される。この一玉あるいは一箇には、樽板とふたにあたる鏡《かがみ》、底になる敷《しき》、樽を締める箍《たが》が含まれている。この板以外の部品は不足している場合も多く、鏡と敷は単品でも購入され、箍は、竹を別に買い入れて新たに作ることが多かったようである。供給元は、明樽問屋に加えて、周辺の業者の比率が高くなる。表7－3の一八二三（文政六）年では明樽問屋が大部分ではあるが、流山の酢問屋であ

表 7–2　空樽の種類と価額

価額の単位：1871 年までは 1 両につき樽数、1883 年は 1 円につき樽数

	1798 年	本数	価額	1802 年	本数	価額	1823 年	本数	価額
本蔵	〈仐〉	70	46.0	〈仐〉本	52	40.0	〈仐〉	3,672	46.3
	結立	710	56.2	〈仐〉	2,755	42.8	〆付	1,236	51.2
	次	20	58.0	次結立	170	53.5	大〆	356	51.7
	上帰り	3,127	61.6	結立	2,549	58.1	次	99	58.0
	極上帰り	100	63.0	上帰り	3,210	61.4	上帰り	670	58.8
	中帰り	1,823	99.9	間	100	80.0	結立	632	59.0
	帰り	29	100.0	中〆	771	130.0	新樽	25	62.0
	上印上帰り	75		中帰り	2,400	146.8	中帰り	93	91.3
				安	60	200.0			
				地帰り	606				
出蔵	〈仐〉本	342	45.0	〈仐〉	2,111	44.8	〈仐〉	5,916	42.6
	〈仐〉	2,654	46.1	〈仐〉本	36	48.0	〈仐〉上帰り	83	50.0
	上帰り	53	52.0	帰り	320	51.6	〈仐〉帰り	1,867	49.3
	〈仐〉帰り	306	52.2	〈仐〉帰り	296	51.9			
	本	110	56.0	(5AAH16)			(5AAH17)		
	(5AAH13)								

	1828 年	本数	価額	1843 年	本数	価額	1855 年	本数	価額
本蔵	〈仐〉	2,645	43.3	〈仐〉	5,147	41.8	〈仐〉	3,867	32.0
	中〆	70	50.0	〈仐〉本	498	42.0	古〈仐〉	212	36.0
	〆付	1,519	51.7	〆付	423	47.3	地帰り	4,225	51.0
	結立	15	52.0	地帰り	1,840	51.7			
	大〆	158	52.1	上帰り	684	58.4			
	地帰り	1,173	52.5	撰	10				
	次	15	58.0						
	上帰り	1,660	61.7						
	並	19	65.0						
	中帰り	350	87.0						
	安	30	100.0						
出蔵	〈仐〉	5,631	40.1	〈仐〉	1,878	33.5	〈仐〉本	2,883	33.6
	〈仐〉帰り	3,132	49.6	〈仐〉帰り	11,160	39.5	〈仐〉	550	38.4
	(5AAH19)			(5AAH40)			〈仐〉帰り	16,288	40.4
							(5AAH25)		

	1868 年	本数	価額	1871 年	本数	価額	1883 年	本数	価額
本蔵	〈仐〉新	1,802	14.5	〈仐〉新	200	12.3	新〈仐〉	972	76.0
	〈仐〉	4,826	18.9	地帰り	168	30.0	上明	87	83.3
	並明	216	28.0	明	69		地明	245	
	地帰り	1,700	34.5	上明	110		地上明	17	
	上明	37	40.0	中明	4		中明	1	
	明	13		並明	129		並明	2	
	上帰り	12							
出蔵	〈仐〉帰り△	5,756	20.5	〈仐〉	698	12.2	改正新〆	100	55.0
	〈仐〉	13,090	20.6	〈仐〉本	11,349	12.7	改正〈仐〉	12,905	59.9
	(5AAH84)			古〈仐〉本	165	14.0	改正	37	70.0
				〈仐〉青	6,220	15.1	改正青	1,737	75.2
				〈仐〉青撰	100	18.0	並生〈仐〉	181	76.0
				(5AAH30)			青	50	80.0
							上青	22	83.0
							生〈仐〉	1,150	85.5
							並〈仐〉	2	90.0
							並青	104	112.5
							撰	13	130.0
							下明	100	150.0
							(5AAH62)		

（出所）各年「両蔵醤油萬覚」（髙梨本家文書）より作成。

る秋元三左衛門が供給元に登場している。秋田屋・洲崎屋・丸屋・山本なども江戸の明樽問屋仲間には加入していない。潰し樽には、明樽とは異なるルートがあるようである。天保期（一八三〇～四四年）には木間瀬金右衛門や流山伊兵衛という近隣江戸川沿いの地名のついた者や江州屋六郎右衛門、油屋吉右衛門、寺田五郎兵衛、舛屋忠次郎など江戸問屋ではない者が増加する。舟賃が判明する年を見ると、舟賃が不要の分も少しずつ増加傾向にある。陸路搬送が可能な地域からの買入の増も指摘できよう。一方、天保期を頂点として潰樽の買入は減少し、在庫が増えていく。潰樽部門では、ほとんど利益が出ず、マイナスになる年も出てきている。

買い入れられた種樽は、大部分が元蔵へ樽を納めている樽屋の中の、樽屋幸八・樽屋伊八・樽屋岩右衛門の三人に渡されていた。彼らは自宅の作業場で、潰し樽を空樽に組み立て、髙梨家へ納めているが、この樽屋たちの髙梨家との取引のあり方は、少し異なる。

史料1(2)

樽屋幸八

一金拾壱両三分ト八匁三分八厘　〆高かし

外ニ金壱両七匁六分七厘　鏡三百四拾枚

〆金拾参両ト八分四厘

正月廿八日

一金壱両弐分　かし（※1）

弐月三日

一金壱両弐分　かし（※1）

表 7-3　つづき

④ 1850 年	潰	鏡
伊勢屋藤二郎	70	
河内屋佐助	10	
江州屋六三郎	38	
竹下屋久八	86	
とぎ屋喜兵衛	12	
広屋治助	89	
舛屋利兵衛	20	

(5AAH22)

⑤ 1855 年		
秋元三左衛門	23	
伊勢屋藤二郎	33	
越前屋宇兵衛		100
釜屋伝兵衛	6	
河内屋佐助	90	
相模屋紋次郎	50	
竹下屋久八	147	
富田屋小兵衛	132	
橋本屋嘉内	6	
広屋治助	9	

(5AAH22)
(注) 単位：潰は玉、鏡は束。

⑥ 1868 年	潰
伊勢屋清助	75
伊勢屋藤二郎	45
越前屋宇兵衛	64
竹下屋久八	441
〆	663

(5AAH84)

⑦ 1869 年	
伊勢屋清助	6
越前屋卯兵衛	42
江州六郎右衛門	12
竹下屋久八	63
富田屋小兵衛	123
〆（含在物）	478

(5AAH28)

⑧ 1871 年	
伊勢屋清助	19
内田勘治郎	80
近江屋仁三郎	37
江州屋六郎右衛門	17
竹下屋久八	146
樽屋伊八	75
富田屋小兵衛	237
榛原屋嘉助	70

(5AAH30)
(注) 単位：潰は玉。

⑨ 1897 年	味噌明樽	酒明樽	酢明樽	粕明樽	新キ樽	新キ鏡	新キ敷	新キ皮
新井小三郎	66	375	33	5				
大津屋佐助	80							
小沢嘉造					240	1,842	4	
門倉惣八		394						64
高庄		6						
森田半兵衛	110							
谷田部竹四郎		24						

(注) 単位：鏡は枚、敷は玉、皮は玉。　(5AAH41)
(出所) 各年「両蔵醤油萬覚」(高梨本家文書) より作成。

表7-3　高梨家種樽買入一覧

① 1823年	漬	鏡	箍	敷
秋田屋市郎右衛門	2			
秋元三左衛門	41			
伊勢屋藤二郎	90			
越前屋卯兵衛	95			
河内屋佐兵衛	185	400		
洲崎屋徳右エ門	4			
金屋仙蔵	37			
富田屋小兵衛	79		51	
中島屋岩右衛門	24			
榛原屋嘉助	151	1,800		
半田屋長左衛門	172			
広屋治助	55			
福田屋新兵衛	50	200		
丸屋平助	4			
村田屋小八	245			
山本清太郎	98			
内ゟ	3	47		60
惣〆	1,344	2,447	51	60
内舟賃支払分	1,275	2,447	51	60

(5AAH17)

② 1837年				
秋元三左衛門	39			
越前屋卯兵衛	14		29	
木間瀬金右衛門	1			
江州屋六郎右衛門	123			
樽屋伊八	10			
富田屋小兵衛	61		33	
流山伊兵衛	2			
舛屋忠次郎	66			
〆（含在物）	538		173	

(5AAH17)
(注) 単位：漬は箇、鏡は枚、箍は把、敷は枚。

③ 1843年	漬	鏡	輪	敷
柏屋			32	
秋元三左衛門	135			
油や吉右衛門	48		32	
石崎重助	14		14	
伊勢屋藤二郎	249			
伊勢屋歩兵衛	8			
越前屋宇兵衛	106		20	
近江屋仁三郎	35		81	
河内屋佐助	81		19	
河野	31			
江州屋六右衛門	92	27		92
竹下屋久八	23			
筑後屋弥七	81			
寺田五郎兵衛	31			
富田屋小兵衛	48			
榛原屋嘉助	86		130	
広屋治助	109		83	
舛屋忠次郎	36			
丸屋徳兵衛	3			
美濃屋源右衛門	1			
惣〆	1,230		377	
舟賃	1,034 玉分			

(5AAH140)
(注) 単位：輪は把、敷は束。

二月十三日
一〈上十〉　九本
十五日
一〈上十〉　四本
二月十七日
一〆付　九本
　一上漬　弐拾五箇　村小分
　一並漬　三拾四箇　相紋分
　一上漬　四箇　河内屋分
　一たか　十把　とん田や分
　二月廿二日
　一金壱両弐分　かし（※2）
二月廿五日
一〈上十〉　拾弐本
二月廿七日
一〈上十〉　拾五本
二月晦日
一〈上十〉　拾壱本
同

一〆付　四本
　二月二日
　内金壱両弐分　　　　かし
（略　潰を四回受け取る）
（七月）
〆弐百八拾本
　内〈上十〉弐百六拾七本
両ニ四十三かへ
　代金拾八両弐分ト□匁六分□厘
〆付拾三本
両ニ四十八かへ
　代金三分ト三匁七歩五厘
〆金拾九両壱分ト十一匁四分弐厘
　内金
一金弐拾五両壱分ト八分四厘
一潰〆百拾六箇
　内
　一上潰四拾弐箇
両ニ四十五かへ

代金七両壱分ト拾三匁
一並漬七拾四箇
代金拾弐両壱分ト五匁
両ニ四十八かへ
一たか拾把
代六百廿文
壱文弐分
代五匁□□
〆四拾八両ト九匁四分三厘
引〆金弐拾八両弐分ト拾三匁壱分　かし
一入百弐拾八人半　元蔵
一直し樽三百七拾八樽　百樽ニ付五樽引
此手間拾七人九分五厘
但し壱人前弐拾文
〆高百四拾六人四分五厘
三十人
代金四両三分ト七匁九分
一入九拾人半　出蔵

一直し樽三百六拾八樽
　此手間拾七人四分八厘
〆百拾五人九分八厘
　代金三両三分ト□□
一竹弐束半　　　　　出蔵入
弐十五
　代銀六匁
〆金八両三分ト八匁八分六厘
引〆金拾九両三分ト四匁壱分五厘　かし

史料1は、一八二八（文政一一）年の樽屋幸八の取引の一部である。幸八は髙梨家に対して、一月初めの段階で一一両余の借越しとなっている。さらに一月二八日に一両二分（※1）、二月三日に一両二分（※2）借りる。二月二二日にも一両二分借り入れている（※10）。また村田小八から納入された分の上潰二五箇（※6）、相模屋紋三郎から納入された並潰三四箇（※7）、河内屋佐助からの上潰四箇（※8）、富田屋小兵衛からの箍一〇把（※9）を受け取っている。一方、二月一三日〈仐〉を九本（二七樽）（※3）、一五日に〈仐〉を四本（一二樽）（※4）、一七日〆付九本（二七樽）（※5）二五日、二七日、晦日にそれぞれ〈仐〉樽を一二本、一五本、一一本（※11・12・13）、晦日には〆付も四本（※14）納入している。こののち七月の盆前までに、幸八は〈仐〉を二六七本、（3＋4＋11＋12＋13……）〆付一三本（5＋14……）計二八〇本の樽を納入、樽の代金は、〈仐〉は一両に四三樽、〆付は一両に四八樽の換算（ただし、〈仐〉樽は常に納入量の五％を値引きさせられている）で、合計一九両一分余となる。ここからそれまでの借入金二五両一分余と潰し樽・箍（※3の計）の代金を合計すると四八両余となり、樽代金と差し引いて、二八両余が前半期の借入となる。幸八は年々借入を増加させているが、近代になって髙梨姓を名乗っているところを見れば、髙梨家と特別の関係にあるのかもしれない。伊八と岩右衛門は、種樽を受け取って、完成した樽を納入する点では幸八と同じであるが、借入金と種樽の代金を一口ごとに清算し、借入金が常時存在することはない。樽制作が仕事の樽屋である。

しかし、幸八は樽制作のほかに蔵に直接出て仕事をしている特徴がある。盆前で、元蔵には延べ一二八人半、出蔵には九〇人の人手を送っている。入手間とのみ表記されるので仕事の内容は不明であるが、入荷してくる樽は残渣もあるであろうし、醬油出荷の際の焼き印も削除しなければならない。樽の再利用のための手入れが必要であるから、そのための労働であろう。賃金は三〇人につき一両という計算であるが、秋の繁忙期には値上がりする場合がある。また、「子供」という半額のカテゴリーもある。幸八の下は修業中の未熟練者がいたということである。蔵では直し樽という作業も行っている。元蔵では三八七樽を一七・九五人、出蔵では三六八樽を一七・四八人で直した。入手間労働より賃金が安いのであるが、具体的内容は不明である。寛政以前の樽屋と蔵の関係は判明しないが、一八〇二（享和二）年には、樽屋幸八の口座に金次郎・嘉兵衛・彦五郎・万右衛門・与七の五名、〇三年の口座には嘉兵衛・彦兵衛・万右衛門の名前があり、彼らの小口の借入金と、蔵での労働量が記載されている。そして、これら借入金を蔵での手間と樽直し、樽吹き、箍作などの労働で支払っていることが読み取れる。一八〇三年までの段階では、樽屋幸八がこれらの人々をまとめる立場にあるものの、工房としてのまとまりはあまりなく、それぞれの借入はそれぞれが労働によって相殺する形を取っていると言えよう。しかし、一八二三（文政六）年には樽屋幸八のみの名前になっている。幸八の蔵での働きをまとめたものが、表7-4である。一八三七（天保八）年の記載に幸八とともに清太郎・登三郎、子供分として忠蔵の名前が注記ではあるが出てくる。一八〇三年では一年で延べ五百人弱の労働を四名で担っていることになるが、直し樽や箍作りは計算に含まれていないのでさらに多くの労働をしていた可能性もある。一八三七年の年間労働は延べ一三〇五人となる。潰樽を受け取って完成品を納める仕事もしているので、幸八一人でやっていたとは考えられない。人別帳上では幸八は一家四人で、奉公人の記載はないので、通いの樽職人を抱えた工房を持っていたと思われる。一八三七年までは潰樽を材料とした〈上十〉樽を多少は納入していたが、以降は蔵での労働だけになり、六九（明治二）年には年間三三〇〇人分の労働を各蔵で担当している。潰樽からの樽制作も工房内ではなく、蔵内でやっており、蔵内でのいわば樽部門と言うべき役割になっている。

一方、一七九一（寛政三）年には、樽屋伊八が潰樽を一八四玉、鏡を一二〇束、樽屋岩右衛門が潰樽を一八六玉、鏡を一八六束受け取り、それぞれに明樽納入業者の区分に入っている。彼らは、蔵での労働はせず、潰樽を供給されてできた樽を納入する樽屋である。蔵へ出向く幸八は上花輪村在住で無高、高梨家の店借り（のちに地借り）であるが、樽屋伊八は野田町の樽屋である。彼の場合は期首に三七両余の借りがあったが、七月までに、〈上十〉一三一五本、〆付二〇五本、中〆一六本を納めて一〇五両二分の代金を受け取り、上潰一六二箇、並潰一四三箇、箍一八束で約五二両、借入額五三両でほぼ差引ゼロとなっている。後半は四両ほどプラスになっている。もう一人、樽屋岩右衛門は、上花輪の人別には出てこないが、潰樽を受け取って、樽を納めることを頻繁に繰り返して、年に二回決算する方式を取っているので、運搬の簡単な、近い場所に工房があると推測される。近代になってからであるが、野田町の樽屋に樽岩という名称があるので、野田町在住の樽屋かもしれないが、確認はできない。彼も一八二八（文政一一）年差引はマイナスにはなっていない。潰樽の買入は、樽確保のためには必要であったが、潰し樽を買い、それを樽屋に渡して完成させるのは、どうもあまり利益は生まなかったようで、種樽の項目の決算では、赤字になっている年も多い。伊八や岩右衛門の納入量は増えていくので、別のルートでも帰り樽や潰樽を入手して髙梨家に供給しているのであろう。

表 7-4　つづき

④ 1869 年	場所	人数（人）	仕事内容	数量	支払金額			1 両ニ付人数	1 人ニ付ノルマ	1 人ニ付賃銀
期間					両	分	銀匁			銀匁
1 月～2 月	元蔵	312.0	入手間		19			16		3.5
1 月～2 月	元蔵	367（子供分）	直し樽	9,275 樽	18	1				3.0
1 月～2 月	出蔵	91.0	入手間		5	1				3.5
3 月～7 月	出蔵	91.0	入手間		5	1				3.5
3 月～7 月	出蔵	181.5	入手間		11	1		16		
3 月～7 月	出蔵	65.6	直し樽	1,594 樽	3					3.0
3 月～7 月	出蔵	48.0	潰	14 玉		2			28 枚	3.0
1 月～2 月	丸山蔵	505.0	入手間		23					3.5
3 月～7 月	丸山蔵	102.0	入手間		6	1		16		
3 月～7 月	丸山蔵		直し樽	281 樽		2			25 樽	3.0
7 月～12 月	元蔵	69.0	入手間		4	1		16		
7 月～12 月	元蔵	36（子供分）	入手間					32		
9 月～12 月	元蔵	311.0	入手間		22					4.3
9 月～12 月	元蔵	89（子供分）	入手間		3					
9 月～12 月	元蔵	85.5	直し樽	2,072 樽	4	1			23 樽	3.0
9 月～12 月	元蔵	126.5	直し樽	3,235 樽	6	1			23 樽	3.0
7 月～8 月	出蔵	74.0	入手間		4	2		16		
7 月～8 月	出蔵	115（子供分）	入手間			1		32		
9 月～12 月	出蔵	209.0	入手間		14	3				4.3
9 月～12 月	出蔵	88.7	直し樽	2,148 樽	4	1			23 樽	3.0
9 月～12 月	出蔵	70.0	潰		3	2			1 玉	3.0
7 月～8 月	丸山蔵	44.5	入手間		2	3		16		
7 月～8 月	丸山蔵	15（子供分）	入手間				2.81	32		
9 月～12 月	丸山蔵	116.5	入手間		8	1				4.3
9 月～12 月	丸山蔵	43（子供分）	入手間		1	2				2.1
9 月～12 月	丸山蔵	26.3	直し樽	638 樽	1	1			23 樽	3.0
9 月～12 月	丸山蔵	13.0	潰			2				
貸高差引			貸		－57	－3				

(5AAH28)
（出所）各年「両蔵醤油萬覚」（高梨本家文書）より作成。

（2）で述べたように、一七九一（寛政三）年には樽屋又七という名前が見られ、潰樽を三〇五玉受け取って、合計七五〇樽を納めている。一七九二年には、中ノ代の樽屋から四八樽を馬方が運んでおり、伊八が合計一二二九樽を納め、三三両余を受け取り、借入金を差し引きすると年末に金三分の借越しになっている。寛政期までは未分化だった樽屋の性格が、次第に蔵内で樽の管理・組立、修理などを担当する幸八と、潰樽を受け取り、完成品で清算する樽屋伊八・岩右衛門、自力で集めたり制作したりした明樽を売るだけの樽屋へと区分がはっきりしてきたと言える。この違いは多分、高梨家と地理的距離によっているのであろう。

表7–4　高梨家樽屋の蔵労働

①1803年		人数（人）	仕事内容	数量	支払金額		
幸八					両	分	銭文
1月〜3月		54.5	入手間		1	2	
1月〜3月		18.9	竹			2	
1月〜3月			直し樽	641樽			
4月〜7月		24.0	入手間			3	
4月〜7月			直し樽	179樽			
与七							
1月〜3月		58.0	入手間		1	1	
			直し樽	562樽			
嘉兵衛		77.5	入手間		2		
		19.5	竹	56本		2	
			直し樽	162樽			2,024
彦兵衛		40.0	入手間		1	3	
		17.5	竹	140本			
万右衛門		37.0	入手間		1		
		4.5	竹	36本			
記名なし		74.0	入手間		2		
			直し樽	1,911樽			
			吹き樽	1,011樽			
			竹	58本			
12月		123.0	入手間		3	1	
12月			吹き樽	9,667樽			
			直し樽	197樽			

(5AAH131)

②1823年	場所	人数（人）	仕事内容		支払金額			1両ニ付人数
					両	分		
	元蔵	146.5	入手間	（直し樽50人含む）	4	2		8
	元蔵	131.5	入手間		4	2		
	出蔵	73.0	入手間		2	1		8
	出蔵	78.0	入手間		2	3		
	潰を受け取り<十の納入もあり							

(5AAH17)

③1837年	場所	人数（人）	仕事内容	数量	支払金額			1両ニ付人数	1人ニ付ノルマ	
期間					両	分				
盆前	元蔵	231.0	入手間		9	2		30		幸八・清太郎・登三郎
盆前	元蔵	39（子供分）	入手間			2		60		忠蔵
盆前	元蔵	107.0	直し樽	2,816樽	3	2		30	25樽	
盆前	元蔵	84.1	直し樽	1,782樽	2	2		30		
盆前	出蔵	152.0	入手間		5			30		
盆前	出蔵	17.2	直し樽	453樽		2		30		
盆後	元蔵	322.0	入手間		10	3		30		幸八・清太郎・登三郎
盆後	元蔵	32（子供分）	入手間			2		60		忠蔵
盆後	元蔵	151.0	直し樽	3,662樽	5				23樽	
盆後	出蔵	145.0	入手間		4	3				
盆後	出蔵	23.0	直し樽	542樽		3			23樽	
5月15日			<十	17本						
7月29日			<十	30本						
11月8日			<十	30本						
5月5日			潰	10玉	−1	−3				

(5AAH21)

表 7-5　上花輪村階層構成

単位：戸

年	1831	1860	1863	1867	1870
90 石以上			1	1	1
80 石以上		1	1		
70 石以上					
60 石以上	1				
50 石以上				1	
40 石以上					
30 石以上		1			
20 石以上	2	1	1	1	1
15 石以上					1
10 石以上	5	9	8	7	7
5 石以上	11	5	8	8	8
1 石以上	29	27	28	29	28
1 石未満	13	24	24	25	25
無高	11		14	18	4
内支配人	1		1	1	
修験	2		2	2	3
僧侶	1		1	2	1
店借	7		（地借）10	（地借）13	
不明	1		9	14	15
合計	73	68	94	104	90

（出所）「上花輪村宗旨改人別帳」（高梨本家文書 5BDA）より作成。

第2節　上花輪村周辺の状況

（1）上花輪村の階層構成

表7－5は人別帳から作成した上花輪村での石高構成の変遷である。天保期以前が不明であるが、一位はどの年代でも圧倒的に高梨兵左衛門家である。農業経営で自立できる目安の一〇石台以上の保有者は軒数の一割に満たない。高梨家は村外にも膨大な土地を集積しているので石高の格差はもっと大きいはずである。しかし、このような土地保有の状況にもかかわらず、表7－6に見られるように人口は増え、家数も増えている。家族構成においても単身化や剝片化は見られない。上花輪村は一七〇二（元禄一五）年の検地では、田が二五町八反八畝一九歩、畑が二三町三反二畝二四歩、林が一五町反八畝二七歩、藪が二町五反二

表 7-6　上花輪村家数と人口の変遷

単位：家数は軒、人数は人

年	1833	1834	1838	1854	1855	1856	1857	1858	1859	1860
家数	73	68	77	77	78	78	78	78	78	80
人数	427	397	429	455	481	482	481	481	481	480
男	212	195	223	238	251	249	251	251	250	251
60 歳以上	18	65	6	217	230	233				
15 歳以下	50		32							
他所奉公人	21	22	19							
病人	13	39	2							
死失			18							
村役人	8	8	8							
〆	110	134								
差引	102	61	146							
女	215	202	206		230		230	230	231	229
馬	12	12		10	11			10		10
出生人					18	3		2	3	5
入人					15	4		5	5	3
出人					2	0		4	2	4
死人					5	6		5	6	6

年	1861	1862	1863	1865	1866	1867	1868	1869	1870
家数	82	82	83	84	88	88	88	90	91
人数	478	485	481	479	496	492	485	485	504
男	249	254	249	247	254	253	248	245	259
女	229	231	232	232	242	239	237	240	245
馬	10	10	10	10	10	10	10	10	10
出生人	7	8		5		2		5	9
入人	4	6		4		5		6	14
出人	6	3		5		6		4	5
死人	8	4		6		5		7	3

（出所）「上花輪村家数人別書」（髙梨本家文書 5BDA）より作成。

畝二六歩となっていて、田は下田と下々田で約一八町三反、畑は下畑・下々畑合わせて一三町余であり、農業生産力は高いとは言い難い村である。髙梨家の祖先が、この地域の生産力の低さを憂えて醤油醸造を始めたという言い伝えは納得できる。先祖の願いはかなって、近世後期には、醤油醸造業を核にした非農業の産業構造ができているのではないかと思われる。「醤油萬覚帳」には出入りの職人の項目があるが、大工、屋根屋、瓦屋、馬方、植木屋などなど三〇

表 7–7　つづき

③ 1850 年			
氏名	種類	枚数	銭文
□使万治	差袋	1,345	212
石屋　元蔵	新袋	100	700
伊八	新袋	50	348
岩右衛門	差袋	425	262
岩右衛門	差袋	240	600
岩右衛門	差袋	600	700
岩右衛門・伝七	新袋	100	700
大塚	新袋	50	348
大塚	新袋	50	348
大塚	新袋	100	700
大塚	新袋	50	348
大塚	新袋	100	700
大塚	差袋	380	148
大塚	差袋	290	724
大塚　三枡屋	新袋	100	700
きい・幸八・岩右衛門喜太郎・七つ屋	新袋	250	1,748
喜太三郎	差袋	1,215	637
幸八・石勘・音蔵・万二	新袋	200	1,400
幸八・七つ屋・八五郎・弥幸・繁八・岩右衛門	新袋	300	2,100
幸八・みや・乙蔵	新袋	200	1,400
左官与市	差袋	280	700
左官与市	差袋	820	472
左官与市	差袋	750	400
左官与市	差袋	200	236
三枡屋	新袋	100	700
七つや	差袋	460	348
七つや・わら屋	新袋	100	700
重蔵	新袋	50	348
重蔵妻	差袋	1,305	936
大工八五郎	差袋	390	200
大工八五郎・三枡屋	新袋	100	700
櫓岩万二	差袋	900	1,472
櫓屋岩右衛門	差袋	520	512
櫓屋岩右衛門	差袋	710	200
櫓屋岩右衛門	差袋	570	672
ち花ばば・伊八・大工八五郎	新袋	150	1,048
出蔵隠居ばば	差袋	625	12
出蔵この	差袋	730	224
出蔵この	差袋	1,055	314
出蔵ばば	新袋	64	448
元蔵ばば	差袋	250	624
銕屋音蔵・七つ屋・みね	新袋	200	1,400
七つ屋	差袋	570	624
七つ屋	差袋	490	424
七つ屋　櫓岩	新袋	100	700
七つや伝三郎	差袋	320	
七つ屋伝七	差袋	700	146
七つ屋伝七	差袋	1,030	212
七つ屋伝七	差袋	1,455	536
七つ屋伝七殿	差袋	510	472
七つ屋伝七殿	差袋	510	470
八五郎□□	新袋	50	148
八五郎・大塚・四駄屋・幸八・おねばば・弥市・繁八・久八	新袋	400	2,800
紅やすず	差袋	120	300
万二郎	差袋	820	448
万二郎妻	差袋	570	624
万二郎妻	差袋	865	660
みね・きい・七つ屋・櫓岩	新袋	250	1,748
三枡屋	差袋	50	124
柳沢おかつ	差袋	450	324
柳沢かつ	差袋	380	148
柳沢かつ	差袋	200	500
りせ	差袋	900	648
わたやかつ	差袋	1,190	572
わたやかつ	差袋	670	172
綿屋かつ	差袋	1,470	572

(5AAH22)

④ 1868 年				
氏名	種類	枚数	金	銭文
伊八	新袋	100		900
伊八	新袋	100		
伊八	差袋	900		
隠居	新袋	100		
隠居	新袋	100		
大塚分	差袋	100		
奥之分	新袋	650	2–0–1	
奥之分	差袋	6,000		
奥之分	差袋	230		
桶屋幸八	差袋	1,600		
おこの	差袋	300		
おこの分	差袋	4,250		
お長	新袋	100		900
お長分	新袋	100		900
おつま	新袋	500		2,000
おつま	新袋	300		1,200
おとめ	新袋	700		2,100
おとめ	差袋	200		
お弓分	差袋	1,300		
川右衛門分	差袋	550		
幸八	新袋	550	0–0–3	440
幸八分	差袋	1,700		
納豆屋	差袋	150		
納豆屋	差袋	200		
納豆屋	差袋	250		
納豆屋	差袋	100		
納豆屋	差袋	200		
なつ分	差袋	550		
なつ分	差袋	450		
春吉分	差袋	300		
はる分	差袋	2,800		
福田屋	差袋	350		
福田屋払	差袋	950		
富士屋	差袋	2,100		
富士屋ふさ	差袋	2,150		
ふみ	新袋	100		900
文蔵分	差袋	450		
丸山蔵分	差袋	7,450		
丸山分	差袋	1,050		
丸山分	新袋	100		
丸山屋分	新袋	2,100		6,300
三枡屋	差袋	450		
三枡屋	差袋	300		
三枡屋	差袋	350		
三枡屋	差袋	350		
三枡屋	差袋	450		
三枡屋	差袋	400		
三枡屋	差袋	350		
三枡屋	差袋	250		
三枡屋おつま	差袋	600		
三枡屋つま	差袋	300		
三枡屋つま	差袋	350		
三枡屋はま	差袋	250		1,000
三枡屋分	差袋	250		
ゆみ	新袋	100		
ゆみ	差袋	600		
よし	新袋	100		
よし	差袋	2,400		
りせ	新袋	200		1,800

(5AAH84)

表 7-7　新袋差袋の代金支払い一覧

金の単位：両–分–朱

① 1803 年

氏名	種類	枚数	金	銭文
岩右衛門	差袋	1,060	0–1–2	214
梅屋直兵衛	差袋	1,860	0–1–2	584
大塚	新袋	50		348
大塚	差袋	2,472	0–3–2	492
おかつ	差袋	2,060	0–3–0	272
おかつ				848
おかの屋由兵衛	合糸	1,110 目	1–0–2	704
岡野屋芳兵衛	合糸	4,280 目	4–2–0	
岡野屋芳兵衛渡	糸			2,240
岡野屋芳兵衛渡	繰綿	5 貫目	2–1–0	銀 7.86 匁
岡野屋芳兵衛渡	合糸		4–0–0	銀 12.22 匁
おかよし	差袋	1,240	0–1–2	160
おきん	差袋	1,990		
おはつ	差袋	780	0–1–0	300
左官長吉	差袋	1,160	0–2–1	460
左官長吉	差袋	1,250	0–1–2	684
樽屋岩右衛門	差袋	2,080	0–3–0	324
この	差袋	100		
米屋	差袋	900		
左官	差袋	50		
左官隠居	差袋	300		
左官隠居	差袋	100		
左官長吉	差袋	300		
左官長吉	差袋	2,600		
左官屋分	差袋	1,250		
三枡屋	差袋	300		
三枡屋分	新袋	350		1,400
庄二郎	差袋	250		
定雇□や分	差袋	200		
せい分	差袋	2,800		
千伊之助	新袋	300		
大工栄蔵	差袋	1,700		
大工栄蔵	差袋	1,100		
大工栄蔵	差袋	100		
大工栄蔵分	差袋	1,700		
大工万蔵	新袋	100		900
大忠分	差袋	200		
大忠分	差袋	1,390		
長吉	新袋	100		
長吉	差袋	900		
つま	差袋	400		
つま	差袋	300		
つま	新袋	100		
つま	差袋	400		
とう	差袋	150		
との分	新袋	100		
納豆屋	新袋	100		
納豆屋	差袋	350		
納豆屋	新袋	50		
納豆屋	差袋	450		

(5AAH131)

② 1843 年

氏名（空欄は不明）	種類	枚数	金	銭文
	新袋	150	0–0–2	84
	綿打賃			814
	糸繰賃			1,248
おきん	差袋	1,990		
岡野屋芳兵衛渡	糸			2,240
岡野屋芳兵衛渡	繰綿	5 貫目	2–1–0	銀 7.86 匁
	糸寄代			1,800
	糸寄代		8–0–0	
	糸寄代		8–0–0	
大塚	新袋	50		348
	糸	200 目		1,248
	糸		4–0–0	
	新袋	50		348
	糸寄代		4–0–0	
	新袋	50		348
岡野屋芳兵衛渡	合糸		4–0–0	銀 12.22 匁
	合糸賃			560
	糸寄代			800
	新袋	50		348
	新袋	100		700
	糸寄代			248
なちや新八	白木綿駄賃			124
	糸繰代			800
	新袋	50		348
	新袋	50		348
	糸寄代			400
	新袋	50		348
	新袋	50		348
	新袋	50		348
	新袋	50		348
岡野屋芳兵衛	合糸	4,280 目	4–2–0	
	合糸賃			560
	糸寄代			800
	新袋	50		348
	新袋	100		700
	糸寄代			248
なちや新八	白木綿駄賃			124
	糸寄代			800
	新袋	50		348
	新袋	50		348
	新袋	50		348
左官長吉	差袋	1,250	0–1–2	684
樽屋岩右衛門	差袋	2,080	0–3–0	324
おかよし	差袋	1,240	0–1–2	160
おはつ	差袋	780	0–1–0	300
おかつ	差袋	2,060	0–3–0	272
東屋治介	合糸	520 目	1–0–0	676
おかの屋由兵衛	合糸	1,110 目	1–0–2	704
左官長吉	差袋	1,160	0–2–1	460
梅屋直兵衛	差袋	1,860	0–1–2	584
岩右衛門	差袋	1,060	0–1–2	214
大塚	差袋	2,472	0–3–2	492
おかつ				848
	〆		30–1–0	銀 14.47 匁

(5AAH140)

（出所）各年「両蔵醤油萬覚」（高梨本家文書）より作成。

人を越える名前が記載される。本書第3章によれば、髙梨家には蔵人以外に毎日多くの人々が働きに来ており、食事を供されていたという。必ずしも上花輪村の村民とは限らないが、髙梨家を中心に非農業労働の輪ができていたと考えられる。

(2) 醤油袋刺しという内職

醤油醸造をめぐる仕事の一つに袋刺しがある。醪を絞る際に醪を入れる袋である。丈夫な木綿製であるが、圧搾の力で傷んでくる。その袋を新しく縫ったり、破損した袋を修理する仕事を上花輪村周辺の人々が内職としてやっていた。表7－7はその賃金の支払い状況である。賃銭は新袋一枚七文、修理は四文で、年間の蔵の費用としては微々たるものであるが、内職としては近隣の家族にとっての一定の収入源になっていたと考えられる。支払先の名前を見てみると、まず女性の名前に目が行く。どこの住民か確定できないが、一八〇三（享和三）年ではかつ・つま・きん・せい・はつ、五〇（嘉永三）年には出蔵このとか元蔵ばば・出蔵隠居ばばなど蔵の周辺の仕事を彷彿とさせる名称がある。このは一八六八（慶応四）年にも大量の袋を納めている。一八六八年の場合には〇三年から登場している三舛屋につまという名前が出てくる。一八〇三年にもつまの名前があり、これは年数的に同一人物ではないかもしれないが、三舛屋は多くの仕事をしている。三舛屋は、髙梨家の近所の家の屋号である。一八六八年ではかつが目立つ。綿屋かつと柳沢かつは同じ女性であろうか。一八七二（明治五）年の段階で柳沢という家は見当たらないので近隣村の者かもしれない。女性の参入とともに指摘したいのは、先に述べた樽屋たち、伊八・幸八・岩右衛門も袋刺しに関わっていることである。さらに左官・大工、納豆屋・鋏屋・石屋など、さまざまな肩書の人々が袋刺しをしている。一つの項に複数の名前が出ている場合も多いが、取りまとめをする人やグループで内職する者もいたのかもしれない。一八六八年には、丸山蔵や髙梨家の一番私的な場所である奥の人々まで袋刺しをしている。醤油袋も醤油醸造の増大によって需要が高まったのであろうが、奥や蔵、近隣地域の人々を巻き込んで、醸造業をめぐる仕事のネットワークが形成されていることがわかる。

（3）上花輪村への人口流入

さて、先に述べたように、土地所有という面では、上花輪村では五石未満が大半を占め、無高の者の数も年々増え続ける。そして表に見るように家数と人口も増加し続ける。表7－8は一八七二（明治五）年の屋敷改である。所持者はこの段階での屋敷地所有者で、屋敷不持者は検地帳上の屋敷地には住んでいないことを示す。①は一七〇二（元禄一五）年の検地帳による屋敷地の保有者であり、名持と共通する名前が多いので、名持は検地当時の権利者名であろう。一八世紀から幕末までの間に屋敷地も分家や売買で変化し、本来の屋敷地でない田畑地にも家が建てられている。ここには地借りも記載されているが、実際にはこのほかに店借りという借屋層も増加している。表7－9は一八七一・七二年に上花輪村へ移動してきた人々の寄留届から、婚姻や養子縁組など血縁関係を除外したものである。単身の出稼ぎ以外に、家族ぐるみの転入も判明する分だけでもこれだけある。安定した仕事への期待があるから家族で転入してくることができると考えられる。醸造業とその周辺の仕事を目指して人々が集まり、集まった人々をめぐる商売が発生してさらに人が流入してくるという連鎖が続いていると言えよう。

おわりに

髙梨家の醬油醸造業は、樽に関しては、出蔵では江戸問屋から大量の明樽を買い入れ、元蔵では、地元や周辺地域の樽屋、地方の明樽屋からの買入を中核とする二重構造を持っていた。他の章で多分明らかにされると思うが、醬油

表 7–8　1872 年上花輪村屋敷地所持人別

① 1702 年（1734 年改）		② 1872 年屋敷改				
所持者	面積	所持者	名持	面積	屋敷不持者	
作右衛門	2 畝	岩崎喜兵衛	喜兵衛	3 畝 29 歩	戸辺孫右衛門	下畑
七郎兵衛	2 畝 12 歩	大芝太兵衛	太兵衛	2 畝 17 歩	小沢山三郎	中畑
清三郎	1 畝 25 歩	大塚儀三郎	弥五兵衛	2 畝 20 歩	染谷治兵衛	中畑
忠左衛門	1 畝	大塚儀三郎	惣兵衛	1 畝 10 歩	門倉力松	
門十郎	1 畝　4 歩	大塚儀三郎	五左衛門	1 畝 25 歩	戸辺久左衛門	上畑
弥五兵衛	2 畝 20 歩	大塚忠兵衛	五郎三郎	15 歩	戸辺与市	上畑
杢右衛門	3 畝	岡田嘉右衛門	紋左衛門	1 畝 12 歩	門倉音三郎	下畑
徳左衛門	1 畝 23 歩	岡田嘉右衛門	紋左衛門	3 畝	戸辺友七	中畑
惣兵衛	1 畝 10 歩	小沢嘉兵衛	嘉兵衛	2 畝 16 歩	大芝谷右衛門	中畑
安兵衛	1 畝 21 歩	門倉市郎右衛門	市郎右衛門	5 畝 6 歩	瀬田彦右衛門	下畑
市郎右衛門	5 畝　6 歩	門倉岡平	清三郎	1 畝	古谷長吉	下々畑
五左衛門	1 畝 25 歩	門倉七右衛門	七左衛門	3 畝 18 歩	染谷八重郎	中畑
市郎右衛門地	1 畝 20 歩	門倉武兵衛	茂兵衛	2 畝　3 歩	染谷宇平治	下畑
孫平	5 畝 26 歩	門倉安右衛門	安兵衛	1 畝 21 歩	岡田源之助	中畑
吉兵衛	4 畝　1 歩	染谷七郎右衛門	七郎兵衛	2 畝 15 歩	横地万五郎	上畑
茂右衛門	3 畝 15 歩	染谷七郎右衛門	忠左衛門	1 畝	高梨甚右衛門	下畑
権右衛門	1 畝 15 歩	染谷庄右衛門	五郎三郎	5 歩	戸辺寅蔵	上畑
七左衛門	3 畝 18 歩	染谷新五右衛門	吉兵衛	2 畝　1 歩	岡田宇吉	下畑
伝右衛門	3 畝　5 歩	染谷甚五右衛門	弥五郎	5 畝 25 歩	中山伝左衛門	中畑
伝左衛門	2 畝 12 歩	染谷新助	三左衛門	1 畝 18 歩	高梨庄治郎	
長兵衛	2 畝	染谷新兵衛	新兵衛	4 畝 10 歩	古谷長吉	下々畑
与五兵衛	1 畝 19 歩	染谷治兵衛	伝兵衛	8 歩	岡田源右衛門	上畑
吉右衛門	2 畝 12 歩	染谷長右衛門	伝右衛門	2 畝 12 歩	松崎惣吉	下々畑
六兵衛	3 畝 18 歩	染谷孫平	孫平	5 畝 26 歩	伊藤佐左衛門	下々畑
伊左衛門	9 畝　3 歩	染谷紋重郎	紋重郎	1 畝　4 歩	伊藤孫市	下畑
兵左衛門	5 畝 14 歩	高梨佐伝次	庄左衛門	2 畝	中山平右衛門	下畑
仁左衛門	1 畝 23 部	高梨周造	杢右衛門	3 畝	中山伝吉	下畑
清兵衛	4 畝 18 歩	高梨周造	権左衛門	1 畝 15 歩	小沢治右衛門	下畑
惣左衛門	3 畝 22 歩	高梨仁左衛門	仁左衛門	1 畝 23 歩	小沢喜右衛門	下畑
門左衛門	1 畝 12 歩	高梨兵左衛門	作右衛門	2 畝	岩崎源六	中畑
門左衛門	3 畝	高梨兵左衛門	吉兵衛	2 畝	岡田市右衛門	中畑
伝兵衛	2 畝　8 歩	高梨兵左衛門	兵左衛門	5 畝 13 歩	戸辺市兵衛	□畑
新兵衛	4 畝 10 歩	高梨六右衛門	六兵衛	3 畝 18 歩	中山儀兵衛	下畑
市兵衛	3 畝 25 歩	田中八兵衛	徳左衛門	1 畝 23 歩	戸辺長蔵	中畑
市兵衛抱	2 畝　6 歩	戸辺市三郎	市兵衛	2 畝　6 歩	高梨忠八	
五郎兵衛	17 歩	戸辺市三郎	市兵衛	3 畝 25 歩	染谷健兵衛	下旗
茂兵衛	2 畝　3 歩	戸辺作兵衛	清兵衛	4 畝 12 歩	古谷藤七	下旗
孫左衛門	3 畝 19 歩	戸辺三郎兵衛	伝兵衛	2 畝	小沢五右衛門	下旗
弥五郎	5 畝 25 歩	戸部新兵衛	茂右衛門	1 畝　5 歩	染谷儀助	中畑
吉兵衛？	2 畝 17 歩	戸辺惣左衛門	惣左衛門	3 畝 23 歩	地借	
庄左衛門	2 畝	戸部茂右衛門	茂右衛門	2 畝 19 歩	美濃屋文七	田
三左衛門	7 畝 18 歩	中山喜右衛門	喜右衛門	2 畝 12 歩	高梨庄治郎	田
権兵衛	2 畝 10 歩	中山伝右衛門	伝右衛門	3 畝　5 歩	大塚弥太郎	田
	（以下數）	中山与五右衛門	与五兵衛	1 畝 19 歩	戸辺清五郎	畑
		古谷伊左衛門	伊左衛門	9 畝　3 歩	戸辺吉五郎	中畑
		古谷喜太郎	長兵衛	2 畝	大塚勘三郎	畑
		渡辺市郎左衛門	弥左衛門	3 畝 19 歩	佐藤正扣	畑
					飯田要助	畑
					細田豊吉	畑
					古谷栄吉	畑
					岩崎亀吉	畑

（出所）①は安政 7 年「屋敷畑林數明細帳」より元禄 5 年分（高梨本家文書 5BED5）、②は明治 5 年「屋敷改帳」（高梨本家文書 5BED7）より作成。

表7-9　1871・72年上花輪村転入者一覧

年	氏名			年齢
1871	寄留　関根茂十郎	葛飾郡大川戸村	門倉周平借地居住　野田町組合下タ鋪亡役	20
1871	寄留出稼　豊田万右衛門	9区三輪ノ江村	門倉七左衛門店借家	40
1871	寄留借家　野沢定知	19区相馬郡大柳村	上花輪村田中八兵衛方	44
	妻　のふ			39
1871	寄留借家　高島仙助	相馬郡大柳村	上花輪村田中八兵衛方	36
1871	地借　田中伊三郎	葛飾郡群之上村	上花輪村古谷長吉方	46
1871	転居　川島源六	武州埼玉郡須賀村	上花輪村24番邸	6
1871	源六後見手代　須賀儀平			53
1871	寄留　もと	葛飾郡今上村	上花輪村戸辺三郎兵衛借店	31
	もと忰　洸之助			4
1871	当分出稼寄留　生井四郎兵衛	相馬郡坂手村	上花輪村借家	50
1871	寄留　大村新太郎	金杉村	上花輪村戸辺音五郎方にて仕立屋渡世	37
1871	借家出稼　高梨巳之助	葛飾郡桜台村	上花輪村染谷清兵衛方借家	51
	妻しち			40
1872	留守居寄留　広金	7区山崎村	上花輪村東福寺	69
1872	寄留借店　きわ	8区金杉村	上花輪村戸部市三郎方出稼	63
1872	借家出稼　小菅太兵衛	18区相馬郡新宿村	上花輪村社務門倉敬信方	45
1872	相続　河野周吉	武州足立群糠田村	上花輪村高梨周蔵跡相続	61
	妻とく			52
	次男金蔵			34
	長女ちよ			27
1872	借地出稼　染谷平吉	上花輪村染谷宇平治父	上州山田郡桐生新町	43
	妻たけ			40
	次男国太郎			13
1872	地借出稼　関根藤一郎	武州葛飾郡大川戸村	上花輪村門倉国平方借地	53
	忰茂一郎			20
1872	奉公　石塚長造	岡田郡大輪村	上花輪高梨周蔵醤油渡世へ	47
	妻かね			31
	長女さた			12
	次男喜三郎			10
1872	借家出稼　石下熊蔵	野田町で日雇稼	上花輪村門倉敬信方借家	28
	妻とく			
	長女かね			
1872	借家出稼	葛飾郡桜台村	上花輪染谷次兵衛方店借	51
	(妻)			40
1872	留守居寄留　岡田市兵衛	武州下内川村	上花輪観音坊	72
1872	奉公　吉原忠兵衛	豊田郡三坂村	上花輪村高梨兵左衛門出蔵へ出稼	63
1872	寄留　長命寺恵実	上花輪村長命寺	川妻村薬師堂	29
1872	5年間出稼　川鍋近右衛門	印旛権平方新田	上花輪村戸部三郎方借店	28
1872	寄留　竹下介	関宿雲国寺従者	上花輪古谷長吉方借家	38
1872	出稼　戸部仙太郎	野田町	上花輪小沢嘉兵衛方借家	40
	妻まさ			40
	長男差吉			20
	次男亀吉			14
	四女ひら			4
	三男由蔵			2
1872	出稼　鈴木忠蔵	常陸中平柳村	上花輪戸部市三郎方店借	41
	妻とみ			42
	娘なつ			15

表 7–9　つづき

年	氏名			年齢
1872	転居　中山兵吉	花輪村中山吉右衛門長男	野田町	30
	妻きよ			22
	長女はん			2
1872	借家　成島清重	常陸下小目村	上花輪村戸部三郎兵衛方	48
	長男金蔵			20
	次男清造			12
1872	借家　菊地繁八	常陸下小目村	上花輪村戸部三郎兵衛方	58
1872	借家　野沢佐平	常陸下小目村	上花輪村戸部三郎兵衛方	34
	妻こう			27
	長男倉次			6
	次女はな			2
1872	長田きやう	葛飾郡筑比地村		19
1872	岡田さか	葛飾郡筑比地村		26
1872	小橋つね	葛飾郡金杉村		18
1872	染谷とめ	葛飾郡筑比地村		26
1872	角田弥五郎	葛飾郡筑比地村		20

（出所）明治 5 年前後寄留関係文書群（高梨本家文書 5BDD）より作成。

の売り先についても似た構図が展開されるのではなかろうか。農業生産を核とする村組織ではない、醤油醸造コミュニティとも言うべきもののセンターとなっているのである。

史料2[3]

下総国葛飾郡野田町

一高三百六拾石七斗三升四合四夕七才

戸数合三百弐拾六軒

此人別千七百拾五人

内男八百八拾七人

女八百弐拾五人

内

上農　御守護役　佐平次

同　同　七郎右衛門

同　御締り役　七左衛門

同　同　名主　文左衛門

同　同　仲右衛門

同　同　平兵衛

同　同　市兵衛

同　同　弥右衛門
同　同　七郎治
同　組頭　勇右衛門
同　同　輿四郎
同　同　市郎兵衛
同　同　治郎兵衛
同　百姓　伊兵衛
同　百姓　仁平次
合戸数拾五軒
　此人別百七拾五人
右者金穀有余有之不足之もの江貸渡し生活之道ヲ立サス
故ニ是上農トシ村役人之次席中農下農之上席タラシム
　中農　百姓　七二軒
　　地借　五八軒
　　店借　三六軒
　　農間医師　五軒
　　筆子師匠　二軒
合戸数一七三軒　人別九三九人

右者金穀有余者無之ク又不足も無之不貸亦不借独立ニシテ
生活之道相立故ニ是ヲ中農トス上農之次席下農之上席タラシム
下農　百姓二五軒
地借三五軒
店借七八軒
合戸数一三八軒　人別六〇〇人
右者金穀不足ニテ常ニ上農ゟ是ヲ借用シテ生活之道相立故ニ
是ヲ下農トス上中農之末席平生共上農ヲ敬セスンハ有へからさるもの也

下総国葛飾郡野田町組合　上花輪村
一村高四百五石四斗五升七合
戸数九拾軒
人別四百八拾五人
上農　兵左衛門
周造
伊左衛門（名主）
宅兵衛
儀三郎
三郎兵衛

六右衛門（組頭）
新兵衛
七左衛門（組頭）
孫兵衛
伝右衛門

此戸数拾壱軒
此人別九拾弐人　内男五拾六人　女三拾六人

（中略）

中農
合戸数四拾三軒　人別弐百四拾六人　内男百廿弐人　女百廿四人

下農
合戸数三拾六軒　人別百四拾七人　内男七拾四人　女七拾三人

史料2は、一八七〇（明治三）年葛飾県へ、野田町組合村から提出された、相互扶助に関しての諸調査を控えた『義倉控』に記載された上花輪村の上農・中農・下農という身分分類である。上農は「金穀に余裕があって貧しい者を助けることができる者」で村役人の次の地位にあるとされるが、実際には村内の村役人層である。中農は「余裕はないが不足もなく自立して生活できる者」、下農は「金穀が常に不足状態にあるので他から扶助をうけなければ暮らせない者」で身分的には上農中農の下にあり、扶助してくれる上農を敬うようにとある。村によって状況に違いはあるが、肩書を記載している野田町では中農一七三軒のうちに地借が五八軒、店借が三六軒含まれている。

史料3(4)

午正月　下総国葛飾郡野田町組合　上花輪村

下総国葛飾郡上花輪村

一村方無産之者江産ヲ授ケ且農間渡世何業いたし候ハヽ村方行末福有ニ相成可申哉ノ義御尋ニ御座候

右者私共村方之儀者農間之内男者隣村野田町ゟ今上村川岸迄荷物上ケ下ケ駄賃稼また女者糸織之稼産業ニいたし候ハヽ往々村方極貧のものも無成り可申奉存候

右村

百姓代　七左衛門

組頭　六右衛門

名主　伊左衛門

明治三午年正月

葛飾県御役所

野田町

（前略）

右者私共町方之儀者酒造醤油造米穀渡世其外諸色商又者右造家江日雇稼等ヲ農間渡世仕来生活罷在他ニ無産之もの無御座候間以来右業ヲ農間ニ相励以外他事無御座候与奉存候以上

明治三午庚年三月　野田町　名主　文左衛門

野田町は史料3で記されるように、商業や醸造業に携わって生活しているので無産者はいないと認識されている。上花輪村は舟運稼業が産業の中核と記載されるが、これまで見てきたように高梨家をめぐる諸仕事が展開し、町場の野田町とは多少事情が異なるとはいえ、土地保有だけが貧富の基準ではなくなっていることは同様であると思われる。上花輪村で中農に格付けされている者の中には、高梨家に毎年多額の借り越しをしている樽屋の幸八も入っている。彼は高梨家の地借りで、農業も屋敷地も持たない立場にあるが、自立した住民として評価されているのである。

この背後には、早くから醤油醸造で富を蓄えた高梨家や野田町の商人たちが、凶作や災害で被害を受けた農民を救恤でき、同時に農業外の仕事を生み出してきた歴史がある。石高制の下にある近世的農業生産の行き詰まりが、農間渡世を超えた諸産業の展開によって打開されていく一つの例であると言えよう。

注

（1）　第1節の、特に明樽の流通と江戸商人との関係については、以下の文献を参照していただきたい。田中直太郎『醤油沿革史』一九〇八年、小川浩『野田の樽職人』一九七九年、崙書房、小川浩「醸造業と製樽業」（桶樽研究会編『日本および諸外国における桶・樽の歴史的総合研究』生活史研究所、一九九四年）、桜井由幾「醤油醸造業における空樽の流通について」（同右所収）、桜井由幾「明樽と醤油」（小泉和子編『桶と樽　脇役の日本史』法政大学出版局、二〇〇〇年）、石井寛治・林玲子編『白木屋文書　問屋株帳』るぼあ書房、一九九八年、野田市郷土博物館編『野田と樽職人』二〇〇七年。

（2）　文政一一年「醤油萬覚帳」（高梨本家文書5AAH19）。

（3）　明治三年『義倉扣　一番野田町組合』（高梨本家文書5BGC85）、「村方上中下三等身分書上帳（下総国葛飾郡野田町）」。

（4）　明治三年『義倉扣　一番』（区内管内義倉金穀諸事控）（高梨本家文書5BGC85）、「村方授産ニ付愚考書上帳」。

第8章　髙梨家の江戸店「近江屋仁三郎店」の成立と展開

森　典子

はじめに

髙梨家の江戸店（近江屋仁三郎店）は通称「近仁《きんに》」と呼ばれ、江戸小網町三丁目に店を構える十組醤油酢問屋の一つであった。本章の課題は、この近江屋仁三郎店の成立と経営形態を明らかにすることである。ところで、以前、近江屋仁三郎家を継承されている方から、「家は近江屋と言われているのだから近江商人が発祥なのかと少し調べてみたがわからず、古い位牌に宮と言う方のものが残され、お寺に墓石もあるが、どんな方か古いことがわからない」と言われていたのを聞いたことがある。江戸の問屋は主に現在の東京都中央区に所在し、特に小網町にはさまざまな問屋が櫛比している江戸の商業面での一等地であった。しかし、この地はたびたびの江戸時代の大火や大正期の関東大震災、そして第二次世界大戦による大空襲と火災に何度か見舞われ、その史料のほとんどが焼失した。ただし、髙梨兵左衛門家に残された史料の中に、幸いにして江戸店近江屋仁三郎店に関するものが、二五〇点ほどある。これらを素材に、髙梨家の江戸店がどのように成立し、どのように営業していたかを明らかにしていきたい。

第1節　江戸店成立の気運と醬油酢問屋の状況

(1) 江戸店成立の胎動

一八二五（文政八）年提出の「造醬油業届書覚」によると、髙梨家は、一六六一（寛文元）年に醬油製造を始め、醬油製造創業当時は、持高六〇石、家内二〇人が暮らし、下男一三人、下女二人であったとされている。このように、髙梨家の醬油醸造は農間副業から発達した「農間醬油造渡世」であった。なお、二五代髙梨兵左衛門が相続人に宛てた遺言の中には、農間醬油造は、一七七二（安永元）年に基を立てたとされている。[1]

江戸市場において、関東の地廻り醬油が一七七〇年代を境に下り醬油にとって代わったと言われるように、髙梨家も七〇年代より本格的に江戸へ醬油を出荷するようになった。一七七五（安永四）年の「未御年貢皆済目録」には、初めて醬油造高五石の冥加として永銭一〇〇文を納めている。この頃の髙梨家の江戸扱いの問屋は以下の一〇店であった。山本清兵衛（小網町三丁目）、増屋利兵衛（南新堀）、住吉屋庄七（新川）、矢野伝兵衛（北新川）、徳島屋市郎兵衛（北新堀）、坂部屋半右衛門（伝馬町）、廣屋吉右衛門（小網町三丁目）、岡村六郎兵衛（浅草諏訪町）、野田屋卯兵衛（小網町三丁目）、伊勢屋伊兵衛（本所緑町）。そして、店請け（主要取引先）となったのはこの中で山本清兵衛であった。[2]実際、一七七七年に髙梨家が江戸へ出荷した醬油樽数は一万六二八四樽で、そのうち山本清兵衛への出荷が三六〇〇樽で全体の二二%を占めた。[3]

山本清兵衛との関係は、これより三三年後の一八一〇（文化七）年の二四代髙梨兵左衛門の覚書で判明する。その内容を簡略に示すと「山本清兵衛へ八九九両の大金を世話したが、損耗の決算になった。御先祖に対して申し訳ないが筋なく用立てたわけではない。当家が商売を始めたとき、山本店にて仕切を格別に出精してもらった。商売冥利と考えてこれまで山本店を世話してきたが、このたび、清兵衛の名前を休み、新蔵に代わり、貸金を精算し、私どもの預り金、外に甲田治兵衛に預けた分を合わせて一五〇両となった。新吉が成長した後に、これを渡して欲しい」[4]とあり、実際、一八一〇年閏二月晦日に、町奉行所より醤油酢問屋仲間八五軒に問屋株の鑑札が下ったが[5]、このとき山本清兵衛店は、「小網町三丁目　山本新蔵」に改名した[6]。

そして翌一八一一年に山本清兵衛所持の醤油酢問屋株を髙梨兵左衛門が譲り受け、清兵衛の奉公人であった新蔵が、その問屋株を預かり、支配人として店を運営することとなった[7]。この文化期の醤油取引の方法は、問屋委託の自由仕切の慣習であり、荷主と問屋の勘定は、いわゆる盆前・盆後の二月と八月の年二回の仕切り決算が行われ、決済は正金が用いられて仕切価格は問屋任せ（委託販売）であった。問屋は口銭（手数料）、蔵敷料（保管料）、艀料（本船より荷を小舟に積み替えて蔵入れする費用）を荷主から取得した。

また問屋は、年に三〜四回は内金として見込み金を五〇ないし一〇〇両単位で蔵元（荷主）へ入金したので、仕切時点で内金が販売代金より差し引かれ、仕切時点には実際に荷主に支払う金額はそれほど大きいものではなかった。一方、荷主は問屋の言われるままに出荷し、仕切日まで決済代金はあいまいな状態であった。

このような取引慣行の中で、力のある蔵元は江戸での問屋株を取得して、製造から江戸での販売を一手に行う取引を望むこととなった。醤油酢問屋株は八五軒と限定され、幕府より新規参入は許されていなかった。しかし、廃業者や休業者の株を譲り受けることは可能であり、このため問屋株の売買は高値になる場合が多かった。髙梨家もこのような状況の中で、多額の負債が残っていたにもかかわらず山本屋の株を引き受けたと思われる。

一八一三（文化一〇）年に幕府南町奉行所は、十組諸問屋を召し出し、問屋株を再交付する。醬油酢問屋株所持の者は冥加金を毎年三〇〇両と御用金も差し出すこととなった。(8) そして山本新蔵を支配人として営業を続けた店は、次第に衰微し、髙梨家や他の荷主に多大の借金が生じたため営業が困難となり、一四年に問屋株の鑑札と諸借金を髙梨家へ渡した。山本新蔵は一八一七年に病死し、清太郎の支配人であった新助が新蔵に代わって営業を続けたが、やはり継続が困難となり、以下の願書が新助から髙梨兵左衛門へ出された。

史料1(9)　願書

一　一ケ年ニ金五十両宛永々上納可仕候間当時御入金之分無利息ニ而御借置可被下候事
一　上納金無滞相納候ハヾ末々迠も本家出店之縁御結置被下候事
一　一ケ年ニ金五十両宛御入金之引当ニ積金可仕候間年一割之利足ヲ加御預リ置被下候事
一　勘定相立候迠御一統様御止宿之儀御免し可被下候事
一　勘定相立候迠居宅手セマニ仕万事倹約仕度候事
　但シ目先ニ見不申所ニ而当時呑喰ニ相抱不申義ニ御座候
右五ヶ條何分願之通御聞済被成下候様奉願上候然ル上ハ私一命ニカけ何様之證文成共差入置可申候弥御承知被成下候得ハ五ヶ年之内ニ者見事なる勘定相立入御覧可申候、右様手前勝手而已申上候得ハ定而御不審之程奉恐入候得とも全歎徳ニ而御願申上候義ニハ無之候、一ヶ年も早ク貴君様之御心ヲ奉休度又ハ店之法も相立申度存念ニ御座候間何分ニも願之通被仰付被成下候様奉願上候以上

文化十四巳二月　　新助

御主君様

新助は五年のうちに経営を立て直すとの決意を述べたが、山本店の運営には、鑑札名前書き換えのときに五五両、新蔵の家族への支援一〇両などかなりの出費を要した[10]。

(2) 山本清兵衛店株を高崎屋長右衛門へ譲渡

髙梨家は、前述のように、一八一一(文化八)年に山本清太郎店の株を取得し、さらに一八一八(文政元)年には近江屋仁三郎店の株も取得し、二軒の醬油酢問屋株を持つこととなったが、二七年に山本清太郎店の醬油酢問屋株と地廻り酒問屋株ならびにその居宅・土蔵類を四代高崎屋長右衛門に譲渡した。その背景を考察する。

史料2[11]　為取替差上申一札之事

一　御鑑札　壱枚　但醬油酢問屋株

一　地巡り酒問屋株

一　川岸土蔵　弐ケ所　但庇付

一　居宅　壱ケ所　但有来通勝手向諸道具共

一　売掛ケ買懸リ不残　但諸帳面共不残

一　帳面表借財金貸シ金銀差引委舗者別帳面之通連判有之候為取替帳面壱冊

右者小網町三丁目山本屋清太郎殿店之儀、是迄貴殿御所持ニ御座候処、此度所縁有之と者乍申御勝手ニ付我等共江永久御譲被下候段、辱奉存候、右ニ付御親類様方御一同幷ニ我等共立会之上別帳面売掛買掛り等相改候所、別帳面之通聊相違無御座候、依之出入差引金銀全借財之分者出精仕連々済方可仕候、且別帳面一同御引渡被下慥ニ

引請申処、實正ニ御座候然ル上者右請拂之儀者、不及申何様之儀出来候とも、貴殿江少しも御苦難相掛申間敷、
為後日一札入置申処仍而如件

文政十丁亥年五月　　店譲請人　当地駒込追分町　高崎屋長右衛門
後見　父牛長
右同人倅
右同断　同　佐吉事
譲請人　清太郎
證人　当地湯島横丁　玉川惣兵衛
世話人　下総流山　相模屋紋次郎

下総国上花輪村　髙梨兵左衛門殿

このときの金額は、買掛借用金が合計二七一〇両、取引掛方並有荷物代金が一七九八両三分でこれらの差引が九一一両、このほかに金二二〇三両かかり、合計三一一四両となった[12]。

こうして、髙梨家は自家の醬油の江戸での一層の販売を高崎屋へ依頼することとなった。高崎屋はこの株を取得し、元山本清太郎店の場所（小網町三丁目）に高崎屋南店を開店した。なお、一八三三（天保四）年に高崎屋が髙梨家へ出した盆前仕切書には、雪旦画料三両、屛風仕立代四両一分を差し引いており[13]、髙梨家と高崎屋は商売以外にも緊密な付き合いがあり、六四（元治元）年には二六代髙梨兵左衛門の長女が五代高崎屋長右衛門と結婚し、姻戚関係となった。高崎屋は、この後も小網町三丁目二八番地で営業を続け、一九二八（昭和三）年に野田醬油株式会社の店請問屋五店が合併して小網商店が設立された際に、高崎屋徳之助としてそこに参加した。

高崎屋が高梨兵左衛門を通して山本清太郎の醤油酢問屋株を手に入れた背景は、以下のようなものであったと考えられる。文化・文政期（一八〇四〜三〇年）の文人らは、芸術的創造活動に力を入れており、文人のみならず、武士や商人まで文人趣味が流行し、独特な文化が当該期に繁栄した。高梨家も同時期に醤油業が順調に推移し、二三代兵左衛門も文人らと交流を深くした。その一人に二宮桃亭がいたが、桃亭は江戸で漢方医を営むかたわら、書画などを趣味としており、高梨家と付き合いがあったと考えられる。その関係で二三代高梨兵左衛門の息子泰元が桃亭の養子となった。高梨家に「二宮桃亭七十歳賀之祝」の貼り交ぜ屏風一双があり、文人達の色紙、短冊を貼り交ぜた屏風であり、酒井抱一、谷文晁などの作品の中に、幕臣や商人などの作品があり、三代高崎屋牛長の作品も見られた。おそらく二宮桃亭を通して、高崎屋と高梨家の付き合いがあったと考えられる。なお、泰元の息子泰純は、近江屋仁三郎店のさだと従兄妹同士であるが、さだの義兄となり、後に近江屋の親戚総代として近江屋の経営の相談を受け、高梨兵左衛門家と近江屋仁三郎店との連絡や近江屋への進言をすることとなった。

第2節　近江屋仁三郎店の経営

（1）近江屋仁三郎店の成立

本節では、千葉町の醸造家であった近江屋仁兵衛が所持していた江戸の醤油酢問屋株を最終的に高梨家が取得して、高梨家の江戸店とした経緯をまとめる。下総国千葉郡千葉町の近江屋仁兵衛は文政期（一八一八〜三〇年）の醤油造仲間名簿の千葉組に所属した醤油醸造家であったが[14]、江戸の醤油酢問屋株を近江屋仁三郎店名義で所持しており、その問屋株を一八一八（文政元）年に前述の山本清太郎店の手代新助に売却した。

史料3(15)　一札之事

我等所持之十組醤油酢問屋八拾五間之内、近江屋仁三郎店我等以勝手を貴殿江譲渡し候処実正也、則　御鑑札株札とも相渡し為株金ニ四拾両慥ニ受取申候ニ相違無御座候、右株式ニ付違礼申者御座候ハヾ、我等引受貴殿江少も御苦労懸申間敷候、尤是迄荷主仕切金幷ニ頼母子講懸金合而金四百拾両弐分ト銀拾壱匁七分七厘売先懸方金七百拾両壱分銀九匁七分四厘貴殿方ニ而請拂被致候対談ニ御座候、猶又当時仁三郎名前ニ而商致呉候様頼入候所御承知被下添存候、後年ニ至名前書替之儀御勝手次第可被致候其節一言之儀申間敷候

前書之外借財有之我等方ニ而引受済方可致候　為後日證人加判仍而如件

文政元寅年十一月　　　下総千葉郡千葉町　近江屋仁兵衛

證人　　同所親類　同　　源六

山本屋清太郎　殿

同　　新助　殿

このときの譲渡金はおおよそ株金が四〇両、仕切金や頼母子講懸掛金が四一〇両、売先掛金が七一〇両で合計一一六〇両となる。店の名前は近江屋仁三郎でそのまま営業を続けるように要望している。なお、一八一〇（文化七）年の醤油酢問屋株の名簿には「近江屋仁三郎」はなかったので、その八年後には近江屋仁兵衛は江戸の醤油酢問屋株を取得していた。この江戸の問屋株を売却後も近江屋仁兵衛家は醤油醸造経営を継続し、その醤油蔵は千葉町横町にあって「千葉県繁盛記」などに紹介されており、天保期から文久期の「関東醤油番付」にはほぼすべて名を連ねていた。そして近江屋仁兵衛は、問屋株売却後も自家製造品を江戸の近江屋仁三郎店に出荷しており、長く親戚のような付き合いを続けた。その結果、近江屋仁三郎店の運営は、元山本清兵衛店奉公人の半兵衛に任されることとなり、半兵衛

図 8-1　『江戸買物獨案内』醤油酢問屋の部

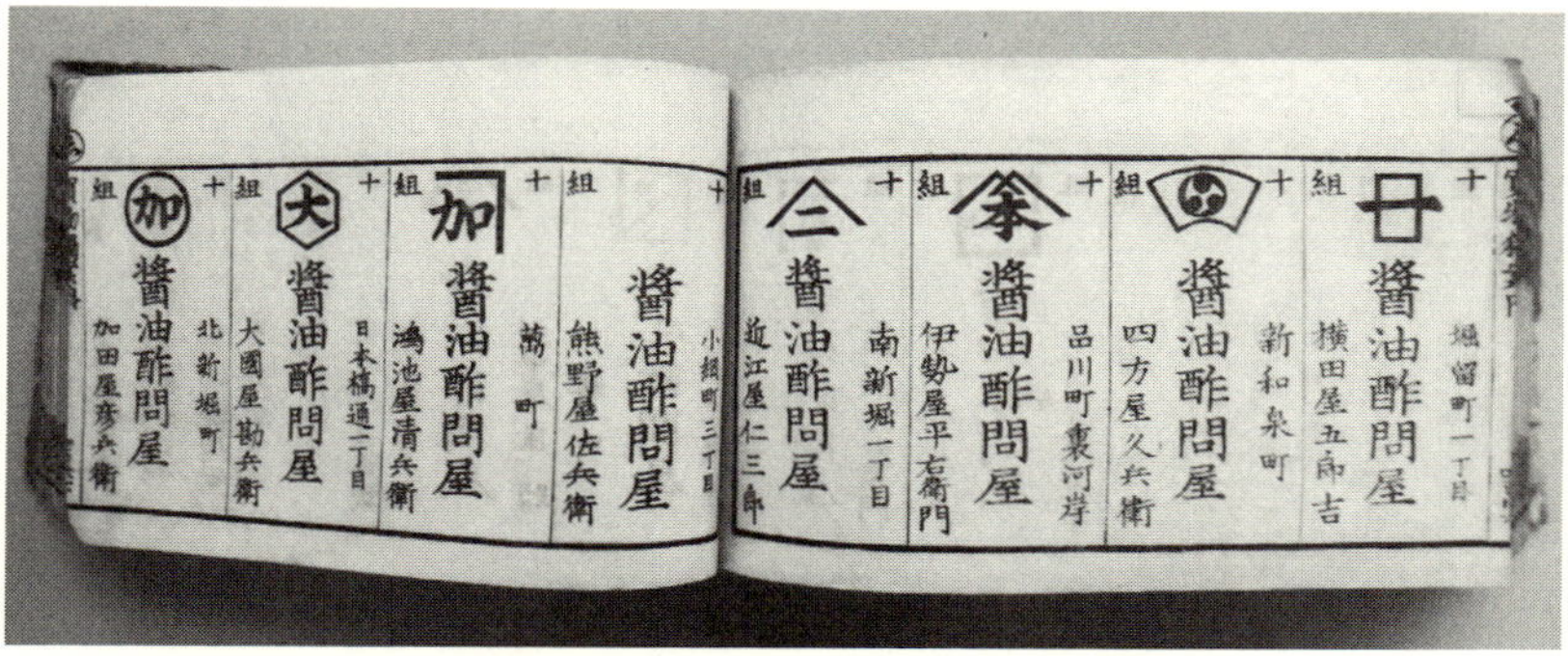

（出所）文政７年版『江戸買物獨案内』（慶應義塾大学三田メディアセンター蔵）。
（注）中央に近江屋仁三郎店が記されている。

は二四代髙梨兵左衛門の娘「さだ」を妻に迎え、仁三郎と改名した[16]。店は南新堀一丁目にあり、一八二四年の『江戸買物獨案内』に「南新堀一丁目醤油酢問屋近江屋仁三郎」と紹介されている（図８－１）。その後、一八二九年の江戸の大火により、南新堀の近江屋店は類焼し、仁三郎（元半兵衛）は小網町三丁目行徳河岸の宮善兵衛（奥川船積問屋）宅に移り、この船積問屋株を譲り受けて宮善兵衛と改名した[17]。つまり、近江屋仁三郎店は、醤油酢問屋株と奥川船積問屋株の両方を所持して、それ以後一九二八（昭和三）年まで小網町で営業を続けることとなった。

（2）髙梨家と奥川船積問屋株

奥川船積問屋は、船の積荷の世話をして手数料（口銭）を取得し、江戸十組問屋仲間に所属した。前述の一八二九（文政一二）年の江戸の大火の際に、近江屋仁三郎が宮善兵衛宅へ移ったのは、それ以前の二七年に宮善兵衛が奥川船積問屋株を近江屋仁三郎へ売却したからであった。このとき、近江屋仁三郎は、宮善兵衛から十組奥川船積問屋株、居宅、土蔵一カ所（小網町三丁目行徳河岸庄兵衛店、間口三間、奥行き二間半）を五〇〇両で買い取り、津久井屋理右衛門、布川屋庄右衛門、加賀屋大助ら仲間行司の承認を得た[18]。

その後、髙梨家は、一八三三（天保四）年に小網町三丁目奥川船積問屋金子屋紋兵衛からその株を六〇〇両で譲り受け[19]、同時に茶船一艘を三〇両で買い受けて自ら輸送を行うこととなった[20]。奥川船積問屋株には、それぞれ積場所規定があり、問屋株ごとにそれぞれ別の場所で積む権利を持っているため、髙梨家はこのときに、宮善兵衛が所持していた問屋株と合わせて、積場所を二つ所持したことになる。野田から江戸へ舟運で醬油を運び、帰り船で醬油醸造の原料である赤穂塩や相州小麦を積み戻る輸送を考えると、奥川船積問屋株を持つことは大変有利であった。このように、髙梨家は、醬油醸造、江戸での販売、舟運の三つの権利を取得し、醬油醸造業を有利に展開することができたと言える。実際、江戸醬油問屋の廣屋の社史である『廣屋三百年を駆ける』には、「関東大震災後、醬油問屋のなかで積問屋として残っていたのは髙梨仁三郎の近仁回漕店である。野田の自家醸造のジョウジュウ醬油を伊豆半島全域に売り込んでいたのも舟便があったからだ[21]」と記されている。一八四一年に天保の改革により株仲間が解散され、十組問屋はその権利を失い、五一（嘉永四）年の株仲間再興の際に、十組問屋の多くは再興されたが、奥川船積問屋はこのときに再興されず、六七（慶応三）年に御用金一〇〇〇両を上納したことでようやく再興が認められたものの、幕府崩壊とともにその問屋株は消失した。

（3）天保期（一八三〇～四四年）の近江屋仁三郎店

仁三郎が宮善兵衛に改名した後の近江屋仁三郎店は、一八三一（天保二）年に近江屋の奉公人安兵衛が宮善兵衛（元半兵衛、元仁三郎）の養子となり仁三郎と改名して近江屋仁三郎店を継いだ。それとともに宮善兵衛は隠居する[22]。前述のように、一八三三年には髙梨家が金子屋紋兵衛の奥川船積問屋株を買い受け、三四年には塩積入一期勘定による積送りを幕府に掛け合い、五〇〇両を上納してその許可を得た[23]。このように一八三〇年代前半の近江屋仁三郎店は積極的な経営展開を遂げた。

しかし、一八三七年に近江屋仁三郎（元安兵衛）が死去すると経営が混乱した。仁三郎の息子善太郎が仁三郎と改名したが幼年であったため、隠居半兵衛（元宮善兵衛）が後見となる。しかし翌一八三八年に隠居半兵衛は多病のために引退し、仁三郎が成長するまでは店の奉公人の吉蔵と宗兵衛が仁三郎を後見することとなった[24]。そして、隠居半兵衛は同年八月に「さだ」（二四代高梨兵左衛門の娘）と離縁し、「さだ」は高梨家へ戻った。その間の事情は、「さだ」が二五代高梨兵左衛門に差し出した一札からわかる。

史料４[25]　差出申一札之事

一　私事夫半兵衛諸共仁三郎へ身上向相渡シ隠居仕候処、去酉年五月中仁三郎死去仕、倅善太郎改仁三郎幼年ニ付家業差支候間、私共再家業躰世話仕候処夫半兵衛勤方等閑ニ相成日々酒乱ニ而家業相続相成兼無是非半兵衛ヨリ離縁状請取同人義ハ小網町退散いたし差当リ仁三郎家業相続差支ニ相成心配之時節、是迄勤居申候、吉蔵惣兵衛両人之もの幼年之仁三郎守立家業出精仕度旨願出候ニ付、親類御一同御評議之上、右両人江家業向相任出精可仕旨被仰渡、私身分高梨江御引取被下飯米塩味噌等ニ至迄御送リ被下壱ケ年金弐拾両之割合ヲ以月々諸入用ニシて御手当ヲ被下難有仕合ニ奉存候、是亦娘きん事宮善兵衛積荷株此引当テ被下尤船出入金三百両借用有之候得共きん成人之上者右積荷年々場高割合ヲ以御渡可被下間、聟養子いたし渡世可仕旨被仰聞きん往々之手当被成下安堵いたし難有奉存候、然上者近江屋仁三郎醤油株、金子門兵衛積荷株右両株之儀者、後年ニ至リ私ヨリ有障筋一切無之幷合力ヶ間敷義決而申間敷候、私事ハ御手当テ年々御貰申候上者、外ニ金等少も無御座候、尤きん縁談いたし渡世仕様相成候ハバ、其節者御手当ヲ不及申上御座候、依之加判一同差入申所為後日如件

天保九戌年九月

当人　さだ

證人　源治郎

同　二宮泰純

高梨兵左衛門　殿

一八三八年当時近江屋店の借入金は合計で三六〇八両三分、銀四匁五分八厘であり、この返済につき、一〇〇〇両は高梨家で助け、残りは返金が簡単にできないため、無利子にて五年間据え置き、その後は年賦にて返金する。そのほか、奥川船積問屋宮善兵衛と金子紋兵衛の借金を合わせて九〇〇両があり、借用金は合計で四五〇八両以上であった。(26)

これをもとに高梨家は江戸店の借用金返済方法を定めた。

史料5(27)　立合取定書

覚

一　借用證文金本書之通リ五ケ年置末年限御年賦返金取極可申候事

一　店勤候者出精金配当割合之義ハ、亥年より相定可申候事

一　善太郎幷ニ母二男手当送金年限五ヶ年者本店ニ而御出金被下六ヶ年目ヨリ者店ヨリ出金賄可致候事

一　千代久様借用金三百五十両本店ニ而御返金被下候事

一　相続講懸金配金本店ニ而返金被下候事

一　千代久様蔵御引渡右代金五拾両積リ追而店ニ而買戻シ義相願候処御聞済被成下候事

一　お金殿江御手当之株式宮善株当時店ニ而御預リ申候事御同人人柄ニ相成之節無相違御渡シ可申上事

一　積荷株金子宮善両株口せん高見積入用高引去亥年ヨリ三ヶ年其店江被下候者ば寅年より者お金殿江差上可申取極右振合訳ヶ掚覚

一　両株口せん高凡金弐百両上ヶ見積リ

内　一金六拾両　株式り足
　一金九拾両　人夫五人懸リ積リ
諸雑費とも大積リ
〆金百五拾両也　右入用高見積リ
引残　金五拾両延金見積リ
右延金お金殿方江半金宛差上可申候定勿論其年口せん高甲乙ニ随江返不及も御座候節者
帳合勘定ヲ以割合可仕候事
右お金殿江上ヶ候金子之義千代久様江御預可申候事
一　今般商内向口せん暮方入用大数之見積覚書候事
一　醤油口せん大凡商内高金三千両定利六分見積リ　口せん　高金百八拾両
　外ニ　金弐百両積荷口せん
〆金三百八十両　内　暮方見積リ
一金弐百五拾両　店入用
一金六拾両　株式り足
〆金三百拾両也
引残　金七拾両　延金見積也
右延金亥年ヨリ三ヶ年之間如斯ニ候寅年ヨリ者前書お金殿江上ヶ金弐拾五両引方相成候得者延金四拾五両少々
相見江候事
一　前書通リ今般立合相定候処相違無御座候為念如件

天保九戊戌年十一月

店預り人　吉蔵
同　差添　惣兵衛
證人　久兵衛
同　七郎治

髙梨兵左衛門　殿

そして一八四二年八月に近江屋の奉公人久次郎が近江屋の家名相続を仰せつけられ、久次郎は近江屋店につき意見書を提出し、それが認められて家名相続を承諾した。久次郎は、「さだ（二四代兵左衛門の娘）」の娘「金」の婿養子となり、手当金一〇〇両をもらう。一方、「金」は宮善兵衛株を所持するが、その運営は近江屋に任せた。その後、店改革のために奥（住まい）と店の間仕切りを行い、その後の店向きは二宮泰純（本書巻頭髙梨家略系図を参照）が中心となり、本所老人などの親戚や家内（さだ親子）と相談する。久次郎は、別家にて暮らし、店に通って手当金三〇両、米一〇俵で江戸向御用を仰せつけられる。また、奉公人和助が宮善兵衛方の支配をすることとなった。そして一八四四年に近江屋仁三郎が死去して、それまで後見してきた吉蔵と宗兵衛は暇をもらい、久次郎が仁三郎の弟清助が成長するまで後見することとなり、店の支配も、久次郎と和助に任された。ただし、店渡世向きは追々不景気となり、借財がかさんで相続が難しくなった。

（4）近江屋仁三郎店の改革

前述のように、近江屋仁三郎店の借財がかさむ中で、髙梨家はついに一八四六（弘化三）年九月に近江屋仁三郎店を髙梨本家の持店（直営店）と定めた。すなわち、髙梨本家は近江屋仁三郎店の支配人久次郎と和助に左記のような

定書を示し、合わせて店の「家訓、年中賄方仕法、割渡金仕法書」を改めて定めて店内に遵守させた。(28)

史料６　定

一　当店之義本家持店ニ相定申候
一　金銀出入帳是迄之通金五拾両以上者久次郎宅江預ヶ可申御座候都合次第ニ而、千代久江預可申候
一　店勘定、掛捨ヲ引、売徳之内五分ハ店江積金致置、残五分ハ支配人より次第ヲ付割渡シ候事　但シ右割渡シ金年々店ニ而預置出精相励候上追而相渡シ申候事
一　時貸一切無用之事
一　久次郎事親子為手当給分金三拾両米拾俵宛年々本家ヨリ出金致シ遣候事
但シ右手当米金共店ヨリ可差出之処右様ニ而者利潤も薄具積金之処廉ニも拘一同励ニも相成間敷ニ付国元より手当致し候
一　壱ケ年入用筋夫々口訳致し候間右ニ而相賄可申候
一　飯米味噌之義当年限之処来ル未申両年迄差在リ申候事
一　本店ヨリ罷越人江者有合候菜之外調候ニ不及候事
右取極之通、具々違失無之倹約質素丹精いたし萬事費ニ不相立様心ヲ付可被申候事
弘化三丙午年九月
本家
久次郎殿
和助殿

そして一八四七（弘化四）年に二五代高梨兵右衛門は二六代に家督を譲り、同年四月に近江屋仁三郎（清助、当時一六歳）の住居を小網町より上花輪村に移して清助を高梨家で引き取った[29]。同年九月、久次郎は妻「金」（二五代兵左衛門姪）と離縁し、兄半兵衛方へ引き取られ、「金」は妊娠中にて出産のうえは、男女によらず久次郎方で引き取ることとなった[30]。この頃より、高梨家の奉公人が近江屋仁三郎店へ派遣され、支配していた様子である。一八四一（天保一二）年の株仲間解散令で江戸十組問屋仲間が解散されたが、種々不都合が生じて物価上昇の原因ともなったため、一八五一（嘉永四）年に問屋仲間が再興されて、醤油酢問屋は復活したが、奥川船積問屋は除外された。そして、一八五二年に新たに店定書、家訓、年中賄方仕法書、割渡金仕法書が店に出された。

史料7[31]　定

一　当店之儀弘化三午年ヨリ持店ニ相定申候
一　店勘定正月晦日迠ニ仕立可申、尤其節迠ニ取集ニ不相成分ハ次第を付、引去可申候
一　店勘定懸捨を引、売徳之内五分ハ店江積金ニいたし置残五分者支配人より次第を付割渡し候事　但し別紙帳面之通割渡し金年々店ニ而預置出精相励候上追而相渡し候事
一　時貸一切無用之事
一　本店新宅河野ヨリ罷越候人江者有合候菜之外調ニ不及事
一　主人ヨリ申付之用事他行致し候ハヾ書付ニいたし置可申口上者勿論之事
右取究之通、具々違失無之倹約質素相守丹精致し萬事費不相立様心ヲ付可被申候事
嘉永五壬子年正月　　本家

近江屋仁三郎店中

規則（家訓）

一　御公儀様御法度之旨幷時々御觸之趣堅相守可申事
一　火之元大切昼夜無油断心付可申事
一　毎朝神仏へ拝礼可致事
一　精進日急度相慎可申事
一　君父之忠孝をつくし親類兄弟者睦敷可致事
一　主人出府之節被見致候間日々之事日記へ相記可申事
一　懸方之義第一ニ候、去ル天保十五辰春附立より増し候義相成不申、五節句取残ニ相成候ニ而も七月十二月両度ニ皆済ニ取集可申、正月晦日迠ニ入金無之得意江ハ商致シ申間敷候、直段何程ヨリ売候而も元金を失ひ候而者、商ノ甲斐ナキ間、此意味合を勘考致し失念致間敷候掛廻リ之者朝夕心掛申へき事
一　百両之物を買ふ人よりも壱両之買候人を大切ニいたし貴人より下人を敬ひ、暇之時ヨリ鬧敷時格別入念慇懃丁寧ニ挨拶致シ顔色をやわらげ言葉を柔和ニ致候義肝要之事
一　病人有之節者薬用者勿論食事も好ニ応し手当可致事
一　夜分出入四ツ時限之事
一　夜分暇あらば手習可致事
一　夕方蔵之戸〆り隠居之役といえども人々気を付念入可申事
一　客来有之節一汁一菜之外用ひ申間敷右菜壱人前鳥目五拾文酒出し候節者、肴一品限リ代弐百文ニ而賄可申事
一　隠居幷支配人夜具取扱者弐拾才以下之者之可相勤事

一　他行之節小遣弐百文一夜泊リ弐百文都合四百文之事
一　支配人三ケ年相定申候夫々順達を以出世可申付事
一　隠居三ケ年相勤候ハヾ宅勝手之事
　　但し別宅之時者本家ヨリ相当之褒美可有之事
右箇条之通リ相守可申候以上
　　嘉永五壬子年正月

覚（年中賄方仕法書）

一　金三拾四両　飯米代　両ニ七斗凡六拾俵　外ニ拾俵河野分
一　金拾三両　　日々菜代
一　金弐拾三両壱分　油炭薪代其外共
一　金拾九両弐分　見世前蔵地代　但し隠居所差引
一　金拾四両壱分　向蔵地代　二口〆金三拾三両三分
一　金七両弐分　仲ケ間入用
一　金八拾五両　見世入用　町入用　店中遣し物　諸山初穂其外共
一　金拾両　臨時入用
一　金七両弐分　客入用
一　金弐両　薬札
一　金六拾両　給金　外ニ金五両新宅ヨリ子ヨリ寅迠助合

一　金拾両　　普請入用
一　金五両　　八尾手当
合金弐百九拾壱両
右之内ニも増減可有之候得共右ニ而、相賄可申候事

割渡シ金仕法書

一　上金之儀者、追而店勘定利潤有之融通有節可申渡事
一　金百両　利潤有之といたし候間
　内　一金弐拾両　懸捨引
　　是者仕法立処右金子迄申事無之年々勘定ニ寄引去可申候
　残而金八拾両
　内　一金四拾両　積金
引〆金四〇両
先人数八人と致シ支配人ヨリ次第ヲ付割渡し候飯焚子供除
右之内支配人隠居弐人六分之割
一金拾弐両宛　両人
引〆金拾六両
　右之内醤油売人積荷方両人六分
一金四両三分三匁宛　両人

引〆金六両壱分九匁
　右之内八分両人
　　一金弐両弐分三匁宛　両人
残而金壱両壱分壱匁八分　弐人割
　　一金弐分八匁四分宛　両人
　嘉永五壬子年正月
　　　　　　　　　　　　　　近江屋仁三郎店

高梨本家は、一八五二年の諸定めを新たに主人の伝達事項として紙に書きつけさせ、間違いがないように上位下達を徹底させて店意高揚を図ったと言える。この頃の近江屋仁三郎店は、一軒の中で店（商売）と奥（暮らし）が一体で行われ、不都合も生じたため、奥方は米沢町（現在の両国広小路附近）に家を借りて引き移り、店は商売に専念できるようにした。米沢町の家には高梨家の家族が出入りし、食費、風呂代、髪結い代、子女の習い事謝礼、小遣いまで記載された帳面が残されている[32]。そして一八六二（文久二）年には、その家主が野田まで年始に来ている[33]。

その後近代に入り、一八七九（明治一二）年に二六代高梨兵左衛門に四男松之助が生れると、松之助が近江屋仁三郎を継ぐこととなったが、幼年のため八二年に代理人として田中菊太郎が命ぜられ、店を運営することとなった。そして八四年に仁三郎（旧松之助）は五歳にて小網町へ分家することとなった。もっとも代理人が店を切り盛りする体制は変わらず、一八九三～九八年は野田近くの梅郷村今上の田中吉右衛門が三カ年の給料二〇〇円で近江屋仁三郎店に派遣された。一九〇五年には仁三郎が病気のために隠居し、二八代高梨兵左衛門の二男茂次郎（〇四年生まれ）が高梨仁三郎として近江屋仁三郎店を継承することとなった。一九一七（大正六）年に、高梨家と茂木一族を中心として野田の醤油醸造家が大合同して野田醤油株式会社を設立してからも、高梨仁三郎店は東京の問屋経営を継続し、最

図 8-2　近江屋仁三郎店間取り図

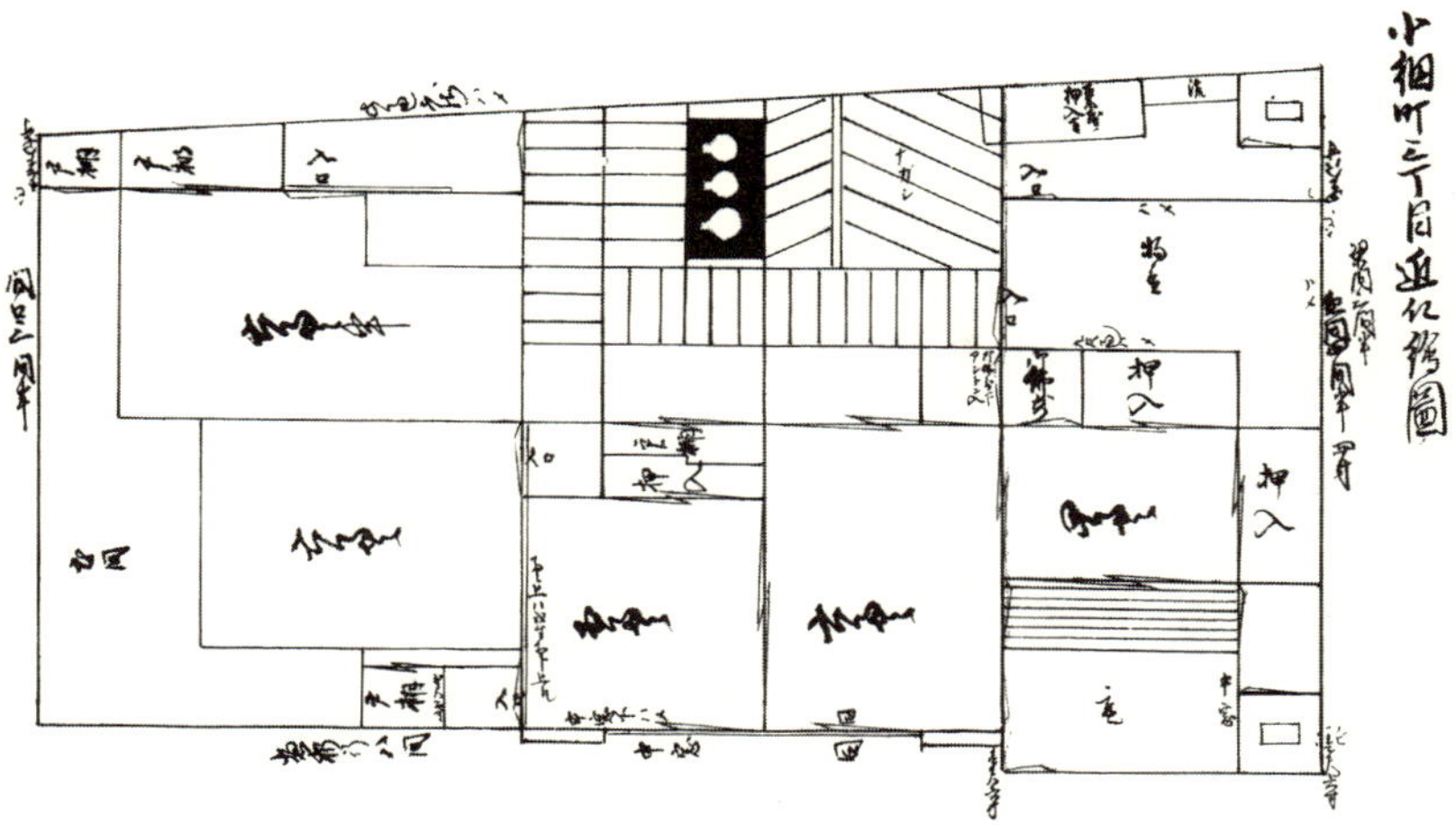

2 階部分

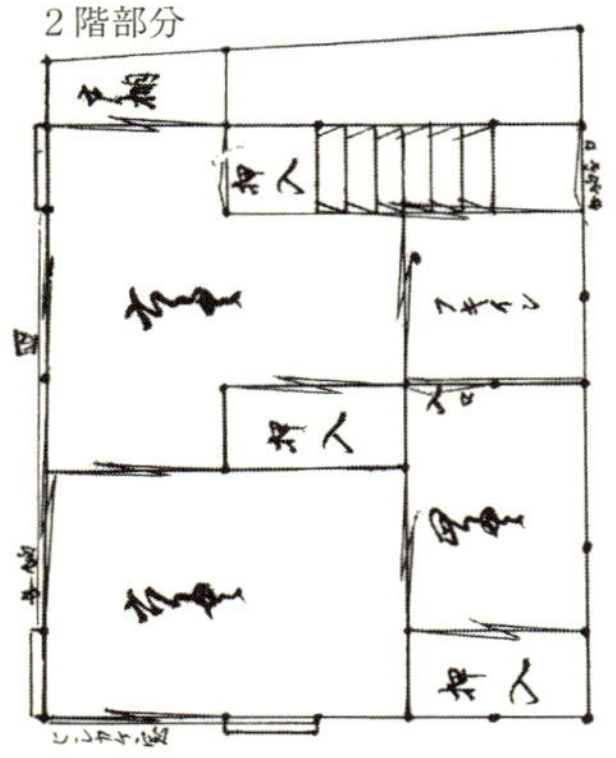

（出所）慶応 3 年「近江屋仁三郎絵図」（高梨本家文書 5ICA20）。
（注）1827（文政 10）年時点（注 18 を参照）と同じと思われる。

終的に、二八（昭和三）年に、野田の醤油醸造家の店請けとなった問屋の中で、近江屋高梨仁三郎店、中井（半三郎）商店、中野（長兵衛）商店、高崎屋（徳之助）、村上商店（笹田傳左衛門）の五店が合併し、小網商店を設立することで、近江屋仁三郎店としての問屋営業は終了することとなった。

（5）近江屋仁三郎店の損益と資産動向

ここで、近江屋仁三郎店の損益と資産動向を二つの時期に分けて検討する。第一の時期は、高梨家が近江屋仁三郎店の醤油問屋株を取得した一八一八（文政元）年から、その後小網町で営業を続け、高梨本店の直営となるまでの時期で、第二の時期が高梨本店の持店となった四六（弘化三）年から七五（明治八）年までである。むろん、その後も近江屋仁三郎店の営業は継続するが、それは本書第9章で検討されるので、本章の検討は一八七五年までとする。第一の時期は、近江屋仁三郎店の経営を把握する資料は髙梨家には残されていないが、髙梨家の江戸問屋向け醤油出荷総樽数と近江屋向出荷樽数より推察する。(34) 一八世紀前半の江戸での髙梨家の醤油出荷数は順調に伸び続け、一八四一（天保一二）年の株仲間解散まで五万～六万樽以上の出荷高であった。その後、一八五一（嘉永四）年の株仲間再興の頃まで出荷量は横ばいとなり、その後も数量に大きな変化はなかった。

一八世紀前半の、近江屋における髙梨家からの醤油入荷樽数は、髙梨家の江戸向け総出荷樽数の一〇％に満たなかったが、一八五〇年代～六〇年代に二〇～四〇％に漸増した。前述の一八三八年の「立合取定書」（史料5を参照）によると、近江屋の経営状態は、「醤油口銭高、おおよそ三〇〇〇両、利率見積り六分で、口銭利益は一八〇両　外に積荷口銭二〇〇両、合計三八〇両、内店入用二五〇両、株式利息六〇両、計三一〇両引き、残り七〇両の収益見積」とされた。見積りは、これと同様な数字で、一八五〇年代まで横ばい状態で続いた。

第二の時期は髙梨家持店となった八年後の一八五四（安政元）年より、近江屋「店勘定下書」が残され、経営状況が明らかとなる。表8－1を見ると、この間は、幕末まで世情が不安定であったため、欠損が多くほとんど商売にならていない。ところが、明治維新前後からは商品の不足や高騰などで順調に利益を上げていた。また、収入欄を見ると、船積問屋宮善兵衛株からの上がり金は、一八五一年の株仲間再興でも船積問屋が除外されたものの、その権利は残っており、上がり金は継続していた。支出欄では、店諸雑用欄は、店入用、米代、菜代小売物共、客入用、地代、仲間入用、臨時支出等を含み、店給金として常時七～一五人ぐらい、飯焚き、下女などに支払われていた。

続いて、近江屋仁三郎店の貸借対照を検討する。表8－2を見よう。貸方項目に「掛方貸万年帳分」があり、「当用掛方貸」はその年間の売掛金の貸であるが、万年帳分はそれ以前の売掛金の貸を示す。この「当用掛方貸」が一八六〇年代後半から増大し、それが順調に回収されなかったために、「掛方貸万年帳分」に付け替えられて、そこも増大した。ただし、一八七〇年代前半は、「当用掛方貸」の増大ほどには、「掛方貸万年帳分」は増大していないので、売掛金の増大は、その年の販売額の増大を示しており、表8－1から見てこの時期利益が上がっていたので、経営状況は比較的良好であったと考えられる。

最後に、近江屋仁三郎店が扱った醬油の中で、高梨家関係の醬油の占めた比重を検討する。表8－3を見よう。高梨家関係の扱い荷のうち、〈上十〉印（出蔵）、元蔵、新蔵は高梨本家醸造の醬油、河野蔵は二三代高梨兵左衛門の次

表8-1　幕末維新期近江屋仁三郎店損益一覧

単位：両、1875年は円

年	1854	1855	1858	1865	1866	1867	1868	1869	1870	1871	1872	1873	1874	1875
扱い樽数（樽）	44,943	46,517	29,448	49,151	49,418	68,655	57,965	44,566	41,723	32,688	40,543	43,629	41,602	34,135
収入の部														
総売上金額	7,870	8,524	4,332	20,605	24,057	33,865	29,330	34,609	38,228	29,655	38,268	40,916	36,860	32,682
内　元値	−7,438	−8,057	−4,120	−19,120	−22,464	−31,794	−27,226	−32,197	−35,460	−27,530	−36,148	−38,170	−34,927	−30,917
口銭立替・得意先値引他	16	−53	34	−8	12	−174	−93	−216	31	55	−45	−174	46	154
差引　小計	448	415	245	1,478	1,605	1,897	2,010	2,198	2,799	2,180	2,076	2,572	1,979	1,922
船積問屋（宮善株）上り金	155	147	138	307	349	470	317	383	530	421	359	599	602	754
船積諸入用・茶船入用	−57	−47	−49	−186	−113	−189	−102	−133	−279	−212	−169	−285	−242	−259
差引　小計	98	100	89	121	236	280	215	250	251	209	190	314	360	494
樽方売他収入			1) −13											
収入　計	546	515	322	1,599	1,841	2,178	2,226	2,447	3,049	2,389	2,266	2,886	2,339	2,417
支出の部														
店諸雑用（店入用他）	−419	−310	−339	−1,152	−898	−1,614	−845	−999	−948	−760	−1,109	−1,424	−2,144	−1,009
店給金	−62	−126	−31	−101	−136	−132	−144	−154	−158	−194	−187	−218	−220	−210
支出　計	−481	−436	−370	−1,253	−1,034	−1,747	−987	−1,152	−1,106	−954	1,297	1,643	2,364	1,219
当年損益	65	78	−48	346	807	433	1,239	1,294	1,943	1,434	970	1,243	−23	1,197

（出所）各年度「店勘定下書」（高梨本家文書）より作成。
（注）無印は近江屋の入、－印は近江屋の出。1872年に新暦を採用したため、同年は例年より1カ月少ない。両未満は2分以上は切り上げ、それ未満は切り捨て。円未満は四捨五入。1）樽方売188両、焼失分－201両、差引－13両。

表 8-2　幕末維新期近江屋仁三郎店貸借対照表

単位：両、1875 年は円

年	1854	1855	1858	1865	1866	1867	1868	1869	1870	1871	1872	1873	1874	1875
貸方の部														
正金有	146	639	31	638	574	840	408	762	504	304	171	503	417	1,046
有荷物代	571	590	274	970	764	1,363	1,877	1,858	1,629	1,144	1,879	1,350	1,829	664
家内貸越・当座貸金	817	1,300	498	1,886	2,580	3,551	3,874	3,980	4,188	4,387	4,467	5,243	3,031	3,248
宮荷主当座貸金	107	109												
当用掛方貸	2,181	2,317	1,188	3,575	5,119	5,792	5,903	7,732	7,534	8,338	9,683	10,215	9,950	9,834
樽代貸	85	85	167											
本店・千葉近仁立替	647	952	200											
掛方貸万年帳分	2,719	2,779	2,423	4,546	4,608	4,639	4,877	4,986	5,604	5,747	5,759	6,524	6,688	7,640
小計	7,274	8,771	4,782	11,615	13,644	16,185	16,939	19,319	19,456	19,921	21,959	23,836	21,914	22,434
借方の部														
仮仕切可渡分	−2,639	−3,446	−1,499	−5,864	−7,054	−9,023	−9,496	−11,007	−9,136	−8,187	−9,234	−9,885	−7,998	−7,077
長期借入	−4,866	−4,857	−4,995	−4,844	−4,844	−4,844	−4,844	−4,844	−4,844	−4,844	−4,844	−4,844	−4,844	−4,844
家内当座借	−1,106	−1,840	−714	−955	−955	−1,219	−955	−954	−955	−955	−982	−996	−1,015	−1,287
小計	−8,610	−10,143	−7,208	−11,663	−12,853	−15,086	−15,295	−16,805	−14,934	−13,986	−15,070	−15,725	−13,857	−13,209
差引	−1,336	−1,371	−2,426	−48	792	1,099	1,644	2,514	4,522	5,934	6,889	8,111	8,057	9,226

（出所）表 8-1 と同じ。
（注）無印は近江屋の貸、－印は近江屋の借。1872 年に新暦を採用したため、同年は例年より 1 カ月少ない。両未満は 2 分以上は切り上げ、それ未満は切り捨て。円未満は四捨五入。

男信康が額田村河野権兵衛の養子となり、今上村に醬油蔵を作り醸造した醬油を示す。そして宝山新宅は信康の四男周造が二五代兵左衛門の長女徳と結婚し、高梨周蔵家を興し、醬油を醸造したものを示す。そして丸山蔵は二六代兵左衛門次男の孝右衛門が分家して醬油醸造したものを示す。これらを合計すると、一八六〇年代後半に、近江屋仁三郎店が扱った醬油の中で、高梨家関係の醬油の占めた比重は増大し、七〇年代前半には、六〇％以上を占めるようになった。その比重を、樽数と金額で比較すると、一八五四～七一年は、樽数の比重より金額の比重が高いので、近江屋仁三郎店は、高梨家関係の蔵から比較的高価格帯の醤油を主に扱っていたと考えられるが、七二年以降は、樽数の比重が増えるほどには金額の比重は増大せず、樽数の比重が金額の比重を上回った。近江屋仁三郎店は、高梨家関係の蔵から低価格帯の醤油も扱うようになり、その他の蔵から扱った醤油の平均単価を、高梨家関係の蔵から扱った醤油の平均単価が下回るようになったと考えられる。

　この間、近江屋仁三郎店が取引した高梨家関係以外の醤油蔵として、以下のような醸造元が挙げられる。野田では、

表8-3　幕末維新期近江屋仁三郎店高梨家関係醸造蔵別醤油扱い量

単位：樽数は樽、金額は両、1875年は円

年	上十印		元蔵		新蔵		河野蔵		宝山		丸山蔵		高梨関係合計		近江屋扱い総計		比率（%）	
	樽数	金額	樽数	金額	樽数	金額	樽数	金額	樽数	金額	樽数	金額	樽数	金額	樽数	金額	樽数	金額
1854	4,855	1,168	3,982	841	1,868	419	5,083	890					15,788	3,319	44,943	7,870	35	42
1855	5,104	1,259	4,813	1,064	2,566	586	5,127	956					17,610	3,865	46,517	8,523	38	45
1858	2,680	543	940	320			3,871	1,584					7,491	2,447	29,448	4,331	25	56
1865	9,972	5,232	4,697	1,793			3,670	1,544	4,682	1,354			23,021	9,923	49,151	20,604	47	48
1866	9,077	5,525	7,237	2,655	3,045	1,783	2,474	1,205					19,603	11,167	49,418	24,056	40	46
1867	8,144	6,145	23,539	9,513	2,442	1,756	3,375	1,690					37,500	19,104	68,655	33,865	55	56
1868	9,440	6,668	17,222	7,248	3,294	2,313	2,254	1,217	新宅 樽数	金額			32,210	17,446	57,965	29,329	56	59
1869	6,355	6,734	14,423	10,452			4,207	3,133	1,264	1,236			26,249	21,555	44,566	34,609	59	62
1870	7,005	8,592	2,265	2,085			2,645	2,233	750	904	12,275	9,406	24,940	23,220	41,723	38,228	60	65
1871	7,180	8,483	2,790	2,821			2,018	1,894	1,075	1,279	6,095	4,575	19,158	19,052	32,688	29,654	59	64
1872	9,495	10,771	4,336	2,906			2,986	2,039	1,371	1,508	7,130	3,917	25,318	21,141	40,543	38,268	62	55
1873	10,160	11,420	5,265	3,477	2,019	2,145	2,715	1,807			7,008	3,983	27,167	22,833	43,629	40,916	62	56
1874	9,705	9,849	4,916	2,916			3,047	1,761	2,141	1,926	7,576	3,337	27,385	19,790	41,602	36,859	66	54
1875	7,290	7,857	4,672	2,834			2,853	1,704	2,301	1,962	6,332	2,930	23,448	17,287	34,135	32,682	69	53

（出所）表8-1と同じ。
（注）1872年に新暦を採用したため、同年は例年より1カ月少ない。両未満は2分以上は切り上げ、それ未満は切り捨て。円未満は四捨五入。

茂木七左衛門、柏屋七郎右衛門、茂木佐平治、柏屋（茂木）房五郎、白木（山下）平兵衛、油屋与四郎、幸多治郎兵衛（茂木真治郎）、飯田重兵衛、柳屋仁平治（松伏）、堀切紋次郎（流山）が挙げられる。そして、野田以外では、永瀬文左衛門（川口町、高梨家二六代当主の妻の実家）、近江屋仁兵衛（千葉町、元近江屋仁三郎店株の持主）、田中玄蕃（銚子）、田中吉之丞（銚子）、釜屋弥七（井ノ堀）、釜屋喜兵衛（市川）、釜屋嘉兵衛（水海道）、多田屋庄兵衛（笹川）、辻田忠兵衛（江戸崎）などが挙げられる。

おわりに

江戸地廻りの醬油醸造業者にとって江戸での販路拡大や確立をするためには、自ら流通体制の整った江戸問屋仲間に入って、運営をしなければならなかった。高梨家は、自家所持の醬油酢問屋、奥川船積問屋に一八〇〇年代初頭から一九二〇年代まで一〇〇年以上にわたり多額の金銭を投入した。このように、激しい販売競争の中、世情混乱のときでも高梨家当主二三代より二八代まで、代々創業精神を受け継いで必死の態勢でこれに臨んだ。

また売主の要望によって譲られた屋号「近江屋仁三郎」名を、高梨家は一八一八（文政元）年より一九二八（昭和三）年までずっと用い続けた。屋号は商人の「いのち」と言われるにしても、江戸問屋の担い手として、旧来の屋号を通し続けた点に、筋の通った律儀さを感じる。変わりつつある現代の世相の中でも、高梨家は、日本人の思考や生活の規範など、この時代のものを受け続けているように思われる。そして近江屋仁三郎店は、高梨家の多額の融資を受けながらも、一八〇〇年代初頭から一九二八年まで高梨家の江戸（東京）醬油問屋として、その後小網商店となってのちは食品一般を扱う問屋として活躍した。

注

(1) 弘化四年「遺言（二五代高梨兵左衛門）」（高梨本家文書5JGB3）。
(2) 安永六年「醤油覚之帳」（高梨本家文書5AAH4）。
(3) 同右。
(4) 文化七年「覚」（二四代兵左衛門、高梨本家文書5IAA8）。
(5) 『廣屋三百年を駆ける』株式会社廣屋、一〇〇頁より。
(6) 文化七年「十組之内醤油酢問屋名前」（高梨本家文書5AAW3）。
(7) 文化一五年「入置申合力証文之事」（高梨本家文書5IAA13）。
(8) 前掲『廣屋三百年を駆ける』一〇〇頁より。
(9) 文化一四年「願書（山本新助→高梨家）」（高梨本家文書5IAA58）より。
(10) 文化一五年「入置申合力証文之事」（高梨本家文書5IAA13）より。
(11) 文政一〇年「醤油株他譲渡證文」（高梨本家文書5IAA22）より。
(12) 文政一〇年「醤油株他譲渡證文」（高梨本家文書5IAA23）より。
(13) 天保四年「覚（醤油仕切、上納分明細）」（高梨本家文書5AAB606）より。
(14) 野田市郷土博物館編『醤油のしるし―江戸、明治期の広告デザイン史―』野田市郷土博物館、二〇〇〇年所収の関東醤油番付より。
(15) 文政元年「近江屋仁三郎店株譲受證文」（高梨本家文書5IAA14）より。
(16) 天保二年「入置申一札之事（近江屋仁三郎改宮善兵衛）」（高梨本家文書5IAA25）より。
(17) 同右より。
(18) 文政一〇年「譲渡申證文之事（宮善兵衛株）」（高梨本家文書5ALA4）より。
(19) 天保四年「譲渡申證文之事（金子屋紋兵衛株）」（高梨本家文書5ALA5）より。

(20) 天保四年「譲渡申證文之事（金子屋紋兵衛茶船）」（高梨本家文書5ALA6）より。
(21) 前掲『廣屋三百年を駆ける』三六五頁より。
(22) 天保二年「入置申一札之事（宮善兵衛・安兵衛）」（高梨本家文書5IAA25・26・27）。
(23) 天保五年「入置申一札之事」（高梨本家文書5ALA8）より。
(24) 天保九年「入置申一札之事（改仁三郎）」（高梨本家文書5IAA31）より。
(25) 天保九年「差出申一札之事（さだ）」（高梨本家文書5IAA30）より。
(26) 天保九年「借用證文」（高梨本家文書5IAA35・36・32）より。
(27) 天保九年「立合取定書」（高梨本家文書5IAA33）より。
(28) 弘化三年「定」「家訓　年中賄方仕法書　割渡金仕法書」（高梨本家文書5IAA40・5IBA2）。
(29) 弘化四年「人別送之事（仁三郎江戸小網町三丁目庄兵衛地借）」（高梨本家文書5ICA29）。
(30) 弘化四年「差入申書附之事（久次郎）」（高梨本家文書5IAA41）より。
(31) 嘉永五年「近仁店定書」「家訓、年中賄方仕法書、割渡金仕法書」（高梨本家文書5IAB5・5IAB6・5IAB4）。
(32) 安政六年「萬用日記帳（米沢町近江屋）」（高梨本家文書5ICA1）より。
(33) 文久二年「日記（店、高梨氏）」（高梨本家文書5AKA17）より。
(34) 高梨家の江戸問屋・近江屋仁三郎店向醤油出荷樽数は、各年度「醤油送分帳」参照。

第9章　近代期の髙梨（近江屋）仁三郎店と東京醤油市場

中西　聡

はじめに

本章の課題は、前章を受けて近代期の髙梨（近江屋）仁三郎店と髙梨家との関係を、東京醤油市場の動向を視野に入れて検討することである。まず近代初頭までの江戸（東京）醤油市場をめぐる動きを確認し、その中から近代の東京醤油市場での問題点を明らかにしたい。さて、関東の醤油醸造産地からは、一八世紀より江戸へ醤油が移出されていたが、一八一〇（文化七）年に江戸の醤油問屋は、「関東醤油荷物問屋仲間」を結成して共同歩調を取ることにした(1)。これは、関東醤油醸造家に対して、江戸の醤油問屋が取引の主導権を握り、問屋支配を確立するためであったが、これに対し、一八二四（文政七）年に関東造醤油八組の総代が江戸に参集して、江戸の醤油問屋仲間と仕法の取り決めを行った。このときに、関東の醤油醸造家は問屋に対して江戸への出荷停止で対抗したため、江戸の醤油問屋仲間も譲歩し、いったんは醸造家に有利な取り決めが成立したものの、その後問屋側は醤油醸造家の切り崩しに乗り出した。すなわち、八組の造醤油組合はそれぞれ産地ごとに結成されていたが、産地によっては江戸への出荷が大部分を占めた組もあり、江戸への出荷停止に耐えられない組が出てきたのである。その結果、八組の足並みは崩れ、それ以降は、各組の総代が江戸へ参集して問屋に対して共同で交渉することは行われなくなり、醸造家は地売りの拡大などで問屋の攻勢に対して個別に対応することとなった。

その取引構造が大きく転換したのが、一八四一（天保一二）年の株仲間解散令であり、それにより市場統制機構としての問屋仲間は無力化し、幕府は問屋を媒介とした生産者統制から荷主の直接統制へ乗り出し、六四（元治元）年には、江戸の物価騰貴を抑制するため醤油価格の四割値下げを命じた。(2) これには主に江戸に出荷していた有力な関東醸造家は反発し、幕府への陳情の結果、野田と銚子の七つのブランドについては、一般の「極上」品とは異なる「最上」品と幕府が認定し、値下げを免除した。このときに「最上醤油」として選ばれた野田のブランドが、髙梨家の「ジョウジュウ」、茂木七郎右衛門家の「キハク」、茂木佐平治家の「キッコーマン」の三つであった。

幕府の直接統制により、安定するかに見えた東京醤油市場も、近代に入ると新政府により「営業の自由」が認められ、新たな市場への参入者の登場で市場取引が混乱した。それに対して、近世来の東京醤油問屋ら二二軒は、一八七九（明治一二）年に醤油問屋組合を結成して、組合規約を設けた。(3) そして、組合契約証金として一軒五〇〇円ずつ積み置き、規約を守らなかった組合員には相当の違約金を出させることとした。当時の東京での醤油の販売は全面的な問屋委託で行われ、委託販売手数料は、一般的に口銭五％・蔵敷料三％の八％とされ（本章では両方合わせたものを手数料率とする）、醸造家に販売価格の決定権はなく、年二回の仕切りで問屋から提示された販売額に従って代金が精算されていた。こうしたあり方を変えようとしたのが、野田の醤油醸造家の茂木佐平治家で、佐平治は北関東の醸造家が共同で東京の問屋や仲買に醤油の販売することを目指し、同調した有志により一八八一年に東京醤油会社を設立し、同社は東京に倉庫を設けて醸造家が自ら東京の醤油問屋の役割を担い始めた(4)。この東京醤油会社は、東京での取引関係を転換させる契機になったと考えられ、後ほど詳細に検討するが、東京の醤油問屋は結束して東京醤油会社の発起人となった醸造家の製品を扱わない対抗措置をとった。

対立は長引いたが、その混乱を収束させるために、一八八七年六月に東京の醤油問屋一八軒で東京醤油問屋組合が結成され、組合の地区は日本橋区・京橋区・神田区の三区とされ、組合員（東京醤油問屋）の荷物置場まで積み込むまでの運送費はすべて荷主（醸造家）が負担することや、組合員が荷主より商品売捌手数料と蔵敷料を領収することや、組合員が違約金予備として一軒につき五〇円を拠出し、国立銀行にそれを預けることなどが決められた(5)。そして、組合員が荷物を送ることを約束して荷主に仕入金を貸したにもかかわらず、荷主が荷物を送らなかった場合は、協議の上でその荷主と組合員一同が取引停止の扱いをすることともした。産地の野田でも、一八八七年に野田と近隣の流山などの醤油醸造家一七軒が野田醤油醸造組合を結成し、混乱収束への動きが加速され、最終的に東京醤油会社が破綻することで、問屋と東京醤油会社の対立は終結した。このことは、醤油醸造家が、東京において問屋が組織する販売網を切り崩して独自の販売網を築くことがいかに困難かを露呈した。そのため、それ以後野田の醤油醸造家は東京での販売は東京醤油問屋に任せて、自らは生産拡大に邁進するに至った。その結果、一八九〇年に東京の醤油問屋一八軒と東京周辺の醸造家三五軒が合同で、「一府六県醤油醸造家東京醤油問屋組合連合会」が結成され、価格・出荷量に関する細かい規定が行われ、問屋優位の取引構造が改めて確認された(6)。

これに対して、有力醸造家は特定の問屋を特約荷受問屋として大量に東京へ出荷し、問屋仲間の機能を無力化することを目指した結果、次第に問屋組合が無力化し、一九一七（大正六）年末に野田の有力醸造家が大合同して野田醤油株式会社を設立したことで、そのブランドとして選ばれた「キッコーマン」と銚子の有力ブランドの「ヤマサ」と

「ヒゲタ」が、関東醤油市場で圧倒的な地位を占めることとなり、こうしたブランドを醸造する有力醤油醸造メーカーが生産協定を結ぶことで、取引の主導権は醸造家に移り、東京醤油問屋組合は名目上の存在となったとされる(7)。

以上のような、江戸・東京醤油市場に関する先行研究を確認して、本章では以下の二つの具体的な課題を提示して論じる。一つは、東京醤油会社の設立は東京醤油市場の取引関係を変える契機とはならなかったのかであり、もう一つは、有力醸造家は特定の問屋を特約荷受問屋として大量に東京へ出荷することで、問屋機能を無力化することに成功したのかである。後述するように、東京醤油会社の設立を契機として、問屋手数料のあり方が変化しており、破綻したとはいえ、東京醤油会社は東京での取引関係を変化させる意味はあったと考えられる。また、高梨家は近江屋（高梨）仁三郎店を東京出店としていたが、一九一〇年代までそれ以外の問屋にもかなりの部分を出荷しており、近江屋（高梨）仁三郎店自身も、高梨本店以外の醸造家の醤油もかなり扱っていた。その点で、醸造家と東京の特約荷受問屋の関係を固定的に考えることは誤りと思われる。これらの点に留意して、以下で、近江屋（高梨）仁三郎店と高梨家との関係を検討する。なお高梨家は上花輪に居住していたが、一八九九年に上花輪村は野田町に合併しており、本章では高梨家を野田の醸造家として記述する。

第1節　近代期の高梨（近江屋）仁三郎店

前章で論じたように、近江屋仁三郎店は一九世紀中葉に高梨兵左衛門家の江戸出店となり、近代に入り、高梨仁三郎店を名乗った。もっとも高梨家の中では、近江屋仁三郎（近仁《きんに》）店の通称で通っていた(8)。仁三郎店は、一八八一（明治一四）年の東京醤油会社設立に際しては、東京醤油会社側に立つことなく、東京醤油問屋の立場で動き、八七年の東京醤油問屋組合の結成に参加した(9)。表9－1を見よう。高梨仁三郎店は一八九八年頃の営業税額では、東京の同業者の中で中位に位置したが、一九一〇年代になると上位層で廃業する問屋が見られる中で、一二五（大正一四）年には上位一〇軒に入る有力な問屋になった。

なお、髙梨本店は一九一七年の野田醤油株式会社設立とともに、醤油醸造部門を野田醤油へ現物出資したが、髙梨仁三郎店は野田醤油設立後も東京問屋として営業を継続した。ただし、前述のように、野田醤油、ヤマサ醤油、ヒゲタ醤油の有力三大メーカーで一九二六（昭和元）年に「三蔵協定」が結ばれると[10]、取引の主導権はメーカー側に移り、二七年以降の不況の中で問屋の経営は苦しくなり、髙梨仁三郎店も含めて小網町に店を構える五店が合同して、合資会社小網商店を設立し、髙梨仁三郎店の問屋経営は終了した[11]。小網商店に合同した五店は、髙梨仁三郎店のほかには、村上商店（笹田傳右衛門）、中野長兵衛店、中井半三郎店、高崎徳之助店で、笹田家・中井家・高崎家はいずれも髙梨家の縁戚で（本書巻頭髙梨家略系図参照）、中野長兵衛家は野田の茂木七郎右衛門家の分家なので、血縁や地縁を同じくする東京醤油問屋が合同して、野田醤油の製品を主に扱うことにした。表9－1に戻ると、一九二五年頃の営業税額で、村上商店が四二九八円、中野長兵衛店が三一四三円、髙梨仁三郎店が二七二八円と小網商店に合同した醤油問屋はいずれも有力問屋であり、小網商店は東京醤油市場でもトップクラスの醤油卸商になったと考えられる。

それを踏まえて近代期の髙梨仁三郎店の損益と資産の動向を確認する。表9－2を見よう。明治前期の髙梨仁三郎店は、一八七〇年代後半に取扱い醤油樽数が徐々に減少し、八〇年代前半は急減した。一八八一年からの取扱い醤油樽数の減少は、東京醤油会社の設立に対抗して東京醤油問屋が、東京醤油会社の発起人の醸造品を扱わないことを決めた影響によるものと考えられるが、それ以前の七八年から髙梨仁三郎店の取扱い醤油樽数は減少していた。しかも、掛売で販売した醤油の代金が十分に回収されていたとは思われず、かなりの越年貸があり、当年貸も増大傾向にあり、一八八〇年にはその滞貸分のうち六一二四円分を越年万年帳に移し替えて償却した。差引では利益が上がっているかに見えるが、内実は苦しく、もともと近江屋仁三郎店が髙梨家からの出資で開業しており（本章第8章）、髙梨本店か

表 9-1　営業税額から見た近代期東京市内有力醤油商一覧

単位：円

屋号	姓名	区	町	1887年	1898年頃	1907年頃	1913年頃	1918年頃	1924年頃
大国屋	國分勘兵衛	日本橋	通1丁目	○	388	744	2,614	2,178	国分商店
	小亀勝之助	京橋	霊岸島銀町		291				
廣屋	濱口吉右衛門	日本橋	小網町	○	212	249	510	527	3,937
徳島屋	遠山市郎兵衛	日本橋	北新堀町	○	157	231	591	831	1,611
	岩崎重次郎支店	京橋	南新堀町	○	131	156	318		
伊勢屋	岩崎伝次郎	四谷	南伊賀町		130	391			
大蔵屋	色川干城	深川	猿江町		118	35			
島屋	森六郎支店	京橋	南新堀町	○	113	157	363		
榛原	鈴木恒吉	神田	松住町		109	116			
高崎屋	高崎為蔵	日本橋	小網町	○	107	125			
三宇商店	鈴木宇兵衛	芝	芝口1丁目		106				
柏屋	林与三郎→新二郎	深川	石島町		103	137			
奴利屋	中澤彦七→彦吉	京橋	松川町	○	94	345	296		6,103
	倉島庄右衛門	浅草	花川戸町		93	106			
三河屋	蜂須賀与平	京橋	南新堀町		89	101	326	292	
加島本店	加島十兵衛	浅草	茅町		87	97	264	161	
近江屋	髙梨仁三郎	日本橋	小網町	○	86	93	334	384	2,728
小方屋	杉山源右衛門	四谷	麴町		86				
	岡野五兵衛	芝	車町		84	102			
澤田	山城佐平治	深川	東六間堀町		77				
榛原本店	増田嘉助	神田	松住町	○	75	91			
茗荷屋	岡田善五郎	日本橋	小網町	○	74		40	536	
	柴田幸三郎	京橋	五郎兵衛町		70	98（酒）			
乳熊屋	竹口作兵衛	深川	佐賀町		57	86	296		
上萬屋	渡辺六兵衛	麴町	飯田町		53	188			
升本屋	久保寺勇吉→吉兵衛	麴町	三番町		51	159	213	177	
萬屋	太田久七	浅草	馬道町		47	101	236	225	792
	升本喜三郎	日本橋	蠣殻町		46	69	354	363	2,431
高崎屋	渡邊仲蔵	本郷	駒込東片町		45	62	189	157	255
加賀屋	永田福松	四谷	北伊賀町		40	117	96	83	223
鹿島商店	中村栄太郎	芝	芝口2丁目		34	61	161		
山崎屋	吉田亀吉	牛込	市ヶ谷谷町		32	70	314	237	322
	松田辰次郎→鍵作	本所	横川町		31	48	178		
村上商店	村上治兵衛	日本橋	小網町		29	46	213	254	4,298
三河屋	三田慶太郎	牛込	細工町		28	46	200		
盛田屋	笠尾伝平	神田	細島町		28	42	232	152	183
阪上	金盛多兵衛	小石川	戸崎町		24	52	385	249	
	安藤豊吉	芝	芝口2丁目		17	26	117	117	253
	小島亀松	深川	西大工町		8	23	105	119	234
近江屋	鈴木忠右衛門（金丸）	京橋	霊岸島銀町	○		495	525		7,466
	中井半三郎	京橋	富島町	○		433	101		中井商店
小方商店	佐藤喜助	四谷	伝馬町			158			
	森本芳兵衛	日本橋	新霞町			138			1,488
	中野長兵衛	日本橋	小網町	○		112	652	812	3,152
菱屋	鈴木新助	京橋	霊岸島町			56	263		824
常陸屋	内田安右衛門	本所	徳右衛門町			41	328	262	697
加島屋	廣岡助五郎	京橋	四日市町			576（酒）	101	162	
三河屋	牧原仁兵衛	京橋	南新堀町			241（酒）		144	
	中条瀬兵衛	日本橋	蠣殻町	○			681		中条商店
	木村亀次	神田	柳原河岸				171		

（出所）明治25年版・明治40・41年版・大正8年版・大正14年版『日本全国商工人名録』および渋谷隆一編『都道府県別資産家地主総覧』東京編3、日本図書センター、1988年より作成。

（注）1898年頃の営業税額が70円以上、1907年頃の営業税額が100円以上、1913年頃の営業税額が100円以上、1918年頃の営業税額が140円以上のものについて、表に挙げた年の営業税額を示した。姓名欄の→は代替わりを示す。1887年欄は、同年に設立された東京府下醤油問屋組合メンバーに○印を付けた（藤原五三雄「産業革命期の東京醤油問屋組合」（林玲子・天野雅敏編『東と西の醤油史』吉川弘文館、1999年）を参照）。1898年頃欄からは、各年の『日本全国商工人名録』掲載の営業税額を示した。1924年頃欄で会社になっていたのは、合名会社国分商店、濱口商事株式会社（濱口吉右衛門）、株式会社中澤商店（中澤彦吉）、合名会社村上商店（村上治兵衛）、株式会社中条商店。営業税額の後ろに（酒）とあるのは、酒商・酒醸造家としての営業税額。なお、色川干城・林与三郎・内田安右衛門は醤油醸造、永田福松は味噌醸造が本業と思われる。以下の表の単位はいずれも、表で示した最少の桁の下の桁を四捨五入して示した。

年度	1875	1876	1877	1878	1879	1880	1881	1882	1883	1884	1885
取扱個数（醤油 樽）	34,135	35,720	34,579	30,211	25,977	21,902	14,867	12,329	14,829	18,918	22,336
（塩　俵）	37,646	28,487	18,871	15,910	3,464	40					
（明樽 本）				492	69	54					
（味噌 樽）						678	656	532	545	365	814
販売額	32,683	30,116	27,606	28,162	24,891	25,428	22,870	18,282	18,128	17,731	22,822
元金	30,917	28,360	25,887	26,305	23,383	23,520	21,233	16,941	16,785	16,350	21,021
差引（徳）	1,766	1,756	1,719	1,857	1,508	1,708	1,638	1,378	1,343	1,385	1,802
越年諸口銭差引	293	32	−3	240	22	−137	−139	−142	−130	−39	−71
得意先差引	−92	−83	−99	−80	−83	−95	−70	−79	−113	−63	−106
内置醤油差引	−45	−58	−59	−59	−49	−55	−78	−54	−40	−12	−13
宮帳簿上高差引	495	252	376	323	159	275	283	244	192	122	118
諸入費	−1,009	−786	−936	−1,612	−896	−1,057	−1,028	−1,094	−967	−1,004	−927
給金	−210	−476	−429	−402	−447	−400	−410	−477	−465	−467	−390
その他										−10	10
収支差引	1,197	636	569	267	215	237	196	−225	−180	−88	422
貸借の部											
有荷物	665	703	620	771	775	1,023	531	995	377	790	1,396
有金	1,047	447	941	267	535						91
越年貸	9,834	10,667	10,551	9,580	10,264	6,505	5,800	6,341	5,296	6,666	7,716
家内貸・当座貸	3,248	3,453	3,613	3,571	4,009	2,671	3,390	2,126	3,282	2,856	3,953
越方万年帳（その1）	7,640	7,729	7,729	7,729	7,729	7,729	7,729	7,729	7,729	7,729	7,729
越方万年帳（その2）						6,124	6,462	6,462	6,462	6,462	6,462
その他貸						398	349				104
貸方計	22,434	22,999	23,454	21,919	23,312	24,450	24,262	23,654	23,146	24,503	27,451
本店借	5,524	5,524	5,524	5,524	5,524	5,524	5,524	5,524	5,665	5,665	815
河野借	141	141	141	141	141	141	141	141			
千葉近仁借	94										
仮仕切渡分	7,077	7,153	7,329	6,632	7,684	8,676	7,309	9,985	8,483	8,017	14,046
その他預り金	374	359	97	55	82	30	30	30	30	30	30
借方計	13,209	13,177	13,091	12,352	13,431	14,371	13,003	15,680	14,178	13,712	14,891
貸借差引	9,226	9,822	10,363	9,567	9,882	10,079	11,258	7,980	8,968	10,792	12,560

（出所）各年度「店勘定下書（高梨仁三郎）」（高梨本家文書）より作成。
（注）宮帳簿は、地方への販売分と考えられる。販売額から元金を引いたものが口銭とされていた。無印は、高梨仁三郎店の利益もしくは貸、−印は損失もしくは借を示す。1885年度は若干集計方法に変更があったが、それ以前と項目を揃えて集計し直した。

表9-3　高梨仁三郎店店卸決算（その2）

金額の単位：円

年度	1893	1894	1895	1896	1897	1898	1899	1900	1901	1903	1904
取扱個数（醤油　樽）	30,355	31,313	39,382	44,572	47,624	48,664	52,097	55,783	67,498	75,618	74,196
（味噌　樽）	1,163	1,283	1,115	1,212	1,405	1,199	1,252	1,233	1,485	2,085	1,888
（酢　　樽）	142	227	218	229	134	225	180	239	237	368	330
販売額	35,904	38,010	48,921	61,336	75,312	81,286	96,583	107,003	121,729	136,172	141,014
元金	33,050	35,056	45,076	56,477	69,310	74,054	88,825	98,460	112,017	129,372	133,974
差引口銭手数料	2,857	2,968	3,846	4,859	6,002	6,470	7,758	8,543	9,712	6,800	7,040
川岸上高	39	42	49	54	59	59	63	67	80	93	88
利子・宮帳簿上高	462	424	366	385	506	450	445	408	552	1,015	1,441
諸入費・諸税金	−1,163	−1,130	−1,341	−1,609	−1,921	−2,303	−2,195	−2,915	−3,005	−2,493	−3,185
給金・手当・仕着	−573	−841	−949	−973	−1,193	−1,816	−858	−1,282	−1,135	−1,344	−1,390
返金・値引・損害	−1,903	−1,329	−742	−822	−1,923	−2,273	−1,393	−1,819	−1,513	−3,617	−703
収支差引	−281	133	1,227	1,893	1,531	586	3,621	3,001	4,692	454	1,291
貸借の部											
有荷物見積金	1,067	692	1,288	1,407	1,678	1,367	3,702	3,353	2,636	552	6,481
現在金・有価証券	4,264	2,772	5,774	5,281	5,434	5,271	6,103	1,774	3,167	3,680	2,438
年賦・月賦貸金	2,167	661	676	585	524	561	908	2,103	2,233	4,225	4,625
品代掛売残金	3,840	3,392	5,281	2,999	4,323	4,804	5,698	8,289	9,680	12,170	14,197
立替金・貸金	469		143	731	637	1,083	940				
売上現在貸				3,651	4,308	4,038	4,538	5,439	9,117	9,226	9,600
仮仕切過渡金	162	89	88	74	470	248	384	566	2,183	202	43
貸方計	11,970	6,913	13,250	14,728	17,374	17,373	22,273	21,525	29,017	30,055	37,384
本家より資本金				3,000	3,000	2,400	2,400	2,400	2,400	2,400	2,400
本家帳合預り					5,900	6,371	9,835	6,553	12,020	12,917	19,656
仮仕切預り金	6,981	2,568	3,943	2,576	2,212	2,133	1,588	2,895	2,183	4,623	3,615
預り金・賞与金預り	4,084	890	5,033	4,581	739	859	409	534	910	654	849
借方計	11,065	3,601	8,976	10,158	11,851	11,764	14,232	12,382	17,513	20,593	26,520
貸借差引	905	3,312	4,274	4,570	5,523	5,609	8,041	9,143	11,504	9,462	10,864
別途本家より借入金	12,507	12,507									

（出所）各年度「店卸決算表（高梨仁三郎）」（高梨本家文書）より作成。
（注）宮帳簿は地方への販売分と考えられる。1894年度の借方には他に土蔵普請金143円があった。立替金・貸金欄は、1900年度以降は、品代掛売残金欄に編入された。無印は、高梨仁三郎店の利益もしくは貸、−印は損失もしくは借を示す。

らの借入金は、明治前期も依然として残り続けており、髙梨仁三郎店は経営を自立できていなかったと言える。

明治中期になっても髙梨仁三郎店の経営の内実は苦しかったと思われる。表９－３を見よう。東京醤油会社が破綻したことで、醸造家と東京醤油問屋の対立が終結し、「一府六県醤油醸造家東京醤油問屋組合連合会」が結成されたことで東京醤油市場取引は安定したと考えられ、一八九〇年代に髙梨仁三郎店の取扱い醤油樽数は順調に増大した。それに伴い問屋手数料も順調に増大したが、諸入費も増大するとともに返金・値引・損害などの逸失利益も多く、収支差引ではあまり多くの収益を上げられていない。また、貸借でも品代掛売残金が増大しており、一八九六年から項目を分けて記載するようになった売上現在貸金も合わせると、回収できていない代金が急増していた。それらの不良債権化する可能性のある売掛金が資産の中でかなりを占め、それを補填したのが本家からの預り金であった。

特に一九〇〇年代になると、髙梨仁三郎店の取扱い醤油樽数は急増したものの、多額の売掛金が残り、それを急増した髙梨本家からの預り金で補う構造がより鮮明に見られるようになる。ここには、醸造家に対して取引で優位に立つ東京醤油問屋の姿は見られず、本家の醸造家からの借入金で経営を展開している東京醤油問屋の様子が窺われるとは言え、それにより経営規模を拡大したことで、前述のように一九一〇年代の髙梨仁三郎店は、東京醤油問屋の中で有力な地位を占めるようになった。

第2節　髙梨仁三郎店の取引動向

続いて髙梨仁三郎店の取引動向を検討する。表９－４を見よう。幕末維新期の近江屋仁三郎店は、髙梨本・分家からの醤油を引き受けて販売した分は多かったが、それ以外に広く関東の醤油蔵からの送荷を引き受け、髙梨本・分家を除くと野田の比重が特に多いわけではなかった。

郎店醤油販売引受先別一覧

販売額・収支の単位：両・分、単価の単位：両、率の単位：%

② 1865 年					③ 1873 年				
樽数	販売額	単価	収支	率	樽数	販売額	単価	収支	率
9,972	5,232・1	0.52	211・0	4.2	10,160	11,420・2	1.12	889・0	7.8
4,697	1,793・1	0.38	114・2	6.4	5,265	3,476・3	0.66	441・1	12.7
4,682	1,353・3	0.29	72・3	5.4	2,019	2,145・2	1.06	163・2	7.6
					7,008	3,983・0	0.57	279・3	7.0
3,670	1,544・0	0.42	107・1	6.9	2,715	1,807・1	0.67	148・1	8.2
3,363	1,202・3	0.36	109・2	9.1	2,636	1,550・2	0.59	126・3	8.2
1,892	526・0	0.28	41・0	7.8					
					550	403・1	0.73	29・3	7.4
1,039	293・1	0.28	33・3	11.5					
1,009	341・1	0.34	39・2	11.6	174	155・3	0.9	29・0	18.6
1,564	520・0	0.33	40・1	7.7	1,578	1,195・1	0.76	88・0	7.4
539	181・1	0.34	15・3	8.7	20	13・1	0.66	1・0	7.5
1,240	409・0	0.33	32・1	7.9	673	374・3	0.56	21・0	5.6
250	109・0	0.44	11・2	10.6					
264	121・3	0.46	7・2	6.2					
1,009	338・3	0.33	29・1	8.6	273	152・0	0.56	18・0	11.8
910	229・0	0.25	19・2	8.5					
352	126・1	0.36	12・1	9.7					
					530	233・3	0.44	19・0	8.1
1,285	430・3	0.34	41・3	9.7					
94	40・1	0.43	3・2	8.7	553	405・1	0.73	33・1	8.2
					149	79・0	0.53	7・0	8.9
1,680	571・1	0.34	48・2	8.5					
					255	171・1	0.67	15・1	8.9
					50	48・1	0.97	5・1	10.9
110	45・3	0.42	5・3	12.6	199	123・2	0.62	11・3	9.5
10	4・1	0.43	0・1	5.9	446	365・2	0.82	38・2	10.5
1,181	431・2	0.37	40・1	9.3	1,404	810・0	0.58	66・0	8.1
892	289・1	0.32	18・3	6.5					
322	102・2	0.32	10・2	10.2					
257	90・2	0.35	3・0	3.3	1,037	613・3	0.59	64・3	10.5
422	163・0	0.39	15・2	9.5					
20	10・0	0.5	0・3	7.5	20	23・2	1.18	1・3	7.4
210	90・3	0.43	9・3	10.7					
2,614	1,012・2	0.39	40・2	4.0	3,757	1,944・0	0.52	64・3	3.3
1,871	574・1	0.31	11・0	1.9	993	409・3	0.41	32・1	7.9
235	334・0	1.42	84・1	25.2	631	504・2	0.8	50・1	10.0

表 9-4　幕末維新期高梨仁三

引受先	所在	① 1854 年					引受先	所在
		樽数	販売額	単価	収支	率		
本店出蔵	今上	4,855	1,167・3	0.24	44・3	3.8	→	
本店元蔵	上花輪	3,982	841・3	0.21	48・1	5.7	→	
高梨新蔵（宝山蔵）	上花輪	1,868	419・1	0.22	21・2	5.1	→	
高梨丸山蔵	上花輪							
河野（権兵衛）上石蔵	今上	5,083	890・0	0.18	38・2	4.3	→	
近仁（近江屋仁兵衛）	千葉	4,999	790・2	0.16	58・1	7.4	→	
岡田（嘉左衛門）	野田	1,787	227・3	0.13	21・0	9.2	永文	川口
辻田（忠兵衛）	江戸崎	1,522	223・0	0.15	10・2	4.7	成崎	
近喜（近江屋喜兵衛）	行徳	1,433	199・0	0.14	15・0	7.5	石川	松伏
釜喜（釜屋喜兵衛）	市川	1,278	202・0	0.16	15・1	7.5	→	
相紋（相模屋紋次郎）	流山	1,227	220・3	0.18	0・2	0.2	→	
柳屋（仁平治）	松伏	1,189	182・0	0.15	14・2	8.0	→	
油与（油屋与四郎）	野田	1,183	196・1	0.17	14・2	7.4	→	
福田（権次郎）	三村	1,180	202・0	0.17	15・0	7.4	→	
田中吉之丞	銚子	1,144	213・0	0.19	10・0	4.7	→	
茂木七左衛門	野田	996	158・3	0.16	12・2	7.9	→	
稲荷屋（富蔵）	細倉	910	121・3	0.13	11・2	9.4	樽敷	
油忠（油屋忠七）	駒木	867	132・0	0.15	9・0	6.8	→	
飯田（重兵衛）	野田	822	121・2	0.15	7・0	5.8	永瀬	流山
石橋（善左衛門）	円生	804	118・2	0.15	10・1	8.6	→	
田中玄蕃	銚子	615	107・0	0.17	8・2	7.9	→	
釜弥（釜屋弥七）	井ノ堀	494	90・0	0.18	4・0	4.4	升庄	
日野屋	古河	421	70・1	0.17	6・1	8.9	→	
近藤（平左衛門）	鉾田	399	69・2	0.17	2・1	3.2	油吉	
金源（金子源兵衛）	府中	382	57・2	0.15	3・1	5.7	のら武	
高橋（甚左衛門）	狐塚	306	47・3	0.16	3・2	7.3	→	
柏屋（七郎右衛門）	野田	278	47・3	0.17	2・2	5.2	→	
白木平兵衛	野田	265	38・2	0.15	2・1	5.8	→	
鈴木（六之助）	用賀	152	24・0	0.16	1・3	7.3	孝多	野田
日野（屋）次（兵衛）	小山	149	24・0	0.16	2・1	9.4	森山	
廣十（廣屋重次郎）	銚子	90	20・0	0.22	1・0	5.0	柏房	野田
釜嘉（釜屋嘉兵衛）	水海道	68	11・3	0.17	0・3	6.4	→	
茂木佐平治	野田	20	4・2	0.21	銀 14 匁		→	
仲間買		65	13・0	0.2	0・1	1.9	永井	
店買所		2,976	505・2	0.17	14・1	2.8		
溜り所		1,134	107・1	0.09	−1・2	−1.4		
買荷物所								

（出所）各年度「店勘定下書（近江屋仁三郎）」（高梨本家文書）より作成。

（注）収支欄は、販売額から元値を引いた金額を示し、無印は高梨仁三郎店の収入、−印は損失。店買所・溜り所・買荷物所欄はいずれも高梨仁三郎店が買い取って販売した自己売買分。引受先は高梨仁三郎店が販売委託を受けた相手。引受先欄の→は、左欄と同じの意味。単価は、販売額を樽数で除した1樽当たりの価格。率は、収支率を示し、販売額に占める収支額の比率。欄の途中の引受先に続く括弧内は所在。端数の銀匁については特に表記しない場合は省略した。なお、引受先欄の括弧内の氏名・屋号は推定で、それにより所在を判断した。所在は、野田醤油株式会社社史編纂室編『野田醤油株式会社三十五年史』野田醤油株式会社、1955 年、林英夫・芳賀登編『番付集成（上）』人文社、1973 年、91–93、189 頁、青木美智男編『決定版　番付集成』柏書房、2009 年、298–301 頁などを参照した。高梨家蔵および河野家蔵は蔵の所在村を所在欄に記した（表 9–5、9–6 も同じ）。

実際、一八五四（安政元）年時点では、高梨本・分家以外に二九軒の醸造蔵から醤油販売の委託を受けており、親戚にあたる河野蔵や近江屋仁三郎店がもともと江戸で醤油問屋を開業したときの本家である千葉の近江屋仁兵衛蔵など、非常に縁の深い蔵の醤油を主に引き受けていたものの、江戸崎・行徳・市川・銚子などの醤油蔵からもそれぞれ一〇〇〇樽以上の醤油の販売を引き受けていた。また、店買所・溜り所・買荷物所欄に記したように、売れ残った醤油は仁三郎店が買い取って売買しており、その量は、取扱い醤油樽数全体の一割程度に上った。しかも、委託販売を引き受ける際の手数料率も取引相手によって変えており、幕末期の近江屋仁三郎店は、売れ残った際のリスクを自ら負って、さらに手数料率の値引きを武器としつつ、積極的に醤油の販売委託の引受先を開拓していったと思われる。その際、ほかの江戸の醤油問屋も、同様に売れ残った際に自ら買い取ることで取引相手を獲得していったと考えられ、「溜り所」の表現から想像できるように、それぞれ売れ残った醤油を問屋が買い取ってそれらを問屋間で互いに引き取り合って売買していたと思われる。

ところが近代に入ると、一八七〇年代に委託引受先が減少した。高梨仁三郎店は、高梨本・分家以外の販売委託引受先は、一八五四年の二九軒から、六五（慶応元）年の二五軒、七三（明治六）年の一八軒と減少し（表9－4）、表9－5を見ると、七七年時点で一五軒に減少していた。しかも、その一五軒のうち、四二五七樽を引き受けた河野蔵は高梨家の親戚で（本書第8章を参照）、二四八八樽を引き受けた山下平兵衛蔵、一五三一樽を引き受けた茂木房五郎蔵はいずれも野田の醸造家で、一三二六樽を引き受けた千葉の近江屋仁兵衛蔵は、前述のようにもともと近江屋仁三郎店の旧本家であった。その点では、高梨仁三郎店の引き受けた醤油の大部分が、本家、旧本家関係によるもので、それ以外も野田の醸造家の醤油がかなりの比重を占めた。ただし、手数料率は近代初頭も一定でなく、委託相手によって変えており、引受樽数の多い委託先ほど手数料率を低くしており、特に高梨本店との手数料率はかなり低かった。その意味では、高梨本店が東京に出店を設けて、そこを通して醤油を販売することは手数料の節約になった。

こうした取引形態は、一八八〇年代前半に大きく転換する。すなわち、手数料率が統一され、販売額から逆算して元値が設定されることとなり、醤油問屋は手数料取得に純化することとなったのである。この背景には、一八八一年の東京醤油会社の設立による競争激化があったと考えられ、東京醤油問屋は、手数料取得に純化することで収益を安定させる代わりに、手数料率を一定にすることで問屋間の手数料率の競争をなくした。その一方で、松方デフレによる市況悪化を受けて、一八八一年時点の平均的な手数料率の八・一％から、その後八％へ引き下げ、以後、手数料率八％で近代期は一定のまま推移することとなった。

その点では、醸造家が、東京の出店に対して、自らの出荷品のみに相対的に低い手数料を設定させることはできなくなり、醸造家にとって手数料の面では自らの出店に出荷するメリットはなくなった。この手数料率の経過を、表9－6で詳しく検討する。一八七八年時点では、委託販売引受先によって手数料率はかなり異なり、七九年になると委託販売引受先が少なくなるとともに手数料率も全体として低下した。そして一八八〇年にさらに委託販売引受先が少なくなる中で、高梨仁三郎店は、高梨本・分家との手数料率を低く抑えることで、高梨本・分家からの取扱い醤油樽数を確保しようとした。なぜなら、後述するように高梨家にとって仁三郎店は東京出店ではあったものの、そこにすべての醤油の販売を委託したわけではなく、ほかの東京醤油問屋にも販売を委託しており、さらに東京のみでなく北関東地方へも販売していた。仁三郎店は高梨家にとって取引店の一つにすぎなかったからである。

そして一八八一年に東京醤油会社が設立されると、東京醤油問屋の申合せで手数料率が八・一％に統一されたと考えられ、それは八四年に八％に引き下げられた。松方デフレによる不況の影響もあろうが、東京醤油会社との対抗の中で東京醤油問屋も統一手数料率の引き下げに踏み切り、醸造家にとって若干有利な状況も生じていた。一方、表9－5の一八七七年時点の店買所の樽数が一四四八樽あったのに対し、表9－6の店買所の樽数が次第に少なくなっていることに気づく。一八八二年には二六一樽、八四年には一三八樽、そして表9－4に戻ると八五年には店買所の樽

醤油販売引受先別一覧

販売額・単価・収支の単位：円、率の単位：%

		④ 1893 年					⑤ 1897 年					⑥ 1901 年				
収支	率	樽数	販売額	単価	収支	率	樽数	販売額	単価	収支	率	樽数	販売額	単価	収支	率
575	8.0	7,706	10,362	1.34	829	8.0	8,558	15,812	1.85	1,265	8.0	9,568	23,988	2.51	1,919	8.0
120	8.0	891	775	0.87	62	8.0										
137	8.0	2,027	1,628	0.8	130	8.0	420	545	1.3	43	7.9					
106	8.0		深井吉兵衛（銚子）				2,687	4,344	1.62	348	8.0	1,079	2,072	1.92	166	8.0
1	8.0		濱口儀兵衛（銚子）				1,470	2,724	1.85	218	8.0	2,572	5,844	2.27	468	8.0
		1,289	702	0.54	56	8.0	3,148	3,433	1.09	275	8.0	5,212	7,017	1.35	561	8.0
		1,216	1,204	0.99	96	8.0	6,254	7,830	1.25	627	8.0	10,976	15,672	1.43	1,254	8.0
43	8.0	987	803	0.81	64	8.0	2,172	2,667	1.23	213	8.0					
			林与三郎（東京）				549	870	1.58	70	8.0	910	1,705	1.87	136	8.0
							1,895	2,196	1.16	176	8.0	2,263	2,777	1.23	222	8.0
108	8.0	1,632	2,191	1.34	175	8.0	1,716	3,163	1.84	253	8.0	2,002	4,636	2.32	371	8.0
227	8.0	3,086	3,347	1.08	268	8.0	5,953	8,451	1.42	717	8.5	6,875	12,231	1.78	978	8.0
			永井藤造（土浦）				541	462	0.85	37	8.0					
			堀切紋二郎（流山）				465	725	1.56	58	8.0	1,448	2,374	1.64	190	8.0
								朝日商会				1,158	1,532	1.32	123	8.0
			清水寿太郎				289	385	1.33	31	8.0					
			柳屋（松伏）				257	369	1.44	30	8.0	270	376	1.39	30	8.0
101	8.0	20	28	1.42	2	8.0	1,367	2,687	1.97	215	8.0					
			出頭吉治				149	116	0.78	9	8.0					
			堀和登				136	126	0.92	10	8.0					
			三郎組				76	88	1.16	7	8.0					
66	8.0	1,077	1,000	0.93	80	8.0		山下富三郎（野田）				1,993	2,736	1.37	219	8.0
50	8.0	1,165	959	0.82	77	8.0	712	837	1.18	67	8.0	1,944	2,458	1.26	197	8.0
48	8.0	1,373	1,664	1.21	133	8.0		松岡（平井）				1,829	2,704	1.48	216	8.0
38	8.0	1,076	1,074	1	86	8.0	1,506	1,862	1.24	149	8.0	2,974	4,118	1.38	329	8.0
19	8.0	180	168	0.94	13	8.0		鈴木佐五兵衛（東京）				100	125	1.25	10	8.0
7	8.0		太田亀二郎（東京）				71	96	1.35	13	13.9	566	536	0.95	43	8.0
4	8.0	蓬莱屋（山崎甚右衛門・野田）					440	408	0.93	33	8.0					
		1,136	1,016	0.89	81	8.0	1,360	1,715	1.26	137	8.0	589	739	1.25	59	8.0
		1,071	810	0.76	65	8.0	1,353	1,610	1.19	129	8.0	350	525	1.50	42	8.1
		1,060	1,433	1.35	115	8.0	1,106	2,027	1.83	162	8.0	1,394	3,295	2.36	264	8.0
		683	595	0.87	48	8.0	522	685	1.31	55	8.0					
		466	481	1.03	39	8.0	270	519	1.92	41	8.0					
		418	325	0.78	26	8.0		茂木勇右衛門（野田）				1,033	1,344	1.30	108	8.0
		356	318	0.89	25	8.0		都辺与四郎（野田）				689	945	1.37	76	8.0
		345	302	0.88	24	8.0	431	531	1.23	42	8.0					
		325	348	1.07	28	8.0										
		310	234	0.76	19	8.0	349	424	1.21	34	8.0					
		120	116	0.96	9	8.0		高橋				45	57	1.26	5	8.0
		75	61	0.81	5	8.0	400	484	1.21	39	8.0					
		263	268	1.02	21	8.0	900	1,068	1.19	85	8.0	2,024	2,753	1.36	220	8.0
り買入		142	201		14	7.0						37	42	1.13	1	1.4

樽数には、戻した樽は含めなかったが、樽の戻しは1881年から見られるようになり、表で示した年は、下記の引受先に樽を若干戻した（変味による戻しと記載された場合はそれを注記）。

1881年：山下（白木）平兵衛、1885年：髙梨本店、銭屋清七、近仁（千葉）、立花屋、飯島、山下、

1893年：なし、1897年：山下平兵衛、三浦屋栄二郎、清水寿太郎、永井藤造、会田定治、渡辺時三郎、林与三郎、柳屋（松伏）

1901年：髙梨本店、田中玄蕃、太田亀二郎、柏屋七郎右衛門（変味理由）、茂木房五郎（変味理由）、山下平兵衛（変味理由）、都辺与四郎（変味理由）、柳屋（変味理由）、鈴木佐五兵衛（変味理由）、朝日商会（変味理由）

表 9-5　明治期高梨仁三郎店

引受先	所在	① 1877 年					② 1881 年					③ 1885 年		
		樽数	販売額	単価	収支	率	樽数	販売額	単価	収支	率	樽数	販売額	単価
本店出蔵	今上	8,092	7,081	0.88	455	6.4	5,460	8,328	1.53	677	8.1	6,535	7,184	1.1
高梨丸山蔵	上花輪	4,972	2,547	0.51	185	7.3	906	1,027	1.13	84	8.2	1,981	1,497	0.76
本店元蔵	上花輪	3,554	1,876	0.53	136	7.2	350	382	1.09	27	6.9	2,346	1,715	0.73
高梨宝山蔵	上花輪	1,955	1,637	0.84	128	7.8	2,220	2,688	1.21	219	8.1	1,560	1,327	0.85
河野（権兵衛）上石蔵	今上	4,257	2,505	0.59	185	7.4					山上	16	11	0.71
山下（白木）平兵衛	野田	2,488	1,322	0.53	106	8.0	264	246	0.93	17	7.0			
茂木（柏屋）房五郎	野田	1,531	994	0.65	77	7.7	1,600	2,097	1.31	170	8.1			
近仁（近江屋仁兵衛）	千葉	1,326	839	0.63	66	7.8	60	72	1.2	6	8.2	745	543	0.73
内勘		731	509	0.7	55	10.9								
茂木七左衛門	野田	650	412	0.63	27	6.7	945	925	0.98	74	8.0			
田中玄蕃	銚子	545	380	0.7	32	8.5	476	617	1.3	50	8.2	1,115	1,352	1.21
柏屋（茂木）七郎右衛門	野田	509	364	0.71	24	6.6	1,924	2,270	1.18	181	8.0	2,790	2,832	1.02
松丸（茂助）	東京	260	124	0.48	10	8.5								
油吉		130	85	0.66	7	8.6								
高橋（甚左衛門）	狐塚	100	64	0.64	5	7.5								
市村		60	31	0.52	3	8.5								
並木（安右衛門）	東京	30	15	0.51	2	15.0								
茂木佐平治	野田	20	20	1.02	2	8.1						1,356	1,259	0.93
永瀬（甚八）	流山	20	6	0.29	0	8.6								
孝多（甲田治郎兵衛）	野田						108	93	0.86	17	18.4			
風見							71	59	0.83	3	5.2			
立花屋												1,096	821	0.75
銭屋（岩崎）清七	藤岡											1,045	621	0.59
鶴屋（弥十郎）	佐原											500	600	1.2
柳屋仁平治	松伏											451	471	1.04
飯嶋												283	236	0.84
平山												130	88	0.67
山岸												61	47	0.77
三浦屋栄二郎	東京													
瀬崎														
山十蔵（岩崎重次郎）	銚子													
渡辺時三郎														
塚本長二郎														
大和屋（半七）	草加													
大川（平兵衛）	飯ノ岡													
金子徳造														
宮崎														
会田定治														
宇佐見														
小川啓蔵														
店買所		1,448	734		30	4.1	1,031	1,026		70	6.8			
溜り所		798	421	0.53	−0	−0	210	177	0.84	0	0.2			
買荷物所		225	146		5	3.3	60	100	1.67	2	2.2		中井他よ	

（出所）各年度「店卸決算表（高梨仁三郎）」（高梨本家文書）より作成。

（注）収支欄は、販売額から元値を引いた金額を示し、無印は高梨仁三郎店の収入、−印は損失。店買所・溜り所・荷物所欄はいずれも高梨仁三郎店が買い取って販売した自己売買分で販売額に醤油以外の荷が含まれた場合は価を示さず。引受先は、高梨仁三郎店が委託販売を受けた相手。単価は、販売額を樽数で除した1樽当たりの格。率は、収支率を示し、販売額に占める収支の比率。欄の途中の引受先に続く括弧内は所在。なお、引受先の括弧内は推定で、それにより所在を判断した。表に示した以外に、1897年に山竹印の商店への醤油50樽の販があった（販売額約78円、収入約6円、手数料率8%）。所在は、表9-4と同じ資料、横山錦柵編『東京商人録湖北社、1987年、明治31年「日本全国商工人名録」（渋谷隆一編『明治期日本全国資産家・地主資料集成』第～3巻、柏書房、1984年）を参照した。今上村は1889年に周辺の村とともに梅郷村となり、上花輪村は1889に野田町に合併。1881年の高梨宝山蔵欄は、河野家から高梨周造家が引き継いだと考えられる上石蔵の分も含む

郎店醤油販売引受先別一覧

販売額・単価・収支の単位：円、率の単位：%

② 1879 年					③ 1880 年				
樽数	販売額	単価	収支	率	樽数	販売額	単価	収支	率
5,240	5,626	1.07	344	6.1	4,415	6,221	1.41	440	7.1
3,867	2,547	0.66	175	6.9	3,270	2,918	0.89	206	7.0
2,710	1,774	0.65	127	7.2	1,735	1,492	0.86	97	6.5
1,465	1,625	1.11	103	6.4	2,465	2,638	1.07	208	7.9
2,545	1,882	0.74	117	6.2					
1,372	1,178	0.86	75	6.3	1,672	1,882	1.13	115	6.1
2,359	1,575	0.67	106	6.7	1,170	926	0.79	76	8.2
1,390	1,096	0.79	75	6.9	1,396	1,352	0.97	109	8.1
718	687	0.96	46	6.7	1,521	1,485	0.98	126	8.5
533	315	0.59	25	8.0	42	23	0.55	2	8.1
963	714	0.74	45	6.3	1,772	1,133	0.64	80	7.0
340	306	0.90	19	6.3	310	333	1.07	29	8.7
キハク（柏屋七郎右衛門）					415	599	1.44	52	8.8
166	78	0.47	8	10.1	207	160	0.77	13	8.3
296	193	0.65	20	10.1					
20	23	1.15	1	2.9	20	26	1.31	2	7.5
493	216	0.44	43	20.1	35	24	0.68	2	10.1
買荷物所						32		1	3.9
340［218］	534	0.81	40	7.5	857［ 32］	775	0.87	57	7.4
647	435	0.67	－13	－2.9	600	533	0.89	－22	－4.2

⑤ 1883 年					⑥ 1884 年				
6,580	8,025	1.22	649	8.1	7,395	7,288	0.99	583	8.0
2,005（ 4）	1,900	0.95	154	8.1	2,524（ 19）	1,855	0.74	148	8.0
1,110（ 69）	833	0.80	68	8.1	1,525（109）	856	0.6	68	8.0
1,160（ 29）	1,220	1.08	99	8.1	1,645（ 23）	1,724	1.06	138	8.0
1,179（ 5）	1,255	1.07	102	8.1	1,509（ 9）	1,356	0.9	109	8.0
475	455	0.96	37	8.1	670	708	1.06	57	8.0
1,538（ 12）	1,002	0.66	82	8.2	1,629（ 22）	897	0.56	72	8.0
543	591	1.09	48	8.1	511	476	0.93	38	8.0
立花屋					643	564	0.88	45	8.0
239	283	1.18	23	8.1	75	81	1.08	6	8.0
					361	315	0.87	25	8.0
					160	202	1.26	16	8.0
					85	69	0.81	6	8.0
					48	39	0.8	3	8.0
552［ 92］	894	1.39	－17	－1.9	138［ 84］	354	1.6	1	0.2
115（ 34）	105	1.30	－22	－20.5	265（179）	135	1.57	－3	－2.3

店買所の樽数の［　］内は味噌・塩等の販売樽数で、店買所の販売額は、醤油と味噌・塩等の販売合計樽数より計算したため、店買所欄の単価・収支・率ともに醤油と味噌・塩等の合計。引受先欄の括弧内は推定で、それにより所在を判断した。所在は、表9-5と同じ資料を参照した。1880～84年の高梨宝山蔵欄は、河野家から高梨周造家が引き継いだと考えられる上石蔵の分も含む。戻し分は、1878～80年は見られず。

表9-6　1878～84年髙梨仁三

引受先	所在	① 1878年				
		樽数	販売額	単価	収支	率
本店出蔵	今上	7,810	6,128	0.78	471	7.7
髙梨丸山蔵	上花輪	4,451	2,623	0.59	185	7.1
本店元蔵	上花輪	3,230	1,874	0.58	147	7.8
髙梨宝山蔵	上花輪	1,430	1,338	0.94	48	3.6
河野（権兵衛）上石蔵	今上	3,071	1,941	0.63	132	6.8
柏屋（茂木）房五郎	野田	1,823	1,389	0.76	102	7.3
白木（山下）平兵衛	野田	1,801	999	0.55	44	4.4
近仁（近江屋仁兵衛）	千葉	1,585	1,100	0.69	80	7.3
柏屋（茂木）七郎右衛門	野田	575	478	0.83	34	7.1
須田杢兵衛		538	356	0.66	40	11.3
茂木七左衛門	野田	516	356	0.65	27	7.6
田中玄蕃	銚子	290	235	0.81	25	10.6
油吉		150	93	0.62	4	4.3
内勘		119	86	0.73	20	23.4
松丸（茂助）	東京	80	36	0.45	3	7.9
江戸屋		77	26	0.34	1	4.1
孝多（甲田治郎兵衛）	野田	51	44	0.87	5	10.4
高橋（甚左衛門）	狐塚	50	33	0.66	2	7.4
銭屋（岩崎）清七	藤岡	40	42	1.04	7	16.0
茂木佐平治	野田	20	20	1.02	2	7.7
風見						
永瀬（甚八）	流山	30	9	0.30	1	6.9
店買所		780［481］	650	0.52	31	4.7
溜り所		1,635	682	0.42	4	0.6
		④ 1882年				
本店出蔵	今上	5,285	7,929	1.50	640	8.1
髙梨宝山蔵・上石蔵		2,384（30）	2,838	1.21	229	8.1
本店元蔵	上花輪	1,396（53）	1,126	0.84	91	8.1
柏屋（茂木）七郎右衛門	野田	1,165（24）	1,508	1.32	122	8.1
柏屋（茂木）房五郎	野田	731（50）	929	1.36	75	8.1
田中玄蕃	銚子	566	677	1.20	55	8.1
銭屋（岩崎）清七	藤岡	566（9）	458	0.82	37	8.1
近仁（近江屋仁兵衛）	千葉	144	169	1.17	14	8.1
須田杢兵衛		92	68	0.74	6	8.1
柳仁（柳屋仁平治）	松伏					
山岸						
鶴屋（弥十郎）	佐原					
飯島						
平山						
店買所		261［63］	535	1.65	21	3.9
溜り所		131（82）	59	1.21	－6	－10.0

（出所）各年度「店卸決算表（髙梨仁三郎）」（髙梨本家文書）より作成。

（注）収支欄は、販売額から元値を引いた金額を示し、無印は髙梨仁三郎店の収入、－印は損失。店買所・溜り所・買荷物所欄はいずれも髙梨仁三郎店が買い取って販売した自己売買分。引受先は、髙梨仁三郎店が委託販売を受けた相手。単価は、販売額を樽数で除した1樽当たりの価格。率は、収支率を示し、販売額に占める収支の比率。樽数欄の括弧内は戻した樽数で、単価の計算に戻した樽数は含まず。

数は全く挙げられなかった。

東京醬油問屋が買い取る醬油樽数が減少したのは、売れ残った醬油樽を東京醬油問屋が醸造家に戻すようになったからと考えられる。表9－6の醬油樽数の括弧内が、髙梨仁三郎店が醸造家に戻した樽数を示したものであり、こうした慣行が一八八二年から始まっていた。もっとも、醬油樽の戻しを行ったのは、髙梨本・分家、柏屋（茂木）七郎右衛門家、柏屋（茂木）房五郎家、銭屋（岩崎）清七家に対してのみであり、いずれも、当該年に多くの醬油の委託販売を髙梨仁三郎店に依頼した大口の引受先であった。そのため、髙梨仁三郎家が売れ残った醬油を買い取ることはその後も続き、一八九〇年代後半になると髙梨仁三郎店の取扱い醬油樽数は再び増大するが、それとともに自ら買い取る醬油樽数も増え、表9－5を見ると、一九〇一年時点では、二〇二四樽の醬油は髙梨仁三郎店が自ら買い入れて販売した。そしてその場合の買い入れ代金と元値との差は八％になるように設定しており、元値を醸造家に渡し、八％は手数料として自分が自分に対して払う形にしたと考えられる。

こうした一八八〇年代前半の取引形態の変化を経て、髙梨仁三郎店は、醬油樽の戻しが認められるような特定の大口引受先との結びつきを強め、九〇年代に委託販売引受先を急増させるとともに、野田の醸造家から大量に委託販売を引き受けるに至った。実際、表9－5で一九〇一年を見ると、髙梨仁三郎店は髙梨本店からを上回る一万九七六樽の醬油の委託販売を茂木房五郎家から引き受け、柏屋（茂木）七郎右衛門家から六八七五樽、山下平兵衛家から五二一二樽引き受けた分も合わせると、髙梨本店以外の野田の醸造家から髙梨本店から引き受けた醬油樽数の二倍以上の醬油の委託販売を引き受けていた。その意味で、髙梨仁三郎店にとっても、醬油扱い量に関しては、髙梨本店は有力な委託販売引受先の一つにすぎなかった。

次に、髙梨仁三郎店の醬油販売先を検討する。仁三郎店の販売動向を示す直接の史料は残されていないが、前述の表9－3で示したように、売掛代金がかなり期末に残されており、その相手から販売先を把握することが可能となる。

表 9-7　高梨仁三郎店醤油売掛金残額の相手先

単位：円

相手先	所在	1898 年頃営業税額	1885 年売掛残額	1893 年売掛残額	1901 年売掛残額
伊藤茂兵衛	浅草区七軒町 1	21	140	145	395
西宮（渡邊）松五郎	日本橋区伊勢町 3	31	86	40	273
小西（浅輪）茂兵衛	日本橋区浪花町 12	27	86	87	12
伊勢屋（石関）利兵衛	日本橋区瀬戸物町 1	28	68		
嶋村屋藤七	京橋区北槇町 14	22	56	41	299
小西金七	浅草区黒船町 8	16	55	16	94
伊勢屋（田中）弥兵衛	本所区相生町 5-5	59	36		
小西（藤）卯兵衛	京橋区元数寄屋町 3-4	20	36		
西宮本店・岡田平右衛門	神田区千代田町 9	60	26	61	57
越前屋（橘）直吉	日本橋区本小田原町 20	14	26		
鹿嶋利佐平	麻布区今井町 34	70	18		
万屋（太田）久七	浅草区馬道町 4-22	47	12		
三河屋（本橋）利兵衛	浅草区象潟町 8	25		97	118
外山豊次郎	日本橋区蠣殻町 3-13	29		63	826
大光本店・山本治郎右衛門	浅草区馬道町 5-3	54		55	39
大坂屋（福井）治郎右衛門	京橋区西紺屋町 23			44	
若松屋（藤田）庄八	芝区南佐久間町 1-2	20		38	36
山屋（奥村）庄三郎	芝区日影町 1-1	15		32	44
橋本冨次郎	浅草区馬道町 8-11	20		30	62
三浦栄次郎	京橋区日比谷町 9			29	136
越前屋（藤井）七兵衛	深川区霊岸町 3	55		27	33
倉嶋庄右衛門	浅草区花川戸町 59	93		24	
須田喜助	浅草区新福井町 3	32		18	72
太田亀次郎	日本橋区博正町 3	21			726
近江屋（関）徳蔵	日本橋区本銀町 1-14	13			712
とがしや（市川）亀蔵	日本橋区馬喰町 4-21	11			266
古平とり	浅草区茅町 2-9	37			182
勢州屋（島野）鉄蔵	日本橋区田所町 25	17			171
三河屋（鈴木）小平治	日本橋区呉服町 21	52			166
升本喜三郎	日本橋区蠣殻町 2-1	46			154
山口屋（説田）彦市	浅草区千東町 3-12	17			134
堺屋（岡宮）宇三郎	芝区西久保巳町 2	25			68
原沢安右衛門	日本橋区浜町 1-7	14			51
亀甲屋（宮崎）代吉	芝区西ノ久保明船町 12	24			50
島田喜八	日本橋区元大工町 6	13			43
佐藤喜助	芝区田町 1-3	23			42
玉川屋（高橋）平六	浅草区北元町 8	15			37
大国屋（浅見）半兵衛	日本橋区米沢町 3-5	40			32

（出所）明治 18 年度「店卸勘定書上書（高梨仁三郎）」、明治 26・34 年度「店卸決算表（高梨仁三郎）」（高梨本家文書 5IBB26・5IBB27・5IBB35）および渋谷隆一編『都道府県別資産家地主総覧』東京編 3、日本図書センター、1988 年、明治 25 年度『日本全国商工人名録』より作成。

（注）1885・93・1901 年度において高梨仁三郎店の売掛金残額があった相手のうち、「日本全国商工人名録」で所在が判明したものを選んで示した。それゆえ、売掛金残額の全体像を示すわけではない。1898 年時点の営業税額は「日本全国商工人名録」による。

表9－7を見よう。一八八五・九三・一九〇一年の三時点で売掛代金が残された相手のうち、「日本全国商工人名録」で所在が判明した相手を一覧にした。参考までに、一八九八年頃の営業税額が判明したものはそれも合わせて示したが、一九〇一年になると、外山豊次郎の八二六円、太田亀次郎の七二六円、近江屋（関）徳蔵の七一二円など、営業税額から見た経営規模に比べてかなり多額の売掛金残額が残されている相手先があり、これらの相手には売掛代金の貸が累積していたと考えられる。表9－3に戻ると、仁三郎店の品代掛売残金は一九〇〇年から急増し、おそらく一九〇〇年恐慌の影響があったと推測できるが、〇一年は売上現在貸分も増大し、醤油販売代金が順調に入ってこなくなってきており、それを本家からの預り金で補った結果、一九〇一年の本家帳合預り額が急増した。こうして近代期の仁三郎店の経営は、資金的にますます本家に依存するようになった。

なお、表9－7から見て、仁三郎店の商圏は日本橋区・浅草区を中心として、京橋区・芝区に広がっていたと考えられる。東京湾岸地域から隅田川沿いに醤油を販売していたと考えられ、あまり内陸部への販売は見られなかった。

第3節　東京醤油会社と野田醤油醸造家

さて、東京醤油問屋の取引形態の転換に、東京醤油会社の設立と東京醤油問屋との対立は大きな影響を与えたと考えられ、本節では、東京醤油会社の動向を検討する。前述のように、近代に入り東京醤油市場の混乱を収めるため、近世来の醤油問屋二二軒が、一八七九（明治一二）年二月に組合員は一軒につき五〇〇円の組合契約証金を積み置き、組合の規約を守らないものに違約金を出させるなどの醤油問屋組合規則を定めて営業鑑札の附与を願い出た[12]。それは問屋主導で東京の醤油取引の安定化を図ろうとした動きであったが、野田産地からも、それに対応して醤油販売を行う会社を設立する動きが見られた。

史料1[13]　一八八〇（明治一三）年七月　醬油会社設立ニ付発起人盟約書

茂木七郎右衛門　茂木佐平次　茂木七左衛門　髙梨兵左衛門

東京醬油会社申合規則

第一条　本社ハ東京日本橋区某町何番地ニ設立シ醬油会社ト称シ醬油販売ヲ以テ本務ト為ス

第二条　本社資金八拾萬円ヲ以テ全額ト為スト雖トモ先初年ヨリ第一期年限中ハ六萬円ニテ開業スルノ旨意ナリ

第三条　本社株主ハ地方醬油造醸家ヲ以テ株主ト為シ其造醸高百石ニ付金五拾円ノ醵金ヲ請クモノトス

第四条　本社株券ハ一株五拾円ト定メ一株一業トスルヲ法トス然シテ其譲渡売渡シハ各自ノ勝手タルト雖トモ醬油造家ノ外他ヘ譲渡売渡シヲ為サヽル事

（中略、以下抜粋）

第九条　本社ノ商業ハ府下醬油問屋ト唱ヘ組合規約ヲ結ヒタル者ノ外ハ相対勝手ノ取引ヲ成サヽル事

第十二条　問屋ハ身元金一戸ニ付五百円ヲ本社ニ納メ以本業維持ノ基ヲ固クスヘシ

第十三条　問屋ハ取引上都テ本社ノ商法約則ヲ確守スヘシ

第十五条　本社ニ於テハ品物ノ正粗価格ノ平準ヲ得ンカ為メ毎月二回問屋一同ノ集会ヲ以テ調査会ヲ開クヘシ

但シ会頭社長之ヲ務ム

第十九条　地方醬油造家ハ已ニ会社ヘ入社シ株券所持スルモノハ会社維持ノ本員タリ故ニ荷物ヲ恣ニ他ヘ輸送シ且販売ヲ為サヽル事　但東京外ハ限外トス

第二十九条　本社ハ明治何年何月ヲ以テ開業シ満五ケ年ヲ以テ一期トシ商務ヲ結束シ株主一同ノ大会議ヲ開キ

更ニ第二期ノ営業ヲ審議スヘシ株主タルモノ期年中自己勝手ヲ以テ脱社スルヲ許サス

史料1は、一八八〇年に野田の主要醸造家が醤油会社設立に際して結んだ盟約書であるが、「醤油問屋組合加入の醤油問屋以外とは相対で勝手取引は行わないこと」や、「問屋身元金を一軒に付き、五〇〇円を本社に納めさせて本業維持の基を固くすること」など、東京醤油問屋らが前年に設立した醤油問屋組合を意識していたと考えられ、内容自体は東京醤油問屋組合と対立するものではなく、醸造家と東京醤油問屋組合が協調して東京醤油市場の安定化に努めようとするものであった。ただし、「期年中自己勝手ヲ以テ脱社スルヲ許サス」という強い拘束力が後に問題を引き起こすこととなった。

さて、その後一八八一年一月二〇日に東京醤油会社の第二回発起人会議が開かれ、一月二八日には同社の設立届が政府へ上申された[14]。そして一月二九日に、東京醤油会社は、東京府下の醤油問屋二二軒を招いて親睦会を開催し、同社規則を醤油問屋に配布して協力を求めたのである。その親睦会の参加者は、問屋側が、岡田善五郎、高崎長平、高梨仁三郎、濱口吉右衛門、中野長兵衛、田中浅右衛門、中條瀬兵衛、浅井藤次郎、國分勘兵衛、遠山市郎兵衛、岩崎重治郎、中井半三郎、高原佐太郎、中澤熊五郎、山本吉兵衛、鈴木忠右衛門、伊坂重兵衛、森六郎、増田寿平、成瀬長左衛門、増田嘉助、滑川光亨であり、会社側が、茂木佐平次、西村甚右衛門、茂木忠太郎、堀切紋次郎、茂木七左衛門、田中喜兵衛、中山三郎、色川誠一、篠原七郎、山本謙三郎であった。

このときに示されたと考えられる東京醤油会社規則を、史料1との変更点に留意して示す。

史料2[15]　東京醤油会社規則　明治十四年

発起人名　西村甚右衛門（成田）　茂木七左衛門（野田）　色川三郎兵衛（土浦）

田中喜兵衛（市川）　堀切紋二郎（流山）　金子源兵衛（石岡）
髙梨孝右衛門（上花輪）　茂木七郎右衛門（野田）　茂木佐平次（野田）
茂木忠太郎（東京）　田中吉之丞（飯沼）　伊能茂左衛門（佐原）
岩田藤兵衛（石出）　石川宇右衛門（松伏）　滑川光亨（東京）

※前記申合規則との主な変更点

第一条　本社ハ東京日本橋区蠣殻町三丁目十番地ニ設立シ東京醤油会社ト称シ醤油販売ヲ以テ本務ト為ス

第十三条（新設）　仲買ノモノト雖トモ身元金ヲ差出シ程則ヲ承認スルニ於テハ時宜ニヨリ本社ハ其取引ヲ為スモノトス

第二十六条（旧二十九条）　本社ハ明治十四年二月ヲ以テ開業シ満五ケ年ヲ以テ一期トシ商務ヲ結束シテ株主一同ノ大会議ヲ開キ更ニ第二期ノ営業ヲ審議スヘシ株主タルモノ期年中自己ノ勝手ヲ以テ退社スルヲ許サス

商務程則（新規制定）

第二章　荷主へ対スル条款

第十七条　荷為替金ハ荷物見積代金百円ニ付金七拾円ノ割ヲ以テ荷主の請求ニ応スルモノトス　但シ利子ハ元金百円ニ付一日金五銭ノ割ヲ以テ貸付

第十八条　荷物仕切直段ハ売上簿平均ヲ以テ確定スルモノトス

第二十条　本社手数料ハ（即チ口銭）仕切上金百円ニ付金五円ノ割ヲ以テ申受クヘシ

第三章　問屋へ対スル条款

第三十条　手合荷物ニ於テ腐敗変味等之アルトキハ三十日間以内ニ本社へ積戻スヘシ右日限ヲ経過スルモノ

ハ本社ハ其責ニ任セサルモノトス

本社商高見積

醤油造醸家一〇〇戸（東京府、千葉県、茨城県、栃木県、埼玉県、神奈川県）

此造醸高一二万石　内　地方にて販売する分　四万石

東京にて販売する分　八万石

東京にて販売する醤油樽数　一〇六万樽

此口銭　六万九〇〇〇円　諸経費　一万四七〇六円　残金　五万四二九四円

史料2で史料1と大きく異なるのは、新たに設立された第十三条で、仲買も身元金を差し出せば東京醤油会社と取引できるとしたことであった。つまり、当初の東京醤油会社の目的は、醸造家と東京醤油問屋組合が互いの商権を認め合って市場取引を円滑に行うことであったのが、東京醤油会社が東京市場で問屋的な機能を果たす方向へ転換した。しかも商務規程で問屋が荷主の請求に応じて荷為替金貸付を行うことが決められ、醤油に腐敗変味があった場合は、三〇日以内に積み戻すことなど、かなり問屋にとって厳しい規程が定められたことから、東京醤油問屋はこれに反発し、一八八一年二月一一日に、濱口吉右衛門、遠山市郎兵衛、中澤熊五郎、高原徳次郎、岩崎重次郎、鈴木忠右衛門、森六郎、國分勘兵衛、中條瀬兵衛、榛原（増田）嘉助、高崎長平、中井半三郎、成瀬長左衛門の一三軒がまず、「御社規則之可否ニ不拘従前之通営業決心」したと回答し、同年三月一五日に、さらに岡田善五郎、浅井藤次郎、伊坂重兵衛、山本吉兵衛、髙梨仁三郎、中野長兵衛、田中知興、松住寿一郎が「御社御規則ノ可否ニ不拘従前之通営業決定」したと回答した[16]。髙梨仁三郎は野田の髙梨家の東京出店で、中野長兵衛は野田の茂木七郎右衛門家の出店なので、それぞれ本家との関係を考慮したと思われるが、結局、醤油問屋組合としての立場を優先した。こうして、東京府下で東京醤油会社に協力する問屋・仲買はほとんど存在しなかった。

こうした状況を受け、一八八一年三月一二日に東京醤油会社第三回の発起人会議が開かれたが、ここで茂木七郎右衛門・石川宇右衛門の両名より除名請求が出された[17]。自己都合での退社が認められないとの東京醤油会社の規則のため、両名は除名の形で会社から抜けようとしたのであろう。しかし、審議の結果、盟約違反のため除名請求は却下された。盟約違反のために除名されるのであればわかるが、盟約違反のため除名を認めず止めおく点に、東京醤油会社のいびつさが見られる。茂木七郎右衛門は、東京出店として中野長兵衛店を持ち、東京醤油問屋組合と対立する意思は全くなかったと思われる。同様に、東京出店を持っていた高梨家も、一八八二年に当主が亡くなり、幼少の新当主を叔父の高梨孝右衛門が後見する状況にあり、高梨孝右衛門が東京醤油会社発起人として名を連ねたが、高梨兵左衛門自身が八〇年七月時点では発起人として名を連ねたのに、その後表立って発起人として名を連ねなかった点からも、東京醤油会社に対する高梨家の消極姿勢が感じられる。このように、東京醤油会社は、もともと東京に出店を持っていなかった茂木佐平治による東京での販路開拓の強い希望から生まれたが、実際は、東京出店を持っていた野田の醸造家との意識の違いが表れており、当初から内部分裂の要素を含んでいた。

その後、東京醤油会社の規則は一八八一年一〇月に再び改定される[18]。ここでの主な変更点は、「第九条　本社ノ商業ハ府下醤油問屋幷ニ仲買ノ内二十名ニ限リ東京醤油会社取引問屋トナシ契約ヲ結ヒタルモノヽ外ハ相対勝手ノ取引ヲ為サヽルヘシ」と、「第二十五条（旧二十六条）　本社ハ明治十四年十一月ヲ以テ開業シ満五ケ年ヲ以テ一期トシ商務ヲ結束シテ株主ノ総会ヲ開キ更ニ第二期ノ営業ヲ審議スヘシ株主タルモノ期年中自己ノ勝手ヲ以テ退社スルヲ許サス」の二つの条文で、東京醤油会社との取引問屋を二〇名に限り、営業を続けるかどうかを五年後に検討するなど、やや弱気の条文となった。実際の東京醤油会社の実績として、一八八二年分が判明するが[19]、八二年七〜一二月の発売醤油樽数は一〇万九一七六樽で、代金は約一三万四〇〇〇円であった。その手数料収入として約七〇〇〇円が上がり、諸経費を引いて純益は約八五〇円であった。一八八二年前半期の純益が約四五〇円であったので、八二年度の純益は約一三〇〇円となる。前述の史料2にある年間純益見込み約五万四〇〇〇円に比べるとはるかに純益は少なく、貸借勘定の内に取引問屋身元金預りが五五〇〇円とあったことから、東京醬油会社の取引問屋が一一軒にすぎず、一八八一年一〇月の規則で決められた二〇名にも遠く及ばなかった。茂木佐平治の見込みは完全に異なったと言える。そのため、一八八四年一月に髙梨兵左衛門宛てに東京醬油会社より協力要請の手紙が来たが[20]、髙梨家が積極的にそれに応じた形跡は見られない。

一方、茂木佐平治はこうした不利な局面を打開するために、日本醬油の海外輸出を試みる[21]。もともと茂木佐平治は、早くから醬油輸出を考え、一八七三年のウィーン万国博覧会、八一年のアムステルダム万国博覧会などに、自家製品を出品していたが、八二年に、横浜居留地在住の欧米商人に欧米各国での日本醬油の販売を委託した。その結果、一八八三〜八四年の二年間で、イギリス・ドイツ・オランダなどに、合計五万二〇四四本と七七一五ガロン（樽）の輸出を東京醬油会社が行った。さらに茂木佐平治は一八八四年三月に自ら香港へ醬油輸出状況の視察に赴き、八六年にはドイツ・フランス・オランダに、ヨーロッパ市場開拓のために、東京醬油会社社員を派遣することを計画し、政府に援助を求めるべく、東京醬油会社は『醬油輸出意見書』と『醬油輸出参考書』を農商務省へ提出した。その結果、東京醬油会社社員江木保男がヨーロッパに派遣された。

こうした東京醬油会社の積極的な経営展開を受けて、東京醬油問屋の中にも、東京醬油会社と取引をする動きも見られ、例えば國分勘兵衛東京店は、この間茂木佐平治家の醬油を荷受けしていたようで、一八八八年一一月に國分勘兵衛東京店の松田善助支配人は、同じく醬油問屋組合員の中条瀬兵衛、増田嘉助とともに、組合宛に詫び状を出した[22]。そして、これを機に、東京醬油問屋仲間一五軒は、次のような盟約書を結んだ。

史料3[23]　東京醤油会社関係盟約書

今度我々親密なる組合の内に蛎殻町醤油会社之発起人なる茂木佐平治の醸造に懸る亀甲万印を荷受する三名の不実者あり此事件は我々組合諸君御承知の通り軽々容易に過眼すべき者にあらず回顧すれば已に八年前則明治十四年茂木佐平治氏我々を愛顧する醸造家諸君を旧弊なりとし又我々同盟組合を悪弊ありと放言し我々同盟組合を全廃し一大会社を設立するや其名義上は文明国の会社法にして至極良法の如くなるも其実際は佐平治氏自ら会社の発頭人となり以て我々を愛顧する醸造家諸君は県令郡長の説諭にも懸はらず会社と反対に出我々組合を愛顧し日夜苦慮憂心会社と敵視するを以て我々同盟組合に於ても実に営業上危急存亡日夜心痛之秋幸に醸造家諸君の引立に勇気を鼓し同盟団結誓約書を設け爾来我々を愛顧する醸造家諸君の意を受け会社と敵視し非常なる尽力と勉強とを以て対陣数歳漸く万死一生敵塁疲弊目下安心営業の位置に至る者なり（中略）

一、我々同盟は如何なる事情有之とも東京醤油会社発頭人なる茂木佐平治氏の醸造に懸る醤油は一切荷受せず以て年来我々を愛顧する醸造家諸君の厚意に背かざる事万一盟約に背き荷受けする者有之ときは直に同盟協議の上除名可致事

右　濱口吉右衛門代　同　熊之助　岩崎重次郎出店主　梅津喜右衛門
森六郎代　和田善平　鈴木忠右衛門代　高橋美津造
髙梨二三郎代　鈴木新二郎　岡田善五郎代　山口房次郎
遠山市郎兵衛　中井半三郎代　鈴木嘉兵衛
中野（代）　豊田治兵衛　増田寿一郎代　石塚勝三
高崎為造代　小山清蔵　高原佐一郎代　鈴木新助
中沢彦吉代　西崎鎌三　高崎長左衛門代　加藤亀吉

田中浅右衛門代　加藤万助

右之通り確守記名調印致候也

このような東京問屋らの強い姿勢もあり、醸造家と東京醬油問屋との妥協が図られ、一八八七年五月三日に一府五県醬油醸造家懇親会が開かれ、高梨兵左衛門も含めて六〇名が参加した[24]。そこでの議決で、「東京千葉茨城埼玉栃木神奈川ノ一府五県下醬油醸造家ニシテ販路ヲ東京市内ニ取ルノ同業者ハ明治十七年農商務省第三十七号布達同業組合準則ニ拠り連合組合ヲ設クル事」が決められ、一府五県同業連合組合創立委員として、色川誠一、色川三郎兵衛、伊能茂左衛門、岩崎重次郎、橋本三九郎、西村甚右衛門、吉田三郎兵衛、田中佳蔵、茂木七郎右衛門、茂木佐平治が選ばれる。茂木佐平治もこれ以降、東京醬油問屋と表立って対抗することはせず、自らの蔵の機械化・近代化に力を注ぎ、「キッコーマン」のブランド確立に努めた。そして前述のように一八八九年に東京醬油会社は解散することとなった。

第4節　高梨本店・本家にとっての高梨仁三郎店

前節で述べたように、高梨仁三郎は高梨家の東京出店であるとともに、東京醬油問屋組合の一員でもあり、その立場は微妙であった。本節では、近代期の高梨仁三郎店が高梨家や高梨本店にとってどのような役割を果たしたかを検討する。表9－8を見よう。高梨本店が東京醬油問屋に醬油の委託販売をしたその相手を示したが、高梨本店にとって高梨仁三郎店は主要な委託先ではあるが、多くの委託先のうちの一軒にすぎず、他の多くの東京醬油問屋とも継続的取引をしていたことがわかる。高梨仁三郎店も含め、点線より上に示した三軒の東京醬油問屋はいずれも高梨家の縁戚で（本書巻頭高梨家略系図を参照）、血縁のある東京醬油問屋にかなり販売を委託していたことが見て取れる。た

表 9-8　近代期高梨本店東京醤油積送樽数の動向

単位：樽

積送先	所在＼年	1871	1874	1877	1881	1885	1889	1893	1897	1901	1906	1913	1917
近江屋（高梨）仁三郎	小網町	9,755	14,200	10,601	5,210	8,139	19,477	10,006	9,060	11,130	26,465	30,488	42,179
高崎屋長右衛門→為造	小網町	11,910	14,349	13,250	9,465	10,275	13,785	9,005	7,730	7,830	7,740	10,840	10,760
中井半三郎	富島町	10,214	12,319	10,433	6,085	9,455	11,366	6,090	7,210	9,040	14,450	18,670	17,300
茗荷屋善五郎→岡田商店	小網町	4,836	4,145	6,685	2,160	5,965	3,780	1,830	4,840	4,470	5,890	11,520	9,155
柏金		2,725	1,820	985									
榛原屋（増田）嘉助	松住町	1,970	1,660	2,920	440	2,390	2,070	1,290	980	1,470	1,840		
伊勢屋正		1,920	495	1,383					中澤彦吉（南新堀町）		1,410	4,430	6,040
中条瀬兵衛	伊勢町	1,420	545	595	50				610	210	1,390	3,740	4,860
伊坂市右衛門→重兵衛	南新堀町	1,195	2,064	2,960	420	50				鈴木新助（霊岸島町）		3,130	3,860
徳島屋（遠山）市郎兵衛	北新堀町	1,110	465	2,793	860	785	1,075	1,070	1,960	1,540	1,940	3,830	4,220
中野長兵衛	小網町	600	1,260	3,170	3,390	3,380	4,535	1,830	3,570	3,490	4,360	9,200	8,050
鹿島屋利右衛門	霊岸島銀町	80		浅井	85	170				村上治兵衛（小網町）		3,070	5,940
山本吉兵衛	霊岸島町		835	250	30					和田善平（蠣殻町）		2,830	2,550
鈴木忠右衛門	霊岸島銀町			1,340	880	50	615	580	1,190	1,700	1,800	3,660	5,100
柏新				425							牧原仁兵衛（南新堀町）		2,700
島屋（森）六郎	南新堀町			915	3,440	5,395	9,170	4,150	3,480	2,840	2,910	3,750	3,360
奴利屋（高原）佐一郎	南新堀町			130	1,980	3,295	5,895	2,820		廣岡助五郎（霊岸島町）		2,520	3,440
成瀬長左衛門	松住町				1,340	1,160		升本喜三郎（蠣殻町）		2,370	1,880	3,950	4,420
高崎長左衛門	松住町						3,805	3,040	3,030	1,730	2,400		
岩崎（廣屋）重次郎	南新堀町						1,055	1,110	980	1,580	2,940	4,060	
蜂須賀与平	上槙町								1,020	1,530	1,900	3,990	4,340
濱口吉右衛門	小網町								960	1,600	1,850	4,900	4,460
國分勘兵衛	通一丁目									1,350	6,765	8,610	9,050
合計		47,735	54,157	58,835	35,835	50,509	76,628	42,821	46,620	53,880	87,930	137,188	151,784

（出所）各年度「両蔵醤油送分帳」「東京醤油送分帳」（高梨本家文書）より作成。

（注）史料では略号で記されていたが、それを推定で氏名に直した。所在は、明治 25 年版『日本全国商工人名録』東京府の部、明治 40・41 年版『日本全国商工人名録』東京府の部、および横山錦柵編『東京商人録』湖北社、復刻版 1987 年を参照した。小網町・上槙町・通一丁目・北新堀町・伊勢町・蠣殻町は日本橋区、富島町・南新堀町・霊岸島銀町・霊岸島町は京橋区、松住町は神田区。中澤彦吉は、高原佐一郎の後見人で高原佐一郎の醤油店を引き継いだと考えられる。

だし、一九〇〇年代になると高梨本店の醸造規模が急拡大したこともあり、東京での委託先が急増し、一八九〇（明治二三）年の東京醤油問屋一八軒のほぼすべてに醤油販売を委託するようになる。むろん、高梨仁三郎店への販売委託量は急増しており、高梨仁三郎店の重要性が低下したわけではないが、高梨仁三郎店が売り捌ける量には限界があったと思われ、それ以上に高梨本店の醤油醸造量が拡大したため、高梨仁三郎店以外の東京醤油問屋にもかなり販売を委託することとなった。ただし、高梨仁三郎店とそれ以外の問屋とで、販売を委託する量にかなりの差があり、それ以外の問屋はだいたい五〇〇〇樽前後で、横並びで販売を委託したのに対し、高梨仁三郎店は数万樽、そし縁戚の中井半三郎店が仁三郎店の半分くらいという割合を一九〇〇年代後半以降は維持した。なお、高梨本店がどの東京醤油問屋に販売を委託した場合も、手数料率は八％であった[25]。

高梨本店から販売を委託された醤油を販売した代金を、高梨仁三郎店は高梨本家に支払ったが、こうした高梨本店の醤油と、それ以外の蔵から醤油販売を引き受けた分を区別して仁三郎店は管理していた。高梨家の醤油の東京での販売に関する勘定は、高梨本家から仁三郎家がその管理を委託する形で行われ、作成者の名義は高梨兵左衛門である「東京金銭出入帳」が作成された[26]。よって「東京金銭出入帳」は、高梨仁三郎家の金銭出入帳ではなく、高梨家の勘定方東京部門が仁三郎店に置かれて、仁三郎店がその勘定を預かって運用を代行する形態をとり、勘定方東京部門は、高梨本店の仁三郎店以外の東京問屋との決済も担当したため、その分も「東京金銭出入帳」に記載された。本章では、この部門を便宜的に高梨東京勘定方と呼び、高梨仁三郎家の勘定とは区別する。

一八九三年時点の高梨東京勘定方の主要金銭出入を表9－9に示した。高梨本店は、仁三郎店も含め、東京醤油問屋に醤油を送って販売を委託、委託された問屋は醤油代金の一部を内金として高梨東京勘定方に収め、販売終了後に仕切額と内金との差額残金を高梨東京勘定方に収めており、仁三郎店もこれと同様の決済を行った。そして、高梨東京勘定方は、東京醤油問屋から得た販売代金を高梨本家へ送金するが、店員などが野田へ持参して直接渡すこともあ

表9–9　1893年髙梨東京勘定方主要金銭出入一覧

金額の単位：円

月日	金額	内容	月日	金額	内容
1・21	1,600	本店より釜清殿税金分持参入	8・31	−500	絹川茂兵衛殿依頼内金渡
1・24（29）	1,500	近仁出蔵25年内金	8・31	500	高崎長左衛門殿内金
1・26	1,000	高崎為蔵殿25・26年内金	8・31	500	高原佐一郎殿内金
1・26	500	中井半三郎殿26年内金	9・1	−500	大国屋藤七殿内金
1・26	−3,633	税金第3期川崎銀行振込	9・1	820	森六郎殿内金入
2・27	500	中井半三郎殿内金	9・1	1,622	高崎為蔵殿内金・仕切残金入
2・27	550	高原佐一郎殿内金	9・1	800	近仁より内金入
2・28	400	高崎長左衛門殿内金	9・2	−2,500	本家へ上げる宝来屋持参
2・28	800	高崎為蔵殿内金	9・15	−400	大和屋定吉殿小麦200俵代池田屋へ渡
3・1	−600	大和屋定七殿小麦内金渡	9・18	500	近仁より内金入
3・1	−602	永井藤蔵殿大豆為替金渡	9・18	−500	本家へ上げる宝来屋持参す
3・1	400	岡田善五郎殿25年内金	9・26	700	高崎為蔵殿内金入
3・2	−579	柴沼庄左衛門殿分土浦屋渡	9・27	998	中井半三郎殿内金・24年仕切残金
4・11	500	中井半三郎殿内金	9・27	−2,200	本家へ上げる使竹蔵持上る
4・11	−500	本家へ渡す使庄七持参	10・9	500	近仁内金
4・27	1,000	中井半三郎殿内金	10・23	500	中井半三郎殿内金入
4・29	800	森六郎殿内金	10・23	−500	谷田部竹治郎殿為替にて渡す
4・30	1,200	高崎為蔵殿内金	10・30	440	中野長兵衛殿内金入
4・30	550	高崎長左衛門殿内金	10・31	1,000	高崎為蔵殿内金入
4・30	450	高原佐一郎殿内金	10・31	550	高崎長左衛門殿内金入
4・30	450	中野長兵衛殿内金	10・31	660	森六郎殿内金入
5・1	−1,600	谷田部竹治郎殿相渡	10・31	500	高原佐一郎殿内金入
5・4	−500	旦那様へ上げる（本家に届ける）	11・2	−1,500	岩崎清七殿為替にて相渡
5・11	−618	相州小麦590俵代仕切金近仁渡	11・25	−600	銭屋清七殿為替金渡
5・11	618	近仁より内金	12・9	500	中井半三郎殿内金入
5・26	500	高崎為蔵殿内金	12・10（15）	−1,400	銭屋清七殿為替金にて内渡
5・26	500	中井半三郎殿内金	12・18	1,500	近仁内金
5・29	500	近仁内金	12・18	−400	綿屋浦吉殿小麦代内金渡
5・29	−1,900	本家へ渡す庄助殿持参	12・29（31）	1,700	高崎為蔵殿内金入
6・27	−401	綿屋浦吉殿小麦556俵仕切	12・29	−1,200	本家へ上げる使熊蔵持参す
6・29	550	高崎長左衛門殿内金	12・29	400	中野長兵衛殿内金入
6・29	−500	熊蔵持参す（本家渡し分か）	12・29	1,424	中井半三郎殿内金・25年度仕切残金
6・29	620	森七郎殿内金	12・31	600	高原佐一郎殿内金入
6・29	800	高崎為蔵殿内金	12・31	−800	星野源兵衛殿樽内金渡
6・29	500	中井半三郎殿内金	12・31	−1,000	大国屋藤七殿樽内金渡
7・3	−1,500	谷田部竹治郎殿相渡	12・31	700	高崎長左衛門殿内金入
7・7	−419	絹川屋へ小麦200俵代	12・31	600	岡田善五郎殿内金入
7・27	1,211	近仁より24・25年出蔵分仕切残金	12・31	1,220	森六郎殿内金入
8・24	−400	本家へ届金熊蔵持参す	12・31	−500	河野作次郎殿樽内金渡
8・30	1,000	中井半三郎殿内金	12・31	1,500	近仁内金入

（出所）明治26年「東京金銭出入帳」（髙梨本家文書5AID49）より作成。
（注）無印は髙梨東京勘定方の入、−印は髙梨東京勘定方の出。出入金額が400円以上の項目を示した。連続して類似の内容が続いた場合はまとめて、その日付を括弧書きで補った。

れば、銀行の送金手形を利用する場合もあった。また、髙梨東京勘定方は、原料等（大豆・小麦・塩・樽）の東京での買い付けも担い、原料買い付けを東京問屋に委託して内金を渡し、取引終了後に仕切残額を東京問屋に支払った。

本家との送金形態の変化を、一八九三・一九〇三・一三（大正二）年で比較してみる。表9－10を見よう。一八九三年は、本家より使いが来てそれに渡して本家へ持参させる形が一般的であったが、一九〇三年になると本家への送金の多くが川崎銀行を利用して行われる。一九〇〇年に野田では野田商誘銀行が設立され、野田—東京間で銀行を利用した送金や決済が行えるに至り、それが明確に見て取れる。ただし、一九一三年になり、髙梨家の醸造規模が急増して送金金額が大きくなると、逆に銀行振込ではなく、当主に直接渡す分も多くなる。表9－11に見られるように、年の前半は川崎銀行へ振り込んでの送金が多いが、年の後半になると九月に三万円、一一月に二万円、一二月にも二万円強のお金を直接主人に渡している。その一方、原料大豆・小麦の東京での買入れはほとんどなくなり、塩代が定期的に支払われ、東京で醤油の原料塩の購入が行われていたことがわかる。原料調達は、本書第6章で論じられるが、髙梨家は、野田の髙梨本店と東京出店でそれぞれに適した原料調達を行っており、輸入塩の利用が多かった塩は、主に東京で調達されていたと考えられる。このように全体として、東京勘定方は、野田本店から送られた醤油の販売に伴う決済とその代金の本家への送金、および東京での原料調達の決済を主に行っていた。

第5節　野田醤油株式会社設立後の髙梨東京勘定方

一九一七（大正六）年末に髙梨家が野田醤油会社設立に参画し、髙梨本店が醤油醸造部門を野田醤油株式会社に現物出資すると、髙梨東京勘定方の位置づけも大きく変化する。髙梨本店から、東京醤油問屋へ醤油が送られることはなくなったため、髙梨仁三郎店が髙梨本店からの醤油を扱うことはなくなり、髙梨仁三郎店は東京醤油問屋として、

表9-10　1903年髙梨東京勘定方主要金銭出入一覧

金額の単位：円

月日	金額	内容
1・11	−3,000	本家当座預金内へ川崎銀行渡す
1・13	−1,500	本店へ相渡す川崎銀行へ払込む
2・21	−3,000	本家へ上げる川崎銀行へ払込む
2・28	1,200	中野長兵衛殿内金入
2・28	2,550	中井半三郎殿内金入
2・28	1,000	森六郎殿内金入
2・28	600	鈴木忠右衛門殿内金入
2・28	800	國分勘兵衛殿内金入
2・28	630	升本喜三郎殿内金入
2・28	600	高崎長左衛門殿内金入
2・28	1,200	岡田商店殿内金入
3・1	2,000	高崎為蔵殿内金入
3・1	2,800	近仁分内金入
3・1	−555	セール商会塩代払
3・6	−800	星野清吉殿樽内金
3・6	−900	大国屋藤七殿樽内金
3・6	−750	樽屋浅次郎殿樽内金
3・6	−700	竹本清助殿内金渡す
3・6（31）	−10,000	本家御主人上げる・相渡す
3・7	−1,500	岩崎清七殿相渡す
3・27	619	近仁35年度仕切残金
3・31	−555	セール商会塩代払
4・6	808	高崎為蔵殿35年仕切残金
4・29	−555	セール商会塩代払
4・30	870	中野長兵衛殿内金入
4・30	700	森六郎殿内金入
4・30	2,300	中井半三郎殿内金入
4・30	1,000	岡田商店殿内金入
4・30	2,000	高崎為蔵殿内金入
5・1	3,400	近仁内金入
5・3	−650	大国屋藤七殿樽内金渡
5・3	−650	星野清吉殿樽内金渡
5・3	−550	竹本清助殿樽内金渡
5・4	−3,000	岩崎清七殿
5・5	−4,000	本家へ上げる川崎銀行へ振込
5・26	−3,000	本家当座預け川崎銀行振込
6・20	−2,000	本家へ相渡す川崎銀行振込
6・30	900	國分勘兵衛殿内金入
6・30	1,250	岡田商店殿内金入
6・30	2,600	中井半三郎殿内金
6・30	1,200	中野長兵衛殿内金
6・30	600	濱口吉右衛門殿内金
6・30	630	升本喜三郎殿内金
6・30	900	森六郎殿内金
6・30	600	高崎長左衛門殿内金
6・30	−777	セール商会へ相渡ス
7・1	2,500	高崎為蔵殿内金入
7・1	−600	竹本清助殿樽内金
7・1	2,600	近仁内金入
7・3	−9,000	本家御主人へ上げる川崎銀行預け
7・31	−908	三井呉服店へ相払
8・4	−1,500	中桐市太郎殿へ小麦代相渡す
8・7	−3,000	本家送金分川崎銀行払込む
8・24	−2,000	岩崎清七殿へ相渡す
8・30	850	國分勘兵衛殿内金入
8・31	2,200	中井半三郎殿内金入
8・31	980	中野長兵衛殿内金入
8・31	750	森六郎殿内金入
8・31	600	高崎長左衛門殿内金入
8・31	1,200	岡田商店殿内金入
8・31	2,000	高崎為蔵殿内金入
9・1	−2,000	山口四郎吉殿米代金
9・3	−2,900	岩崎支店殿相渡す
9・3	3,400	近仁内金入
9・3	−4,000	本家へ相渡す
10・14	−3,000	本家へ渡金川崎銀行振込む
10・30	700	遠山市郎兵衛殿内金入
10・31	1,100	森六郎殿内金入
10・31	600	蜂須賀与兵衛殿内金入
10・31	3,300	中井半三郎殿内金入
10・31	1,460	中野長兵衛殿内金入
10・31	700	升本喜三郎殿内金入
10・31	700	濱口吉右衛門殿内金入
10・31	1,000	國分勘兵衛殿内金入
10・31	700	鈴木忠右衛門殿内金入
10・31	1,450	岡田商店殿内金入
10・31	2,000	高崎為蔵殿内金入
10・31	690	岩崎重次郎殿内金入
11・1	600	増田嘉助殿内金
11・1	−700	竹本清助殿相渡す
11・1	850	高崎長左衛門殿内金入
11・1	−1,000	星野藤七殿相渡す
11・1	−5,500	岩崎清七殿相渡す（大豆代）
11・3	3,650	近仁内金
11・6（27）	−7,000	本家へ上げる川崎銀行へ振込
12・16	−3,000	岩崎清七殿へ渡す
12・28	1,580	中野長兵衛殿内金入
12・28	1,250	森六郎殿内金入
12・28	920	升本喜三郎殿内金入
12・29	700	鈴木忠右衛門殿内金入
12・29	740	岩崎重次郎殿内金入
12・29	3,500	中井半三郎殿内金入
12・29	730	蜂須賀与兵衛殿内金入
12・29	750	遠山市郎兵衛殿内金入
12・29	−1,566	竹本清助殿樽代払
12・29	−954	樽屋利助殿樽代払
12・29	−807	大黒屋藤七殿樽内金渡す
12・29	−700	樽屋浅次郎殿樽内金渡
12・30	−885	星野清吉殿樽内金渡
12・30	1,800	岡田商店殿内金入
12・30	750	濱口吉右衛門殿内金入
12・30	1,300	國分勘兵衛殿内金入
12・30	1,000	高崎長左衛門殿内金入
12・30	2,500	高崎為蔵殿内金入
12・30	700	増田嘉助殿内金入
12・30	−8,227	岩崎清七殿相渡
12・30	3,600	近仁内金入

（出所）明治36年「東京金銭出入帳」（髙梨本家文書5AID56）より作成。

（注）無印は髙梨東京勘定方の入、－印は髙梨東京勘定方の出。出入金額が550円以上（東京問屋からの醤油代内金は600円以上）の項目を示した。連続して類似の内容が続いた場合はまとめて、その日付を括弧書きで補った。

表 9-11　1913 年高梨東京勘定方主要金銭出入一覧

金額の単位：円

月日	金額	内容	月日	金額	内容
1・9	−7,000	川崎銀行へ振込む	8・31	4,450	岡田商店殿内金入
1・28	−1,500	須賀参次郎殿へ渡す	8・31	3,600	國分勘兵衛殿内金入
2・12	−7,000	川崎銀行へ振込む	8・31	1,500	岩崎重次郎殿内金入
2・22	−1,926	イクイテーブル保険料借入金返済	8・31	1,500	村上治兵衛殿内金入
2・28	3,250	中野長兵衛殿内金入	8・31	9,400	近仁内金入
2・28	1,500	蜂須賀与兵衛殿内金入	9・1	−2,753	岩崎清七殿
2・28	2,130	濱口吉右衛門殿内金入	9・3	−2,630	遠山商店殿
2・28	1,550	岩崎重次郎殿内金入	9・3	−2,298	鈴木茂兵衛殿
2・28	1,850	中澤彦吉殿内金入	9・3	−30,000	御主人様へ上げる
2・28	1,750	升本喜三郎殿内金入	9・15	−6,000	川崎銀行へ振込む
2・28	3,400	國分勘兵衛殿内金入	9・29	−4,163	松本藤吉殿塩代送る
2・28	6,600	中井半三郎殿内金入	10・9	−5,000	御主人様へ上る
2・28	1,500	森六郎殿内金入	10・19	−5,000	川崎銀行へ振込む
2・28	9,600	近仁内金入	10・30	7,700	中井半三郎殿内金入
2・28	4,100	岡田商店殿内金入	10・30	3,750	中野長兵衛殿内金入
2・28	4,000	高崎為蔵殿内金入	10・30	1,800	鈴木忠右衛門殿内金入
3・3	−2,000	岩崎清七殿	10・30	1,730	遠山商店殿内金入
3・4（11）	−35,000	川崎銀行へ振込む	10・30	1,650	中澤彦吉殿内金入
3・11	−3,905	岩崎清七殿渡す	10・30	1,950	濱口吉右衛門殿内金入
3・11	−1,738	佐藤保孝殿第三銀行へ振込	10・30	1,650	升本喜三郎殿内金入
4・10	−2,000	須賀参次郎殿へ渡す	10・30	3,700	國分勘兵衛殿内金入
4・30	6,400	中井半三郎殿内金入	10・30	2,000	中条商店殿内金入
4・30	2,700	中野長兵衛殿内金入	10・30	1,700	岩崎重次郎殿内金入
4・30	2,700	國分勘兵衛殿内金入	10・30	1,550	村上治兵衛殿内金入
4・30	9,700	近仁内金入	10・30	1,700	蜂須賀殿内金入
4・30	3,800	高崎為蔵殿内金入	10・30	11,800	近仁内金入
4・30	4,450	岡田商店殿内金入	10・30	4,000	高崎為蔵殿内金入
5・2	−35,000	川崎銀行へ振込む	11・1	−20,000	御主人様へ上る
5・12	−2,600	御主人様へ上げる	11・1	3,950	岡田商店殿内金入
5・15	−5,300	須賀参次郎殿大豆内金	11・3	−3,000	岩崎清七殿渡す
6・3	−2,319	佐藤保孝殿へ塩代金振込む	11・6	−10,000	川崎銀行へ振込む
6・19	−7,500	川崎銀行へ振込む	11・26	−2,989	佐藤保孝殿塩代送り
6・29	1,600	遠山市郎兵衛殿内金入	12・10	−4,000	大野源次郎殿へ大豆内金渡す
6・30	3,400	中野長兵衛殿内金入	12・27（31）	−20,980	御主人様へ上る
6・30	7,750	中井半三郎殿内金入	12・28	2,000	鈴木忠右衛門殿
6・30	1,700	鈴木忠右衛門殿内金入	12・28	3,800	國分勘兵衛殿
6・30	1,770	岩崎重次郎殿内金入	12・28	2,000	中条殿
6・30	1,700	蜂須賀与兵衛殿内金入	12・28	1,800	遠山商店殿
6・30	1,700	升本喜三郎殿内金入	12・28	2,000	蜂須賀与平殿
6・30	2,260	濱口合名会社殿内金入	12・29	1,500	和田善平殿
6・30	1,600	中条商店殿内金入	12・29	1,650	鈴木新助殿
6・30	1,900	中澤彦吉殿内金入	12・29	1,700	森六郎殿
6・30	4,350	岡田商店殿内金入	12・29	6,000	高崎為蔵殿
6・30	12,000	近仁内金入	12・29	2,150	升本喜三郎殿
6・30	1,800	村上治兵衛殿内金入	12・29	−2,389	鈴木茂兵衛殿塩代払
6・30	1,800	森六郎殿内金入	12・29	−2,590	遠山商店殿塩代払
6・30	4,000	高崎為蔵殿内金入	12・30	8,600	中井半三郎殿
7・1	−30,000	ご主人様へ上げる	12・30	2,250	岩崎重次郎殿
7・4	−2,999	鈴木茂兵衛殿塩代金	12・30	2,340	濱口吉右衛門殿
7・14	−5,000	川崎銀行へ振込む	12・30	5,100	中野長兵衛殿
8・1（25）	−8,000	川崎銀行へ振込む	12・30	2,400	中澤彦吉殿
8・31	3,650	中野長兵衛殿内金入	12・30	6,200	岡田商店殿
8・31	6,150	中井半三郎殿内金入	12・31	2,000	村上治兵衛殿
8・31	1,580	中澤彦吉殿内金入	12・31	−18,683	岩崎清七殿へ渡す
8・31	4,000	高崎為蔵殿内金入	12・31	19,900	近仁内金入・貸金の内返済

（出所）大正 2 年「東京金銭出入帳」（高梨本家文書 5AID95）より作成。

（注）無印は高梨東京勘定方の入、－印は高梨東京勘定方の出。出入金額が 1,500 円以上の項目を示した。連続して、類似の内容が続いた場合はまとめて、その日付を括弧書きで補った。

野田醤油株式会社の醤油を扱うことになった。しかしその後も高梨東京勘定方は継続され、その運用と管理は仁三郎店に任される。そこでは、主に有価証券投資が行われることとなった。

表９－12を見よう。一九一四・一七年は野田醤油株式会社設立以前のため、高梨本家への醤油販売代金の送金が、川崎銀行への振込や本家当主への直接の手渡しで行われたが、野田醤油会社設立後は、東京勘定方から本家への送金はなくなる。逆に、一九二一年には東京勘定方が本店や野田商誘銀行から借入金をして株式投資を行った。その金額は一〇万円以上になり、二八（昭和三）年にも野田商誘銀行から六万五〇〇〇円を借り入れて株式投資を行った。その内容は、本書第12章で論ずるが、第12章の表12－４によれば、一九二一年は上毛モスリン会社や東京株式取引所・日本製粉会社などの株式購入に充てられたと考えられ、二八年は大日本麦酒・東京株式取引所・日清製粉・川崎第百銀行などの株式購入に充てられたと考えられる。いずれも東京の銀行・会社で、こうした東京の銀行・会社の株式購入は、野田ではなく東京で行った。高梨家が有価証券投資を行う上で、情報を得るためにも東京に拠点があることは有利であり、野田醤油会社設立に参画した高梨家は、醤油工場・設備を現物出資した代わりにそれに相当する株式を取得しており、それ以後、野田醤油株式会社から受け取った多額の配当金を運用する必要が生じた。それゆえ、そのための拠点を東京に置き続けたと考えられる。ただし、それらの株式の配当金は、高梨本店に入ることになっており、(27)この時期の東京勘定方の配当収入はほとんど見られない。そのため、東京勘定方が株式投資する際に、本店や銀行からの借入を行う必要があった。

こうした有価証券投資の拠点としてのみでなく、一九二〇年代になると高梨家の生活の拠点としても仁三郎店が重要となる。表９－13を見よう。一九二二年の東京勘定方の主要金銭出入を見ると、醤油販売や原料調達の事業に関する金銭出入は見られなくなる代わりに、株式払込、宅地租支払、地代収入、高梨家子弟の生活費支払などが見られるようになる。高梨家は東京に貸家を所有しており、そこからの地代が東京勘定方の主な収入源であり、高梨本家三男

表 9-12　高梨東京勘定方の銀行・奥勘定送金関係金銭出入一覧

金額の単位：円

①1914年

月日	金額	内容
1・7	−8,000	川崎銀行振り込み
2・7	−5,000	川崎銀行振り込み
2・10	−152	特別当座口川崎へ預ける
3・10	−7,000	川崎銀行振り込み
3・17	−692	地代川崎銀行へ預ける
4・12	−346	地代川崎へ振り込む
4・16	−3,000	川崎銀行振り込み
5・6	−346	地代川崎へ振り込む
6・5	−6,000	川崎銀行へ振り込む
6・19	−346	地代川崎へ振り込む
7・1	−3,000	ご主人様へ上る
7・2	−28,000	ご主人様へ上る
7・12	−346	地代川崎へ振り込む
7・20	−8,000	川崎銀行へ振り込む
8・31	−346	地代川崎銀行へ預ける
9・2	−35,000	ご主人様へ上る
9・21	−5,000	川崎銀行へ振り込む
9・30	−346	地代川崎銀行へ預ける
10・10	−5,000	川崎銀行へ振り込む
10・20	−5,000	川崎銀行へ振り込む
10・30	−346	地代川崎銀行へ預ける
11・2	−24,000	ご主人様へ上る
11・11	−5,000	川崎銀行振り込み
11・29	−8,000	川崎銀行へ振り込み
12・26	−692	地代川崎銀行へ預ける
12・28	−346	地代川崎銀行へ振り込む
12・31	−30,000	ご主人様へ上る

②1917年

月日	金額	内容
2・28	−348	地代川崎銀行振り込み
3・3	−22,000	川崎銀行へ振り込む
3・20	−8,000	川崎銀行へ振り込む
3・31	−348	地代川崎銀行へ預ける
4・30	−348	地代川崎銀行へ預ける
5・1	−57,000	ご主人様へ上る
5・22	−13,000	川崎銀行へ振り込む
5・31	−348	地代銀行へ預ける
6・30	−348	地代銀行へ預ける
7・2	−7,000	ご主人様へ上る
7・2	−18,000	ご主人様へ上る
7・14	−10,000	川崎銀行へ振り込む
7・31	−348	地代銀行へ預ける
8・19	−10,000	川崎銀行へ振り込む
8・31	−348	地代銀行へ預ける
9・25	−5,000	川崎銀行へ振り込む
9・31	−348	地代銀行へ預ける
10・31	−348	地代銀行へ預ける
11・2	−33,000	川崎銀行へ振り込む
11・30	−12,000	銀行へ振り込む
11・30	−348	地代銀行へ預ける
12・31	−348	地代銀行へ預ける
12・31	−55,000	川崎銀行へ振り込む

③1921年

月日	金額	内容
4・21	2,500	川崎銀行特別当座より引出し
7・30	−200	ご主人様へ上る
8・29	40,000	野田商誘銀行より借入金 ＊同日株式投資で 22,566 円支出
9・29	63,267	本店より借り ＊同日株式投資で 43,267 円支出
10・3	3,750	野田商誘銀行小切手持参入り ＊同日株式払込で 3,750 円支出

④1928年

月日	金額	内容
1・8	−200	ご主人様へ上る
1・14	15,000	野田商誘小切手にて入る株式買受用 ＊同日株式投資で 4,785 円支出
2・16	20,000	野田商誘小切手にて入株式買受用 ＊同日株式投資で 9,358 円支出
3・15	30,000	野田商誘小切手にて入株式用 ＊翌々日株式投資で 9,097 円支出
3・20	−200	ご主人様へ上る
6・30	−250	ご主人様へ上る
8・22	−200	ご主人様へ上る
10・15	−200	ご主人様へ上る
10・29	−300	ご主人様へ上る
12・20	−200	ご主人様へ上る

(出所) 各年度「東京金銭出入帳」(高梨本家文書) より作成。
(注) 無印は、高梨東京勘定方への入り、−印は高梨東京勘定方からの支出を示す。ご主人様へ上るは 200 円以上の場合を示した。

の賢三郎が東京で暮らしておりその賄料が東京勘定方から支出されていた。一九二二年の後半には髙梨本家四男の武四郎も東京の学校に入学したと思われ、武四郎も東京で暮らすようになり、その小遣いも東京勘定方から支出された。また、小林時計店への支払いなど野田ではおそらく購入ではなかった舶来品の購入も東京で行われ、三越や松屋のような東京の百貨店の利用も見られた。野田での醬油醸造を野田醬油会社に移譲した髙梨家は、生活の拠点を次第に東京中心へと移していった様子が窺われる。

表9－14より一九三一年時点の東京勘定方を見ると、本家長男の小一郎、三男の賢三郎、四男の武四郎、五男の五郎いずれの支出も東京勘定方で見られ、本家二男の仁三郎が、東京の仁三郎店を継いだのでこの東京勘定方には見られないが、それも合わせて長男から五男の兄弟がいずれも東京で暮らすことになったと考えられる。そのうち小一郎は成人していたと思われるが、三男賢三郎分として慶應義塾の月謝が支払われたので、賢三郎は慶應義塾の学生であり、武四郎分の月謝も支払われ、五郎は高等学校にこの年に入学しているので、いずれも東京の学校に通っていたと考えられる。一九三一年も百貨店の三越・松坂屋から定期的に商品を購入しており、鎌田洋服店で洋服を購入するなど、洋風生活を味わう一方で、冬には多くの火鉢を購入しており、和洋折衷の生活様式であったと思われるが、いずれにしても教育環境・生活環境を考えた場合、大都市東京は髙梨家にとっても魅力的であり、東京に生活の拠点を置く上で、東京に出店を持っていたことは有利であった。なお、一九三一年時点では、合資会社小網商店が設立されており、髙梨仁三郎店は、醬油問屋経営を行っていない(28)。おそらく髙梨仁三郎店は問屋営業停止の際に、それまでの本家からの借入金をまとめて一〇万円とされたと考えられ、一九三一年には本家からの一〇万円の借入金の利子を髙梨仁三郎店は東京勘定方へ支払っている。東京勘定方の代行は仁三郎が務めているが、全体として髙梨仁三郎店は、髙梨本家の資金で運営されてきたことが営業の終わり方からも推測できよう。

表 9-13　1922 年高梨東京勘定方主要金銭出入一覧

金額の単位：円

月日	金額	内容	月日	金額	内容
1・20	−50	御主人様へ上る	9・1	−57	仁三郎様避暑大原翠松館勘定為替にて送る
1・25	−611	大正 10 年第 2 期分宅地租・附加税	9・1	−80	三越商品券（30 円 1 枚、3 円 10 枚、2 円 10 枚）
1・25	−100	賢三郎様賄料小野先生渡（1・2 月分）	9・2	−70	高梨尊雄様へ御渡し
1・31	492	1 月分地代入	9・4	−50	御主人様へ上る
2・14	−50	御主人様へ上る	9・5	−52	賢三郎様賄 9 月分小野様へ渡す
2・25	−1,250	北海道鉱業鉄道 500 株分第 3 回払込	9・20	−50	賢三郎様臨時費小野様へ渡す
2・28	492	2 月分地代入	9・22	−100	武四郎様入学費用
3・2	−200	牧野篤太郎殿へ相渡す	9・22	−50	御主人様へ上る
3・8	−50	小野先生へ賄、3 月分	9・24	86	小島町地料（6 月・7 月・8 月分）
3・15	86	小島町地料（11 月・12 月・1 月分）	9・28	−300	牧野篤太郎殿へ相渡す
3・15	823	野田商誘銀行（利子）近仁より入り	9・30	−546	小林時計店払（銀製湯沸・急須 7 組代）
3・27	−230	鵠沼来家旅館勘定渡し置く	9・30	492	9 月分地代入
3・31	492	3 月分地代入	10・2	−70	高梨尊雄様へ御渡し
4・6	−100	小野先生へ賄 4 月分・臨時費相渡す	10・2	−52	賢三郎様賄 10 月分小野様へ
4・6	−300	小一郎様小遣味方様へ送る	10・6	−131	松屋呉服店払（大島紬 1 疋其外）
4・16	−100	御主人様へ上る	10・22	−52	懐中時計 2 個・銀製楊枝入 2 個代小林へ払
4・29	−76	4 月 16 日笹田様招待百尺払	10・31	492	10 月分地代入
4・29	−65	三越払	11・2	−52	賢三郎様賄 11 月分小野様へ
4・29	−200	牧野篤太郎殿へ相渡す	11・3	−70	高梨尊雄様へ相渡す
4・30	492	4 月分地代入	11・20	−511	御主人様へ上る三越払分
5・2	−50	小野先生賄 5 月分	11・23	−200	武四郎様小遣
5・3	−100	御主人様へ上る	11・23	−100	奥様へ上る
5・8	−78	所得附加税過年度分	11・30	492	11 月分地代入
5・9	57	小島町地料（2 月・3 月分）	12・2	−52	賢三郎様賄 12 月分小野先生渡
5・31	492	5 月分地代入	12・5	71	4 月 16 日笹田様接待費國分御両名様より入
6・3	−70	高梨尊雄様へ相渡す	12・8	−10,600	平塚土地 260 坪買入、原田栄太郎様へ相渡す（持出分含）
6・5	−120	開成中学校後援会寄付	12・8	86	小島町地料（9 月・10 月・11 月分）
6・11	783	野田商誘銀行借入金利子近仁より入り	12・20	−500	高梨英男様御渡し
6・24	481	日本製粉新株 770 株の配当入	12・20	−50	御主人様へ上る
6・25	−400	牧野篤太郎殿へ相渡す	12・23	674	日本製粉新 770 株の配当金
6・30	492	6 月分地代入	12・28	492	12 月分地代入
7・2	57	小島町地料（4 月・5 月分）	12・30	−675	北海道土地の件弁護料・登記料・土地差配料（田中平治氏へ払、川崎京橋支店当座振込）
7・4	−52	小野先生へ 7 月分賄		500	茂木啓三郎様より入
7・7	−70	高梨尊雄様へ御渡し	12・30	2,344	富士瓦斯株配当（新 300 株・旧 300 株小一郎様名義）
7・18	−621	大正 11 年第 1 期分宅地租・附加税	12・30	−6,170	麻布本村町家屋買代金・登記料三田義一殿へ渡す
7・30	6,345	日本製粉株払込金御主人持参（野田商誘銀行小切手）			
7・31	−6,345	日本製粉新株第 2 回払込（仁三郎名義 770 株、小一郎名義 76 株）			
7・31	492	7 月地代入			
8・5	−150	御主人様へ上る			
8・7	−70	高梨尊雄様へ御渡し			
8・10	1,250	北海道鉱業鉄道株払込金御主人様小切手持参			
8・10	−1,250	北海道鉱業鉄道株 500 株分第 4 回払込金			
8・31	492	8 月分地代入			

（出所）大正 10 年「東京金銭出入帳」（高梨本家文書 5AID63）より作成。

（注）無印は高梨東京勘定方の入、－印は高梨東京勘定方の出。出入金額が 50 円以上の項目を示した。連続して類似の内容が続いた場合はまとめて、その日付を括弧書きで補った。

表9-14　1931年髙梨東京勘定方主要金銭出入一覧

金額の単位：円

月日	金額	内容
1月1日	−100	御主人様へ上る
1月	348	地代入
1月	−80	永野様1月・2月分賄費
1月5日	−300	御主人様へ上る関西行
1月	−200	津田様賄1月分・臨時費
1月	−110	武四郎様小遣・定期券
1月20日	−200	御主人様へ上る
1月	−590	宅地租・附加税日本橋区昭和5年2期分
1月	−172	三越払
1月20日	−365	那可井払日本橋会費用
1月	−94	花谷払
2月	1,136	地代入
2月	270	日本製粉配当年6分
2月	−200	津田様賄2月分・臨時費
2月	−47	日本橋会の福引品物代
2月18日	−300	御主人様へ上る
2月	−45	賢三郎様月謝
2月	−40	永野様3月分賄
2月	−75	武四郎様月謝・小遣
3月	496	地代入
3月	−217	花谷払
3月	−125	田中家払
3月	−300	津田様賄3月分・臨時費
3月27日	−200	御主人様へ上る
3月	−66	三越払
4月	71	地代入
4月	−100	五郎様高等学校入学に付津田様へ御礼
4月	−407	西河源次郎東京支店払
4月	−40	武四郎様小遣
4月	−40	永野様賄4月分
4月	−200	津田様賄4月分・臨時費
4月	−40	三越払
5月	1,473	地代入
5月	−80	武四郎様小遣
5月	−200	津田様賄5月分・臨時費
5月	−200	小一郎様小遣
5月	−100	レンネ氏御餞別
5月9日	−100	御主人様へ上る
5月	−131	松坂屋払
5月	−90	永野様賄5月分・餞別
5月	−197	駒井竹三商店電灯工事費用
5月	−180	鎌田洋服店（御主人様分90円小一郎様分90円）
5月	−202	三越払
6月	148	地代入
6月	2,715	近仁貸10万円の利子（6ヶ月分）
6月14日	−300	御主人様へ上る大阪行
6月	−40	永野様賄6月分
6月	−200	津田様賄6月分・臨時費
6月	−500	田中王雲氏へ補助
6月	−77	三越払
7月	1,542	地代入
7月	135	日本製粉90株分昭和6年上半期配当
7月	−38	賢三郎様紺セル制服三田佐藤払
7月	−200	御主人様へ
7月	−200	津田様賄7月分・臨時費
7月	−40	永野様賄7月分
7月	−47	武四郎様月謝
7月	−335	地租附加税日本橋区昭和6年前期
7月	−47	賢三郎様慶應月謝第一学期分
7月	−332	三越払
7月	−60	鎌田洋服店（御主人様リンネイチョッキ15円・賢三郎様冬服一組裁縫45円）
8月	122	地代入
8月	−87	平岡万珠堂払
8月	−150	津田様賄8月分・臨時費
8月	−80	小田原町下水改良地主出金
8月	−100	椎名正太郎氏大阪転任に付餞別
8月	−200	鷲塚払（桑卓代）
8月	−2,129	西河源次郎商店払
8月	−213	銀座松屋払（日除代）
9月	440	地代入
9月	−100	津田様賄9月分
9月	−149	小林時計店払
9月	−60	武四郎様小遣・省線パス
9月	−40	永野様賄9月分
9月	−500	髙梨英男様貸
9月19日	−300	御主人様へ上る大阪行
9月	−52	小一郎様外国雑誌1年分丸善払
9月	−129	斎藤電気商会払
10月	15	地代入
10月	−200	津田様賄10月分・臨時費
10月	−40	永野様賄10月分
10月	−207	鷲塚払（姿見・手提盆10個）
10月	−103	三越払
10月	−88	小林時計店払帯止代
10月	−42	賢三郎様靴代・10月分小遣
11月	1,381	地代入
11月	−200	津田様賄11月分・臨時費
11月	−40	永野様賄11月分
11月	−411	建具代・深川林鉄吉払
11月	−345	宅地租昭和6年1期分
11月	−50	通2丁目地内横丁コンクリート補装工事分担
11月	−150	仏具代・火鉢6個
11月	−323	三越払（座フトン・火鉢）
11月	−112	毛布シャツ丸善払
11月	83	昭和3年分地代付落分
12月	627	地代入
12月	−40	永野様賄12月分
12月	−300	津田様賄12月分・臨時費
12月	−158	花谷払
12月	−110	喜文払
12月	−398	木屋漆器店（火鉢5対）
12月	−300	平岡万珠堂払
12月	−107	武四郎様月謝・洋服
12月	−52	日本橋区所得附加税
12月	−199	駒井竹三商店電気器具代
12月	−75	賢三郎様月謝・小遣
12月	−181	清寿軒御菓子代
12月	−616	西河源次郎商店襖工事代
12月	−60	辯松払
12月	2,285	近仁より利子入
12月	270	日清製粉昭和6年配当
12月	−133	三越払
12月	−52	松坂屋払
12月28日	−300	御主人様へ上る大阪行
12月	135	日本製粉旧90株昭和6年下半期配当
12月	−69	花とんぼ払
12月	10,000	近仁返金（これにて残7万円）

（出所）昭和3年「東京金銭出入帳」（髙梨本家文書5AID72）より作成。
（注）無印は髙梨東京勘定方の入、−印は髙梨東京勘定方の出。出入金額が40円以上の項目を示した。各月の最初の地代は必ず示し、同じ月内に類似の内容があった場合はまとめて示した。

おわりに

本章のまとめとして、近代期の東京醤油市場をめぐる高梨本店・本家と高梨仁三郎店の関係を考察する。繰り返しになるが、高梨本店は、東京への醤油の送荷を、高梨仁三郎店のみでなく、他の東京醤油問屋にも満遍なく送っており、高梨仁三郎店も、高梨本店からのみでなく、それ以外の有力な野田の醤油醸造蔵や銚子の醤油醸造蔵からの送荷も扱っていた。例えば、一八九七（明治三〇）年に高梨仁三郎店は、約九〇〇〇樽の高梨本・分家からの醤油を扱ったが、野田の茂木房五郎蔵から約六三〇〇樽、野田の茂木七郎右衛門蔵から約六〇〇〇樽、銚子の深井吉兵衛蔵・田中玄蕃蔵・濱口儀兵衛蔵から合わせて約六〇〇〇樽弱のそれぞれ醤油の販売委託を受けており、高梨本家と固定的関係を結んだわけではなかった（表9－5）。東京醤油市場は、関東の有力醸造家とその特約問屋との比較的固定化した取引関係ではなく、両者の取引関係が錯綜した流動的な市場であったと言える(29)。

それを念頭に置くと、研究史で想定されていたほどに東京市場での取引で醤油問屋が優位に立っていたとは言えず、野田の醸造家が当初構想した東京醤油会社は、一八七九年に東京で醤油問屋仲間が結成されたことを受けて、集団間の継続的取引による東京醤油市場の安定化を狙ったものと考えられる。ところが、東京出店を持っていた高梨家や茂木七郎右衛門家と、東京出店を持っていなかった茂木佐平治家では東京醤油会社に対する思惑が異なり、茂木佐平治が、東京醤油会社を利用することで既存の醤油問屋を通さない販売経路を構築しようとしたことで、醤油問屋組合と東京醤油会社の亀裂は決定的となった。その時点で、茂木七郎右衛門家と高梨家は東京醤油会社に消極的となり、初発の時点から内部分裂を含んでいた東京醤油会社がうまくいかなかったのは当たり前と思われる。

ただし、東京醤油会社の設立は東京醤油市場に一定の衝撃を与え、既存の醤油問屋の経営形態を変化させる契機になった。おそらく醸造家への不信感を抱いた東京醤油問屋組合は（過剰反応とも言えるが）、自らリスクを引き受けることを回避するようになり、例えば髙梨仁三郎店は、一八八一年までは売れ残りを自ら買い取る形で、取引相手によって手数料率を変えつつ自己裁量を活かした個別の収益を得ていたが、八一年以降は定率手数料収入取得へと転換した。そして、売れ残り分は醸造家に戻すことで、自らリスクを引き受けることを回避するようになった。そのことは醸造家から見ると、東京市場での販売面でのリスクを問屋に負わせられず、自ら引き受けることになったことを意味する。これが、野田の醸造家がその後技術革新を進めて高品質のブランドを確立させようとする動機づけになったと思われる。実際、東京醤油会社での販路開拓に失敗した茂木佐平治家は、それから醤油工場の機械化・大規模化を進めて、野田で最大規模の醸造家となった[30]。その背景には、東京醤油会社の失敗をばねにした側面もあったと思われるが、茂木佐平治家は、東京市場で問屋から取引の主導権を取り戻すには、他と隔絶した高品質のブランドを確立するしかないと考えたのであろう。その点で、東京に出店を持っていた髙梨家や茂木七郎右衛門家は、機械化・大規模化の意欲の点で茂木佐平治家に一歩譲っていたと思われる。

とは言え、実際に東京醤油問屋が、それほどの取引の主導権を握っていたかというとそれにも疑問が伴う。近世期は、野田に限らず関東各地でそれなりの醤油醸造産地が点在しており、近江屋仁三郎店も野田以外の多様な産地からの醤油を扱っていた（表9－4）。ところが近代になり、関東の醤油産地の中で野田と銚子が圧倒的な地位を占めるようになると、髙梨仁三郎店の扱う醤油は、髙梨本店からだけではないにしても、大部分が野田の有力醸造家からの送荷となった。その点で、東京醤油問屋にとっても、野田産地の意向を無視できなくなる状況が生じていた。実際、髙梨仁三郎店は、野田産地の発展に後押しされ、髙梨本家の資金供給を受けて一八九〇年代から経営規模が拡大し、一九一〇年代～二〇年代には東京でも有力な醤油問屋となる。ただし、それは髙梨家と固定的な醤油送荷の関係を持って経営規模を拡大したのではなく、髙梨家も醸造高の増大とともに、髙梨仁三郎店以外の多くの東京醤油問屋に醤油の販売を委託するようになると同時に、高梨仁三郎店も野田の醸造家のみでなく銚子の有力醸造家の醤油の委託販売を引き受けつつ経営規模を拡大したのであった。

つまり、野田の醤油醸造家と銚子の醤油醸造家は、集団として東京醤油問屋仲間と継続的に取引していたが、その内ではある程度の競争を含みつつの継続的取引関係であり、それゆえ東京醤油問屋仲間の中で、一九二五（大正一四）年の巨大メーカーによる「三蔵協定」以前に、競争で敗れた醤油問屋の撤退が見られた（表9－1）。高梨仁三郎店はそこでの競争に勝ち残り、最終的に合資会社小網商店の設立に参加する。ただし、その過程は全体として高梨本家の資金力に依存したものであり、醤油問屋経営を止めて合資会社小網商店に合流する時点で、高梨家に対して一〇万円の借入金が残ることとなった。

注

（1）以下の記述は、篠田壽夫「江戸地廻り経済圏とヤマサ醤油」（林玲子編『醤油醸造業史の研究』吉川弘文館、一九九〇年）を参照。
（2）以下の記述は、花井俊介「野田の醤油醸造業」（林玲子・天野雅敏編『日本の味　醤油の歴史』歴史文化ライブラリー一八七、吉川弘文館、二〇〇五年）を参照。
（3）以下の記述は、藤原五三雄「産業革命期の東京醤油問屋組合」（林玲子・天野雅敏編『東と西の醤油史』吉川弘文館、一九九九年）を参照。
（4）東京醤油会社については、前掲花井俊介「野田の醤油醸造業」一一九－一二一頁を参照。
（5）前掲藤原五三雄「産業革命期の東京醤油問屋組合」五五－六一頁。
（6）同右、七〇－七一頁。

（7）同右、九〇－九一頁。
（8）明治期の「金銭出入帳」（髙梨本家文書）より。
（9）前掲藤原五三雄「産業革命期の東京醬油問屋組合」五九頁。
（10）「三蔵協定」については、花井俊介「三蔵協定前後期のヤマサ醬油」（前掲林玲子編『醬油醸造業史の研究』）を参照。
（11）『小網のあゆみ五〇年』株式会社小網、一九八三年、二六－二八頁。中野長兵衛家は、五代茂木七郎右衛門から次男長三郎が分家して興した家である（市山盛雄編『野田醬油株式会社二十年史』（社史で見る日本のモノづくり、第三巻）ゆまに書房、二〇〇三年、一〇〇頁）。なお株式会社小網は醬油以外の醸造品も扱っている。
（12）明治一二年二月「醬油問屋組合規約ヲ定営業鑑札御附與願」（明治一三年七月「東京醬油会社仮規則」の後に綴り込み、髙梨本家文書5AOD1）。
（13）明治一三年七月「東京醬油会社仮規則」（髙梨本家文書5AOD11）。
（14）以下は、明治一四年一月三一日「東京醬油会社報告　第一回」（髙梨本家文書5AOD14）による。
（15）「東京醬油会社規則」（髙梨本家文書5AOD3）。
（16）明治一四年三月一五日「東京醬油会社報告　第二号」（髙梨本家文書5AOD8）。
（17）「東京醬油会社設立第三回会議日志」（髙梨本家文書5AOD1）。
（18）明治一四年一〇月改定「東京醬油会社規則」（髙梨本家文書5AOD10）。
（19）明治一五年一二月「東京醬油会社第二回決算報告」（髙梨本家文書5AOD9）。
（20）明治一七年一月東京醬油会社色川誠一・西村甚右衛門・茂木佐平治より髙梨兵左衛門宛て書簡（髙梨本家文書5AOD13）。
（21）以下の記述は、田中則雄「明治期、野田の醬油と東京醬油会社の『醬油輸出意見書』について」（野田市史編さん委員会編『野田市史研究』創刊号、一九九〇年）を参照。
（22）日本経営史研究所編『国分三百年史』国分株式会社、二〇一五年、八四頁。
（23）野田醬油株式会社調査課編『野田醬油経済史料集成』野田醬油株式会社調査課、一九五五年、九二－九三頁。

(24)　「一府五県醬油醸造家懇親会報告」（高梨本家文書5AOD2）。
(25)　一九〇〇年代の「両蔵醬油萬覚帳」（高梨本家文書）の東京仕切の項より。
(26)　「東京金銭出入帳」（高梨本家文書）は、一九三一年まで残されている。
(27)　大正五・一三年「金銭出入帳（高梨本店）」（高梨本家文書5AID111・5AID145）。
(28)　前掲『小網のあゆみ五〇年』二六－二八頁を参照。
(29)　江戸・東京の有力な醬油問屋國分勘兵衛家の東京店も、一八九〇年上半期は、八五軒の醸造家から荷受けしており、その中に銚子の三大有力醸造家の濱口儀兵衛・田中玄蕃、岩崎重次郎がいずれも含まれ、野田の茂木一族も佐平治家・七左衛門家・七郎右衛門家・勇右衛門家、房五郎家、利平家のいずれも含まれていた（前掲日本経営史研究所編『国分三百年史』八二－八三頁）。なお、高梨本店は、一九世紀は国分東京店と取引していなかったが、二〇世紀に入り醬油を送るようになった（表9－8）。
(30)　野田醬油会社に合同した野田醬油醸造家の合同時の仕込能力は、茂木佐平治家が五万六九五〇石、茂木七郎右衛門家が五万六二八七石、高梨兵左衛門家が三万一七七石の順であった（前掲『野田醬油株式会社二十年史』一四五－一四七頁）。

［付記］本章は、平成二六・二七年度の慶應義塾学事振興資金による研究成果の一部である。

第10章　江戸・東京の酒・醤油流通

――生産者から消費者へ

岩淵　令治

はじめに

消費は、日本史研究において長らく研究テーマとはされてこなかった。こうした中で、近現代史においては生活のレベルで家計簿分析や家計調査等の統計データが検討され、経済史・経営史の文脈で大局的な需要として概観されるに至っている(1)。このような流通の最終局面としての消費の実態を明らかにすることは重要であるが、筆者は、さらに消費の局面を流通や生産につなげ、具体的に相互の影響を見ていくことが大きな課題として残されていると考える。

近年では近世・近現代遺跡の発掘成果から、消費地が生産地に与えた影響やその相互関係を問う視点が提起されており(2)、筆者もこうした成果に学びながら、生産地と消費地を結ぶためには都市の問屋から先の流通を担う仲買・小売を検討する必要があることを指摘してきた[3]。

さらに、満薗勇は、近年の近現代史においては「消費という領域を立脚点としながら、政治・経済・社会にまたがる歴史の全体像を問い直そうとする志向を強くもっている」消費史研究の動向が現れたとして動向をまとめるとともに、欲望喚起（増幅）のメカニズムを問う上で百貨店の影響力を相対化し、小売業をその担い手として重視している[4]。

現状では、流通の検討は生産者と問屋間にとどまっているが、こうした遠隔地間の流通のみならず、問屋から消費者までの流通、すなわち問屋から先のいわば〝都市内流通〟の事例研究を積み重ねていく必要があるのではなかろうか。

仲買・小売については史料的制約が大きいが、本章ではこうした関心に基づき、高梨家の江戸・東京における有力な取引先である高崎屋を取り上げる。そして、その問屋部門（南店　日本橋小網町　近世は分家、近代より本家が経営）と仲買・小売部門（駒込本店　近世は本家、近代より別家渡辺家が経営）を検討し、東京における酒・醤油の物流を可能な限り末端まで見通すことを試みたい。なお、一九一一（明治四四）年段階の東京の酒流通においては、①西国一一カ国の下り酒を扱う東京酒問屋組合員、②それ以外の産地の酒類を直受販売し、酢・醬油・味噌・素麺などを兼ねるものの、「現今では問屋とは云うもの、先づ大きな仲買といふ位置に立つ」酒類問屋組合員、③仲買と小売を兼ねる東京酒類仲買商組合員（七九六名）、組合以外の仲買小売商（「凡そ三千軒」）の四つの業態が存在した[5]。①は近世の下り酒問屋、②は地廻り酒問屋の後裔であり、高崎屋の問屋部門は②、仲買・小売部門は③に属していた。

高梨家の経営帳簿で確認できる限り、遅くとも高崎屋は一八三一（天保二）年には、高梨家と取引関係があった[6]。森典子は、両家の関係形成の契機として、二三代高梨兵左衛門の息子の泰元の養子先である二宮桃亭を媒介とした文化的交流を推測している（第八章）。高崎屋と高梨家は相互に金銭貸借を行い、仕入れを増やすなど、経営上の関係を深めた。さらに幕末には、五代目の後妻として高梨家より「ちさ」を娶ったため、高梨家には、高崎屋との取引関係の記録のみならず、縁戚として高崎屋由来の什器類も多数所蔵するに至っている。[7]

高崎屋については本家に関わる文書は家訓書の写のほか、ほとんど確認できない。[8] 筆者は長谷川雪旦・雪堤親子が一八四三（天保一四）年に描いた「高崎屋絵図」をもとに、江戸に本拠を持ち、場末で仲買・小売から成長したという、従来研究が集中していた他国住江戸店商人とは異なる江戸商人像を明らかにした。[9] 本章では、この前稿を前提として、検討を保留していた明治期以降を中心に、髙梨本家文書のほか、駒込本店（別家）の近代の史料、[10] 発掘調査に伴う高崎屋銘の通い徳利の報告事例の蓄積、執筆後に気づいた史料より、高崎屋と髙梨家の関係を明らかにした上で（第1節）、酒の流通も含め、問屋部門（第2節）、仲買・小売部門（第3節）の具体的な業態を検討する。特に仕入れや商圏、すなわちどこの生産者の商品がどのような小売店や大口の顧客に流通しているのかという点に留意したい。なお、関東大震災とその後の復興事業による地域の変容のほか、一九〇七（明治四〇）年頃から高崎屋が属す酒類問屋も下り酒を直接仕入れられるようになったこと、[11] 二四（大正一三）年頃に下り酒の直営店が組織されたこと（「甲東会」ほか）、[12] 醬油については二〇年代から機械化を伴う大規模化が流通に大きな影響を与え、また二〇年代以降は酒類需要が減少したことに鑑み、[13] 本章の検討対象は基本的には関東大震災（一九二三年）前までとすることとしたい。

第1節　高崎屋と髙梨家

（1）高崎屋の概要

高崎屋の初代当主の没年は一七七八（安永七）年である。一七九〇（寛政二）年四月の下り酒酢醬油仲買組合結成願には高崎屋の名は見られない。[14] しかし、駒込本店の所在地を含む延享沽券図（一七四四〈延享元〉年）では、駒込片町の一筆で「地主長右衛門」が確認でき、[15] この土地が一八七四（明治六）年の六大区沽券図でも高崎屋の所有であることから、高崎屋所持の町屋敷と考えられる。また、幕府御家人の拝領町屋敷である駒込追分町においても地守となっている町屋敷（土地）があることから、この時点ですでに地主から借地して利用していた可能性が高い。したがって、遅くともこの時点にはこの地で何らかの商売を開始していたと推測される。

店が大きく発展したのは三代・四代のとき（一八世紀末から一九世紀頃）である。特に三代当主の時代には、江戸の中心部である小網町に支店（南店）として問屋を出し、本店は仲買と小売店を営み、支店は醤油・酢、そして関東地廻りの酒を扱う地廻り酒の問屋（下り酒については仲買）という業態になった。また、高崎屋の成長で大きな役割を果たしたのが、プライベートブランド江戸一（以下、〈江戸一〉）の成功である。大田南畝の随筆「兎園小説拾遺」によれば、一八二三・二四（文政六・七）年頃に下り酒問屋が集まる新川にあった無銘柄の酒を買い、これを文人に「江戸一」と名付けてもらって販売したところ大人気となり、醤油でもこの銘柄を用いることになったという(16)。

前稿では、十組問屋の株帳の記述などから、この南店は一八三〇年一二月九日に下総国上花輪村（現千葉県野田市）の山本清太郎より十組醤油酢問屋株を取得して出店したと判断していた(17)。しかし、本共同研究によって、大口の取引相手であった高梨家が負債を引き受ける形で一八一一（文化八）年に山本清太郎店の経営を引き継ぎ、一八年に近江屋仁三郎店の株も取得したのち、清太郎店の権利を高崎屋に譲ったことが明らかとなった（第8章）。高崎屋は、高梨家より、一八二七年五月に赤字分金九一一両・銀四匁五分九厘のほか、金二二〇三両・銀四匁五分四厘を出して、醤油酢問屋株、地廻り酒問屋株、庇付の川岸土蔵二カ所、居宅と勝手向諸道具を取得したのである(18)。この際の証人は江戸湯島横町玉川惣兵衛（地廻り酒問屋・醤油酢問屋玉川屋藤右衛門か）、世話人は高梨家の親戚の下総流山堀切紋治郎（万上味醂、現流山キッコーマン）・野田町柏屋房五郎・南新堀近江屋仁三郎で、江戸と下総の同業の有力商人の人間関係や信用の体系も注目されよう。なお、実際の売買から株の名義変更に約三年半の歳月を要した事情は不明だが、譲受人では四代当主（後見が「父牛長」＝三代当主）と四代の「躮《せがれ》佐吉事清太郎」も名を連ねている。同証文で「山本清太郎殿店儀是迄貴殿（筆者注、髙梨兵左衛門）御所持」とされているが、株の登録名を変更しないために四代悴を清太郎名としたのか、あるいは山本清太郎自身が経営に関わり続け、養子縁組をしたのかは不明である。一八一二年三月に高崎屋が小網町で行った施行では、「次男清太郎」の店という記載がある(19)。いずれにしろ、一八三〇年に株帳記載の変更は、この時点で完全に高崎屋に経営が移ったことを意味していると思われる。

さて、経営を拡大した高崎屋は、本店・南店のほか多くの店舗を展開した。まず本家の直営店は、「本店」（駒込片町＋追分町）・「南店」（小網町三丁目）・「中店」（昌平橋外湯島横町）である。中店は、四代の次男を祖とし、『東京商人録』（明治一三年刊）によれば酒醤油問屋の営業を行っていることが確認できる。高崎屋の家訓(20)では、中店は本店・南店とともに「三店一世帯」とされていた。髙梨家との一八六四（元治元）年の縁組の際に提出した「家契書」・「縁戚書」(21)の記述から、それぞれの奉公人数は、本店が通勤別家（いわゆる通いの番頭）五人（本店通勤支配人忠蔵・当隠居慶蔵・勘蔵・吉蔵・直蔵）のほか、女子六人（はる・つき・なみ・むめ・つる・なつ）を含む四八人、南店が通勤別家の支配人一人（亀蔵）のほか二一人、中店が通勤別家二人（儀蔵・民蔵、うち儀蔵は支配人）のほか一一人となる。女子が含まれていることから、奥の奉公人も含めた総数と考えられる。三都のトップクラスの大店の奉公人数は二〇〇人以上であるから(22)、これには遠く及ばないが、後述する御用金の供出などから見て、高崎屋はこれに次ぐクラスの大店だったと考えられる。

このほか、分家ないし別家の店が(23)、本店の一角と推測される駒込追分町のほか、本店に近い根津門前町（質店）・巣鴨上町（炭薪仲買・酒屋）・湯島横町（文化・文政期頃開設、小売店）・本郷一丁目（同前、炭薪仲買・醤油小売）、そして新橋通餌鳥屋敷と浅草の新鳥越四丁目に存在していた。さらに四代当主異母兄弟の店舗として、川口店（場所・開店時期不明）・小売店（中央区小網町）があった。このように南店＝問屋部門を出すまでに至った高崎屋は、幕末には酒・醤油のほか炭・蠟燭・両替・質屋などを、複数の店舗で営んだ。そして、駒込本店では酒・醤油・蠟燭・炭について仲買・小売を行っていたのである。

高崎屋の出自は不明であるが、他国に基盤を持たなかったため、伊勢商人を事例に取り上げられるような幼年よりの奉公人の雇用は、行うことができなかったと思われる。このため、奉公人は、前稿で指摘した越後出身者や中年奉公など、その出自はさまざまであった。通勤別家まで上りつめた後、一八三二（天保三）年一〇月に出奔した藤兵衛は、土佐出身で「安永之頃」（一七七〇～八〇年代）に弟とともに江戸に出た者であった。[24] また、出奔した日を命日として藤兵衛を葬ったのは、高崎屋の菩提寺である谷中川端の本寿寺であった。当主は菩提寺のみならず、日蓮宗の信仰が篤かった。日蓮の五百五十年忌にあたる一八三一（天保二）年の二月には、長年地中に埋まっていた千住小塚原の刑場の題目塔の整備（「引直補理」）を回向院に願い出ている。[25] 前稿で指摘したように、こうした日蓮宗信仰は、奉公人の結束をうながす機能も果たしたと考えられる。

また、高梨家に縁組の際に提出された先述の「縁戚書」には、「右之外遠縁類書載不申候」として、特に近いと認識されていた親類七家が記されている。このうち、山本嘉兵衛（山本山）は日本橋二丁目の十組茶問屋で中店二代目の妻の実家、渡辺吉兵衛は川越の有力商人で後の五代の先妻の実家、藁屋宗右衛門・仁右衛門は千住掃部宿の有力な米穀問屋で四代の甥の実家で、江戸および江戸近郊の有力商人であった。また、本町四丁目大横町の伊勢屋長兵衛は業態が不明だが、高崎屋の家訓の後見人となっている。このほか、三州岡崎東上地村の成瀬長右衛門、武州越ヶ谷東荻島村の石井三郎兵衛については不詳だが、酒や醤油の仕入先である可能性がある。

このように、自身の商家同族団をまとめ、縁戚関係をも結びながら江戸・関東の有力商人との人間関係を形成し、高崎屋は経営を発展していった。その中でも、実際の商品の取引関係があった高梨家は、最も重要な相手だったと考えられる。その具体相は次節で取り上げたい。

高崎屋の経営規模については不詳な点が多いが、一八六五（慶応元）年一一月の江戸の地廻り酒問屋仲間の仕入三三六二樽のうち、高崎屋の仕入量は約三割にあたる九一二樽で、一〇人中二位であった。また、一八五四（嘉永七）年の大地主の番付「江戸自慢持丸地面競」では、四七人中三二位、七八カ所の土地を持っているとされ、一八六〇（安政七）年の幕府の勘定所御用達の補欠調査では、駒込片町の八カ所（沽券金一二九〇両）をはじめ江戸北部に計三〇カ所（四一六五両）の町屋敷を所持していたことが確認できる。[26] さらに、幕府が大商人に要求する御用金については、一八一三（文化一〇）年に一〇〇両、そして三七（天保八）年と五四年に一〇〇〇両ずつ幕府に上納している。こうした大商人は施行を行うことが一般的であるが、特に場末の駒込地域では高崎屋の資産は突出していたようであり、頻繁な施行によって、幕府から褒美金を受けている。[27] さらに施行の対象は、隣町、近辺の町、南店のある小網町と広域にわたり、「其日稼の者」から町制機構（家主）、御家人と階層的にも広範囲にわたっている。一八六三（文久三）年には、「報國良銘義士」が高崎屋ほか近辺の大商人に張札で施業を要求している。[28]

近代に入っても高崎屋は、東京有数の大商人であった。[29] 商法会所元締頭取・会計官為替方下通包（一八六八（明治元）年）、開墾会社総頭取並・通商司為替方（明治二年）、東京為替会社頭取並（同年、身元金二万両）、東京貿易商社頭取（同年）、東京会議所議事役（七二年）などを歴任している。また、一八七一年に政府主導で設立された回漕会社（回漕取扱所、のち日本国郵便蒸気船会社、七六年に解散）の頭取（証拠金三〇〇〇円）となっている。

その後、駒込本店は経営が分離し、別家で支配人の渡辺仲蔵が継ぎ、小売店として現在も営業を続けている。また、高崎家の血筋は異母兄弟の南店主高崎徳之助が継承した。南店は一九二八（昭和三）年に、野田醤油会社の店受問屋の仲間、高梨仁三郎店・中野商店・村上商店・中井商店と小網商店を設立し、現在に至っている（現三井食品株式会社）。

（2）高梨家と高崎屋

高梨家は、こうした高崎屋の経営展開において、先述した南店の取得などで、大きな役割を果たした。取引関係についでは、次節で検討することとし、ここでは家と家の関係を見ておきたい。両家が縁戚関係となったのは、一八六五（元治二）年三月の婚姻である。一八六三（文久三）年に妻に先立たれた高崎屋五代目長右衛門慎倹（～一八八七（明治二〇）年没）が、後妻として高梨家より「ちさ」を娶ったのである。その宴会や婚礼の調度の出費は金八五四両三分二朱・銭二貫一六文にのぼり、高崎屋からの結納金五〇両、ほか各方面からの祝儀八両一分を差し引いた額はすべて高梨家が出費した。江戸の有名料理屋であった両国青柳などから仕出しを頼み、高梨家側の縁戚として野田の醤油醸造家柏屋（茂木）七郎右衛門（主要銘柄　キハク）、大門宿三浦荒太郎、高崎屋側から川越の渡辺吉兵衛、小石川おたんす町の伊勢屋長兵衛、および千住藁屋惣右衛門に「媒礼」を支払っていることから、彼らが媒酌人として出席したと思われる。衣装や屏風などは、金三七三両二分二朱・銭三五七文で購入した。また結納に先立って、二月にも高崎屋の別家らを招いてもてなし、さらに四月一日には高崎屋の中店にも祝儀を送るなど、高梨家は高崎屋との縁組を盛大に祝ったのであった。高梨家の一八四二（天保一三）年以降の家訓には、婚礼・葬儀および「元服、年賀、直々祝」についての質素倹約の条文が見られるが（第1章）、この婚礼は例外であったところに高梨家にとっての重要性が窺われる。その一方で、今後の交際については、五節句や月見の音信を禁ずるなど詳細な取り決めを行っており、家訓の方針に合致したものとなっている。

高梨家はこうして高崎屋と縁戚関係を結び、関係を強固にすることによって、自己の支店である近江屋仁三郎店といわば両輪の江戸販売体制を確立しえたと推測される。さらに、高崎屋の当主からは、高梨家に商況のほか幕末の政治状況が書状で伝達されており、出荷量の安定のみならず、高崎屋との関係は高梨家にとっても重要なものだったであろう。さらに、断片的ではあるが、両家は経済的な互助関係も結んでいたことが窺える。例えば、高梨家については、一八三三（天保四）年の高崎屋からの一〇〇両[34]の借金が確認できる。また、いわゆる小野組の閉鎖の際には、高崎屋の当時の番頭渡辺仲蔵から、高梨家に東京為替会社への出資を依頼する一二月一二日付の書状が出されている[35]。

「花輪（包紙）様　駒込　御進展」（瓢箪形の封印）
（前略）然者此度小野組閉店一件ニ付、為替会社ニおゐても夫々渡金等も多分相嵩候ニ付、社中一同何れも力ヲ盡集金仕、夫々渡方之所分も相付候ニ就而者猶更十分会社之盛太ヲ可計事ニ社員一同憤発仕、亦々申合持寄金致候事ニ一決仕、然ル処下拙方手元之義も当暮之手当夫々備置候事故、丸々開ケ放し候訳ニも相成兼、大イニ迷惑仕候得共、素々為替会社之盛大ヲ計候事ニ付、希望仕候共拒ミ可申理合無御座候ニ付、再度なくも相当之金額差出候場合、然ルニ前条申上候通り之事柄ニ付、突然御願申上候も如何ニ者御座候得共、御手元之御模様内密御伺申上度、何卒御都合御操合被成候ハ、凡両三ヶ月中金高之多少者御都合御尊念次第ニ而一時御操替被下候様御願申上度、旁々壱人重役之者差出可申筈ニ者御座候得とも、一度書面ヲ以奉伺、御報知被成下候上、早速壱人差出候様仕度、諸般其節可申上心得ニ御座候、何卒此段宜御承引被成候（後略）

年欠であるが、小野組の破綻が一八七四（明治七）年一二月であることから、おそらくその直後のものと思われる。高梨家が出資に応じたかは不明であるが、高崎屋にとって高梨家は経営上重要な相手だったのであろう。その後、郵便蒸気船会社の破綻などで高崎屋の経営は悪化し、高梨家に借金を重ねることとなったようである。翌七五年には、高崎屋の所持する小網町三丁目二八番地の二階建て土蔵一棟と河岸土蔵四棟について、代金五〇〇〇円と「同店所轄貸金」三万円のうちの六割にあたる一八〇〇〇円の計二三〇〇〇円で、高梨家に売り渡す旨の明治八年付の證文案が作成されている。ただし、一定期間が設けられ、期間内であれば高崎屋の買い戻しに応じること（「返売」）、期限の三カ月前までに相談して期間を延期できること、三回目の延期後は延期について評議すること、期間中は高崎屋が家税を払って土蔵を借用すること、期間中に土蔵が焼失した場合は高梨家の損失となること、が取り決められており、高崎屋に極めて有利な条件となっている[36]。土蔵を抵当にした事実上の借金であろう。実際にこの取引が実現したかは不明であるが、一八八四年一一月が年限で一〇年賦の二〇〇〇両を高梨仁三郎店を通じて借り、一九〇七年の時点では三二〇〇両の借金があった[37]。事業を失敗した高崎屋にとって、高梨家は重要な存在であったことは疑いなかろう。

第2節　醤油酢問屋・地廻り酒問屋の業態

(1) 経営の概要

では、高崎屋の経営について、まず問屋部門である南店の経営を検討したい。『日本全国商工人名録』第三版（一八九八年刊）によれば、南店（「小網町三丁目二八　高崎爲蔵」）は「酒醤油問屋」であった。営業税一二五円、所得税二四・七五〇円で、営業税で見ると東京一五区内の酒問屋（酒類問屋・洋酒問屋・醤油問屋・清酒問屋・酒問屋）六〇人のうち一八位にあたる。

前述したように、近代に入って南店と駒込本店は経営が分かれ、南店自体の史料が残されていないが、問屋部門の経営の概要については、高梨家に提出された一九〇七（明治四〇）年一二月八日調の「貸借対照表」が手がかりとなる。大項目をまとめた表10－1によれば、高崎屋の問屋部門の純資産はこの時点で二六五〇円五一銭のマイナスである。資産に計上された商品貸（・据貸）・商品有高・金銭有高と、負債に計上された商品借高は約二四〇〇〇円でほぼ相殺になっている。また、負債のうち、分別家（表10－2　★8・44巣鴨店、9・42深川店、10・45駒込本店）と縁戚である高梨家からの借金・利子が約五〇〇〇円となっていることから、分別家や縁戚に依存した経営状態になっていることが窺われる。

（2）仕入

①主な仕入先

表10－2には、「貸借対照表」のうち「負債之部」の詳細を示した。このうち、「商品借り」の二七項目（11～37）が仕入れ先で代金未払い分と考えられる。このうち、人物が特定できたものは二六項目で、醤油醸造業が一六家（11～26）、酒造業が二家（27～28）、清酒問屋・酒卸商が八家（29～36）、同業の醤油酢問屋が一家（37中井半三郎）となっている。

表10-1　高崎為造（本家　南店）の貸借対照表

	科目	金額（円）
資産之部	有価証券	2,275
	貸付高	2,000
	商品貸	18,112
	同（商品貸）置据貸	3,367
	商品有高	2,665
	金銀有高	370
	合計	28,788
負債之部	約手借入高	2,500
	預り金	3,800
	商品借高	24,385
	利子未払高	754
	合計	31,439
（純資産）		－2,651
（負債・純資産計）		28,788

（出所）「貸借対照表」（1907〈明治40〉年12月8日調、髙梨本家文書5JHF56）より作成。
（注）数値は、特に注記しない限り小数点第1位を四捨五入して示した（表10–9を除き、以下の各表とも同じ）。

醤油については、37中井半三郎が同業の醤油酢問屋である以外、すべて醸造家からの直受けとなっている。37中井は髙梨家から高崎屋に嫁入りした千佐の妹常が嫁入りしており、高崎屋とは当主同士が義理の兄弟だった時期がある（本書巻頭髙梨家略系図参照）。取引は、こうした縁戚関係に由来するものであろう。不足した商品の補完や、残荷物の処分が推測される。醸造家は、茂木佐平次家をはじめとする野田の四家（11～14）、味醂も生産する秋元家・堀切家

表 10–2　負債之部の内訳

費目		対象	金額（円）	備考（括弧内の金額は営業税額）
	1	「高崎長右衛門せわ」本人振出し約手 1 枚	2,500	★高崎屋　酒商（神田区松任町 1　77 円）
	2	茂木七郎右衛門	3,300	●醬油醸造　（下総国東葛飾郡野田町 339　1,450 円）　キハク、ハク　柏屋
	3	秋元平八	500	●醬油（下総国東葛飾郡流山町　40 円）（天晴）分家
預	4	茂木房五郎	500	●醬油醸造　（下総国東葛飾郡野田町　542 円）　木白家　（水一）
	5	岩崎伝次郎	1,000	○酒類商兼醬油味噌酢（四谷区南伊賀町 70　391 円　伊勢屋）
	6	多田喜十郎	500	○酒類商（日本橋区高砂町 7　12 円）
り	7	高梨兵左衛門	3,200	★高梨家（醬油造　野田町　780 円）
	8	加藤半兵衛	1,000	★巣鴨店　酒類商（北豊島郡北豊島郡巣鴨町大字 1–3　21 円　高崎屋）
	9	渡辺亀蔵	500	★酒商（福太郎　深川区萬年町 2–4　39 円）＊酒類商兼醬油商渡邊亀蔵（『日本全国商工人名録』第二版、商工社、1898 年）
	10	渡辺仲蔵	300	★高崎屋駒込本店　酒類商兼醬油卸小売（小石川区駒込東片町 8　62 円〈所得税 29 円〉）
商	11	茂木佐平次	770	●醬油醸造業（下総国東葛飾郡野田町　1,015 円）　モキサ、マン　（亀甲万）
	12	山下平兵衛	550	●醬油味噌醸造　（下総国東葛飾郡野田町　415 円）　きのへ子　号白木
	13	茂木啓三郎	350	●醬油業　（下総国東葛飾郡野田町　175 円）　誉（亀甲）　誉家
	14	茂木七右衛門	130	●醬油製造　（下総国東葛飾郡野田町　478 円）　モキ七　クシ　（ヤマにクシ）
	15	秋元三左衛門	1,750	●醬油味醂製造業（下総国東葛飾郡流山町　378 円）（天晴）
	16	堀切紋次郎	460	●酒類醬油醸造　（下総国東葛飾郡流山町　495 円　相模屋）　万上味醂
	17	濱口合名会社	1,900	●醬油問屋兼塩麻（濱口吉右衛門　廣屋　日本橋区小網町 3–27　249 円）
	18	田中玄蕃	850	●醬油醸造業（下総国海上郡本銚子町 285　294 円）ヒゲタ
	19	岩崎重次郎	750	●醬油醸造業（下総国海上郡銚子町　388 円）
品	20	深井吉兵衛	740	●醬油醸造業（下総国香取郡佐原町　90 円）
	21	市川石三	360	●醬油醸造・酒類仲買商（上総国市原郡八幡町 201、『日本博覧図』第 9 編〈精行舎、1894 年〉）、（市原郡八幡町、22 円〈『日本全国商工人名録』第 6 版、商工社、1916 年〉）
	22	大島　石川仁平次	670	●醬油醸造業（東京府南葛飾郡大島村大字下大島町 15　154 円　柳屋）　23 の別店舗か
	23	松伏　石川仁平次	260	●醬油醸造業（武蔵国北葛飾郡松伏村　128 円）
	24	上菱会社	700	● 1892 年　醬油麦酒醸造　茨城県信太郡鳩崎村関口八兵衛

借り	25	榊原清衛	250	●醤油醸造業（常陸国稲敷郡津知町　32円）
	26	岩崎清七	530	●醤油醸造業（栃木県下都賀郡藤岡町　214円）
	27	箕輪宗一郎	300	△酒製造業・醤油（栃木県安蘇郡佐野町　56円・11円　島田屋）
	28	杉田治門	135	△酒製造業（栃木県安蘇郡界村　51円>
	29	鹿島のふ	1,330	○清酒問屋（京橋区四日市町11　541円）
	30	升本幸太郎	950	○酒卸商（日本橋区南茅場町13、14　377円）
	31	三橋甚四郎	880	○清酒問屋（京橋区霊巌島銀町2-5　449円）尼屋
	32	廣岡助五郎	800	○清酒問屋（京橋区四日市町2　576円）・醸造家（摂津国武庫郡都賀浜村新在家）（加島屋）
	33	富士本商店	550	○酒卸商（京橋区南茅場町河岸　389円）　小西利右衛門
	34	鹿島利右衛門	520	○清酒問屋（京橋区霊巌島銀町1-9　445円）鹿島中店
	35	山田五郎助	275	○清酒問屋（京橋区霊巌島銀町2-7　424円）
	36	富士西商店	175	○酒卸商（京橋区南茅場町河岸10　388円）小西
	37	中井半三郎	550	★○醤油酢問屋（京橋区富島町3　433円）
利子	38	秋元平八	60	●醤油（下総国東葛飾郡流山町　40円）（天晴）分家　※500円利子
	39	秋元三左衛門	440	●醤油味醂製造業（下総国東葛飾郡流山町　378円）（天晴）※4,000円利子
	40	岩崎伝次郎	60	○酒類商兼醤油味噌酢（四谷区南伊賀町70　391円　伊勢屋）※1,000円利子
	41	多田喜十郎	60	○酒類商（日本橋区高砂町7　12円）※500円利子
	42	渡辺亀三	30	酒商（福太郎　深川区萬年町2-4　39円）＊酒類商兼醤油商渡邉亀蔵（9に同じ）※500円利子
	43	島田嘉内	36	△酒製造業（下野国安蘇郡植野村　58円）開化正宗、麦味噌金上印醸造元　※3,000円利子
	44	加藤半兵衛	50	★巣鴨店　酒類商（北豊島郡巣鴨町大字1-3　21円　高崎屋）※1,000円利子
	45	渡辺仲蔵	18	★高崎屋駒込本店　酒類商兼醤油卸小売（本郷区駒込東片町8　62円〈所得税29円〉）　※300円利子
			31,539	

（出所）「貸借対照表」（1907〈明治40〉年12月8日調、髙梨本家文書5JHF56）より作成。
（注）●＝千葉県の醸造家、△＝千葉県以外の醸造家、○＝酒類商、
★＝高崎屋の縁戚・別家
備考欄の記述は、特に断らない限り、『日本全国商工人名録』第3版（商工社、1908年）に拠る。

(15・16ほか利子未払いとして38・39)、田中玄蕃家と江戸の荷受問屋廣屋ほか銚子の計三家（17〜19)、佐原の一家(20)と、下総国の醸造家が大半を占め、このほか上総国が一家（21)、武蔵国が二家（22・23)、常陸国が二家（24・25)、下野国が一家（26）となっている。ただし、武蔵国の石川仁平治は、『日本登録商標大全　第六編』では「原籍千葉縣」となっており、「野田市七百十八番地」としても登場する野田の醸造家の別店であった[38]。

これに対し、酒については、醸造家は27栃木県安蘇郡佐野町の箕輪宗一郎[39]・同じく安蘇郡の28杉田治門のみである。このほか佐野の43島田嘉内が三〇〇〇円の利子借りとなっており、この時期に栃木の複数の酒造家と取引があったことが窺われる。一方、このほかの「商品借り」の相手は、東京日本橋の南茅場町および霊巌島（四日市町・銀町）の有力な問屋である。このうち33富士本商店と36富士西商店は伊丹の醸造家小西家（主要銘柄は白雪ほか)、35山田五郎作も同じく伊丹の醸造家（主力銘柄は鳴台）の江戸店で、ほか31三橋（尼屋）甚四郎・34鹿島利右衛門も近世以来の下り酒問屋である。彼らはいずれも東京酒問屋組合に属していた。本章冒頭で述べたように、明治四〇年代からは酒類問屋も下り酒を直受販売するようになるが、この時点ではまだ両者の取り扱いの区分は守られていたと言えよう。第8・9章で髙梨家の江戸店である醤油酢問屋近江屋仁三郎が、髙梨家と旧本家を中心としつつも、多数の醸造家と取引を行っていたことが指摘されているが、特定の醸造家の支店ではない高崎屋の問屋部門も、やはり酒・醤油・味醂とも多数の取引先があったことが窺われる。山本清太郎の時期の荷主を引き継いだ可能性も高いが、こうした仕入が一般的だったのである。

なお、前稿では、髙梨家を念頭に、仕入について縁戚関係が果たした役割に注目したが、この一九〇七年段階の取引先として目立つ下野国との関わりは見出せず、取引の契機は不明である。また、下り酒問屋のうち小西家の江戸店については、前稿で見たように一八三〇〜四〇年代の同店の史料では取引関係が確認できない。先述した独自ブランド〈江戸一〉が、幕末の番付には伊丹産（「伊丹　江戸一　高長名酒」〈年不詳「銘酒つくし」〉)、さらに「富士西店　江

図10-1　高梨家の江戸出荷と高崎屋

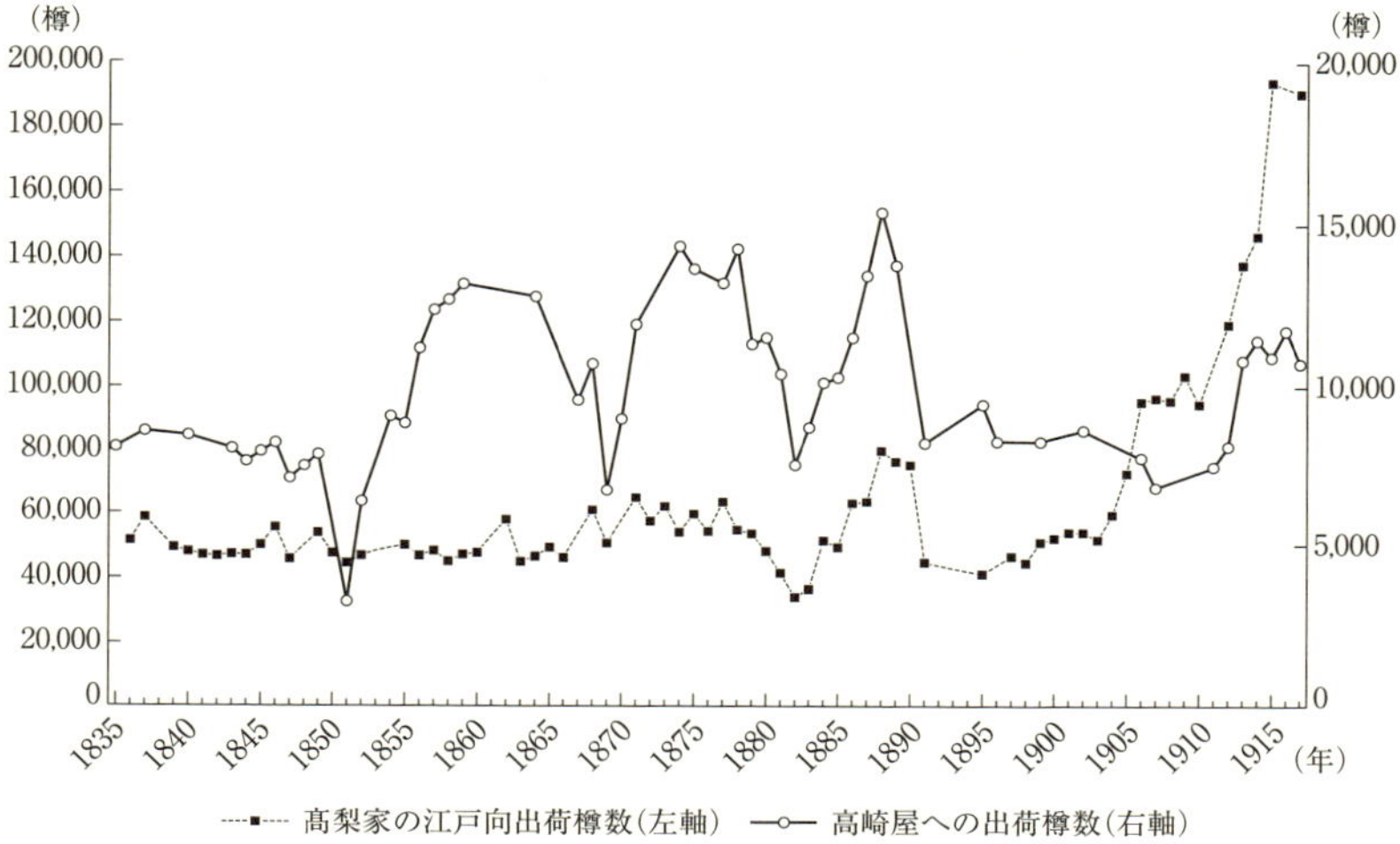

（出所）各年度「醤油送分帳」（高梨本家文書5AAA36ほか）および高崎屋への仕切状（残存分　高梨本家文書5AAC445ほか）より作成。

戸一」（一八五九（安政六）年「銘酒問屋鏡」）と小西家の江戸店（「富士西店」）の扱いと喧伝されている。[40] 取引関係の全貌は不明だが、幕末から明治にかけて取引関係が変容した可能性も窺える。

②高梨家との取引

では、南店の具体的な仕入について、高梨家の事例を検討しよう。まず、高梨家の「醤油送分帳」と高崎屋への個別の仕切状より作成した図10－1より、全体的な推移を検討したい。[41] 高梨家と「高崎屋長平」の取引が最初に確認できるのは、問屋株の名義が高崎屋となった一八三〇年（問屋株の名義変更の翌一二月一〇日に天保元年に改元）の盆後の仕切状である。[42] 作成時点で名義が高崎屋となったために高崎屋名義で作成されたと考えられ、実際にはほとんどが山本清太郎名義の段階の取引であろう。ただし、前節で見たように、一切の負債を引き受けることが株式の譲渡の条件であったから、高崎屋が未払い分を支払うのは当然であるが、実際にはそれ以前から高崎屋が経営に関わっていた可能性を窺わせる。

図 10-2　出蔵の占める割合

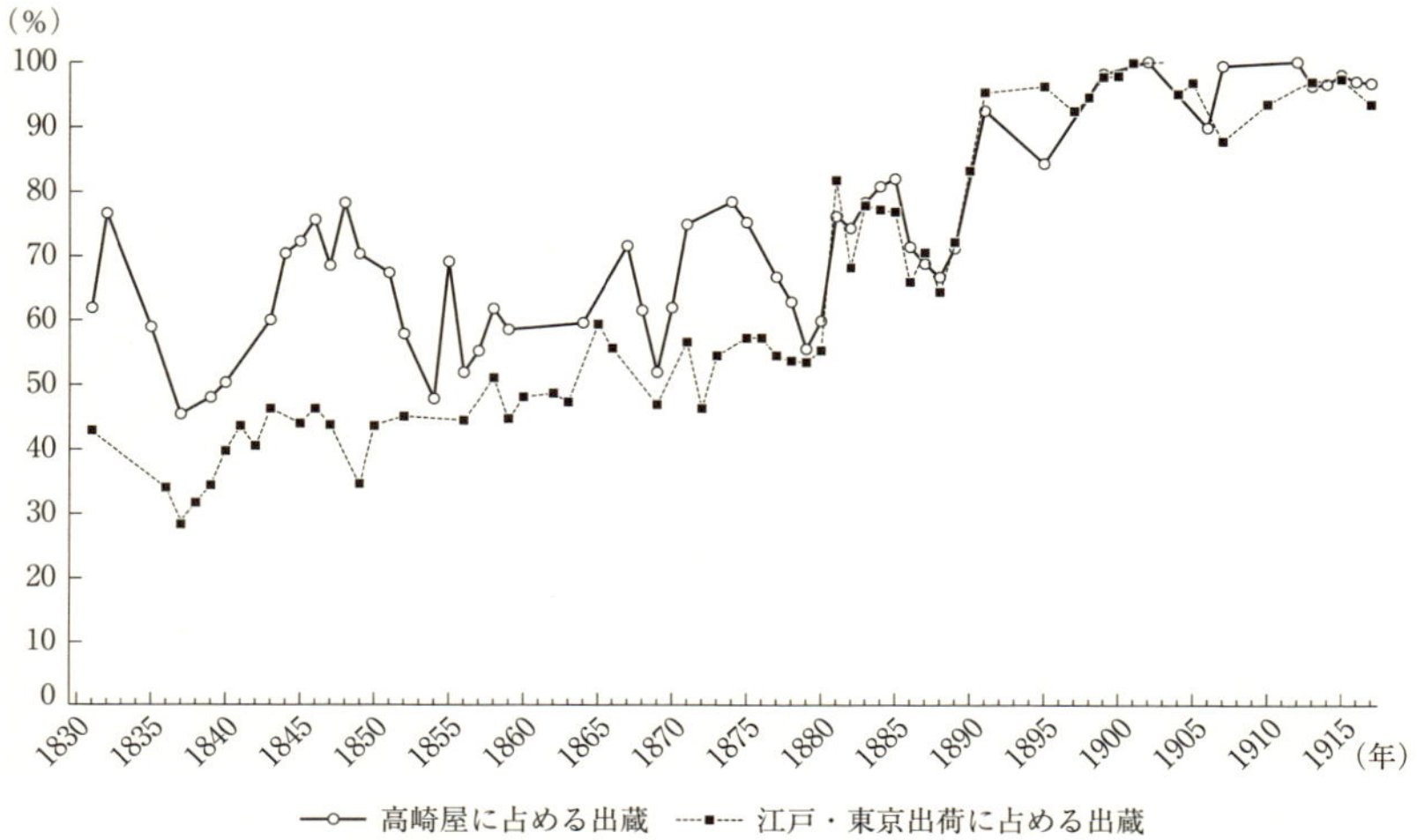

（出所）各年度「醬油送分帳」（高梨本家文書 5AAA36 ほか）および高崎屋への仕切状（残存分）（高梨本家文書 5AAC445 ほか）より作成。

その後の推移を一九一七（大正六）年まで概観すると、おおむね仕入れは八〇〇〇～一万二〇〇〇樽を推移しつつ増加し、一八八八（明治二一）年の一万五四三〇樽をピークに下降し、一九〇七年より再び増加すると言える。大きな落ち込みのピークが一八五一（嘉永六）年の三二九八樽、六九・八二年の七〇〇〇樽代、一九〇六～七年の六〇〇〇～七〇〇〇樽に認められる。高梨家の江戸・東京向けの出荷数全体と比較すると、落ち込みのピークは全体の出荷数の動向と一致し、高崎屋固有の問題ではなかった。むしろ、一八九二年までは全体の出荷数の振れ幅の影響は少なく、江戸・東京の出荷量の一五～二八％を占め続けた。高梨家にとって安定した取引先だったと言えよう。第2章や第9章表9－8で示されたように、高崎屋は高梨家の江戸支店である近江屋仁三郎と並ぶ有力な取引先であった。

一方、第5章で明らかにされたように、一九〇五年より、辰巳蔵の圧搾が開始され、醸造規模の大幅な拡大とともに、東京市場への最上品売り込みが拡大されるが、高崎屋への出荷量はそれほど大きく増えていないことが窺われる。第9章表9－8に見るように、その対象は支店の近江屋と新たな取

表10–3　1842（天保13）年上半期の高梨家の高崎屋との取引

	銘柄	樽数（荷受回数）	金額（金・銀）	備考（単価ほか）
本蔵	〈宝〉　代金	420（13）	66両2分・10匁	6樽3分替
	〈寶〉・〈上寶〉代金	293（9）	50両2分・1匁3厘	5樽8分替
	〈山一〉　代金	438（7）	58両1分・6匁3分7厘	7樽3分替
	代金合計（A）	1,151（29）	175両2分・2匁4分	
	口銭ほか高崎屋の取り分（B）		517両3分・3分	うち500両は先払い分
	差引C（A—B）		342両2分・12匁9分　「過上」	
出蔵	〈上十〉　代金	1,939（33）	419両1分・5匁8分7厘	4樽6分替
	口銭ほか高崎屋の取り分（D）		38両・10匁5分5厘	
	差引E（〈上十〉代金—D—C）		38両3分・12匁4分2厘	

（出所）「寅春入仕切（醤油）」（高梨本家文書AAB518）。詳細は、岩淵令治「駒込追分町の空間と住民」（注（9））参照。

引先であった。高崎屋の取引相手は高梨家だけではなかったが、先に見た一九〇七年の経営状態から窺えるように、高崎屋の成長は限界があったのであろう。高崎屋の近代初頭の郵便蒸気船株式会社の経営参画の失敗の影響も想定されるが、今後の検討課題としたい。

次に、具体的な取引内容を見てみたい。高梨家の醸造は基本的に、特に近代には中・下級品を生産した本蔵と上級品を生産した出蔵で行われており、高崎屋に出荷されたのは出蔵の製品が中心である。図10－2には出蔵の出荷量の割合を示した。出蔵が高崎屋への出荷量の六割を下回る年は、一八三八（天保九）年の四五％を筆頭にその前後の年、五五（安政二）年をピークとする五〇年代半ば、七〇年、八〇年のみである。このうち、一番目と三番目のピークは江戸・東京の出荷量全体の中でも出蔵の割合が落ちているため、全体の出荷と連動した結果と言える。そして、八〇年までは高崎屋への出蔵からの出荷の割合は全体の割合よりも常に高い。したがって、高崎屋には江戸への出荷の中でも特に上等品が出荷されていたことが窺える。

表10－3は、仲買・小売部門の駒込本店を描いた「高崎屋絵図」の作成年である一八四二年上半期の高梨家の高崎屋南店との

取引である。[43] 取引の総量は本蔵が一一五一樽で金一七五両二分・銀二匁四分、出蔵が一九三九樽で金四一九両一分・銀五匁八分七厘である。出蔵の銘柄はすべて上級品の（以下、〈上十〉）で、本蔵の銘柄は比較的上級品の（以下、〈寶〉）と、それ以下の（〈宝〉）（〈山二〉）である。一八八〇年の高崎屋への出荷は、出蔵より〈上十〉を六八九〇樽、本蔵より比較的上級品の〈寶〉四三〇樽、地方向け下級品の主力である（〈地紙盛〉）三六〇〇樽、ほか（〈万上〉）五〇樽・（〈松〉）五五〇樽、高梨家別家の高梨孝右衛門の丸山蔵より亀甲（〈皇〉）一九五樽、（〈大十〉）一五七〇樽、（〈丸二寶〉）一八二〇樽という構成であった。つまり高崎屋への出荷は、上級品の〈上十〉を筆頭に、これに次ぐ本蔵の〈寶〉、本蔵の下等品という構成であった。時期や経緯は不明だが、印旛県からの問い合わせに対する回答では、出蔵で製造する江戸向けの上級品である〈上十〉は、支店の近江屋と高崎屋に向けて販売してきたとしている（「両人方ニ而売捌仕候処」[44]）。出蔵の割合の高さはこのことを裏付けるものであろう。高梨家では、江戸向けの上級ブランドである〈上十〉の出荷先をこの両店に限るという意識を持っていたのである。

一方、高崎屋のいわばプライベートブランドである〈江戸一〉については、この時点の取引では確認できない。しかし、先述の「兎園小説拾遺」の記事より、絵図の時点では醬油の〈江戸一〉も成立しており、絵図の表現は絵師の創作ではない。安政五（一八五八）年の仕切書・出荷帳簿[45]の出蔵分で〈江戸一〉三一〇樽（七五両二歩・六匁五分四厘）の出荷が、一八五八年より六一（文久元）年までは「醬油送分帳」や仕切状で〈江戸一〉の記載があり、七〇（明治三）年では〈江戸一〉の後継銘柄（〈万物一〉）が確認できた。幕末から明治初年においては、高崎屋は高梨家の主力の〈上十〉のほか、独自ブランドの〈江戸一〉の醸造を依頼していたことは確実である。絵図時点では、高梨家の本蔵の製品を無銘で送ってもらい、書き換えている可能性があろう。「高崎屋絵図」に描かれた、同じく高崎屋の独自ブランドと推測される〈分銅高〉については、一八八二年に成瀬（高崎）長左衛門に〈分銅高〉一一五樽を本蔵から送っていることが確認できる。

全体的には、一八八〇年代以降は江戸向けの出蔵の割合と差がなくなり、九〇年代以降は下回る時期もあるが、高崎屋への出荷における出蔵の割合は高い（図10－2）。したがって、先の出荷量の分析も合わせて考えると、一八九〇年代後半以降、高梨家にとって高崎屋への出荷は数量的に東京への販売の展開の中では重要度が低くなっていきつつも、出荷する商品の質は変わることがなかったと見てよいだろう。

図 10-3　高崎屋関係図

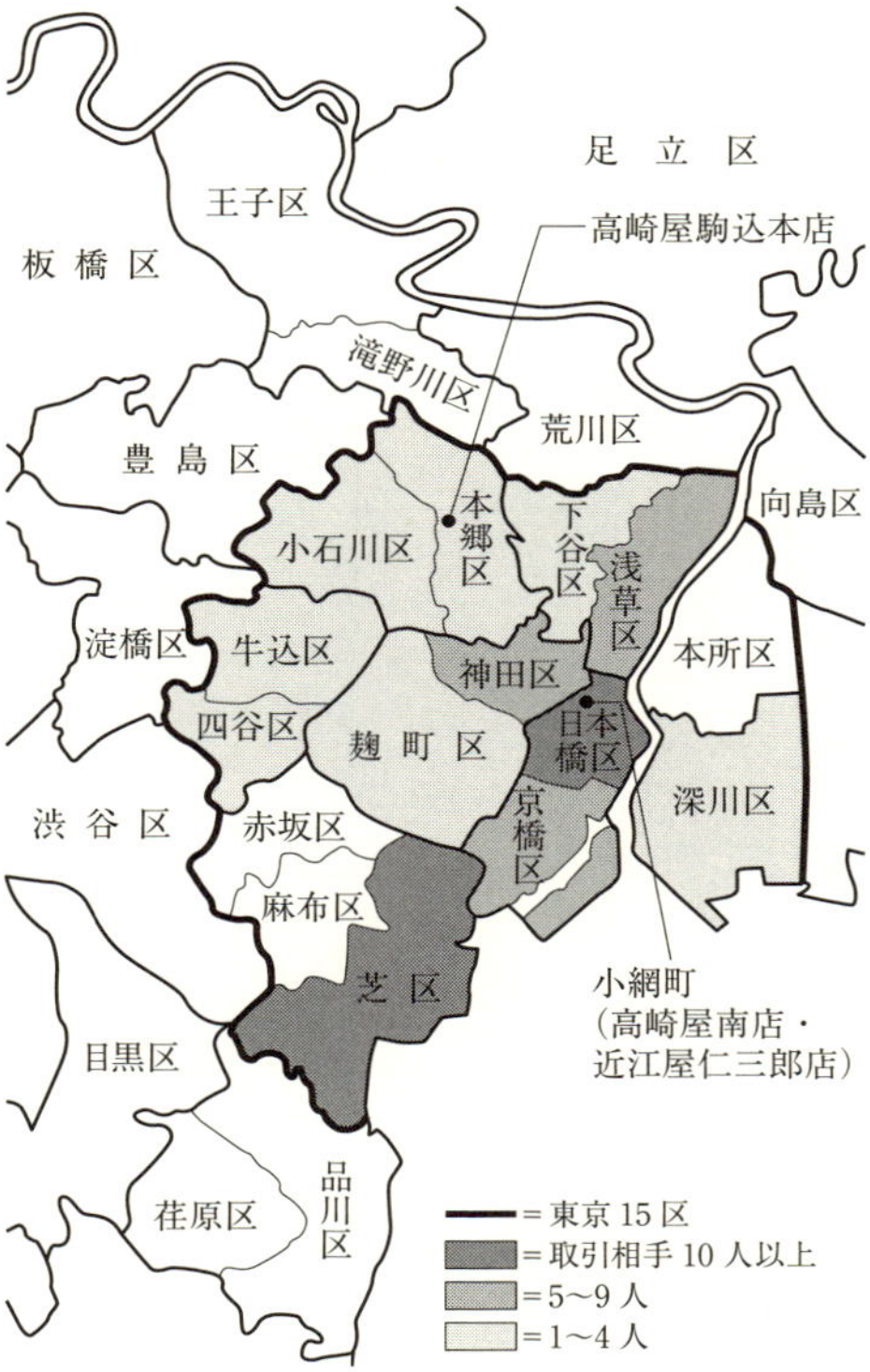

（3）販売

次に、一九〇七年の「貸借対照表」の「資産之部」のうち、「商品貸」より、販売先の一部を見てみたい（表10－4）。代金が未決済の仲買・小売は一一三人で、『日本全国商工人名録』より特定できた者は、七三％にあたる八二人である。このうち、56・59・68は、高崎屋の分家・別家の駒込本店、深川店、巣鴨店であり、南店から各仲買・小売店への商品を供給していることが確認できる。

一八五三（嘉永六）年の家訓（「定」）では「三店一世帯」で、「買入荷物三店江訳ケ候儀、過不足無之様割過振り可致」と南店の仕入荷の各店舗（この段階では南店・駒込本店・中店）への適切な分配

表10-4　つづき

商品貸	33	鈴木新助	170	醤油問屋（京橋区霊岸島5　56円）
	34	小泉亥子吉	147	酒商（京橋区霊岸島四日市町10　83円）・酒類商兼醤油（下谷区上根岸町131　30円　美濃屋）　＊酒卸商及醸造・兼醤油卸小賣仲買商（東京市下谷区上根岸町131）
	35	渡辺実五郎	131	渡辺伊兵衛(京橋区本湊町8　14円）　※渡辺実五郎
	36	島村藤七	86	酒商（京橋区北槙町14　36円　島村屋）
	37	武知勇助	56	酒醤油商（京橋区水谷町3　36円）
	38	遠藤伝吉	52	酒商（京橋区永島町13　21円）
	39	加島重兵衛	493	酒類商兼醤油（十兵衛　浅草区茅町2-26　97円）／「宮内省賢所御用達」
	40	太田久七	394	味噌、醤油塩、酢商（浅草区馬道町4-22　101円）
	41	右同人別口（太田久七）	30	味噌、醤油塩、酢商（浅草区馬道町4-22　101円）
	42	伊藤茂兵衛	121	酒類商（浅草区七軒町1　36円）
	43	稲垣市兵衛	73	酒類商（浅草区新福富町7　24円　池田屋）
	44	大島千代次	70	酒類商（浅草区北富坂町16　11円）
	45	高橋金七	169	酒商兼仲買本店（神田区小柳町4　54円　三河屋）
	46	荒浪峯吉	79	酒商（神田区岩本町33　14円）
	47	柴田竹三郎	31	酒商（神田区三崎町1-1　11円）
	48	山本善太郎	78	山本喜太郎（酒商　神田区大和町6　10円）か
	49	林藤右衛門	27	酒商（神田区富松町2　18円）
	50	中村茂右衛門	84	酒商（神田区橋本町1-3　18円）
	51	森本芳之介	79	酒商（神田区佐久間町2-18　35円）
	52	高野常三	51	酒商（高野常蔵　神田区旅籠町2-3　119円）
	53	吉川八代市	299	酒類商（小石川区大和町16　12円）
	54	嘉納長兵衛	208	酒類商（小石川区久堅町68　14円）
	55	坂上多兵衛	39	酒類商兼醤油（金盛　小石川区戸崎町53　52円）
	56	渡辺仲蔵	87	★高崎屋駒込本店　酒類商兼醤油卸小売（本郷区駒込東片町8　62円〈所得税29円〉）
	57	関口銀七	24	酒商（深川区西森下町10　33円）
	58	竹内作兵衛	86	各種味噌醸造・醤油粒甲丹販売竹口作兵衛（深川区佐賀町2-35　86円　乳熊屋）
	59	渡辺亀蔵	114	★酒商（福太郎　深川区萬年町2-4　39円）　＊酒類商兼醤油商渡邉亀蔵
	60	松木酉造	204	醤油醸造并小売商（深川区万年町2-2　20円）
	61	大野万太郎	207	酒類商（麴町区平河町3-8　53円）
	62	磯貝善兵衛	67	酒類商（磯貝多吉　麴町区中六番町27　76円　三河屋）／酒類商　三河屋　麴町区平川町
	63	中村徳次郎	75	酒類商（麴町区飯田町4-15　39円　三河屋）
	64	村田新太郎	51	酒類商兼醤油（下谷区上野町1-22　12円）
	65	剣持庄太郎	118	酒類商（下谷区御徒町3-22　18円）
	66	岩崎伝次郎	512	酒類商兼醤油味噌酢（四谷区南伊賀町70　391円　伊勢屋）
	67	升本庄吉	213	酒商兼醤油味噌洋酒（牛込区神楽坂1-14　30円　升喜）
	68	加藤半兵衛	74	★巣鴨店　酒類商（北豊島郡巣鴨町大字1-3　21円　高崎屋）／／「貸借対照表」の表記は0.74円だが、74円の誤記と判断した。

（430ページへつづく）

表10–4　資産之部の内訳

費目	番号	対象	金額（円）	備考
金銀有高			370	
株券等		八十四銀行株券（825円）、整理公債（500円）、上菱会社株券（450円　稲敷郡鳩崎村（茨城県）：上菱醤油株式会社＝関口八兵衛）、高崎長左衛門（1,500円1枚、500円2枚　★高崎屋　酒商（神田区松任町1〈77円〉））、武総銀行株券（250円）、豊国銀行株券（250円）		
商品貸	1	関徳蔵	757	酒類商（日本橋区本銀町1–14　16円）
	2	山口長三郎	513	酒類商（山口金兵衛　日本橋区若松町22　24円　※山口長三郎）
	3	多田喜十郎	358	酒類商（日本橋区高砂町7　12円）
	4	藤井栄蔵	338	酒類商兼醤油（日本橋区本船町米河岸3　38円　糀屋）
	5	中井兼吉	267	酒類商（日本橋区上槙町4　30円）
	6	築地愛助	254	酒類商（日本橋区小網町4–3　26円　水村屋）
	7	田伏隆造	245	酒類商（日本橋区浜町3–1　13円）
	8	鈴木小平次	240	酒類商兼醤油（日本橋区呉服町21　70円　三河屋）／酒類商　三河屋
	8	鈴木小平次	91	酒類商兼醤油（日本橋区呉服町21　70円　三河屋）
	9	市川亀蔵	207	酒類商（日本橋区馬喰町4–21　16円）
	10	杉山政助	165	酒類商（日本橋区青物町20　40円　伊勢町）
	11	東屋商店	163	酒類商（住吉大助　日本橋区南茅場町32　20円）＊酒類商兼醤油商（住吉大助　東京市日本橋区南茅場町3　東屋）
	12	四方商店	137	四方平吉（日本橋区小傳馬町2–16）、四方傳兵衛（日本橋区米澤町1–6　71円）
	13	須田喜助	127	酒類商兼醤油薪炭（日本橋区三代町5　34円　越後屋）
	14	四方秀吉	89	四方平吉（東京市日本橋区小傳馬町2–16）、四方傳兵衛（東京市日本橋區米澤町1–6）
	15	山本長右衛門	62	酒類商（日本橋区南茅場町23　49円）／酒類問屋
	16	宮下市蔵	62	酒類商（日本橋区浜町1–18　20円）
	17	和田善平	49	酒卸商　仲買（日本橋区蠣殻町1–4　39円）
	18	加島栄太郎	656	酒類商兼醤油卸（中村栄太郎　鹿島商店　芝区芝口二ノ七　61円）
	19	岡野五兵衛	298	酒類商（芝区高縄車町40　102円　加田村）
	20	吉田保吉	230	酒類商（芝区田村町7　16円）
	21	青木清兵衛	220	醤油商兼薪炭（芝区櫻田鍛冶町8　48円　大黒屋）＊兼酒
	22	阿部治兵衛	189	酒類商兼醤油（芝区松本町42　65円　鈴木商店）
	23	飯尾百太郎	188	酒類商兼醤油（芝区源助町16　79円　三河屋）
	24	加藤金之助	177	酒類商（芝区田村9–6　80円）
	25	伊藤市兵衛	165	酒類商兼薪炭（芝区高輪北町23　44円　津ノ国屋）
	26	奥村庄三郎	127	酒類商（芝区日蔭町1–1　20円）
	27	宮崎代七	91	酒類商（芝区明舟町12　30円）＊亀甲屋
	28	河合金兵衛	72	酒類商（河合与作　芝区濱松町3－13　30円　尾張屋）＊河合金兵衛
	29	藤田庄八	13	＊酒類商兼薪炭石油商（東京市芝区南佐久間町1－2　20円　若松屋）
	30	北村鉄五郎	96	酒類商（芝区烏森町5　14円）※森田屋
	31	平野太郎兵衛	404	酒商（京橋区東湊町19　151円）・清酒問屋（東湊町1–18　98円　伊勢太）
	32	中沢彦七	231	酒商（中沢彦吉　京橋区松川町9　114円　奴利屋　真正櫻正宗発売元）＊酒類商兼醤油商（中沢彦七　京橋区松川町9　奴利屋）

表 10-4　つづき

商品貸	69	河合善兵衛	321	＊酒類醤商（南足立郡千住町千住 1-19　81 円　徳島屋）
	70	白根ちか	116	酒類販売商（南足立郡千住大字千住 2-2　36 円　信濃屋）
	71	古谷佳三	103	※酒類販売商（南足立郡千住町二丁目　24 円）
	72	荒井仁兵衛	20	＊酒商及醤油商（北豊島郡南千住町南　21 円　大島屋）
	73	泉久太郎	138	酒問屋（和泉久太郎　荏原郡品川町北品川宿 74　64 円　升屋）
	74	田島辰次郎	81	清酒・醤油・和洋酒・壜詰食料品・缶詰（武蔵国北足立郡川口町　11 円）
	75	岡野由次郎	234	＊酒類商（横濱市花咲町二丁目　29 円）
	76	秋元平八	525	醤油（下総国東葛飾郡流山町　40 円）（天晴）分家
	77	山田惣次郎	657	酒類･荒物商（下総国東葛飾郡船橋町　19 円）
	78	柴田源兵衛	49	酒類商（上総国千葉郡千葉町　50 円）
	79	布施五兵衛	652	酒・醤油商（上総国千葉郡千葉町　11 円）
	80	市川石三	244	表 10-2 の 21 参照
	81	会田定次	16	醤油醸造業（常陸国北相馬郡高野村　45 円）
	82	桜井平兵衛	64	肥料商（常陸国新治郡土浦町　39 円）
	未特定	別府菊蔵（899 円）、堀江藤八（689）、永岡商店（638）、浜村廣次（498）、大谷儀兵衛（352）、田部政三（308）、川村与平（262）、鹿島善兵衛（247）、守田（210）、牛尾弥平治（200）、松崎留吉（189）、菅生貞次郎（177）、内田半兵衛（149）、小山鉄之介（142）、大倉為次郎（104）、小林縫之介（74）、斎藤弥作（68）、岡崎伝左衛門（52）、吉野栄七（48）、中野やふじ（44）、丸宮重助（40）、北村四郎次（31）、日清紡績株式会社（28）、前川（25）、秋吉貞次（19）、日向野吉次郎（18）、大黒や三次郎（18）、三河や源兵衛（18）、柏原亦介（15）、市岡松弥（9）		
商品有高	醤油	59 樽・159 円（茂木七郎右衛門　醤油醸造　下総国東葛飾郡野田町 339〈145 円〉）、〈上十〉45 樽・123 円（★高梨家　醤油造　野田町　〈780 円〉）、亀甲万 38 樽・115 円（茂木佐平治　醤油醸造　野田町〈1015 円〉）、ヒゲタ 32 樽・94 円（田中玄蕃　醤油醸造業　下総国海上郡本銚子町 285〈294 円〉）、亀甲太 35 樽・77 円、松・高砂 59 樽・73 円、34 樽・69 円（山下平兵衛　醤油味噌醸造　野田町〈415 円〉）、29 樽・64 円（茂木七郎右衛門　醤油醸造　野田町〈145 円〉）、司 58 樽・64 円、30 樽・60 円（堀切紋次郎　酒類醤油醸造　下総国東葛飾郡流山町〈495 円〉）、地紙福笑 45 樽・52 円、亀甲万 37 樽・50 円（茂木佐平治　醤油醸造　野田町〈1,016 円〉）、34 樽・42 円（★高梨家）、15 樽・35 円（稲敷郡鳩崎村上菱醤油株式会社　関口八兵衛）、ヤマサ 20 樽・35 円（濱口吉右衛門　廣屋　日本橋区小網町 3　〈249 円〉）、10 樽・25 円（茂木房五郎　醤油醸造　野田町〈542 円〉）、5 樽・12 円（下総国香取郡佐原町　深井吉兵衛）		
	酒	いろ盛 10 樽（原史料は「五太」以下同じ）・235 円、牡丹正宗 10 樽・168 円（灘・若井源左衛門）、鷲一 10 樽・164 円、つた正宗 10 樽・150 円、日本正宗 6 樽・111 円、愛国 6 樽・96 円（＊鷲尾幸治郎　摂津国武庫郡今津村〈71 円〉）、金上 19 樽・90 円（島田嘉内　酒造業　下野国安蘇郡植野村　58 円）、嘉長 4 樽・81 円、全権 4 樽・70 円、国立一 6 樽・54 円、金橋正宗 3 樽・47 円、福鷹 2 樽・46 円、宝付正宗 3 樽・41 円、惣大将 2 樽・33 円（藤田卯三郎　西宮町浜久保町〈286 円〉）、大戦 2 樽・25 円		
	酢	三フキ 11 樽・44 円、三山吹　8 樽・40 円、三ヤ 5 樽・23 円（ミツカン）		

（出所）「貸借対照表」（1907〈明治 40〉年 12 月 8 日調、高梨本家文書 5JHF56）より作成。

備考の出典は、＊は『日本全国商工人名録』第 2 版（商工社、1898 年）、※は『同』第 5 版（同、1916 年）で、それ以外は『同』第 3 版（同、1908 年）による。「商品貸」以降の列の括弧内の金額は営業税額である。

が記されているが、こうした取引関係が継続していたのであろう。ただし、南店の取引先は多岐にわたっていたことが窺える。近代の段階では各店舗は独立していたが、近世段階でも山本清太郎の顧客が継続し、すべての仕入荷が高崎屋内のみで販売されたわけではなかったと思われる。

全体を地域別に見ると、圧倒的に多いのが東京一五区内で、のべ六七人である。内訳は日本橋区が一八人、芝区が一二人、京橋区が八人、浅草区が六人、神田区が七人、深川区が四人、小石川区と麹町区が三人、下谷区も三人（うち一人は京橋にも店を所持）、四谷区・牛込区・本郷区が一人となっている。神田〜日本橋〜京橋〜芝の下町を中心にしつつ、北と西に商圏が展開していたと言えよう（図10－3）。また、区外については、区部に続く北豊島郡巣鴨が一人（68）、千住が四人（69〜72）、品川が一人（73）、武蔵国が一人（74川口町）、横浜が一人（75）、下総国が五人（76流山町、77船橋市、78・79千葉町、80市原郡八幡町）、常陸国が二人（81北相馬郡高野村、82土浦町）の計一五人である。このうち、76・80・81は醸造家であり、76・80は醤油の醸造元で「酒類販売」「酒類仲買商」とあることから、仕入れ先に納品していた可能性があるが、他は酒の仲買・小売である。高崎屋の商圏が広く展開していたことを窺わせる。[46]

第3節　仲買・小売の業態

(1) 近世段階の様相

①仕入

近世段階の駒込本店の経営帳簿の現存は未確認である。そのため、前稿では、「高崎屋絵図」の薦印（銘柄）記載より、駒込本店で扱っていた酒・醤油を分類・検討した。

酒については、下り酒が三〇銘柄、中国酒の一銘柄（知多地方の亀崎伊東孫左衛門の「敷島」）、地廻り酒三銘柄（常陸石岡水谷亀蔵の「月の友」、常陸下館村田友之助の「文蝶」、武蔵浮間村浅田屋仙蔵の鶴・亀・松・竹）、そして高崎屋の独自のブランド〈江戸一〉を抽出した。このうち、主力の〈江戸一〉は先述したようにもともとは無銘柄の酒であった。また、中国酒・地廻り酒は下り酒と類似した薦印を用いることも多かった。鴻巣宿（埼玉県）の醸造家坂巻藤兵衛の場合、下り酒の似印や地廻り問屋への出荷、下り酒に味を似せるための薬の調合法の秘伝書の所持が認められる(47)。したがって、「高崎屋絵図」中の下り酒の銘柄（似印）の酒が、実際には中国酒や地廻り酒であった可能性がある。なお、「高崎屋絵図」には貯水施設や作業風景が描かれており、また店先の道路下からは大量の麴室が検出されていることから、高崎屋でも酒直しや味の調整を行っていた可能性があるが、今後の検討課題である。

醬油は九銘柄で、ほとんどを占めている髙梨家の主力商品〈上十〉ほか、㊣（細倉［帆津倉］稲荷屋冨蔵）・𠆢正〈ササ正〉（笹川　多田庄兵衛）・⊙（江戸崎　辻田忠兵衛）・𠆢・（同上）・⬡（中村　中村忠次右衛門）（小名木沢　伊勢屋平右衛門、もしくは大島　伊勢屋庄助）の計七銘柄の醸造元はすべて下総国・常陸国で、関東地廻りのものであった。

②販売

前稿では、高崎屋の販売の業態として、「高崎屋絵図」と「家訓」などから、板橋宿の宿屋などへ樽単位で掛け売りをする場所廻りと、直接来店した客に通い徳利に量り売りを行うという、二形態があることを明らかにした。このうち、後者の顧客の範囲や対象を示すのが、通い徳利の発掘事例である。図10－4には、二〇一二年時点で報告書が刊行されている近世遺跡の発掘調査から、高崎屋の通い徳利の検出地点、他の店名入り通い徳利の検出地点、通い徳利未確認の地点と、高崎屋の駒込本店・巣鴨店との距離を示した。その結果、高崎屋の通い徳利の検出地点は、ほぼ駒込本店・巣鴨店の半径一キロ圏内に限られていることが判明した。美濃部達也は、近代の通い徳利が二キロ圏内の小売店に対応することを明らかにしたが(48)、高崎屋の場合は徳利の分布がより狭いことが指摘できる。時期の違いなの

図 10-4　高崎屋通い徳利の検出範囲（2012 年現在）

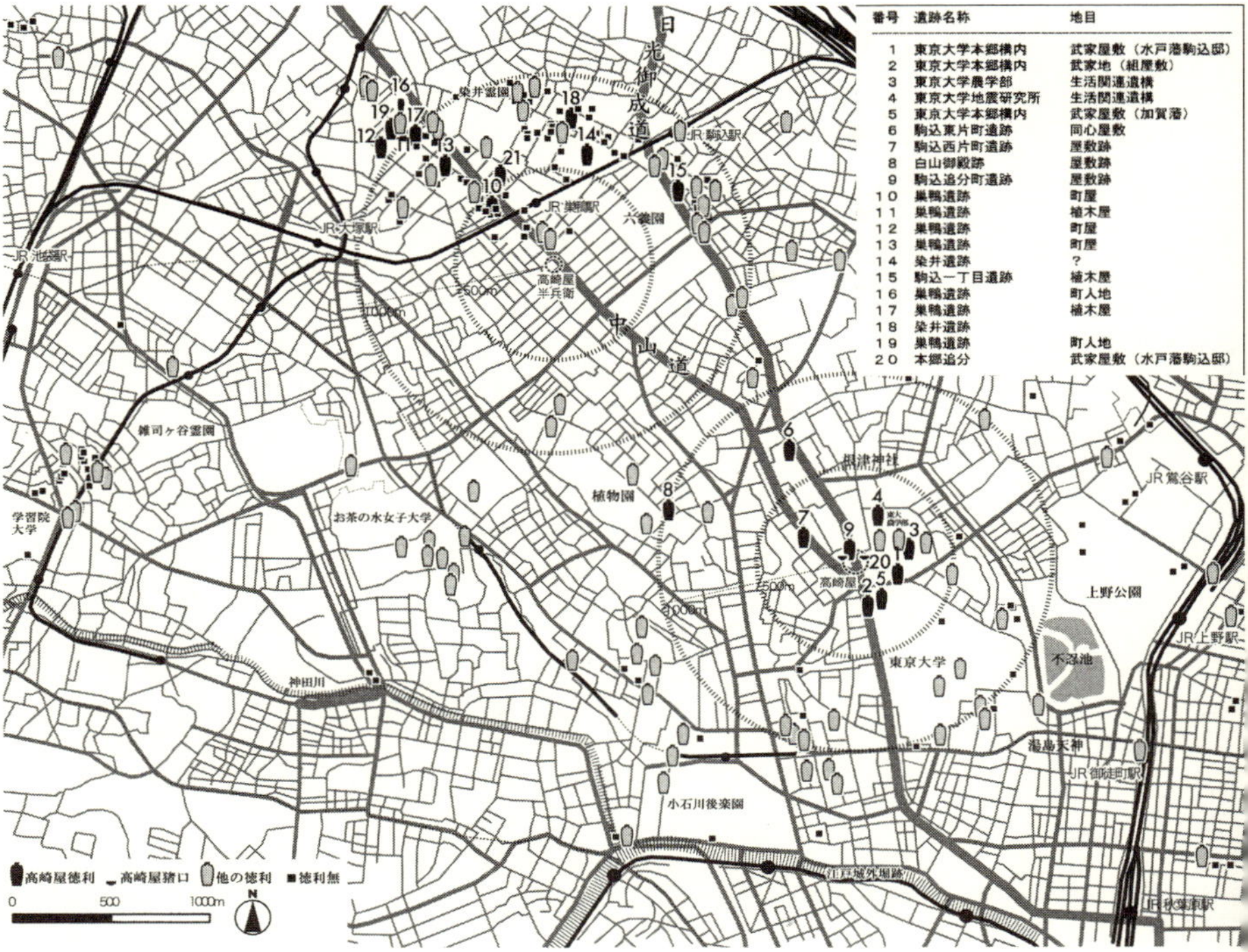

番号	遺跡名称	地目
1	東京大学本郷構内	武家屋敷（水戸藩駒込邸）
2	東京大学本郷構内	武家地（組屋敷）
3	東京大学農学部	生活関連遺構
4	東京大学地震研究所	生活関連遺構
5	東京大学本郷構内	武家屋敷（加賀藩）
6	駒込東片町遺跡	同心屋敷
7	駒込西片町遺跡	屋敷跡
8	白山御殿跡	屋敷跡
9	駒込追分町遺跡	屋敷跡
10	巣鴨遺跡	町屋
11	巣鴨遺跡	植木屋
12	巣鴨遺跡	町屋
13	巣鴨遺跡	町屋
14	染井遺跡	?
15	駒込一丁目遺跡	植木屋
16	巣鴨遺跡	町人地
17	巣鴨遺跡	植木屋
18	染井遺跡	
19	巣鴨遺跡	町人地
20	本郷追分	武家屋敷（水戸藩駒込邸）

（出所）岩淵令治「駒込追分町の空間と住民」（注 9）より転載。

か、あるいは地域の商圏の違いなのかは不明である。また、土地の地目は町人地、武家地の長屋空間であった。検出遺構の性格、廃棄場所の問題を考慮する必要があるが、巣鴨店の場合、加賀藩中屋敷の奉公人（中間）と商人の関係が窺える史料がある。[49] 一七九七（寛政九）年に中間（小者）が持病を起こしたので、休みを取らせて薬を取りに行かせたが、帰ってこなかった。何をやっていたのか糺したところ、巣鴨町の高崎屋半兵衛という商人の家にいたという。行動内容は不明であるが、中間と高崎屋とはおそらく日常的な関係があったのだろう。おおむね高崎屋の量り売りの顧客は町人および中下級の武士で、店から片道一〇〜一五分程度の居住者と考えられる。

さらに、他店の通い徳利との関係を見ると、高崎屋の通い徳利の分布圏の中に、他店の徳利の検出例があることから、同様の顧客を持つ他の小売店と競合関係にあったことが窺われる。橋口定志は、巣鴨地域の通い徳利の検出例を検討し、同地域で伊勢屋孫兵衛と高崎屋の巣鴨店が競合関係にあったことを明らかにしている。[50]では、高崎屋が急成長を遂げ、蓄財できた理由は何であろうか。この点で、小売価格に注目したい。一八六四（元治元）年六月に幕府が名主を通じて実施した市中の物価調査[51]によれば、酒・醤油屋四四軒の小売値段が判明する。この調査では、上・中・下の等級で分けて酒一升の値段を提出させており、高崎屋の該当する上が四〇〇文台の店は一五軒、中が三〇〇文台は四軒、下が三〇〇文台は二一軒で、高崎屋は最安値の三〇〇文であった。小石川地域の二軒もほぼ同額であるから、駒込・小石川地域は総体的に酒が安かったと言えるが、隣接する本郷より安く、江戸全体の中でも高崎屋はほぼ最安値で酒を販売していたと言えよう。また、醤油については、上はほとんどの店の価格が三二文である中で、青山久保町の伊勢屋与兵衛の二八文に次いで、三〇文で販売している。中も最安値から二番目の二六文であった。高崎屋の量り売りの顧客と想定される、裏店層や下級武士の家計を復元することは史料的に困難であるが、例えば幕臣で考証学者の栗原信充（柳菴）が書いた「柳菴雑筆」（一八四五（弘化二）年序[52]）によれば、家族持ちの棒手振の一日の余得は一〇〇文から二〇〇文である。風雨で稼ぎに出られない場合を考慮すれば、数十文の差は大きいと言えよう。

（2）近代の経営

①仕入

一八九八（明治三一）年刊行の『日本全国商工人名録』第二版によれば、駒込本店（渡邊仲蔵）の営業税は四五・一円である。表10－5は東京一五区の酒類商・醤油商五〇二人の営業税の分布を示したものである。三〇円以下が八〇％を占めている中で、駒込本店は四四位にあたる。図10－5は関東大震災以前の近代の駒込本店の写真である。店主の渡辺仲蔵は、一八九二年九月に認可された東京酒類仲買商組合で設立時に会計係を務めた。さらに一九一七（大正六）年に、東京酒問屋組合・東京酒類問屋組合の斡旋で、対立していた仲買商組合と小売組合が、東京酒類仲買小売商同業組合として合同した際には、発起人に名を連ね、第一部長（本郷区取締）となっている。その後も一九一九年に全体の副組長、二一年からは第三代の組長を務めるなど、小売商の中でも有力な存在であった(53)。

関東大震災以前の仕入についてはまとまった史料がなく、詳細は不明である。表10－6には、一九三八（昭和一三）年四月～三九年五月の「酒類仕入売上帳」をもとに取引相手を抽出し、これに大正末年の領収書で確認できた者を付記した(54)。これらはほとんどが問屋・仲買であるが、山梨県日下部駅前の「小室第二酒造店」より「白峰白鷹」・「一古　裸」（無印での出荷か）を仕入れている点に注目しておきたい。小売である駒込本店が、醸造家から直接仕入れているのは、酒類問屋が下り酒を直接扱えるようになったからであろう。さらに、升本本店から仕入れていた「白鷹」（後掲表10－8 13）の代替品であった可能性も注視したい。なお、高崎屋南店の後身である小網商店からの酒の仕入は「菊花」計二〇升であり、清酒の仕入量全体のわずか〇・〇二四％にとどまっている。

このほかの仕入では、味噌については一九二三年に新潟県佐渡郡羽茂村本郷の葛西嘉右衛門商店と「山加」印三六〇〇樽を二万三一九七円六〇銭で購

表10–5　東京15区における酒・醤油の小売店の経営規模

営業税（円）	人数（人）	割合（％）
0～10	14	2.8
10～20	275	54.7
20～30	125	24.9
30～40	36	7.2
40～50	20	4.0
50～60	11	2.2
60～70	3	0.6
70～80	4	0.7
80～90	3	0.6
90～100	3	0.6
100～110	2	0.4
110～120	2	0.4
120～130	1	0.2
130～140	2	0.4
140～150	0	0.0
150～160	0	0.0
160～	1	0.2

（出所）『日本全国商工人名録』第二版（商工社、1898年）より作成。
（注）割合は、小数点第2位を四捨五入して示した。

図10–5　近代（関東大震災前）の高崎屋駒込本店（高崎屋〈渡辺家〉蔵）

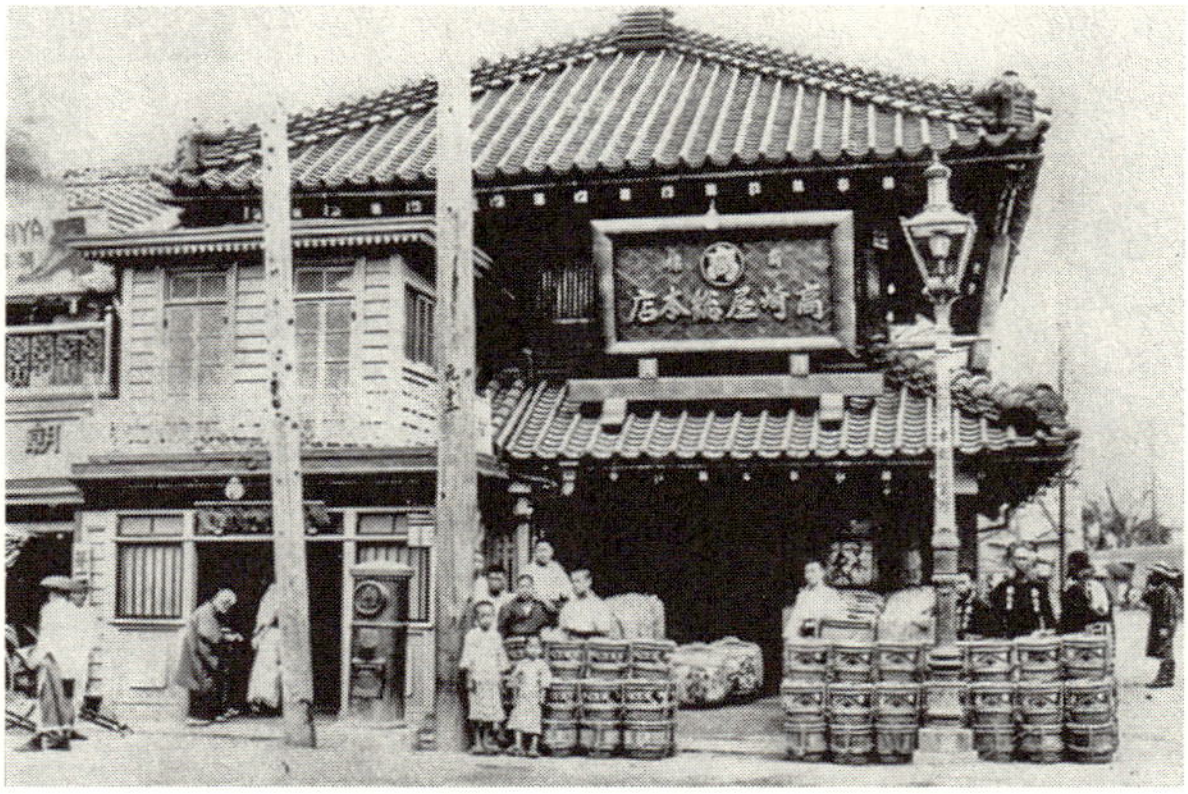

画面右が本郷通り、手前が中山道。画面左の郵便局も高崎屋が経営していた（後述）。店頭には、醤油樽が積まれており、向かって右側が〈上十〉、左側がおそらく〈万物一〉である。奥の酒樽には「日本武」「正宗」の銘が見える。

入しており、胡麻油については時期不明だが(高)印の独自ブランドを胡麻油の老舗である「製油所　三河国御油駅竹本長三郎」（現竹本油脂）に発注している。(55) 本章の冒頭で述べたように、関東大震災以降は、流通機構が変容しているため、その変化については今後の検討課題としたい。

②販売

販売については、月ごとの帳簿「毎月々〆計算帳」・「月々計算帳」が、一八七八（明治一一）年二月より九四年六月（第一号～第三号）と、一九〇七年一月より〇九年一二月（第六号）について残存している。作成の契機は、別家渡辺仲蔵が「尾崎出役」より引き継いでから記し始めた、と第一号の冒頭に記されており、一八七八年より渡辺家が駒込本店を任されたと考えられる。(56) この帳簿には土地や証券といった資産は計上されておらず、(57) 純粋な商売の取引のみのデータとなっている。表10－7には、一年分の例として、一九〇七年のデータを示した。毎月の重要な項目の合計額を示したものだが、各項目は関連づけて表記されているわけではない。入用高の中にある「賃貸家屋料」が「営業場賃貸料」・「本家上ゲ金」と年によって示されており、金額が一定であることから、駒込本店は高崎家から店舗を借りる形で営業しており、その対価として毎月定額で三五円の家賃を払っていたことが窺われる。

表 10-6　1938（昭和 13）年の酒類の仕入・売先

	氏名	住所	種別
仕入	小室第二酒造店	山梨県日下部駅前	清酒
	下川辺里吉	芝区新橋 4-2	清酒
	◯升本総本店	麹町区丸ノ内丸ビル内	清酒
	本嘉納商店	京橋区銀座三丁目	清酒
	神崎商店	日本橋区両国 32	清酒／濁酒白酒味醂焼酎／酒精含有飲料　新清酒（理研酒）・葡萄酒・ブランデー・ウヰスキー・ポンパン／麦酒
	◯竹野合名会社	京橋区南新川	清酒
	◯山田五郎助商店	京橋区南新川	清酒
	◯丸玉商店	京橋区新川一丁目	清酒／濁酒白酒味醂焼酎／酒精含有飲料　新清酒（理研酒）・葡萄酒・ブランデー・ウヰスキー・ポンパン酒精含有飲料　新清酒（理研酒）・葡萄酒・ブランデー・ウヰスキー・ポンパン
	◯牧原本店	京橋区新川一丁目	清酒／濁酒白酒味醂焼酎
	◯小網商店	日本橋小網町三丁目	清酒
	◯鈴木洋酒店	日本橋区室町三丁目	清酒／酒精含有飲料　新清酒（理研酒）・葡萄酒・ブランデー・ウヰスキー・ポンパン
	◯丸星商店	京橋区南新川	清酒
	東京本郷酒類商業組合	本郷区東片町 8	清酒／濁酒白酒味醂焼酎
	石川八郎治商店	愛知県大浜町	濁酒白酒味醂焼酎（味醂九重）
	豊島屋本店	神田美土代町	濁酒白酒味醂焼酎（「白酒」）
	平敷安用	本所区松井町 1-2	濁酒白酒味醂焼酎（琉球泡盛）
	曽田商店	日本橋区茅場町	酒精含有飲料　新清酒（理研酒）・葡萄酒・ブランデー・ウヰスキー・ポンパン
	山室商店	小石川区駕籠町	麦酒
売先	武蔵屋	本郷区東片町 42	清酒／麦酒
	大塚半七	豊島区西巣鴨 6-1452	清酒／麦酒
	大草蔵吉	浅草区千束町 2-189	清酒
	坂場亀次	王子区下十条町 1874	清酒／濁酒白酒味醂焼酎／麦酒
	林光治郎	本郷区八重垣町 53	清酒／濁酒白酒味醂焼酎／麦酒
	伊藤忠三郎	牛込区飯田橋際	清酒
	おゑん	豊島区西巣鴨 6 丁目	清酒／麦酒
	佐藤為次郎	下谷池之端七軒町 58	清酒／濁酒白酒味醂焼酎/酒精含有飲料　新清酒（理研酒）・葡萄酒・ブランデー・ウヰスキー・ポンパン
	植田忠次	王子区上十条町 65	濁酒白酒味醂焼酎／麦酒
	川野福治	下谷池之端七軒町 22	濁酒白酒味醂焼酎
	長塚八郎兵衛	王子区王子町上ノ原	濁酒白酒味醂焼酎
	坂場長太郎	王子区王子町榎町 739	濁酒白酒味醂焼酎
	長坂作兵衛	王子区王子町上ノ原 999	濁酒白酒味醂焼酎／麦酒
	松野鮨	本郷区林町	濁酒白酒味醂焼酎／麦酒
	花鮨	下谷区谷中町	濁酒白酒味醂焼酎
	島崎兼吉	本郷区浅嘉町 58	濁酒白酒味醂焼酎
	エンゼル	本郷区森川町	麦酒
	富士見亭	本郷区富士前町	麦酒
	増田屋	本郷区森川町	麦酒

（出所）「酒類仕入売上帳」（C90013231）をもとに作成。
（注）氏名の欄の◯印は、大正期の領収書で確認できる者（社名変更のものも含む）。

表10–7　駒込本店の売上例（1907年）

月	売荷数			売上高（円）	入金高（円）	出金高（円）	荷主払高（円）			入用高（円）						益高
	酒味直（駄）	醤油（樽）	酢（樽）					（内郵便切手買下）	（壜徳利小樽代払）（円）		（内本家上ゲ金・賃貸家屋料・営業場賃貸料）	（内忠勤月俸）	（内觧下払・運送料）	（廻り方六人割合）	（その他）	
1	89	341	12	3,407	2,568	2,705	3,114	170		279	35	53	20	20		135
2	62	448	8	4,531	2,852	3,573	3,525	92		252	35	47	5	15		141
3	94	614	11	4,673	1,412	4,167	1,664	195		270	35	62	22	24		－22
4	125	624	16	5,047	3,023	4,079	3,172	155	22	253	35	45	17	25		40
5	88	463	6	5,331	2,902	4,860	3,225	195	17	246	35	63	25	21		15
6	75	533	7	4,720	3,402	3,642	4,174	135	52	258	35	62	16	23		88
7	129	618	12	5,221	4,252	4,667	4,461	65		303	35	70	31	21		46
8	91	488	13	4,866	4,552	4,276	4,840	35		241	35	50	25	17		※
9	123	596	9	6,152	4,878	5,609	5,151	210		252	35	53	33	21	6	54
10	140	738	14	4,861	7,600	3,878	8,376	230	2	281	35	58	47	25	10	47
11	108	490	8	5,576	4,000	4,975	4,332	150	12	290	35	69	36	25		103
12	272	973	11	9,559	15,387	8,255	16,380	455	12	378	35	73	78	42		222
合計	1,394	6,926	127	63,944	57,558	54,681	62,843	2,087	117	3,300	420	703	350	208	16	870

出所）C「月々計算帳」第六号より作成。
注）※翌月と合算（「本月益損金ハ来月分ト共ニスル」）
　　銭の単位は四捨五入した。

図10－6には、この中から各年の酒・味醂、醤油、酢の販売量（「売荷数」）と売上高、及び必要経費を差し引いた純利益（益高）を示した。まず、販売量については、データが欠損している一八九三年より一九〇七年の間に、醤油のみがほぼ二倍に増加している点が注目される。このほかはそれほど大きな変化は見られない。一方、売り高は一八八〇年から八二年に上がったあと、八三年より八六年まで低下したのち、増加、低下を経て、九一年よりデータが欠損している一九〇七年までの間に大きく上昇している。したがって、醤油の販売量の増加が売上高に反映したと見てよいだろう。これが高崎屋の販売戦略によるものか、需要が伸びたのかは不明である。ただし、実

図10-6　駒込本店の売上の推移

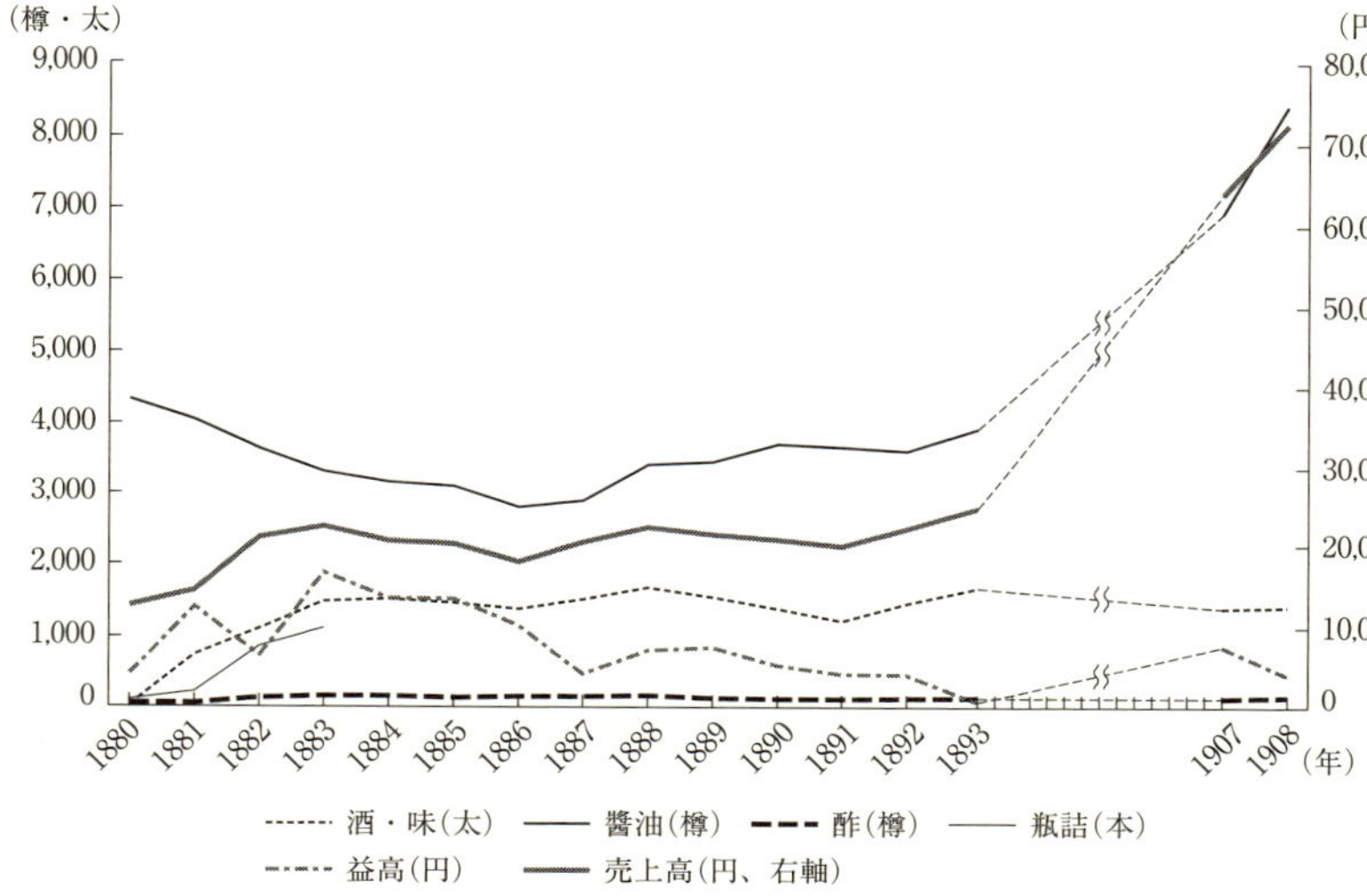

（出所）A・B「毎月々〆計算帳」・C「月々計算書」より作成。1909年は仕入数の記載なし。

際の純利益にはつながっておらず、純利益は年によってかなり変動を見せている。表10－7に見るように、純利益は月ごとでも変動が激しい。毎月の販売量は、おおよそ、酒・味醂・直しが一二〇駄、醤油が増加前は三〇〇樽、増加後は六〇〇樽、酢が一〇樽程度となっている。ただし、表10－7によれば、一二月分の酒・醤油の売り上げのみ各月の倍となっている。これは、後述する毎月ごとの各廻り場売上高でも各年とも共通する傾向であり、おそらく年末年始の行事等に伴う需要が大きかったと推測される。このほか、郵便切手の購入は、一八八四年四月から始めた「郵便切手売下人」の業務に伴うものと考えられる。なお、一九〇三年に出願し、一九一〇年より郵便局（図10－5参照）の経営を始めている[58]。

　具体的に販売した銘柄が判明するのが、一九〇三年八月より一二月の「荷物書抜調之帳」で、各月ごとに酒・味醂・酢、醤油を分け、銘柄ごとに樽数・販売額を記している。「出枡ニ成」、あるいは「売場呑口付候分見積り」とあるのは、店頭での量り売りの売上分であろう。五カ月間の合計は、酒味三九六・二五樽、酢三七樽、焼酎六瓶（五一

表 10–8　高崎屋駒込本店が販売した酒類

		銘柄	数量（樽）	樽数の割合（%）	売上（円）	売上の割合（%）	製造者
摂泉（樽数36%・売上42%）	1	生　日本武	39	9.7	538	10.6	◯兵庫県武庫郡四灘村ノ内味泥村 3 番屋敷　若井卯三郎
	2	菅の　生　正宗	21	5.2	339	6.7	◯兵庫県神戸市川崎町 9 番地　菅野安治郎
	3	勝海	23	5.6	330	6.5	◯兵庫県武庫郡西宮町ノ内浜東町三丁目 193 番屋敷　勝部重右衛門
	4	辰悦　正宗	11	2.7	171	3.4	◯兵庫県武庫郡西宮町ノ内浜之町 216 番屋敷　辰馬悦蔵
	5	生　菊王	12	3.0	145	2.9	◯兵庫県明石郡大久保村ノ内魚住村 35 番屋敷　江井ケ島酒造株式会社
	6	生　嘉瑞	10	2.5	130	2.6	◯兵庫県兎原郡都賀野村ノ内味泥村 1 番屋敷　若井源左衛門
	7	生　寿鹿	5	1.2	126	2.5	◯兵庫県武庫郡西宮町ノ内浜之町 230 番屋敷　辰馬吉左衛門
	8	仁義愛	8	2.0	122	2.4	◯兵庫県武庫郡都賀浜村ノ内新在家村第 88 番屋敷　若林合名会社
	9	都菊	9	2.2	107	2.1	◯堺市熊ノ町四一丁 16 番地　肥塚源治郎　　1907 年商工人名録御影町・更崎村
	10	蜀山人　正宗	3	0.7	47	0.9	◯兵庫県武庫郡西宮町ノ内浜東町三丁目 193 番屋敷　勝部重右衛門
	11	生　ヱノ猫	2	0.5	20	0.4	◯兵庫県武庫郡西宮町ノ内浜東町二丁目 75 番屋敷ノ 1　日本摂酒株式会社？
	12	海陸　正宗	2	0.5	20	0.4	◯兵庫県明石郡明石町ノ内東本町 89　藤田源太郎
	13	白鷹	1	0.2	20	0.4	◯兵庫県武庫郡西宮町ノ内浜之町 216 番屋敷　辰馬悦蔵
東京（樽数36%・売上33%）	14	生　百福長	64	15.9	762	15.0	●京橋区南新堀 2 丁目 2　伊坂市右衛門
	15	生　萬寿ら雄	48	11.9	441	8.7	●京橋区霊巌島佃町 2 丁目 10 番地　高橋門兵衛
	16	長生	13	3.2	185	3.7	●東京市京橋区南新堀一丁目 11 番地　説田彦助
	17	生　稲の花	10	2.5	125	2.5	●京橋区霊巌島佃町 2 丁目 10 番地　高橋門兵衛
	18	白　万物一	5	1.1	96	1.9	●京橋区霊巌島四日市町 2 番地　広岡助五郎
	19	生　福禄	3	0.7	58	1.1	●京橋区霊巌島四日市町 17 番地　高木藤七
	20	君カ代	1	0.2	15	0.3	●君か代正宗　京橋区霊巌島銀町二丁目 10 番地　高橋門兵衛
	21	生　白翁	出枡ニ成ル		—		●日本橋区南茅場町 16 番地　升本喜八郎
他産地（樽数12%・売上11%）	22	大倉　太平楽	24	6.0	236	4.7	△京都府紀伊郡伏見町本材木 1　大倉恒吉（月桂冠の蔵元）
	23	生　国の長	14	3.5	149	2.9	△大阪府三島郡冨田村 2807　橋本栄作　（登録は明治 42 年 11 月）
	24	生　有福	5	1.2	115	2.3	△京都市下京区仏光寺通油小路西入喜吉町 13 番戸　川本元吉
	25	藤田生　美福	3	0.7	49	1.0	△京都府紀伊郡横大路村横大路第 17 番戸　藤田権介
	26	博愛	1	0.2	13	0.3	△愛知県知多郡小鈴谷村大字小鈴谷 32 番戸　盛田久左衛門
	27	樽囲　東遊	出枡ニ成ル		—		△滋賀県蒲生郡北比郡佐村大字内池 51 番地　鈴木忠左衛門
未特定（樽数10%・売上9%）	28	正宗	7	1.7	146	2.9	
	29	生　㊂	6	1.5	59	1.2	
	30	生　喜一	4	1.0	51	1.0	
	31	生　ヱノ海老	4	1.0	41	0.8	
	32	生　美寶	4	1.0	36	0.7	
	33	生　徳超	6	1.5	33	0.6	
	34	生　花嫁	3	0.7	32	0.6	
	35	生　萬聲	3	0.7	32	0.6	
	36	未廣	1	0.2	10	0.2	
	37	生　玉海	1	0.2	11	0.2	
瓶売り（樽数6%・売上5%）	38	富士の雲　時（焼酎）	6 瓶		36	0.7	
	39	正宗瓶売り	26 本		111	2.2	
	39–1	正宗大瓶	340 本		60	1.2	
	39–2	同中瓶	305 本		31	0.6	
	39–3	同小瓶	405 本		20	0.4	
合計			402	100.0	5,068	100.0	

（出所）A「荷物書抜調之帳」より作成。
（注）◯＝摂河泉の酒造家、△＝摂河泉以外の酒造家、●＝東京問屋
　　生産者は『日本登録商標大全』第 6 編（東京書院、1905 年）より特定した。
　　瓶は 40 本で 1 樽換算。

一五円三三銭三厘）、醤油八四七樽（一五〇三円四七銭九一厘）となっている。この販売数は、「毎月々〆計算帳」（表10－7など）の記載から考えて、販売総数ではない可能性が高いが、本章では取扱い銘柄の傾向をつかんでいきたい。(59)酢についてはすべてミツカンであったが、酒と醤油については多数の銘柄が取り扱われていた。まず、酒については、樽売りが三七銘柄で、このほか焼酎一銘柄（38）ほか正宗の瓶売りが見られた（表10－8）。このうち、『日本登録商標大全』より特定できなかったものが一〇銘柄で、樽数・売上の九％である。最多は、灘をはじめとする摂泉の一三銘柄で、樽数で三六％、売上で四二％を占める。この時期の東京出荷における灘酒の優位はすでに指摘されているが(60)、仲買・小売においても同様の状況が確認できよう。さらに注目したいのが、これに次いで東京の問屋の八銘柄が樽数で同数、売上の三三％を占めている点である。樽数・売上とも一・二位はこうした銘柄であり、高崎屋の独自ブランドであった〈江戸一〉の後継銘柄である酒〈万物一〉（18）も東京の問屋の銘柄だったのである。このほか、他産地のものが六銘柄で、樽数一二％・売上一二％となっている。内訳は京都・伏見（月桂冠の蔵元22、ほか24・25）、和泉（23）、近江（27）、三河の盛田家（26）であった。

一方、醤油についても、無銘柄はわずか（樽数で五％、売上で六％）で、大半は銘柄が記されたものである（表10－9）。銘柄は二八銘柄で、『商標公報』および『日本登録商標大全』より特定できなかったものが四銘柄（樽数で一二％、売上で八％）であった。最多は野田で、高梨家（1、2～4）の樽数二六％、売上二九％を筆頭に、茂木佐平治家（11）、茂木七郎右衛門家（5、6）、茂木房五郎家（7・8）、山下平兵衛家（9・10）の六銘柄で、合計すると全体の樽数の五三％、売上の五六％を占める。次いで、銚子が四銘柄で、濱口儀兵衛（12）、深井吉兵衛（13）、田中玄蕃（14）、岩崎重次郎（15）で全体の一一％、売上の一一％となっている。このほか、下総国の銘柄では、流山の秋元三左衛門家（16）、田中村大字花野井の吉田甚左衛門（17）、流山の堀切家の一族と推測される一銘柄（18）で、全体の六％、売上の五％となっている。さらに千葉県の一銘

表 10–9　高崎屋駒込本店が販売した醤油

	番号	銘柄	樽数	樽数の割合（%）	売上（円）	売上の割合（%）	製造者
高梨（樽数の26%・売上の29%）	1	〈上十〉	70.5	8.3	151	10.0	○千葉県東葛飾郡野田町大字上花輪 470 番地　高梨孝右衛門
	2		70	8.3	117	7.8	○高梨
	3	地紙に	56.5	6.7	113	7.5	○高梨
	4	分銅に	28	3.3	49	3.3	○9 月から　（高梨）
野田（樽数の23%・売上の27%）	5		67	7.9	138	9.2	○野田町 339 番地　茂木七郎右衛門　9 月から
	6		15	1.8	86	5.8	○野田町 339 番地　茂木七郎右衛門
	7		53	6.3	72	4.8	○野田町 720 番地　茂木房五郎
	8		12	1.4	24	1.6	○野田町 720 番地　茂木房五郎
	9		23	2.7	38	2.6	○千葉県東葛飾郡野田 351 番地　山下平兵衛
	10		4.5	0.5	7	0.5	○千葉県東葛飾郡野田 351 番地　山下平兵衛
	11		18	2.1	42	2.8	○野田町野田 250 番地・茂木佐平治
銚子（樽数の11%・売上の12%）	12		43.5	5.1	96	6.4	△銚子町ロノ 156 番地　濱口儀兵衛
	13		19	2.2	22	1.5	△銚子町ハノ 119 番地　深井吉兵衛
	14		17	2.0	39	2.6	△銚子町 285 番地　田中玄蕃　11 月分は「出枡ニ成ル」
	15		11	1.3	24	1.6	△8 月分は「出枡ニ成ル」／千葉県海上郡銚子町ロノ 192 番地　岩崎重次郎
下総国（樽数の6%・売上の5%）	16		23.5	2.8	45	3.0	▲流山 669 番地　秋元三左衛門
	17		21.5	2.5	32	2.1	▲千葉県東葛飾郡田中村大字花野井　吉田甚左衛門
	18		4	0.5	4	0.3	▲流山町 90 番地　堀切紋次郎　か
千葉県（樽数の3%・売上の2%）	19		25	3.0	27	1.8	○千葉県　池田豊吉
その他（樽数の14%・売上の11%）	20		2	0.2	2	0.1	●茨城県新治郡真鍋町　天谷市右衛門　*
	21		49	5.8	55	3.7	●牛込区市ヶ谷町 18 番地　吉田亀吉
	22		23	2.7	32	2.1	●埼玉県入間郡所沢町大字 219 番地　名坂喜兵衛　8 月分は「出枡ニ成ル」
	23		40	4.7	65	4.3	11 月分は「出枡ニ成ル」 ひげに「寿」　東京府豊多摩郡中野町 576　浅田政吉
	24		8	0.9	14	0.9	愛知県渥美郡田原町大字俵 311 番戸　山内庄蔵
未特定（樽数の12%・売上の8%）	25	爪印に「白」	61	7.2	79	5.2	
	26	日本司	29	3.4	30	2.0	
	27	分銅に「和合」	6	0.7	4	0.3	
	28	子の日	3	0.4	5	0.3	
無銘柄（樽数の5%・売上の6%）	29–1	極上正ゆ	6	0.7	12	0.8	
	29–2	上正ゆ	15	1.8	20	1.3	
	29–3	大樽口	13	1.5	41	2.7	
	29–4	次正ゆ	6	0.7	7	0.4	
	29–5	中正ゆ	3	0.4	4	0.2	
	29–6	并（並カ）正ゆ	1	0.1	6	0.4	
	合計		847	100.0	1,503	100.0	

（出所）A「荷物書抜調之帳」より作成。

（注）○＝野田の醸造家、△＝銚子の醸造家、▲＝野田・銚子以外の千葉県の醸造家、●＝千葉県以外の醸造家

生産者は『商標公報』（特許庁図書館蔵）・『日本登録商標大全』第 6 編（東京書院、1905 年）より特定した。

*は『日本全国商工人名録』第 5 版（商工社、1914 年）による。

樽数の 0.5 は、半樽のこと。割合は小数点第 2 位を四捨五入。

柄も存在した（19）。その他の製造は、牛込区市ヶ谷の吉田亀吉（21表）、埼玉県入間郡所沢町の名坂喜兵衛（22喜）で、全体の一四％、売上の一一％にすぎない。

管見の限り、販売先をまとめて示した帳簿は確認していないが、関東大震災後も、「外へ出ない者とまだ馴れない者」による「店頭販売」と、「お得意様」の「御用聞き」であることから、[61] おそらく、販売方法は近世段階と同様に量り売りと得意先廻りだったと考えられる。後者については、表10－7の入用高に見る「廻り方六人」への給金の支払いが、場所廻りの担当者への出来高払いであったと推測される。顧客ごとの通帳と「銘々ニ相渡候商イ帳」（「商イ高寄帳」）への記載について定めた一八七九年七月の「店規」[62]の条文には、「一、商業勉強之タメ朝夕無油断銘々請持廻り場所御得意様方、其外右場所筋勉強次第商イ高寄帳江立合相記置キ、六月・十二月両度ニ〆、締リ分合等差出候事」（第一条）、「一、第一条之通、銘々受持之場所筋有之雖モ、精不精ニ而受持外ト雖モ注文承リ候分ハ、其人之丹精ニ寄、其者之商イ高江相加江候事、依而軈合不相成様各々油断有之間敷候事、但、軽子受持之場所、決而軈合不相成候事」（第四条）とある。つまり、奉公人には担当する「廻り場所」があり、その得意先やその方面（「筋」）の顧客開拓に努めることが求められた。相互の仕事意欲を高めるため、担当場所以外の新規客の開拓も認めていたのである。売上は毎日帳簿に記し、盆暮に決算をした。一八九一年に入店し、後に店主（二代目渡辺伸蔵）となる、南千住（北豊島郡南千住町元千住南組八八番地）の酒屋伊藤（浅田屋）仙蔵の四男惣之助の場合、入店の翌年一月より九四年一一月まで「追分廻」を担当し、盆暮に配当金のほかの空樽回収の利益も得ていた。[63] 一八九三年一月から月俸五〇銭となるが、同月の配当金は七円五〇銭、醬油の空樽の回収に対する褒賞が四円三一銭七厘であり、奉公人にとって廻りの稼ぎが重要だったことが窺われる。

図10－7は時期が下った一九二九～三〇（昭和四～五）年の各廻り場の収益金額である。[64] 先述したように一九〇七年段階では廻り場は六カ所であったが、この段階では廻り場が三つに集約されている。それぞれの売上金の差は、顧

図 10-7　廻り場の売上例

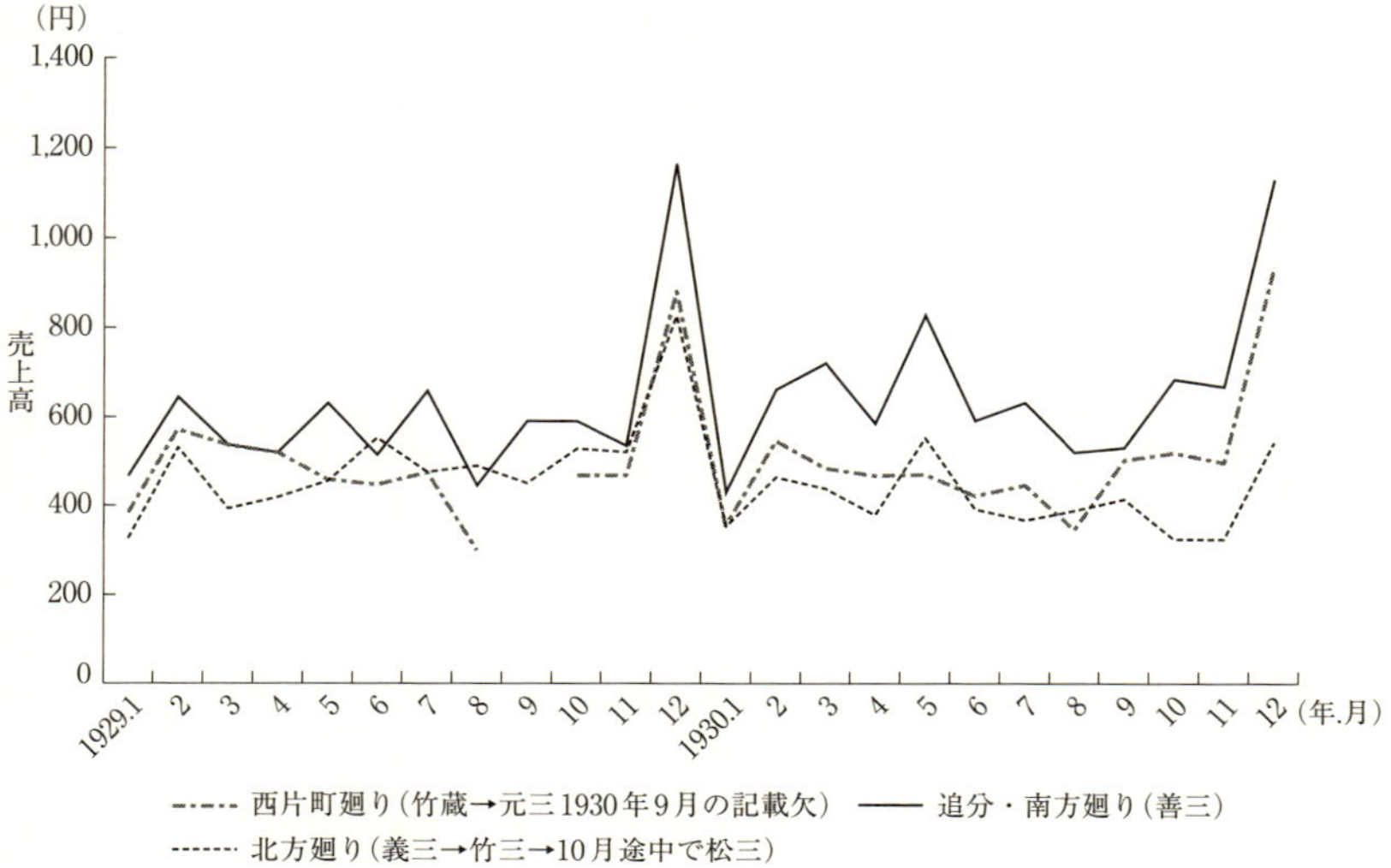

（出所）「廻り計算帳」（C90013242）より作成。

客の数や注文状況によると思われるが、突出する一二月を除いても毎月の売上の額が変動している。月の売上ごとに担当の奉公人には「歩合」が設定されており、売上高は担当の収入に直結していた。店主渡辺仲蔵が中心的な役割を果たした東京酒類仲買小売商同業組合では、こうしたいわゆる「御用聞廻り」を廃してかつ掛売から現金売とすることが懸案で、関東大震災直後の一九二三（大正一二）年にはその廃止を目指し、第一一部本郷酒類商睦会ほかでは「御用聞廃止の謹告」と題した広告も得意先に配布したが、長年の商慣行であり、廃止は困難で実際には継続したようである[65]。

実際の売り先については、明治・大正期の帳簿が残存していないが、一九〇一年七月より〇五年七月、および一六年より三二年の得意先への中元・歳暮の配布の記録簿が各一点残存している[66]。記載された約四〇〇名の中には縁戚関係、仕入関係も含まれるが、大半は大口の顧客と推測される。長年継続する者が少ないのは、他店との熾烈な販売競争の結果と思われる。後者の記録簿は、廻り場（「廻り」・「方面」）ごとにまとめて表記しているため、この区分をも

表10-10　廻り場と顧客例（1901～05年・1916～32年）

Ⓘ 阿部様方面（1920年より「西片丁廻り」と改称か）	1富士川（富士川遊　西片町9　医学史家）、2林光治郎（八重垣町53）、3・4堀田・堀田別屋（堀田正倫　向丘弥生町2-1・5・10～12）、5松屋（福嶋　本郷森川）、6新泉館（森川町一丁目　下宿宇田川なつ　『東京旅館下宿名簿』東京旅館組合本部、1922年）、7修道館（広島県出身の学生用寄宿舎、向ヶ丘弥生町3浅野邸の一角を借地）、8大恩寺、9梅月鈴木（「職業別番地入東京商業地図」1921年）
[Ⅱ] 追分町廻り	1西川・西川洋食部（「職業別番地入東京商業地図」）、2小宮山（追分町16　小宮山泰吉）、3願行寺、4奥井（追分町30　奥井福吉　奥井館）、5同学舎（追分町60　鹿児島県出身者の学生用寄宿舎）、6大雄山（最乗寺東京別院　追分町63道了堂）、7武蔵屋（本郷区東片町42）、8緒方（駒込東片町160緒方正規　細菌学者。東京帝国大学医科大学学長、東京帝大教授）、9浩妙寺、10浄心寺、11専西寺、12顕本寺、13総禅寺、14千駄木森（千駄木町21　森林太郎か）、15秋（千駄木町171　秋虎太郎　衆議院議員ほか）
△Ⅲ 南方廻り	1七軒町吉田、2指ケ谷町中田、3大学小川賄所・一高小川賄所・小川賄洋食部（本郷区本富士町1　飲食業　小川盛次　『日本全国商工人名録第5版』1914年）、4赤門前　斎藤、5四丁目小沢、6三丁目相田、7吉澤（本郷1-13　吉澤忠兵衛）、8金助町山崎、9中村（菊坂町29　中村平三郎　機業　1899年・1907年東京府議会議員）、10弓町古市（弓町2-34古市公蔵）、根岸鈴木、下谷伊藤、ヨカロー（浅草雷門前　珍味洋食　よか楼）、
▽Ⅳ 北方廻り	1栄松院、2瑞泰寺、3曲淵（駒込千駄木町58　曲淵景章　東京帝国大学薬学部卒、薬学会創立メンバー）、4動坂岡本（林町46　岡本善二）、5小柳津（林町43・113　小柳津要人　丸善の専務取締役社長、『丸善百年史』、1980年）、6目賀田（林町198目賀田種太郎　貴族院議員ほか）、7河喜多（曙町13河喜多能達、東大教授、有機化学工業の研究）、8洞泉寺、9吉祥寺、10江岸寺、渋沢・渋沢家台所・料理番衆中（渋沢栄一　王子飛鳥山邸）
Ⅴ 王子方面	横田（横田米吉　巣鴨三丁目　伊勢孫　酒類薪炭商）、王　杉村金蔵、斎藤（斎藤杢右衛門　川越屋商店　王子町）、長塚（王子上野原　和洋酒食料品　長塚八郎兵衛）、長塚十条支店（長塚友之助　上ノ原越後屋支店）、高木（高木惣太郎　王子町下十条1166番地　高木・・店）、坂亀（坂場亀次　王子区下十条町1874）、坂尾様（坂場長太郎　王子区王子町榎町739）、東屋様（相原栄　下板橋町935番地）、斎虎（斎藤虎蔵　鶴川屋酒店　亀戸町）、
方面不明	a畑常様（畑島常吉　本郷区丸山新町　越中屋常治郎）、b島崎様（島崎兼吉　本郷区浅嘉町58　近江屋　酒醤油販売）、c飯田バシ忠蔵（1938年「酒類仕入売上帳」「伊藤忠三郎　牛込区飯田橋際」）

（注）特に注記しない限り、住所は1925（大正14）年の「金銭判取帳」（C）、『東京市及接続郡部地籍台帳』2（東京市区調査会、1912年）によって特定した。

図 10-8　高崎屋駒込本店の場所廻りと得意先（大正期）

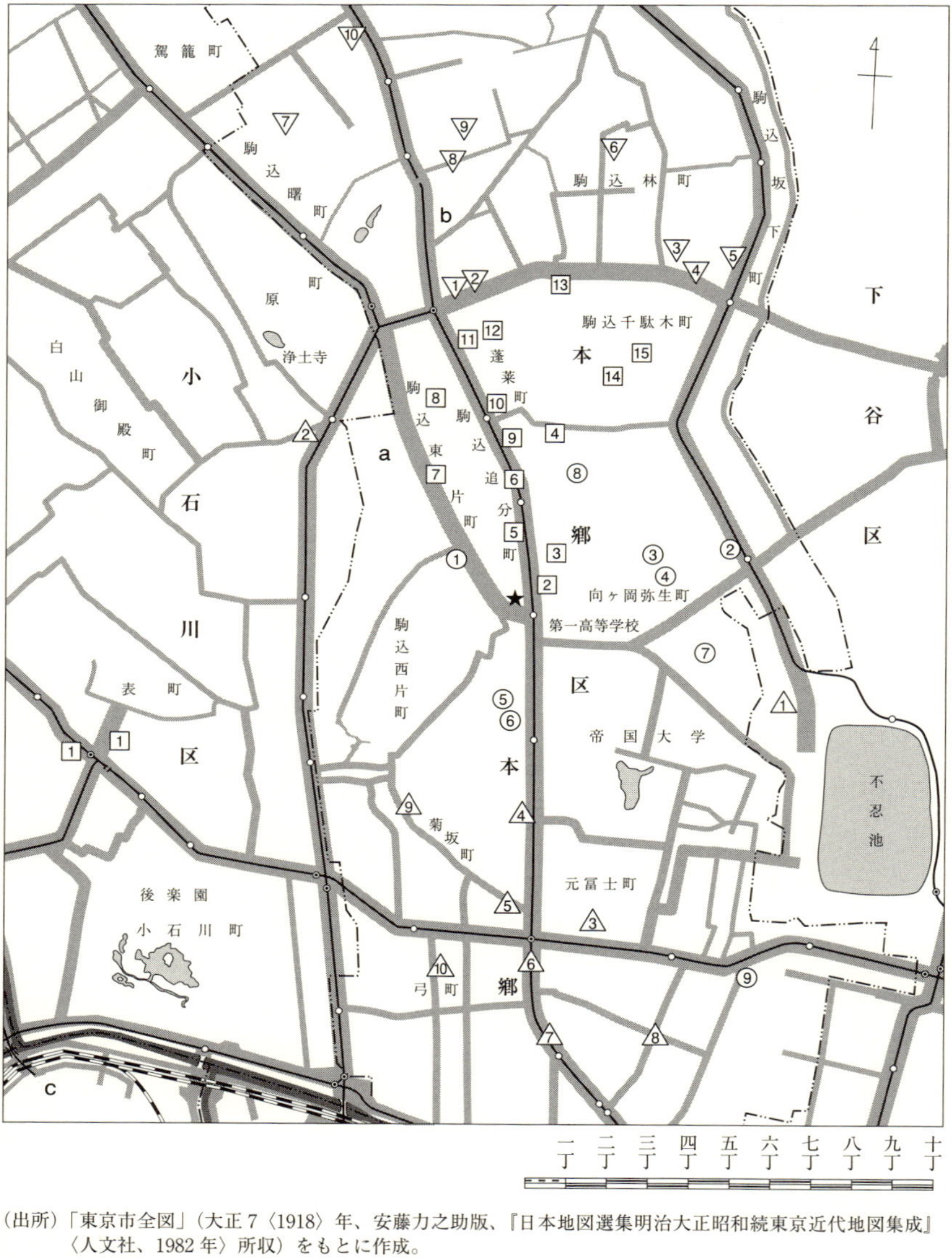

（出所）「東京市全図」（大正 7〈1918〉年、安藤力之助版、『日本地図選集明治大正昭和続東京近代地図集成』〈人文社、1982 年〉所収）をもとに作成。
（注）★は高崎屋駒込本店。記号・番号は表 10-10 と対応する。一丁は約 110 m。

とに居所が判明する顧客を表10－10と図10－8に示した。限られた情報ではあるが、以下検討したい。まず、廻り場は一九一六年段階では五方面となっており、遠方の親戚筋（牛込の邑田家・西澤家ほか）を除き、おおよそⅡ追分町廻り（□番号）が店舗（★）のある東片町・追分町と東隣の蓬莱町・駒込千駄木町、一カ所離れた傳通院付近（1）、Ⅰ阿部様方面（西片丁廻り〇番号）はⅡの東隣の弥生町・根津および西隣の西片町、南隣の森川町、Ⅲ南方廻り（△番号）はさらにⅡより南の本郷六丁目より湯島、菊坂、池之端、Ⅳ北方廻り（▽番号）はⅡの北の駒込林町・吉祥寺町・曙町・富士前町と王子飛鳥山の渋沢栄一邸（地図外）、Ⅴ王子方面は王子・滝野川ほか巣鴨・板橋（Ⅳの北、地図外）となっている。近世期の量り売りの範囲（図10－4）と比べると、より広い範囲にわたっているが、中核となったのはほぼ同じ半径一キロ以内の範囲と思われる。遠方については、交通手段の変容による拡大も考えられるが、前稿で明らかにしたように、近世段階から板橋宿への販売が確認できることから、近世の場所廻りの範囲もほぼ同様だったと考えておきたい。職種については、Ⅴの顧客は基本的に酒小売であり卸売の取引相手であった。このほか確定できた職種は著名人や有力店舗に偏らざるを得なかったが、①本郷地域に集中していた宿屋・学生の寮（Ⅰ－6・7、Ⅱ－4・5）[67]や東大・一高の出入業者（Ⅲ－3）、②飲食店（Ⅰ－9、Ⅱ－1、Ⅲ浅草よか楼）[68]、③寺院（Ⅰ－8）、④渋沢栄一（Ⅳ）をはじめとする富裕層や学者・政治家であった[69]。

一九一八〜二一年九月については、四二カ所の顧客への販売を記録した「寿福帳」[70]が残存している。居所の記載から考えて、収録対象はおそらく南方廻りの顧客と思われる。このうち、表10－11には、先の職種の区分に沿って①料理屋、③寺院、④個人宅を一例ずつ取り上げ、一九一八年の上半期の代金受取分に絞って取引内容を示した。②「一高小川賄所」（以下小川と略）は第一高等学校の寮の食堂を請け負っていた小川盛次（本郷区本富士町一番地、表10－10・図10－8Ⅲ－3）[71]、③浄土寺は中元・歳暮の配り先となっていないが小石川原町四六番地の浄土宗寺院（図10－8）、④個人宅の「菊坂中村様」は、菊坂町二九番地に居住する中村平三郎と推測した（表10－10・図10－8Ⅲ－9）。同人

表 10-11　高崎屋の販売例

		1918年1月受取	2月受取	3月受取	4月受取	5月受取	6月受取	合計
一高小川賄所	売上（円）	30.81	28.57	5.80	5.80	5.80	29.39	106.17
	酒（本）	1	2					3
	醤油（樽）		3	3			10	16
	酢（樽）		1	1	1	1	1樽＋3本	4
	内訳〈円〉	12/11 酢　山吹1樽〈5.30〉、12/11 醤油大3樽〈22.77〉、12/16 酒1本〈0.74〉、12/25 酒2本〈2〉、12/11 大樽3本代〈－2.40〉	1/13 酢　山吹1樽〈5.80〉、1/23 醤油大3樽〈22.77〉、1/23 大樽3本代〈－2.40〉	2/10 酢山吹1樽〈5.80〉	3/2（酢）文・月印1樽〈5.80〉	3/30 酢　山吹1樽〈5.80〉、	5/4 酢山吹1樽〈5.81〉、5/11 ジョウヒラ5樽〈9.00　大空樽戻り〉、5/16 ヤマサ1樽〈4.15　空樽代引〉、5/20 ジョウヒラ3樽〈5.40〉、5/21 壱八○ヒゲ高1樽〈3.60〉、5/25 上ス3本〈1.44〉	
浄土寺	売上（円）	5.40	4.20	3.05	1.30	1.30	16.20	31.45
	酒（本）		4	3	2	1	1	11
	白酒（本）		1					1
	内訳〈円〉	12/10 酒1本〈1.40〉、12/23 同、12/28 日同、12/28　白酒1本〈1.30〉	1/6 酒1本〈1.40〉、1/13 同、1/19 日同	1/31 酒1本〈1.40〉、2/25 白酒5合〈0.65〉、2/25 酒1本〈1円〉	3/29 酒1本〈1.30〉	4/18 酒1本〈1.30〉	5/15 酒1斗2升〈16.20〉	
菊坂　中村様	売上（円）	11.72	27.38	14.49	11.48	13.45	12.45	90.97
	酒（本）	7.4	3	9	7	7	7	40.4
	白酒（本）		1					1
	味噌（1貫目）	3	2	4	3	3	3	18
	醤油（樽）		4					4
	その他		1			1	1	3
	内訳（円）	12/28 酒1本〈1.35〉、1/2 酒2合ビン共（0.31）、1/3 同、1/4 味噌1〆目〈0.55〉、1/4 酒1本〈1.35〉、1/8 同、1/11 同、1/15 同、1/17 味噌1〆目〈0.55〉、1/22 酒1本〈1.35〉、1/26 味噌1〆目〈0.55〉、1/28 酒1本〈1.35〉	1/31 三ス□本〈0.90〉、2/3 酒1本〈1.35〉、2/4 ヤマサ1樽〈4.50〉、2/8 味噌1〆目〈0.55〉、2/8 酒1本〈1.35〉、2/12 同、2/8 味噌1〆目〈0.63〉、2/16 ヤマサ3樽〈14.10〉、2/25 酒1本〈1.35〉、2/28 白酒1本〈1.30〉	2/28 酒1本〈1.35〉、3/3 同、3/4 味噌1〆目〈0.63〉、3/6 酒1本〈1.35〉、3/7 白味噌□〈0.40〉、3/7 酒1本〈1.35〉、3/11 同、3/11 福正宗1升1本〈1.40〉、3/14 酒1本〈1.35〉、3/14 味　噌1〆　目〈0.63〉、3/19 酒1本〈1.35〉、3/22 味噌1〆目〈0.63〉、3/28 酒1本〈1.35〉、	4/1 味噌1〆目〈0.63〉、4/1 酒1本〈1.35〉、4/6 同、4/8 同、4/10 同、4/10 味噌1〆　目〈0.70〉、4/14 酒1本〈1.35〉、4/23 同、4/25 味噌1〆目〈0.70〉、4/27 酒1本〈1.35〉	4/28 シトロン1本〈1.90〉、5/2 酒1本〈1.35〉、5/2 味噌1〆目〈0.70〉、5/3 酒1本〈1.35〉、5/9 同、5/12 味噌1〆　目〈0.70〉、5/13 酒1本〈1.35〉、5/16 同、5/21 味噌1〆目〈0.70〉、5/22 酒1本〈1.35〉、5/25 同	5/29 味噌1〆目〈0.70〉、5/31 酒1本〈1.35〉、6/4 同、6/8 味噌1〆目〈0.70〉、6/9 酒1本〈1.35〉、6/13 シトロン半本〈0.95〉、6/13 酒1本〈1.35〉、6/17 同、6/19 味噌1〆目〈0.65〉、6/19 酒1本〈1.35〉、6/26 同	

（出所）大正7年「寿福帳」（C90013227）より作成。

は、機業を営み、一八九九・一九〇七年に東京府議会議員に選出されている[72]。まず、この顧客三家に納品した商品は、それぞれで価格が異なる。例えば酒について見てみると、小川は一本七四銭、浄土寺は一本一円四〇銭（福正宗か）、中村家は一本一円三五銭が基本で福正宗が一本一円四〇銭、瓶入り二合で三一銭のものとなっている。また、醬油は、小川には大樽・ヤマサ・ジョウヒラの三種、中村家にはヤマサのみで一樽四円五〇銭を納入している。このように、価格の異なる複数の銘柄を、相手に合わせて納品していたことが窺われる。さらに注目したいのが、酒はすべてに納品しているが、各家に納入している品目が異なっている点である。浄土寺は酒しか納品しておらず、最も項目が多い中村家も酢は納めていない。あくまで大口の顧客であるが、個人宅も含め、複数の店舗が競合している可能性、逆に言えば購入者側が店を選択していたと言える。場所廻りで多種の銘柄を扱っているのは、こうした競合関係の結果ではなかろうか。二宮麻里は、一九二〇年代より三〇年代までに酒販店（酒類を取り扱う小売店）が乱立し、三〇年の調査では東京市において半径五町（約五四六メートル）以内に一六軒以上の同業者が営業している酒販店が全体の四割を占めたことを指摘し、その背景として問屋の商業信用を重視する。そして、競争の結果、酒販店側が取扱い品目を拡大し、多様な商品を取り扱うようになったことを明らかにしている[73]。高崎屋の販売を消費の局面から見れば、酒販店の論理のみならず、購入する側の選択が同じ品目に関して商品の多様化をもたらした可能性があるだろう。また、こうした戦間期における雇用吸収による小売店の激増によって、掛倒れのリスクが高まり、仲買は掛取引を控えるようになり、両者に対立が生じたことが明らかになっている[74]。こうした状況が高崎屋の仲買としての経営に与えた影響も考えていく必要があろう。今後の課題としたい。

おわりに

高崎屋四代当主（二世牛長、一八六二〈文久二〉年三月没）は、一八五六（安政三）年七月に亡くなった高梨家二五代兵左衛門の新盆にあたり、次のような追悼文を贈っている(75)。

「追悼《包紙》　小網店牛長」

高梨賢君者先代牛長の頃より憚多き事なからうかうのさまなる厚き御引立にて、今にかハらす年を累ね、君か膽量を借りて益を得る事多し、百とせの寿き祈りしに、定まれる命数にや、文月中の一日終焉の旅路に杖を曳き給ひし恩儀のあの世この世と隔たるぞ憂きしの事、悔むにかえらす、追慕の情禁し難し、尊霊泉下に憐察し給ハん事を祈り侍りて、何《台頭》も君丹精をおしえ給はからすも御新盆を拝し奉りて

盆の月登斗
　草葉の影までも

二世牛長添血吟

江戸の仲買・小売から出発した高崎屋にとって、高梨家は醤油酢問屋株の獲得と醤油の仕入先の確保といった点で極めて重要な存在であった。「君か膽量を借りて益を得候事多し」の言は、美辞麗句ではなく、まさにいつわらざる言葉であっただろう。一方、高梨家にとっても、支店近江屋仁三郎店とならび、高崎屋は江戸・東京の販路確保におい

て不可欠な存在であった。

そして、高崎屋の問屋部門（南店）は、醤油は高梨家からの仕入れを中核としつつ、酒・醤油についてさまざまな仕入れを行い、これを主に神田〜日本橋〜京橋〜芝の下町および千住なども含む北部・西部の仲買・小売に供給した。一方、仲買・小売部門（駒込本店）も仕入れは複数の問屋から行った。販売については、場所廻りでは、小売のほか大口の顧客が離れた地域に存在したが、おおよそ半径一キロ以内が商圏の中核であった。また、江戸時代の店舗の量り売りの商圏については、同様に半径一キロ圏内であり、近代に入っても大きな変化はなかったと考えられる。こうした商圏においては、場所廻り・量り売りとも他の仲買・小売との競合が想定され、価格の設定や顧客の嗜好への対応に伴う多銘柄の仕入れはその結果と思われる。

生産者である高梨家、問屋および仲買・小売である高崎屋の販売の先には、多様な銘柄やランクから選択を行う江戸・東京の場末の町のさまざまな階層の消費者の存在とその嗜好があったのである。

注

（1）中村隆英編『家計簿からみた近代日本生活史』東京大学出版会、一九九三年。中西僚太郎「明治末期の食糧消費茨城県の場合」（『幕末・明治の日本経済』日本経済新聞社、一九八八年。『戦間期日本の家計消費—世帯の対応とその限界—』東京大学社会科学研究所、二〇一五年。ペネロピ・フランクスほか編『歴史のなかの消費者』法政大学出版局、二〇一六年ほか。近世史では、渡辺尚志「近世農民の生業と生活」『史料館研究紀要』二〇、一九八九年などがあるが、分析は少ない。

（2）長佐古真也「近世江戸市場の動向と窯業生産への影響」（『東京大学本郷構内の遺跡　法学部4号館・文学部3号館建設地遺跡』、一九九〇年）。ほか徳利については同氏の「近世「徳利」の諸様相」（『江戸の食文化』吉川弘文館、一九九一年）、森本伊知郎『近世陶磁器の考古学』雄山閣出版、二〇〇九年ほか。
（3）岩淵令治「講演　近世考古学と近世史研究」『知多半島の歴史と現在』第一八号、二〇一四年ほか。
（4）満薗勇「消費史研究というフロンティアの可能性」（『歴史と経済』第二二五号、二〇一四年）。
（5）原島彦七「東京市に於ける清酒取引概略」（『醸造協会雑誌』第六年第五号、一九一一年、後に『酒蔵の町・新川ものがたり　資料集』清文社、一九九一年に収録）。酒類問屋組合については、「酒類問屋組合規約」（一八八六年）の第一条に「摂津・山城・河内・和泉・播磨・丹波・紀伊・伊勢・尾張・三河・美濃以上十一ケ国ヲ除キ関八州其他各地ヨリ輸入スル酒類即チ清酒、味醂、直シ、焼酎ヲ本業トナシ又ハ酢醤油味噌素麺等ヲ兼トナス問屋」とある（横地信輔『東京酒問屋沿革史』東京酒問屋統制商業組合、一九四三年、一六七－一七六頁）。
（6）「仕切状」（高梨本家文書5AKL43）。
（7）例えば、文京ふるさと歴史館一九九四年度特別展「文京の大店　高崎屋」、上花輪歴史館企画展「ふくべづくし―桐印の品々―」（二〇一一年開催）で紹介されている。
（8）現在、高崎屋関係の史料は、A現駒込本店の高崎屋（渡辺家）・B文京ふるさと歴史館・C江戸東京博物館・D東京大学法制史資料室・E上花輪歴史館の五カ所に所蔵されている（以下所蔵はアルファベットで略記する）。このうちB・Cは所蔵者である渡辺家が寄贈したもので、近年までA～Cは一括して渡辺家に保管されていた。また、Dは幕末の家訓の編纂物「家風書」であり、三代目制定の「家訓」（一八三六〈天保七〉年）、四代目制定の「定」（五四〈嘉永七〉年）・「極意」（五六〈安政三〉年）からなる。Eは縁戚関係にもとづく什器類等の移動である。このほか、旦那寺の本寿寺（東京都台東区）所蔵文書や墓石についても活用していきたい。
（9）岩淵令治「江戸住大商人の肖像」（『新しい近世史』3、新人物往来社、一九九六年、以下前稿と略記）。「高崎屋絵図」は文京ふるさと歴史館に所蔵されている。その後、雪堤が同家の襖絵として描いた『日本山海名所図会』の写の検討（岩淵令治「長谷川雪堤筆「酒造図」調査報告　その1」『平成一二年度　文京区の文化財』、二〇〇一年）、高崎屋の元敷地部分の発掘調査報告書での検討（岩淵令治「駒込追分町の空間と住民」『駒込追分南遺跡』文京区教育委員会、二〇一二年、文京区教育委員会）を行った。

(10) 前掲注（8）のA〜C。
(11) 前掲『東京酒問屋沿革史』一七六頁、前掲原島彦七「東京市に於ける清酒取引概略」。
(12) 前掲『東京酒問屋沿革史』。
(13) 大島朋剛「家計行動にみる酒類消費の変容」（前掲『戦間期日本の家計消費―世帯の対応とその限界―』）。
(14) 「乍恐以書付奉願上候」（『東京市史稿　産業篇』第三四、東京都、一九九〇年、三四四－三四六頁）。
(15) 「駒込追分町・同九軒屋鋪・同丸山新町・同片町沽券図」（国立歴史民俗博物館蔵）。同図の駒込追分町部分については、前掲注（9）「駒込追分町の空間と住民」で、全貌については、「江戸の沽券図について」（『国立歴史民俗博物館研究報告』に掲載予定）で検討した。
(16) 大田南畝「兎園随筆拾遺」『日本随筆大成』第二期第五巻、吉川弘文館、一九七四年、一三五－一三六頁）。
(17) 十組問屋の株帳「十組醤油酢問屋株帳」（石井寛治・林玲子編『白木屋文書　問屋株帳』るぼわ書房、一九九八年）および別家高崎屋平助の墓石の銘文によった。
(18) 高崎屋からの証文「為取替差上申一札之事」と、高梨家側からの証文「譲渡申一札之事」の控（墨消　端裏で「此書付高長江さし出」）が現存している（高梨本家文書5IAA22）。
(19) 前掲「兎園随筆拾遺」、一三五－一三六頁。
(20) 前掲注（8）「定」。
(21) 高梨本家文書5JDA91・5JDA92。詳細は前掲注（9）「駒込追分町の空間と住民」を参照。
(22) 西坂靖「近世都市と大店」（『日本の近世』第九巻、中央公論社、一九九二年）。
(23) 各店舗の典拠については前稿参照。なお、巣鴨店については和宮の通行に伴って作成された一八六一（文久元）年の巣鴨町の表店の絵図（「巣鴨町軒別絵図」、国立国会図書館蔵）に記載がある（高尾善希「近世巣鴨町の機能と景観」『交通史研究』六一、二〇〇六年）。
(24) 『平野弥十郎幕末・維新日記』（北海道大学出版会、二〇〇〇年、一〇二－一〇三頁）。平野屋については、同書、および岩淵令治「藩邸」（吉田伸之・伊藤毅編『伝統都市3　インフラ』、東京大学出版会、二〇一〇年）を参照。

(25)「天保撰要類集」第六十中（国立国会図書館蔵）。高崎屋が提案した移動場所が回向院の意に沿わずこの願は却下されている。なお、この題目塔（現存）は一六九八（元禄一一）年銘で、法華信者であった京都三条の商人八幡屋谷口氏が一切衆生のために全国の街道筋の仕置場を中心に建立したもの（木下幹夫「谷口一族造立の題目塔について」『史跡と美術』五五三、一九八五年ほか）の一つであった。

(26)「七十冊物類集　五十七」（国立国会図書館蔵）。

(27) 前稿表1参照。

(28)『藤岡屋日記』第一一巻（三一書房、一九九二年）。

(29) 岩崎宏之「明治維新の東京における商人資本の動向」『江戸町人の研究』第一巻（吉川弘文館、一九七三年）、中島久人「東京会議所の成立と事業展開」（『歴史評論』第五一一号、一九九二年）、日本経営史研究所編『日本郵船株式会社百年史』日本郵船株式会社、一九八五年。

(30) 広重の「江戸高名会亭尽」や番付類に掲載されている。

(31) 前掲「家契書」・「縁戚書」では、居所は「本町四丁目大横丁」となっている。

(32)「於千佐婚礼入用帳」・「於千佐様買物諸入用控帳」（高梨本家文書5JDA38）、「高崎屋新客御祝儀并諸入用帳」（同5JDA6）。

(33) 第一次長州戦争に関する法令と内戦にはならないとの見通しを伝える書状（「十一月廿六日夜」付（元治元（一八六四）年）「書状（縁談、長州征伐状況）」（高梨本家文書5JHF42））、江戸の防衛の状況（「正月十三日夜四時過」付 長左衛門・ちさ→御両親様「（江戸事情《ママ》報書状）」（高梨本家文書5JHF61））など、高崎屋長右衛門より「御尊父」や「御両親様」宛の書状が複数確認できる。

(34)「借用申金子之事」（高梨本家文書5AIG72・225・60）。ほか天保三年七月付の二〇〇両・明治四（一八七一）年の一五〇〇両の証文もあり（「同前」高梨本家文書5AIG225・「借用申一札之事」同5AIG52）、いずれも借主印が抹消・切除されている。

(35)「書状（小野組閉店につき金子願い）」（高梨本家文書5JHF14）。

（36）「家作売渡之証」（髙梨本家文書5JHF7）。作成は、高崎長左衛門（駒込東片町四十番地主）で、買い戻しの有効期限や延長期間については具体的な数字が空欄である。年欠で四月五日付の長左衛門から「御両親様・孝左衛門様」宛の書状（「手紙（小網町店方譲渡につき）」（髙梨本家文書5JHF38）では、「其節御懇談願上候小網町店方御譲請之一条」について「伏而呉々御紀候条宜御承引被成下、御決議之御報相違」を願い出ている。

（37）前者は「袋状」（髙梨本家文書5OKN31）、後者は「貸借対照表」（髙梨本家文書5JHF56）。後者については次節で検討する。

（38）『日本登録商標大全．第六編』（東京書院、一九〇五年）。

（39）古作勝之助編『草雲画譜』（画報社、一九〇一年）で、「花鳥図」の所持者として「東京　箕輪宗一郎君蔵」とあることから、東京に支店を持っていた可能性もある。

（40）ともに、東京都立中央図書館蔵。前者は、三井文庫本が林英夫編『番付集成』上（柏書房、一九七三年）に掲載されている。

（41）「両蔵醤油送分帳」は、横帳タイプのものと横半帳タイプが併存する。双方とも蔵別、江戸送り分と地売り分に項目を分け、送った日ごとに銘柄・送り先・樽数を示している。横半帳では主要な送り先ごとの集計もなされている。両者の数字は戻り荷のカウントの方法などで微妙に一致しないところがあるが、分析の効率をはかるため、基本的に江戸送り分の総計は横帳タイプ、高崎屋への送付分の小計は横半帳と問屋ごとの仕切状の記載を典拠としてまとめた。

（42）「仕切目録覚」（髙梨本家文書5AAC445）。

（43）「寅春入仕切（醤油）（天保一三年盆前仕切）」（髙梨本家文書5AAB518）。詳細は前掲注（9）「駒込追分町の空間と住民」を参照。

（44）髙梨本家文書5AKL43。

（45）「午年春入仕切書覚」（髙梨本家文書5AAB150）・「両蔵醤油送分帳」（髙梨本家文書5AAB143）。

（46）『日本全国商工人名録』大正三年版、商工社、一九一四年。後者は表10－2－21を参照。

（47）岩淵令治「江戸の酒事情」（岩淵令治・青木隆浩編『歴史研究の最前線13　資料で酒を味わう―生産と消費から―』、

国立歴史民俗博物館・総合研究大学大学院、二〇一一年）では、酒巻家の酒直しのマニュアル「酒造伝茶仕立覚」（鴻巣市教育委員会蔵）、および同家と下り酒問屋との取引を紹介した。

(48) 美濃部達也「いわゆる『通い徳利』について」（『東京都新宿区百人町遺跡Ⅲ』新宿区遺跡調査会、一九九六年）。

(49) 「御中屋敷諸事記」（金沢市立玉川図書館蔵加越能文庫）。岩淵令治「巣鴨町の社会」（『第一七六回　住総研江戸東京フォーラム　巣鴨の賑わいの原点をさぐる―江戸の拡大と巣鴨地域―』、住宅総合研究財団、二〇〇八年）で紹介した。

(50) 橋口定志「巣鴨の町の酒屋さん　豊島の遺跡第七回」（『かたりべ　豊島区立郷土資料館だより』第一〇三号、二〇一一年）。

(51) 「物価書上」（国立国会図書館蔵旧幕府引継書）。詳細は前注（9）「駒込追分町の空間と住民」を参照。

(52) 岩淵令治「江戸裏店の人々の生活を示す『柳菴雑筆』」（『新発見！日本の歴史』三〇、朝日新聞社、二〇一四年）。

(53) 『東京小売酒販組合四十年史』東京小売酒販組合、一九六三年。

(54) 「酒類仕入売上帳」（C90013231）。このほか、同史料に継続していない大正期の領収証（C）の差出人として、伊阪市右衛門、高橋門兵衛（霊厳島銀町二丁目一二番地　酒問屋）、富士西商店、株式会社森六商店・同新堀支店醤油部（京橋区南新堀一丁目七番地）、中野長兵衛、三橋甚四郎（霊厳島銀町一丁目五番地　酒問屋）、高木（伊勢屋）利八（本郷区湯島三組町一四　味噌）、山邑酒造株式会社東京支店、加島屋（京橋区四日市町二番地）、田下洋酒店（本郷区春木町一丁目二番地　田下文治）が挙げられる。

(55) 味噌については「領収書」（C96008222）「味噌売買契約書」（C96008224）、胡麻油については、「帳簿（ホール出入）」（一九三一（昭和六）年～C90013238）に挟み込まれた「(高)印胡麻油　発売元　合名会社　高崎屋商店」・「製油所　三河国御油駅竹本長三郎」の名刺による。竹本家は「マルホン」のブランドで知られる蒲郡の太白胡麻油の老舗である。

(56) 第一号はA渡辺家、第二・三号はB文京ふるさと歴史館、第六号はC江戸東京博物館所蔵である。第一号の冒頭の文言は、「本年従二月尾崎出役跡引継可成候付、此如月々〆高計算表御調置」であった。

(57) 少なくとも、一九〇二（明治三五）年一二月に郵便事業の出願に先立って東京郵便電信局長に提出した「財産調書控」（C90013121）によれば、小石川区小石川加（駕）籠町八番地（八七坪三合六勺、「此売買価格」一三〇〇円）を所持していた。

(58)「東片町郵便局」を経営していた渡辺兼男『桐の花』（私家版、一九九八年）に拠る。兼男氏は二代目渡辺仲蔵の四男で、第二次世界大戦後は郵便局長を務めた。

(59) 店頭での小売りについては、昭和の「小売場印分け帳」が存在する。例えば、三月の売上は酒一八樽半、醬油八樽、味醂一樽・参瓶、焼酎二瓶、酢三樽、味噌大三樽・小一九樽であった。業態が大きく変わっていないと仮定すれば、「荷物書抜調之帳」は小売り分のみを書き上げたものではないと考えられるが、販売全体のどの部分かは確定できなかった。今後の課題としたい。なお、一九二三年より三七年まで、倉庫を改修して「丸高ホール」として店頭で飲食業も行っていた（前掲『桐の花』、C90013238「帳簿（ホール出入）」（昭和六～七年））。

(60) 二宮麻里「江戸期から昭和初期（一六五七年―一九三一年）の灘酒造家と東京酒問屋との取引関係の変化」（『福岡大学商学論叢』第五七号、二〇一二年）。

(61) 前掲『桐の花』。

(62)「規則」（C90013304）。

(63)「仕入帳」（C90013251）。

(64)「廻り計算帳」（C90013242）。先述の「規則」に見る各人の「商イ高寄帳」を写してまとめたものと思われる。

(65)『東京小売酒販組合四十年史』（東京小売酒販組合、一九六三年、六一、六五－六六頁）。「（御用聞・掛売廃止通告書）」（C90012802）。実際には、大震災後の「御用聞き」について、「大体高崎屋のお客さまの範囲は、西片町で一つ、東片町で一つ、追分で一つ等と分かれていて、各地区に一人ずつの担当が居て売り上げ額も競っていた。（中略）全員が先ほど揃えた商品を自分の自転車に積んで順序よく御得意様を一軒ずつ廻り届けると共に、今日の注文を受けて歩く。勿論一月分を月末に代金を纏めて頂くのだから、渡してある『通帳』に記入して来なければならない、このあたりは中々難しいものだ。」とされている（前掲『桐の花』）。この記述によれば、代金の決済は盆暮から月末に変わったようである。

(66) 一九〇一（明治三四）年より〇五年は「御徳意様音信贈答控」（C90013178）、一九一六（大正六）年より三二（昭和七）年は「酒粕之覚」（C90013243）による。前者は「酒類醸造録」という帳面の再利用であり、両帳の形状は大きく異なるが、前者の最後に「巳年分年暮改メ外帳江控置」と連続した帳面が想定され、後者と記載内容が共通し、人名も共通する者が見られることから、同じ性格の帳面と理解した。

(67) Ⅰ-7修道館については「芸備協会略志」（小鷹狩元凱『元凱十著』弘洲雨屋、一九三〇年）、Ⅱ-5同学舎については公益財団法人鹿児島奨学会同学舎のホームページ（http://www.dougakusya.com/ideal.html）を参照した。また、Ⅱ-4は一八八三（明治一六）年創業で、美濃部達吉・正岡子規らが住み、慶應義塾大学の塾長を務めた奥井復太郎の生家である奥井館と思われる。

(68) よか楼は「雷門の向ひ角にあつた高い塔をもつ西洋料理《ママ》であつた。高村光太郎や吉井勇、北原白秋や木下杢太郎など少人数の遠征の如くであるが、ここでは、三州屋の大会以来常連となつた谷崎や木村なども来てパンの會をひらいた。」とあるように、日本浪漫派のパンの会の会合場所にもなった（野田宇太郎『パンの会―近代文芸青春史研究―』日本図書センター、一九八四年　初版は一九四九年、一八九頁）。

(69) 一九九三年に実施した故渡辺栄氏（一九二九年に渡辺家三代目福次郎に入嫁）への聞き取りによれば、販売する範囲は本郷三丁目より南には及ばなかったとされているが、この時点ではやや販売範囲は広かったようである。また、酒屋には卸さず、小売りと業務用の販売だった、とのことであったが、表10-10などから王子方面には酒屋への小売りが確認され、栄氏の結婚前までに、業態が変わっていた可能性がある。

(70) C90013227。

(71) 『第一高等学校自治寮六十年史』（一高同窓会、一九九四年）によれば、食堂を「業者小川某」が請け負っていたが、第一次世界大戦とともに始まった物価高騰によって繰り返し値上げを行い、一九一九（大正八）年一二月に一高側が食堂の直営（自炊）に切り替えたという。『日本全国商工人名録第五版』（一九一四年）には、「飲食業」の小川盛次（本郷区本富士町一）の記載がある。おそらく同一人物であろう。「寿福帳」の「一高小川賄所」の項目には年の記載がないが、前後の記述と一九一九年一二月の請負停止から、一八年の記載と判断した。

(72)　鈴木芳行「所得税導入初期の執行体制」『税務大学校論叢』第五一号、二〇〇六年。
(73)　二宮麻里「昭和初期の酒類流通における商業者の品揃えの拡大と乱売の発生」『福岡大学商学論叢』第五八号、二〇一三年。
(74)　摂津斉彦「戦間期における中小小売商の雇用吸収と信用不安」『社会経済史学』七二―二、二〇〇六年。満薗勇氏の御教示による。
(75)　追悼文（高梨賢君新盆につき）」（高梨本家文書5JHF1）。

［付記］本章の執筆にあたり、共同研究メンバー、上花輪歴史館のほか、各所蔵機関、渡辺泰男氏、満薗勇氏に御教示、御高配賜わりました。ここに御礼申し上げます。

第11章　髙梨家醬油の地方販売の展開

井奥　成彦

はじめに

ある醬油醸造家の醬油の販路を明らかにすることは、その醸造家の存立基盤を解明することにつながる。髙梨家は、醬油をどこへ販売することによって利益を得ていたのだろうか。本章では、近世、近代を通して同家の醬油の販路を明らかにし、他の醸造家とも対比しつつ、同家の存立基盤の一端を探ってみたい。

醬油販売ないし販路の問題は、醬油の研究をすれば必ず扱われてきたと言ってもいいぐらいで、先行研究を挙げればきりがないが、ここでは本章に関連する、関東に関わる研究を中心に取り上げよう。

まず、近世期から銚子の主要醬油醸造業者であったヤマサ醬油に関する研究が挙げられる[1]。篠田壽夫は、ヤマサの近世から近代にかけての主たる製品販売先が江戸（東京）であったことを明らかにしつつ、一八三六（天保七）年から一八六九（明治二）年までの三〇年余は、全体の販売量が停滞する中で「江戸売」と関東の在への販売である「地売」（地方販売）の比率が逆転することを指摘した。その時期ヤマサは、江戸売は主として「上」醤油、地売は主として「次」醤油と、それぞれ売り分ける方針をとっており、江戸へは（量は減らしても）上醤油によって利潤を確保する方針をとっていたとする。(3) 谷本雅之はその三〇年余の江戸売・地売の逆転には特に注目はせず、一九世紀初頭以降明治初年まで全体としての生産量が横ばいであることから、その間を一括して「停滞期」と捉え、そういった時期でも以前から蓄積していた資金力・技術力によって良好な利益率を維持できたとする。(4) 井奥成彦はその三〇年余について、その間の原料調達先が、従来の霞ヶ浦周辺中心から、より安価な原料が調達できる利根川筋（「川通」）の比重が増すことに注目し、その時期は原料代というコストを削減して停滞期を乗り切ることができたとした。また、そのようなオプションが可能となるほど川通、ひいては関東農村の生産力の高まりがあったこと、ヤマサが江戸への販売の低下を補えるほど在での需要が伸びてきていたことを指摘し、それはまた川通での醤油醸造業者の叢生をもたらして、ヤマサの停滞期をもたらす一因ともなったと指摘した。(5)

一方、近代以降のヤマサ醤油の販路について、長妻廣至は、東京売が地方売よりも圧倒的に多いが、明治末から地方販売が比重を増すようになっていくことを指摘した。(6) また、林玲子は、関東では一九世紀以降江戸のような大都市向けの醤油生産を行う野田や銚子のような大産地と周辺町村を販売対象とする農村の中小産地とが存在する二層構造をなしていたとし、(7) ヤマサに関しては、明治以降終始江戸問屋への販売が圧倒的に多かったとしつつも、第一次大戦後あたりから地方販売が比率を増し、一九二五（大正一四）年にはその比率は四割程度を占めてピークに達することを明らかにした。なお、その頃のヤマサの地方販売は、北は東北・北海道から西は関西までの広い範囲にわたっており、一九〇〇年以降は、比率は低いが外国への販売も一定程度あることも明らかにした。(8)

ヤマサ以外の醤油醸造家の事例としては、いずれも中小規模の醸造家を対象とした鈴木ゆり子、渡邊嘉之、花井俊介の研究がある。鈴木は江戸近郊の武蔵国橘樹郡溝口村上田家の幕末期の販路を取り上げ、同家の醤油醸造規模が中小規模ながらも江戸近郊という条件のもと、江戸売と地売が半々であったことを明らかにし[10]、渡邊は千葉県柏在の中規模醤油醸造家吉田家が明治末―大正初期において地方都市に販路を拡大したことを明らかにした[11]。また花井は、戦間期の不況の中で大手醸造家が地方都市に販路を求め進出し、それに伴い地方都市を主な販売先としていた地方の醤油醸造業者は圧迫され、農村市場で下級品を販売する戦略を取ることに活路を見出したことを、茨城県真壁郡伊佐々村の小規模醸造家田崎家の事例を通して明らかにしている[12]。

近代において、関東の市場をターゲットにしたのは関東の醤油醸造業者だけではなかった。篠田壽夫は、明治後期において愛知県知多郡半田の中規模醸造家萬三商店が、東海地域の市場などとともに、関西市場や東京市場へも相当量の醤油を販売していた事実を明らかにし[13]、同商店の研究をさらに推し進めた井奥成彦は、明治後期において中規模であった同商店が関東から関西まで広範囲にきめ細かく市場開拓をしていった結果が同商店の醤油醸造業の大規模化につながったことを明らかにした[14]。

以上の研究から窺えることは、醤油醸造家がどのような市場に対応するかは時代やその時々の置かれた状況により異なり、醸造家と市場の関係はダイナミックな変動を見せており、「大都市向けの醤油生産を行う大産地と周辺町村を販売対象とする中小産地」といった二層構造論では説明しきれないということである。上記萬三の例でも明らかなように、また井奥が福岡の醸造家松村家の例で示したように、中小規模であっても、ときに隙間を縫って、販路を広範囲に拡げる場合もあったのである[15]。しかし、大規模醸造家の販路についての研究は、上記ヤマサを対象とする研究以外になく、同じ関東の代表的産地である野田地域の大規模醤油醸造家である髙梨家が、各時代に市場にどのように対応したかは、ヤマサとの対比において興味深い。そこで本章では、髙梨家に幸い連続的に残る醤油の販売先に関す

表 11-1　野田地域醤油醸造業輸送関係年表

年	和暦	事項
1821	文政 4	醤油江戸入津量 125 万樽、うち関東より 123 万樽。
1829	文政 12	髙梨家に御用醸造の下命。
1832	天保 3	野田醤油醸造家 18 軒、造石高 23,150 石。
1836	天保 7	天保飢饉（～37)、原料費高騰。
1856	安政 3	野田醤油醸造家 11 軒、造石高 32,000 石。
1863	文久 3	髙梨家仕込石高 6,672 石。
1864	元治 1	髙梨家など主要 7 印、「最上醤油」販売を許される。
	江戸末期	関東より江戸への入津醤油 240～250 万樽。 上州・野州方面における養蚕・製糸・織物業発達（醤油の消費地に)。
1872	明治 5	野田醤油醸造家 13 軒、造石高 36,550 石。髙梨家、辰巳蔵を新築。
1881	明治 14	東京醤油会社設立。
1883	明治 16	日本鉄道上野－上州新町間開通（翌年高崎、前橋まで延伸)。
1884	明治 17	商標条例公布。
1885	明治 18	醤油税復活（営業税 5 円、造石 1 石につき 1 円)。
1886	明治 19	利根川橋梁完成。日本鉄道上野－宇都宮間開通。
1887	明治 20	野田醤油醸造組合設立（価格協定、原料共同購入、積荷の統制などを行う)。
1888	明治 21	銚子醤油醸造家 11 軒、造石高 17,600 石。野田醤油醸造家 11 軒、造石高 45,535 石。両毛鉄道小山－前橋間開通。
1889	明治 22	東京醤油会社解散。穀価高騰（～90)。
1890	明治 23	1 府 6 県醸造家・東京醤油問屋組合聯合会成立（醸造家・問屋の連携)。 利根運河開削工事竣工（常陸方面との通行便利に)。
1892	明治 25	日清戦争に伴い活況。野田より東京向け出荷 30 万 8206 樽、地方向け 16 万 9,736 樽。北海道へも進出するように。
1895	明治 28	京都で第 4 回内国勧業博覧会。これを機に野田醤油、関西方面に販路開拓。好景気。
1900	明治 33	野田商誘銀行設立。
1904	明治 37	日露戦争に伴い軍需醤油の需要が発生し、醤油業界は活況を呈す。
1905	明治 38	日露戦後、陸軍の買い溜めていた醤油が市場に氾濫。
1910	明治 43	イギリスで日英大博覧会、関東の醤油入賞、関西の醤油入賞せず。野田醤油、関西に積極的に進出。
1911	明治 44	野田－柏間に軽便鉄道開通。販路拡張に拍車。
1912	大正 1	亀甲萬、関西市場に向かって景品付き売出し。他印も進出を企てる。
1915	大正 4	大戦景気。

（出所）『野田醤油株式会社二十年史』、『野田醤油株式会社三十五年史』など。

る帳簿を用いて、近世から近代に及ぶ同家の醬油販売先の変遷を明らかにし、その意味をヤマサなどとの対比において考える。なお近世の江戸市場への販売については本書第2章、第8章、近代の江戸市場への販売については第9章、第10章において検討されているので、本章では主として地方販売について検討することとする。

なお、野田地域全体としての醬油の販路については、『野田醬油株式会社二十年史』[16]には次のように記されている。例えば一八九二（明治二五）年の野田から東京向けの出荷は三〇万八二〇六樽、地方向けは一六万九七三六樽で、東京売が地方売のほぼ倍になっており、地方では北海道へも進出するようになっている[17]。また、一八九五年には京都で第四回内国勧業博覧会が開かれ、これを機に野田の醬油は関西方面に販路を開拓したとされる[18]。さらに一九一〇年にはイギリスで日英大博覧会が開かれ、そこで関西の醬油は入賞しなかったのに対し関東の醬油が入賞したことに力を得て、野田の醬油は関西方面にさらに積極的に進出するようになったという[19]。さらに、一九一二（大正元）年には、茂木佐平治の亀甲萬が関西市場に向かって景品付き売り出しを行い、他印も進出を企てたとある[20]。こうした動きが野田地域全体の動向であったとすると（表11－1参照）、髙梨家は個別には各時代に市場にどのように対処し、どういった方面へ販売の力点を置いていたのであろうか。以下で見ていきたい。

本章で主たる素材とする史料は髙梨家「醬油送分帳」である（以下「送分帳」）。「送分帳」の初出は一七八二（天明二）年で、以後同帳簿は同家が野田醬油株式会社に合流する一九一七（大正六）年までのものが連年のごとくに残存している。「送分帳」には販売全体を記した横帳と、江戸売のみを記した小横帳の二種類があるが、本章では地方販売に注目することから、前者の方を用いた。前者は「元蔵江戸売」、「出蔵江戸売」、「元蔵地売」、「出蔵地売」の四項目に分かれている。早い時期のものは破損があるなど完全でないものが多いことから、本章では主として一九世紀以降を分析対象とした。「送分帳」での地方販売の記載を一九〇七年を例にとれば、以下のごとくである。

図 11-1　髙梨家出荷先別送荷量

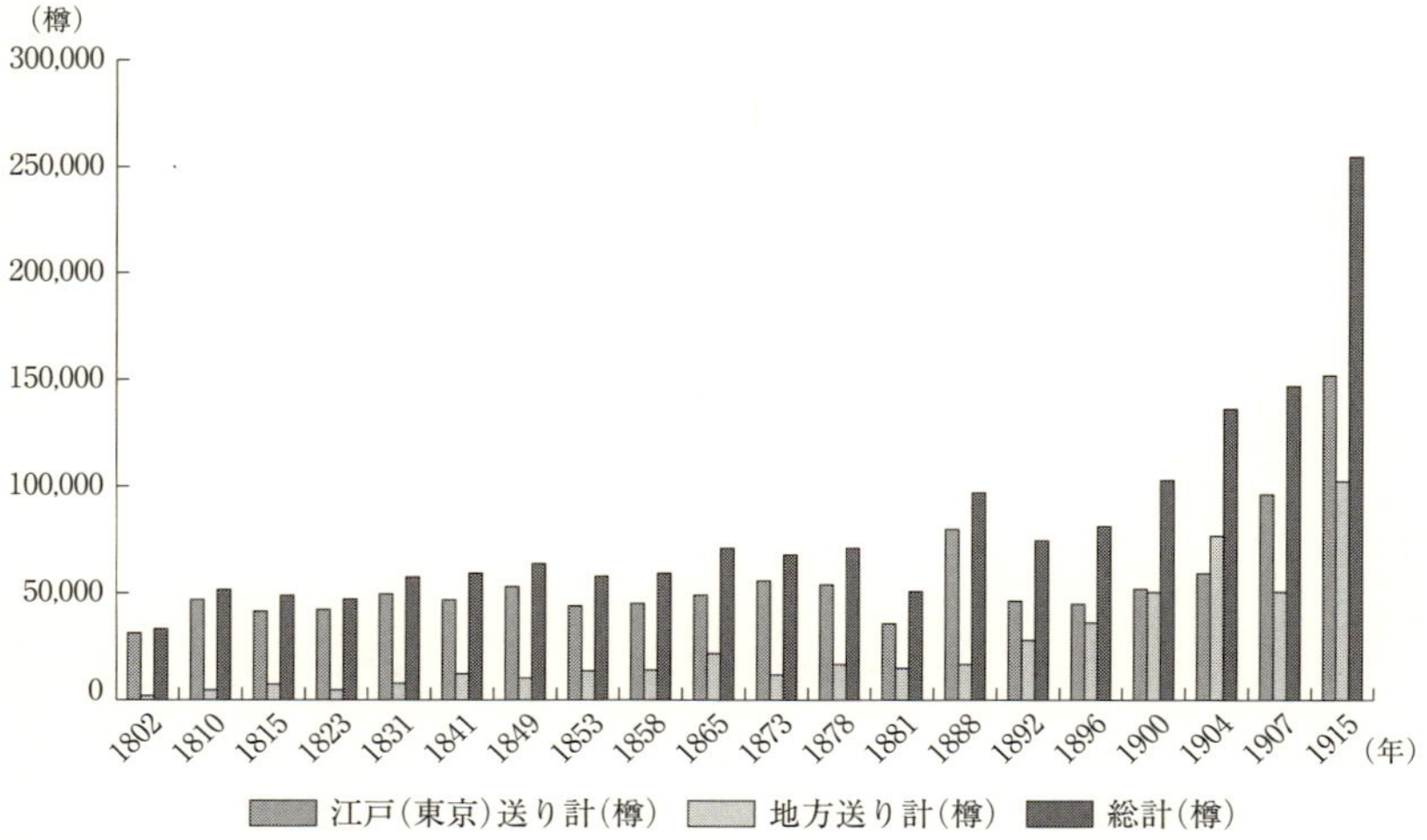

(出所) 各年「醤油送分帳」(髙梨本家文書) より作成。

元蔵地売控

初メ

一月二日

一 (皇) 拾五樽　久田円蔵殿

四七　代金三拾壱円九十一銭四厘

同日

一 宝 拾五樽　右同人

五〇　代金三拾円

同日

一 ヘム 拾弐樽　右同人

五五　代金拾八円四十六銭壱厘

同日　植の村

一 宝 拾樽　立見や萬之助殿

四九　代金弐拾円四十銭八厘

同四日

一 宝 六樽　中嶋三郎兵衛

四八　代金拾弐円五十銭

(後略)

月日、印（商標）、販売相手名（地名が付されることもある）、一円当たりの数量（例えば「五〇」は一円につき半樽）、代金が記されている。こうした記述が年末まで延々と続くのである。各項目ごとに各月、年間の樽数の集計はなされているが、個別の取引相手別の集計などはない。本章ではこの帳簿のうちの樽数と販売相手名（及び地名）を愚直に拾っていき、集計した。地名が付されていない場合は、高梨家所蔵の同年の「醤油萬覚帳」、同じ年のものがない場合は近い年代のものを参照して確定した。以下はこうした作業の結果である。

第1節 江戸（東京）売と地方売の変遷

本節ではまず、対象とする時期全体の状況を概観することから始めたい。

図11－1は、高梨家醤油の江戸（東京）、地方別の送荷量の変化を追ったものである。[21] これによると、同家の送荷量は一九世紀初頭に一伸びした後、一八八〇年代の松方デフレ期まで、送荷総量は五万樽[22]前後から多くて七万樽程度と、さほど大きな変化はなく、送り先別では江戸（東京）売が地方売よりも圧倒的に多かった。ところが、松方デフレ期を脱した一八八〇年代後半には送荷総量は一〇万樽に迫っていったんピークに達し、その後一時的に数量を減らすが、九〇年代以降は飛躍的に送荷量を伸ばしている。売り先別では、この時期は地方売が伸びる時期であり、一九〇〇年代に入ると一時東京売を上回る。[23] この間、東京売は停滞気味であった。この時期のこういった傾向は高梨家の著しい特徴であって、近代以降、常に東京売が圧倒的に多かったヤマサとは対照的である。この時期の醸造石高が一万石に及ぶ関東屈指の大醸造家が地方販売を主としたこと自体、先に紹介した「二層構造論」では説明しきれないことを示している。一九〇〇年代後半以降は送荷総量が増加する中で再び東京売が地方売を上回るようになるが、地方

図 11-2　高梨家蔵別・出荷先別送荷量

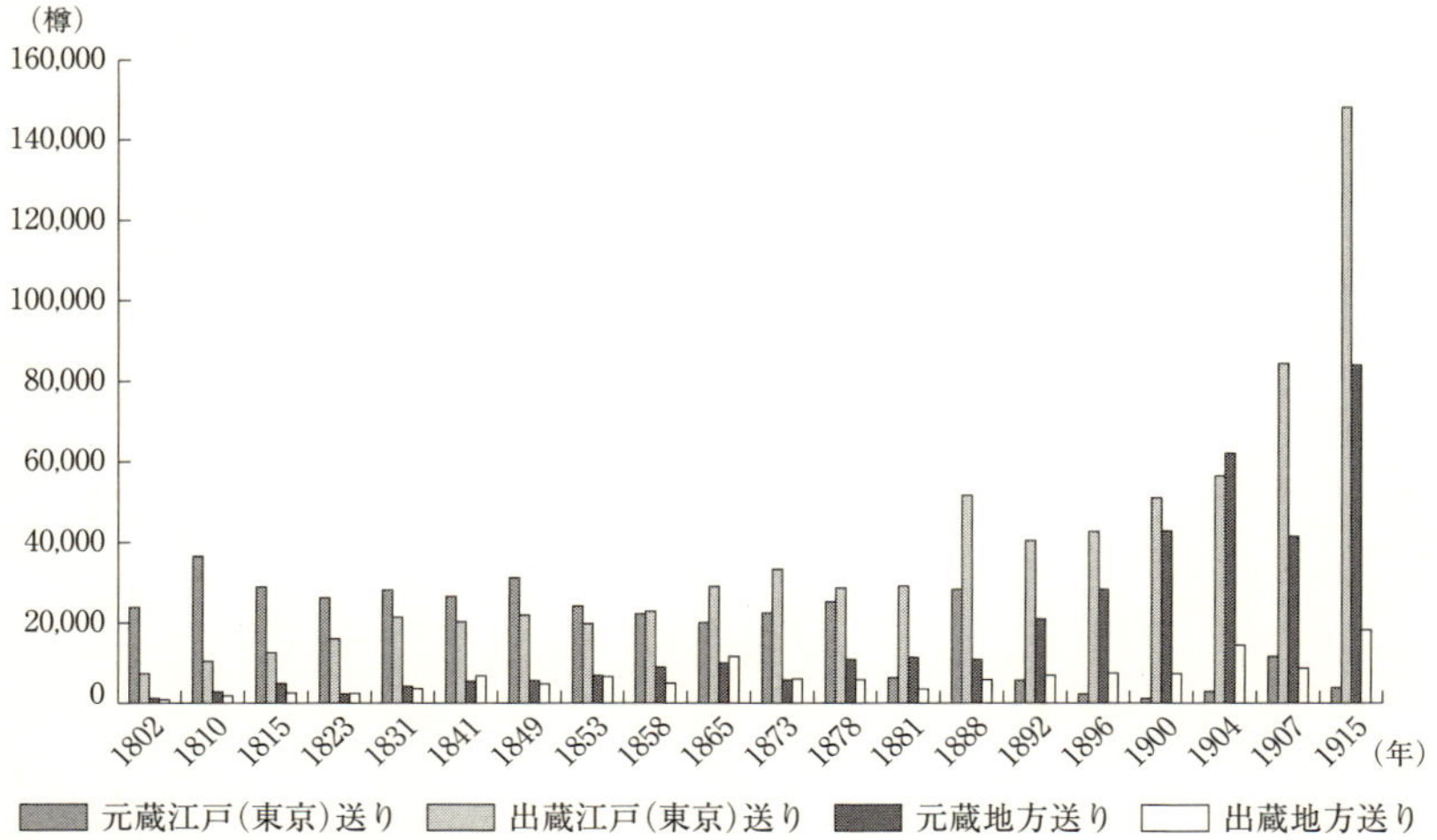

（出所）各年「醬油送分帳」（高梨本家文書）より作成。

売もなお相当な比率を占めている。なお、大正初期の一九一〇年代前半時点で、高梨家とヤマサの造石高はほぼ同じ二万数千石である[24]。

次に、図11−2は、高梨家醤油の蔵別・送り先別送荷量の推移を追ったものである。すでに第2章、第5章などで触れられている通り、高梨家は時代により蔵数が違うが、出荷段階では元蔵と出蔵のいずれかの数値としてそれぞれ集約され、元蔵からは中・下級品が、出蔵からは一番搾りの上級品が出荷された[25]。この図によると、一九世紀の早い時期は元蔵からの出荷が圧倒的に多く、この時期高梨家は全体として中・下級品を主力商品としていたことが窺える。ところが、その後天保期頃から松方デフレ前の一八七〇年代までは江戸（東京）送り、地方送りとも元蔵、出蔵からの出荷が半々、つまり江戸（東京）へも地方へも、上級品と中・下級品を半々に販売するようになる。ただ、そうした中でも、幕末に至るまでは江戸売は中・下級品がやや多く、幕末以降は上級品の比重が大きくなる傾向が窺える。ところが、松方デフレ期の一八八一年には東京売にそれまでと明瞭に異なる傾向が見られる。すなわち出蔵からの上級品が圧倒的な比重を占めるようになり、以後その傾向が定着するのである。一方、地方売は、元蔵からの中・下級品の占める比重が大きくなっていく。つまり、一八八〇年代以降、東京へは上級品を、地方へは中・下級品をという、送り先によってはっきりと品質を分ける潮流ができていったのである。

以上から、髙梨家の醤油販売は、その販売量、販売先と品質との関係から、おおよそ次のように時期区分できると思われる。

〔第Ⅰ期〕江戸売が地方売よりも圧倒的に多く、全体として中・下級品を主力商品としていた時期（天保期頃まで）。

〔第Ⅱ期〕送荷量全体が第Ⅰ期とさほど変わらず、江戸（東京）売が地方売を大きく上回るという点でも第Ⅰ期の流れを引き継いでいるが、いずれへの送荷においても上級品と中・下級品が拮抗していた時期（天保期頃～松方デフレ前）。

〔第Ⅲ期〕東京売、地方売ともに急激な伸びを見せ、東京売は上級品、地方売は中・下級品にそれぞれ特化する時期（松方デフレ期以降野田醤油株式会社への合流まで）。

次節では、上記それぞれの時期の代表的な年を取り上げて、地方の具体的な販売先を見ていこう。

第2節　地方の販売先についての分析

ここでは地方販売について、主としてその主要販売先の変遷を追ってみたい。

(1)　第Ⅰ期（～天保前期）

図11－3は文化七（一八一〇）年「両蔵醤油送分帳」[26]の分析を通して判明した主な地方販売先の地名を地図で示したもの、表11－2は主要な販売相手を表で示したものである。図11－3に見られるように、主要な地方販売先は吉川、

図 11-3　1810（文化 7）年高梨家主要地方販売先

（出所）文化 7（1810）年「両蔵醤油送分帳」（高梨本家文書 5AAA139）より作成。

流山、松戸、金町、小金といった、高梨家ないし上花輪村から見れば江戸川の下流域にあり、それぞれの地域で物流の核となっていた町村である。草加は江戸川からは二里ほど内陸であるが、江戸川沿いのどこかで陸揚げして、その後陸送したか、もしくは江戸川を下流へ下ろした後、綾瀬川へ入って遡ったことも考えられる[27]。平方へも同様であろう。今上は高梨家の存在する上花輪村の近隣村である。

主要販売先の中では栗橋が唯一、上流方面にある村である。栗橋は利根川・江戸川分岐点よりもやや上流にあり、利根川中流の核となる河岸[28]であった。このほか、販売量は多くはないが、江戸川下流方面では中ノ久木（現流山市）、半割（現吉川市）といった地名が帳簿に見られる。岩附（現さいたま市）にも複数の取引先があったが、江戸川を下流へ下ろした後、元荒川へ入って遡って送ったものであろう。越谷にも取引先があり、同様のルートで送荷したものであろう。また、上花輪村の近隣村では、前記今上のほか野田、木間ヶ瀬、清水、桐ヶ谷、桜台、中ノ代など、それぞれ取引量は多くはないが数多くの取引先が帳簿に見られる。一方、江戸川・利根川上流方面では、栗橋以外には「上州」行きがわずか一樽見られるにすぎない。

以上のように、一九世紀はじめの第Ⅰ期においては、髙梨家の地方販売は、この時代の主要輸送手段である河川水運に沿って、江戸川下流域を主とし、あとは上花輪村の近隣地域といった、ごく限られた範囲で行われていたのである。

表 11-2　1810（文化7）年髙梨家主要地方販売相手

単位：樽（9升）

販売相手	所在地	元蔵販売量	出蔵販売量	計
銚子屋平蔵	松戸		306	306
油屋武八	流山	131	76	207
播磨屋平兵衛	吉川	165	28	193
松屋兵蔵	吉川	104	88	192
樽屋又七	金町	116	75	191
武蔵屋五郎兵衛	流山	111	65	176
伊勢屋長治(二)郎	栗橋	90	73	163
亀屋七兵衛	草加	64	64	128
スサキ伊右衛門	今上	90	18	108
茂田井助三郎	（不明）	58	48	106
竹之内吉兵衛	吉川	91	10	101
総計		2,936	1,904.5	4,840.5

（出所）文化7（1810）年「両蔵醤油送分帳」（髙梨本家文書5AAA139）より作成。
（注）販売量合計100樽以上の取引相手を表示。
販売相手の所在地については、1823（文政6）年「両蔵醤油万覚帳」（髙梨本家文書5AAH17）をも参照。

（2）第Ⅱ期（天保期〜松方デフレ前）

こういった傾向は、第Ⅱ期に入っても基本的にそう大きくは変わらない。図11－4、表11－3はそれぞれ、嘉永二（一八四九）年「両蔵醤油送分帳」(29) から主要販売先の地名と相手とを示したものである。この年は販売先で上位に入っている取引相手で所在地のわからない者が少なくないが、判明している中では、やはり流山、吉川といった江戸川下流方面の地名が帳簿には多く見られる。その中で松屋兵蔵、播磨屋平兵衛（いずれも吉川）は前期に引き続き上位に入っており、栗橋の伊勢屋長治郎も同様である。このほか、前期に上位には入っていないが、前期から引き続き「送分

図 11-4　1849（嘉永 2）年高梨家主要地方販売先

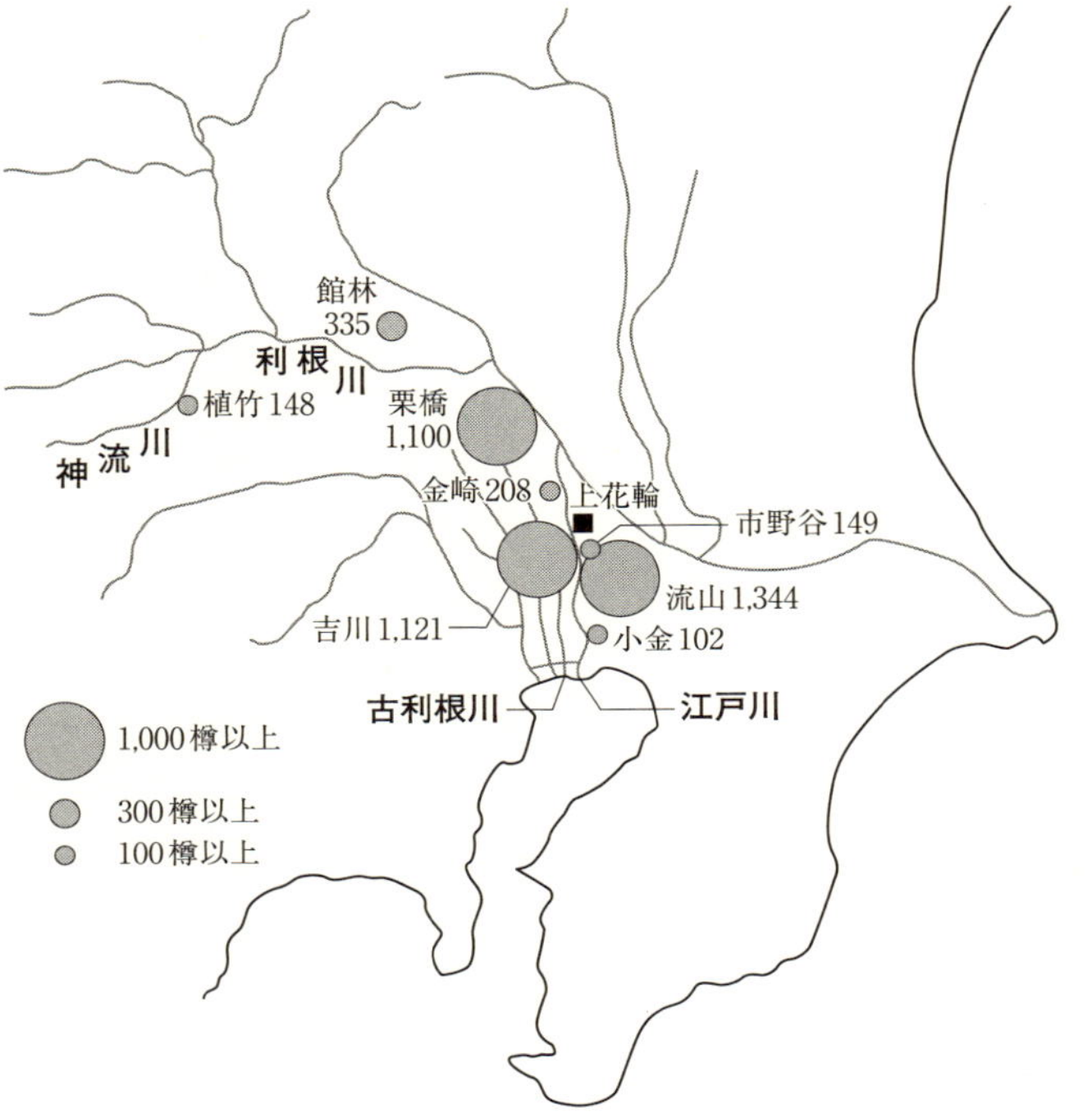

（出所）嘉永 2（1849）年「両蔵醤油送分帳」（高梨本家文書 5AAA58）より作成。

帳」に見られる取引先として、吉川の千代倉新八、流山の相模屋重左衛門らがおり、ほかにも前期と共通して見られる取引先が少なくない。

主たる輸送手段を河川水運に依存して、地方への主要販売先が近隣地域から江戸川の下流域であり、一部江戸川・利根川上流方面の取引相手もいたという意味で、第Ⅰ期と第Ⅱ期とでは基本的にそう大きな変化がなかったと言ってよかろう。ただ、地方への販売量の増加に伴って、館林、上州新河岸（現群馬県玉村町）、伊勢崎、森（現藤岡市）など利根川上流方面の地名が帳簿に散見されるようになり、量は多くないが江戸川を遡って利根川から鬼怒川へ入った位置にある豊田（現茨城県常総市）、半谷（現茨城県坂東市）といった地名も見られる。また江戸川下流方面の三輪ノ山、駒木村（いずれも現流山市）や、古利根川沿いの金

表11-3　1849（嘉永2）年高梨家主要地方販売相手

単位：樽（9升）

販売相手	所在地	元蔵販売量	出蔵販売量	計
秋元三左衛門	流山	532	602	1134
伊勢屋長治(二)郎	栗橋	644	345	989
川(河)鍋作兵衛	(不明)	60	880	940
千代倉新八	吉川		456	456
笹屋又(亦)右衛門	(不明)	180	240	420
市郎左衛門	野中(現埼玉県蓮田市か)	360	36	396
松屋兵蔵	吉川		344	344
播磨屋平兵衛	吉川	210	111	321
(和)泉屋清右衛門	(不明)	203	15	218
長嶋兵助	長嶋(旧葛飾郡、現江東区か)	215		215
相模屋重左衛門	流山	140	70	210
上州(屋)吉蔵	(不明)	176	34	210
総計		5730.5	4901	10631.5

（出所）嘉永2（1849）年「両蔵醤油送分帳」（高梨本家文書5AAA58）より作成。
（注）販売量合計200樽以上の取引相手を表示。
　　販売相手の所在地については、1850（嘉永3）年「両蔵醤油万覚帳」（高梨本家文書5AAH22）をも参照。

崎（現春日部市）などが加わり、販売域の拡大傾向も見られる。

しかし、第Ⅰ期・Ⅱ期ともに、利根川・江戸川分岐点から利根川下流方面へはほとんど商品が送られていない。この点は、ヤマサの地方販売が両河川分岐点よりも利根川下流方面を主としていたこと[30]を考えるとき、あたかも高梨家とヤマサが地方販売に関して棲み分けをしていたかのごとくである。

（3）第Ⅲ期（松方デフレ期〜野田醤油株式会社への合同）

さて、第1節で見たような第Ⅱ期の性質は、明治に入って松方デフレあたりから少しずつ変化を見せるようになる。今一度図11－1と11－2の一八八一年のグラフを見てみよう。図11－1を見る限りでは、それまでの時期とさほど違った特徴は見られない。すなわち、それまでの時代と全体の送荷量に大きな変化はなく、江戸（東京）売が地方売よりも圧倒的に多いという特徴にも変わりはない。しかし、図11－2を見ると、それまでの時代と明らかに異なる特徴が見られる。すなわち、それまでの江戸（東京）売も地方売も上級品と中・下級品が拮抗していた状況から、東京へは上級品、地方へは中・下級品という傾向がはっきり出てきているのである。その意味で、一八八一年は第Ⅱ期と第Ⅲ期の境界としての特徴を有しているという見方もできよう。この時期になぜこのような一大変化があったのかを直接的に知る史料は同家には見出せない。東京市場の性質の変化の問題なのか、醸造業者間の勢力関係の変化の問題なのか、髙梨家独自の経営方針の問題なのか、同家以外の史料も視野に入れつつ、今後の検討課題としたい。

その後、松方デフレを脱すると、一時的に送荷量が落ちる時期もあるが、長期的には急激に生産量を伸ばしていくとともに、東京へは上級品、地方へは中・下級品という傾向は一層明瞭になってくる。ここでは、松方デフレを脱した直後の一八八八年のデータ(31)と、髙梨家が野田醤油株式会社に合流する時期に近い、すなわち髙梨家としての醤油醸造の最後の時期に近い一九〇七年のデータ(32)を見てみよう。周知のごとく、この期は一般的には急速に鉄道網が整備され、それまでの河川水運主体の輸送環境に変化が生じつつあった時代であるが(33)、野田地域に関して言えば、野田―柏を結ぶ軽便鉄道が一九一一年にようやくでき、野田―大宮を結ぶ鉄道はこの期の間にはできていなかった(34)。しかし一八八三年に開業した日本鉄道がその年のうちに上野から上州新町までを開通させ、さらに翌年には高崎、前橋まで開通させたこと（日本鉄道第一区線、現JR東日本高崎線）、東北方面へ向けては、一八八六年六月に利根川橋梁の完成によって上野から宇都宮までが鉄路で一本につながったこと（日本鉄道本線南区、現JR東日本東北本線）、そのほか一八八八年から八九年にかけて両毛鉄道（現JR東日本両毛線）が小山から前橋まで開通したことなど（表11－1参照）は、髙梨家の地方への醤油販売にある程度の影響を与えた。

では、図11－5と表11－4により、一八八八年の主要地方販売先を見てみよう。これらによると、明らかにそれまでの時代とは違った地域に販売の重点を置いていたことがわかる。一位の野州奥戸河岸（現足利市）、二位の桐生、五位の栃木、六位の高崎、七位の足利、九位の渋垂（現足利市）、一〇位の宇都宮はいずれも、北関東の養蚕・製糸業、機業地帯である。そういった中に、江戸川・利根川沿いで上花輪村に近い吉川や松戸、栗橋といったところが入

図11-5　1888（明治21）年髙梨家主要地方販売先

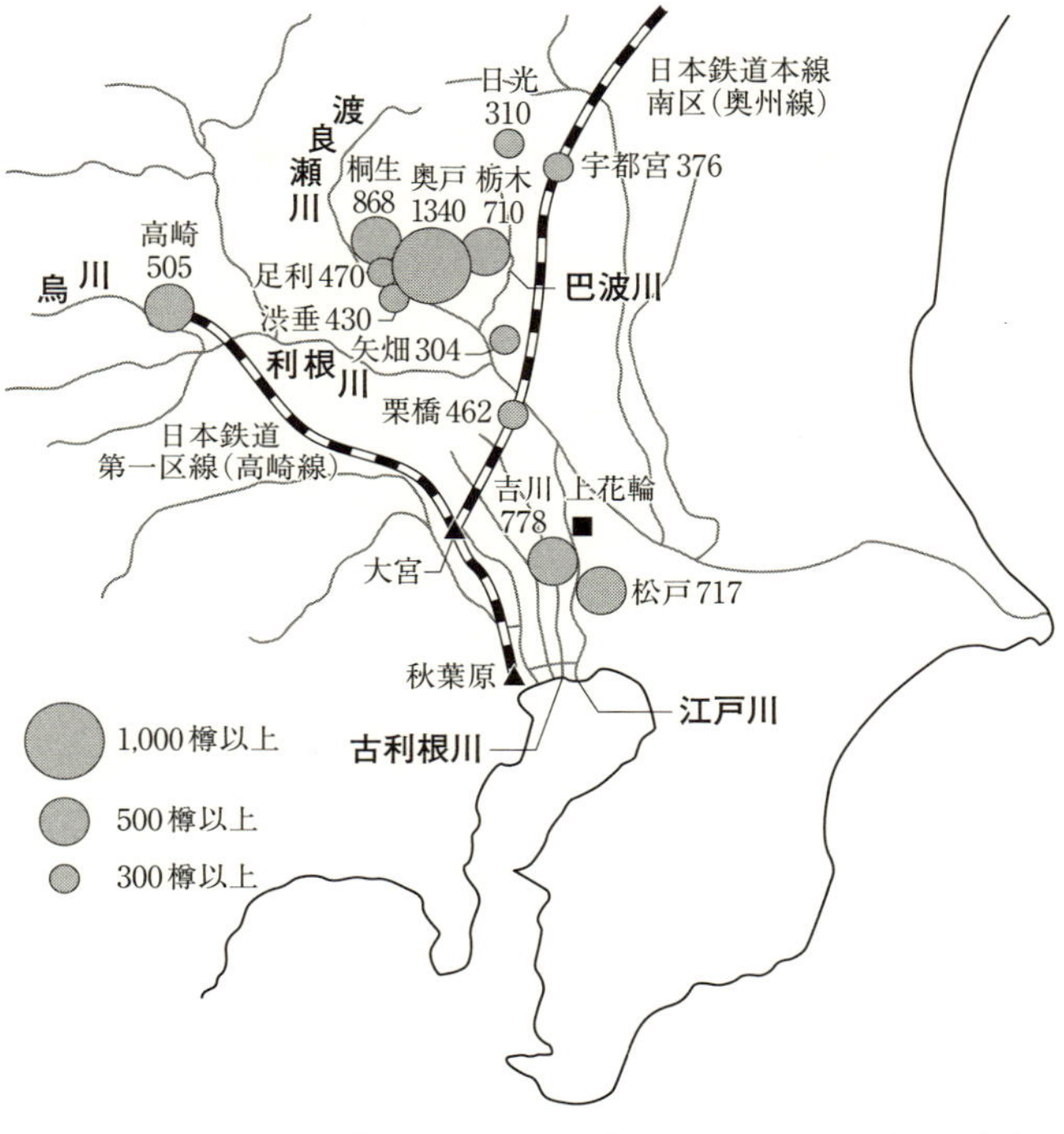

（出所）明治21（1888）年「両蔵醤油送分帳」（髙梨本家文書5AAA148）より作成。

っている。北関東の養蚕・製糸業、機業地帯への送荷にはどのような輸送手段を使ったかについては、前述のように、この年にはすでに鉄道が上野から宇都宮までつながっていたが、両毛鉄道が小山から足利まで開通するのがこの年の五月二二日、足利から桐生、さらに前橋まで開通するのが一一月であったから、まださほど鉄道を用いていたとは思われない[35]。実際、帳簿を見ると、それらの町には鉄道が通る以前から送荷されており、この年においてはむしろ舟運で栗橋から渡良瀬川や巴波川に入り、川を遡って商品を運んでいたものと思われる。

一八八六年に松方デフレが終焉を迎え、その後は第一次企業勃興期となって、各地で企業が興り、産業が活発化するが、それは北関東においても例外ではなかった。鉄道が通るよりも早くこの地域へ進出していたということは、髙梨家の進出動機が、鉄

表 11-4　1888（明治 21）年髙梨家主要地方販売相手

単位：樽（9升）

販売相手	所在地	元蔵販売量	出蔵販売量	計
藤木権蔵	奥戸河岸	1,115	225	1,340
佐渡屋勘兵衛	（不明）	584	232	816
播磨屋平兵衛	吉川	589	189	778
釜屋傳二郎	栃木	470	240	710
小林藤吉	（不明）	230	480	710
磯野幸助	松戸	585	30	615
伊勢屋半次郎	栗橋	165	297	462
室田喜平（兵衛）	渋垂	240	190	430
丸山源八	足利	110	240	350
清水儀兵衛（平）	高崎	245	70	315
枡屋重（十）平	日光	235	75	310
廣江嘉平	矢畑	242	62	304
総計		11,020.5	6060	17,080.5

（出所）明治 21（1888）年「両蔵醤油送分帳」（髙梨本家文書 5AAA148）より作成。
（注）販売量合計 300 樽以上の取引相手を表示。
販売相手の所在地については、1887（明治 20）年「両蔵醤油万覚帳」（髙梨本家文書 5AAH35）をも参照。

道が利用できるようになったからというのではなく、松方デフレ後の当地域繊維産業の活発化に伴ってこの地域が豊かになり、人口が増加することによって生じた醤油需要を同家がうまく捉えたと見ることができよう。

次に、一九〇七年の主要地方販売先を図11－6と表11－5により、見てみよう。まず、表11－5で販売相手一位に埼玉県秩父大宮の矢尾喜兵衛が入っているのが目を引く。上述のように、この年はまだ野田—大宮間は鉄道でつながってはいなかったので、考えられるルートは、江戸川を下り、小名木川を経て荒川へ入り、遡っていくルートであろう。一見、野田から遠くて不便と思われる秩父地域に多くの醤油が送られたのは、やはりこの地域も当時の輸出産業の筆頭である養蚕・製糸業や織物業の発達で豊かになるとともに、多くの醤油需要が発生したためと思われる[36]。先に述べた上州・野州の例と併せ、近代産業と在来産業が相伴って発展する姿を見てとることができよう。

その他の主な販売先としては、茨城県猿島郡境、千葉県船橋、埼玉県栗橋、同川越、同久喜、北埼玉郡長野村（現行田市）、宇都宮、栃木県足利郡梁田村、熊谷がある。いずれもそれぞれの地域の流通の核、集散地となる町村である。また、表11－5では、八位に長野県上田町の海川甚平が入っている。これらのうち境は江戸川を少し遡った位置にあり、船橋は江戸川河口で、栗橋とともにいずれも江戸川水運によって商品を運んだものであろう。川越へは江戸

図11-6　1907（明治40）年高梨家主要地方販売先

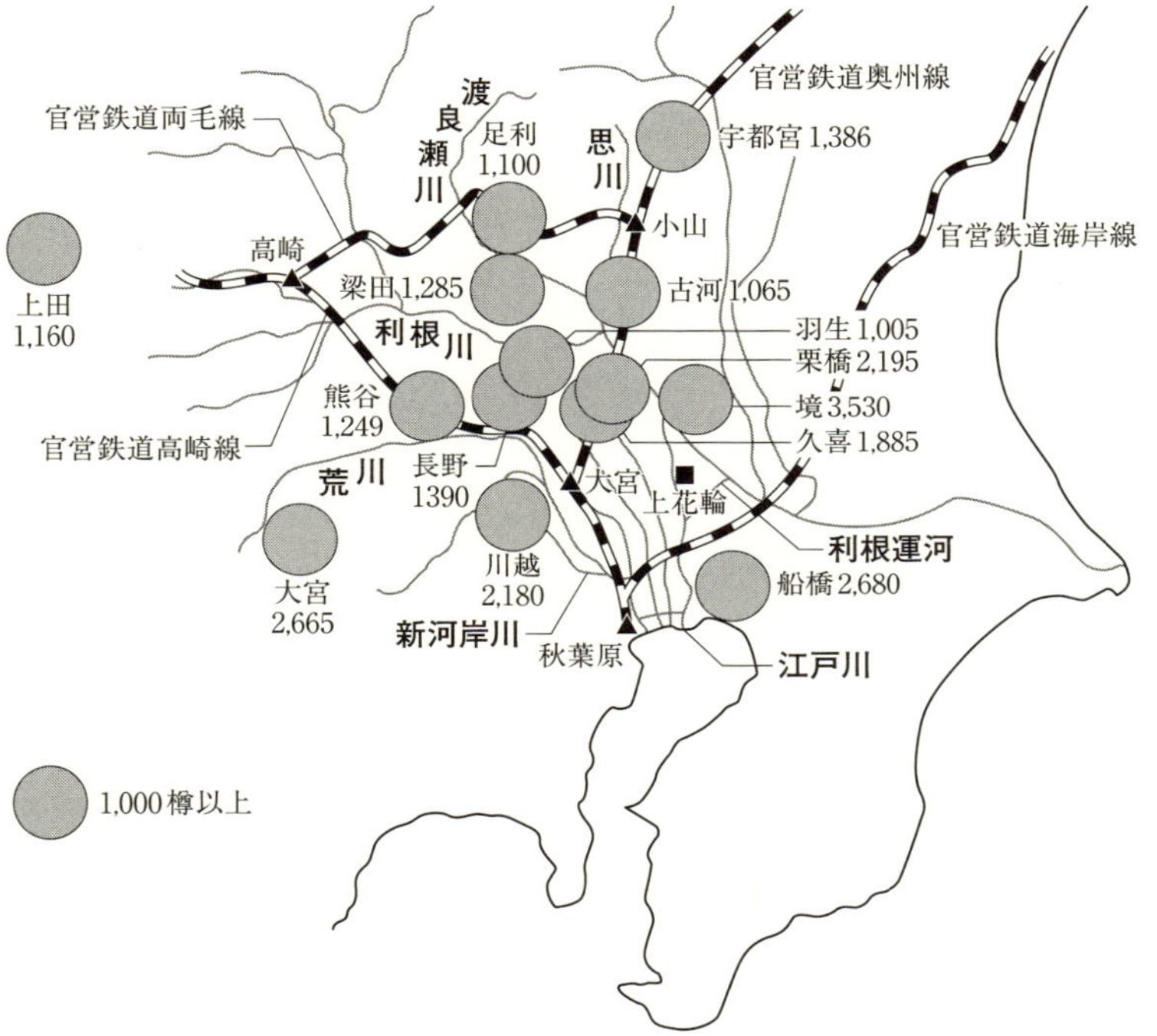

（出所）明治40（1907）年「両蔵醤油送分帳」（高梨本家文書5AAH126）より作成。

川を下って小名木川から荒川、新河岸川を遡って商品を運んだのであろう。久喜へは水運で栗橋まで運んだ後、官営鉄道奥州線に乗せて運んだものであろう。宇都宮へは栗橋から鉄道、梁田村へは江戸川―利根川―渡良瀬川水運、熊谷へは江戸川―荒川水運、または江戸川を下って秋葉原から官営鉄道であろう。古河へは江戸川―利根川―思川水運、もしくは栗橋から鉄道であろう。一八八八年に軒並み一〇位以内に入っていた北関東の足利、伊勢崎、桐生などの養蚕・製糸業、機業地もそれらに続く位置に入っている。上田へは江戸川を下ろして秋葉原駅から官営鉄道、あるいは高崎あたりまで舟運で運んで、そこから官営鉄道に乗せたのであろうか。上田もやはり養蚕・製糸業で賑わった町であった。

また、すでに利根運河が開通している（表11－1参照）この期においてもやはり、

表 11-5　1907（明治 40）年髙梨家主要地方販売相手

単位：樽（9 升）

	販売相手	所在地	元蔵販売量	出蔵販売量	計
上位	矢尾喜兵衛	大宮町(秩父)	2,190	75	2,265
	村田文吉	境町	2,105	90	2,195
	村田新治郎	栗橋町	1,680	260	1,940
	金子助右衛門	舟橋町	1,660	155	1,815
	田口和三郎	久喜町	1,805	10	1,815
	横田庄右衛門	長野村(北埼玉郡)	960	430	1,390
	海川甚平	上田町(長野県)	1,105	55	1,160
	藤木鉄五郎	野州足利郡梁田村	1,015	135	1,150
	近江屋多三郎	境町	965	150	1,115
遠方	大家支店	樺太大泊区栄町	450	150	600
	古谷金次郎	大坂西区靭町		250	250
	日本醤油株式会社	仁川		200	200
	大原宇(卯)七	(大阪市)西区江戸堀町		199	199
	盛田佐右衛門	神戸長狭町		100	100
	吉川亀太郎	釜山浦		100	100
	藤井善之助	(大阪か)		50	50
	矢田貝定次	北海道小樽区稲穂町		30	30
	総計		41,645.5	9,060.5	50,706

（出所）明治 40（1907）年「両蔵醤油送分帳」（髙梨本家文書 5AAA126）より作成。
（注）販売量合計 1,000 樽以上の上位取引先及び遠方の取引相手すべてを表示。
販売相手の所在地については、1907（明治 40）年「両蔵醤油万覚帳」（髙梨本家文書 5AAH44）をも参照。

髙梨家の醤油は利根川・江戸川分岐点以東へはほとんど運ばれず、少なくとも結果的にはヤマサなど該方面の醤油醸造業者と競合を避け合うかたちになっている。髙梨家は常総方面からの原料移入に利根運河を利用しているが（本書第六章参照）、利根運河は主に常総地域と東京の間の輸送のためのものであった(37)。

以上のように、第Ⅲ期後期の醤油の地方販売先としては、古い時代に見られたようなごく近隣地域やせいぜい江戸川下流域といった地域から、養蚕・製糸業や機業が盛んで醤油需要の増大した北関東の核となる産地、集散地が多くなったことがわかる。ただ、同じぐらいの醸造規模であるヤマサがその時期すでに地方への販売域を関東から脱して東北や、他方関西にまで拡げるなどかなり拡大していたことから考えれば、髙梨家の地方販売があくまでも北関東の範囲内、しかもヤマサと競合しない江戸川・利根川分岐点以西にほとんど限られていたことは、同家の著しい特徴となってい

表11-6　1915（大正4）年高梨家主要地方販売相手

単位：樽（9升）

販売相手	所在地	元蔵販売量	出蔵販売量	計
岡田支店	大阪		5,354	5,354
村田新治郎	栗橋町	3,600	250	3,850
村田文吉	境町	3,451	250	3,701
横田庄右衛門	長野村（北埼玉郡）	3,341	125	3,466
大矢梅太（郎）	宇都宮町	2,758	276	3,034
吉沢文作	熊ヶ谷町	2,501	350	2,851
金子助右衛門	舟橋町	2,505	140	2,645
長谷川高造（蔵）	足利町	1,768	820	2,588
中嶋新太郎	荻嶋村南埼玉郡	2,415	90	2,505
近江屋吉三郎	栃木町	2,307	26	2,333
吉川茂三郎	宇都宮	170	2,159	2,329
林政太郎	北海道函館	1,549	592	2,141
矢尾商（酒）店	大宮（秩父）	1,731	357	2,088
総計		84,002.5	18,447	102,449.5

（出所）大正4（1915）年「醤油送分帳」（高梨本家文書5AAA87）より作成。
（注）販売量合計2,000樽以上の上位取引相手を表示。販売相手の所在地については、1913（大正2）年「醤油万覚帳」（高梨本家文書5AAH103）をも参照。

る。表11－5に挙げたように、同家の外国を含む遠方（関東以外）への販売は樺太、北海道、関西、朝鮮があるが、その販売相手の数と販売量は、ごくわずかにすぎない[38]。ただ、第12章で触れられているように、それらの方面へのマーケティングの努力はしている。そして表11－6に見られるように、大正期に入ると、大阪と北海道に大きな取引先を見出している。大阪への輸送には、一九一一年に野田―柏間に軽便鉄道が通り、すでに東京都心から土浦まで通っていた海岸線（現常磐線）と接続できたことが大きかったと思われる。しかし、それ以外には遠方の大きな取引先はなく、この期に至っても高梨家の地方販売は圧倒的に北関東各地を主としていたのである（表11－7をも参照）。

最後に、図11－7は、高梨家の主要地方販売先の変遷を示したものである。一八一〇年、四九年は吉川、流山、松戸、栗橋といった上花輪村から江戸川に沿って近いところが中心、このうち栗橋は鉄道が通ったことで一八八八年、一九〇七年にも主要販売先として残る。一八八八年には主として北関東の養蚕・製糸業、機業地が主要地方販売先となっており、それらは一九〇七年にも主要販売先として残りつつ、一九〇七

表 11-7　1915（大正 4）年高梨家主要地方販売先

単位：樽（9 升）

販売先	総販売量
宇都宮（栃木県）	7,997
境　（茨城県）	6,841
大阪（大阪府）	6,158
栗橋（埼玉県）	3,965
古河（茨城県）	3,618
長野（埼玉県）	3,466
船橋（千葉県）	3,445
足利（栃木県）	3,228
熊谷（埼玉県）	3,145

（出所）大正4(1915)年「両蔵醤油送分帳」(高梨本家文書 5AAA139) より作成。
（注）販売量 3000 樽以上の取引先を表示。

図 11-7　高梨家主要地方販売先の変遷

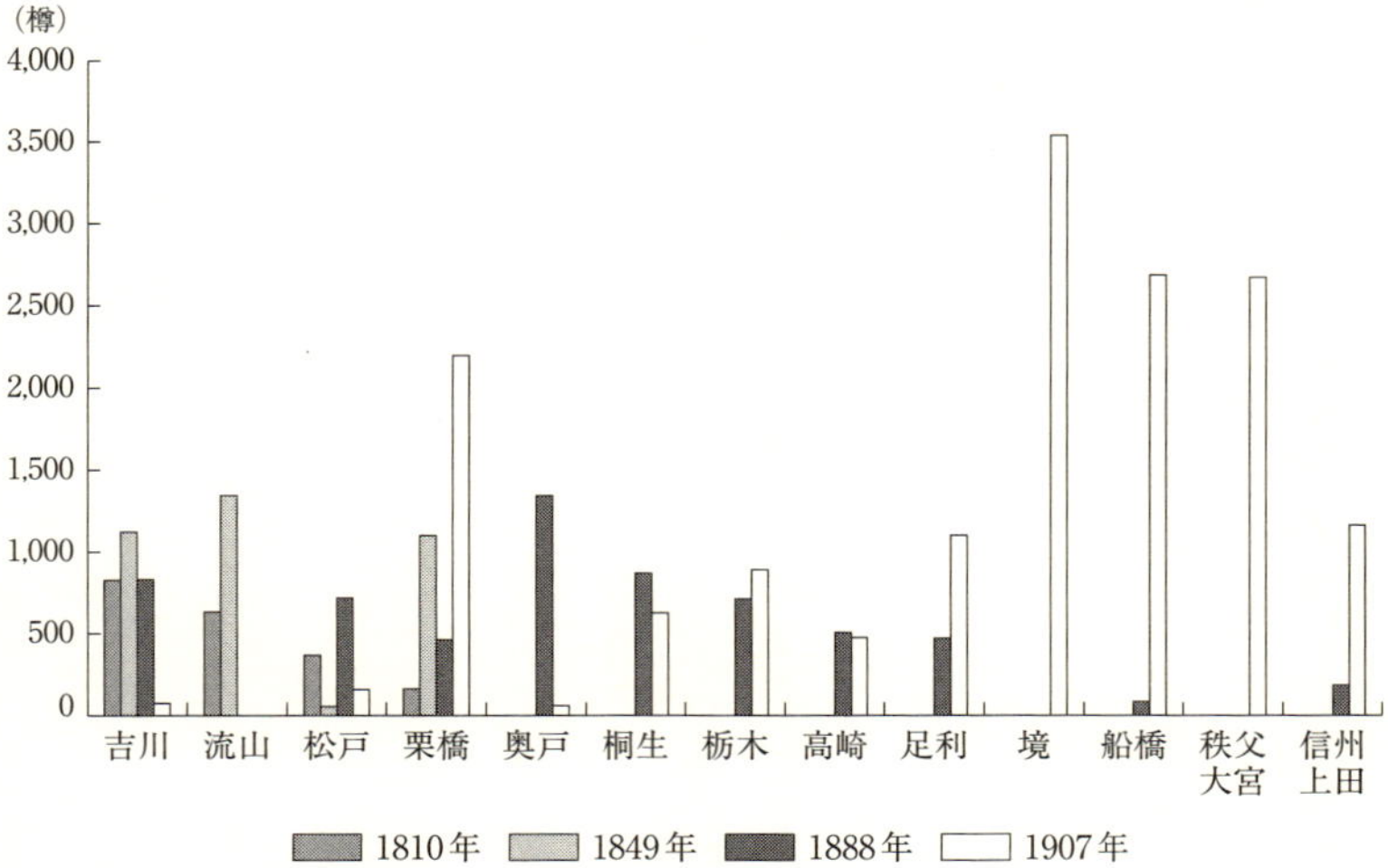

（出所）各年「醤油送分帳」(高梨本家文書) より作成。

年には秩父大宮や信州上田といった養蚕・製糸業、機業地が新たに加わっている。さらに境、船橋といった江戸川上・下流の地域が加わっているが、これらがこの時期に伸びた理由はわからない。境に関しては、鉄道が通っていないので、専ら水運で商品が運ばれたのだと思われるが、明治末、大正初期においてこれだけの数量が運ばれていることから、水運の根強さを感じさせる。船橋に関しては、そこから鉄道に積み替えられて房総各地へ運ばれた可能性もあろう。

おわりに

以上、近世から近代にかけての髙梨家の醤油の地方販売について見てきた。全体として言えることは、同家が冒険的に遠方の新しい市場に進出するようなことはせず、あくまでも関東、特に江戸川・利根川分岐点以西の、関東北西部の範囲内での販売を主としていたということである。手堅く視野に入る範囲内で取引を行ったと見ることができるかもしれない。しかし、北関東の養蚕・製糸業、機業地への鉄道の便ができたからというわけではなく、それよりも早く、その地域の経済発展に目をつけ、第一次企業勃興期に入って間もない頃に、従来的な河川水運を使ってその地域にアクセスしていたことは、同家の目の付けどころの良さを示していると言えよう[39]。ちなみに、髙梨家を含む野田地域の有力醤油醸造家が合併して野田醤油株式会社を設立して以降、髙梨家当主は一貫して同社において営業を担当してきたとのことであるが、それは同家の営業実績を重視してのことではなかろうか。

このように、近代化を推し進める繊維産業などの産業と酒、醤油醸造業のような在来産業が日本近代の経済成長の過程において併存していたことは、中村隆英らによって指摘されてきたことであり[40]、本章をそれに引き寄せて言えば、近代産業の発達によって生じた需要に在来産業が応じるというかたちで双方が共存するパターンが確認された[41]。

また本章は、戦間期の三蔵協定に至る前段階の状況を示しているとも言える。そういう観点からすると、これまで述べてきたように、髙梨家とヤマサという、野田・銚子の両有力産地の代表的醤油醸造家の地方市場での「棲み分け」はできていた。しかし、第4章や第6章で述べられているような一九〇〇年代以降の市場競争の激化、髙梨家の野田醤油株式会社への合流を経て、大戦景気以降市場が飽和状態となって野田醤油株式会社がヤマサなどと競合するようになったことで、一九二六年に三蔵協定を結ぶ必要が生じてきたと考えられるのである。

注

(1) 現ヤマサ醤油株式会社は、時代により名称が異なる。現在のような社名になったのは一九二八(昭和三)年であり、それ以前の個人商店、合名会社時代は「廣屋儀兵衛商店」「濱口商店」などと称していたが、ここでは便宜的に、時代を超えて「ヤマサ醤油」または単に「ヤマサ」と呼ぶことにする。
(2) 本章では江戸(東京)以外への販売を「地売」もしくは「地方販売」と称することにするが、近世においては関東の醸造家の地売は、実際には関東の在への販売である。
(3) 篠田壽夫「銚子造醤油仲間の研究」(『地方史研究』第一二九号、一九七四年)、のちに補筆修正して林玲子編『醤油醸造業史の研究』吉川弘文館、一九九〇年に「江戸地廻り経済圏とヤマサ醤油」と題して収載。
(4) 谷本雅之「銚子醤油醸造業の経営動向」(前掲林編『醤油醸造業史の研究』所収)。
(5) 井奥成彦「醤油原料の取引先及び取引方法の変遷」(前掲林編『醤油醸造業史の研究』所収)、「幕末期銚子・ヤマサ醤油における原料調達と製品販売」(『市場史研究』第一一号、一九九二年)、及び以上を補筆修正した「関東の大規模醤油醸造家と地域市場」(井奥成彦『一九世紀日本の商品生産と流通』日本経済評論社、二〇〇六年)。
(6) 長妻廣至「明治期銚子醤油醸造業をめぐる流通過程」(『千葉史学』第四号、一九八四年)。
(7) 林玲子「銚子醤油醸造業の市場構造」(山口和雄・石井寛治編『近代日本の商品流通』東京大学出版会、一九八六年）二三七－二三八頁。

（8）同右、二五二－二七〇頁。

（9）どれほどの生産規模をそれぞれ大規模、中規模、小規模とするかは、時代によっても異なってくるが、ここでは便宜的に、近世期から明治中期までであれば一〇〇〇石超を大規模、五〇〇石～一〇〇〇石を中規模、五〇〇石未満を小規模、明治中期以降であれば五〇〇〇石以上を大規模、一〇〇〇石～五〇〇〇石を中規模、一〇〇〇石未満を小規模とする。

（10）鈴木ゆり子「幕末期江戸近郊農村における醤油醸造」（横浜近世史研究会編『幕末の農民群像』横浜開港資料館、一九八八年）。

（11）渡邊嘉之「中規模醤油醸造家の商品輸送と販売」（『交通史研究』第三三号、一九九四年）。

（12）花井俊介「転換期の在来産業経営」（林玲子・天野雅敏編『東と西の醤油史』吉川弘文館、一九九九年）、同「田崎洋佑家所蔵史料と田崎家の醤油経営」（『真壁町史料』「近現代編」Ⅳ「醸造業」、真壁町、二〇〇三年）、同「農村地域の中小醤油醸造家」（林玲子・天野雅敏編『日本の味　醤油の歴史』吉川弘文館、二〇〇五年）。

（13）篠田壽夫「愛知県における醤油醸造業の発展とその特質」（『豊田工業高等専門学校研究紀要』第二七号、一九九四年）、のち補筆修正して、林玲子・天野雅敏編『東と西の醤油史』吉川弘文館、一九九九年に同タイトルで収載。

（14）井奥成彦「萬三商店の醤油醸造経営と販売戦略」（『社会経済史学』第七九巻第一号、二〇一三年）、同「近代期の醤油醸造経営」（中西聡・井奥成彦編『近代日本の地方事業家』日本経済評論社、二〇一五年）。

（15）井奥成彦「近代における地方醤油醸造業の展開と市場」（前掲林・天野編『東と西の醤油史』、のち、補筆修正して「地方醤油醸造業の展開と市場」と題して前掲井奥『一九世紀日本の商品生産と流通』に収載）。

（16）野田醤油株式会社編『野田醤油株式会社二十年史』野田醤油株式会社、一九四〇年。

（17）同右、五一頁。

（18）同右、五二頁。

（19）同右、五八頁。

(20)　同右、五九頁。
(21)　一九世紀の一八七二年までの江戸売り、地方売りの細かな変化については、本書第2章図2－1を参照。
(22)　一樽の容量は、野田では一般的に一八七八年以前は八升、それ以降は九升であったとされている（前掲『野田醤油株式会社二十年史』四一頁）が、高梨家では近世、近代を通して九升であった。
(23)　詳細は本書第4章表4－1参照。
(24)　ヤマサのその頃の造石高については、前掲谷本雅之「銚子醤油醸造業の経営動向」などを参照。
(25)　上級品と中・下級品の製造方法と具体的商標、価格については、本書第2章、第5章などを参照。
(26)　文化七（一八一〇）年「両蔵醤油送分帳」（高梨本家文書5AAA139）。
(27)　輸送経路は「送分帳」には記されていない。高梨家には仕切状の類は残存しているが、江戸の問屋などからのものが多く、地方の販売先からのものは多くない。しかも多くの場合、輸送経路が記されていないので、輸送経路については先行研究などからの推測によらざるを得ない場合が多くなるが、当該地域から一度江戸川を下ってから別の川へ入り、遡るルートは、渡邊、前掲注（11）の吉田家の事例で紹介されている。
(28)　川名登『河岸に生きる人々』平凡社、一九八二年、一三頁
(29)　嘉永二（一八四九）年「両蔵醤油送分帳」（高梨本家文書5AAA58）。
(30)　前掲井奥成彦『一九世紀日本の商品生産と流通』第五章を参照。
(31)　明治二一（一八八八）年「両蔵醤油送分帳」（高梨本家文書5AAA148）による。
(32)　明治四〇（一九〇七）年「両蔵醤油送分帳」（高梨本家文書5AAA126）による。
(33)　以下、鉄道開通関係の記載は各年『鉄道局年報』による。
(34)　野田―柏間が北総鉄道でつながるのは一九二三（大正一二）年八月、野田―大宮間が同鉄道でつながるのは一九二九（昭和四）年一二月であり、いずれも野田醤油株式会社が成立して以後のことである。
(35)　これらの鉄道を利用して輸送が行われるとすれば、江戸川を遡り、栗橋で陸揚げして鉄道に積み替え、奥州線で小山まで運んで、そこから両毛線で沿線へ運ぶというルートであろう。

(36) 同様の事例で、愛知県知多郡の醤油醸造業者が、養蚕・製糸業の好況に沸く遠く甲府市に販路を開拓した事例が、井奥により明らかにされている（前掲中西聡・井奥成彦編『近代日本の地方事業家』第八章を参照）。
(37)『利根運河史』江戸川工事々務所、刊行年不詳。
(38) 同年のヤマサの関東以外への地方販売は全販売量の約一〇％、外国への販売も約一〇％であったが（林、前掲注（7）、長妻、前掲注（6）を参照）、高梨家の国内遠方（関東以外）及び外国への販売を合わせてもわずか三・七％であった。
(39) 同じ時期に北関東の養蚕・製糸業・機業地へ販路を拡げていたことは野田地域の醤油醸造業者一般の傾向であったようではあるが（『野田醤油株式会社二十年史』五七〇－五七五頁）、高梨家以外の醸造家の地方販売についての詳細は明らかではない。
(40) 中村隆英『明治大正期の経済』東京大学出版会、一九八五年。
(41) 井奥は前掲注（15）の中で、福岡県においても、綿糸紡績業の発達によって生じた需要に応じて醤油を販売した醤油醸造家の事例を紹介した。

［付記］本章は、二〇〇九・二〇一一・二〇一二・二〇一三・二〇一五年度慶應義塾学事振興資金による成果の一部である。

第12章　近代高梨家の資産運用と野田地域の工業化

中西　聡

はじめに——醤油醸造家の資産運用と地域の工業化

本章は、近代期の高梨家が家業の醸造業をいかにして近代化させたか、また野田地域の近代化・産業化にいかに関わったかを解明することを課題とする。近年、愛知県半田の肥料商兼醤油醸造家であった小栗三郎家の共同研究成果が出され、同家では、地元半田地域での近代的製造企業に出資する側面と自ら醤油製造工場・肥料製造工場を建設し、家業の大規模製造工場化を図る側面の両者が見られ、一九〇七（明治四〇）年恐慌までは前者の方向性が強かったものの、その頃に小栗家が出資した地元の近代的製造企業が中央資本に合併され、経営権を失うとともに、前者の方向性は弱まり、それ以降家業の大規模製造工場化が見られたことが明らかにされた(1)。近代日本では、醸造業者は地域経済において有力な資産家層を形成しており、彼らが家業で得た収益を、地域経済で新たに設立された銀行や会社に投資するか、あるいは自らの家業に再投資するかは、地域の工業化の方向性を規定する重要な分岐点であった。

本章は、そのような観点から、髙梨家と野田地域経済との関係を考察したい。醬油醸造家の多角的投資の先行研究として、千葉県銚子の醬油醸造家濱口家に関する谷本雅之の研究をまず取り上げる(2)。谷本は、一九世紀初頭から一九二〇年代前半までの濱口一族が経営したヤマサ醬油の展開を四つの時期に分けてその特徴を論じた。そして、一九世紀初頭〜一八九三年までの濱口儀兵衛家は、自らの資力を家業の醬油醸造業とともに貸金業・不動産投資へも振り向け、そこから生じる利子および家賃・地代がヤマサ醬油の収益とともに重要な収益源となっていたこと、九三年から新たに当主となった一〇代儀兵衛（梧洞）のもとで「積極政策」がとられて生産拡大とともに、地方企業・地方産業への関与も強められたが、醬油醸造業以外への事業展開が濱口家の収益に結びつかず、一九〇〇年代の濱口家の経営悪化の直接の原因となったこと、そのため濱口儀兵衛家はヤマサ醬油の経営権を濱口一族で設立した濱口合名会社に〇六年に譲渡して、醬油醸造経営から一時手を引いたこと、その後濱口儀兵衛家は借入金によって一四（大正三）年にヤマサ醬油の経営権を買い戻し、それ以後の濱口家はヤマサ醬油の経営をその事業活動の主要部門に置き、借入金を積極的に利用しつつ大規模な設備投資を進めて家産の枠を超えて事業規模を拡大したことを明らかにした。

また、家産と家業の関連について、茨城県真壁の醬油醸造家田崎家の事例を研究した花井俊介は、昭和恐慌期に経営危機を迎えた田崎家は、山林という相対的に安定した収益の期待しうる資産を売却して、経営難に陥っていた醬油醸造事業に追加投資をしたが、その判断には収益性のみに規定されない「家業」意識があったと考えられ、それを醬油醸造家の資産家的側面が支えていたと展望した(3)。

このように、家業経営の拡大と地域経済への積極的関与は必ずしも両立できるわけではなく、また家産の枠を超えた事業規模の拡大には、家業を会社化して社会的資金を導入することや、銀行からの借入金が重要となる。これらの

表12-1　髙梨兵左衛門会社役員一覧（千葉県の諸会社）

会社名／年	1904年	1909年	1913年	1918年	1922年	1926年	1931年
野田商誘銀行	取締役	取締役	取締役	取締役	取締役	取締役	取締役
野田人車鉄道		取締役	取締役	取締役			
野田醤油				取締役	取締役	取締役	取締役
万上味淋				取締役	取締役		
北総鉄道						取締役	取締役

（出所）由井常彦・浅野俊光編『日本全国諸会社役員録』第8・13巻、柏書房、1989年、大正2・7・11・15・昭和6年度『日本全国諸会社役員録』商業興信所、より作成。
（注）北総鉄道の1931年時点は総武鉄道。

点に留意して、本章は、①高梨家の有価証券投資の動向、②地元有力銀行である野田商誘銀行との関係、③実際に高梨家が進めた家業の近代化・機械化の三点についてそれぞれ明らかにすることとしたい。

第1節　高梨家の資産運用——有価証券投資を中心として

序章第3節で述べたように、野田地域の企業勃興の始まりは、一九〇〇（明治三三）年の野田人車鉄道会社と野田商誘銀行の設立であった。この両社に高梨家は出資をして、特に野田商誘銀行に対しては、取締役として経営に参画し、以後、地域企業に深く関与するようになった[4]。表12－1を見よう。高梨家当主の兵左衛門は、創業時から野田商誘銀行の取締役となるとともに、その後野田人車鉄道の取締役も務め、一九一七（大正六）年に野田の醤油醸造家が大合同して野田醤油株式会社を設立した際には、醤油醸造工場を現物出資してその設立に参画し、有力株主となるとともに取締役として野田醤油の経営に参画することとなった。このときに、野田醤油に参加した流山の堀切家は、醤油のみでなく味醂醸造も行っていたが、味醂醸造部門は、野田醤油会社とは別に万上味淋会社として設立され、野田醤油会社の系列会社となった[5]。そのため、野田醤油の取締役であった高梨兵左衛門は、万上味淋株式会社の取締役を兼ねることとなった。また、一九一一年に官営鉄道柏駅と野田を結ぶ千葉県営の軽便鉄道が開業したが、それが柏—船橋間の民間鉄道敷設計画とつながって、その計画会社に千葉県が県営軽便鉄道を譲渡

表12–2　1920年代前半高梨家会社役員報酬・賞与一覧

単位：円

会社名／年	1922年	1923年	1924年	1925年	1926年
野田醤油	7,000	7,000	7,000	7,700	5,900
野田商誘銀行	500				
岩崎醤油	300	300	300		300
日本醤油	150	300		250	
万上味淋		200	100	250	
北総鉄道				150	

（出所）各年度「金銭出入帳（高梨本店）」（高梨本家文書）より作成。
（注）史料に記載された報酬・賞与の受取額を合計。1921年以前では、21年に日本醤油会社賞与150円が史料に見られた。

し、二三年に野田町―柏―船橋間の北総鉄道が開業した(6)。高梨兵左衛門は、その際にも北総鉄道の有力な株主となるとともに取締役として経営に参画した。

こうして、高梨家は家業の醤油醸造業以外にも、銀行業・鉄道業で地元企業に深く関わることとなった。しかし、これらの地元企業から高梨兵左衛門が受け取った役員報酬は、野田醤油会社からはかなり多いが、その野田醤油からも一九二一年までは役員報酬がなく、その他の会社からの役員報酬も合計して年間一〇〇〇円に届かなかった（表12－2）。また日本醤油は、序章第3節で述べたように、野田の醤油醸造家が共同で朝鮮の仁川に設立した醤油メーカーで、地元企業ではないが地元醤油醸造界の縁故で出資した。このように高梨家が経営に参画した会社は、いずれも野田地域か野田の醤油醸造業界に関連する会社であった。そのため、役員報酬は二の次となったのであろう。

続いて、これらの諸会社への出資状況を確認したい。高梨家文書には、近代期の資産関係の帳簿が残されておらず、高梨家の有価証券投資残額は不明である。しかし、金銭出入帳より、その時々の株式売買や配当収入に伴う金銭出入りは把握できるので、株式所有の大枠を把握することはできる。表12－3は、野田の高梨本店が売買した株式の銘柄と金額を示したものである。なお、高梨家には野田の高梨本店のほかに、近江屋（高梨）仁三郎の店名前で営業していた東京の出店があり、その東京店が自らの店の営業部門の金銭出入りとは別に、本家から送られた醤油の東京での販売代金などの金銭出入りの管理を本家から委託された分があり、その資金でも有価証券売買が行われていた。このようなやり方を東京出店がとったのは、東京出店自身は、東京醤油問屋として、高梨本店から送られた醤油のみでなく、それ以外の醤油醸造家からも醤油の販売委託を受けて手数料収入を得ており、その部分を高梨家の金銭出入りと区別する必要があったからと考えられる[7]。

本章でも、本書第9章に倣ってその勘定を、「東京勘定方」と呼ぶが、表12－4で、東京勘定方で売買した株式の銘柄と金額を示した。表12－3と表12－4を比べると、高梨家が有価証券投資を始めた一九〇〇年代から一六年までは東京勘定方で有価証券を主に購入していたが、一七年以降は本店勘定から大量に株式購入が行われたことが見て取れる。高梨家の金銭の流れの基本は、後述するように、高梨本家勘定から、原料購入資金や納税資金など営業経費が野田の本店勘定に渡され、本店はその経費で醬油を醸造してその醬油製品を主に東京の問屋に送り、東京での販売代金を東京勘定方が受け取ってそれを高梨本家勘定に送る形であった。本店が東京以外の地域へ直接販売した醬油の代金は、本店から高梨本家勘定へ送られた。そのため、有価証券購入はまずは東京での醬油販売代金を利用して東京勘定方で始められたと考えられる。そして、日本醬油会社株・野田商誘銀行株・野田電気株など地元醬油醸造界と関係する株式投資は、野田の高梨本店が行っていた。ところが、一九一七年に野田醬油株式会社が設立され、高梨本店の醬油醸造設備が野田醬油株式会社に譲渡されると、高梨本店はその代わりに取得した野田醬油株の配当を受け取ってそれを主に運用する組織となり、高梨家の有価証券投資はそれ以降高梨本店で主に行われることとなった。

一方、野田醬油株式会社設立後も東京出店は東京の醬油問屋として営業を続けており、その一方で高梨家の東京での金銭出入の管理も委託され続けた。本書第9章で論じたように、野田醬油株式会社設立後は、高梨本店から醬油が東京の問屋に送られることはなくなったが、それ以前の在庫が残っている間は、その販売代金は東京勘定方に組み入れられ、それ以降は高梨家が東京に所有していた家屋の地代が東京勘定方の主な収入になったと考えられる[8]。そのため、一九一七年以降は東京勘定方が有価証券投資を行うことは難しくなり、一八～二〇年は東京勘定方による有価証券購入は全く行われていない。しかし、市場に上場されて全国的に取引されている株を購入するには、野田よりも東京の方が便利であり、一九二一年から再び東京勘定方による有価証券購入が行われるようになった。その場合の有価

表 12-3　つづき

単位：円

1918 年	1919 年	1920 年	1921～23 年	1924 年	1925 年	1926 年	1927 年
行（千葉）	−1,085	−350	−700（22 年）		川崎信託銀行（京都）		−5,000
（千葉）	−63	−250			三菱信託（東京）		−1,250
酒（東京）	−25			大日本麦酒（東京）		−74,589	
−188	千葉県水産（銚子）		−150（23 年）				
−2,860		−8,223		−6,435			
	−4,750	−24,978	−28,770（21・23 年）	−41,415			
			−1,500（23 年）	−5,250	−31,436		
鮮満開拓（長岡）		−8,750		−1,000			
険（大阪）	−115	−60		北海道鉱業（東京）		−1,254	
	−500	−1,000	−800（23 年）	−700	−1,250		
−480	−800	−240	−480（22 年）		−4,608	−3,200	
富士瓦斯紡績（東京）		−3,750		−3,750	−17,141		
−7,000	−8,750						
共同火災保険（東京）		−375			−203		
内外製糖（東京）		−2,500					
	875	−975					
ルナパーク（東京）		2,000					
	−713	−1,665				72,597	
−3,750	宮古製粉	−3,000					
				−2,500			
		日本麦酒鉱泉（東京）		−75			
−17,500		−17,500					
−6,876	九州炭業	−3,750					
−5,000		−8,750	−5,000（21 年）				
−300		山林工業	−5,681（21 年）				
	−10,000				20,000		
	−1,925	−20,000		−8,460	−8,500		
−43,954	−27,851	−104,116	−43,081	−69,585	−43,138	−6,446	−6,250
		東京電燈社債（東京）		−48,875	川北電気社債（大阪）		−940
			王子製紙社債（王子）		−28,800		30,000
				−48,875	−28,800		29,060

表 12–3　髙梨本店有価証券売買収支一覧

銘柄	所在	1903 年	1906 年	1909 年	1912～15 年	1916 年	1917 年
京釜鉄道	東京	−250					千葉県農工銀
日英銀行			−5,600				成田鉄道
館林製粉	館林		−1,500				加富登麦
大日本人造肥料	東京		−125	−75			
朝鮮醤油→日本醤油	仁川			−1,720	−2,860（13 年）		
野田商誘銀行	野田			−900	−7,063（14・15 年）		
日清製粉	東京			−450			−1,575
野田電気	野田				−975（12・13 年）	4,463	
共同運輸	横浜				18（13 年）		帝国火災保
日清紡績	東京					−250	
南満洲鉄道	大連					−160	−80
大日本製糖	東京					−125	
大正興業	東京						−4,000
朝鮮紡織	釜山						−3,750
岡田商店合資	東京						−3,750
万上味淋	野田						−3,150
日本工業							−3,000
東京株式取引所	東京						−1,888
海陸物産	東京						−750
鐘淵紡績	東京						−250
野田信用組合	野田						−200
大和商会	横浜						
東京製酢	東京						
輸出国産	東京						
野田醤油	野田						
土地永楽							
日本製粉	東京						
株式売買計		−250	−7,225	−3,145	−10,880	3,928	−22,393
公債償還			3,617				
公債買入			−2,599			−415	
公社債売買計			1,018			−415	

（出所）各年度「金銭出入帳（髙梨本店）」（髙梨本家文書）より作成。
（注）銘柄のうち会社名のみは株式会社。無印は、債券償還や株式売却による受取、−印は債券買入や株式払込によ
る支払いを示す。所在欄は、各年度『日本全国諸会社役員録』商業興信所を参照し、1930 年代に市域拡張で
東京市に編入された地域は東京とした（表 12–3～6 および 12–12 も同様）。欄の途中の会社名の後ろの括弧書
きは所在（表 12–3～6 および 12–12 も同様）。このほか生命保険会社への払込みがあったが、株式の払込みか
保険料の払込みかが不明のため除いた。

表 12–4　つづき

単位：円

1915年	1916年	1917年	1921年	1922年	1923年	1924年	1925年	1926年	1927年	1928年	1929年	1930年
上毛モスリン（館林）			−58,179					三菱信託（東京）		−4,785		
			27									
東京株式取引所（東京）			−39,160			−212			126	−13,089		−5,515
第百銀行（東京）			−2,500			川崎第百銀行（東京）			30	−7,317		
					台南製糖（二結）		−12					
						−700		−10,100			−1,500	−8,087
										−18,750		
						−3,750			7,933		−5,802	
北海道鉱業鉄道（東京）			−1,250	−2,500	−1,250			−1,250				
			300			−2,500						−7,981
			内外製糖（東京）		−1,000							
鮮満開拓（長岡）			−3,750			−1,000						
	−750	−1,875				−6,000		−10,257	−6,750	−9,000		
						−171	−1,698		−29	−500		
			日本麦酒鉱泉（東京）			−75	−75	−350		−105		
−125								−225				
	−450	−113	−4,152	−6,345		−8,551		−14,993				
−160		−320				−1,130			−1,500		−5,000	
							富士電力（東京）		−4,063	−4,063		
						日本勧業銀行（東京）			1,871			
	−500					−667			8,500			−2,500
		−7,500						住友信託（大阪）		−7,520		
		−3,000						三菱鉱業（東京）		−6,025		
−285	−1,700	−12,808	−107,414	−8,845	−2,250	−24,756	−1,773	−37,175	6,118	−71,154	−12,302	−24,083
			東京電灯社債（東京）			−48,850		交詢社社債		50		
						−48,850				50		

証券購入資金は、本書第9章で論じたように主に野田商誘銀行からの借入金や高梨本店からの送金で賄われた。

このようになったのは、一九一四年から東京勘定方の資金で購入した株式の配当収入も高梨本店が受け取って高梨本店が管理することにしたからである。高梨本店の有価証券配当・利子収入を示す表12－5と、高梨東京勘定方の有価証券配当・利子収入を示す表12－6を見よう。一九一三年までは地元に関連する会社の株は高梨本店が購入してその配当も高梨本店が受け取り、東京に関連する会社の株は東京勘定方が購入してその配当も東京勘定方が受け取っていたが、一四年から地元・東京にかか

表12-4　高梨東京勘定方有価証券売買収支一覧

銘柄	所在	1900～05年	1906年	1907年	1908年	1909年	1910年	1911年	1912年	1913年	1914年
丸三(加富登)麦酒	半田	−80(1900年)				−25			−63		
成田鉄道	千葉	−375(1902年)									
京釜鉄道	東京	−250(1903年)									
帝国肥料	東京		−3,000								
共同火災保険	東京		−750					満洲製粉	−50		
日清紡績	東京		−250	−1,000			−250				
大日本麦酒	東京		−50								
富士瓦斯紡績	東京			−2,500		−2,500			−1,500	−1,000	
小樽木材	東京			−1,875				−300			
鐘淵紡績	東京			−750		−375	−500		−500		
共同運輸	横浜			−375	−225						
東海漁業	由比			−225							
日清製粉	東京				−600	−450				−750	
北海道炭礦汽船	札幌					−2,500	−1,500			−2,000	
芳摩酒造							−50				
大日本人造肥料	東京						−13	−188	−375	−313	
日本製粉	東京								−806		
南満洲鉄道	大連								−400	−320	−160
同盟火災保険									−125		
九州水力電気	東京									−225	
大日本製糖	東京										
岩崎醤油	藤岡										
海陸物産	東京										
株式売買計		−705	−4,005	−6,725	−825	−5,850	−2,313	−488	−3,819	−4,608	−160
国債		−638(1905年)									
公社債売買計		−638									

（出所）各年度「東京金銭出入帳」（高梨本家文書）より作成。
（注）銘柄のうち会社名のみは株式会社。無印は、債券償還や株式売却による受取、−印は債券買入や株式払込による支払いを示す。会社名の変更は括弧書きで示した。1923年5月1日～10月13日は関東大震災の影響のため不明（表12-6も同じ）。

わらず、配当・利子収入の大部分を高梨本店が受け取ることにした。そして、一九一四～二〇年は東京勘定方の有価証券投資は非常に少なくなり（表12－4）、その後二一年から東京勘定方は有価証券購入を積極的に進めるが、それは銀行借入金や高梨本家からの送金で賄われ、配当・利子収入の大部分は高梨本店勘定に繰り入れられた。

こうした資金の動きを踏まえつつ、有価証券投資の内容を検討する。「はじめに」で触れた銚子の濱口家の事例では、一八九〇年代後半から有価証券投資が積極的に見られ、日本鉄道株や東京の紡績会社株が購入された[9]。そして一九〇〇年代に入り濱口家では武総銀行への投資を急速に拡大した。濱

表 12-5　つづき

単位：円

1917年	1918年	1919年	1920年	1921年	1922年	1923年	1924年	1925年	1926年	1927年
97	100	119	65		千葉県水産(銚子)		8	15	30	30
		鮮満開拓（長岡）		475	636	ほまれ味噌(奉天)		583	1,000	
950		475	12,035	3,884	4,161	5,826	24,688	11,040	11,776	12,516
75	75	75	75	75	75		大日本麦酒(東京)		1,875	3,750
18	18	45	39	41				マルサンビール		70
253	138	281	406	125	75	163	70	140	158	196
787	787	930	2,789	2,581	2,574	3,218	3,325	3,860		
1,000	2,900	3,150	1,575	3,150	3,500	3,500	2,871	2,850	2,850	2,625
		日本味噌（東京）		425	300			25		
1,481	1,172	2,578	3,375	2,475	2,475	2,667	3,099	5,250	5,738	6,240
1,575	4,654	5,625	13,010	4,219	2,344	3,469	2,400	3,300	3,575	1,900
552	1,125	2,053	4,313	1,203	1,100	1,713	1,750	1,488	1,225	875
224	649	713	918	1,923	2,414	2,468	2,104	2,888	1,099	715
279		488	234	123	264	151	396	456	235	
138	254	320	196					千秋社（野田）		53,400
62	60	221	295	363	378	413	441	628	1,029	1,200
480	700	800	1,225	875	945	678	750	942	1,400	1,800
	30	30		20	35	30	35	24	20	20
75	60	98	113	161	180	180	180	146	188	188
83	198	627	413	516	371	330	330	348	498	499
25	日本麦酒鉱泉（東京）			22	38	75	85	94	112	76
	478	野田信用組合（野田）			10		日本勧業銀行（東京）			63
	188	300								
	79	114	130		163	163	163	163		
		35,455	50,000	50,000	51,650	100,000	100,000	129,641	59,338	59,338
		720	上毛モスリン(館林)		4,000	3,000		富士電力（東京）		168
		375	750	375	600	600	600	900	375	375
		63	63	138	208	307	348	375	388	481
		9	26	42	36	36	36	27	24	
			2,044							
			250	400	213					
			150							
			47	375	600	600	500	500	500	250
			19	67	79	131	140	140	140	420
			14	28	17	23	45	45	34	34
8,154	13,665	55,664	94,569	74,081	79,440	129,741	144,364	165,868	93,607	147,229
					403		198	97	186	189
								1,900	5,626	1,860
									2,256	2,836
										2
					403		198	1,997	8,068	4,887

表12-5　高梨本店有価証券配当・利子収入一覧

銘柄	所在	1903年	1906年	1909年	1912年	1913年	1914年	1915年	1916年
成田鉄道	千葉	18		69	38	81	131	88	88
京釜鉄道	東京	18	90						
野田商誘銀行	野田		304	405	456	481	550	594	950
野田人車鉄道	野田		45	45	23	38	19	38	38
丸三（加富登）麦酒	東京		10				11		
大日本人造肥料	東京			20			86	70	152
朝鮮（日本）醤油	仁川				608	644	787	787	787
鐘紡	東京				263		340	680	680
野田電気	野田				175	296	357	357	179
日清製粉	東京				117		525	578	737
富士瓦斯紡績	東京						1,350	1,350	900
大日本製糖	東京						425	500	300
東京株式取引所	東京						219	391	251
日本製粉	東京						105	126	176
横浜倉庫	横浜						70	40	110
南満洲鉄道	大連						59	48	117
日清紡績	東京						44	70	265
共同運輸	横浜						8		13
共同火災保険	東京							49	45
北海道炭礦汽船	東京							33	33
ルナパーク	東京								25
大正興業	東京								
岡田商店合資	東京								
万上味淋	野田								
野田醤油	野田								
海陸物産	東京								
岩崎醤油	藤岡								
北海道鉱業鉄道	東京								
帝国火災保険	大阪								
大和商会	横浜								
内外製糖	東京								
大和織機									
第百銀行	東京								
千葉県農工銀行	千葉								
東京製パン	東京								
株式配当収入計		36	449	539	1,680	1,540	5,086	5,799	5,846
公債利子			480			8		4	8
東京電燈社債	東京								
王子製紙社債	東京								
交詢社社債	東京								
公社債利子収入計			480			8		4	8

（出所）各年度「金銭出入帳（高梨本店）」（高梨本家文書）より作成。
（注）銘柄のうち会社名のみは株式会社。会社名の変更は括弧書きで示した。その年に収入のあった額を示したので、度ごとの配当金を示したわけではない。この他生命保険会社からの配当収入があったが、株式の配当か保険料の当か不明のため除いた。

表 12-6　高梨東京勘定方有価証券配当・利子収入一覧

単位：円

銘柄	所在	1904 年	1906 年	1908 年	1909 年	1910 年	1911 年	1912 年
京釜鉄道	東京	23				日本製粉（東京）		38
成田鉄道	千葉		34			ルナパーク（東京）		25
南満洲鉄道	大連			2	5	2	2	7
日清紡績	東京				31			62
大日本人造肥料	東京				30	27	24	52
加富登麦酒	東京				15	37	27	27
鐘淵紡績	東京					972	(900)	450
富士瓦斯紡績	東京					750	(1,176)	750
東京株式取引所	東京					434	(579)	270
横浜倉庫	横浜					57		127
共同運輸	横浜					24		8
日清製粉	東京						180	225
大日本製糖	東京						125	150
共同火災保険	東京							60
株式配当収入計		23	34	2	81	2,303	(3,013)	2,251
公社債利子収入								

銘柄	1913 年	1914 年	1915 年	1916 年	1917 年	1921 年	1922 年	1923 年
日本製粉	564					481	1,155	
ルナパーク	15			30		30		
南満洲鉄道	33			日本麦酒鉱泉（東京）		22		38
日清紡績	140							
大日本人造肥料	131	83						
加富登麦酒	31	16						
鐘淵紡績	1,280	680						
富士瓦斯紡績	1,770						2,344	
東京株式取引所	540							
横浜倉庫	70	70						
共同運輸	30	8	4	17	15	30		
日清製粉	469							
上毛モスリン（館林）						2,500		
共同火災保険	75	45				161		
株式配当収入計	5,148	902	4	47	15	3,224	3,499	38
公社債利子収入			公債利子		10	東京電燈社債（東京）		

銘柄	1924 年	1925 年	1926 年	1927 年	1928 年	1929 年	1930 年	1931 年
日本製粉	2,220	2,797	1,540				135	540
ルナパーク								
日本麦酒鉱泉								
日清紡績						260		
川崎第百銀行（東京）					77			
大日本麦酒（東京）					12,500			
鐘淵紡績								
富士瓦斯紡績								
東京株式取引所								
横浜倉庫								
共同運輸	20							
日清製粉			100	280	187	630	360	270
上毛モスリン								
共同火災保険								
株式配当収入計	2,220	2,797	1,640	280	12,764	890	495	810
東京電燈社債	2,000							

（出所）各年度「東京金銭出入帳」（高梨本家文書）より作成。

（注）銘柄のうち会社名のみは株式会社。会社名の変更は括弧書きで示した。その年に収入のあった額を示したので、年度ごとの配当金を示したわけではない。1911 年度の配当収入は、史料が欠けた期間を推定で補訂したものを括弧書きで示した。

口家の事例と比べて高梨家の有価証券投資は積極的になる時期が濱口家よりもかなり遅れて一九〇〇年代後半になってからであり、一九〇〇年代前半は愛知県半田の丸三麦酒、千葉県下の成田鉄道、そして全国的に資産家への応募が呼びかけられた京釜鉄道への投資が若干見られたに留まった。むろん、一九〇〇年に設立された野田商誘銀行に対しては創業当初より取締役になっており、出資をしているが表の出所資料には見られない。創業当初の野田商誘銀行の払込資本金額は六万二五〇〇円でそれが一九一五年六月まで続き、一五年六月に追加払込が行われて一〇万円となった[10]。よって高梨家は一九〇〇年の創業時に野田商誘銀行株の払込をした後は、一五年まで追加払込を行う必要はなかった。表12－3に戻ると、野田商誘銀行への株式払込は、一九〇九年に九〇〇円、一五年に三五六三円が行われている。一九〇九年の九〇〇円は別の株主からの野田商誘銀行株の購入と思われ、一五年の三五六三円が追加払込分であった。その追加払込分から逆算すると、おそらく高梨家は一九〇〇年の野田商誘銀行設立時に、六五〇〇円ほどの出資をしたことになる。その他、一九〇〇年設立の野田人車鉄道会社へも出資をしたと思われるが、創業当初はその役員に高梨兵左衛門はなっておらず（表12－1）、それほど多額の出資をしたとは思われない。配当金も年間四〇円前後で（表12－5）、同社の一九〇九年時点の払込資本金額が二万三〇〇〇円であったので、高梨家の出資はおそらく一〇〇〇円程度に留まったと思われる。

このように一九〇〇年代前半は、野田商誘銀行株・野田人車鉄道株以外にほとんど株式投資をしなかった高梨家は、〇六年より東京勘定方を通して東京の会社へ株式投資を開始する。その銘柄は、日清紡績株、富士瓦斯紡績株、鐘淵紡績株など大紡績会社株であった。もっとも、その額は一九一三年までの累計で見て最も多い富士瓦斯紡績株でも七五〇〇円に留まり、有価証券投資で積極的に売買益や配当収入を得ようとしたとは思えず、資産保全の一環としての株式所有に留まったと考えられる。とは言え、それを公債ではなく株式で行おうとしたところに、東京に出店を所有して資本市場を身近に感じられた高梨家の特徴が現れており、選んだ銘柄の多くは大企業株であった。ただし、銘柄の選択には縁故が影響を与えていたと考えられ、例えば一九〇七年に設立された日清紡績は、髙梨家の有力な原料調達先であった岩崎清七家（本書第6章参照）が設立時から取締役を務めており、髙梨家は創業時から日清紡績の株主となり、また富士瓦斯紡績は、髙梨家が出資を始めた一九〇〇年代後半には、髙梨家東京出店と同じ東京小網町で醬油問屋を営む濱口吉右衛門が取締役会長を務めていた。また、醸造業つながりで丸三麦酒株・芳摩酒造株、桶・樽の材料になる木材の取引関係で小樽木材株なども購入されたと思われる。

こうした資産保全のための株式購入は、一九一四・一五年にほとんど行われなくなる。それとともに、それまで東京勘定方に入れられた配当収入が、ほぼすべて本店勘定に入れられることとなり、前述のように一九一七年に野田醬油株式会社が設立されて、髙梨本店が醬油醸造を行わなくなり、野田醬油株も含めて株式配当収益の運用が主な業務となると、髙梨本店の有価証券投資が急増した。そして第一次世界大戦末期から大戦直後の株式ブームの時期にそれと重なったため、髙梨本店は多様な銘柄の株式を購入した。

それらの銘柄の多くは表12－5から見て、一九二〇年代も継続して配当収入があったことから、株式ブーム後も所有し続けたと考えられるが、中には大正興業株、日本工業株など、株式ブームに乗って購入したものの、十分な配当収入がないまま売却したものもあったと考えられる。ただし、一九一九年以降継続して野田醬油株の巨額の配当が入るようになると、株式投資資金は潤沢となり、野田商誘銀行が一九年から増資を次々と行ったのに応じて野田商誘銀行へ追加投資をしたため（一九年四七五〇円、二〇年二万四九七八円、二一・二三年二万八七七〇円、二四年四万一四一五円、表12－3を参照）、それに対応して、野田商誘銀行株の配当収入も急増した。

それ以外の銘柄では、東京の大紡績会社や製粉会社への出資を髙梨本店は進め、本店は一九二〇年に日本製粉に二万円を投資し、東京勘定方も二一年に野田商誘銀行から約四万四〇〇〇円、髙梨本店から約六万三〇〇〇円を借り入れ、同年に上毛モスリン株約五万八〇〇〇円など一〇万円以上の株式投資をした。日本製粉は前述した髙梨家の主要原料調達先である岩崎清七が一九一九年から社長を務め、その縁で急激に株式投資を進めたと考えられる。また上毛モスリン株はその配当が一九二一年に東京勘定方に二五〇〇円、二三年に本店に四〇〇〇円、二三年に本店に三〇〇〇円入っており、そこまで順調に収益があったものの、その後は配当が入った形跡はない。モスリン業界は第一次世界大戦期にモスリン価格の高騰を背景に業績が好調であり、高梨家もそれを受けて上毛モスリン株を購入したと思われるが、一九二〇年恐慌後にモスリン価格が低下し、二三年の関東大震災の打撃もあり、最終的に上毛モスリンは二六年八月に破綻した(11)。

そうしたこともあり、一九二四年以降は大企業の社債が購入されるようになった。本店は、一九二四年に東京電燈会社の社債を四万八八七五円分購入し、二五年に王子製紙会社の社債を二万八八〇〇円分購入した。東京勘定方も一九二四年に東京電燈会社社債を四万八八五〇円購入しているので、この二年間で高梨家は、社債を一二万円以上新たに所有したことになる。これらの社債の利子は、東京電燈社債利子が一九二四年に東京勘定方へ二〇〇〇円、二五年に本店へ一九〇〇円、二六（昭和元）年に本店へ五六二六円、二七年に本店へ一八六〇円と順調に入っており、王子製紙社債利子も一九二六年に本店に二二五六円、二七年に本店に二八三六円と順調に入っていた。そして王子製紙社債は一九二七年に三万円で売却しているので、この王子製紙社債の売買で、高梨家は六二九二円の利益を得た。元の購入価格が二万八八〇〇円であったので、三年間で約二一・八％の利益率となり、年間平均約七％の利益率であったことになる。株式ブーム時の株式投資ほどの期待収益率は見込めないものの、リスクの少なさを考えれば、一九二〇年代中葉は社債投資が魅力的であったことが窺われる。そして一九二七年の金融恐慌後は、高梨家は三菱信託へ六〇三五円、住友信託へ七五二〇円、川崎信託銀行へ五〇〇〇円など信託会社株への投資をするようになった。このように、一九二〇年代の高梨家は、野田醤油や野田商誘銀行からの配当金を、リスクを考慮してさまざまな株式投資・社債投資に向けることで高梨家の有価証券所有額は急増した。

第2節　高梨家と野田商誘銀行

(1) 野田商誘銀行と野田醬油醸造業

高梨家の有価証券投資では、配当金や借入金で野田商誘銀行の役割が大きかったので、本節では、野田商誘銀行が野田醬油醸造業や高梨家に果たした役割を有価証券投資以外も含めて考察する。野田商誘銀行は、野田の醬油醸造家らが中心となって設立されたが、野田商誘銀行と野田醬油醸造業の関係について土屋喬雄は、野田商誘銀行設立の目的は、醬油醸造家がお金を借りるためではなく、地域で公正な資金の運用をするためであり、野田商誘銀行は堅実な運用を主要方針とし、そして野田の最有力の醬油醸造家の茂木一族は、商業の金は野田商誘銀行ではなく東京の川崎・第一銀行に預けていたことを示した[12]。土屋の評価では、茂木一族は、東京で販売した醬油代金は、東京の川崎銀行や第一銀行に預金し、地方で販売した醬油代金も川崎銀行・第一銀行などの支店を通じて川崎銀行・第一銀行の預金となり、原材料・運転資金・俸給・賃金などは預金からの払い戻しを受けて使用しており、設備投資も自己資金で賄っていたため、野田商誘銀行は野田の醬油醸造家の機関銀行にはなっていないこととなる。

さらに土屋は、野田の醬油醸造家が合同して野田醬油株式会社を設立した後も、第二次世界大戦前は、野田醬油株式会社は設備投資資金を自己資金で賄っており、第二次世界大戦後に自己資金で生産を回復するのが困難であったため、三菱銀行からの借入金で生産回復し、そこから銀行とのつながりが強まったと評価する。設備投資資金を自己資金で賄っていた点は、後述するように高梨家にも当てはまり、土屋の評価は一定程度当てはまるが、野田の醬油醸造家が野田商誘銀行から借入をしていなかったわけではなく、設備投資以外の資金需要で高梨家は、一九一〇年代以降野田商誘銀行から恒常的に資金借入をするようになった。本節では、それに至った経緯を解明したいと思う。

序章第3節で述べたように、一九〇〇（明治三三）年に野田商誘銀行が設立されてしばらくは、東葛飾郡の銀行の中で野田商誘銀行の地位は高くなかった。それが野田醬油株式会社設立後に野田商誘銀行の規模が急激に拡大する。野田商誘銀行の払込資本金額の推移を見ても、一九〇〇年七月の創業当初は六万二五〇〇円であり、長い間そのまま継続されるが、一五（大正四）年六月に一〇万円、二〇年三月に二〇万円と一〇年代後半から株式の払込と増資が行われた[13]。一九二〇年代に、急速に増資が行われ、二〇年六月に四三万七五〇〇円、二三年五月に八一万二五〇〇円、二四年八月に一五〇万円、そして二六（昭和元）年一二月に二〇〇万円と、わずか一〇年ほどの間に払込資本金額は二〇倍となった。この間、野田醬油株式会社が一九一七年に設立されており、その資金需要に対応するための規模拡大と考えられる。髙梨家は、前述のように増資に応ずるとともに、多額の配当金を受け取るに至り、その資金で有価証券投資を行ったり、有価証券投資資金を野田商誘銀行から借り入れたりした。

（2）野田商誘銀行の経営動向

髙梨家と野田商誘銀行との関係は、経営面・出資面・利用者の多岐にわたった。表12－7を見よう。髙梨兵左衛門は、野田商誘銀行設立時から取締役を務め、創業時の役員のほとんどが入れ替わる中で、唯一一貫して取締役を務め続けた。髙梨兵左衛門以外では、茂木一族が主に役員を占めていたが、一九二〇年代に入ると、河合鉄二・杉浦甲子郎・石原繁二など髙梨一族・茂木一族以外の役員も登場する。しかしトップマネジメントは、茂木一族が交代で担当し続けた。主要株主も、表12－8で示したように、大部分が茂木一族と髙梨兵左衛門家が占めた。茂木一族と髙梨家以外の主要株主として山下平兵衛・中野長兵衛が挙げられるが、山下平兵衛も野田の醬油醸造家で、中野長兵衛は茂木七郎右衛門家の分家で（本書第9章を参照）、東京で醬油問屋を開業していた。ただし、一九一七（大正六）年に野田醬油会社が設立した際には、野田醬油は野田商誘銀行の株主にはなっていない。その後一九二〇年に野田商誘銀行

表 12-7　野田商誘銀行役員

役職	1900年7月	1902年7月	1903年7月	1906年7月	1915年7月
頭取	茂木房五郎	→	茂木七郎右衛門	→	→
常務	茂木七郎右衛門	→	茂木七左衛門	→	→
取締役	高梨兵左衛門	→	→	→	→
取締役	茂木七左衛門	→	茂木房五郎	→	→
取締役	山下富三郎	山下平兵衛	→	中野長兵衛	茂木佐平治
相談役	茂木啓三郎	→			
監査役	山下平兵衛	支配人	茂木七郎治	→	→
監査役	茂木勇右衛門	→	→	→	→
監査役	茂木七郎治	→	茂木啓三郎	→	→

役職	1918年7月	1924年8月	1927年7月	1929年5月
頭取	茂木七郎右衛門	→	→	茂木七左衛門
常務	茂木七左衛門	→	→	
取締役	高梨兵左衛門	→	→	→
取締役	茂木房五郎	→	→	→
取締役	茂木佐平治	→	→	→
取締役		茂木勇右衛門	→	茂木順三郎
取締役		河合鉄二	→	→
取締役		杉浦甲子郎	→	→
支配人	高梨忠八郎	→	石原繁二	→
監査役	茂木勇右衛門		高梨忠八郎	→
監査役	茂木啓三郎	→	→	→

（出所）「野田商誘銀行四十五年誌」（野田醤油株式会社社史編纂室編『野田醤油株式会社三十五年史』同社、1955年）より作成。
（注）→は左に同じことを示す。

が増資をした際に、野田醤油株式会社もそれに応じて野田商誘銀行の有力株主となった。

続いて野田商誘銀行の損益と利益処分の内容を検討する。表12－9を見よう。創業期の一九〇〇年代はそれほど大きな利益が上がっているわけではないが、役員賞与をかなり低く抑えることで内部留保を積極的に進めたことが見て取れる。配当金も一九〇二（明治三五）年までなく、〇三年からようやく配当を始めたが、依然として役員賞与は少なく、積立金が配当金を常に上回った。一九一〇年代になると利益が次第に増加し、払込資本金額が一〇万円となった一〇年代後半には払込資本金額以上の総益金を上げ、差引利益も急増してそれらは主に内部留保に回された。それを受けて一九二〇年に増資をして、二〇年代は銀行の経営規模が格段に大きくなった。毎年二〇万

〜三〇万円の差引利益を上げ、二〇世紀前半はかなりの内部留保を進めたが、一九二四年に巨額の増資を行い、払込に充当するため特別配当をしてから、内部留保と配当の関係が逆転する。それ以降はむしろ、利益処分の中心は配当になり、内部留保は縮小傾向になった。もっとも配当率は、一九二〇年代前半が年間一〇％以上であったのに対して二〇年代後半は年間九％となり、資本金額を増やしたほどには差引利益が増えなかったが、それなりの配当を維持したことで内部留保が減少したのが実態であったと思われる。一九三〇年代前半は昭和恐慌下で差引利益は減少していたが、配当率は七〜八％を維持しており、配当金と比べると内部留保はかなり少なくなった。役員賞与は全体としてあまり多くなく、野田商誘銀行の場合役員と主要株主がほぼ一致していたため、株主としての利益が優先されたと考えられる。こうして野田商誘銀行は、野田醤油醸造家に株式配当金としてかなりの資金を供給したと言える。

野田商誘銀行の資金運用の内容を表12－10で検討すると、創業期の一九〇〇年代は預金とほぼ同じ規模の貸付を行っており、貸付以外の資産運用はあまり行っていないが、一四年より急激に預金が増大し、それに対応するほど貸付が拡大せずに有価証券への運用が次第に増大する。ところが一九二〇年代に貸出が急増して、二〇年代中葉には預金額を貸出額が上回る状況となった。もっとも昭和恐慌下に資金需要が減少したと考えられ、その後の貸付額は漸減傾向

表12–8　野田商誘銀行主要株主

株主名	1917年6月	1919年12月	1920年12月
茂木七郎右衛門	1,415株	1,415株	4,952株
茂木七左衛門	515株	515株	1,802株
高梨兵左衛門	475株	475株	1,682株
茂木佐平治	440株	440株	1,500株
茂木房五郎	413株	413株	1,445株
山下平兵衛	350株	350株	1,050株
中野長兵衛	225株	225株	787株
茂木啓三郎	100株	100株	350株
藤崎勘三郎	100株	100株	350株
茂木勇右衛門	100株	100株	300株
茂木七郎治	100株	100株	300株
石川仁平治	50株	100株	300株
高梨忠八郎	10株	50株	200株
高梨政之助	50株	50株	175株
飯田市郎兵衛	40株	40株	140株
青木嘉平治	100株	野田醤油株式会社	450株
その他とも計	5,000株	5,000株	20,000株

（出所）大正6年上半期、大正8年下半期、大正9年下半期『営業報告書（野田商誘銀行）』より作成。

表 12-9　野田商誘銀行損益および利益処分

単位：円

年度	当年度総益金	当年度総損金	当年度差引損益	前期繰越	諸積立金	配当金	役員賞与	次期繰越
1900	5,585	2,567	3,018	0	1,000	0	250	1,768
1901	18,709	7,257	11,452	1,768	9,250	0	650	3,320
1902	21,137	15,790	5,347	3,320	7,000	0	500	1,167
1903	21,231	13,029	8,202	1,167	4,250	3,124	600	1,395
1904	25,259	14,303	10,956	1,395	6,500	3,124	850	1,877
1905	29,272	18,243	11,029	1,877	7,000	3,437	850	1,619
1906	37,474	25,665	11,809	1,619	7,000	3,750	950	1,728
1907	39,200	28,438	10,762	1,728	6,000	3,750	950	1,790
1908	41,654	30,344	11,310	1,790	5,500	5,000	1,100	1,500
1909	41,721	28,423	13,298	1,500	7,000	5,000	1,300	1,498
1910	46,561	30,493	16,068	1,498	9,100	5,313	1,300	1,853
1911	41,489	26,709	14,780	1,853	8,750	5,626	1,300	957
1912	56,221	38,027	18,194	957	10,725	5,626	1,500	1,300
1913	66,720	46,439	20,281	1,300	9,881	6,250	1,600	3,850
1914	77,353	60,760	16,593	3,850	9,343	6,250	1,650	3,200
1915	110,499	88,360	22,139	3,200	10,211	8,125	1,403	5,600
1916	171,809	143,991	27,818	5,600	10,000	10,000	1,418	12,000
1917	122,726	86,571	36,155	12,000	20,000	10,000	2,255	15,900
1918	162,054	110,292	51,762	15,900	30,000	10,000	2,862	24,800
1919	221,812	150,956	70,856	24,800	40,000	10,850	3,606	41,200
1920	533,566	295,404	238,162	41,200	160,000	94,375	8,752	16,235
1921	407,415	294,317	113,098	16,235	50,000	43,750	5,800	29,783
1922	581,566	347,874	233,692	29,783	152,000	56,250	9,950	45,275
1923	576,079	334,914	241,165	45,275	154,000	75,000	4,500	52,940
1924	1,198,106	481,646	716,460	52,940	428,200	320,834	1,000	19,366
1925	834,657	576,784	257,873	19,366	86,000	150,000	2,000	39,239
1926	912,585	659,916	252,669	39,239	66,000	154,167	2,000	69,741
1927	943,425	650,463	292,962	69,741	76,000	180,000	10,000	96,703
1928	1,008,712	789,381	219,331	96,703	56,000	180,000	10,000	70,034
1929	1,199,414	1,000,534	198,880	70,034	56,000	180,000	10,000	22,914
1930	1,427,163	1,232,795	194,368	22,914	38,000	160,000	8,000	11,282
1931	1,234,296	1,059,114	175,182	11,282	27,000	140,000	6,000	13,464
1932	1,365,840	1,184,489	181,351	13,464	29,412	140,000	6,000	19,403
1933	1,340,383	1,146,793	193,590	19,403	38,902	140,000	6,000	28,091
1934	1,625,774	1,415,399	210,375	28,091	68,892	120,000	5,300	44,274

（出所）前掲「野田商誘銀行四十五年誌」より作成。

（注）大正 6 年上半期および大正 8 年下半期～大正 14 年上半期は、営業報告書より、必要に応じて数値を修正した。各年度の上半期と下半期を組み合わせて年度ごとに示した。1920 年度は創立 20 年記念特別配当が、24 年度は特別割賦金がそれぞれ株主に配られた。

に入り、その一方預金額は増え続けたため、一九三〇年代には有価証券への運用が拡大してその所有額が増大した。

預金は、野田の醤油醸造家の預金が多かったと考えられるが、貸付先を表12－11で検討する。営業報告書の営業概況などに散見される貸出内容を一覧にしたが、野田商誘銀行の主な貸付時期とその内容として、①三月の納税期に納税資金の貸付、②三～四月に肥料資金の貸付、③五月に春繭製茶等の資金貸付、④九月に新麦の出荷に際して資金貸

表12-10　野田商誘銀行主要勘定

単位：千円

年度末	諸預金	貸付金	有価証券	預け金・現金
1900	73	123	2	39
1901	116	164	4	20
1902	137	176	5	43
1903	176	212	7	41
1904	226	229	10	71
1905	272	204	78	81
1906	342	212	136	88
1907	410	372	113	84
1908	376	331	110	40
1909	423	364	74	99
1910	474	423	77	85
1911	574	514	111	83
1912	740	671	180	34
1913	747	674	172	64
1914	1,156	812	188	323
1915	1,168	729	388	261
1916	1,353	904	397	263
1917	1,598	807	462	606
1918	2,073	1,304	469	634
1919	4,019	2,708	461	1,349
1920	3,818	3,340	775	570
1921	5,275	2,555	1,772	1,677
1922	3,985	3,108	1,375	715
1923	5,639	3,939	1,916	1,555
1924	5,370	6,362	1,344	669
1925	7,736	7,576	1,615	1,913
1926	8,843	9,142	2,049	879
1927	9,427	9,139	2,774	853
1928	9,349	7,467	3,758	1,692
1929	10,693	8,773	4,305	1,383
1930	11,957	9,740	4,353	1,482
1931	12,010	8,886	5,297	1,394
1932	12,109	10,084	4,579	1,058
1933	12,482	7,694	6,975	1,501
1934	13,100	6,724	9,421	797

（出所）前掲「野田商誘銀行四十五年誌」より作成。

（注）大正6年上半期および大正8年下半期～大正14年上半期は、営業報告書より、必要に応じて数値を修正した。

表 12-11　野田商誘銀行貸出内容事例

期	内容
1909 年下	本行は、納税期にも該当していたので、やや資金の需要が増加した。
1910 年上	本行は、放資の途を公債に向けていたが、（三）月末には納税期に該当し、やや資金の需要を起こした。
1910 年下	貸出は軽便鉄道債券払込に充当の為、増加したのみで大きな異動はなかった。
1911 年下	歳末決済資金の需要を満たし相当の成績を収めて本期を終わった。
1912 年上	三月中旬には預金も巨額に達したので、有価証券に放資の適当なるを認め之を実行した。
1912 年下	年末に近づくに従い、決済資金の需要いよいよ増加し
1913 年上	近村の葉煙草耕作組合に対し、低利に資金の放資をなした。
1913 年下	年末に至って決済資金の需要はいよいよ増加したるに
1915 年上	四月に入り肥料資金の需要期となったが、少額の移動を見たのみであった。
1915 年下	本行は確実なる有価証券に放資するの止むなきに至った。
1917 年上	三月に入り肥料資金の需要季となり引続き月末納税資金の引出あり
1919 年下	新麦の出廻りと共に其の需用起り漸く順調を呈せり
1920 年上	預金は米穀類の漸落と肥料資金納税資金の需用起り自然減退せる
1921 年上	納税資金肥料資金の如き幾分の移動を見たるも（中略）三月以降有価証券放資の方針を立て確実有利なるものを買入れ
1921 年下	九月に入り新麦の出廻りと共に資金の需要稍々繁忙を見
1922 年上	肥料資金租税耕地整理費等農家の負担は益々過大なるにより預金は自然流出の傾き（中略）本行に於ても町村又は耕地整理組合の貸付等年々多きを加え
1923 年上	三月に入り肥料並に納税資金の需用ありたるも（中略）確実なる有価証券の買入を為したり。五月に入り春繭製茶等資金の需用起これるも
1925 年上	期末に至り、当地野田醤油会社は往年の素志により大規模の増資計画を発表せられ、全国的に株式公募を行ひたれば、資金の移動遽に起り、店務一時に繁劇を加えたり

（出所）前掲「野田商誘銀行四十五年誌」、1917～25 年の『営業報告書（野田商誘銀行）』より作成。
（注）1917 年上半期以降の記述は、上記『営業報告書』による。

付（商人の買い付け資金か？）、⑤年末の決済資金の貸付、などが挙げられ、それ以外に葉煙草耕作組合や耕地整理組合への貸付が行われた。また野田商誘銀行の有価証券投資の内容を表12－12で見ると、一九一七年時点は、富士製紙・王子製紙・鐘淵紡績などの社債が中心であったが、一九・二〇年に、日本郵船株・鐘淵紡績株・日清紡績株などへの株式投資が急増し、二一・二二年は一転して公債所有が急増、二三年に

表12-12　野田商誘銀行有価証券投資（価額）

単位：円

		1917年6月末	1919年12月末	1920年12月末	1921年12月末	1922年12月末	1923年12月末	1924年12月末	1925年6月末
諸公債		194,266	158,418	215,663	1,209,528	701,896	880,735	482,365	481,665
社債	所在	193,830	118,995	90,950	63,740	193,910	558,260	378,860	406,860
内訳　富士製紙社債	東京	59,500	38,270	12,460	日本興業銀行債（東京）		300,000		
王子製紙社債	東京	40,000	40,000	36,800	26,400	20,800	8,000		
鐘淵紡績社債	東京	31,450			北海道拓殖銀行債（札幌）		49,000	49,000	49,000
大日本人造肥料社債	東京	25,500	20,400	16,150	13,600	6,800	埼玉県農工銀行債	1,400	1,400
千葉県農工銀行債	千葉	20,880	13,925	19,140	17,340	61,460	55,760	85,460	113,460
日本勧業銀行債	東京	8,500				東京電燈社債（東京）		97,500	97,500
川崎造船所社債	神戸	8,000	6,400	6,400	6,400	5,600	47,500	47,500	47,500
朝鮮殖産銀行債	京城					99,250	98,000	98,000	98,000
株式	所在	88,400	183,325	467,950	498,700	479,600	476,600	482,390	737,665
内訳　鐘淵紡績	東京	50,000	50,000	156,000	156,000	156,000	156,000	181,000	181,000
十五銀行	東京	17,400	17,400	18,900	18,900	16,500	16,500	15,540	15,540
第一銀行	東京	13,500	18,000	39,000	47,750	56,500	56,500	65,250	65,250
第三銀行→安田銀行	東京	7,500	12,500	15,750	15,750	19,500	19,500	19,500	19,500
日本郵船	東京		85,000	135,000	130,000	85,000	80,000	70,000	70,000
千葉県農工銀行	千葉		425	800	800	1,600	1,600	1,600	1,600
日清紡績	東京			75,000	75,000	75,000	83,000	70,000	82,500
北海道炭礦汽船	東京			27,500	20,000	20,000	20,000	17,500	17,500
朝鮮銀行	京城				34,500	27,000	21,000	19,500	15,000
千葉貯蓄銀行	千葉					22,500	22,500	22,500	22,500
大日本麦酒	東京								180,000
王子製紙	東京								44,500
野田醤油	野田								12,500
北海道拓殖銀行	札幌								10,275
計		476,496	460,738	774,563	1,771,968	1,375,406	1,915,595	1,343,615	1,626,190

（出所）各年度『営業報告書（野田商誘銀行）』より作成。
（注）額面ではなく価格を示した。第三銀行は1923年より安田銀行に合併。諸公債欄は外国債も含む。所在は、それぞれの銀行・会社の本社所在地で、各年度『日本全国諸会社役員録』商業興信所を参照した。

日本興業銀行債を大量に購入し、二五年に大日本麦酒株を大量に購入した。野田商誘銀行は潤沢な内部留保をもとに、銘柄をこまめに変えながら有価証券投資を行っていた。

その内容を前節で検討した高梨家の有価証券投資と比較してみると、野田商誘銀行と高梨家の有価証券投資の共通点は、一九二四年に東京電燈社債を購入して、二五〜二六（昭和元）年に大日本麦酒株を購入したことであったが、それ以外の共通性はあまりなく、二五年に野田商誘銀行は王子製紙株を購入したものの、高梨家は同年に王子製紙社債を購入したことや、高梨家は富士瓦斯紡績・日清製粉にかなり株式投資したが、野田商誘銀行は全く行わなかったことや、高梨家は共同運輸・輸出国産・岡田商店合資・岩崎醤油など中小会社にも株式投資をしたが、野田商誘銀行にはその側面がなかったことなど、相違点の方が多かった。輸出国産は、野田醤油設立と同時期に、高梨仁三郎店のあった東京市日本橋区小網町に本社を置いて設立された飼料油脂漁業罐詰製造販売を行う会社で、一九二〇年時点で、取締役に茂木啓三郎・高梨兵左衛門・岡田小三郎・濱口吉兵衛などがなっていた[14]。また岡田商店合資は、高梨家の醤油販売先の東京問屋、岩崎醤油は前述の岩崎清七家の家業を会社化したもので（本書第6・9章）、取引関係や醤油業界の地縁に関係する中小会社に高梨家は株式投資したと思われる。野田の醤油醸造家にとって、家の有価証券投資と、銀行などの社会的組織の有価証券投資では、そのリスク管理の面で大きく方向を変えていたと考えられる。

(3) 高梨家奥勘定と野田商誘銀行

それでは、高梨家が野田商誘銀行からどのような目的で資金を借り入れていたかを検討する[15]。一九一七（大正六）年の野田醤油株式会社設立以前の高梨家の主な資金の流れは次のようになっていたと思われる。高梨家はもともと上花輪村に在住し、醤油醸造工場も上花輪村と今上村に所在したが、一八八九（明治二二）年に上花輪村は野田町に合併され、今上村は近隣の村と合併して梅郷村となり、一九五〇（昭和二五）年に野田町・梅郷村・七福村・旭村が合併して野田市が成立したため、野田に高梨家の居宅と醤油醸造工場と本店があったとして説明する。野田の本店とは別に、高梨家に奥勘定があり、高梨本店は、原料調達・税金納入などさまざまな支出を行っていたが、そのたびに奥勘定からお金が渡され、それを元手に高梨本店は醤油醸造を行い、製品は東京出店を含む東京の問屋に送ったり、地方で販売したりした。地方での醤油販売は高梨本店の収入となり、その都度、収入金は高梨家の奥勘定に上げられた。東京出店は、近江屋（高梨）仁三郎の店名前で東京醤油問屋として営業しており、高梨本店から送られた醤油のほかにも、独自に醤油を仕入れて取引しており、独自の営業は自前の勘定を持っていたが、それとは別に高梨本店から東京出店や東京の問屋に送られた醤油の取引を行う勘定は、高梨家から委託されており、前述のようにその勘定を「東京勘定方」と呼ぶ。よって、東京勘定方の帳簿には、高梨本店から東京へ送られた醤油を販売した代金の収入や、それを高梨家の奥勘定へ送る項目、その他高梨家の依頼で東京出店が行った業務（有価証券購入など）の勘定が記された。

表12－13を見よう。一八九九（明治三二）年と一九〇三年の高梨家奥勘定の金銭出入を示した。ここで注目したいのは、一九〇〇年に野田商誘銀行が設立されたことで、高梨家の資金循環に変化が見られたかである。まず、一八九九年を見ると、資金循環の基本的な流れは、奥勘定から本店へ資金が渡され、本店から東京へ醸造した醤油が送られ、それを販売して得た代金を東京勘定方が受け取ってそれを奥勘定へ戻す形であった。この時期は、奥勘定の帳簿に、本店に資金を渡す際に目的が併記されており、その内容の多くは原材料購入のためであった。ただし、一月と七月が税金（主に造石税）の支払月で、そのときは奥勘定から本店へ税金支払い用として多額の資金が渡された。したがって、表12－13の一八九九年の出の部で、「税金支払分」とあるのは、奥勘定が税金を支払っているのではなく、税金支払分として本店に渡し、本店が税金を支払ったことを示す。一方、奥勘定への入金のうち本店からの入金は、本店が地方で醤油を販売した際の収入が本店に入った際に、それを奥勘定に上げたものである。直接とあるのは店員がお金を持参したことを示す。東京出店からも、本店が東京に送った醤油の販売代金が奥勘定に送られるが、主人や店員

表12-13　髙梨家奥勘定金銭出入（その1）

単位：円

① 1899年	1月	2月	3月	4月	5月	6月	7月	8月	9月	10月	11月	12月
入の部　合計	8,300	6,024	11,024	4,952	10,300	5,705	22,080	2,600	15,771	4,500	13,911	3,972
内　東京店より持参	3,500	500	4,300	1,000	6,000		2,500		3,000		7,000	
東京店より入金							5,200	2,000				
本店より直接	4,800	5,499	6,700	3,800	4,100	3,600	3,900	600	7,200	4,400	6,900	3,800
個人より借入							10,000					
有価証券収入						105			3,856		11	
積立金繰入						2,000			1,700			
出の部　合計	9,726	3,400	12,501	6,354	5,739	2,273	20,550	9,030	12,598	10,457	5,093	9,157
内　本店へ原材料費	1,300	700	6,100	3,950	3,000	650	3,500	5,550	8,400	6,100	2,880	3,600
本店へその他	2,450	2,149	6,050	1,800	1,400	1,150	1,580	3,150	3,750	3,150	1,050	4,780
税金支払分	4,600						14,030					
利子支払							769			400		120
有価証券支出		109									100	200
積立金	850	100			600	200	200					
② 1903年	1月	2月	3月	4月	5月	6月	7月	8月	9月	10月	11月	12月
入の部　合計	7,722	9,330	21,188	3,950	12,181	5,700	18,965	3,250	10,920	7,769	19,911	25,092
内　東京店より持参		4,500	10,000		4,600	2,000	9,000				3,000	
東京店より手形	3,000				3,000			3,000	4,000	3,000	4,000	
本店より直接	4,550	4,800	5,600	3,950	4,250	3,500	4,850	150	6,530	4,769	4,911	5,762
本店より手形	172	30	588		331	200	115	100	390			330
銀行借入金			5,000				5,000				8,000	19,000
出の部　合計	8,257	3,490	21,810	4,650	13,160	6,610	17,949	11,010	13,898	13,550	17,603	11,900
内　本店へ直接	7,958	3,190	4,810	4,150	7,560	6,610	12,174	11,010	13,898	8,050	11,565	3,250
本店へ手形										500		
税金支払分			12,000				5,775				6,038	
利子支払												550
銀行借入返済	300（個人）				5,000					5,000		8,000
積立金		300	5,000									

（出所）明治29年「金銭出入帳（髙梨奥持）」、明治34年「金銭出入帳（本家髙梨奥持）」（髙梨本家文書5AID149・5AID152）より作成。
（注）出入り合計には、その他の分も含む。1903年1月の借入金返済は個人からの借入金の返済。

が直接東京出店から本家に持参した場合と、送金手形が利用された場合があり、一八九九年時点ではまだ大部分が主人や店員の持参であり、送金手形の利用は少ない。また、税金支払分として多額のお金を奥勘定が本店に渡す際に、奥勘定は個人から一万円の借入金をした。醬油販売代金として多額の入金がある奥勘定でも、税金支払月は一時的に資金繰りが苦しくなり、個人より借り入れることがあった。もっとも、それが固定化して借入金が膨らんでいる状況ではないので、一時的に借り入れ、後に返済していたと考えられる。

さて、野田商誘銀行が設立された後の一九〇三年を見ると、個人よりの借入がなくなった代わりに銀行からの借入が登場する。これが野田商誘銀行であることは確定できないが、野田町に当時存在した銀行は野田商誘銀行のみであり、おそらく野田商誘銀行からの借入と考えてよい。その内容を見ると、やはり税金支払月に借りてその二～三カ月後に返済している。すなわち、この年の本店は三月・七月・一一月に税金を支払ったが、三月に五〇〇〇円、七月に五〇〇〇円、一一月に八〇〇〇円それぞれ銀行から借り入れ、それらを五月・一〇月・一二月にそれぞれ返済している。高梨家にとって税金支払月の資金繰りがやはり大変であり、そこを助けたのが野田商誘銀行であった。なお、奥勘定が本店にお金を渡す際に、目的が記されなくなったので、それらが原材料費であるかは確認できないが、高梨本店の「金銭出入帳」と突き合わせると、奥勘定からの入金と近接して原材料費の支払いが多く見られたので、奥勘定から本店へのお金の渡しは、原材料費目的が多かったと思われる。また、野田商誘銀行が設立されたことで、東京勘定方からの奥勘定への送金のかなりの部分が送金手形で送られるに至った。その一方で税金支払月は、東京出店から主人や店員がお金を本家まで持参しており、税金支払月の資金繰りに高梨家は万全を期していた。そのため、三月の税金支払いのために高梨家は銀行から五〇〇〇円借り、東京勘定方から一万円を持参し、本店からも五六〇〇円を上げさせたが、税金の支払額は一万二〇〇〇円に留まったため、本店に必要経費を渡してもまだ五〇〇〇円が余り、これは積立金として処理された。野田の醸造家にとって重い税金負担が重要な関心事であった。

表12-14　高梨家奥勘定金銭出入（その2）

単位：円

③1909年	1月	2月	3月	4月	5月	6月	7月	8月	9月	10月	11月	12月
入の部　合計	14,516	6,189	43,777	11,084	50,294	6,777	51,499	22,939	26,965	6,230	46,836	35,446
内　東京店より持参		150	22,990		25,000		15,000					
東京店より手形	10,000			5,500	8,500		6,000	5,000	13,000	1,500	22,000	25,000
本店より直接	4,168	5,960	4,009	3,150		4,158	2,080	2,800	2,600	831	250	3,855
本店より手形	147	80	186	2,433	893	280	3,419	5,139	4,746	2,799	3,536	1,660
銀行借入（野田）					10,000			10,000	5,000			
銀行借入（川崎）			15,000				1) 25,000				20,000	
有価証券収入			1,417			2,340			1,619		1,080	104
出の部　合計	16,201	8,809	38,790	11,361	42,058	10,314	48,317	33,776	14,588	16,258	37,776	40,415
内　本店へ直接	5,750	2,400	20,070	9,211	5,902	1,756	13,150	18,100	7,660	6,477	16,590	13,985
本店へ手形	9,950	5,900	7,589	450	893	8,420	13,505	15,500	5,300		11,018	3,825
税金支払分							11,562					
割引料支払		159	100	106			100	176	65	81		545
銀行借入返済			10,000		30,000		10,000			10,000	10,000	20,000
有価証券支出		350	621									
銀行勘定　野田商誘	−4,263	−4,863	−3,411	−3,566	1,116	−1,651	1,161	4,815	−2,483	−1,610	−338	−2,876
川崎	−2,733	−4,692	−3,332	−2,118	2,142	586	1,637	−3,663	4,937	−4,463	3,819	944
④1914年	1月	2月	3月	4月	5月	6月	7月	8月	9月	10月	11月	12月
入の部　合計	101,091	6,485	63,524	13,591	74,255	17,884	75,127	23,519	54,662	21,385	43,832	53,962
内　東京店より入金					5,000		3,000					3,000
東京店より手形	8,000	5,000	32,000	3,000	33,000	6,000	36,000		20,000	10,000	37,000	27,000
本店より直接	7,733	1,004	5,369	5,220	3,485	6,510	2,986	1,510	6,400	5,030	3,383	1,470
本店より手形	5,358	481	6,155	5,371	2,770	5,374	3,142	2,009	8,262	6,355	3,448	
銀行借入（野田）	40,000				30,000			20,000				
銀行借入（川崎）	40,000		20,000				30,000		20,000			15,000
出の部　合計	88,105	16,889	53,981	17,336	77,643	15,621	69,717	44,381	42,820	12,031	57,624	43,543
内　本店へ直接	20,498	10,110	10,896	14,136	12,625	14,795	41,800	33,994	20,820	10,920	26,252	18,220
本店へ手形	7,348	6,782	22,639	3,200	4,350	625	17,409	10,000	2,000	1,110	1,264	7,959
利子・割引料支払	258		444		168	201	507	388			106	365
銀行返済（野田）	40,000				40,000						10,000	
銀行返済（川崎）	20,000		20,000		20,000		10,000		20,000		20,000	15,000
銀行勘定　野田商誘	−860	−4,966	−3,493	−1,409	−4,668	−1,133	−16,947	−14,818	−6,238	2,872	−13,999	−1,139
川崎	2,937	−3,810	4,363	−1,237	−1,484	−2,531	18,753	−6,247	−947	−1,057	1,973	−159

（出所）明治41年「金銭出入帳（高梨本家）」、明治44年「金銭出入帳（高梨本家）」（高梨本家文書5AID154・5AID158）より作成。

（注）銀行勘定は、無印は高梨家の貸越、−印は高梨家の借越。出入り合計には、その他の分も含む。

1）うち5,000円分は、借入銀行先は不明

表12－14を見よう。一九〇九年と一四年の高梨家奥勘定の金銭出入りを見ると、〇三年と比べて頻繁に銀行からの借入と返済が行われるようになったことがわかる。一九〇九年では、税金支払月は七月であり、この月に川崎銀行などから二万五〇〇〇円という多額の銀行借入を行ったが、それ以外の月も野田商誘銀行と川崎銀行から借り入れている。川崎銀行は東京に本店を構えていたが、もともと東京の醤油問屋とのつながりが深く、その手形割引を積極的に引き受け、千葉県内でも銚子・佐倉・佐原・松戸・船橋など醸造産地に支店を開設した(16)。そのため、高梨家も野田商誘銀行と川崎銀行を取引銀行としたと考えられる。実際、一九〇九年時点では、野田商誘銀行と川崎銀行の両方に高梨家は当座勘定を持ち、当座勘定の借越額が増大すると、その銀行から借入を行って当座勘定を補塡しており、〇九年は隔月くらいの頻度で高梨家は銀行借入を行うこととなった。

それが恒常化して、銀行借入金が借換で長期化するに至ったのが一九一四年である。すなわち、一九一四年一月に高梨家奥勘定は野田商誘銀行に借入金四万円を返済するが、それと同時に野田商誘銀行から四万円借りており、実際は借換で借入が継続していた。借り換えた四万円は五月に返済するが、それと同時に三万円を借り入れているので、実質的には、五月に高梨家は野田商誘銀行に一万円を返済したことになる。その後、野田商誘銀行から八月に追加で二万円借り入れ、借入残額は五万円となったが、一一月に一万円返済して、結果的に高梨家は一九一四年初頭も一四年末も野田商誘銀行から四万円を借りていたことになった。一方、川崎銀行に対しても、一九一四年一月に二万円返済して、同時に四万円を借りているので、四万円のうち二万円は借換分で二万円が新規の借入となる。三月に川崎銀行に二万円返済したが、同時に二万円借り入れており、借入残額は変わらなかったが、五月に二万円返済した際は、同時に川崎銀行から借り入れていないので、この月に二万円返済したことになる。五月は野田商誘銀行にも一万円返済しており、五月は東京勘定方から醬油販売代金（内金）がまとまって送られる月で、この月に高梨家は銀行借入金の返済を行っていたことが一九〇九年の事例からも読み取れる。その後、川崎銀行からの借入金は七月に再び増えて、一一月に返済がされる。一一月も東京勘定方より醤油販売代金がまとまって送られており、この月に野田商誘銀行へ一万円の返済、川崎銀行へ二万円の返済が行われた。川崎銀行からの借入残額は、一九一四年度初めも終わりもいずれも二万円であったので、髙梨家は銀行借入金の残額が累積しているわけではないものの、短期的な資金需給バランスのぶれが大きく、銀行は設備投資資金よりもむしろ営業資金で野田の醸造家に資金融通を行っていた。

(4) 野田醤油株式会社設立後の髙梨家と野田商誘銀行

一九一七（大正六）年に野田醤油会社が設立され、髙梨家の資金の流れは大きく転換する。髙梨本店は、醤油醸造を行わなくなり、奥勘定より原材料費を渡される必要はなくなる。その代わり、醤油醸造工場を現物出資した対価として得た野田醤油株式会社株の配当金が髙梨本店に入り、それを奥勘定へ入れる一方で、奥勘定から有価証券投資資金を渡され、有価証券投資を積極的に行うようになった。表12－15を見よう。一九二一年と二七（昭和二）年の髙梨本店の奥勘定との金銭出入を示した。－印は、本店が奥勘定へ金を渡したことを示し、無印は本店が奥勘定から金を受け取ったことを示す。その金が何に由来するものかを把握するために、金銭出入帳に奥勘定との出入の前後に記載された金銭出入内容を付記した。すなわち、一九二一年一月二八日の場合は、まず五万円の野田醤油株の配当金を髙梨本店が受け取り、同日に五万一五二五円を本店が奥勘定に渡したことを意味する。

一方、その直後に奥勘定から三万円を本店は受け取り、その直後に近仁に三万円を本店は送っている。「近仁」は東京出店の近江屋（髙梨）仁三郎の略で、本店が東京出店に三万円を送ったことがわかる。表12－4に戻ると、一九二一年は東京勘定方が上毛モスリン株など積極的に株式投資を進めた年であり、おそらくこの三万円が東京勘定方の株式投資資金に使われたと考えられる。実際には、帳簿上の操作なので、髙梨本店の口座に入金された野田醤油株式会社の配当金のうち三万円が東京勘定方の口座に振り替えられ、残りが奥勘定へ振り替えられたことになると思われ

表12-15　高梨本店の奥勘定との主要金銭出入の動向

金額の単位：円

1921年

月日	金額	前後の内容	
1・25	1,000		
1・25	−2,517	2,517円	野田銀行・鐘紡株配当金
1・27	−1,113		
1・28	−51,525	50,000円	野田醤油株配当金
1・28	30,000	−30,000円	近仁へ
1・28	4,007	−4,007円	近仁へ（出入帳差引返上）
6・1	−2,581	2,581円	日本醤油株配当金
6・19	−1,000	1,000円	衆楽講当り金入る
6・22	1,500	−1,500円	南盛堂へ渡す
6・23	−1,238	1,238円	日清製粉株配当金
6・23	−1,875	1,875円	富士瓦斯紡績株配当金
7・26	−1,575	1,575円	鐘紡株配当金
7・26	−1,942	1,942円	野田商誘銀行株配当金
8・28	5,000	−5,118円	箱根土地買請代支払
9・5	5,000	−5,000円	輸出国産（株払込か）
9・24	−4,500	4,500円	野田醤油より米代内金受取
9・31	1,760	−1,760円	所得税他支払
11・30	2,800	−2,460円	所得税他支払
12・21	5,681	−5,681円	山林工業株払込
12・21	1,636	−1,636円	野田商誘銀行割引料
12・23	−1,238	1,238円	日清製粉株配当金
12・23	−2,344	2,344円	富士瓦斯紡績株配当金
12・26	−1,439	1,439円	東京株式取引所株配当金
12・27	12,120	−12,120円	野田商誘銀行株買入
12・27	1,440	−1,440円	川崎銀行利子支払
12・27	2,000	−2,000円	平井土地買入入用
12・27	1,000	−1,000円	北海道土地買入に付き
12・31	−3,022	5,908円	野田醤油より米小麦大豆代

1927年

月日	金額	前後の内容	
1・11	−2,544	2,544円	野田醤油より米代入り
1・11	1,000	−1,000円	中島新築祝遣す
1・22	−53,400	53,400円	千秋社配当金
1・22	30,000	−30,000円	銀行に定期預金する
1・23	−5,530	5,530円	野田商誘銀行株配当金
1・27	2,347	−2,347円	所得税他支払
1・31	−4,322	4,322円	各社株配当金
2・9	1,250	−1,250円	三菱信託銀行100株払込
3・7	2,000	−2,000円	岡田吉蔵貸（土地抵当）
3・26	2,219	−2,219円	所得税他支払
3・29	−1,257	1,257円	野田醤油より差引入り
4・7	5,000	−5,000円	川崎信託銀行200株払込
5・7	−1,200	1,200円	王子製紙社債利子
5・23	−29,669	29,669円	野田醤油株配当金
6・22	−2,040	2,040円	日清製粉株配当金
7・1	−3,000	3,000円	野田醤油重役賞与金
7・25	−5,830	5,830円	野田商誘銀行株配当金
7・30	−1,313	1,313円	鐘紡株配当金
7・30	−1,875	1,875円	大日本麦酒株配当金
7・30	5,491	−5,491円	所得税他支払
9・12	5,000	−5,000円	柏椈会借入金返済
9・15	−1,116	1,116円	王子製紙社債利子
9・21	1,396	−1,396円	戸数割税他支払
9・21	−1,864	1,860円	東京電灯社債利子
10・25	5,742	−5,742円	所得税他支払
11・16	3,464	−3,464円	明治生命（株・保険料払込）
11・30	−59,669	59,669円	野田醤油配当金・王子製紙社債返還金
12・1	50,520	−50,520円	野田商誘銀行へ定期預金
12・3	−1,000		
12・19	2,000	−3,000円	豊国銀行へ返金する
12・19	−2,500	2,500円	野田醤油重役賞与金
12・26	−4,297	4,297円	各社株配当金

（出所）大正5・13年「金銭出入帳（高梨本店）」（高梨本家文書5AID111・5AID145）より作成。

（注）金額欄の無印は、本店が奥勘定より受取、−印は本店が奥勘定へ渡し。前後の内容欄は、奥勘定とのやりとりの前後の金銭出入りを示し、無印は本店の収入、−印は本店の支出。1921・27年ともに1,000円以上の金銭出入を示した。1927年11月30日欄の前後の内容は、野田商誘銀行株配当金が29,669円、王子製紙社債償還金が30,000円であった。

るが、こうして野田醤油株式会社の配当金が髙梨家の株式投資資金として使われたと考えられる。

その後も髙梨本店は、株式配当金は一度奥勘定へ振り替えて、奥勘定から株式投資資金を受け取ってそれで株式購入を行った。例えば、一二月二七日には奥勘定から一万二一二〇円を受け取り、同日に野田商誘銀行株を一万二一二〇円で買い入れたので、奥勘定が株式投資資金を出したことになる。その一方、一二月三一日には、野田醤油会社より米・小麦・大豆代金として髙梨本店は五九〇八円を受け取り、髙梨本店は醤油醸造工場を手放したものの、醤油原料の小麦・大豆の商売は続けており、それを仕入れて野田醤油会社に販売していた。野田醤油会社は醤油醸造工場を野田の醤油醸造家から引き継いだものの、醤油原料を仕入れる店を引き継いだわけではないので、野田の旧醤油醸造家から原料購入をしていたと言える。むろん、野田醤油会社が工場を増築・新設して経営規模を拡大する一九二〇年代になれば、原料調達も自前で行うようになったと考えられるが、二一年は野田醤油会社が実質的に操業して四年目にあたり、操業初期は出資者の野田の旧醤油醸造家が持っていた原料調達ルートは重要であったと思われる。

一九二七（昭和二）年になると、野田醤油会社からの配当金に加えて野田商誘銀行からの配当金もかなり多くなり、本店からかなりの金額が奥勘定へ渡された。その額は、株式払込や税金支払いのために本店が奥勘定から渡される額よりもはるかに多く、結果的に余剰資金を抱えた奥勘定は、一月二二日に三万円、一二月一日に五万五二〇円を本店に渡し、本店がそれを野田商誘銀行などへ定期預金した。髙梨家にとって野田商誘銀行は資金借入先ではなく、多額の定期預金先となった。なお、一月二二日に五万三四〇〇円の千秋社配当金が本店に入ったが、千秋社は野田の旧醤油醸造家らが、自らが所有する土地や有価証券を保全して運用する会社として共同で設立した会社であり、同社に移譲した土地や有価証券の資産価値に応じて運用益から配当金を受け取る仕組みであった[17]。こうして、一九二〇年代の野田の旧醤油醸造家は、さまざまな経路で資産運用を行いつつ資産額を増大させ、序章第3節で述べたように千葉県を代表する資産家となった。

第3節　野田醬油醸造業の近代化

(1) 野田醬油醸造家の技術革新

前述のように、野田商誘銀行が設備投資資金よりもむしろ営業資金で野田の醸造家に資金融通を行っていたとすると、髙梨家はどのようにして設備投資を進めたかを明らかにする必要がある。本節は、髙梨家醬油工場の近代化を扱うが、その前提として、野田醬油醸造業全体で進められた近代化の様相を確認する。醬油醸造は、大豆を煮て蒸したものと、小麦を煎って割砕したものを混合して麴を作り、それを食塩水と混合して諸味にして攪拌しつつ熟成させ、搾って得た生醬油を火入れ調整して製品を完成させる工程を経る。表12－16で、野田醬油醸造業で進められた技術革新を工程別にまとめた。それぞれ、大豆・小麦の原料の処理工程、塩水の調製工程、製麴工程、仕込み工程、製成工程、詰工程に分けて、各工程の技術革新を示した。最初に野田で技術革新が進んだのが、仕込み工程で、茂木房五郎蔵でまず醬油を搾る作業に機械の導入が図られた。髙梨家の蔵も野田の醸造家の中でかなり早く、一八九七（明治三〇）年頃から桜井式圧搾機や山崎式足踏圧搾機が設置されたとされる。それに引き続き技術革新を進めたのが行徳に蔵を設置した茂木啓三郎家で、一八九八年から蒸気汽罐により大豆の煮熟を行い、九九年から火入二重釜を設置し、一九〇〇年から攪拌機を導入して回転機械による小麦の攪拌を実施し、〇二年から山崎オームギヤ敷ベルト圧搾機を設置した。こうした茂木啓三郎家の努力で、野田醬油醸造業界は一気に各工程で技術革新が進展し、それが特定の蔵で独占されることなく、野田醬油醸造組合を通して産地全体に普及したところが野田産地の強みであった。

茂木啓三郎家が始めた技術革新をさらに他の蔵が改良してより効率的な機械を開発する。例えば、小麦の処理では、茂木啓三郎が回転機械による攪拌を始めると、茂木房五郎蔵では回転機械を小麦の割砕に応用してローラーミルでそ

表12–16　野田醤油醸造業の技術革新（1917年まで）

工程	内容	
大豆の処理	1898年〜	汽罐汽機により蒸気で大豆の煮熟（行徳誉蔵）
	1911年〜	加圧蒸熟罐を使用して加水洗滌
	1911年〜	定置式加圧蒸熟罐を設置（柏屋出蔵）
	1912年〜	廻転式加圧蒸熟罐を設置（亀甲萬西蔵）
小麦の処理	1900年〜	攪拌器により廻転機械攪拌の実施（行徳蔵）
	1906年頃〜	ローラーミルで小麦を割砕（茂木房五郎）
	1907年頃〜	廻転円筒式炒熬機を設置（木白出蔵）
塩水の調製	1902年〜	改良食塩溶解装置を設置（茂木和三郎）
製麹	1914年〜	麹盛込計量器の設置（行徳誉蔵）
	1915年頃〜	麹蓋の一底盛り（亀甲萬出蔵）
仕込	1891年頃〜	山崎式原動巻圧搾機の設置（茂木房五郎）
	1897年頃〜	桜井式圧搾機・山崎式足踏圧搾機の設置（茂木佐平治・髙梨）
	1902年〜	山崎オームギヤ式ベルト圧搾機の設置（柏屋中蔵・行徳誉蔵）
	1907年頃〜	野田式水圧搾機が野田醤油醸造組合員に普及
	1907年頃〜	ポンプで塩水を直接仕込桶へ注入
	1911年〜	諸味の空気攪拌装置の設置（野田髙梨蔵）
	1915年頃〜	諸味計量器の設置（亀甲萬西蔵）
製成	1899年〜	火入二重釜の設置（行徳誉蔵）
	1908年〜	円筒型番水製造装置の設置（柏屋中蔵）
詰作業	1917年頃〜	ゴムホースで直接壜の口へ注入

（出所）『野田醤油株式会社二十年史』（社史で見る日本のモノづくり、第3巻）ゆまに書房、2003年、400–460頁より作成。

れを行い始め、茂木七郎右衛門蔵では、回転機械で小麦の炒熬工程も行うようになった。大豆の処理でも、茂木啓三郎蔵で蒸気汽罐が用いられると、他の蔵でも加圧蒸熟罐を使用して加水洗浄を行い始め、柏屋茂木家が定置式加圧蒸熟罐を設置すると、茂木佐平治家はそれをさらに改良した回転式加圧蒸熟罐を設置した。そして技術改良が困難であった製麹工程でも、一九一四（大正三）年に茂木啓三郎蔵が麹盛込計量器を設置し、特に、一二年以降の茂木佐平治蔵の技術革新は急速で、茂木佐平治蔵では、前述のように一二年に回転式加圧蒸熟罐を設置すると、一五年から麹蓋の一底盛りの技法を始め、諸味計量器が設置された。

こうして、茂木房五郎蔵が先鞭をつけた野田醤油醸造業の技術革新は、茂木啓三郎蔵が飛躍的にそれを進め、最終的に茂木佐平治蔵が技術的に完成させることで、野田醤油会社が設立される一九一七年までには、各工程で相当の技術

表12-17　千葉県主要醤油工場一覧

職工数の単位：人

工場主	所在	創業年	1902年			1909年			1917年		
			工場数	職工数	動力	工場数	職工数	動力	工場数	職工数	動力
茂木七郎右衛門	野田	1764	5	221		4	194	蒸5	4	275	蒸6
濱口儀兵衛	銚子	1645	2	157		2	66	蒸2	2	210	蒸7、瓦1
田中玄蕃	銚子	1616	1	130		2	67		3	133	蒸3
茂木佐平治	野田	1782	3	108		3	166		3	202	蒸2、他1
髙梨兵左衛門	野田	1661	3	90		3	104	蒸1	3	139	蒸3
岩崎重次郎	銚子	1710	1	75		1	78	蒸1	1	60	蒸1
茂木七左衛門	野田	1781	1	64		1	71	蒸1	2	95	蒸2
茂木房五郎	野田	1858	2	63		2	75	蒸1	2	79	蒸2
山下平兵衛	野田	1830	1	48		1	63		1	58	蒸1
兜印醤油合資	佐原	1897	1	30					1	32	石油1
加瀬庄治郎	佐原	1843	1	25		1	22		1	20	蒸1
深井吉兵衛	佐原	享保期	1	23		1	18		銚子醤油合資に合同		
馬場善兵衛	銚子	1896	1	23		1	28		1	35	蒸1
茂木勇右衛門	野田	1822	1	22		1	17	蒸1	1	38	蒸1
山下富三郎	野田	1888	1	16		1	24		1	25	蒸1
田中常右衛門	銚子	1717	1	15	蒸1	高橋仙蔵（七福、1899）			1	12	
多田庄兵衛	笹川	1724	1	15		1	14		1	26	
都邊与四郎	野田	1832	1	11		1	14		1	20	
鳥海才平	飯野	1825				1	50		1	65	蒸2
伊藤新左衛門	浦賀	1873				1	38				
濱口吉兵衛	銚子	1906				1	33	蒸1	銚子醤油合資に合同		
茂木啓三郎	行徳	1897				1	26	蒸1	1	25	蒸1
菅井与左衛門	佐原	1868				1	19	石油1	1	18	石油2
吉田甚左衛門	田中	1805				1	17		1	15	
柴田仁兵衛	千葉	1765				1	15				
富永種実	小見川	1776				1	13		1	18	蒸1
飯田佐次兵衛	旭	1865				1	12		1	14	
坂井四郎治	周西	1812				1	10				
中條幸吉	矢指	1916							1	27	蒸1
田中喜兵衛	市川	1913							1	19	他1
鎌田七右衛門	飯岡	1908							1	14	
平野浦治郎	大貫	1899							1	13	
佐貫醤油醸造合資	佐貫	1908							1	12	

（出所）後藤靖解題『工場通覧』第1・4・6巻、柏書房、1986年より作成。
（注）職工数が10人以上の工場主を示した。動力欄の、蒸は蒸気力、瓦は瓦斯発動機、石油は石油は動機、他は他から力を購入する場合を示す。1909年時点の濱口儀兵衛欄は、濱口合名会社として。茂木勇右衛門欄の1909年以降は野田醤油合資会社として。1917年時点の田中玄蕃欄は、銚子醤油合資会社として。銚子醤油合資会社は、1914年田中玄蕃蔵・濱口吉兵衛蔵・深井吉兵衛蔵が合同して設立。

表 12-18　1911 年時点野田醬油醸造家各蔵の設備

工程	髙梨兵左衛門蔵	茂木七郎右衛門蔵	茂木佐平治蔵
蔵数・仕込見込石数	3 蔵・計 35,292 石	4 蔵・計 58,622 石	4 蔵・計 33,395 石
①小麦炒熬・割砕法	山崎式改良円筒形回転熬釜 蒸気動力粉砕器	山崎式改良円筒形回転熬釜 蒸気動力粉砕器	本蔵・南蔵→山崎式 出蔵→山中式鋳鉄製 汽力・手廻し割砕器
②大豆煮熟	鉄製加圧蒸熟釜（1 時間 6 ポンドの圧力）	木製平圧蒸熟釜	鉄製加圧蒸熟釜
③割砕小麦と煮熟大豆の混合	板敷放冷場	中蔵→コンクリート敷 本蔵→板敷	西蔵→コンクリート敷 本蔵・出蔵→板敷
④食塩水調整	冷水にて溶解	冷水にて溶解	煮込んで溶解
⑤諸味攪拌		中蔵→圧搾空気攪拌	
⑥圧搾	圧搾操作は汽機の動力によるものが多く、機関動力の大半は圧搾器のために消費（山崎式→野田式水圧分離器）		

工程	茂木七左衛門蔵	茂木房五郎蔵	（参考）銚子醸造家
蔵数・仕込見込石数	2 蔵・計 25,918 石	2 蔵・21,920 石	9 軒で合計 54,130 石余
①小麦炒熬・割砕法	正田式麦熬器 蒸気動力粉砕器	山崎式改良円筒形回転熬釜 蒸気動力粉砕器	旧式麦熬釜 汽力・手廻し割砕器
②大豆煮熟	鉄製加圧蒸熟釜	鉄製加圧蒸熟釜（1 時間 10 ポンドの圧力）	旧式煮熬釜（濱口合名は蒸熟釜）
③割砕小麦と煮熟大豆の混合	本蔵→コンクリート敷	東蔵→コンクリート敷	板敷放冷場
④食塩水調整	冷水にて溶解	冷水にて溶解	煮込んで溶解
⑤諸味攪拌		東蔵→圧搾空気攪拌	
⑥圧搾	圧搾操作は汽機の動力によるものが多く、機関動力の大半は圧搾器のために消費（山崎式→野田式水圧分離器）		旧式圧搾器（人力）が一般（濱口合名は蒸気力）

（出所）「野田銚子醬油業調査書（宇都宮税務監督局）」（『明治後期産業発達史資料』第 187 巻、龍渓書舎、1994 年）より作成。

（注）工程のうち、製麴法は野田の各蔵ともにほぼ同じであったため省略した。また火入れ方法は、二重釜もしくは蛇管装置釜の 2 種類が使われた。各設備の長所・短所は以下の通り。

麦熬器：山崎式は、燃料コストが高いが、均一の熬麦が仕上がる。山中式・正田式は、燃料は経済的だが熬麦が不均一になる。

大豆熟釜：鉄製加圧は、燃料コストが高いが、早く仕上がる。木製平圧は、燃料コストがそれほどかからないが、時間がかかる。

放冷場：板敷は、冷却と水分を一定にするのに適するが、保存に悪く、洗浄消毒に不便。
コンクリート敷は、保存によく、洗浄消毒に便利だが、水分が局所的に溜る。

食塩溶解：冷水溶解は、燃料コストがかからないが完全溶解まで時間がかかる。煮込み溶解は、完全溶解が迅速であるが、燃料コストがかかり、夏季に腐敗の恐れがある。

諸味攪拌：パイプを桶の諸味中に入れて空気を送り込む「圧搾空気攪拌」が次第に普及。

革新が進んだ。こうした技術革新は、野田産地に留まらず、千葉県の銚子産地でも進み、表12－17に示したように、千葉県の主要醤油工場では一九〇〇年代以降動力化が進展した。動力化を先行して進めたのは、野田の茂木七郎右衛門蔵で、一九〇九年時点で工場数も四つと多かったが、蒸気機関を五基備えていた。一九一〇年代に急速に動力化を進めたのが、銚子の濱口儀兵衛蔵で、一七年時点で工場数は二つであったが、蒸気機関を七基と瓦斯発動機を一基備えていた。髙梨家も一九一七年時点の工場数は三つで、蒸気機関三基を備えていた。

表12－18を見よう。一九一一年時点の野田醤油醸造家の各蔵の設備を比べると、野田の有力な各蔵は、いずれも蒸気機関の動力を利用した機械を各工程に導入していた。もっとも蔵によって、導入した機械に若干の相違があるのは、燃料コストと効率の面でそれぞれの機械に長所と短所があり、どの工程で燃料コストをかけて時間を短縮するかにそれぞれの蔵の特色が現れた。髙梨家の場合は、大豆と小麦の準備は比較的手早く行い、その一方、食塩水の調整はゆっくり行っていた。それに対し、茂木七郎右衛門蔵は、大豆煮熟で燃料コストを節約して時間をかけて行い、茂木七左衛門蔵は、小麦炒熬で燃料コストを節約していた。そして茂木房五郎は新技術の導入に熱心であった。ただし、全体として野田では、一九一一年時点で蒸気機関の利用が進展しており、それに対して銚子産地では、濱口合名会社蔵では蒸気機関の利用が進展していたものの、それ以外の蔵ではあまり利用されておらず、小麦炒熬・大豆煮熟の工程は、旧式の釜が使用されていた。そのため、一九一一年時点の仕込見込石数は、茂木七郎右衛門蔵が六万石弱、髙梨兵左衛門蔵が約三万五〇〇〇石、茂木佐平治蔵が約三万三〇〇〇石、茂木七左衛門蔵が約二万六〇〇〇石、茂木房五郎蔵が約二万二〇〇〇石で、上位五家で合計約一七万五〇〇〇石に上ったのに対し、銚子産地は九軒で合計約五万四〇〇〇石に留まった（表12－18）。こうして蒸気機関を導入して動力化を進めた主要工場の中でも一工場当たりの職工数はかなり異なった。表12－17に戻ると、髙梨家と茂木佐平治家は、工場数は三つで同じであるが、一工場当たりの職工数は茂木佐平治蔵が約六七人に対して、髙梨兵左衛門蔵は約四六人であった。髙梨家の場合、三番目の蔵は他

の二つの蔵に比べてかなり小さいので、このような差が出たと考えられるが、技術革新が進んでいたと考えられる茂木房五郎家や茂木啓三郎家も、一工場当たりの職工数はそれぞれ約四〇人と約二五人であり、技術革新に応じて工場規模が大きくなるとは必ずしも限らない。

序章の表序－8で一九一三年時点の野田醤油醸造家の営業税額を示したので、営業税額とそれを比べると、茂木佐平治蔵は職工数・蒸気機関数ともに茂木七郎右衛門蔵よりも少なかったが、営業税額は茂木佐平治家が茂木七郎右衛門家を上回っており、髙梨兵左衛門蔵は職工数・蒸気機関数ともに茂木七郎右衛門蔵の約半分で、営業税額も髙梨兵左衛門家は茂木七郎右衛門家の約半分であったので、髙梨兵左衛門蔵と茂木七郎右衛門蔵の規模は職工数と対応してそれぞれ同程度であったと考えられるが、茂木佐平治蔵は職工数の割には規模が大きかったと思われる。技術革新が進んでいたであろう茂木房五郎家・茂木啓三郎家も職工数の割には、営業税額が多かったので、職工数の割には工場の規模は大きかったと言える。いずれにしても、一九一七年時点では、野田・銚子に限らず千葉県の他の産地でも蒸気機関の導入は進んだが、その産地の主要醤油醸造家のほぼすべてに蒸気機関が導入されていた産地は野田と銚子しかなく、こうした技術水準の平準化が、野田産地単位で野田醤油会社としてまとまった技術的前提となっていた。

(2) 髙梨家醤油工場の近代化

続いて、髙梨家に即して醤油醸造経営の近代化を検討する。製造面の具体的な変容は、本書第5章で論じられるので、本章では、金銭出入りに現れた側面として、機械類の購入を取り上げたい。表12－19を見よう。髙梨本店が新しい設備の購入を始めたのは、前述のように一八九〇年代末と言えるが、一九〇〇年代になるとポンプの購入が恒常的に見られ、機械の導入を裏付けるように、機械油代がコストとしてかなり支出されるようになった。表12－16に戻ると、仕込み工程で一九〇七（明治四〇）年頃よりポンプで塩水を直接仕込桶に注入する技術が普及したとされるが、

表 12-19　高梨本店設備関連支出の推移

単位：円

項目	1903年	1906年	1909年	1912年	1913年	1914年	1915年	1916年	1917年
大釜・平釜・中釜	336.2	98.5	80.1			295.0		240.0	
キカイ船（槽）直し	95.5					81.4	0.6	4.5	
ラセン	56.0				2.0	2.2	0.8		3.7
（井戸）ポンプ直し	3.8	24.3	21.4	17.4	7.9			46.4	40.0
ポンプ		127.7	139.0	180.0	99.9	25.5	17.8		95.5
キカイ師（巻）払		25.1	21.3	12.9	1.4		60.0	1097.0	1311.5
キカイ油		5.2	39.0	283.1	323.0	318.5	487.9	858.3	13.1
トロッコ・レール				30.3	135.0				54.5
パッキン・スプリング					368.8	363.8	521.9	150.0	24.4
ポンプホース					127.2	413.3			
ゴム管・パイプ					85.4	127.0	205.7	160.0	
モロみがきゴム						198.0			
ロール						135.0			
火入落し						38.0			
ボイラ掃除						16.0	16.0	41.5	
ピストン						13.7	12.0	7.5	
竃釜ロストル						8.7			
水圧（バルブ）						7.5	13.0		7.5
豆蒸釜口						7.0			
水圧ベルト直し						1.0			
水圧箱							1,400.0	72.0	
バイブレータ								2.5	
ベルト巻									541.0

（出所）各年度「金銭出入帳（高梨本店）」（高梨本家文書）より作成。
（注）設備関連支出として、「キカイ」に関連するものを選んだ。キカイ油欄には、シリンダ油・ボイラ油を含む。小数点第2位を四捨五入した。

高梨蔵では少なくとも〇六年からポンプの購入が見られ、野田の醤油醸造家の中でもかなり早くからポンプを導入していたことがわかる。また一九〇三年に「キカイ船（槽）直し」代金としてかなりの金額が支出され、「船（槽）」とは、仕込み工程の圧搾の際に醤油を入れる箱型の容器のことなので、この圧搾工程の機械化がそれ以前に図られていたと推測される。実際、表12－16では、一八九七年頃から高梨蔵で桜井式・山崎式足踏圧搾機が設置されたことがわかるので、これらの修理が一九〇三年に行われたのであろう。

その後も高梨蔵では、パッキン・バルブ・ポンプホース・スプリング・ゴム管・パイプなど機械の部品が毎年購入され、機械のメンテナンスが続けられた。大きな技術革新として、一九一五（大正四）年の水圧箱の購入が挙げられ、これは表12－16にある野田式水圧搾機と考えられ、高梨蔵では桜井式・山崎式足踏圧搾機の導入が早かった分、他の蔵に比べて水圧圧搾機の導入は遅れて一五年になったと思われる。そして一九一七年にベルト巻が多額の資金で購入されており、この年からベルト圧搾機も導入されたと見てよい。いずれにしても、高梨蔵は圧搾工程での機械化を熱心に進めていたことが読み取れる。またキカイ油には、ボイラ油も含まれ、ボイラ掃除の費用も計上されているため、蒸気機関が一九〇九年までには導入されていたことが確認される。このような機械の導入は、新たな職人を必要とする。一九〇〇年代の高梨本店の金銭出入りでは、「キカイ巻」の手間賃が定期的に支払われ、機械のメンテナンスをする職人を雇っていた。こうしたメンテナンス費用も含めると、高梨家の機械化に伴う費用は相応の額に上ったと思われる。ただし、機械油費用など日常のメンテナンス費用が積み重なって金額が比較的多くなっており、機械そのものの費用が数千円もしたわけではない。その意味では、当時の高梨家にとっては税金負担の方が機械購入よりも重くのしかかっており、銀行からの借入金は主に税金支払いに使われ、醬油販売代金の蓄積でこれらの諸機械は購入されたと考えられる。野田醬油株式会社設立時における高梨家蔵の設備調査によれば、出蔵には、多管式汽鑵一台（価格二一〇〇円）、麦煎釜一台（四五〇円）、豆蒸釜一台（四五〇円）、ウォーシントンポンプ六台（六一〇円）、八時水圧器三六台（一四四〇〇円）、攪拌機一台（三五〇円）などが、辰巳蔵には、多管式汽鑵一台（一九五〇円）、豆蒸釜二台（六五〇円）、ウォーシンポンプ三台（三〇〇円）、十時水圧器一〇台（五〇〇〇円）、攪拌機一台（三五〇円）、木製圧搾機器四台（四〇〇円）などが設置されていた。(18)

一方、販売面では東京での販売は本書第9・10章、地方での販売は本書第11章で論じられるので、ここではマーケティングの変化として本店が支出した広告費の内容を検討したい。表12－20を見よう。高梨家の醬油の販路は、東京問屋を中心として北関東の醬油卸商であった。ところが一九〇〇年代になるとこれまでとは異なる客層に向けての広告戦略が取られるようになった。例えば、一九〇三年の大阪新聞、〇六年の神戸ヘラルド新聞など関西の新聞に広告

表 12-20　高梨本店広告料支出一覧

単位：

項目	1903年	1906年	1909年	1912年	1913年	1914年	1915年	1916年	1917年
大阪新聞	154				交詢社	25	25		25
千葉毎日新聞	22	21			7	3	3		10
七福社	20			日英再文		15	家庭生活		65
東京日報	9			興文協会		15	千葉県鉄道案内		25
埼玉新聞	8	50	36		40	40	43	40	40
東京時報	5			酒類商報		14	登録権協会		10
商工大家集		100		料理研究会		10		12	12
丸善商店（長野県）		85		北米時事新聞		5	10	10	
神戸ヘラルド新聞		36		30	ナショナル		10		
山田忠太郎		20		10	商工新聞		10		
旅行クラブ		15		帝国酒醤油		9	17	28	46
あづま新聞		8	105	63		66		60	60
酒醤油世界			40	40	80	40	40	80	80
東京商業興信所			20	20	40	20	15	40	
成功ノ日本			10	45					
鉄道タイムズ			6	酒醤油缶詰新報		4	5	5	20
源盛座			5	日本商工(人名)録		1	2	2	2
横浜酒醤油商報			4	20	40	10	20	10	
実業新報			2	15		3	上州実業新報社		2
旅行案内				50	20	48	34		52
茨城日報				20	40	40	40	10	
新世界				15	実業の日本		3		
信用通信				10	10	10			5
明治興信所				7	料理之友		75	132	84
東京朝日新聞				5	高井新聞	5	中央実業		2
茨城タイムス				5		日本紳士録		25	
全国（日本）酒醤油新報				4	5	4		25	5
横浜電車					120	北海道記事		21	
毎夕新聞					115	大阪酒醤油		15	
料理同盟新聞					96	大日本紳商録		1	
花芝					38	秀文舎営業案内		10	
興国日報					5	横浜興信所		2	
大正新誌					5		関西料理新報		2
名古屋醤油新聞					4		4		8
上州日日新聞					3	東海新聞	3		
京都醤油新聞					1		中央新聞		3

（出所）各年度「金銭出入帳（高梨本店）」（高梨本家文書）より作成。
（注）旅行案内の欄は、海陸旅行案内→北海道旅行案内→鉄道汽船旅行案内の順で史料では登場した。名称が変更にな
と推定される場合は括弧書きで示した。小数点第1位を四捨五入した。

表 12-21　髙梨本店家族・店員等地方出張一覧

旅行者	分類	旅行先（地名の後ろは回数）
1896 年度		
信治郎	店員	下野 8、上野 8、下手 8、川越 4、武蔵 2、信濃 2、東京 1、真鶴 1
仁平	店員	上野 9、武蔵 7、下野 3、東京 1、越後 1
熊吉	仕事師	東京 14、土浦 1、上鎌田 1、真鶴 1、額田 1
菊蔵	店員	東京 6
菊太郎	店員	東京 5
福松	店員	東京 5
栄蔵	店員	東京 3、上鎌田 1
喜助	店員	東京 3
宝来屋		額田 2、東京 1
貞治	店員	東京 2
山治郎		東京 1、流山 1
ゆみ	使用人	東京 1、川口 1
旦那	家族	東京 1
若旦那	家族	東京 1
奥方	家族	丑崎 1
源治郎	店員	流山 1
新太郎		東京 1
1899 年度		
信治郎	店員	下野 7、上野 7、下手（下筋）8、川越 5、信濃 2、東京 1、
仁平	店員	上野 10、武蔵 10、下野 1
熊吉	仕事師	東京 9、土浦 1、流山 1
菊蔵	店員	東京 11
福松	店員	東京 9
長吉	仕事師	東京 8
山治郎		東京 4、浦和 1、松戸 1、越谷 1
庄太郎	店員	東京 2、武蔵 1、上野 1、土浦 1
旦那	家族	東京 1、下野 1、上野 1、武蔵 1
源治郎	店員	土浦 2、東京 1
菊太郎	店員	東京 2
米吉	店員	大山 2
栄蔵	店員	東京 1、松戸 1
若旦那	家族	東京 1
お磯	使用人	東京 1
由太郎	大工	東京 1
成田屋		土浦 1
1903 年度		
信治郎	店員	上野 8、下野 6、川越 6、下手 3、信濃 2、武蔵 2
仁平	店員	上野 13、武蔵 13
旦那	家族	大阪 3、流山 2、四国 1、東京 1、越谷 1
庄太郎	店員	東京 3
山治郎		横浜 1、東京 1、松戸 1
新太郎		上野 1、下野 1、武蔵 1
福松	店員	東京 2
源治郎	店員	行徳 1
菊太郎	店員	額田 1
長吉	仕事師	東京 1
荘太郎	仕事師	東京 1
1909 年度		
信治郎	店員	上野 12、下手 7、川越 6、信濃 3、下野 3、武蔵 1
仁平	店員	上野 14、武蔵 5
政之助	親族	北陸道 2、北海道 1、大阪 1、東京 1
長三郎	店員	上鎌田 1、下筋 1、篠崎町 1
福松	店員	東京 2
杜氏		東京 1
定吉		東京 1
植木屋		市川 1
山治郎		松戸 1
1915 年度		
信治郎	店員	上野 8、下野 6、下手 5、川越 3
仁平	店員	上野 10、武蔵 8、茨城 1
旦那	家族	東京 2、千葉 1
喜太郎	店員	信濃 1、三峰山 1
政之助	親族	北海道 1
安太郎		銚子 1
御新造	家族	東京 1
由太郎	大工	岩槻 1

（出所）明治 27・30・36・42・大正 3 年「金銭出入帳（髙梨本店）」（髙梨本家文書 5AID124・121・116・114・117）より作成。

（注）出所資料より、旅行者と旅行先が判明するものを集計し、旅行者のみ・旅行先のみの場合は除いたので、全体像を示すわけではない。旅行先の、上野は旧上野国（現群馬県）、下野は旧下野国（現栃木県）。

を載せるようになる。また、鉄道タイムズ・横浜電車・旅行案内など鉄道旅行者向けの雑誌や時刻表へも広告を載せ、新たな販路の拡大を目指した様子が窺われる。表12－21を見ると、一八九〇年代後半の店員の出張先は、専ら東京か北関東であり、北関東へは原料仕入れと製品販売、東京へは東京出店からの金銭持参などが主な目的であったと考えられるが、二〇世紀に入ると当主が一九〇三年に大阪に三回、四国へ一回赴いており、これまでにない販路の開拓が目指されるようになった。この大阪への出張は、表12－20にあった一九〇三年の大阪新聞への広告料の支払いと関係していたと思われ、以後、広告の対象が全国に広げられる。そして銀行による送金手形を利用した送金が普及すると、一九〇〇年代後半以降は店員の東京への出張は非常に少なくなり、むしろ〇九年や一五年には親族（本家番頭）の政之助が北陸道・北海道などの遠隔地へ出張する。これは高梨家の醬油販路の全国展開の契機となったもので、これ以後一九一六年には「北海道記事」などにも広告を載せるようになった。ただし、その翌年の一九一七年に高梨家の醬油醸造部門が野田醬油会社に合同したため、こうした広告がどの程度販路開拓に効果があったかを確認するのは難しい。いずれにしても、野田醬油会社に合同する少し前から、高梨家はこれまでの東京と北関東に醬油販路を集中する戦略を改めて、新たな販路拡大を試みていた。それは、機械化による高梨蔵の醬油醸造量の急拡大にも対応しており、高梨家に先駆けて遠隔地への販路拡大を目指した茂木一族との競争も含みつつ、銚子産地も含めて一九一〇年代前半の醬油全国市場は流動化の兆しが見られていた。一九一七年の野田醬油会社の設立の背景には、こうした醬油全国市場における競争があったことに留意する必要があろう。

おわりに――野田醬油醸造産地の競争力

本章では、一九〇〇年代の野田地域の近代化・産業化に高梨家がどのように関わり、また家業の醬油醸造経営の近代化を進めたかを論じた。野田地域の企業勃興は、東京近郊としては遅く、一九〇〇（明治三三）年に野田商誘銀行・野田人車鉄道会社が設立されたものの、それに続く会社設立は野田ではあまり起こらず、本格的な企業勃興は、一九一七（大正六）年の野田醤油会社の設立を待つ必要があり、むしろ醤油醸造家が個別に家業の醤油工場を近代化・機械化することを熱心に進めた。髙梨家も、野田商誘銀行の設立には参画し、出資をして取締役となったものの、それ以降野田商誘銀行からの借入金などで積極的に有価証券投資を行うことはなく、むしろ野田商誘銀行からの借入金は税金支払いに充て、醤油醸造経営からの利益は、工場設備の機械化や広告費に向けた。このように野田の醤油醸造家には家業志向性が強かったと考えられるが、逆に野田の醤油醸造業が、野田を代表する産業であるとともに、その経営の大規模化とともに日本でも有数の産地となり、醸造家が国税のみでなく県税や町税を地域社会に収めることで、地域社会への貢献にもつながった。その意味で、野田の醤油醸造家が野田に醤油醸造の本拠を置き続けたことが、地域社会にとって重要であり、それを地域志向性と見做すのであれば、家業志向性と地域志向性が納税を介してつながったところに野田醤油醸造家の特徴が見られる[19]。

このことは、有力資産家の地域志向性が必ずしも地域社会での会社設立に限らず、野田人車鉄道のような家業のためと地域社会のためを兼ねたインフラ整備や、野田醤油醸造組合が、蔵人と地域住人の両方のために野田病院を設置したことなどいろいろな方向性で評価しうることを示している[20]。冒頭で触れた銚子の濱口儀兵衛家の事例では、一八九三年から新たに当主となった一〇代儀兵衛（梧洞）のもとで「積極経営」がとられて生産拡大とともに、地方企業・地方産業への関与も強められたが、醤油醸造業以外への事業展開が濱口家の収益に結びつかず、一九〇〇年代の濱口家の経営悪化の直接の原因となったが、野田ではむしろ醤油醸造家の家業の成長と地域社会への貢献がうまく重なり、髙梨家も、会社設立ではなく、家業の発展で地域社会への貢献を果たしてきた。

それでは、こうした野田醤油醸造産地の競争力の源泉はどこにあると考えたらよいか、以下の三点を指摘したい。

第一に、他の醤油醸造産地に先駆けて技術開発を進め、それらは当初は各蔵のレベルで別個に進められたが、野田醤油醸造組合が技術試験場などを設置して、それらの技術を産地として共有できる枠組みを作ったことが大きかったと言える。その背景には、野田ではそれなりの規模の醤油醸造家がまとまって存在したことが重要であるが、それらの醸造家の多くが縁戚関係にあり、技術の共有を阻害する精神的要素が少なかったことも要因として挙げられる。

第二に、野田商誘銀行の存在が挙げられる。野田商誘銀行が野田醤油醸造産地の発展に果たした役割は、従来は消極的に位置づけられてきたが、髙梨家の事例を見ると、資金需給バランスにかなり波があり、毎年税金支払月になると資金繰りが苦しくなるという弱点があった。それを補ったのが野田商誘銀行であり、野田商誘銀行の存在が、髙梨家の資金繰りに余裕を持たせ、髙梨家が自己資金を安心して設備投資資金に向ける環境を作ったと言える。野田醤油会社設立以前の野田の醤油醸造家は、おそらく自己資金で醤油工場の近代化・機械化を進めたと思われるが、それを可能にしたのも、野田商誘銀行が、税金支払分も含めて通常の運転資金を足りなくなった際に供給するという仕組みを作ったからと考えられる。その意味で、野田商誘銀行は、産地銀行としての役割を果たした。

ただし、野田醤油会社が設立されると、野田商誘銀行との関係も大きく変容する。個々の醤油醸造家は、会社設立とともに醤油造石税の支払いは会社が行うこととなり、そこから解放され、株式配当金を受け取ってその運用に専念すればよい。個々の旧醤油醸造家にとって野田商誘銀行は、定期預金の預け先として資産運用の対象になったり、有価証券投資資金の借入先となる。その一方で野田醤油会社は、新たな工場設置など資本金規模を超える設備投資が必要になった場合は、内部留保のみでそれを行うのは難しく、銀行から設備投資資金を借りる必要が生じる。また、野田醤油会社が醸造量を増大すればするほど、原料調達資金需要と販売代金決済の資金需給バランスのずれの規模が大きくなり、多額の運転資金を借りる必要が生ずる。こうして野田商誘銀行は、野田醤油会社が設立されたことで、銀行規模を大きくする必要が生じて増資を繰り返した。野田商誘銀行の主要株主と野田醤油会社の主要株主がほぼ一緒であったために、野田醤油会社株の配当金が野田商誘銀行の増資追加払込に使われ、野田醤油会社自身も設備投資資金調達のための増資を行い、野田醤油会社の株主が増資払込みをする際に野田商誘銀行株の配当金が使われたと考えられる。こうして野田醤油会社と野田商誘銀行が連鎖しつつ両者の資本規模が急増した。

第三に、野田が持っていた立地条件や野田の醤油醸造家の物流・マーケティング戦略が野田産醤油の販路拡大に大きな役割を果たした。野田が、江戸川と利根川の挟まれた地域にあり、北関東から原料大豆・小麦を移入するにも、醤油製品を江戸へ移出するにも水運の便が極めてよかったことは指摘できるが、それをさらに有利にする野田の醤油醸造家の主体的な努力も見逃せない。例えば、野田地域の利根川沿いと江戸川沿いを運河で結ぶ利根運河が、一八九〇年に開通したことも重要であるが、野田の醸造家が自ら江戸に出店を設けて江戸市場の確保に努めたことも指摘できる。むろん江戸は関東地域からさまざまな醤油が移入されるため、そこでの市場確保とともに地方に得意先を持つことも重要であり、高梨家の場合は、近世後期から明治期にかけて北関東に商圏を確保した（本書第11章）。

こうした商圏は、野田の醤油醸造家や銚子の醤油醸造家の間で、明治中期までは棲み分けられていたと考えられるが、一九〇〇年代から工場設備の機械化と醸造規模の急拡大で、各醤油醸造家が新たな市場確保に乗り出し、醤油市場の競争が全国的に拡大するに至った。その中で高梨家は、後に野田醤油会社の関西への進出の先鞭をつけるように、関西に販路を求めて広告戦略を取り、北陸から北海道への販路開拓も試みる。こうした醤油醸造家間の競争は、野田では野田醤油会社の設立とともに薄らぎ、その後は野田醤油会社と銚子の有力醸造家との競争へとなっていった。かくして野田醤油醸造産地の動向が、関東のみならず、日本全国の醤油産地の動向に影響を与えるようになった。

注

（1）中西聡・井奥成彦編『近代日本の地方事業家―萬三商店小栗家と地域の工業化―』日本経済評論社、二〇一五年。
（2）谷本雅之「銚子醤油醸造業の経営動向」（林玲子編『醤油醸造業史の研究』吉川弘文館、一九九〇年）。
（3）花井俊介「転換期の在来産業経営」（林玲子・天野雅敏編『東と西の醤油史』吉川弘文館、一九九九年）。
（4）「野田商誘銀行四十五年誌」（野田醤油株式会社社史編纂室編『野田醤油株式会社三十五年史』同社、一九五五年に所収）を参照。
（5）前掲『野田醤油株式会社三十五年史』一一三―一一四頁。
（6）野田市史編さん委員会編『野田市史』資料編近現代一、野田市、二〇一二年、三五五頁、および東武鉄道社史編纂室編『東武鉄道百年史』東武鉄道株式会社、一九九八年、四八三―四九三頁を参照。
（7）明治期の「店卸決算表（高梨仁三郎）」（高梨本家文書）による。
（8）大正一〇年「東京金銭出入帳」（高梨本家文書 5AID63）による。
（9）前掲谷本雅之「銚子醤油醸造業の経営動向」。
（10）大正四年度『営業報告書（野田商誘銀行）』より。
（11）上毛モスリンについては、齋藤康彦『地方財閥の近代―甲州財閥の興亡―』岩田書院、二〇〇九年を参照。
（12）土屋喬雄「醤油醸造業と銀行」（『地方金融史研究』創刊号、一九六八年）。
（13）各年度『営業報告書（野田商誘銀行）』より。
（14）大正九年版『日本全国諸会社役員録』商業興信所、一九二〇年、上編三六三頁。
（15）一九一七年以前の「金銭出入帳（高梨奥持・高梨本店）」「東京金銭出入帳」（高梨本家文書）より判断。
（16）三菱銀行史編纂委員会編『三菱銀行史』株式会社三菱銀行、一九五四年、三三九頁。
（17）千秋社については、加藤隆「醸造（醤油）財閥」（渋谷隆一・加藤隆・岡田和喜編『地方財閥の展開と銀行』日本評論社、一九八九年）二八二―二九二頁を参照。
（18）「出蔵・巽蔵」（髙梨本家文書別置史料）。
（19）前掲中西聡・井奥成彦編『近代日本の地方事業家』終章で、中西聡は家業志向性と地域志向性の両方を兼ね備えた点に「地方事業家」の特質を見た。高梨家の一九〇〇年代～一〇年代の納税の中心は、諸味一石に付一円七五銭～二円が課せられた醬油造石税であったが（市山盛雄編『野田醬油株式会社二十年史』（社史で見る日本のモノづくり、第三巻）ゆまに書房、二〇〇三年、五四一頁）、醬油造石税・地租・所得税などの国税に加えて、高梨家は所得税割・地租割の県税・町村税も頻繁に納めていた（一九〇〇年代以降の「金銭出入帳（高梨本店）」（高梨本家文書）を参照）。野田―柏間の県営軽便鉄道が開設された背景には、こうした野田の醸造家らの県税納入などを通した千葉県への貢献があったと考えられる。

（20）　野田病院については、前掲『野田醬油株式会社三十五年史』六八二―六八五頁参照。

［付記］本章は、平成二六・二七年度の慶應義塾学事振興資金による研究成果の一部である。

終章　総括と展望

井奥　成彦
中西　聡

第1節　醤油醸造家としての髙梨兵左衛門家

本節では醤油醸造業史研究の側面から、先行研究を念頭に置きつつ髙梨兵左衛門家についてのまとめを行い、併せて今後の醤油醸造業史研究の課題を述べてみたい。

本書の大きな意義としてまず、日本最大の醤油産地である野田地域の、日本最大級の醤油醸造家についての初めての大規模な共同研究であることが挙げられる。これまで一つの醤油醸造家の、帳簿類を含む大量の史料を用いた多角的な研究としては、本論の中で再三挙げてきた林玲子を中心とするグループによる銚子のヤマサの研究『醤油醸造業史の研究』と長谷川彰による龍野・円尾家の史料を用いた研究『近世特産物流通史論』があるが、本研究は三万点に及ぶ史料に十余名の研究者で取り組む大規模なものとなった。

野田地域で醬油醸造業が発達した要因としては、利根川・江戸川という大河川の分岐点に近く、広い関東平野の農村地帯と大消費都市江戸の中間的位置にあって、原料となる大豆・小麦を、それらの生産の盛んな関東農村から大量に調達することができ、また江戸へ商品を大量に輸送するにも便利であったことをまず挙げなければならない。そして関東の他の醬油産地の例に違わず、髙梨家の存在する上花輪村を含むこの地域が決して生産力の高い村ではなかったことを想起しなければならない。この点は本書序章第2節などで触れられている通りである（以下章番号はいずれも本書）。生産力の高くない土地で農村産業が興り、発達したということはプロト工業化論[1]に適合的であり、生産力豊かな西日本で発達した酒造業や綿業とは好対照をなす。また、主要な年貢の対象である米ではなく、年貢の対象として重視されなかった畑の作物である大豆・小麦を原料としていたことは、この産業を営む上では有利であり、畑地の多い関東でこの産業が盛んになる一つの条件となっていた。この点は中井信彦が色川三中の研究において指摘した通りであり、中井は近世後期の関東においては年貢の高い田は放棄して畑作物に重点を置くという農民の選択があって、それがいわゆる「関東農村の荒廃」と見える現象を生み出していたという見方をしている[2]。

髙梨家が醬油醸造業を始めたのは一六六一（寛文元）年と後の記録に記されているが、詳細がわかるようになるのは一八世紀後期の安永の頃からである。近世のうちは農民としての性格が強かったようで、その点は第1章で紹介されている一八四二（天保一三）年の家訓にその性格が見られる。この家訓の中での農業の位置づけについては、さまざまな見方ができるかもしれないが、ここでは、一八四二年と言えば同家の醬油醸造規模はかなりになっているとはいえ、近世のうちはまだ農民としての意識が残っていたというふうに、文面通りに考えたい。それがしだいに醬油醸造業を大規模化させていくにつれ本業としての意識を強めていき、その延長線上で、近代には一業専心型の事業家として斯業を発展させていくようになったのである（終章第2節）。家訓ではほかに、地域への救恤の精神も確認でき、そのことが近代以降の同家の地域貢献につながっている。

さて、高梨家の醬油醸造業には他の醬油醸造業者と比べてどのような共通性と独自性があったのであろうか。随時先行研究を引き合いに出しつつ考えてみよう。まず、原料調達については、近世期はもちろん国内原料（大豆は主に上州産、小麦は主に相州産、塩は主に赤穂産）を用いていたが、明治後期からは外国産も含む遠隔地から多くを求めるようになった。その際、主として東京向けの上級醬油から地方向けの中・下級醬油まで生産していた同家としては、上級品用原料は品質重視、下級品用原料は価格重視の戦略をとった。いずれの場合も東京経由で調達する比率が高まり、製品販売における東京への地理的近接性の他の醸造家に対する優位さが原料調達においても見られ、同家の経営発展の一因となった。しかし、一九〇〇年代を過ぎる頃から、市場では原料高・製品安の状況が生じるようになり、最上商品の品質維持と生産費抑制の両立が個別経営では難しくなって、そのことが一九一七（大正六）年の大合同につながる一因となった（第6章）。高梨家の上級醬油と下級醬油は、それぞれ別の蔵で生産するという態勢をとっていた。このあたりも同家醬油醸造業のユニークなところである。すなわち、基本的に上級品は出蔵で造り、下級品は元蔵でブレンドして造るという態勢で、特に明治中期以降は出蔵―上級品―東京向け、元蔵―中・下級品―地方向けという組み合わせで効率的に生産が行われ、高い利益率を実現して、経営的に成功を見たのである。なお、同家にはもう一つ、辰巳蔵という蔵があるが、この蔵の役割は、諸味段階まで生産してそれを出蔵、元蔵に供給することであった。計三つの醸造蔵で分業態勢がとられていたのである（第5章）。

高梨家の醬油醸造業は近世後期には相当規模に達していた。その具体的な数値などは本論で明らかにされた通りである。時期によっては日本最大規模の醬油生産を行っていただけに、そこで生じる労働需要は相当なものとなり、地域経済を潤すこととなった。雇用労働については、同じ有力醸造家である銚子のヤマサと労務管理面などでさまざまな共通点を持ちつつも、労働供給源に関しては特に明治以降、ヤマサとは重複せず、しかもそれ以前よりも地域的に縮小傾向を見せ、より地域に密着したかたちでの労働力調達を行うようになっていったことが明らかになった（第3章）。この、労働供給源が野田と銚子の有力醸造家同士で重複しない点は、第11章で明らかにされたように地方販売先が両者で重複しないことと併せ、結果的に有力醬油醸造業者同士での棲み分けがなされていたという印象を持たせる。ただし、これに関しては、野田地域の他の有力醸造家も含めて考えるとどうなるかという問題があるが、現段階ではそこまでは言及できない。また、同家の大規模な醸造業は、樽職人や袋刺しの労働需要も少なからず生むこととなり、そういったかたちでも地域を潤すことにつながっていったのである（第7章）。この地域が農業において必ずしも豊かでなかったことを考え合わせれば、地域にとってこのことの持つ意味は大きい。

さて、右のようにして造られた髙梨家の醬油はどのように販売されたかというと、まず江戸（東京）との関係では、同家の醬油は近世後期以降一〇～三〇という多数の問屋と取引しており、それらの問屋の求めに応じて、ブレンドによって味・色・香りの微妙に違う醬油を生産し、印（ブランド）の数も、最大時で年間七〇に迫るほどであった。多ブランドの造家はほかにもあるが、ここまで多いのは他に類を見ない。これは顧客のニーズにきめ細かく応えようとした経営姿勢の表れと言えよう。この点も、髙梨家のユニークなところである（第2章）。江戸（東京）売りについては、特に髙梨家にとって不可欠な問屋であった近江屋仁三郎店と高崎屋との関係を、それぞれ第8・9章と第10章において検討した。江戸の醬油酢問屋近江屋仁三郎店を一九世紀半ばに事実上の江戸出店とした髙梨家は、以後近江屋仁三郎店と固定的な取引関係を結んだというわけではなく、他の問屋へも卸し、一方、近江屋仁三郎店は髙梨家以外の醬油も取り扱うという関係であったが、その柔軟な関係はむしろ双方の経営規模の拡大につながった。ただし、近江屋仁三郎は資金面では髙梨家に依存していた。このような、ローカルな生産者が江戸に問屋を派出するという形態は、ヤマサの廣屋儀兵衛と江戸問屋廣屋吉右衛門の関係にも見られるし、他業種でもよくあることであるが、髙梨家と近江屋仁三郎の場合、商品販売の面で廣屋吉右衛門との関係が強かったヤマサの場合とは異なるタイプの関係であったと言える。そして第9章では、この業種に関して従来の研究で言われていたような、問屋が生産者に対して優位に立っていたとする説に疑問を呈する。この点は江戸で問屋・仲買・小売を営む高崎屋との関係からも窺え、特に小売・仲買から出発した高崎屋にとって、醬油仕入先の確保という意味でも、醬油酢問屋株の取得の面でも、髙梨家は重要な存在であった。第10章ではさらに、階層によって多様な銘柄や品質の醬油を求める江戸（東京）の消費者にも目を向けており、第2章と併せ、消費の問題まで視野に入れた論考となっている。

一方、地方販売に関しては、江戸川下流域と近隣町村というごく限られた地域への販売に留まっていた松方デフレ期までの状況から、同期を過ぎてからは、各地で産業が勃興したことに伴う需要増に対応して、中・下級品を主として急速に販売を伸ばし、特に北関東の養蚕・製糸業、機業地帯への販売が顕著になったこと、地方への輸送ルートは河川舟運への依存が遅くまで残ったことを明らかにした。そして、地方への販売は、利根川・江戸川分岐点より東へはほとんど及ばず、その点からは、髙梨家とヤマサとで地方販売域の棲み分けがなされているごとくであることを指摘した。また、ヤマサや野田の醸造家の一般的な傾向に比べると髙梨家の遠隔地への進出は遅く、一九〇〇年代に入って遠隔地への進出の兆候も見え始めるが、同家の地方販売はあくまでも関東の域内を重視したことを指摘した（第11章）。

以上のような髙梨家の経営について、その収支がわかる史料は年代的に限られているが、合同直前の一九〇二（明治三五）年度から一七年度までについて、第4章で検討している。それによれば、この段階で髙梨家の醬油売り上げは伸びているものの、第6章でも触れられた通り、市場では競争の激化によって、原料高とは裏腹に製品安の状況が生じており、利益率も低下して、このまま自由競争を続けることに利はなく、一九一七年の大合同に至る一因となったとした。そして、髙梨兵左衛門家の資産運用と野田地域の工業化について、第12章で、この地域の工業化は、新分野の企業を興すことによってではなく、醬油醸造業という従来からの家業を各醸造家が近代化・機械化したことにより果たされたとした。そしてこの地域の醬油醸造家たちは有価証券投資を行うよりも、税金を納めたり地域社会のためにインフラ整備をしたりすることに力を注いだとした。つまり、家業の発展を通じて地域社会への貢献を果たしたのである。こうしたパターンは我々のこれまでの研究の中では、『近代日本の地方事業家』で取り上げた愛知県半田の萬三商店と共通するところが多いと思われるが、この点についてのまとめは、次節で行われる。

髙梨兵左衛門家が本格的に醬油醸造業を行うようになって以降、それを家業の中心に据えた一業専心型の醬油醸造家となっていったことについては、ヤマサもその長い歴史の中で基本的には同様と言えようが、ヤマサでは一時期、拡大志向の経営者も現れた。髙梨家からはそういった経営者は終始出なかったが、それには家訓の影響もあるかもしれない。手を広げすぎない堅実さは、地方販売のやり方にも顕著に表れている。その一方で、印の多さなどに象徴されるように販売戦略のユニークさ、きめ細かさも見られた。また、近世の救恤などに見られる地域社会への貢献の精神は、税金を納めたり地域のインフラ整備を行ったりするというかたちで、近代の地域貢献へつながっていったのである。

以上のように、日本最大の醬油産地野田地域の最大級の規模の醬油醸造家について、多くの新たな発見が得られ、醬油醸造業史の研究に新たな地平が拓けたことと思われるが、また新たな課題も見えてきた。史料の有無や史料閲覧の可否の問題もあって、どの程度解明できるかは未知数であるが、思いつく課題を述べて、本節を終わりたい。

まず第一に、野田地域には髙梨家と肩を並べる規模、時代によっては同家を上回る規模の醬油醸造家が複数いたが、我々が明らかにした髙梨家やヤマサなど他地域の有力醬油醸造業者の経営動向に対して、その時々にどのような経営を行い、どのような動きを見せたのであろうか。これらの醸造家の経営動向はやはりできる限り明らかにする必要があろう。第二に、「大合同」後の野田醬油株式会社の経営動向を、前史としての髙梨家などの動向を踏まえて明らかにすることである。合同前の各個別経営の状況に対して、合同はどのような意味を持ったのか、明らかにする必要があろう。第三に、大醸造家の地方進出に対応して地方の醸造家の動向はどうだったのだろうか。この点に関しては、序章第1節でも紹介したように花井俊介が茨城県真壁の小醸造家を通して考察した論考があるが、例えば第11章で触れたように、髙梨家が上州に市場開拓したときに、上州に元からある醬油醸造家はどのような動きを見せたのであろうか。近代産業と在来産業の共生の問題とともに、地方市場に関して考察すべき課題である。ほかにも考えられる課題はまだまだあろう。本書を踏まえて、醬油醸造業史研究のさらなる発展が望まれる。

第2節　地方資産家としての髙梨兵左衛門家

前節では、醬油醸造家としての髙梨兵左衛門家に焦点を当てて、日本経済の展開に果たした役割をまとめたので、本節ではより広く地方資産家として髙梨兵左衛門家を見た場合の位置づけを日本経済全体の中で考察してみたい。

近代日本における地方資産家の研究は、当初は大都市中心の財閥研究を相対化させる目的で「地方」に存在する大資産家とその企業グループを「地方財閥」として捉える視点で進められてきたが[3]、それらは財閥史研究の一環として進められており、地域経済そのものへの関心は少なかった。それに対して、大都市中心の産業革命研究に対する批判から、日本資本主義の定着は、地方で広範に進んだ会社設立ブーム（企業勃興）に基づいていたとの視点が強調され、その分析枠組みが谷本雅之と阿部武司によって示された[4]。そこでは、企業勃興への関与のあり方によって地方資産家が類型化され、出資リスクを引き受けるとともに企業経営にも積極的に関与する「地方企業家的資産家」と出資リスクも引き受けるが企業経営にはあまり関与しない「地方名望家的資産家」の役割が重視された。むろん、企業経営に関与しないのになぜ出資リスクを引き受けるかには説明が必要で、谷本はその投資動機を、地域社会間の競争や地域利害が主に経済面で発現するようになった時代の名望獲得のあり方にあったとしている[5]。

谷本雅之と阿部武司によって提示された枠組みをベースに、その後地方資産家研究が進展したが、その中で注目すべきは、大阪府貝塚の米穀肥料商廣海惣太郎家の共同研究であろう。その研究成果である石井寛治・中西聡編『産業化と商家経営』では、中村尚史と花井俊介によって廣海家の有価証券投資が詳細に検討され、同家がかなり早くから株式投資を積極的に行い、配当収入・役員報酬を原資とする株式投資が一八九〇年代後半から行われていたこと、有価証券投資の際にリスク評価を的確に行い、経済的合理性に基づく投資行動をとっていたことが強調された(6)。そして中村は、地方資産家の投資行動の評価は、立ち上げた地方企業がその後の地域経済にどのような意味を持ったかを含めて評価する必要があり、名望獲得を目指して経済的合理性を無視した投資を行った地方名望家的資産家よりも、リスク評価を的確に行い、投資先を選別して投資を行った地方資産家の方が、地域経済の持続的な発展のためには重要であったとの見方を示した(7)。

こうして地方資産家研究は、もともと経営史研究で重視されてきた「地方企業家的資産家」に加えて、谷本が「地方名望家的資産家」の役割を強調し、さらに中村が「投資家的資産家」の役割を強調することで、議論の枠組みが豊かになった。ただし、これらの地方資産家研究で取り上げられた会社設立は、地方企業とはいえ、比較的多数が出資することで社会的資金を動員して設立される株式会社であり、近代日本で数の上では株式会社を上回るほど設立された合資会社・合名会社の位置づけは不明確であった(8)。本書との関係で言えば、野田醤油株式会社は、株式会社とはいえ、野田の醤油醸造家が互いに現物出資をして設立された会社であり、出資者を広く地域社会に求めたわけではなく、合資会社の色彩が強かった。その意味では、野田醤油株式会社の設立の歴史的意義は、これまでの地方資産家研究ではうまく位置づけられてこなかった。

その点で注目されるのが、愛知県半田の肥料商兼醤油醸造家であった萬三商店小栗三郎家の共同研究で、近年中西聡・井奥成彦編著『近代日本の地方事業家』としてその研究成果が出された。同書で、小栗家の有価証券投資を分析した花井俊介は、小栗家が地元企業への投資において、事業自体の魅力や地域利害を重視し、そのためリスク管理が甘く損をすることがあったが、それを克服するために公社債投資も行い、その収益で株式投資のリスクヘッジをするというリスク管理システムを構築したこと、小栗家のような地方資産家の存在は、事業内容の面でも、リスク受容の面でも地域の産業化に多様な可能性を与え、地域の産業化に大きな貢献をしうることを示した(9)。このような小栗家の地域志向性に加えて、同書で小栗家の家憲を分析した伊藤敏雄は、小栗家にある仏教思想に裏付けられた家業維持と地域貢献の両立という信条が、当主家族と店員が一体となって継承されたことを示し、それを受けて二谷智子は、同書で小栗家が家業維持のために禁欲的な消費行動をとりつつ、積立金を積極的に行い、地域貢献のために寄付行動も積極的に行ったことを示した(10)。つまり同書では、小栗家の行動の背後にある宗教基盤が明確に位置づけられるとともに、その地域志向性・家業志向性が強調された。

それを受けて同書終章では、小栗家のように家業志向性と地域志向性の両立を図る存在として「地方事業家」概念が提示され、「地方事業家」を、「社会的資金を集めて新たな企業を興す「企業家」ではなく、また自家の収益性を考えてより有利な投資機会に投資していく「投資資産家」でもなく、家業継承と地域貢献の両方を担う歴史的存在」として位置づけられた(11)。同書によって、地域貢献としての新規企業の登場と自らの家業の継承・発展の両立を目指す新たなタイプが提示された。そして家業の継承・発展の際に、小栗家は家業の会社化を進めており、地方の企業勃興の中で、新規分野の企業の登場のみでなく、既存の家業の拡大の過程で家業の会社化を進めることで、合資会社・合名会社を中心とする別タイプの企業勃興が地域社会で生じていたことも同書は強調した(12)。

この視点を活かして髙梨兵左衛門家の事例を見るに、髙梨家の家訓の精神性の中にも、家業維持と地域貢献の両立が示されており（本書第1章）、野田醬油株式会社設立が野田醬油醸造家の家業の継承・発展の延長線上に位置づけられることから、髙梨家を「地方事業家的資産家」と位置づけてよいように思われる。とはいえ、髙梨家と小栗三郎家には違いも存在しており、その点を地域・業種・経営志向性の三つの側面から考察し、「地方事業家的資産家」の概念を深めたいと思う。

地域では、高梨家は大都市東京近郊に所在しており、高梨家は近世期から東京（江戸）に出店を設け、醤油出荷先も東京（江戸）が中心であり、東京（江戸）とのつながりは極めて密接であった（第2・8・9章）。それに対し、小栗三郎家も大都市名古屋近郊に所在していたが、醤油出荷先の中心は名古屋ではなく、東海地域から関東周辺・関西周辺へ広がっており、名古屋の会社への投資もほとんどなく名古屋とのつながりは弱かった(13)。その点で、高梨家と小栗三郎家の地域志向性の範囲は異なり、高梨家の場合は、東京（江戸）も含めた「東京・野田」地域であったが、小栗三郎家の場合は、知多郡、特に半田地域であった。前述の廣海家の場合も(14)、廣海家は大都市大阪近郊に所在し、商売の肥料の代表的な仕入先が大阪・兵庫であり、株式投資先として大阪圏の会社の比重が高く、貝塚から大阪・兵庫に至る大阪湾岸地域を廣海家の経済活動での「地域」と想定できるので、東京と大阪は周辺地域の求心力が強かったのに対し、名古屋はそこまでではなかった。

ただし、高梨家を取り巻く関東地域が面的な広がりを持って近代期を連続して展開していたのではなく、近代的交通網の整備や輸入原料の調達などにより、線として東京とのつながりを強める傾向にあり、東京への製品出荷比率も高かった（第6・11章）。地域的自立性を保ち、商品市場でも金融市場でも東京・名古屋・大阪（神戸）を使い分けることができた愛知県知多郡の地方資産家とは、高梨家の地域志向性の質は異なったと考えられる。

「地域」を分析対象とする場合、「地域」の範囲を明確にする必要があるが、高梨家が寄付等で貢献した地域は、上花輪を含む野田地域にほぼ限定されていたが（序章第2節・第1章）、会社への出資では、野田醤油会社設立後は、野田醤油会社と野田商誘銀行への投資の比重が高まったものの、それ以外に東京の大規模製粉会社・紡績会社にも出資しており（第12章）、東京と野田を含めた「地域」が想定しうる。そして、醤油原料調達・製品販売面では東京とともに北関東地域も重要であり（第6・11章）、高梨家にとっての「地域」は、「野田地域」「野田・東京地域」「関東地域」と波状的に存在していた。その意味で、本書の主題である「地域の工業化」も、野田地域での醬油工場の近代化・機械化と野田醬油株式会社の設立に留まるのではなく、東京での近代的工業の定着、それによる原料・製品市場および労働市場の変容を含めて評価する必要があろう。高梨家は、東京での株式投資において、収益目的に大規模近代企業への株式投資を行う一方で、縁故や同業者の会社への株式投資も見られた（第12章）。その場合、東京での醬油問屋が特定の地域にまとまって所在しており、そこには関東の醬油醸造産地と東京の醬油問屋所在地を結ぶ「結節地域」が存在していたと見ることができる。[15] その地域志向性の中で、高梨家は自らの家業関係者の東京での会社にも出資をしたと言え、大規模近代企業への出資で見ても、高梨家の東京出店の仁三郎店が所在したと同じ東京小網町に拠点を置く醬油問屋の濱口吉右衛門が会長を務める富士瓦斯紡績会社に多額の出資をした（第12章）。

そうすると、醬油醸造業という業種が高梨家の経営展開に付与した影響を考察する必要がある。近代日本における産業革命の中心となった綿紡績業の定着に商人の果たした役割の重要性が指摘されているが、[16] 商家は商品の売買で収益を上げるため、新商品の登場でこれまで扱っていた商品が売れなくなることに、生産者以上に敏感に反応し、それへの対応を模索する。そして、従来の取扱品に固執せずに利益の上がる商品を新規に扱うことにあまりこだわりはない。それゆえ、新規事業の立ち上げの支援に積極的に関わったと思われる。むろん、その際、出資企業がうまく軌道に乗るかどうかのリスク評価は行ったと思われ、前述の米穀肥料商廣海惣太郎家の場合も、地元岸和田紡績会社の設立発起人になったものの、その役員にはならずに、岸和田紡績が軌道に乗るまでは出資額も低めに押さえて、紡績会社の過当競争を岸和田紡績がうまく乗り切って主要な紡績会社に成長してから、廣海家は多額の追加出資を行い、その有力株主となった。[17] 商家としての新事業への積極性と、廣海家の経営志向性の特徴であるリスク管理がうまく折り合ったと言える。

そして小栗三郎家の場合は、日本を代表する有力肥料商になるとともに有力な醬油醸造家ともなり、商人的性格と生産者的性格の両方を持った[18]。そして明治期の会社設立ブームの際に、小栗三郎家は商家としての新事業への積極性を見せて、地元知多紡績会社と丸三麦酒会社の設立発起人になり、知多紡績会社の取締役になって企業経営に参画する。ところが、廣海家に比べてリスク管理が甘かった小栗三郎家は、知多紡績・丸三麦酒が他府県の巨大資本に合併されたことで、紡績会社への経営参加は続かず、丸三麦酒会社への投資では損失を計上した。その後の小栗家は、生産者的性格を強め、醬油醸造工場の規模拡大に努め、肥料商としても大豆粕製造工場を自ら設立して肥料製造へと展開する。生産者としての家業意識に立ち戻り、新事業への展開は極力避けて家業の拡大に力を入れた。

こうした廣海家と小栗三郎家の事例と比べると、髙梨兵左衛門家には、野田地域の醬油醸造の草分けとして醬油醸造を家業とする意識が極めて強く、新事業への展開はほとんど見られなかった。もちろん、東京では一九〇〇年代後半から綿紡績会社・製粉会社など新事業の会社へ投資したものの、すでに大企業としてある程度経営が安定しており、出資リスクはそれほど大きくなかったと思われる（第12章）。むろん、それらの会社にとってみれば、商家のみでなく多様な地方の大資産家の出資を受けることは経営のさらなる安定につながるため、髙梨家の近代企業への投資は広い意味で近代産業の定着を支えたことになるが、髙梨家は新事業への経営参加の意思はほとんどなく、経営の関心は家業の醬油醸造業に専ら向けられた。そのことが、髙梨家の有価証券投資が、東京においても会社設立ブームよりかなり遅れて、一九〇〇年代後半以降になった大きな要因であった。

ただし、醬油醸造家がすべて新事業への関心が少なかったわけではない。そこには各家の経営志向性があり、地域・業種に加えて、各家の経営志向性も地方資産家の経営展開の差異を生じさせる大きな要因となる。例えば、野田と比較される関東の有力醬油醸造産地であった千葉県銚子の濱口儀兵衛家では[19]、一八九〇年代後半から濱口家当主が積極的に地方産業・地方企業への出資を行って多角化を進めたものの、醬油醸造業以外の諸活動の収益が思うように上がらず、濱口家は醬油醸造経営が好調であったにもかかわらず、それ以外の事業の負債整理のために家業の醬油醸造部門を一時的に手放した。愛知県半田でも、小栗三郎家は、知多紡績会社に経営参加したが事業活動は半田地域に留まり、これに対して、同じ半田の醬油醸造家の小栗冨治郎家は名古屋に小栗銀行を設立して、名古屋で積極的に事業を展開するなど、醬油醸造家といえどもその経営志向性はかなり異なった[20]。

ただし、名古屋へ進出した小栗冨治郎家は、小栗銀行が一九〇七年恐慌で破綻したため没落し、結果的に愛知県半田では、事業活動を半田地域に留めた小栗三郎家や中埜又左衛門家が、その後同地域の醸造業を主導するに至った[21]。前述の濱口家の事例も合わせて考えると、醸造業は事業の維持・成長に多額の営業資金と設備投資資金が必要なため、醸造業に専念した家の方が、経営展開は順調にいったように思われる。その意味で、髙梨家の経営志向性は、醬油醸造経営とうまく適合して、その家業の成長を支えたと言えよう。

これまでの地方資産家研究で、「企業家的資産家」「名望家的資産家」「投資家的資産家」「事業家的資産家」と四つのタイプが提示されてきたと言えるが、髙梨兵左衛門家をそれに照らすと、家業意識が強く、経営面では醬油醸造業に専念しつつ、地域貢献として野田地域社会への寄付活動を行い、東京では確実な配当の見込める優良な大企業に出資する一方で、地縁や業種つながりで関係者の会社に出資することで地域志向性も示した「地方事業家的資産家」と位置づけることができる。このような野田醬油醸造家の経営活動により、野田では綿紡績会社など産業革命の中心となる新事業は立ち上がらなかったものの、醬油醸造業との関連で、野田人車鉄道や野田商誘銀行が設立され、野田醬油醸造組合が野田病院を設立するなど、野田の人々の生活環境は大きく改善された[22]。その意味で、髙梨家を初めとする野田醬油醸造家は、野田地域社会の近代化に大きな役割を果たした。

第3節　地方資産家と地域の工業化

そうであれば、こうした野田醬油醸造家らが設立した野田醬油株式会社が、日本全体の「地域の工業化」の中にどのように位置づけられるかがさらなる論点となる。本書は、野田醬油株式会社を直接の分析対象としていないため、展望に留まるが、髙梨家も含めて同家と同程度の資産規模で、さまざまな形で地域の工業化に貢献した資産家の事例を一覧しつつ、野田醬油株式会社の位置づけを考察してみたい。表終－1・2を見よう。一覧した資産家の事例にやや地域的に偏りがあるのは、一九二四（大正一三）年時点の所得税多額納入者の所得内訳が北陸・近畿地方で判明するため、[23]その地域の地方資産家を重点的に取り上げたからである。なお、地方資産家を考察の対象としており、巨大財閥家族や旧大名層の華族は有力資産家ではあるものの、分析対象から外した。むろん、有価証券投資では巨大財閥家族や旧大名層の重要性は言うまでもないが、それは別の機会に論じたい。[24]

表終－1の所得内訳を見ると、一九二〇年代になると多くの地方資産家の所得の中心が配当収入になっており、地方資産家による株式投資の普及が読み取れるが、個人差があったことにも留意したい。例えば、東北地方では依然として地主資産家の所得の中心は土地所得であり、山形県を代表する大地主の秋野家は、一九二八（昭和三）年時点でも配当所得は不動産所得の約一〇分の一にすぎなかった。そして、青森県の盛田家、秋田市の本間家のようにもともと商業・酒造業のような家業を持って地主になった家は、一九二八年時点でも家業の商工業からの所得がかなりあり、所得全体に占める配当所得の比重はいずれも約一五％にすぎなかった。醸造家の醸造業所得の根強さは他の地域でも見られ、前述の小栗三郎家は一九二四年時点では、まだ家業の会社化を果たす前であったために、収入の中で商工業からの収入が過半を占め、同じ愛知県半田の中埜又左衛門家も家業の酢醸造業を会社化する前の一九一七年時点では、醸造業からの収入が収入全体の七割近くを占めた。そして髙梨家の一九二八年時点の収入内訳では、配当収入が大部分を占めたものの、配当収入の中で野田醤油株式会社株からの配当収入が、圧倒的部分を占めており、その意味では、醸造業からの収入が大半を占め続けたと言える（本書表序－4、表12－5）。

　また、海運業者・廻船問屋出自の地方資産家は全体として家業を撤退して配当収入に依存するようになった家が多いが、家業を継続したり、家業を会社化したものも存在する。例えば、富山県の森正太郎と石川県の久保彦助はいずれも北前船主として買積経営を家業としていたが[25]、森家は北洋漁業へ進出して、一九二四年時点でも所得の過半を漁業所得が占めた。久保家は函館と大阪に店を開き、海産物商として展開して一九二四年時点でも所得のかなりの部分を商工業所得が占めた。また北前船主として最も資産規模が大きくなった富山県の馬場家も一九二四年時点で、配当収入が圧倒的比重を占めたが、商工業所得もまだそれなりに上げており、完全に家業から撤退したわけではなかった。

　それに対して、石川県の廣海二三郎家・大家七平家と福井県の右近権左衛門家は、商工業所得は一九二四年時点でかなり少なく、家業から撤退したかに見える。ただし、これら三家はいずれも、表終－2を見ると家業の海運業を会社化しており、それなりの報酬（役員賞与）を受け取った。地方資産家の家業志向性の強さは、表終－1の滋賀県の事例からもわかる。例えば、滋賀県五箇荘の呉服太物商外村市郎兵衛は、一九二四年時点で配当所得もかなりあったものの、所得の大部分は家業の商業所得が占めており、滋賀県日野の醤油醸造家山中兵右衛門も、二四年時点の所得の大部分が家業の醸造部門からの所得であった。

　こうした、地方資産家の家業志向性の強さは、醸造家など生産者的性格の強かった家に共通して見られたが、商家の中でも生産者的性格の強い家ほど強く見られる傾向があった。例えば、滋賀県八幡の西川甚五郎家は、近江商人とはいえ自ら蚊帳・蒲団を製造してそれを販売しており、一九二四年時点で家業の商工業からの所得が配当所得をはるかに上回り、大阪の薬種商武田長兵衛家も、製薬業へ大規模に展開して家業志向性が強く、二四年時点でも商工業か

表終-1　つづき

19世紀末所得（収入）内訳（円）					1924年所得（収入）内訳（円）						
総計	内土地	内貸金	内商工業	内配当	総計	内田畑	内貸家	内商工業	内配当	内報酬	内貸金
					24)82,003	40,393	3,618	22,889	11,938	110	
28)10,599	5,345	2,645	2,609		24)108,210	70,697	2,469	14,000	15,915	4,920	
97年 19,102	17,749	455		897	24)106,070	94,818	423		10,619		210
94年 17,019	9,707	6,226		1,085	24)198,510	107,518	1,621	1,117	85,261	2,268	925
93年 59,350	57,374	461		70	410,081	328,203	2,157	31)1,023	69,757		3,187
98年 28,670	14,077	1,391		13,201	27)168,740	45,012			121,653		2,076
07年 3,444	899	2,437			11)227,799	15,701	14,692	32)117,604	68,395		7,391
94年 12,075	2,006	5,958	4,111		8)83,898	30)2,090		73,457	8,351		
91年 7,304	1,210		6,094		24)189,561	1,304	16,032	3,597	127,500	8,700	32,428
04年 17,404	8,714	6,046		2,643	20)65,415	21,472			41,004		2,938
86年 3,874	495	800	2,517		217,005	9,794	2,166	124,724	45,242		37,221
03年 83,258	11,662	4,803	56,934	9,859	15)174,248	1,481		115,892	58,426		−1,550
					434,953	40,414	4,015	29,653	360,781		
					34,422	9,151	941	31)17,250	5,380	1,700	
					52,718	17,216	2,011	3,046	17,252	11,345	1,846
8年 560	560				10)6,416	5,065			972		
94年 6,875	5,715	920	240		18)22,839	17,179	322	4,263	105	968	
97年 2,899	14	53	871	1,962	50,340	182	5,471	23,980	14,353	3,650	2,704
8年 [9,480]		7,689	1,791		102,854	721			59,604		33)61,197
0年 13,445			29)12,081		265,611	3,534	39,641	5,205	189,295	27,001	934
7年 26,534	189	903	21,100	3,509	91,317	16,873	48,754		22,687	2,342	661
					98,314	13,496	6,995	6,734	65,867	5,137	
					171,399	30,270	48,766	2,000	80,558	9,630	25
					99,423	10,903	4,316	12,709	63,528	34)3,017	4,950
					63,771	1,931	17,301		14,576	29,717	246
					220,617	896	4	141,113	78,604		
7年 11,916	9,307	333		1,927	40,120	18,127	294		21,214	200	285
3年 3,493	1,500	587		1,406	85,003	2,962	1,303	66,214	13,416	200	908
					102,120	13,522	72,330		16,268		
					85,870	4,755	8,393		66,558	4,670	1,494
					396,998	355	4,139	303,205	80,839	8,360	100
					105,227	218	26,449		56,010	22,550	
					269,095	213	15,979	168,150	77,383	5,050	
					73,692	488	9,291		12,103	51,810	
6年 7,669	1,212		377	4,878	56,020	2,642	1,833	1,618	42,061	6,531	34)1,335
					44,259	692	1,906	1,189	40,472		
					56,752	9,526	8,976	3,337	34,043	870	
年 16,999	8,887	5,597		2,516	137,300	27,900			73,500		24,700
年 26,851	20,992			5,174	144,393	67,976			69,595		
年 101,468	51,633			49,834							

号、1981年）、東京大学社会科学研究所編『倉敷紡績の資本蓄積と大原家の土地所有』（調査報告第11集）東京大学社会科学研究所、1970年、西村はつ「中埜酢店の経営」（『地方金融史研究』第19号、1988年）、伊藤和美「商業・貸付資本の地主的展開」（『農業経済研究』第48巻第4号、1977年）、森武麿『戦間期の日本農村社会』日本経済評論社、2005年、補論、松本宏編『近江日野商人の研究』日本経済評論社、2010年、渋谷隆一・森武麿・長谷部弘『資本主義の発展と地方財閥』現代史料出版、2000年、佐々木誠治『日本海運業の近代化』海文堂、1961年、牧野隆信『北前船の研究』法政大学出版局、1989年より作成。

）資産額・所得内訳・長期間の有価証券投資などが判明する近代日本の地方資産家（華族・巨大財閥家族は除く）を40軒選び、この表で資産額・所得内訳を、次表で主要株式所有と会社役員を示した。所得内訳欄の－印は支払。資産額欄の［　］内は資産家番付等の活字資料による数値。土地所有は、地価もしくは面積で示し、面積は町歩未満を四捨五入して町歩で示した。貸家所得は宅地所得を、配当所得は、公社債利子所得を含む。氏名欄の→は代替わりを示す。所得欄の19世紀末欄は、年代を付記し（02～07年のみ1902～07年、それ以外は19世紀）、所得内訳欄は合計欄の年度の内訳。また所得欄の［　］内は粗収入。1）1879年。2）1882年。3）1890年。4）1896年。5）1900年。6）1901年。7）1902年。8）1904年。9）1905年。10）1907年。11）1911年。12）1912年。13）1914年。14）1915年。15）1917年。16）1918年。17）1919年。18）1920年。19）1921年。20）1922年。21）1923年。22）1925年。23）1926年。24）1928年。25）1929年。26）1930年。27）1932年。28）1888～92年の平均。29）うち5,278円帆船収入、6,803円汽船収入。30）貸家・宅地収入も含む。31）水産業。32）鉱業。33）預金利子。34）山林収入。

表終-1　近代日本主要地方資産家の資産額・土地所有・所得（収入）内訳

氏名	居所（府県・市町村）	職業	資産額（万円）				土地所有（山林除く）	
			1902 年	1916 年	1928 年	1933 年	1898 年頃	1924 年頃
盛田喜平治	青森・七戸	呉服商・酒造		[70]	[130]		32,718 円	641 町歩
本間金之助	秋田・秋田	小間物商		[80]	[300]	[550]	39,161 円	15)334 町歩
秋野茂右衛門→光廣	山形・加茂	地主	[100]	[150]	[1,000]	[500]	3)331 町歩	368 町歩
風間幸右衛門	山形・鶴岡	地主	78	[300]	[2,000]	[800]	40,031 円	15)487 町歩
市島徳次郎→徳厚	新潟・中浦	地主		[400]	[1,000]	[1,000]	7)1,466 町歩	1,402 町歩
二宮孝順	新潟・聖籠	地主		[300]	[300]	[500]	760 町歩	16)842 町歩
中野貫一→忠太郎	新潟・金津	石油精製		[400]	[10,000]	[8,000]	6)56 町歩	21)512 町歩
濱口儀兵衛	千葉・銚子	醤油醸造	46		[700]	[600]	13,752 円	
髙梨兵左衛門	千葉・野田	醤油醸造		[100]	[600]	[500]	1)50 町歩	
奥山源蔵→兼作	山梨・春日居	地主	8)20	44	20)84	[60]	22,002 円	19)46 町歩
小栗三郎	愛知・半田	肥料商・醤油	24	50	[200]	[300]	4)29 町歩	17)36 町歩
中埜又左衛門	愛知・半田	酢醸造	[80]	16)116	[540]	[450]		10)70 町歩
馬場道久→正治	富山・東岩瀬	海運	[200]	[500]	[2,000]	[2,000]	48,536 円	207 町歩
森正太郎	富山・東岩瀬	海運・漁業			22)[70]		11,652 円	
菅野伝右衛門	富山・高岡	廻船問屋	[50]	[70]	22)[105]		13,000 円	168 町歩
宮林彦九郎	富山・新湊	海運・地主		20)37	22)[25]		7)43 町歩	20)46 町歩
熊田源太郎	石川・湊	海運			22)[30]		37,022 円	16)55,000 円
久保彦助	石川・橋立	海運		[100]	[70]			
酒谷長一郎→長作	石川・橋立	海運	5)39	128	25)260			
廣海二三郎	石川・瀬越	海運	[500]	[1,000]	[1,300]	[1,200]	10,604 円	
大家七平	石川・瀬越	海運	[800]	[750]	[500]	[500]	2)96 町歩	22)49 町歩
森田三郎右衛門	福井・三国	廻船問屋	[50]	[80]	[200]	[300]	23,336 円	65 町歩
右近権左衛門	福井・河野	海運	[500]	[500]	[1,000]	[1,000]	6)36,305 円	
大和田荘七	福井・敦賀	廻船問屋		[125]	[200]	[500]	24,190 円	71 町歩
阿部市太郎	滋賀・能登川	麻布商	6)[32]	[200]	[400]	[500]	6)36,027 円	
外村市郎兵衛	滋賀・五箇荘	呉服太物商		[100]	[170]	[170]	6)25,937 円	
猪田岩蔵	滋賀・五箇荘	地主			[200]	[230]	26,745 円	17)109 町歩
山中兵右衛門（安太郎）	滋賀・日野	醤油醸造	25	14)55	[200]	[250]		13)34 町歩
藤野四郎兵衛→隆三	滋賀・日枝	漁業	[80]	[200]	[150]	[100]	6)94,610 円	18)70 町歩
小林吟右衛門	滋賀・小田苅	呉服太物商	[100]	[200]	[200]	[300]	6)47 町歩	
西川甚五郎	滋賀・八幡	蚊帳蒲団商		[200]	[500]	[600]		
田中市兵衛→市蔵	大阪・大阪	肥料商	6)[67]	[380]	[500]	[500]	6)106,565 円	
武田長兵衛	大阪・大阪	薬種商		[250]	[700]	[800]	6)90,729 円	
福本元之助→養之助	大阪・大阪	両替商		[100]	[400]	26)[350]		
廣海惣太郎	大阪・貝塚	肥料商		[35]	[160]	[200]	11,480 円	18)14 町歩
永田藤兵衛	奈良・下市	林業		[100]	[700]	[300]		
瀧田清兵衛	兵庫・豊岡	廻船問屋		[70]	[80]	[70]	27,799 円	63 町
服部和一郎	岡山・牛窓	地主	29	107	268	340	140 町歩	12)180 町
溝手保太郎	岡山・早島	地主		[70]	[250]	[300]	8)115 町歩	14)248 町
大原孝四郎→孫三郎	岡山・倉敷	地主	[90]	[350]	[1,000]	[1,000]	3)228,000 円	525 町

（出所）渋谷隆一編『明治期日本全国資産家・地主資料集成』第 4 巻、柏書房、1984 年、渋谷隆一編『大正昭和日本全国資家・地主資料集成』第 1 巻、柏書房、1985 年、渋谷隆一編『都道府県別資産家地主総覧』近畿編、日本図書センター 1991 年、東北編、1995 年、大阪編 1、1991 年、石井寛治「昭和初期の大資産家名簿」（『地方金融史研究』第 46 号、2 年）、中西聡『海の富豪の資本主義』名古屋大学出版会、2009 年、表序－12、表終－7、中西聡「地方資産家の投資行 からみた近代日本」（『三田学会雑誌』第 108 巻第 4 号、2016 年）、大石嘉一郎編著『近代日本における地主経営の展開 御茶の水書房、1985 年、森元辰昭『近代日本における地主・農民経営』御茶の水書房、2007 年、永原慶二・中村政 西田美昭・松元宏『日本地主制の構成と段階』東京大学出版会、1972 年、中西聡・井奥成彦編著『近代日本の地方 家』日本経済評論社、2015 年、石井寛治・中西聡編『産業化と商家経営』名古屋大学出版会、2006 年、『千町歩地主 家の構造』農政調査会、1961 年、谷本雅之・阿部武司「企業勃興と近代経営・在来経営」（宮本又郎・阿部武司編『 経営史 2　経営革新と工業化』岩波書店、1995 年）、林玲子編『醤油醸造業史の研究』吉川弘文館、1990 年、明治 1 「地価合計帳」、明治 21 年「所得金高届」、昭和 3～5 年「元帳」（髙梨本家文書）、近江商人郷土館・丁吟史研究会編 革期の商人資本』吉川弘文館、1984 年、武田二百年史編纂委員会編『武田二百年史（本編）』武田薬品工業株式会 1983 年、西川 400 年社史編纂委員会編『西川 400 年史』同会、1966 年、明治 42 年～大正 10 年度「総勘定元帳」（永 文書、永田家蔵、奈良県立図書情報館保管）、伊藤武夫「地方財閥中野家と中野興業株式会社」（『地方金融史研究』

表終-2　つづき

田中市兵衛→市蔵	第四十二国立銀行、大阪商船 南海鉄道	[第四十二国立銀行]、日本海陸保険 [日本綿花]、[浪華紡績]、[神戸桟橋] 日本貯金銀行、摂津製油、大阪製燧 [大阪商船]、大阪衡器合資、湊川改修
武田長兵衛		大阪薬品試験、廣業合資
福本元之助→養之助	尼崎紡績、逸身銀行、貯金銀行	[尼崎紡績]、[大阪鉱業]、逸身銀行 [大阪米穀]、[関西コーク]、[堺煉瓦]
廣海惣太郎	南海鉄道、岸和田銀行、貝塚銀行	[貝塚銀行]、岸和田煉瓦
永田藤兵衛	吉野銀行	[吉野銀行]、貯金銀行
瀧田清兵衛		[新栄銀行]、豊岡貯金銀行 山陰物産
服部和一郎	山陽鉄道、第二十二国立銀行	
溝手保太郎		[中備銀行]
大原孝四郎→孫三郎	倉敷紡績、倉敷銀行	[倉敷紡績]、[倉敷銀行]

氏名	1900年代～10年代	
	株式所有主要銘柄	主要会社役員
盛田喜平治	上北銀行、七戸水電	上北銀行、[七戸水電]、七戸商品
本間金之助	第四十八銀行、秋田銀行、本荘銀行	[第四十八銀行]、東華生命保険
秋野茂右衛門→光廣	両羽銀行、第三銀行、東京瓦斯	
風間幸右衛門	村上銀行、台湾銀行、羽前織物 風間銀行	[風間銀行]、[羽前織物]、羽越林業 六十七銀行
市島徳次郎→徳厚	日本勧業銀行、新潟銀行、新潟水電	新潟銀行、新潟水電
二宮孝順	第一銀行、新潟銀行	
中野貫一→忠太郎	中央石油、新津運輸倉庫、中野興業 新潟水力電気、新潟鉄工所	[中央石油]、[新津運輸倉庫]、[大和石油] [中野興業]、沼垂銀行、新潟貯蔵銀行 新潟鉄物、豊礦石油、新津石油
濱口儀兵衛	武総銀行、紀州鉄道	[武総銀行]
髙梨兵左衛門	富士瓦斯紡績、鐘淵紡績、日本醤油 野田商誘銀行、野田人車鉄道、成田鉄道	野田商誘銀行
奥山源蔵→兼作	第十銀行、有信銀行、甲府電力	
小栗三郎	三重紡績、共同合資、半田倉庫	[共同合資]、半田倉庫
中埜又左衛門	中埜銀行、中埜酒店、中埜産業	[中埜酒店]、中埜銀行、中埜産業
馬場道久→正治	東京電灯、北海道炭礦汽船、京浜電鉄	[岩瀬銀行]、[越中商船]、高岡共立銀行 [馬場合資]、能越汽船
森正太郎	富山県農工銀行、富山電気、大日本製糖	[第四十七銀行]、[北陸人造肥料]
菅野伝右衛門		[高岡紡績]、[高岡銀行]、北一合資 [高岡電灯]、[高岡貯金銀行]、高岡鉄工所 [高岡合板]、高岡化学工業、大東セメント 越中倉庫、北陸土木、温泉電軌、高岡打綿
宮林彦九郎	岩脇銀行、高岡銀行、高岡電灯	新湊銀行、高岡銀行

(555ページへつづく)

表終-2　近代日本主要地方資産家の株式所有と会社役員

氏名	1880年代～90年代	
	株式所有主要銘柄	主要会社役員
盛田喜平治	上北銀行	上北銀行
本間金之助	秋田銀行、第四十八銀行 秋田県農工銀行	秋田馬車鉄道
秋野茂右衛門→光廣	鶴岡銀行	鶴岡銀行
風間幸右衛門	日本鉄道、第六十七国立銀行、 北海道炭礦鉄道、横浜正金銀行	第六十七国立銀行 庄内羽二重
市島徳次郎→徳厚	日本郵船、北越鉄道、日本勧業銀行	
二宮孝順	第一銀行、新潟銀行、日本鉄道	
中野貫一→忠太郎		[扶桑同盟]、[後谷石油]、宝田石油 [扶桑二十坑石油]、越後石油 長岡鉄管、中越石油、土ケ谷石油
濱口儀兵衛	日本鉄道、有田起業銀行	
高梨兵左衛門		
奥山源蔵→兼作	興商銀行、第十国立銀行	
小栗三郎	知多紡績、丸三麦酒、共同合資	知多紡績、[共同合資]
中埜又左衛門	丸三麦酒、知多紡績	[丸三麦酒]
馬場道久→正治		[高岡共立銀行]、[越中商船]
森正太郎		[第四十七銀行]
菅野伝右衛門		[高岡紡績]、高岡銀行、中越鉄道 [高岡貯金銀行]
宮林彦九郎	第十二国立銀行、北陸通船	第十二国立銀行、金沢為替会社
熊田源太郎		[済海社]
久保彦助	第八十四国立銀行、山陽鉄道	
酒谷長一郎→長作	函館汽船、函館銀行、百十三銀行	
廣海二三郎	日本海上保険	[日本海上保険]
大家七平	日本海上保険	日本海上保険、大阪瓦斯
森田三郎右衛門		[森田銀行]、[三国貯金銀行]
右近権左衛門	第四十二国立銀行、日本海上保険	[第四十二国立銀行]、 [大阪商業銀行]、日本海上保険
大和田荘七		[大和田銀行]、[久二貯金銀行]
阿部市太郎	第一国立銀行、金巾製織、大阪紡績 阿部製紙所	[金巾製織]、大阪紡績 起業貯金銀行
外村市郎兵衛		
猪田岩蔵	近江鉄道、金巾製織、起業銀行 西陣撚糸	
山中兵右衛門	日野銀行、京都平安紡績、日野製糸	[日野銀行]、日野綿布製織
藤野四郎兵衛→隆三		
小林吟右衛門	日本銀行、三重紡績、小名木川綿布	小名木川綿布、東京銀行、近江鉄道
西川甚五郎	八幡銀行、八幡製糸	[八幡銀行]、[八幡製糸]

表終-2　つづき

本間金之助		[第四十八銀行]、[秋田貯蓄銀行]、船川倉庫 秋田信託、由利銀行
秋野茂右衛門→光廣	日本勧業銀行、東京瓦斯	
風間幸右衛門	台湾銀行、風間銀行 鶴岡水力電気、明治製糖	[風間銀行]、[羽前織物]、[荘内貯蓄銀行] 六十七銀行、鶴岡水力電気、羽前絹練
市島徳次郎→徳厚	日本勧業銀行、第四銀行、新潟水電	第四銀行
二宮孝順	第一銀行、日本勧業銀行、東京瓦斯	
中野貫一→忠太郎	中野興業、鮮満開拓、信越電力 日本郵船、台湾製糖	[中野興業]、[新津運輸倉庫]、[石油共同販売所] [新潟港湾倉庫]、日本石油、阿賀野川水力電気 [蒲原鉄道]、新潟銀行、新潟興業貯蓄銀行
濱口儀兵衛	南満洲鉄道、豊国銀行、三菱鉱業	[ヤマサ醤油]、山十醤油
高梨兵左衛門	野田醤油、千秋社、鐘淵紡績、日清製粉 富士瓦斯紡績、野田商誘銀行、南満洲鉄道	野田商誘銀行、岩崎清七商店、小網商店合資 野田醤油、万上味淋、総武鉄道、輸出国産
奥山源蔵→兼作	第十銀行、有信銀行、甲府電力	甲府電力
小栗三郎	知多鉄道、東洋紡績、萬三商店	[萬三商店]、[共同運輸]、知多鉄道、半田倉庫
中埜又左衛門	中埜酢店、中埜産業、中埜銀行	[中埜酢店]、[中埜酒店]、中埜産業、半田倉庫
馬場道久→正治	京浜電鉄、日本興業銀行、京阪電鉄 富士紡績、南満洲鉄道、大日本麦酒	[馬場商事]
森正太郎	日本勧業銀行	[第四十七銀行]、岩瀬鉄工所
菅野伝右衛門		[高岡銀行]、北陸信託、越中倉庫、高岡打綿 [金沢電気軌道]、[大日川電気]、温泉電軌 [富山合同貯蓄銀行]、高岡理化学工業、北一 [高岡電灯]、[高岡合板]、[高岡商業銀行]
宮林彦九郎	高岡銀行、新湊銀行、高岡化学工業	高岡銀行、高岡電灯、新湊銀行 大岩電気、越中製軸
熊田源太郎	大日本紡績、日本勧業銀行	[熊田商事]、[越中運送]、[石川貯金銀行] 小松運輸倉庫、加賀製陶所、宇都宮書店 西出商事、温泉電軌、アサヒ自動車商会
久保彦助	豊国銀行	[久一久保商店]、[千代盛商会]、大聖寺川水電 八十四銀行、大和汽船
酒谷長一郎→長作	酒谷商店合資、伊予鉄道電気、京都電灯	
廣海二三郎	大日本紡績、三十四銀行、共同火災保険	[廣海商事]、三十四銀行、共同火災保険 大日本火災海上再保険
大家七平	京阪電鉄、大家商事、大聖寺川水電	[大家商事]、大聖寺川水電
森田三郎右衛門	南満洲鉄道、横浜正金銀行、東洋拓殖	[森田銀行]、[森田貯蓄銀行]、吉崎鉄道
右近権左衛門	十五銀行、日本火災保険、川崎造船所 帝国麦酒、横浜正金銀行、阪急電鉄	[右近商事]、[日本海上保険] [日海興業]、[朝鮮電気]
大和田荘七	日本勧業銀行、東洋拓殖、南満洲鉄道	[大和田銀行]、[大和田炭鉱]、[敦賀築港倉庫]
阿部市太郎	東洋紡績、江商、岸和田紡績 日本勧業銀行	[阿部市商店]、[豊国土地]、山陽紡績、大阪製麻 [又一]、[江商]、近江帆布、太平火災海上保険
外村市郎兵衛	阪急電鉄、大同電力、神戸桟橋	[外村市商店]
諸田岩蔵	日本勧業銀行、京都電灯、南満洲鉄道 宇治川電気、王子製紙	[滋賀県農工銀行]

（556 ページへつづく）

表終-2　つづき

熊田源太郎		石川県農工銀行、能美銀行、温泉電軌 加賀貯金銀行
久保彦助	神戸海上、グリセリン、豊国銀行	[千代盛商会]、函館銀行、大聖寺川水電
酒谷長一郎→長作	伊予鉄道、大聖寺川水電、大阪電灯	
廣海二三郎	摂津紡績、大阪商船、川崎造船所	廣海商事、三十四銀行、摂津紡績 共同火災保険
大家七平	三十四銀行、百三十銀行、大聖寺川水電	大家商船合資、大聖寺川水電
森田三郎右衛門	第一銀行、横浜正金銀行、東洋拓殖	[森田銀行]、[森田貯蓄銀行]
右近権左衛門	日本海上保険、浪速銀行 百三十銀行	右近商事、[日本海上保険] [大阪商業銀行]、日海興業
大和田荘七	東洋拓殖、日本郵船	[大和田銀行]、[大和田炭鉱]、敦賀対北
阿部市太郎	東洋紡績、近江銀行、南満洲鉄道 山陽紡績	[金巾製織]、阿部製紙合資、近江麻糸紡織 近江帆布、山陽紡績、京都信託、江商
外村市郎兵衛		
猪田岩蔵	東京海上、日本勧業銀行 南満洲鉄道	
山中兵右衛門	日野銀行、京都平安紡績、日野製糸	[日野銀行]
藤野四郎兵衛→隆三	大阪瓦斯、東洋紡績、大阪合同紡績	
小林吟右衛門	三重紡績、日本銀行、近江鉄道、富士紡績	近江鉄道、東京銀行
西川甚五郎	八幡銀行、八幡製糸、近江帆布	[八幡銀行]、[八幡製糸] 近江帆布、日本麻織物
田中市兵衛→市蔵	南海鉄道、大阪商船、摂陽銀行、 神戸桟橋、日本絹布、大阪海上保険	[日本綿花]、[南海鉄道]、大阪商船 大阪セメント、日本火災保険、 摂津製油、日本貯金銀行
武田長兵衛	大日本製薬、三共、住友銀行	[武田製薬]、大阪薬品試験、廣業合資
福本元之助→養之助	尼崎紡績、東洋拓殖、日本海上火災保険	大阪鉱業、堺煉瓦、尼崎紡績、共立合資 日本絹糸紡績
廣海惣太郎	南海鉄道、尼崎紡績、貝塚銀行	[貝塚銀行]、岸和田煉瓦、本辰酒造
永田藤兵衛	吉野銀行、尼崎紡績、吉野鉄道	[吉野銀行]、[吉野材木銀行]、吉野鉄道 [洞川電気索道]
瀧田清兵衛		[新栄銀行]、[豊岡貯金銀行] 豊岡電気
服部和一郎	服部合資、京阪電鉄、宇治川電気	[服部合資]
溝手保太郎	倉敷紡績、川崎造船所、倉敷電灯	中備銀行、倉敷電灯、早島紡績、備作電気
大原孝四郎→孫三郎	倉敷紡績、倉敷銀行、山陽鉄道	[倉敷紡績]、[倉敷銀行]、倉敷電灯 日向土地、備作電気、早島紡績

氏名	1920年代～30年代	
	株式所有主要銘柄	主要会社役員
盛田喜平治	上北銀行、七戸水電	上北銀行、[七戸水電]、東奥製糸 青森県農工銀行

表終-2 つづき

山中兵右衛門	第百銀行、三十四銀行、日本勧業銀行	江東貿易
藤野四郎兵衛→隆三	三菱鉱業、北海電灯、第百銀行	
小林吟右衛門	日本興業銀行、近江鉄道、日本勧業銀行	[丁吟商店]、[小林合名]、近江鉄道
西川甚五郎	八幡銀行、八幡製糸、近江蚊帳、近江帆布	[八幡銀行]、[八幡製糸]、[近江蚊帳] 近江帆布、滋賀合同貯蓄銀行
田中市兵衛→市蔵	摂陽銀行、神戸桟橋、三十四銀行 日本火災保険、明治生命保険 大阪合同紡績	[近江屋商会合名]、[摂陽銀行]、安治川土地 大阪商船、大阪海上火災保険
武田長兵衛	毛斯綸紡績、三十四銀行、日本火災保険	[武田長兵衛商店]、廣栄製薬、大日本製薬
福本元之助→養之助	大日本紡績、東洋拓殖、久原鉱業	大日本紡績、[福本会社]、日華産業 日本絹糸紡績
廣海惣太郎	大日本紡績、岸和田紡績、貝塚銀行	[貝塚銀行]、岸和田煉瓦綿業、本辰酒造
永田藤兵衛	大日本紡績、三十四銀行、吉野銀行	[吉野銀行]、[洞川電気索道]、吉野鉄道
瀧田清兵衛		[新栄銀行]、[但馬貯蓄銀行]、豊岡銀行 豊岡電気、浜坂銀行
服部和一郎	東洋紡績、日本郵船、大阪商船、鐘紡	[服部合資]、[朝永土地]
溝手保太郎	倉敷紡績、川崎造船所、倉敷電灯	倉敷紡績、第一合同銀行、中備銀行、早島紡績
大原孝四郎→孫三郎	倉敷紡績、京阪電鉄、三井信託 三十四銀行	[第一合同銀行]、倉敷住宅土地、岡山染織整理 [倉敷紡績]、[倉敷絹織]、近江銀行、京阪電鉄

(出所) 表終-1と同じ。および、由井常彦・浅野俊光編『日本全国諸会社役員録』全16巻、柏書房、1988～89年、渋谷隆一編『大正昭和日本全国資産家・地主資料集成』全7巻、柏書房、1985年、後藤靖解題『銀行会社要録』全9巻、柏書房、1989年、大正・昭和戦前期の『日本全国諸会社役員録』商業興信所より作成。

(注) 株式所有主要銘柄は、所有額または所有株数の多いものを選び、主要会社役員は取締役以上の役員を務めた会社の中で主要なものを選んだ。株式所有主要銘柄欄の空欄は内容が不明なことを示しており、株式所有がなかったことを示すわけではない。役員欄の[ ]内は、頭取・社長・専務取締役などを務めた場合。

らの所得が配当所得をかなり上回った[26]。

その一方、生産者的性格の弱い商業資産家は、新事業へ積極的に展開しており、表終-1に見られる滋賀県能登川の麻布商阿部市太郎家、大阪の肥料商田中市兵衛家、大阪の両替商を出自とする福本元之助はいずれも、多くの新事業を立ち上げてその経営者となった。そのため、所得の内訳で配当所得のみでなく会社役員報酬が相当額を占めることとなった。つまり、生産者的性格の弱かった商業資産家が「企業家的資産家」を輩出したと言える。

そして西日本の地主資産家は、東北地方の地主資産家と異なり、一九二四年時点では配当所得が土地所得と同等かそれを上回るほどになっており、有価証券投資の担い手に成長した。ただし、彼らの役員報酬は少なく、企業経営にあまり関与しない点で、「投資家的資産家」として行動していたと考えられる。表終-2で、滋賀県五箇荘の地主猪田岩蔵家、岡山県牛窓の地主服部和一郎家を見ると、有価証券投資を行った銘柄の中心が、優良企業で安定した配当収入が見込める銘柄であったのに対し、会社役員にはほとんどなっておらず、「企業家的資産家」が設立した新事業の会社を、地方の「投資家的資産家」の出資が支える構造となっていた。

それが典型的に見られたのが、福本元之助ら大阪・尼崎の両替商が中心となって設立された尼崎紡績会社であり、福本は設立されてまもなく尼崎紡績会社の社長になると、実家の両替商逸身家が設立した逸身銀行からの融資をもとに積極的に尼崎紡績の経営を拡大し、逸身家からも多額の出資を仰いだ。(27) 逸身銀行は、一九〇一（明治三四）年の恐慌で破綻したため、福本はいったん尼崎紡績を退いたが、数年後に復帰して、その後同社の取締役となると、自らの妻の実家の奈良県下市の山林地主の永田藤兵衛からも尼崎紡績会社への出資を仰ぎ、さらに第一次世界大戦期には、福本の妻の姉妹の嫁ぎ先であった大阪府貝塚の廣海惣太郎家からも多額の出資を仰いで、尼崎紡績を日本有数の紡績会社に成長させた。(28) ここには、企業家的資産家の福本元之助とその活動を支える投資家的資産家の永田藤兵衛家と廣海惣太郎家の資産家の広域なネットワークを読み取ることができる。

一方、事業家的資産家の世界では、そのような広域な資産家ネットワークは明白には読み取れず、同族間の資本を集中して家業を会社化したり、地域的にまとまって同業者が資本を集中して家業を会社化する方向が見られた。近代日本は「投資家社会」と近年は位置づけられているが、(29) このような地方資産家の出資による企業社会には、「企業家的資産家」が立ち上げた新規事業会社を、そのリスクを見極めつつ「投資家的資産家」が継続して出資することで支える大規模株式会社の世界と、「事業家的資産家」が同族間や同業者間でまとまって中規模な会社を立ち上げ、家業の近代化・機械化を進める世界があったと考えられる。野田醬油株式会社は、その後者の代表例であり、その成果を最も顕著に発揮して他と隔絶する日本最大の醬油醸造メーカーに成長した。(30)

では、谷本が強調した「名望家的資産家」はこうした企業社会にどのような役割を果たしたのであろうか。「名望家的資産家」は、自家の収益よりも地域利害を優先させて、リスク管理が甘いところがあり、その多くは資産家としては衰退する傾向にあり、近代期を通して有力資産家であった家を主に取り上げた表終－1にはほとんど見られない。ただしその中で富山県新湊の宮林彦九郎家には名望家的側面があり、宮林家とともに地域経済の振興を明治前期に担った富山県伏木の藤井能三家も同様の側面が強かった[31]。すなわち藤井能三と宮林彦九郎らは、旧金沢藩領で明治初年に金沢為替会社や第十二国立銀行が設立された際にそこへの出資と経営参加を求められ、家産の多くを家業以外の部面に向けることを余儀なくされた。それに加えて、彼らは地域貢献として地域社会への多額の寄付を要請されてそれらに答えており、行政が及ばないところで彼らの資金提供が地域社会秩序を支えていた。ただし、金沢為替会社は松方デフレの中で経営が悪化して破綻する。その重役であった藤井能三と宮林彦九郎らは、自らの家産を提供して金沢為替会社の負債を肩代わりした。そのため、藤井家はその資産をほとんど失い、宮林家も一八八〇年代に所有していた一〇〇町歩の土地の半分以上を失った。彼らは、自らの資産を提供して地域社会の安定化を図ったと言える。また、兵庫県安木の北前船主であった宮下仙五郎家も[32]、「金融の業は個人の営む所にあらず」との考えにより、地元で美含銀行を設立する際に自己の所有する貸金債権をすべて銀行に提供した。その銀行では、設立時こそ宮下仙五郎は頭取を務めたものの、翌年には頭取を退いており、まもなく役員からも退いた。宮下仙五郎には銀行経営の意思はほとんどなく、藤井能三ほど明白ではないにしても、自家の収益よりも地域社会の利害を優先させたと考えられる。

本書で論じた野田の地域社会の場合も、そこが大藩の城下町で、明治初年に会社設立が構想されたならば、髙梨家と茂木一族は、名望家としてそこへの出資と経営参加が要請されたと考えられるが、野田の醬油産地としての比重が極めて高く、醬油生産を拡大して地域社会に雇用を創出したり、地域社会のインフラ整備を進めることの方がむしろ地域社会から期待されたと考えられる。それゆえ、野田の醬油醸造家は、新事業の会社・銀行設立ではなく、家業の醸造経営の拡大を通して地域貢献を果たすことができたと言える。その点で、野田の醬油醸造家は家業志向性と地域志向性を両立しえた。

そのことは、地方資産家と地域社会の経済的関係を企業勃興の視点から捉えるのみでは不十分であることも示す。地域社会への寄付や税金を通した貢献は言うまでもなく、インフラ整備の面でも、会社を設立しなくてもそれは可能であり、例えば名古屋の堀川沿いに立地した米穀肥料商らは、[33]鉄道会社・紡績会社の設立には関心が低く、名古屋の主要銀行・主要紡績会社の設立メンバーにはほとんど顔を見せないが、堀川河口の名古屋港の築港運動を熱心に行い、その代表格の肥料商高松定一家は、その貢献が認められて当主が名古屋商業会議所で次第に地位を向上させて、一九三〇年代に名古屋商工会議所の会頭となった。また、富山県高岡の旧特権商人であった岡本清右衛門家も、[34]近代期に高岡地域の会社・銀行設立にほとんど関与しなかったものの、近世来の商人間の継続的取引関係を活かして遠隔地間取引の送金為替業務を行うなど、会社・銀行設立とは別の方法で地域社会への経済面の貢献を果たした。その意味で、地方資産家と地域社会の関係はより多面的に捉える必要がある。

そして、大消費地の東京に隣接したため、野田の醤油醸造家は製品販売・輸入原料調達・有価証券投資などを、東京を中心として行うことが可能であり、高梨家の事例で見ても、東京以外の原料調達・製品販売は主に北関東地域であり、野田の醤油醸造家は基本的には、東京・野田を中心とする関東地域としての地域社会の中で家業を展開してきた。しかし、他と隔絶した醸造規模を持つ野田醤油会社設立後は、東京以外に広く市場を求める必要が生じて西日本にも生産拠点を設けて全国規模のマーケティングを展開した。[35]このように野田醤油株式会社は、産地同業者資本の糾合とそれによる市場支配力の強化を通して、地域企業から全国企業へ展開しえた。ただし、これまでの企業勃興論で主に取り上げられた紡績会社・鉄道会社・銀行などが、企業合同の中で次第に独占的大企業となり、専門経営者の登用などで経営者と出資者の分離が進む中で、野田醤油株式会社は、全国企業となっても出資者が経営者でもある家業会社として根強く継続された。[36]

第二次世界大戦の敗戦により、日本ではアメリカの占領政策のもとで、経営者と出資者の両面で独占的大企業は断絶するに至ったが、中規模家業会社は独占的大企業にならなかったがゆえに、経営者と出資者が継続して第二次世界大戦後も家業経営を維持しえた。(37) 実際、表終－1で挙げた地方資産家の多くが、第二次世界大戦後も家業会社の経営者やそれなりの資産家として継続している。むろん第二次世界大戦後のインフレにより、有価証券資産が目減りした上に、高額の財産税・相続税が課せられたために実質資産をかなり失ったことは事実であろうが、(38) 家業を会社化し、その株式を所有し続けることにより会社の所有権を維持でき、また第二次世界大戦後の農地改革で、宅地や山林が対象外とされたために、所有宅地・山林を手元に残すことができた。実際、表終－1を見ても、表に挙げた地方資産家の多くが少なくない貸家収入を得ており、彼らの所有する土地を宅地化していたことが推測できる。(39)

こうして維持した資産をもとに、事業家的資産家は家業会社の追加出資に応じながら、高度経済成長期に形成された六大企業集団の株式持ち合いによる法人資本主義とは異なる別の世界を作っていたと考えられる。(40) もちろん、そのままでの継続は難しく、戦後の再建の過程で銀行の支援を仰ぎ、銀行の監視を受けるようになった家業会社も多かったと考えられるが、会社の所有権の一定程度は、創業者一族が保持し続けた。野田醬油会社も、第二次世界大戦後にキッコーマンと社名を改め、世界に進出して国際的大企業となった。(41) このように、地方事業家の家業会社として戦前期に設立され、戦後まで継続して国際的企業となった会社は、愛知県の豊田家によるトヨタ自動車や中埜家によるミツカンなど多数存在している。(42) 高梨家を含む野田醬油産地の事例も、戦前から戦後に連続する家業会社による日本経済発展の側面を示しており、その点で本書は地域の工業化の重要な方向性を解明したと言えよう。

(1) プロト工業化論については、斎藤修『プロト工業化の時代―西欧と日本の比較史―』日本評論社、一九八五年を参照。
(2) 中井信彦『色川三中の研究　伝記篇』塙書房、一九八八年、三〇―三二頁。
(3) 森川英正『地方財閥』日本経済新聞社、一九八五年、渋谷隆一・加藤隆・岡田和喜編『地方財閥の展開と銀行』日本評論社、一九八九年など。
(4) 谷本雅之・阿部武司「企業勃興と近代経営・在来経営」(宮本又郎・阿部武司編『日本経営史2　経営革新と工業化』岩波書店、一九九五年)。
(5) 谷本雅之「動機としての『地域社会』」(篠塚信義・石坂昭雄・高橋秀行編著『地域工業化の比較史的研究』北海道大学図書刊行会、二〇〇三年)。
(6) 中村尚史「明治期の有価証券投資」、花井俊介「大正・昭和戦前期の有価証券投資」(いずれも石井寛治・中西聡編『産業化と商家経営―米穀肥料商廣海家の近世・近代―』名古屋大学出版会、二〇〇六年所収)。
(7) 中村尚史『地方からの産業革命―日本における企業勃興の原動力―』名古屋大学出版会、二〇一〇年、三二五―三二六頁。
(8) 寺西重郎『戦前期日本の金融システム』岩波書店、二〇一一年、四六五頁。
(9) 花井俊介「有価証券投資とリスク管理」(中西聡・井奥成彦編著『近代日本の地方事業家―萬三商店小栗家と地域の工業化―』日本経済評論社、二〇一五年)。
(10) 伊藤敏雄「近代における店則・家憲と店員の活動」、二谷智子「家業の継承と地域社会への貢献」(いずれも前掲中西聡・井奥成彦編著『近代日本の地方事業家』所収)。
(11) 前掲中西聡・井奥成彦編著『近代日本の地方事業家』四八四頁。
(12) 中西聡「半田・亀崎地域の『企業勃興』と有力事業家」(同右編著書所収)。
(13) 同右編著書、第一・八章を参照。
(14) 以下の記述は、前掲石井寛治・中西聡編『産業化と商家経営』を参照。

(15) 地理学では、面的な広がりを持つ自然地域に対して、離れてはいるが強い結合度を持つ複数の地点を、一つの「結節地域」として捉える見方がある（木内信蔵『地域概論』東京大学出版会、一九六八年）。
(16) 石井寛治『近代日本金融史序説』東京大学出版会、一九九九年、第一一章。
(17) 阿部武司「明治期における地方企業家」（『大阪大学経済学』第三八巻第一・二号、一九八八年）一四一頁、および前掲石井寛治・中西聡編『産業化と商家経営』第四・五章。
(18) 以下の記述は、前掲中西聡・井奥成彦編著『近代日本の地方事業家』を参照。
(19) 谷本雅之「銚子醤油醸造業の経営動向」（林玲子編『醤油醸造業史の研究』吉川弘文館、一九九〇年）。
(20) 前掲中西聡「半田・亀崎地域の『企業勃興』と有力事業家」。
(21) 同右。
(22) 市山盛雄編『野田醤油株式会社二十年史』（社史で見るモノづくり、第三巻）ゆまに書房、二〇〇三年を参照。
(23) 渋谷隆一編『都道府県別資産家地主総覧』近畿編・東北編、日本図書センター、一九九一・九五年を参照。
(24) 巨大財閥家族の有価証券投資の研究として、中村尚史「明治期三菱の有価証券投資」（『三菱史料館論集』第二号、二〇〇一年）などが、旧大名層の有価証券投資の研究として、三浦壮「明治期における華族資本の形成と工業化投資」（『歴史と経済』第二二六号、二〇一五年）などがある。また地方資産家の有価証券投資については、中西聡「地方資産家の投資行動からみた近代日本」（『三田学会雑誌』第一〇八巻第四号、二〇一六年）が詳しく論じている。
(25) 中西聡『海の富豪の資本主義―北前船と日本の産業化―』名古屋大学出版会、二〇〇九年を参照。
(26) 西川甚五郎家については、西川四〇〇年社史編纂委員会編『西川四〇〇年史』同会、一九六六年を参照。武田長兵衛家については、武田二百年史編纂委員会編『武田二百年史』本編、武田薬品工業株式会社、一九八三年を参照。
(27) 中西聡「逸身銀行の設立・展開とその破綻」（逸身喜一郎・吉田伸之編『両替商　銭屋佐兵衛2　逸身家文書研究』東京大学出版会、二〇一四年）。
(28) 永田藤兵衛家の尼崎紡績（後に大日本紡績）への出資については、一九一〇年代の「総勘定元帳」（永田家文書、永田家蔵、奈良県立図書情報館保管）を、廣海惣太郎家の尼崎紡績（後に大日本紡績）への出資については、中西聡「両大戦間期日本における地方資産家の銀行借入と株式投資」（『地方金融史研究』第三九号、二〇〇八年）を参照。

(29) 前掲寺西重郎『戦前期日本の金融システム』第三－六章を参照。

(30) キッコーマン株式会社編『キッコーマン株式会社八十年史』同社、二〇〇〇年。

(31) 以下の記述は、前掲中西聡『海の富豪の資本主義』第六章を参照。

(32) 宮下仙五郎家については、津川正幸『近世日本海運の諸問題』関西大学出版部、一九九八年、第八章を参照。

(33) 以下の記述は、中西聡「川筋肥料商と名古屋経済」（『名古屋市中区誌』中区制施行一〇〇周年記念事業実行委員会、二〇一〇年）を参照。

(34) 以下の記述は、二谷智子「商人ネットワークと地域社会」（武田晴人編『地域の社会経済史―産業化と地域社会のダイナミズム―』有斐閣、二〇〇三年）を参照。

(35) 前掲キッコーマン株式会社編『キッコーマン株式会社八十年史』を参照。

(36) 野田醤油株式会社については、同右書を参照。その他、表終－2に挙げられた諸会社の中で、風間銀行、中野興業、ヤマサ醤油、小網商店合資、萬三商店、中埜酢店、馬場商事、熊田商事、千代盛商会、廣海商事、大家商事、森田銀行、右近商事、大和田銀行、大和田炭鉱、阿部市商店、外村市商店、丁吟商店、近江屋商会、武田長兵衛商店、新栄銀行、服部合資などはいずれも家業会社と言える。

(37) 表終－1で挙げた資産家のうち、風間家、中野家、濱口家、小栗家、中埜家、馬場家、廣海家、大家家、右近家、外村家、山中家、小林家、西川家、武田家はいずれも第二次世界大戦前に家業を会社化としてその家業会社が第二次世界大戦後まで継続して事業展開した（表終－1の出所資料を参照）。

(38) 第二次世界大戦後の税制は、佐藤進・宮島洋『戦後税制史（第二増補版）』税務経理協会、一九九〇年、第一章、戦後改革全般は、原朗「被占領下の戦後変革」（石井寛治・原朗・武田晴人編『日本経済史4　戦時・戦後期』東京大学出版会、二〇〇七年）を参照。

(39) 地主による土地所有の宅地化が一九三〇年代に進展したことは、橘川武郎・粕谷誠編『日本不動産業史』名古屋大学出版会、二〇〇七年、第二・三章を参照。

（40） 法人資本主義については、奥村宏『最新版　法人資本主義の構造』（岩波現代文庫）岩波書店、二〇〇五年を、六大企業集団の株式持ち合いについては、法政大学産業情報センター・橋本寿朗・武田晴人編『日本経済の発展と企業集団』東京大学出版会、一九九二年などを参照。

（41） 前掲キッコーマン株式会社編『キッコーマン株式会社八十年史』を参照。

（42） トヨタ自動車株式会社編『創造限りなく―トヨタ自動車五〇年史―』同社、一九八七年、およびミツカングループ創業二〇〇周年記念誌編纂委員会編『MATAZAEMON　七人の又左衛門』株式会社ミツカングループ本社、二〇〇四年を参照。

［付記］終章は、第1節を井奥成彦が、第2・3節を中西聡が担当した。終章作成にあたり、上花輪歴史館の皆様のほかに、廣海家の皆様、小栗家の皆様、永田家の皆様、貝塚市教育委員会、奈良県立図書情報館に史料閲覧でお世話になった。記して感謝申し上げたい。なお、終章は、平成二六・二七年度の慶應義塾学事振興基金による研究成果の一部である。

あとがき

醤油醸造業史の研究はこれまで、東は銚子、西は龍野・小豆島というそれぞれ大産地を中心として相当量の研究の蓄積がなされてきた。ところが、日本最大の醤油醸造業集積地である野田地域では、個別には優れた研究はあるものの、大醸造家の大史料群に正面から取り組んだ研究はなかった。このことは、醤油醸造業史研究者としてはまことに隔靴掻痒の感があった。

ところが、二〇〇九年、現在のキッコーマン株式会社の源流の一つであり、日本の代表的醤油醸造家であった髙梨兵左衛門家より三万点に及ぶ史料「髙梨本家文書」の閲覧の許可をいただき、財団法人福武学術文化振興財団より研究助成（平成二一年度歴史学・地理学助成、研究代表者井奥成彦、研究題名「関東の名望家と醤油醸造業―野田・髙梨家文書の研究―」）を受けて、我々「髙梨家文書研究会」の研究はスタートした。史料閲覧をご許可下さった髙梨兵左衛門・節子ご夫妻、研究を助成して下さった福武学術文化振興財団に感謝申し上げたい。

こうした大量の史料群の共同研究は、整理から始めると通常一〇年程度はかかるものであるが、幸い、髙梨本家文書は公益財団法人髙梨本家 上花輪歴史館によりすでにきれいに整理されており、我々はその労を省かれたことに感謝しなければならない。研究は二〇〇九年度より、基本的に毎月一回の日帰り調査と、三月と八月は二泊三日の合宿調査のかたちで行われ、合宿調査の際には各自が順繰りで研究の中間報告を積み重ねていった。この間、上花輪歴史館館長の髙梨兵左衛門氏、副館長の髙梨節子氏、学芸員の森典子氏・豊田美佐子氏にはさまざまなかたちでたいへんお世話になった。各氏は本書に何らかのかたちで参加して下さり、そうした方々のおかげで本書刊行に漕ぎつけたのであるが、刊行にあたっては費用のかなりの部分を公益財団法人髙梨本家の予算から出していただいた。出版事情厳しき折、満腔の謝意を表したい。こうして日本最大の醬油産地の大醸造家についての総合的研究が世に出されることになったのである。

髙梨本家文書は量が多いだけでなく、本書の内容からわかるように、質的にもきわめて良好な史料群である。実際、序章第2節で髙梨家の歴史を執筆された髙梨節子氏は、ご自身の家の史料に触れられた感想を次のように述べている。「このたび（髙梨家の）古文書を読ませていただき、これらの文書は後世の人に見せるためとか、他の目的があって書き残されたものではまったくないこと、昔の人がその時々を必死に一所懸命に生きた証であることがよくわかりました。（古文書の）あたり一面にそのときの人の心が残っているのです。深い感銘を受けました。」このことは、同家の史料を拝見した研究会の誰もが共通に抱いた思いでもある。同家の多種多様な史料をもとにした本書の個別研究テーマは多岐にわたり、まさに総合研究であるが、これだけの史料群であるから、なお研究の余地は残されているはずであり、今後も継続して研究を進めていく所存である。

また本書の編者二名は、地方資産家の共同研究の成果である石井寛治・中西聡編『産業化と商家経営』（名古屋大学出版会、二〇〇六年）および中西聡・井奥成彦編著『近代日本の地方事業家』（日本経済評論社、二〇一五年）のいずれにも執筆しており、本書の編集にあたり、これら両書に続いて、地方資産家研究の新たな一面を切り拓くことも目指した。それが成功しているかは読者の評価に委ねることとなるが、前二書で対象とした廣海家、萬三商店小栗家とはまた違ったタイプの地方資産家像をクローズアップすることができたのではないかと思う。髙梨家の代々の経営精神を一言で表せば、「一業専心」という言葉がもっともふさわしいのではなかろうか。代々の当主がひたすら家業である醬油醸造業に打ち込んできたのである。醬油醸造家にはそうした家が多いことは確かであるが、その家の長い歴史の中では通常一人や二人、そうした精神から逸脱する当主が出てくるものである。しかし髙梨家の場合、その長い醤油醸造業経営の歴史の中で一人の逸脱者も出なかったことは、見事というほかない。本書が醤油醸造業史研究発展の一つの礎石となるとともに、地方資産家研究の面でも一つの重要な素材を提供できたとしたら幸甚である。

最後になるが、本書の各所でヤマサ醤油株式会社所蔵史料を使用させていただいている。同社に心より御礼申し上げたい。また、本書完成までには慶應義塾大学出版会、特に担当の村山夏子氏の多大なご尽力があったことを記しておかねばならない。複雑な図表も多く、編集にはたいへんなご苦労をおかけしたが、根気よくつきあって下さった。ここに記して謝意を表したい。

二〇一六年四月

井奥　成彦
中西　聡

〔編著者紹介〕

井奥成彦（いおく・しげひこ）〈序章・第Ⅰ部のねらい・第11章・終章〉
1957年生まれ　明治大学大学院文学研究科博士後期課程単位取得退学
博士（史学）
現在　慶應義塾大学文学部教授
主要著書　『醬油醸造業史の研究』（共著、吉川弘文館、1990年）
『東と西の醬油史』（共著、吉川弘文館、1999年）
『19世紀日本の商品生産と流通』（日本経済評論社、2006年）

中西　聡（なかにし・さとる）〈序章・第Ⅱ部のねらい・第9章・第12章・終章〉
1962年生まれ　東京大学大学院経済学研究科第2種博士課程単位取得退学
博士（経済学）
現在　慶應義塾大学経済学部教授
主要著書　『産業化と商家経営』（共編著、名古屋大学出版会、2006年）
『海の富豪の資本主義』（名古屋大学出版会、2009年）
『近代日本の地方事業家』（共編著、日本経済評論社、2015年）

醬油醸造業と地域の工業化
――髙梨兵左衛門家の研究

2016年6月6日　初版第1刷発行

監修者――――公益財団法人髙梨本家（上花輪歴史館）
編著者――――井奥成彦・中西聡
発行者――――古屋正博
発行所――――慶應義塾大学出版会株式会社
〒108-8346　東京都港区三田2-19-30
TEL〔編集部〕03-3451-0931
〔営業部〕03-3451-3584〈ご注文〉
〔　〃　〕03-3451-6926
FAX〔営業部〕03-3451-3122
振替　00190-8-155497
http://www.keio-up.co.jp/
装　丁――――鈴木　衛
印刷・製本――株式会社理想社
カバー印刷――株式会社太平印刷社

Printed in Japan　ISBN 978-4-7664-2349-5

〔執筆者紹介〕（執筆順）

髙梨節子（たかなし・せつこ）〈序章〉
1942 年生まれ
慶應義塾大学経済学部卒業
現在　上花輪歴史館副館長

石井寿美世（いしい・すみよ）〈第 1 章〉
1976 年生まれ
慶應義塾大学大学院経済学研究科後期博士課程単位取得退学
現在　大東文化大学経済学部専任講師

石崎亜美（いしざき・あみ）〈第 2 章〉
1986 年生まれ
慶應義塾大学大学院文学研究科修士課程修了
現在　国立公文書館職員

谷本雅之（たにもと・まさゆき）〈第 3 章〉
1959 年生まれ
東京大学大学院経済学研究科第 2 種博士課程単位取得退学
博士（経済学）
現在　東京大学大学院経済学研究科教授

天野雅敏（あまの・まさとし）〈第 4 章〉
1948 年生まれ
神戸大学大学院経済学研究科博士課程単位取得退学
経済学博士
現在　岡山商科大学経営学部教授、神戸大学名誉教授

花井俊介（はない・しゅんすけ）〈第 5 章〉
1958 年生まれ
東京大学大学院経済学研究科第 2 種博士課程単位取得退学
現在　早稲田大学商学学術院教授

前田廉孝（まえだ・きよたか）〈第 6 章〉
1985 年生まれ
慶應義塾大学大学院経済学研究科後期博士課程単位取得退学
博士（経済学）
現在　西南学院大学経済学部准教授

桜井由幾（さくらい・ゆき）〈第 7 章〉
1940 年生まれ
東京大学大学院人文科学研究科博士課程中退
元総合女性史研究会事務局長

森　典子（もり・のりこ）〈第 8 章〉
1934 年生まれ
千葉県立野田高等学校卒業
野田醤油株式会社（現キッコーマン株式会社）を経て、
現在　上花輪歴史館学芸員

岩淵令治（いわぶち・れいじ）〈第 10 章〉
1966 年生まれ
東京大学大学院人文社会系研究科博士課程単位取得退学
博士（文学）
現在　学習院女子大学国際文化交流学部教授

豊田美佐子（とよだ・みさこ）〈巻頭資料作成〉
1976 年生まれ
日本女子大学文学部卒業
現在　上花輪歴史館学芸員

索　引

〈事項索引〉

〈人名・会社名索引〉

（注）会社名の後ろの（株）は株式会社、（合資）は合資会社、（合名）は合名会社。

【か行】

【さ行】

【た行】

【な行】

【は行】

〈地名索引〉

（注）（　）内は現在の行政区分における所在地。

【か行】

【さ行】

【た行】

【な行】

図表一覧

第4章

第5章

第6章

第７章

第８章

第９章

第 10 章

第 11 章

第 12 章

終　章